수학쌤의 책꽂이 4

삼각함수도 배우고 삼각형도 알고

한인기 지음

이 책에서는 삼각함수와 삼각형을 다루고 있다. 사인, 코사인, 탄젠트, 시컨트, 코시컨트, 코탄젠트를 읽을 수 있는 말로, 납득할 수 있는 논리로 기술하려고 시도하였다. 그리고 중등학교에서 배웠던 삼각함수 관계식을 중심으로 삼각형의 내접원, 외접원, 방접원에 관련된 성질, 삼각형의 풀이와 작도 등을 다루었다. 책을 쓰면서 삼각함수와 삼각형을 체계적으로 알아가면서 정리하는 것이 보람차고 가끔은 그러한 이끌림에 행복했는데, 이러한 느낌이 독자들에게 전달될 수 있으려나 모르겠다. 이것이 나의 숙제인 듯하다. 그래도 마음 한 칸에 남겨졌던 삼각함수와 삼각형을 세상 밖으로 꺼냈다는 것에 행복함과 뿌듯함을 느낀다.

KYOWOO

머릿글

삼각함수에는 묘한 매력과 이끌림이 있다. 삼각함수를 마음에서 내려놓지 못하고, 기어이 삼각함수로 돌아와 삼각함수와 씨름을 한 결과가 두껍지 않은 책으로 나오게 되었다. 내가 꼽는 삼각함수의 첫 번째 매력은 도형의 성질을 대수식으로 표현할 수 있게 해준다는 것이다. 눈앞에 있는 평범한 삼각형이 삼각함수를 만나면, 아름다운 대수식이 만들어진다. 그리고 삼각함수라는 거울에 삼각형을 비추고, 삼각함수라는 화장품을 삼각형에 바르면, 삼각형은 새로운 대수식으로 거듭나게 된다. 누구나 경험할 수 있는 아름다운 수학적 경험이라고 생각한다.

이 책에서는 삼각함수와 삼각형을 다루고 있다. 사인, 코사인, 탄젠트, 시컨트, 코시컨트, 코탄젠트를 읽을 수 있는 말로, 납득할 수 있는 논리로 기술하려고 시도하였다. 그리고 중등학교에서 배웠던 삼각함수 관계식을 중심으로 삼각형의 내접원, 외접원, 방접원에 관련된 성질, 삼각형의 풀이와 작도 등을 다루었다. 책을 쓰면서 삼각함수와 삼각형을 체계적으로 알아가면서 정리하는 것이 보람차고 가끔은 그러한 이끌림에 행복했는데, 이러한 느낌이 독자들에게 전달될 수 있으려나 모르겠다. 이것이 나의 숙제인 듯하다. 그래도 마음 한 칸에 남겨졌던 삼각함수와 삼각형을 세상 밖으로 꺼냈다는 것에 행복함과 뿌듯함을 느낀다.

이 책은 7개의 장으로 구성되어 있다. 제1장에서 제3장까지는 삼각함수의 기초와 기본 성질을 기술하였고, 제4장에서 제7장까지는 삼각함수를 이용하여 삼각형의 성질을 대수적으로 탐구하는 내용을 담았다. 나는 제4장에서 제7장까지의 내용에 이

책의 무게중심이 있다고 생각하며, 독자들에게 수학적 탐구와 문제해결의 기쁨을 줄 수 있을 것으로 기대한다.

제1장에서는 반지름이 R이고 중심이 O인 원에 꼭짓점이 O인 각을 생각하여, 특정 선분과 R의 비로 사인, 코사인, 탄젠트, 시컨트, 코시컨트, 코탄젠트를 정의하였다. 여기서는 예각뿐만 아니라 2π까지의 각에 대해 사인, 코사인, 탄젠트, 시컨트, 코시컨트, 코탄젠트를 정의하여, 자연스럽게 일반각에 대한 삼각함수를 확장할 수 있도록 하였다.

제2장에서는 삼각함수의 기본 관계식, $\sin(\alpha\pm\beta)$, $\cos(\alpha\pm\beta)$, $\tan(\alpha\pm\beta)$, $\cot(\alpha\pm\beta)$에 대한 관계식을 증명하였다. 그리고 이 관계식들을 이용하여 다양한 삼각함수 등식들을 증명하였다.

제3장에서는 제2장에서 다룬 $\alpha \pm \beta$에 대한 삼각함수 관계식들을 활용하여 n배각에 대한 식들, 반각에 대한 식들, 합의 형태로 표현된 삼각함수의 식을 곱의 형태로 변형하고, 곱의 형태로 표현된 삼각함수의 식을 합의 형태로 변형하는 방법과 문제들을 다루었다. 제2장과 제3장에서는 중등학교에서 배운 삼각함수 지식을 바탕으로 기술하였으며, 이를 통해 수학적 지식을 확장하는 방법과 문제들을 소개하였다.

제4장에서부터 삼각형에 대한 본격적인 탐구가 시작된다. 제4장에서는 삼각형에서 삼각함수를 통해 표현되는 등식들을 다루었는데, 사인 정리와 코사인 정리가 바탕을 이룬다. 사인 정리와 코사인 정리를 이용하여 삼각형에서 성립하는 관계식인 몰바이데 공식, 체바 정리, 메넬라우스 정리, 몰리 정리, 헤론 공식, 중선의 길이, 각의 이등분선의 길이, 슈타이너-레무스 정리, 스튜어트 정리 등을 탐구하였다.

제5장에서는 삼각함수를 이용하여 삼각형에서 내접원, 방접원, 외접원의 성질을 다루었다. 특히 내접원의 반지름 r, 방접원의 반지름 r_a, r_b, r_c, 외접원의 반지름 R에 대한 다양한 등식들을 소개하였다. 그리고 삼각형의 높이 h_a, h_b, h_c에 대한 등식들, 삼각형에 관련된 삼차방정식, 사차방정식 등을 살펴보았다.

제6장에서는 삼각형의 계량적 성질을 다루었다. 삼각형의 각의 이등분선, 중선, 높이, 내접원의 반지름, 외접원의 반지름, 방접원의 반지름, 높이에 관련된 다양한

등식들을 체계적으로 정리하여 제시하였고, 이를 바탕으로 삼각형의 풀이와 작도에 관련된 문제를 다루었다. 이때, 삼각형의 풀이에 관련된 역삼각함수의 초보 지식도 간략하게 다루었다.

제7장은 제6장의 연장선에 있다고 할 수 있다. 제6장에서 다루지 않은 삼각형의 방접원, 중선에 관련된 삼각형의 풀이와 작도 문제를 다루었다. 이러한 문제들을 풀면서, 제6장에서 다룬 삼각형의 계량적 성질을 활용하는 경험과 비정형적이고 흥미로운 문제의 해결 경험을 가질 수 있을 것으로 기대한다.

마지막으로, 이 책을 통해 독자들이 삼각함수와 삼각형의 탐구에 익숙해지고, 삼각형에 관련된 대수식을 직접 만들고 증명하면서 수학에 대한 기쁨과 행복을 느끼기를 바란다. 특히, 이 책에서 다루는 대수식들을 그냥 보아 넘기지 말고, 대수식의 의미를 하나씩 찾고 변형시키면서 대수식의 아름다움과 의미를 경험하기를 부탁드린다.

마지막으로 출판에 도움을 주신 교우사 사장님과 직원들께 감사드립니다.

2023년 저자

차례

제 1 장.

삼각함수

1. 각과 일반각

각은 시점을 공유하는 두 반직선으로 이루어진 도형을 말한다. 예를 들어, 반직선 OA, OB로 이루어진 도형을 각 AOB라고 하고, $\angle AOB$ 또는 $\angle O$로 나타낸다(그림 1.1). 이때, 반직선 OA를 시초선, 반직선 OB를 동경이라고 부른다.

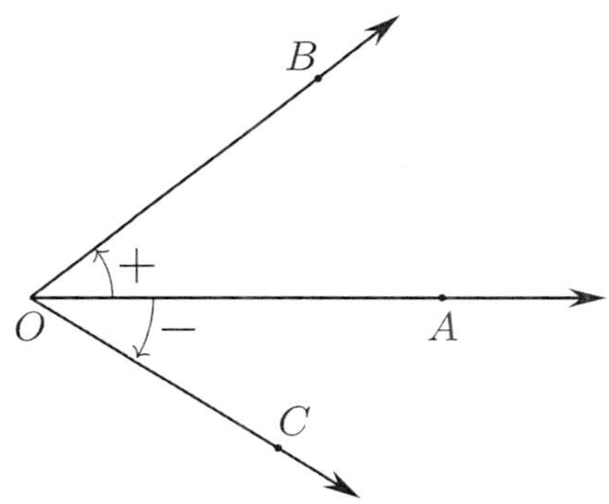

그림 1.1

각의 크기는 시초선을 중심으로 나타낸다. 시초선 $\overrightarrow{OA}$에 대해 동경 $\overrightarrow{OB}$가 시계 반대방향에 있는 경우에 각의 크기에 양의 부호(+)를 붙여 나타낸다. 그리고 시초선 $\overrightarrow{OA}$에 대해 동경 $\overrightarrow{OC}$가 시계 방향에 있는 경우에 각의 크기에 음의 부호(−)를 붙여 나타낸다(그림 1.1).

한편, $\angle AOC = -35°$라 하면, $\angle AOC = 360° - 35° = 325°$가 된다. 일반적으로, $\angle AOB = \alpha°$라 하면, 동경 $\overrightarrow{OB}$가 나타내는 각을 다음과 같이 쓸 수 있다. 이것을 동경 $\overrightarrow{OB}$가 나타내는 일반각이라고 말한다.

$$\angle AOB = 360° \times n + \alpha°$$

각의 크기는 육십분법과 호도법으로 나타낸다. 육십분법에서는 동경 $\overrightarrow{OB}$가 시초선 $\overrightarrow{OA}$로부터 출발하여 한 바퀴 회전하여 얻어지는 각의 $\frac{1}{360}$을 $1°$로 나타내고, '일도'라고 읽는다. 그러므로, 시초선 $\overrightarrow{OA}$를 중심으로 동경 $\overrightarrow{OB}$가 한 바퀴 회전하여 얻어지는 각이 $360°$이다. 그리고 $1° \times \frac{1}{60} = 1'$으로 나타내며, $1'$을 '일분'이라고 말한다. 이로부터 $60' = 1°$가 된다는 것을 알 수 있다. 한편, $1' \times \frac{1}{60} = 1''$으로 나타내며, $1''$을 '일초'라고 말하며 $60'' = 1', 3600'' = 1°$이다.

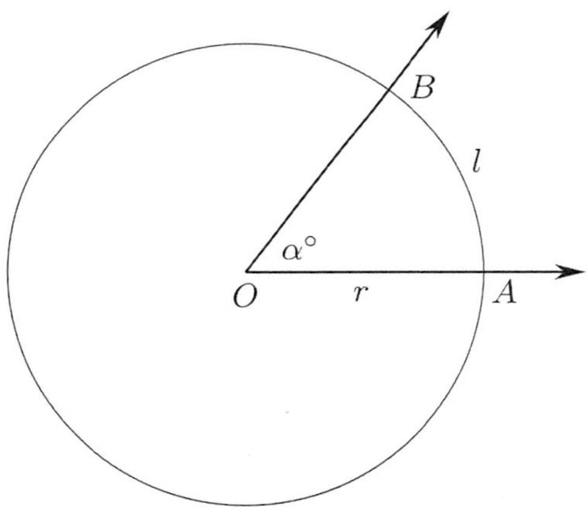

그림 1.2

크기가 $\alpha°$인 각 AOB가 주어졌고, 각 AOB의 꼭짓점 O를 중심으로 반지름이 r인 원을 작도하자(그림 1.2). 이때, 각 AOB가 원에서 만드는 호 AB의 길이 l을 다음과 같이 구할 수 있다.

$$l = \frac{\alpha°}{360°} \times 2\pi r$$

이때, 호 AB의 길이가 r인 경우에 주목하자. 즉, $r = \frac{\alpha°}{360°} \times 2\pi r$인 경우에 다음을

알 수 있다.

$$r = \frac{\alpha^\circ}{360^\circ} \times 2\pi r, \quad \alpha^\circ = \frac{180^\circ}{\pi}$$

결국, 호 AB의 길이가 원의 반지름과 같은 경우에 각 AOB의 크기는 $\frac{180^\circ}{\pi}$이 되며, 이 값은 원의 반지름에 관계없이 일정한 값이 된다. 이 일정한 각의 크기를 '1라디안'으로 나타내자. 1라디안을 단위로 각의 크기를 나타내는 방법을 호도법이라고 부른다. 1라디안은 $\frac{180^\circ}{\pi}$인데 $\pi = 3.141592654\cdots$라는 것을 생각하면, 1라디안을 육십분법으로 나타내면 $57.29577951\cdots^\circ$가 된다. 결국, 다음이 성립한다.

$$1\text{라디안} = \frac{180^\circ}{\pi} \approx 57.29577951^\circ$$

한편, $1^\circ = \frac{\pi}{180}$라디안이다. 일반적으로, 호도법에서는 단위인 라디안을 생략하여 사용하며, $\frac{\pi}{2}$라디안을 $\frac{\pi}{2}$로 적는다. 육십분법으로 나타낸 몇 가지 각의 크기를 호도법으로 나타내자. $30^\circ = 30 \times \frac{\pi}{180} = \frac{\pi}{6}$이며, $45^\circ = 45 \times \frac{\pi}{180} = \frac{\pi}{4}$, $60^\circ = 60 \times \frac{\pi}{180} = \frac{\pi}{3}$이다. 이와 같은 방법으로, 육십분법으로 나타낸 각의 크기를 호도법으로 나타내면 다음과 같다.

$$90^\circ = \frac{\pi}{2},\ 120^\circ = \frac{2\pi}{3},\ 135^\circ = \frac{3\pi}{4},\ 150^\circ = \frac{5\pi}{6},$$
$$180^\circ = \pi,\ 210^\circ = \frac{7\pi}{6},\ 225^\circ = \frac{5\pi}{4},\ 240^\circ = \frac{4\pi}{3},$$
$$270^\circ = \frac{3\pi}{2},\ 300^\circ = \frac{5\pi}{3},\ 315^\circ = \frac{7\pi}{4},\ 330^\circ = \frac{11\pi}{6}$$

$360^\circ = 2\pi$이다. 라디안을 이용하여 일반각을 나타내자. 육십분법으로 크기가 α°인 각을 일반각으로 $360^\circ \times n + \alpha^\circ$와 같이 나타냈다. 가령, 호도법으로 크기가 β인 각을 일반각으로 나타내면, $2n\pi + \beta$가 된다.

이제, 중심각의 크기가 β°인 호의 길이 $l = \frac{\beta^\circ}{360^\circ} \times 2\pi r = \frac{\beta}{180} \times \pi r$을 호도법을 이용하여 나타내자. β°를 호도법으로 나타내자. $1^\circ = \frac{\pi}{180}$라디안이므로, β°는 $\frac{\beta\pi}{180}$라디안이다. 가령, $\frac{\beta\pi}{180} = \theta$라 하자. 그러면, 다음이 성립한다.

$$l = \frac{\beta^\circ}{360^\circ} \times 2\pi r = \frac{\beta}{180} \times \pi r = \theta r$$

한편, 중심각의 크기 $\beta°$가 θ라디안이라 할 때, 중심각의 크기가 $\beta°$인 부채꼴의 넓이 S를 라디안으로 나타내면, 다음과 같다.

$$S = \frac{\beta°}{360°} \times \pi r^2 = \frac{1}{2} \times \frac{\beta}{180} \times \pi r^2 = \frac{1}{2}\theta r^2 = \frac{1}{2}lr$$

2. 0에서 $\frac{\pi}{2}$까지의 삼각함수

크기가 α인 예각에 대해 삼각함수를 정의하자. x축에 시초선 $\overrightarrow{OA}$를 잡고, $\angle AOB = \theta$가 되도록 동경 $\overrightarrow{OB}$를 잡자. 이제, 반지름이 $\overline{AO} = R$인 원을 작도하고, 이 원과 각 AOB의 교점을 B라 하자(그림 1.3). 그리고 원과 y축의 교점을 C라 하자.

점 B에서 반직선 OA에 수선 BL을 작도하고, 점 A에서 원에 대한 접선을 그어 반직선 OB와의 교점을 M이라 하자. 그리고 점 C에서 원에 대한 접선을 그어 반직선 OB와의 교점을 N이라 하자.

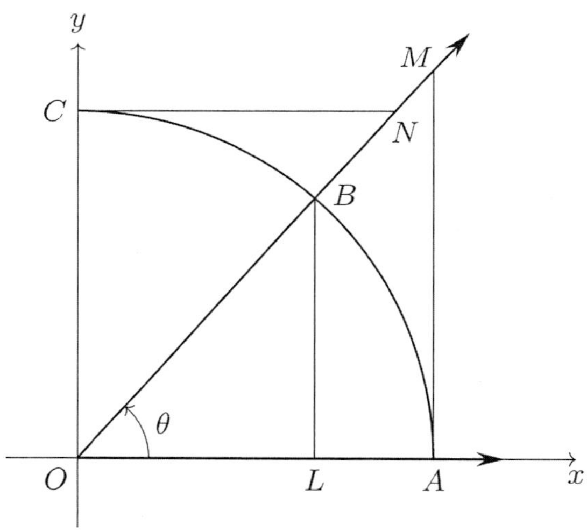

그림 1.3

그림 1.3에서 삼각함수를 정의하자. 예각의 삼각함수를 그림 1.3을 이용하여 정의하는 방법은 [20], [26], [18] 등에 제시되어 있다. 여기에서는 이 방법을 바탕으로 삼각함수를 정의할 것이다.

동경 $\overrightarrow{OB}$와 원의 교점 B에서 시초선 $\overrightarrow{OA}$에 내린 수선 BL을 보자. 수선 BL의 원의 반지름 R에 대한 비를 각 AOB의 사인이라고 부르며, $\sin AOB$로 쓴다. 그리고 $\overline{OL}$의 원의 반지름 R에 대한 비를 각 AOB의 코사인이라고 부르며, $\cos AOB$로 쓴다. $\angle AOB = \theta$라 하면, $\sin\theta, \cos\theta$를 다음과 같이 나타낼 수 있다.

$$\sin AOB = \sin\theta = \frac{\overline{BL}}{R}, \quad \cos AOB = \cos\theta = \frac{\overline{OL}}{R}$$

점 A에서 원에 그은 접선과 동경 OB의 교점 M에 대해, $\overline{OM}$의 원의 반지름 R에 대한 비를 각 AOB의 탄젠트라고 부르며, 다음과 같이 나타낸다.

$$\tan AOB = \tan\theta = \frac{\overline{AM}}{R}$$

원의 반지름을 이용하여 각 θ에 대한 $\sin\theta, \cos\theta, \tan\theta$를 정의하였다. 예각 θ에 대해 $\sin\theta, \cos\theta, \tan\theta$를 직각삼각형의 변들을 이용하여서도 똑같이 정의할 수 있다.

가령, 그림 1.3에서 직각삼각형 BOL을 생각하자. 반지름이 R인 원을 이용하여 $\sin\theta = \frac{\overline{BL}}{R}$로 정의하였다. 이때, $\overline{BO} = R$이므로 $\sin\theta = \frac{\overline{BL}}{R} = \frac{\overline{BL}}{\overline{BO}}$로, 즉 직각삼각형 BOL에서 변 BL의 빗변 BO에 대한 비로 정의할 수 있다. 그리고 $\cos\theta = \frac{\overline{OL}}{R}$이므로 $\cos\theta = \frac{\overline{OL}}{R} = \frac{\overline{OL}}{\overline{BO}}$로, 즉 직각삼각형 BOL에서 변 OL의 빗변 BO에 대한 비로 정의할 수 있다.

탄젠트는 $\tan\theta = \frac{\overline{BL}}{\overline{OL}}$로, 즉 직각삼각형 BOL에서 변 BL의 변 OL에 대한 비로 정의할 수 있다. 반지름이 R인 원을 이용하여 $\tan\theta = \frac{\overline{AM}}{R}$으로 정의하였다. $\frac{\overline{BL}}{\overline{OL}} = \frac{\overline{AM}}{R}$인지 조사하자.

직각삼각형 MOA를 생각하자. 직각삼각형 MOA와 BOL은 닮음이므로, $\frac{\overline{MA}}{\overline{OA}} = \frac{\overline{BL}}{\overline{OL}}$이 성립한다. 이때, $\overline{OA} = R$이므로, $\frac{\overline{MA}}{\overline{OA}} = \frac{\overline{MA}}{R} = \frac{\overline{BL}}{\overline{OL}}$이 된다. 이로부터 $\frac{\overline{BL}}{\overline{OL}} = \frac{\overline{AM}}{R}$이 성립한다.

한편, $\sin\theta, \cos\theta, \tan\theta$ 이외에 삼각함수로 $\operatorname{cosec}\theta, \sec\theta, \cot\theta$가 있다. 이 삼각함수들을 삼각함수 $\sin\theta$, $\cos\theta$, $\tan\theta$를 이용하여 다음과 같이 정의하기도 한다.

$$\operatorname{cosec}\theta = \frac{1}{\sin\theta}, \quad \sec\theta = \frac{1}{\cos\theta}, \quad \cot\theta = \frac{1}{\tan\theta}$$

여기서는 그림 1.3에서 원의 반지름 R을 이용하여 $\operatorname{cosec}\theta, \sec\theta, \cot\theta$를 정의하자. 그림 1.3에서 선분 ON의 원의 반지름 R에 대한 비를 각 AOB의 코시컨트라고 하며, $\operatorname{cosec} AOB$로 쓴다. 선분 OM의 원의 반지름 R에 대한 비는 각 AOB의 시컨트라고 하며, $\sec AOB$로 쓴다. $\angle AOB = \theta$라 하면, 코시컨트와 시컨트를 다음과 같이 나타낼 수 있다.

$$\operatorname{cosec} AOB = \operatorname{cosec}\theta = \frac{\overline{ON}}{R}, \quad \sec AOB = \sec\theta = \frac{\overline{OM}}{R}$$

그리고 코탄젠트는 선분 CN의 원의 반지름 R에 대한 비이며, 다음과 같이 나타낸다.

$$\cot AOB = \cot\theta = \frac{\overline{CN}}{R}$$

$\operatorname{cosec}\theta$를 $\frac{\overline{ON}}{R}$로 정의하였는데, 이것은 $\operatorname{cosec}\theta$를 $\frac{1}{\sin\theta}$로 정의하는 것과 다르지 않다. 그림 1.3에서 각 BOL과 ONC는 평행한 직선 CN과 OA에 대한 엇각으로 서로 같다. 그러므로, 직각삼각형 BOL과 ONC는 닮음이며, 대응하는 변들사이에 다음 관계가 성립한다.

$$\frac{\overline{BL}}{\overline{OC}} = \frac{\overline{OB}}{\overline{ON}}, \quad \frac{\overline{BL}}{R} = \frac{R}{\overline{ON}}$$

이로부터, 다음 등식을 유도할 수 있다.

$$\operatorname{cosec}\theta = \frac{\overline{ON}}{R} = \frac{1}{\frac{R}{\overline{ON}}} = \frac{1}{\frac{\overline{BL}}{R}} = \frac{1}{\sin\theta}$$

유사한 방법으로, 다음 관계를 확인할 수 있다.

$$\sec\theta = \frac{\overline{OM}}{R} = \frac{1}{\cos\theta}, \quad \cot\theta = \frac{\overline{CN}}{R} = \frac{1}{\tan\theta}$$

예각 θ에 대한 삼각함수를 그림 1.3에서 원의 반지름 R을 이용하여 정의하였는데, 이때 원의 반지름을 다르게 잡아도 삼각함수의 값은 변함이 없다. 다음 정리를 살펴보자.

정리 1.1. 삼각함수의 값은 원의 반지름에 종속되지 않는다. 즉, 원의 반지름을 어떤 값으로 하든 주어진 각에 대한 삼각함수의 값은 일정하다.

증명. 그림 1.4에서 반지름이 $\overline{OA_1} = r$인 원, 반지름이 $\overline{OA} = R$인 원을 작도하여, 각 $\angle BOA = \theta$에 대한 삼각함수를 조사하자.

(1) 각 θ에 대한 사인의 값을 살펴보자.

반지름이 $\overline{OA} = R$인 원에서 $\sin\theta = \frac{\overline{BL}}{R}$이고, 반지름이 $\overline{OA_1} = r$인 원에서 $\sin\theta = \frac{\overline{B_1L_1}}{r}$이다. 이제, $\frac{\overline{BL}}{R} = \frac{\overline{B_1L_1}}{r}$을 확인하자.

직각삼각형 BOL과 B_1OL_1은 닮음이며, 이로부터 다음을 유도할 수 있다.

$$\frac{\overline{BL}}{\overline{BO}} = \frac{\overline{B_1L_1}}{\overline{B_1O}}, \quad \frac{\overline{BL}}{\overline{BO}} = \frac{\overline{BL}}{R} = \frac{\overline{B_1L_1}}{\overline{B_1O}} = \frac{\overline{B_1L_1}}{r}$$

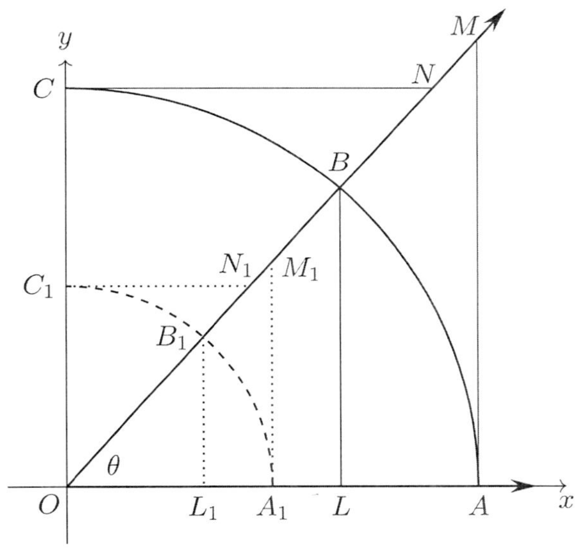

그림 1.4

원의 반지름을 R로 잡든 r로 잡든 $\sin\theta$의 값은 일정하다는 것을 알 수 있다.

(2) 각 θ에 대한 코사인의 값을 살펴보자.

그림 1.4에서 반지름이 R인 원에서 $\cos\theta = \frac{\overline{OL}}{R}$이고, 반지름이 r인 원에서 $\cos\theta = \frac{\overline{OL_1}}{r}$이다. 이제, $\frac{\overline{OL}}{R} = \frac{\overline{O_1L_1}}{r}$을 확인하자. 사인의 경우에서와 마찬가지로, 닮음인 직각삼각형 BOL과 B_1OL_1을 생각하자. 그러면, 다음을 유도할 수 있다.

$$\frac{\overline{OL}}{\overline{BO}} = \frac{\overline{OL_1}}{\overline{B_1O}}, \quad \frac{\overline{OL}}{\overline{BO}} = \frac{\overline{OL}}{R} = \frac{\overline{OL_1}}{\overline{B_1O}} = \frac{\overline{OL_1}}{r}$$

원의 반지름을 R로 잡든 r로 잡든 $\cos\theta$의 값은 일정하다는 것을 알 수 있다.

(3) 각 θ에 대한 탄젠트의 값을 살펴보자.

그림 1.4에서 반지름이 R인 원에서 $\tan\theta = \frac{\overline{MA}}{R}$이고, 반지름이 r인 원에서 $\tan\theta = \frac{\overline{M_1A_1}}{r}$이다. 이제, $\frac{\overline{MA}}{R} = \frac{\overline{M_1A_1}}{r}$을 확인해야 한다. 이를 위해, 직각삼각형 MOA와 M_1OA_1에 대해 이들의 닮음을 생각하자. 직각삼각형 MOA와 M_1OA_1의 닮음으로부터 다음을 유도할 수 있다.

$$\frac{\overline{MA}}{\overline{OA}} = \frac{\overline{M_1A_1}}{\overline{OA_1}}, \quad \frac{\overline{MA}}{\overline{OA}} = \frac{\overline{MA}}{R} = \frac{\overline{M_1A_1}}{\overline{OA_1}} = \frac{\overline{M_1A_1}}{r}$$

원의 반지름을 R로 잡든 r로 잡든 관계없이 $\tan\theta$의 값은 일정하다는 것을 알 수 있다.

(4) 각 θ에 대한 코시컨트의 값을 살펴보자.

그림 1.4에서 반지름이 R인 원에서 $\operatorname{cosec}\theta = \frac{\overline{ON}}{R}$이고, 반지름이 r인 원에서 $\operatorname{cosec}\theta = \frac{\overline{ON_1}}{r}$이다. 이제, $\frac{\overline{ON}}{R} = \frac{\overline{ON_1}}{r}$을 확인해야 한다. 이를 위해, 직각삼각형 ONC와 ON_1C_1을 생각하자. 그러면, 이들의 닮음으로부터 다음을 유도할 수 있다.

$$\frac{\overline{ON}}{\overline{OC}} = \frac{\overline{ON_1}}{\overline{OC_1}}, \quad \frac{\overline{ON}}{\overline{OC}} = \frac{\overline{ON}}{R} = \frac{\overline{ON_1}}{\overline{OC_1}} = \frac{\overline{ON_1}}{r}$$

원의 반지름을 R로 잡든 r로 잡든 관계없이 $\operatorname{cosec}\theta$의 값은 일정하다는 것을 알 수 있다.

(5) 각 θ에 대한 시컨트의 값을 살펴보자.

그림 1.4에서 반지름이 R인 원에서 $\sec\theta = \frac{\overline{OM}}{R}$이고, 반지름이 r인 원에서 $\sec\theta = \frac{\overline{OM_1}}{r}$이다. 이제, $\frac{\overline{OM}}{R} = \frac{\overline{OM_1}}{r}$을 확인해야 한다. 이를 위해, 직각삼각형 OMA와 OM_1A_1을 생각하자. 그러면, 이들의 닮음으로부터 $\frac{\overline{OM}}{\overline{OA}} = \frac{\overline{OM}}{R} = \frac{\overline{OM_1}}{\overline{OA_1}} = \frac{\overline{OM_1}}{r}$이 유도된다. 즉, 원의 반지름을 R로 잡든 r로 잡든 관계없이 $\sec\theta$의 값은 일정하다는 것을 알 수 있다.

(6) 각 θ에 대한 코탄젠트의 값을 살펴보자.

그림 1.4에서 반지름이 R인 원에서 $\cot\theta = \frac{\overline{CN}}{R}$이고, 반지름이 r인 원에서 $\cot\theta = \frac{\overline{C_1N_1}}{r}$이다. 이제, $\frac{\overline{CN}}{R} = \frac{\overline{C_1N_1}}{r}$을 확인해야 한다. 이를 위해, 직각삼각형 CON와 C_1ON_1

을 생각하자. 그러면, 이들의 닮음으로부터 $\frac{\overline{CN}}{\overline{OC}} = \frac{\overline{CN}}{R} = \frac{\overline{C_1N_1}}{\overline{OC_1}} = \frac{\overline{C_1N_1}}{r}$이 유도된다. 즉, 원의 반지름을 R로 잡든 r로 잡든 관계없이 $\cot\theta$의 값은 일정하다는 것을 알 수 있다.

결국, 원의 반지름에 관계없이 $\cos\theta$, $\tan\theta$, $\operatorname{cosec}\theta$, $\sec\theta$, $\cot\theta$의 값이 일정하다는 것이 증명된다. □

특수각의 삼각함수 값 삼각함수의 정의로부터 어렵지 않게 $\sin 0$의 값을 구할 수 있다. 그림 1.4에서 점 B가 점 A와 일치하면, $\overline{BL} = 0$이다. 그러므로 $\sin\theta = \frac{\overline{BL}}{R} = 0$이 된다. $\theta = \frac{\pi}{2}$이면, $\overline{BL} = \overline{CO} = R$이 되며 $\sin\frac{\pi}{2} = 1$이 된다.

한편, $\theta = 0$이면, $\overline{OL} = \overline{OA} = R$이 되므로 $\cos 0 = 1$이다. 그리고 $\theta = \frac{\pi}{2}$이면, $\overline{OL}$은 0이 되며 $\cos\frac{\pi}{2} = 0$이다.

탄젠트 값을 생각하자. $\theta = 0$이면, $\overline{AM}$은 0이 되므로 $\tan 0 = 0$이다. 그리고 $\theta = \frac{\pi}{2}$이면, 점 A에서의 접선과 직선 OC는 만나지 않으며 $\tan\theta$는 정의되지 않는다. 그리고 $\theta \to \frac{\pi}{2}$이면, $\tan\theta \to \infty$가 된다.

각 $\frac{\pi}{3}, \frac{\pi}{4}, \frac{\pi}{6}$의 사인, 코사인, 탄젠트의 값을 구해보자. 이를 위해, 다음 예제를 살펴보자.

예제 1.1. 다음 물음에 답하여라.

(1) 반지름이 R인 원에 한 변이 a인 정사각형이 내접한다. 이때, $a : R$을 구하여라.

(2) 반지름이 R인 원에 한 변이 a인 정삼각형이 내접한다. 이때, $a : R$을 구하여라.

풀이. (1) 그림 1.5(a)에 반지름이 R인 원과 한 변이 a인 정사각형 $ABCD$가 주어졌다. 원의 반지름 R과 정사각형의 한 변을 포함하는 직각삼각형 OCD를 살펴보자. 피타고라스 정리에 의해, $\overline{OD}^2 + \overline{OC}^2 = \overline{CD}^2$이다. $\overline{OC} = \overline{OD} = R$이며 $\overline{CD} = a$이므로, $R^2 + R^2 = a^2$이다. 이로부터 $2R^2 = a^2$이며 $\frac{a^2}{R^2} = 2$이므로, $\frac{a}{R} = \sqrt{2}$가 된다(정사각형의 한 변 a와 원의 반지름 R이 양수이므로). 즉, $a : R = \sqrt{2} : 1$이다.

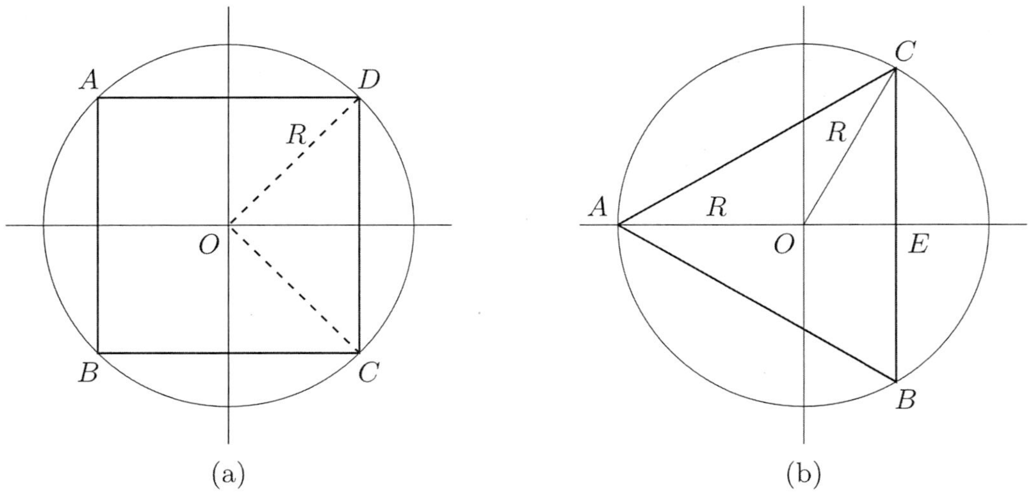

그림 1.5

(2) 그림 1.5(b)에 반지름이 R인 원과 한 변이 a인 정삼각형 ABC가 주어졌다. 직각삼각형 AEC에서 피타고라스 정리에 의해 $\overline{AE}^2 + \overline{EC}^2 = \overline{AC}^2$이다. $\overline{AO} = R = \frac{2}{3}\overline{AE}$, $\overline{EC} = \frac{1}{2}\overline{BC} = \frac{a}{2}$, $\overline{AC} = a$이므로, $\left(\frac{3}{2}R\right)^2 + \left(\frac{a}{2}\right)^2 = a^2$이다. 그러므로, $\frac{9}{4}R^2 = \frac{3}{4}a^2$이며 $\frac{a^2}{R^2} = 3$, $\frac{a}{R} = \sqrt{3}$이 된다. 즉, $a : R = \sqrt{3} : 1$이다. □

$\frac{\pi}{4}$에 대한 삼각함수 값을 구하자. 이를 위해, 반지름이 R인 원에 내접하는 정사각형을 작도하자(그림 1.6(a)). 그러면, 사인의 정의에 의해 $\sin\frac{\pi}{4} = \frac{\overline{AL}}{R}$이다. 이것은 정사각형에서 외접원의 반지름에 대한 정사각형 한 변의 절반의 비이다.

예제 1.1에 의해 정사각형의 한 변과 외접원의 반지름의 비는 $\sqrt{2} : 1$이므로, 정사각형 한 변의 절반과 외접원의 반지름의 비 $\overline{AL} : R$은 $\frac{\sqrt{2}}{2} : 1$이다. 이로부터, $\overline{AL} = \frac{\sqrt{2}}{2}R$이며, 다음을 얻을 수 있다.

$$\sin\frac{\pi}{4} = \frac{\overline{AL}}{R} = \frac{\sqrt{2}R}{2R} = \frac{\sqrt{2}}{2}$$

그림 1.6(a)에서 $\cos\frac{\pi}{4} = \frac{\overline{OL}}{R}$이다. 삼각형 AOL은 직각이등변삼각형이므로 $\overline{AL} = \overline{OL}$이며, $\sin\frac{\pi}{4} = \frac{\overline{AL}}{R} = \frac{\overline{AO}}{R} = \cos\frac{\pi}{4}$가 된다. 결국, 다음이 성립한다.

$$\cos\frac{\pi}{4} = \sin\frac{\pi}{4}, \quad \sin\frac{\pi}{4} = \cos\frac{\pi}{4} = \frac{\sqrt{2}}{2}$$

$\tan\frac{\pi}{4}$를 구하자. 이를 위해, 그림 1.6(a)에서 점 N에서 원에 대한 접선을 그어 동경 $\overrightarrow{OA}$와의 교점을 M이라 하자. 그러면, $\tan\frac{\pi}{4} = \frac{\overline{MN}}{R} = \frac{\overline{MN}}{\overline{ON}}$이다. 직각삼각형 MON과 AOL의 닮음으로부터 $\frac{\overline{MN}}{\overline{ON}} = \frac{\overline{AL}}{\overline{OL}}$이 성립한다. 그리고 $\overline{AL} = \overline{OL}$이므로, 다음을 얻을 수 있다.

$$\tan\frac{\pi}{4} = \frac{\overline{MN}}{R} = \frac{\overline{MN}}{\overline{ON}} = 1, \quad \tan\frac{\pi}{4} = 1$$

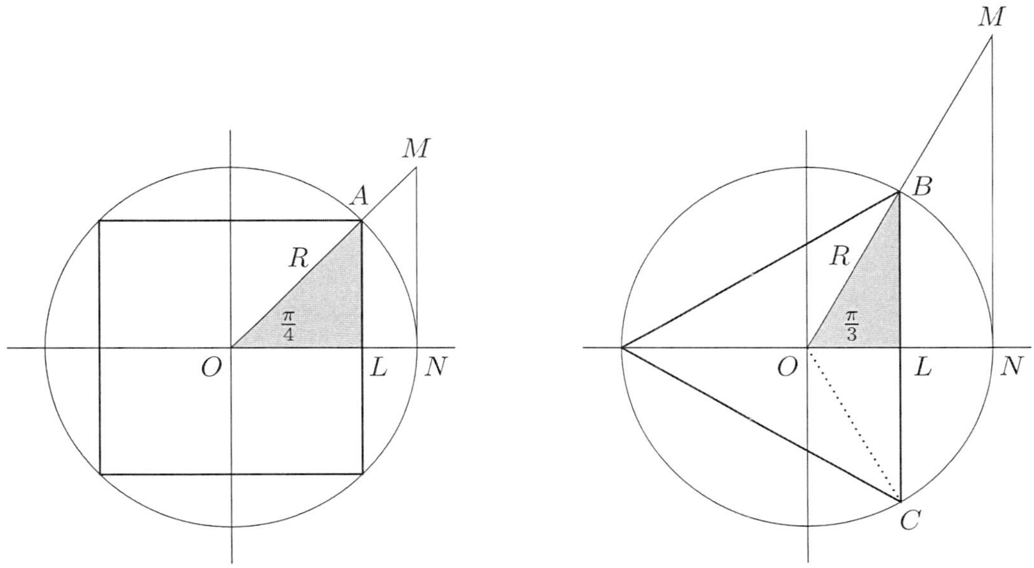

(a) (b)

그림 1.6

$\frac{\pi}{3}$에 대한 삼각함수를 생각하기 위해, 반지름이 R인 원에 내접하는 정삼각형을 작도하자(그림 1.6(b)). 이때, $\angle BOC = \frac{1}{3} \times 2\pi = \frac{2}{3}\pi$이며, $\angle BOL = \frac{\pi}{3}$이다. 그러면, $\sin\frac{\pi}{3} = \frac{\overline{BL}}{R}$이며, $\sin\frac{\pi}{3}$는 외접원의 반지름 R에 대한 정삼각형 한 변의 절반 $\overline{BL}$의 비이다.

예제 1.1에 의해 정삼각형의 한 변과 외접원의 반지름의 비는 $\sqrt{3} : 1$이므로, 정사각형 한 변의 절반과 외접원의 반지름의 비 $\overline{BL} : R$은 $\frac{\sqrt{3}}{2} : 1$이다. 이로부터, $\overline{BL} = \frac{\sqrt{3}}{2}R$이며, 다음을 얻을 수 있다.

$$\sin\frac{\pi}{3} = \frac{\overline{BL}}{R} = \frac{\sqrt{3}R}{2R} = \frac{\sqrt{3}}{2}$$

그림 1.6(b)에서 $\cos\frac{\pi}{3} = \frac{\overline{OL}}{R}$이며, $\overline{OL} = \frac{1}{2}R$이므로 $\cos\frac{\pi}{3} = \frac{1}{2}$이다. 한편, $\tan\frac{\pi}{3} = \frac{\overline{MN}}{R} = \frac{\overline{MN}}{\overline{ON}}$이다. 직각삼각형 MON과 BOL의 닮음으로부터 $\frac{\overline{MN}}{\overline{NO}} = \frac{\overline{BL}}{\overline{LO}}$이 성립한다. 이때, $\overline{BL} = \frac{\sqrt{3}}{2}R$, $\overline{LO} = \frac{1}{2}R$이므로, $\frac{\overline{BL}}{\overline{LO}} = \sqrt{3}$이다. 이로부터, 다음을 얻을 수 있다.

$$\tan\frac{\pi}{3} = \frac{\overline{MN}}{R} = \frac{\overline{MN}}{\overline{ON}} = \frac{\overline{BL}}{\overline{LO}} = \sqrt{3}$$

$\frac{\pi}{6}$에 대한 삼각함수를 구하기 위해, 반지름이 R인 원에 내접하는 정육각형을 작도하자(그림 1.7). 그러면, $\angle AOB = \frac{1}{6}\times 2\pi = \frac{\pi}{3}$이며, $\angle AOL = \frac{\pi}{6}$이다. 이때, $\sin\frac{\pi}{6} = \frac{\overline{AL}}{R}$이며, $\sin\frac{\pi}{6} = \frac{\overline{AL}}{R} = \frac{\overline{AL}}{\overline{OA}}$이다. 삼각형 AOB가 정삼각형이므로 $\overline{OA} = 2\overline{AL}$, $\overline{AL} = \frac{R}{2}$이며, 이로부터 다음을 알 수 있다.

$$\sin\frac{\pi}{6} = \frac{\overline{AL}}{R} = \frac{\overline{AL}}{\overline{OA}} = \frac{\frac{R}{2}}{R} = \frac{1}{2}$$

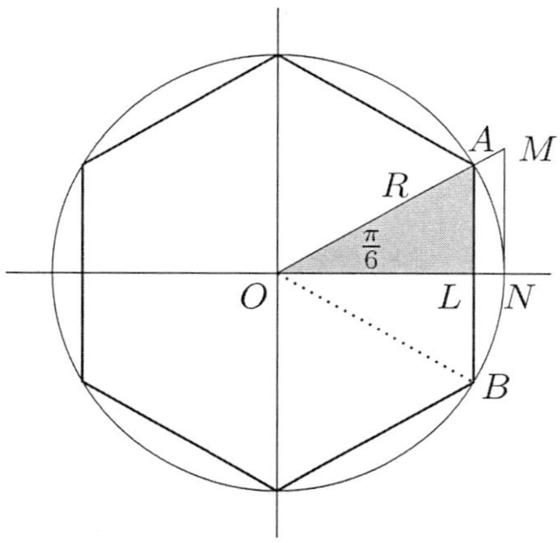

그림 1.7

$\cos\frac{\pi}{6} = \frac{\overline{OL}}{R} = \frac{\overline{OL}}{\overline{OA}}$이다. 정삼각형 OAB에서 높이 $\overline{OL}$과 밑변 $\overline{AB}$의 비는 $\sqrt{3} : 2$이므로, $\overline{OL} = \frac{\sqrt{3}}{2}\overline{AB}$이다. 그리고 $\overline{OA} = \overline{AB}$이므로, 다음을 알 수 있다.

$$\cos\frac{\pi}{6} = \frac{\overline{OL}}{R} = \frac{\overline{OL}}{\overline{OA}} = \frac{\overline{OL}}{\overline{AB}} = \frac{\sqrt{3}}{2}$$

$\tan\frac{\pi}{6} = \frac{\overline{MN}}{R} = \frac{\overline{MN}}{\overline{ON}}$이다. 직각삼각형 MON과 AOL의 닮음으로부터 $\frac{\overline{MN}}{\overline{NO}} = \frac{\overline{AL}}{\overline{LO}}$이 성립한다. 이때, $\overline{LO} = \frac{\sqrt{3}}{2}\overline{AB}$이고 $\overline{AL} = \frac{1}{2}\overline{AB}$이므로, $\frac{\overline{AL}}{\overline{LO}} = \frac{1}{\sqrt{3}} = \frac{\sqrt{3}}{3}$이 성립한다.

이로부터, 다음을 얻을 수 있다.

$$\tan\frac{\pi}{6} = \frac{\overline{MN}}{R} = \frac{\overline{MN}}{\overline{NO}} = \frac{\overline{AL}}{\overline{LO}} = \frac{\sqrt{3}}{3}$$

결국, 각 $\frac{\pi}{6}, \frac{\pi}{4}, \frac{\pi}{3}$에 대한 사인, 코사인, 탄젠트의 값을 다음과 같이 정리할 수 있다.

$$\sin\frac{\pi}{6} = \frac{1}{2},\ \cos\frac{\pi}{6} = \frac{\sqrt{3}}{2},\ \tan\frac{\pi}{6} = \frac{\sqrt{3}}{3}$$
$$\sin\frac{\pi}{4} = \cos\frac{\pi}{4} = \frac{\sqrt{2}}{2},\ \tan\frac{\pi}{4} = 1$$
$$\sin\frac{\pi}{3} = \frac{\sqrt{3}}{2},\ \cos\frac{\pi}{3} = \frac{1}{2},\ \tan\frac{\pi}{3} = \sqrt{3}$$

삼각함수 값의 변화 θ가 0에서 $\frac{\pi}{2}$까지 변할 때, $\sin\theta, \cos\theta, \tan\tan\theta$의 변화를 살펴보자.

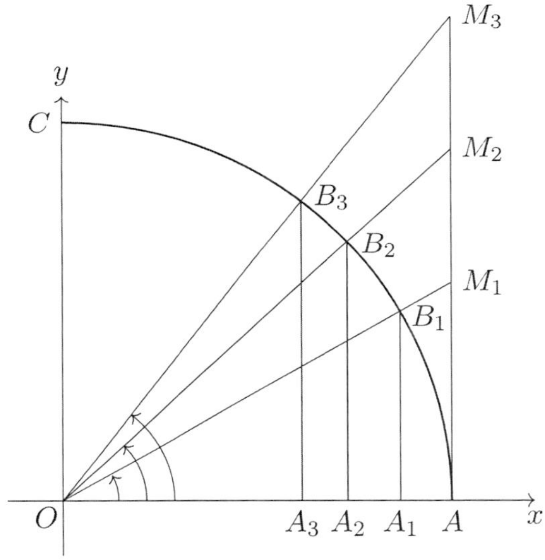

그림 1.8

그림 1.8에서 $\angle B_1OA_1 < \angle B_2OA_2 < \angle B_3OA_3$이다. 이때, $\sin B_1OA_1 = \frac{\overline{B_1A_1}}{R}$, $\sin B_2OA_2 = \frac{\overline{B_2A_2}}{R}$, $\sin B_3OA_3 = \frac{\overline{B_3A_3}}{R}$이므로, 사인값의 대소관계는 $\sin B_1OA_1 < \sin B_2OA_2 < \sin B_3OA_3$가 된다. 결국, 각 θ가 0에서 $\frac{\pi}{2}$까지 변할 때, 사인값은 0에서 1까지 증가한다.

$\cos B_1OA_1 = \frac{\overline{OA_1}}{R}, \cos B_2OA_2 = \frac{\overline{OA_2}}{R}, \cos B_3OA_3 = \frac{\overline{OA_3}}{R}$이므로, $\cos B_1OA_1 > \cos B_2OA_2 > \cos B_3OA_3$가 된다. 결국, 각 θ가 0에서 $\frac{\pi}{2}$까지 변할 때, 코사인값은 1에서 0까지 감소한다.

한편, $\tan B_1OA_1 = \frac{\overline{AM_1}}{R}, \tan B_2OA_2 = \frac{\overline{AM_2}}{R}, \tan B_3OA_3 = \frac{\overline{AM_3}}{R}$이므로, 탄젠트값의 대소관계는 $\tan B_1OA_1 < \tan B_2OA_2 < \tan B_3OA_3$가 된다. 결국, 각 θ가 0에서 $\frac{\pi}{2}$까지 변할 때, 탄젠트값은 0에서 ∞로 증가한다.

3. $\frac{\pi}{2}$에서 2π까지의 삼각함수

0에서 $\frac{\pi}{2}$까지의 삼각함수를 정의하였다. 이를 확장하여 $\frac{\pi}{2}$에서 2π까지의 삼각함수를 살펴보자. 그림 1.9(a)에서 예각 θ에 대한 삼각함수를 정의하기 위해, 동경 $\overrightarrow{OB}$와 원의 교점 B에서 시초선에 수선 BL을 작도하였다. 그리고 점 A, C로부터 그은 원에 대한 접선과 동경 $\overrightarrow{OB}$의 교점 M, N을 잡았다.

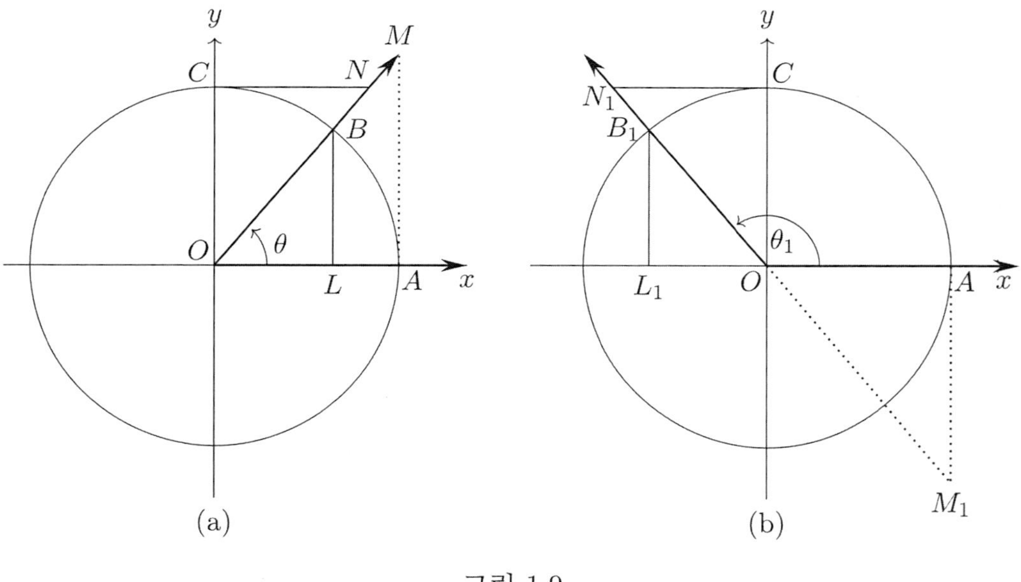

그림 1.9

그림 1.9(b)에는 제2사분면의 각 $\angle AOB_1 = \angle\theta_1$이 있다. 제2사분면의 각 θ_1에 대해서도 유사한 방법으로 삼각함수를 정의할 것이다. 이를 위해, 동경 $\overrightarrow{OB_1}$과 원의 교점

B_1에서 시초선 $\overrightarrow{OA}$에 수선을 작도하자. 이때, 점 B_1에서 내린 수선과 시초선 $\overrightarrow{OA}$가 만나지 않으므로, 시초선 $\overrightarrow{OA}$를 포함하는 직선 OA와 점 B_1에서 내린 수선의 교점을 L_1으로 잡자. 그러면, 선분 B_1L_1과 OL_1을 얻을 수 있다.

이제, 점 A, C로부터 그은 원에 대한 접선과 동경 $\overrightarrow{OB_1}$의 교점을 생각하자. 점 C로부터 그은 원에 대한 접선과 동경 $\overrightarrow{OB_1}$의 교점을 N_1이라 하자. 그러나 점 A로부터 그은 원에 대한 접선과 동경 $\overrightarrow{OB_1}$은 만나지 않으므로, 동경 $\overrightarrow{OB_1}$를 포함하는 직선 OB_1과 점 A에서 그은 접선의 교점을 M_1으로 잡자. 그러면, 선분 AM_1을 얻을 수 있다.

그림 1.10(a)에는 제3사분면의 각 $\angle AOB_2 = \angle\theta_2$가 있다. 이때, 동경 $\overrightarrow{OB_2}$와 원의 교점 B_2에서 시초선 $\overrightarrow{OA}$에 수선을 작도하자. 점 B_2에서 내린 수선과 시초선 $\overrightarrow{OA}$가 만나지 않으므로, 시초선 $\overrightarrow{OA}$를 포함하는 직선 OA와 점 B_2에서 내린 수선의 교점을 L_2로 잡자. 그러면, 선분 B_2L_2와 OL_2를 얻을 수 있다.

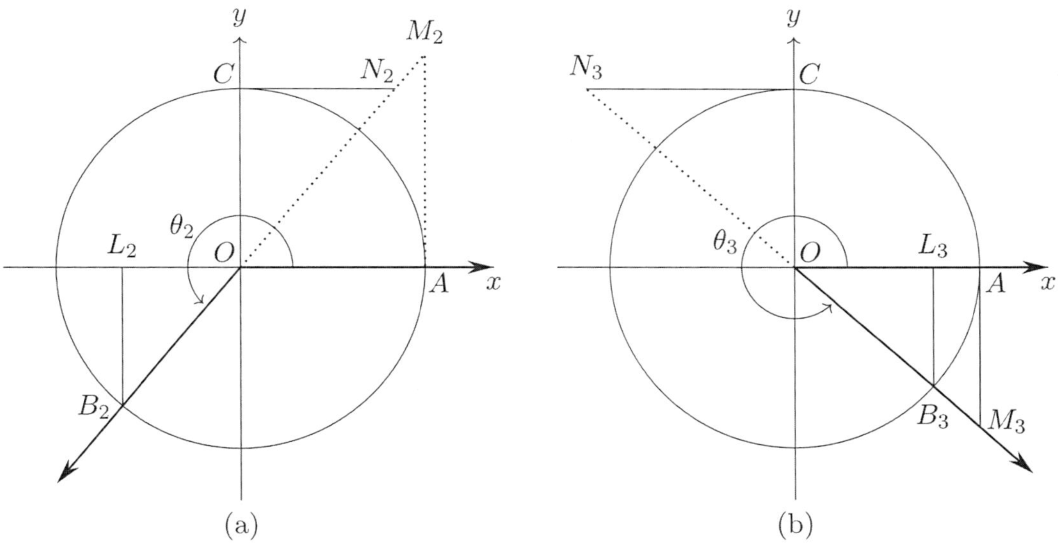

그림 1.10

이제, 점 A, C로부터 그은 원에 대한 접선과 동경 $\overrightarrow{OB_2}$의 교점을 생각하자. 점 A, C로부터 그은 원에 대한 접선과 동경 $\overrightarrow{OB_2}$가 만나지 않으므로, 동경 $\overrightarrow{OB_2}$를 포함하는 직선 OB_2와 점 A, C로부터 그은 접선의 교점을 M_2, N_2로 잡자. 그러면, 선분 AM_2,

CN_2를 얻을 수 있다.

그림 1.10(b)에 제4사분면의 각 $\angle AOB_3 = \angle\theta_3$가 있다. 이때, 동경 $\overrightarrow{OB_3}$와 원의 교점 B_3에서 시초선 $\overrightarrow{OA}$에 수선 B_3L_3를 작도하자. 그러면, 선분 B_3L_3와 OL_3를 얻을 수 있다. 점 A로부터 그은 원에 대한 접선과 동경 $\overrightarrow{OB_3}$의 교점을 M_3이라 하자. 그러면, 선분 AM_3을 얻을 수 있다. 그러나 점 C로부터 그은 원에 대한 접선과 동경 $\overrightarrow{OB_3}$은 만나지 않으므로, 동경 $\overrightarrow{OB_3}$을 포함하는 직선 OB_3과 점 C로부터 그은 접선의 교점을 N_3으로 잡자. 그러면, 선분 CN_3을 얻을 수 있다.

삼각함수의 확장 그림 1.9와 그림 1.10에서 제2사분면, 제3사분면, 제4사분면의 각에 대한 삼각함수 정의에 필요한 선분들을 작도하였다. 이제, 삼각함수를 정의하기 위해, 이 선분들의 부호에 대해 살펴보자.

먼저, 사인을 정의하는 선분을 살펴보자. 그림 1.9(a)에서 예각인 θ에 대해 $\sin\theta = \frac{\overline{BL}}{R}$로 정의하였다. 제2사분면, 제3사분면, 제4사분면의 각에 대해서도 유사한 방법으로 정의하자. 그림 1.9(b)에서 선분 B_1L_1, 그림 1.10(a)에서 선분 B_2L_2, 그림 1.10(b)에서 선분 B_3L_3를 이용하여 사인을 정의할 것이다.

그림 1.9에서 $\overline{BL}$, $\overline{B_1L_1}$은 x축의 윗쪽(y축의 양의 방향)에 놓여있으며, 그림 1.10에서 $\overline{B_2L_2}$, $\overline{B_3L_3}$는 x축의 아랫쪽(y축의 음의 방향)에 놓여있다. 그러므로, 제2사분면의 각 θ_1에 대해 $\sin\theta_1$을 정의할 때는 제1사분면의 $\sin\theta$와 같이 $\sin\theta_1 = \frac{\overline{B_1L_1}}{R}$로 정의한다. 그러나 제3사분면과 제4사분면의 각에 대해 사인을 정의할 때는 $\overline{B_2L_2}$, $\overline{B_3L_3}$에 음의 부호($-$)를 붙인다. 즉, $\sin\theta_2 = -\frac{\overline{B_2L_2}}{R}$, $\sin\theta_3 = -\frac{\overline{B_3L_3}}{R}$로 정의한다.

결국, 제1사분면과 제2사분면의 각에 대한 사인의 값은 양수이며, 제3사분면과 제4사분면의 각에 대한 사인의 값은 음수가 된다.

코사인을 정의하는 선분을 살펴보자. 그림 1.9(a)에서 예각인 θ에 대해 $\cos\theta = \frac{\overline{OL}}{R}$로 정의하였다. 제2사분면, 제3사분면, 제4사분면의 각에 대해서도 그림 1.9(b)에서 선분 OL_1, 그림 1.10(a)에서 선분 OL_2, 그림 1.10(b)에서 선분 OL_3를 이용하여 코사인을 정의할 것이다.

그림 1.9(a)에서 $\overline{OL}$과 그림 1.10(b)에서 $\overline{OL_3}$는 x축의 양의 방향에 있으며, 그림 1.9(b)에서 $\overline{OL_1}$과 그림 1.10(a)에서 $\overline{OL_2}$는 x축의 음의 방향에 놓여있다. 그러므로, 제4사분면의 각 θ_3에 대해 $\cos\theta_3$을 정의할 때는 제1사분면의 $\cos\theta$와 같이 $\cos\theta_3 = \frac{\overline{OL_3}}{R}$로 정의한다. 그러나 제2사분면과 제3분면의 각에 대해 코사인을 정의할 때에는 $\overline{OL_1}$과 $\overline{OL_2}$에 음의 부호(−)를 붙인다. 즉, $\cos\theta_1 = -\frac{\overline{OL_1}}{R}$, $\cos\theta_2 = -\frac{\overline{OL_2}}{R}$로 정의한다.

결국, 제1사분면과 제4사분면의 각에 대한 코사인의 값은 양수이며, 제2사분면과 제3사분면의 각에 대한 코사인의 값은 음수가 된다.

탄젠트를 정의하는 선분을 살펴보자. 그림 1.9(a)에서 예각인 θ에 대해 $\tan\theta = \frac{\overline{AM}}{R}$으로 정의하였다. 제2사분면, 제3사분면, 제4사분면의 각에 대해서도 그림 1.9(b)에서 선분 AM_1, 그림 1.10(a)에서 선분 AM_2, 그림 1.10(b)에서 선분 AM_3를 이용하여 탄젠트를 정의할 것이다.

그림 1.9(a)에서 $\overline{AM}$과 그림 1.10(a)에서 $\overline{AM_2}$는 y축의 양의 방향에 있으며, 그림 1.9(b)에서 $\overline{AM_1}$과 그림 1.10(b)에서 $\overline{AM_3}$는 y축의 음의 방향에 놓여있다. 그러므로, 제3사분면의 각 θ_2에 대해 $\tan\theta_2$를 정의할 때는 제1사분면의 $\tan\theta$와 같이 $\tan\theta_2 = \frac{\overline{AM_2}}{R}$로 정의한다. 그러나 제2사분면과 제4사분면의 각에 대해 탄젠트를 정의할 때에는 $\overline{AM_1}$과 $\overline{AM_3}$에 음의 부호(−)를 붙인다. 즉, $\tan\theta_1 = -\frac{\overline{AM_1}}{R}$, $\tan\theta_3 = -\frac{\overline{AM_3}}{R}$로 정의한다.

결국, 제1사분면과 제3사분면의 각에 대한 탄젠트의 값은 양수이며, 제2사분면과 제4사분면의 각에 대한 탄젠트의 값은 음수가 된다.

코탄젠트를 정의하는 선분을 살펴보자. 그림 1.9(a)에서 예각인 θ에 대해 $\cot\theta = \frac{\overline{CN}}{R}$으로 정의하였다. 제2사분면, 제3사분면, 제4사분면의 각에 대해서도 그림 1.9(b)에서 선분 CN_1, 그림 1.10(a)에서 선분 CN_2, 그림 1.10(b)에서 선분 CN_3를 이용하여 탄젠트를 정의할 것이다.

그림 1.9(a)에서 $\overline{CN}$과 그림 1.10(a)에서 $\overline{CN_2}$는 x축의 양의 방향에 있으며, 그림 1.9(b)에서 $\overline{CN_1}$과 그림 1.10(b)에서 $\overline{CN_3}$는 x축의 음의 방향에 놓여있다. 그러므로,

제3사분면의 각 θ_2에 대해 $\cot\theta_2$를 정의할 때는 제1사분면의 $\cot\theta$와 같이 $\cot\theta_2 = \frac{\overline{CN_2}}{R}$로 정의한다. 그러나 제2사분면과 제4분면의 각에 대해 코탄젠트를 정의할 때에는 $\overline{CN_1}$과 $\overline{CN_3}$에 음의 부호(−)를 붙인다. 즉, $\cot\theta_1 = -\frac{\overline{CN_1}}{R}$, $\cot\theta_3 = -\frac{\overline{CN_3}}{R}$로 정의한다.

결국, 제1사분면과 제3사분면의 각에 대한 코탄젠트의 값은 양수이며, 제2사분면과 제4사분면의 각에 대한 코탄젠트의 값은 음수가 된다.

그림 1.9와 그림 1.10을 이용하여 $[0, 2\pi]$에 속하는 각 θ에 대해 $\sin\theta$, $\cos\theta$, $\tan\theta$, $\cot\theta$를 다음과 같이 정의하였다.

	제1사분면	제2사분면	제3사분면	제4사분면
$\sin\theta$	$\frac{\overline{BL}}{R}$	$\frac{\overline{B_1L_1}}{R}$	$-\frac{\overline{B_2L_2}}{R}$	$-\frac{\overline{B_3L_3}}{R}$
$\cos\theta$	$\frac{\overline{OL}}{R}$	$-\frac{\overline{OL_1}}{R}$	$-\frac{\overline{OL_2}}{R}$	$\frac{\overline{OL_3}}{R}$
$\tan\theta$	$\frac{\overline{AM}}{R}$	$-\frac{\overline{AM_1}}{R}$	$\frac{\overline{AM_2}}{R}$	$-\frac{\overline{AM_3}}{R}$
$\cot\theta$	$\frac{\overline{CN}}{R}$	$-\frac{\overline{CN_1}}{R}$	$\frac{\overline{CN_2}}{R}$	$-\frac{\overline{CN_3}}{R}$

코시컨트와 시컨트를 정의하는 선분을 생각하자. 예각 θ에 대해 $\operatorname{cosec}\theta = \frac{\overline{ON}}{R}$, $\sec\theta = \frac{\overline{OM}}{R}$으로 정의했다. 즉, 선분 ON을 이용하여 코시컨트를 정의하고, 선분 OM을 이용하여 시컨트를 정의했다. 선분 ON과 OM은 x축 또는 y축과 평행하지 않으므로, x축(y축)의 양의 방향 또는 음의 방향을 중심으로 부호를 결정할 수가 없다.

시컨트를 정의하자. 그림 1.9(a)와 그림 1.10(b)에서 $\overline{OM}$, $\overline{OM_3}$는 동경 $\overrightarrow{OB}$, $\overrightarrow{OB_3}$에 속하지만, 그림 1.9(b)와 그림 1.10(a)에서 $\overline{OM_1}$, $\overline{OM_2}$는 동경 $\overrightarrow{OB_1}$, $\overrightarrow{OB_2}$에 속하지 않으며 직선 OB_1, OB_2에 속한다.

그러므로, 그림 1.10(b)의 제4사분면의 각 θ_3에 대해 $\sec\theta_3$를 정의할 때는 제1사분면의 $\sec\theta$와 같이 $\sec\theta_3 = \frac{\overline{OM_3}}{R}$로 정의한다. 그러나 그림 1.9(b)와 그림 1.10(a)에 있는 제2사분면과 제3사분면의 각에 대해 시컨트를 정의할 때에는 $\overline{OM_1}$과 $\overline{OM_2}$에 음의 부호(−)를 붙인다. 즉, $\sec\theta_1 = -\frac{\overline{OM_1}}{R}$, $\sec\theta_2 = -\frac{\overline{OM_2}}{R}$로 정의한다.

결국, 제1사분면과 제4사분면의 각에 대한 시컨트의 값은 양수이며, 제2사분면과 제3사분면의 각에 대한 시컨트의 값은 음수가 된다.

코시컨트를 정의하자. 그림 1.9(a)와 그림 1.9(b)에서 $\overline{ON}$, $\overline{ON_1}$은 동경 $\overrightarrow{OB}$, $\overrightarrow{OB_1}$에 속하지만, 그림 1.10(a)와 그림 1.10(b)에서 $\overline{ON_2}$, $\overline{OM_3}$는 동경 $\overrightarrow{OB_2}$, $\overrightarrow{OB_3}$에 속하지 않으며 직선 OB_2, OB_3에 속한다.

그러므로, 그림 1.9(b)의 제2사분면의 각 θ_1에 대해 $\operatorname{cosec}\theta_1$을 정의할 때는 제1사분면의 $\operatorname{cosec}\theta$와 같이 $\operatorname{cosec}\theta_1 = \frac{\overline{ON_1}}{R}$으로 정의한다. 그러나 그림 1.10(a)와 그림 1.10(b)에 있는 제3사분면과 제4사분면의 각에 대해 코시컨트를 정의할 때에는 $\overline{ON_2}$와 $\overline{ON_3}$에 음의 부호(−)를 붙인다. 즉, $\operatorname{cosec}\theta_2 = -\frac{\overline{ON_2}}{R}$, $\operatorname{cosec}\theta_3 = -\frac{\overline{ON_3}}{R}$로 정의한다.

결국, 제1사분면과 제2사분면의 각에 대한 코시컨트의 값은 양수이며, 제3사분면과 제4사분면의 각에 대한 코시컨트의 값은 음수가 된다.

그림 1.9와 그림 1.10을 이용하여 $[0, 2\pi]$에 속하는 각 θ에 대해 $\sec\theta$, $\operatorname{cosec}\theta$를 다음과 같이 정의하였다.

	제1사분면	제2사분면	제3사분면	제4사분면
$\sec\theta$	$\frac{\overline{OM}}{R}$	$-\frac{\overline{OM_1}}{R}$	$-\frac{\overline{OM_2}}{R}$	$\frac{\overline{OM_3}}{R}$
$\operatorname{cosec}\theta$	$\frac{\overline{ON}}{R}$	$\frac{\overline{ON_1}}{R}$	$-\frac{\overline{ON_2}}{R}$	$-\frac{\overline{ON_3}}{R}$

제2사분면의 각에 대한 사인, 코사인, 탄젠트의 값 제2사분면의 각 $\frac{2\pi}{3}$, $\frac{3\pi}{4}$, $\frac{5\pi}{6}$에 대한 사인, 코사인, 탄젠트의 값을 살펴보자. 이를 위해, 제1사분면의 각 θ와 제2사분면의 각 $\pi - \theta$의 삼각함수 값에는 어떤 관계가 있는지 살펴보자.

그림 1.11에 시초선이 $\overrightarrow{OA}$이고 동경이 $\overrightarrow{OB}$인 각 $\angle AOE = \theta$, 동경이 $\overrightarrow{OB_1}$인 각 $\angle AOB_1 = \pi - \theta$가 주어졌다. 그러면 각 A_1OB_1의 크기는 θ가 된다.

이제, $\sin(\pi - \theta)$를 생각하자. 정의에 의해 $\sin(\pi - \theta) = \frac{\overline{B_1L_1}}{R}$이다. 직각삼각형 OBL과 OB_1L_1에서 $\angle BOL = \angle B_1OL_1$이고 $\overline{OB} = \overline{OB_1}$이그로, 직각삼각형 OBL과

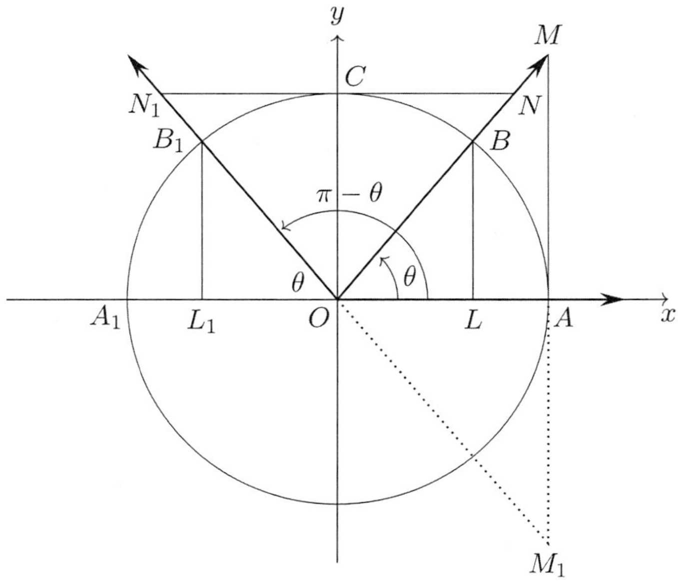

그림 1.11

OB_1L_1은 합동이다. 그러므로, $\overline{BL} = \overline{B_1L_1}$이며, 다음이 성립한다.

$$\sin(\pi - \theta) = \frac{\overline{B_1L_1}}{R} = \frac{\overline{BL}}{R} = \sin\theta$$

정의에 의해 $\cos(\pi-\theta) = -\frac{\overline{OL_1}}{R}$이다. 직각삼각형 OBL과 OB_1L_1의 합동으로부터 $\overline{OL} = \overline{OL_1}$이다. 그러므로, 다음이 성립한다.

$$\cos(\pi - \theta) = -\frac{\overline{OL_1}}{R} = -\frac{\overline{OL}}{R} = -\cos\theta$$

한편, 정의에 의해 $\tan(\pi - \theta) = -\frac{\overline{AM_1}}{R}$이다. 직각삼각형 OMA와 OM_1A에서 $\angle MOA = \angle M_1OA$이고 $\overline{OA}$는 공통이므로, 직각삼각형 OMA과 OM_1A는 합동이다. 그러므로, $\overline{AM} = \overline{AM_1}$이며, 다음이 성립한다.

$$\tan(\pi - \theta) = -\frac{\overline{AM_1}}{R} = -\frac{\overline{AM}}{R} = -\tan\theta$$

위의 성질을 이용하면, 각 $\frac{2\pi}{3}, \frac{3\pi}{4}, \frac{5\pi}{6}$에 대한 사인, 코사인, 탄젠트의 값을 구할 수

있다. $\frac{2\pi}{3} = \pi - \frac{\pi}{3}, \frac{3\pi}{4} = \pi - \frac{\pi}{4}$가 된다는 것을 생각하면, 다음을 알 수 있다.

$$\sin\frac{2\pi}{3} = \sin\left(\pi - \frac{\pi}{3}\right) = \sin\frac{\pi}{3} = \frac{\sqrt{3}}{2},$$
$$\cos\frac{2\pi}{3} = \cos\left(\pi - \frac{\pi}{3}\right) = -\cos\frac{\pi}{3} = -\frac{1}{2},$$
$$\tan\frac{2\pi}{3} = \tan\left(\pi - \frac{\pi}{3}\right) = -\tan\frac{\pi}{3} = -\sqrt{3},$$
$$\sin\frac{3\pi}{4} = \sin\left(\pi - \frac{\pi}{4}\right) = \sin\frac{\pi}{4} = \frac{\sqrt{2}}{2},$$
$$\cos\frac{3\pi}{4} = \cos\left(\pi - \frac{\pi}{4}\right) = -\cos\frac{\pi}{4} = -\frac{\sqrt{2}}{2},$$
$$\tan\frac{3\pi}{4} = \tan\left(\pi - \frac{\pi}{4}\right) = -\tan\frac{\pi}{4} = -1$$

유사한 방법으로, $\frac{5\pi}{6} = \pi - \frac{\pi}{6}$에 대한 삼각함수를 다음과 같이 구할 수 있다.

$$\sin\frac{5\pi}{6} = \sin\frac{\pi}{6} = \frac{1}{2}, \quad \cos\frac{5\pi}{6} = -\cos\frac{\pi}{6} = -\frac{\sqrt{3}}{2}, \quad \tan\frac{5\pi}{6} = -\tan\frac{\pi}{6} = -\frac{\sqrt{3}}{3}$$

그림 1.11에서 $\operatorname{cosec}(\pi - \theta), \sec(\pi - \theta), \cot(\pi - \theta)$의 값도 $\operatorname{cosec}\theta, \sec\theta, \cot\theta$의 값을 이용하여 나타낼 수 있다. 정의에 의해 $\operatorname{cosec}(\pi - \theta) = \frac{\overline{ON_1}}{R}$이다. 직각삼각형 OCN과 OCN_1에서 $\angle CON = \angle CON_1 = \frac{\pi}{2} - \theta$이고 $\overline{OC}$는 공통이므로, 직각삼각형 OCN과 OCN_1은 합동이다. 그러므로, $\overline{ON_1} = \overline{ON}$이며, 다음이 성립한다.

$$\operatorname{cosec}(\pi - \theta) = \frac{\overline{ON_1}}{R} = \frac{\overline{ON}}{R} = \operatorname{cosec}\theta$$

정의에 의해 $\sec(\pi - \theta) = -\frac{\overline{OM_1}}{R}$이다. 직각삼각형 OMA와 OM_1A의 합동으로부터 $\overline{OM_1} = \overline{OM}$이며, 다음이 성립한다.

$$\sec(\pi - \theta) = -\frac{\overline{OM_1}}{R} = -\frac{\overline{OM}}{R} = -\sec\theta$$

정의에 의해 $\cot(\pi - \theta) = -\frac{\overline{CN_1}}{R}$이다. 직각삼각형 OCN과 OCN_1의 합동으로부터 $\overline{CN_1} = \overline{CN}$이며, 다음이 성립한다.

$$\cot(\pi - \theta) = -\frac{\overline{CN_1}}{R} = -\frac{\overline{CN}}{R} = -\cot\theta$$

결국, 제2사분면의 각 θ에 대해 다음이 성립한다.

$$\sin(\pi-\theta)=\sin\theta,\quad \cos(\pi-\theta)=-\cos\theta,\quad \tan(\pi-\theta)=-\tan\theta$$

$$\operatorname{cosec}(\pi-\theta)=\operatorname{cosec}\theta,\quad \sec(\pi-\theta)=-\sec\theta,\quad \cot(\pi-\theta)=-\cot\theta$$

제3사분면과 제4사분면의 각에 대한 사인, 코사인, 탄젠트의 값 제3사분면의 각과 제1사분면의 각의 삼각함수 값들 사이에는 어떤 관계가 있는지 살펴보자. 그림 1.12에서 $\sin\theta=\frac{\overline{BL}}{R}$이며, 정의에 의해 $\sin(\pi+\theta)=-\frac{\overline{B_2L_2}}{R}$이다.

직각삼각형 BOL과 B_2OL_2에서 $\angle BOL=\angle B_2OL_2$이고 $\overline{OB}=\overline{OB_2}$이므로, 직각삼각형 BOL과 B_2OL_2는 합동이다. 그러므로, $\overline{BL}=\overline{B_2L_2}$이며, $\sin\theta=-\sin(\pi+\theta)$가 된다.

$\cos\theta=\frac{\overline{OL}}{R}$이며 정의에 의해 $\cos(\pi+\theta)=-\frac{\overline{OL_2}}{R}$이다. 직각삼각형 BOL과 B_2OL_2의 합동으로부터 $\overline{OL}=\overline{OL_2}$이므로, $\cos\theta=-\cos(\pi+\theta)$이다. $\tan\theta=\frac{\overline{AM}}{R}$이며 $\tan(\pi+\theta)=\frac{\overline{AM_2}}{R}$이다. 그러므로 $\tan\theta=\tan(\pi+\theta)$이다.

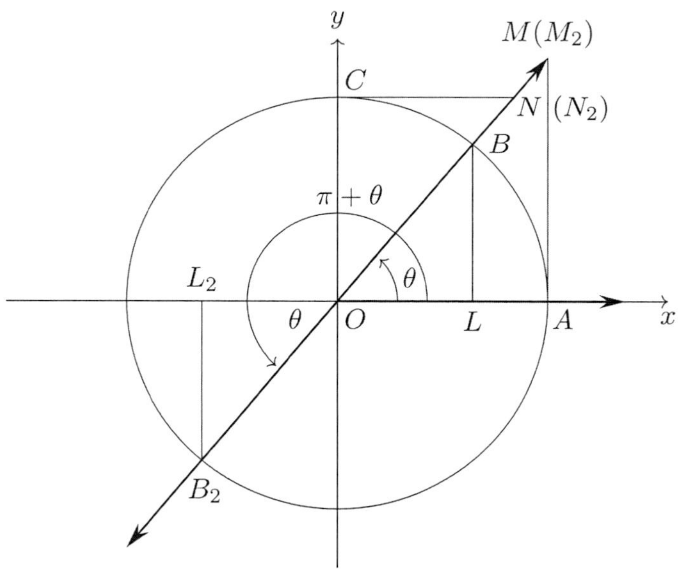

그림 1.12

$\cot\theta=\frac{\overline{CN}}{R}$이며 정의에 의해 $\cot(\pi+\theta)=\frac{\overline{CN_2}}{R}$이다. 그러므로, $\cot\theta=\cot(\pi+\theta)$

이다. $\operatorname{cosec}\theta$와 $\sec\theta$도 유사한 방법으로 생각하면, $\operatorname{cosec}\theta = -\operatorname{cosec}(\pi+\theta)$, $\sec\theta = -\sec(\pi+\theta)$가 된다는 것을 알 수 있다.

결국, 제3사분면의 각 θ에 대해 다음이 성립한다.

$$\sin(\pi+\theta) = -\sin\theta, \quad \cos(\pi+\theta) = -\cos\theta, \quad \tan(\pi+\theta) = \tan\theta$$

$$\operatorname{cosec}(\pi+\theta) = -\operatorname{cosec}\theta, \quad \sec(\pi+\theta) = -\sec\theta, \quad \cot(\pi+\theta) = \cot\theta$$

제4사분면의 각과 제1사분면의 각의 삼각함수 값들 사이에는 어떤 관계가 있는지 살펴보자. 그림 1.13에서 $\sin\theta = \frac{\overline{BL}}{R}$이며 $\sin(2\pi-\theta) = -\frac{\overline{B_3L}}{R}$이다. 직각삼각형 BOL과 B_3OL에서 $\angle BOL = \angle B_3OL$이고 $\overline{OL}$은 공통이므로, 직각삼각형 BOL과 B_3OL은 합동이다. 그러므로, $\overline{BL} = \overline{B_3L}$이며, $\sin(2\pi-\theta) = -\sin\theta$이다.

한편, $\cos\theta = \frac{\overline{OL}}{R}$이며 $\cos(2\pi-\theta) = \frac{\overline{OL}}{R}$이므로, $\cos(2\pi-\theta) = \cos\theta$이다. $\tan\theta = \frac{\overline{AM}}{R}$이며 $\tan(2\pi-\theta) = -\frac{\overline{AM_3}}{R}$이다. 직각삼각형 MOA와 M_3OA에서 $\angle MOA = \angle M_3OA$이고 $\overline{OA}$은 공통이므로, 직각삼각형 MOA과 M_3OA는 합동이다. 그러므로, $\overline{AM} = \overline{AM_3}$이며, $\tan(2\pi-\theta) = -\tan\theta$이다.

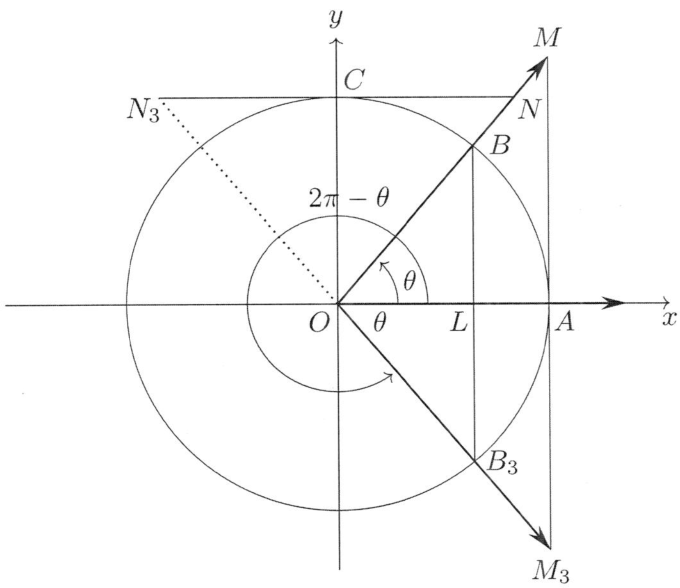

그림 1.13

$\cot\theta = \frac{\overline{CN}}{R}$이며 $\cot(2\pi-\theta) = -\frac{\overline{CN_3}}{R}$이다. 직각삼각형 CON과 CON_3의 합동으로부터 $\overline{CN} = \overline{CN_3}$이며, $\cot(2\pi-\theta) = -\cot\theta$이다. $\operatorname{cosec}\theta$와 $\sec\theta$도 유사한 방법으로 생각하면, $\operatorname{cosec}(2\pi-\theta) = -\operatorname{cosec}\theta$, $\sec(2\pi-\theta) = \sec\theta$가 된다는 것을 알 수 있다.

결국, 제4사분면의 각 θ에 대해 다음이 성립한다.

$$\sin(2\pi-\theta) = -\sin\theta, \quad \cos(2\pi-\theta) = \cos\theta, \quad \tan(2\pi-\theta) = -\tan\theta$$

$$\operatorname{cosec}(2\pi-\theta) = -\operatorname{cosec}\theta, \quad \sec(2\pi-\theta) = \sec\theta, \quad \cot(2\pi-\theta) = -\cot\theta$$

한편, 각을 정의하면서 시초선 $\overrightarrow{OA}$에 대해 동경 $\overrightarrow{OB}$가 시계방향으로 간 경우에 음의 부호(−)를 붙여서 표시한다고 하였다. 각 $2\pi-\theta$는 동경이 제4사분면에 있으며, 각 $-\theta$의 동경과 일치한다. 그러므로, 각 $2\pi-\theta$에 대해 유도한 삼각함수의 규칙성을 각 $-\theta$에 대해서도 다음과 같이 쓸 수 있다.

$$\sin(2\pi-\theta) = \sin(-\theta) = -\sin\theta, \quad \cos(2\pi-\theta) = \cos(-\theta) = \cos\theta$$

$$\tan(2\pi-\theta) = \tan(-\theta) = -\tan\theta, \quad \cot(2\pi-\theta) = \cot(-\theta) = -\cot\theta$$

$$\operatorname{cosec}(2\pi-\theta) = \operatorname{cosec}(-\theta) = -\operatorname{cosec}\theta, \quad \sec(2\pi-\theta) = \sec(-\theta) = \sec\theta$$

그리고 $\sin(\pi-\theta) = \sin\theta$, $\sin(\pi+\theta) = -\sin\theta$이며, $\sin(2\pi-\theta) = -\sin\theta$, $\sin(2\pi+\theta) = \sin\theta$가 성립하므로, 이것을 일반화하면 다음과 같이 나타낼 수 있다.

$$\sin(n\pi-\theta) = (-1)^{n+1}\sin\theta, \quad \sin(n\pi+\theta) = (-1)^n\sin\theta$$

$\cos(\pi-\theta) = -\cos\theta, \cos(\pi+\theta) = -\cos\theta, \cos(2\pi-\theta) = \cos\theta, \cos(2\pi+\theta) = \cos\theta$가 성립하므로, 이것을 일반화하면 다음과 같이 나타낼 수 있다.

$$\cos(n\pi-\theta) = (-1)^n\cos\theta, \quad \cos(n\pi+\theta) = (-1)^n\cos\theta$$

한편, 탄젠트와 코탄젠트는 제1사분면과 제3사분면에서 양의 값을 가지며, 제2사분면과 제4사분면에서 음의 값을 가진다. 그러므로, 다음과 같이 일반화하여 나타낼 수 있다.

$$\tan(n\pi\pm\theta) = \pm\tan\theta, \quad \cot(n\pi\pm\theta) = \pm\cot\theta$$

예제 1.2. 다음을 증명하여라.

(1) $\sin(\theta - \pi) = -\sin\theta,\ \ \operatorname{cosec}(\theta - \pi) = -\operatorname{cosec}\theta$

(2) $\cos(\theta - \pi) = -\cos\theta,\ \ \sec(\theta - \pi) = -\sec\theta$

(3) $\tan(\theta - \pi) = \tan\theta,\ \ \cot(\theta - \pi) = \cot\theta$

풀이. (1) $\sin(-\theta) = -\sin\theta$이므로, $\sin(\theta-\pi) = \sin(-(\pi-\theta)) = -\sin(\pi-\theta) = -\sin\theta$가 된다. 그리고 $\operatorname{cosec}(-\theta) = -\operatorname{cosec}\theta$이므로, $\operatorname{cosec}(\theta - \pi) = \operatorname{cosec}(-(\pi - \theta)) = -\operatorname{cosec}(\pi - \theta) = -\operatorname{cosec}\theta$가 된다.

(2) $\cos(-\theta) = \cos\theta$이므로, $\cos(\theta - \pi) = \cos(-(\pi - \theta)) = \cos(\pi - \theta) = -\cos\theta$가 된다. 그리고 $\sec(-\theta) = \sec\theta$이므로, $\sec(\theta-\pi) = \sec(-(\pi-\theta)) = \sec(\pi-\theta) = -\sec\theta$가 된다.

(3) $\tan(-\theta) = -\tan\theta$이므로, $\tan(\theta-\pi) = \tan(-(\pi-\theta)) = -\tan(\pi-\theta) = \tan\theta$가 된다. 그리고 $\cot(-\theta) = -\cot\theta$이므로, $\cot(\theta-\pi) = \cot(-(\pi-\theta)) = -\cot(\pi-\theta) = \cot\theta$가 된다. □

4. θ와 $\left(\frac{\pi}{2} \pm \theta\right)$, $\left(\frac{3\pi}{2} \pm \theta\right)$의 삼각함수

각 θ와 $(\frac{\pi}{2} \pm \theta)$에 대한 삼각함수들 사이의 관계를 살펴보자. $\sin\theta$와 $\sin(\frac{\pi}{2} \pm \theta)$사이의 관계를 조사하자. 이를 위해, 그림 1.14를 이용하자.

그림 1.14에서 $\angle BOA = \theta = \angle COB_1$이다. 그러면 $\angle B_1OA = \frac{\pi}{2} - \theta$이다. 사인의 정의에 의해, $\sin(\frac{\pi}{2} - \theta) = \frac{\overline{B_1L_1}}{R}$이다. 직각삼각형 B_1OL_1과 OLB에서 $\angle BOL = \angle OB_1L_1 = \theta$이고 $\overline{OB} = \overline{OB_1}$이므로, 직각삼각형 B_1OL_1과 OBL은 합동이다. 이로부터 $\overline{B_1L_1} = \overline{OL}$이 된다. 즉, $\sin(\frac{\pi}{2} - \theta) = \frac{\overline{B_1L_1}}{R} = \frac{\overline{OL}}{R}$이다. 그런데, 동경 $\overrightarrow{OB}$를 보면 $\cos\theta = \frac{\overline{OL}}{R}$이다. 그러므로, $\sin(\frac{\pi}{2} - \theta) = \cos\theta$가 성립한다.

한편, $\cos(\frac{\pi}{2} - \theta) = \frac{\overline{OL_1}}{R}$이다. 직각삼각형 B_1OL_1과 OBL의 합동에 의해 $\overline{OL_1} = \overline{BL}$이며, $\cos(\frac{\pi}{2} - \theta) = \frac{\overline{OL_1}}{R} = \frac{\overline{BL}}{R}$이다. 이때, $\frac{\overline{BL}}{R} = \sin\theta$이그로, $\cos(\frac{\pi}{2} - \theta) = \sin\theta$가 된다.

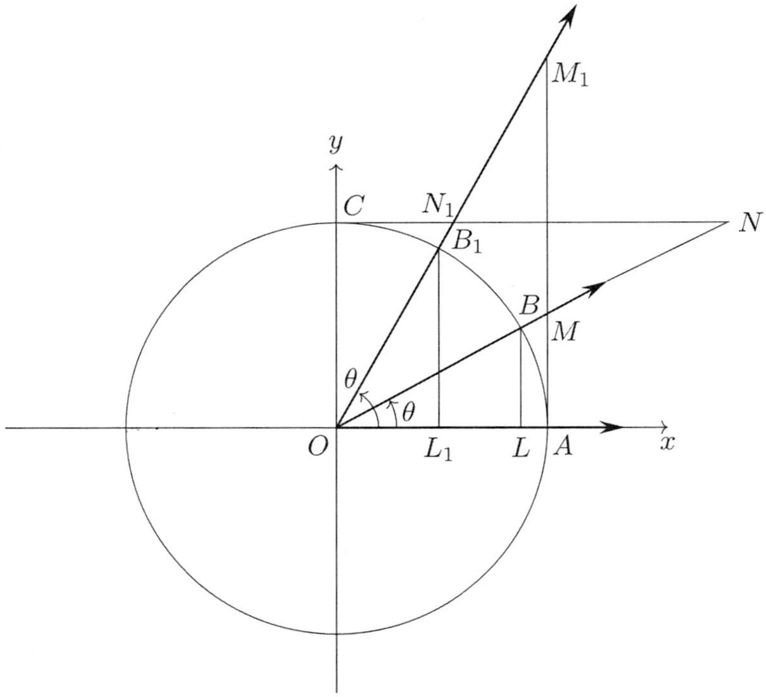

그림 1.14

$\sin\left(\frac{\pi}{2}-\theta\right)=\cos\theta$와 $\cos\left(\frac{\pi}{2}-\theta\right)=\sin\theta$인 것, $\operatorname{cosec}\theta=\frac{1}{\sin\theta}$와 $\sec\theta=\frac{1}{\cos\theta}$라는 것으로부터 $\operatorname{cosec}\left(\frac{\pi}{2}-\theta\right)$와 $\sec\left(\frac{\pi}{2}-\theta\right)$에 대해 다음을 알 수 있다.

$$\operatorname{cosec}\left(\frac{\pi}{2}-\theta\right)=\frac{1}{\sin\left(\frac{\pi}{2}-\theta\right)}=\frac{1}{\cos\theta}=\sec\theta$$

$$\sec\left(\frac{\pi}{2}-\theta\right)=\frac{1}{\cos\left(\frac{\pi}{2}-\theta\right)}=\frac{1}{\sin\theta}=\operatorname{cosec}\theta$$

$\tan\left(\frac{\pi}{2}-\theta\right)=\frac{\overline{AM_1}}{R}$이다. 직각삼각형 OM_1A과 ONC에서 $\angle M_1OA=\angle NOC=\frac{\pi}{2}-\theta$이며 $\overline{OA}=\overline{OC}$이므로, 직각삼각형 OM_1A와 ONC는 합동이다. 이로부터 $\overline{AM_1}=\overline{CN}$이며, $\tan\left(\frac{\pi}{2}-\theta\right)=\frac{\overline{AM_1}}{R}=\frac{\overline{CN}}{R}$이다. 동경 $\overrightarrow{OB}$에서 $\frac{\overline{CN}}{R}=\cot\theta$이며, $\tan\left(\frac{\pi}{2}-\theta\right)=\cot\theta$가 된다.

$\cot\left(\frac{\pi}{2}-\theta\right)=\frac{\overline{CN_1}}{R}$이다. 직각삼각형 OCN_1과 OAM은 합동이며, $\overline{CN_1}=\overline{AM}$이다. 그러므로, $\cot\left(\frac{\pi}{2}-\theta\right)=\frac{\overline{CN_1}}{R}=\frac{\overline{AM}}{R}$이다. $\frac{\overline{AM}}{R}=\tan\theta$이므로, $\cot\left(\frac{\pi}{2}-\theta\right)=\tan\theta$가 된다.

살펴본 관계를 정리하면, 다음과 같다.

$$\sin\left(\frac{\pi}{2}-\theta\right)=\cos\theta,\quad \cos\left(\frac{\pi}{2}-\theta\right)=\sin\theta$$

$$\tan\left(\frac{\pi}{2}-\theta\right)=\cot\theta,\quad \cot\left(\frac{\pi}{2}-\theta\right)=\tan\theta$$

$$\operatorname{cosec}\left(\frac{\pi}{2}-\theta\right)=\sec\theta,\quad \sec\left(\frac{\pi}{2}-\theta\right)=\operatorname{cosec}\theta$$

각 θ와 $(\frac{\pi}{2}+\theta)$에 대한 삼각함수들 사이의 관계를 살펴보자.

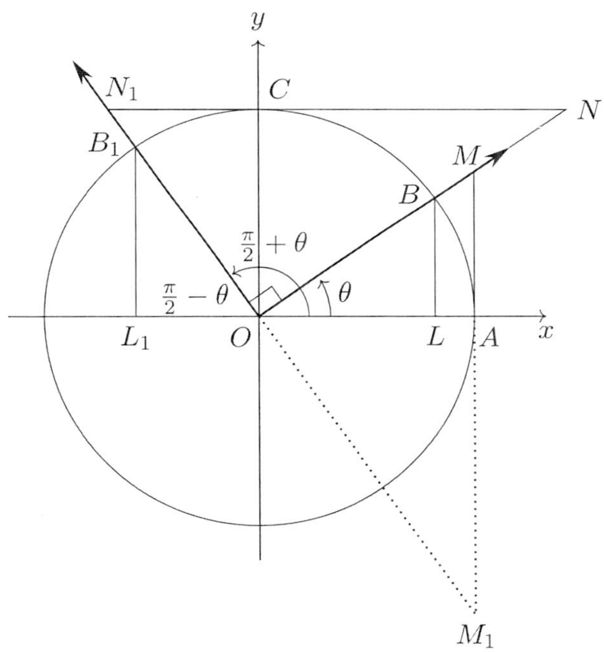

그림 1.15

그림 1.15에서 $\sin(\frac{\pi}{2}+\theta)=\frac{\overline{B_1L_1}}{R}$이다. 직각삼각형 B_1L_1O와 OLB에서 $\angle L_1B_1O=\angle LOB=\theta$이며 $\overline{OB_1}=\overline{OB}$이므로, 직각삼각형 B_1L_1O와 OLB는 합동이다. 이로부터 $\overline{B_1L_1}=\overline{OL}$이며, $\sin(\frac{\pi}{2}+\theta)=\frac{\overline{B_1L_1}}{R}=\frac{\overline{OL}}{R}$이다. 동경 $\overrightarrow{OB}$에서 $\cos\theta=\frac{\overline{OL}}{R}$이므로, 다음이 성립한다.

$$\sin\left(\frac{\pi}{2}+\theta\right)=\frac{\overline{B_1L_1}}{R}=\frac{\overline{OL}}{R}=\cos\theta$$

$\cos\left(\frac{\pi}{2}+\theta\right) = -\frac{\overline{OL_1}}{R}$이다. 직각삼각형 B_1L_1O와 OLB의 합동으로부터 $\overline{OL_1} = \overline{BL}$이므로, 다음이 성립한다.

$$\cos\left(\frac{\pi}{2}+\theta\right) = -\frac{\overline{OL_1}}{R} = -\frac{\overline{BL}}{R} = -\sin\theta$$

$\sin\left(\frac{\pi}{2}+\theta\right) = \cos\theta$와 $\cos\left(\frac{\pi}{2}+\theta\right) = -\sin\theta$로부터 $\operatorname{cosec}\left(\frac{\pi}{2}+\theta\right)$와 $\sec\left(\frac{\pi}{2}+\theta\right)$에 대해 다음을 유도할 수 있다.

$$\operatorname{cosec}\left(\frac{\pi}{2}+\theta\right) = \frac{1}{\sin\left(\frac{\pi}{2}+\theta\right)} = \frac{1}{\cos\theta} = \sec\theta$$

$$\sec\left(\frac{\pi}{2}+\theta\right) = \frac{1}{\cos\left(\frac{\pi}{2}+\theta\right)} = \frac{1}{-\sin\theta} = -\operatorname{cosec}\theta$$

$\tan\left(\frac{\pi}{2}+\theta\right) = -\frac{\overline{AM_1}}{R}$이다. 직각삼각형 OAM_1과 OCN에서 $\angle OM_1A = \angle ONC = \theta$이며 $\overline{OA} = \overline{OC}$이므로, 직각삼각형 OAM_1과 OCN은 합동이며, $\overline{AM_1} = \overline{CN}$이다. $\cot\theta = \frac{\overline{CN}}{R}$이므로, 다음이 성립한다.

$$\tan\left(\frac{\pi}{2}+\theta\right) = -\frac{\overline{AM_1}}{R} = -\frac{\overline{CN}}{R} = -\cot\theta$$

$\cot\left(\frac{\pi}{2}+\theta\right) = -\frac{\overline{CN_1}}{R}$이다. 직각삼각형 OCN_1과 OAM에서 $\angle N_1OC = \angle MOA = \theta$이며 $\overline{OA} = \overline{OC}$이므로 직각삼각형 OCN_1과 OAM은 합동이며, $\overline{CN_1} = \overline{AM}$이다. $\tan\theta = \frac{\overline{AM}}{R}$이므로, 다음이 성립한다.

$$\cot\left(\frac{\pi}{2}+\theta\right) = -\frac{\overline{CN_1}}{R} = -\frac{\overline{AM}}{R} = -\tan\theta$$

예제 1.3. 다음을 증명하여라.

(1) $\sin(\theta-\frac{\pi}{2}) = -\cos\theta,\ \ \operatorname{cosec}(\theta-\frac{\pi}{2}) = -\sec\theta$

(2) $\cos(\theta-\frac{\pi}{2}) = \sin\theta,\ \ \sec(\theta-\frac{\pi}{2}) = \operatorname{cosec}\theta$

(3) $\tan(\theta-\frac{\pi}{2}) = -\cot\theta,\ \ \cot(\theta-\frac{\pi}{2}) = -\tan\theta$

풀이. (1) $\sin(-\theta) = -\sin\theta$이므로, $\sin\left(\theta-\frac{\pi}{2}\right) = \sin\left(-\left(\frac{\pi}{2}-\theta\right)\right) = -\sin\left(\frac{\pi}{2}-\theta\right) = -\cos\theta$가 된다. 그리고 $\operatorname{cosec}(-\theta) = -\operatorname{cosec}\theta$가 성립한다. 그러므로, $\operatorname{cosec}\left(\theta-\frac{\pi}{2}\right) = \operatorname{cosec}\left(-\left(\frac{\pi}{2}-\theta\right)\right) = -\operatorname{cosec}\left(\frac{\pi}{2}-\theta\right) = -\sec\theta$가 된다.

(2) $\cos(-\theta) = \cos\theta$이므로, $\cos\left(\theta - \frac{\pi}{2}\right) = \cos\left(-\left(\frac{\pi}{2} - \theta\right)\right) = \cos\left(\frac{\pi}{2} - \theta\right) = \sin\theta$가 된다. 그리고 $\sec(-\theta) = \sec\theta$이므로, $\sec\left(\theta - \frac{\pi}{2}\right) = \sec\left(-\left(\frac{\pi}{2} - \theta\right)\right) = \sec\left(\frac{\pi}{2} - \theta\right) = \operatorname{cosec}\theta$가 된다.

(3) $\tan(-\theta) = -\tan\theta$이므로, $\tan\left(\theta - \frac{\pi}{2}\right) = \tan\left(-\left(\frac{\pi}{2} - \theta\right)\right) = -\tan\left(\frac{\pi}{2} - \theta\right) = -\cot\theta$가 된다. 그리고 $\cot(-\theta) = -\cot\theta$이므로, $\cot\left(\theta - \frac{\pi}{2}\right) = \cot\left(-\left(\frac{\pi}{2} - \theta\right)\right) = -\cot\left(\frac{\pi}{2} - \theta\right) = -\tan\theta$가 된다. □

θ와 $\left(\frac{3\pi}{2} + \theta\right)$에 대한 삼각함수들 사이의 관계를 살펴보자. 그림 1.16을 이용하면, 다음 관계를 유도할 수 있다. 이것의 증명은 독자에게 남긴다.

$$\sin\left(\frac{3\pi}{2} + \theta\right) = -\cos\theta, \quad \cos\left(\frac{3\pi}{2} + \theta\right) = \sin\theta$$

$$\tan\left(\frac{3\pi}{2} + \theta\right) = -\cot\theta, \quad \cot\left(\frac{3\pi}{2} + \theta\right) = -\tan\theta$$

$$\operatorname{cosec}\left(\frac{3\pi}{2} + \theta\right) = -\sec\theta, \quad \sec\left(\frac{3\pi}{2} + \theta\right) = \operatorname{cosec}\theta$$

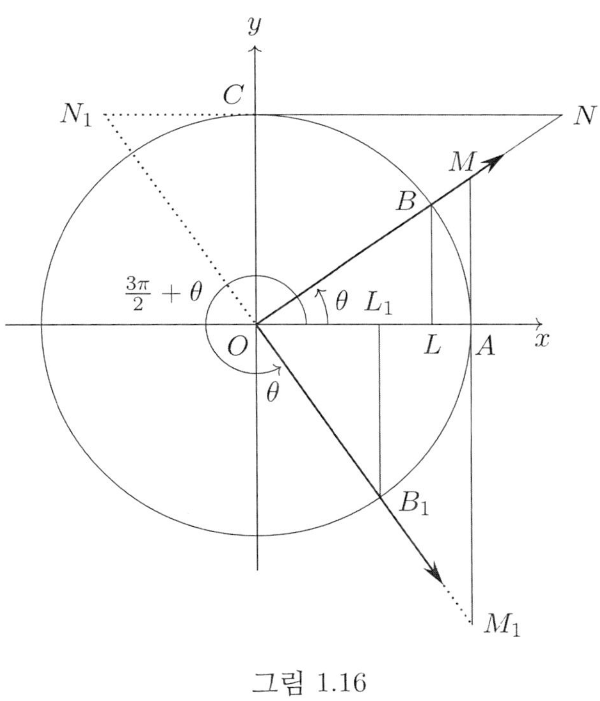

그림 1.16

한편, θ와 $\left(\frac{3\pi}{2}-\theta\right)$에 대한 삼각함수들 사이에는 다음 관계가 성립하며, 증명은 생략한다.

$$\sin\left(\frac{3\pi}{2}-\theta\right)=-\cos\theta,\ \ \cos\left(\frac{3\pi}{2}-\theta\right)=-\sin\theta$$
$$\tan\left(\frac{3\pi}{2}-\theta\right)=\cot\theta,\ \ \cot\left(\frac{3\pi}{2}-\theta\right)=\tan\theta$$
$$\operatorname{cosec}\left(\frac{3\pi}{2}-\theta\right)=-\sec\theta,\ \ \sec\left(\frac{3\pi}{2}-\theta\right)=-\operatorname{cosec}\theta$$

예제 1.4. 다음을 증명하여라.

(1) $\sin(\theta-\frac{3\pi}{2})=\cos\theta,\ \ \operatorname{cosec}(\theta-\frac{3\pi}{2})=\sec\theta$

(2) $\cos(\theta-\frac{3\pi}{2})=-\sin\theta,\ \ \sec(\theta-\frac{3\pi}{2})=-\operatorname{cosec}\theta$

(3) $\tan(\theta-\frac{3\pi}{2})=-\cot\theta,\ \ \cot(\theta-\frac{3\pi}{2})=-\tan\theta$

풀이. (1) $\sin(-\theta)=-\sin\theta$가 성립한다. 그러므로, $\sin\left(\theta-\frac{3\pi}{2}\right)=\sin\left(-\left(\frac{3\pi}{2}-\theta\right)\right)=-\sin\left(\frac{3\pi}{2}-\theta\right)=\cos\theta$가 된다. 그리고 $\operatorname{cosec}(-\theta)=-\operatorname{cosec}\theta$가 성립한다. 그러므로, $\operatorname{cosec}\left(\theta-\frac{3\pi}{2}\right)=\operatorname{cosec}\left(-\left(\frac{3\pi}{2}-\theta\right)\right)=-\operatorname{cosec}\left(\frac{3\pi}{2}-\theta\right)=\sec\theta$가 된다.

(2) $\cos(-\theta)=\cos\theta$이므로, $\cos\left(\theta-\frac{3\pi}{2}\right)=\cos\left(-\left(\frac{3\pi}{2}-\theta\right)\right)=\cos\left(\frac{3\pi}{2}-\theta\right)=-\sin\theta$가 된다. 그리고 $\sec(-\theta)=\sec\theta$이므로, $\sec\left(\theta-\frac{3\pi}{2}\right)=\sec\left(-\left(\frac{3\pi}{2}-\theta\right)\right)=\sec\left(\frac{3\pi}{2}-\theta\right)=-\operatorname{cosec}\theta$가 된다.

(3) $\tan(-\theta)=-\tan\theta$가 성립한다. 그러므로, $\tan\left(\theta-\frac{3\pi}{2}\right)=\tan\left(-\left(\frac{3\pi}{2}-\theta\right)\right)=-\tan\left(\frac{3\pi}{2}-\theta\right)=-\cot\theta$가 된다. 그리고 $\cot(-\theta)=-\cot\theta$이므로, $\cot\left(\theta-\frac{3\pi}{2}\right)=\cot\left(-\left(\frac{3\pi}{2}-\theta\right)\right)=-\cot\left(\frac{3\pi}{2}-\theta\right)=-\tan\theta$가 된다. □

예제 1.5. 다음 식을 간단히 하여라.

(1) $\sin(\pi+\theta)\cos\left(\frac{\pi}{2}+\theta\right)-\sin\left(\frac{\pi}{2}+\theta\right)\cos\left(\frac{3\pi}{2}+\theta\right)$

(2) $\sin(\pi-\theta)\cos\left(\frac{\pi}{2}-\theta\right)-\sin\left(\frac{\pi}{2}-\theta\right)\cos(\pi-\theta)$

(3) $\cos\left(\theta-\frac{\pi}{2}\right)+\sin(\theta-\pi)+\tan^2(\pi-\theta)+\cot^2(\theta-\pi)$

(4) $\frac{\cos\left(\theta-\frac{\pi}{2}\right)}{\sin(\pi-\theta)}+\frac{\tan(\theta-\pi)\cos(\pi+\theta)\sin\left(\frac{3\pi}{2}+\theta\right)}{\tan\left(\frac{3\pi}{2}+\theta\right)}$

풀이. (1) $\sin(\pi+\theta) = -\sin\theta$, $\cos\left(\frac{\pi}{2}+\theta\right) = -\sin\theta$, $\sin\left(\frac{\pi}{2}+\theta\right) = \cos\theta$이다. 그리고 $\cos\left(\frac{3\pi}{2}+\theta\right) = \sin\theta$가 성립한다. 이것을 대입하면, 다음이 성립한다.

$$\begin{aligned}\sin(\pi+\theta)\cos\left(\frac{\pi}{2}+\theta\right) - \sin\left(\frac{\pi}{2}+\theta\right)\cos\left(\frac{3\pi}{2}+\theta\right)&\\ = (-\sin\theta)(-\sin\theta) - \cos\theta\sin\theta = \sin^2\theta - \sin\theta\cos\theta&\end{aligned}$$

이로부터 $\sin(\pi+\theta)\cos\left(\frac{\pi}{2}+\theta\right) - \sin\left(\frac{\pi}{2}+\theta\right)\cos\left(\frac{3\pi}{2}+\theta\right) = \sin^2\theta - \sin\theta\cos\theta$가 유도된다.

(2) $\sin(\pi-\theta) = \sin\theta$, $\cos\left(\frac{\pi}{2}-\theta\right) = \sin\theta$, $\sin\left(\frac{\pi}{2}-\theta\right) = \cos\theta$, $\cos(\pi-\theta) = -\cos\theta$이다. 이것을 대입하면, 다음이 성립한다.

$$\begin{aligned}\sin(\pi-\theta)\cos\left(\frac{\pi}{2}-\theta\right) - \sin\left(\frac{\pi}{2}-\theta\right)\cos(\pi-\theta)&\\ = \sin\theta\sin\theta - \cos\theta(-\cos\theta) = \sin^2\theta + \cos^2\theta&\end{aligned}$$

이로부터 $\sin(\pi-\theta)\cos\left(\frac{\pi}{2}-\theta\right) - \sin\left(\frac{\pi}{2}-\theta\right)\cos(\pi-\theta) = \sin^2\theta + \cos^2\theta$가 유도된다.

(3) $\cos\left(\theta-\frac{\pi}{2}\right) = \cos\left(-\left(\frac{\pi}{2}-\theta\right)\right) = \cos\left(\frac{\pi}{2}-\theta\right) = \sin\theta$, $\sin(\theta-\pi) = \sin(-(\pi-\theta)) = -\sin(\pi-\theta) = -\sin\theta$, $\tan^2(\pi-\theta) = \tan^2\theta$, $\cot^2(\theta-\pi) = \cot^2(-(\pi-\theta)) = \cot^2(\pi-\theta) = \cot^2\theta$이다. 이것을 대입하면, 다음이 성립한다.

$$\begin{aligned}\cos\left(\theta-\frac{\pi}{2}\right) + \sin(\theta-\pi) + \tan^2(\pi-\theta) + \cot^2(\theta-\pi)&\\ = \sin\theta - \sin\theta + \tan^2\theta + \cot^2\theta = \tan^2\theta + \cot^2\theta&\end{aligned}$$

이로부터 $\cos\left(\theta-\frac{\pi}{2}\right) + \sin(\theta-\pi) + \tan^2(\pi-\theta) + \cot^2(\theta-\pi) = \tan^2\theta + \cot^2\theta$가 유도된다.

(4) $\cos\left(\theta-\frac{\pi}{2}\right) = \cos\left(-\left(\frac{\pi}{2}-\theta\right)\right) = \cos\left(\frac{\pi}{2}-\theta\right) = \sin\theta$, $\sin(\pi-\theta) = \sin\theta$, $\tan(\theta-\pi) = \tan(-(\pi-\theta)) = -\tan(\pi-\theta) = \tan\theta$, $\cos(\pi+\theta) = -\cos\theta$, $\sin\left(\frac{3\pi}{2}+\theta\right) = -\cos\theta$, $\tan\left(\frac{3\pi}{2}+\theta\right) = -\cot\theta$이다. 이것을 대입하면, 다음이 성립한

다.

$$\frac{\cos\left(\theta-\frac{\pi}{2}\right)}{\sin(\pi-\theta)}+\frac{\tan(\theta-\pi)\cos(\pi+\theta)\sin\left(\frac{3\pi}{2}+\theta\right)}{\tan\left(\frac{3\pi}{2}+\theta\right)}$$
$$=\frac{\sin\theta}{\sin\theta}+\frac{\tan\theta(-\cos\theta)(-\cos\theta)}{-\cot\theta}=1+\frac{\tan\theta\cos\theta\cos\theta}{-\cot\theta}=1-\tan^2\theta\cos^2\theta$$

이로부터 $\frac{\cos\left(\theta-\frac{\pi}{2}\right)}{\sin(\pi-\theta)}+\frac{\tan(\theta-\pi)\cos(\pi+\theta)\sin\left(\frac{3\pi}{2}+\theta\right)}{\tan\left(\frac{3\pi}{2}+\theta\right)}=1-\tan^2\theta\cos^2\theta$가 유도된다. □

5. 삼각함수의 성질과 그래프

삼각함수의 성질로 정의역과 치역, 주기성, 대칭성, 평행이동에 관련된 성질을 살펴보자.

$y=\sin x$의 성질과 그래프 $y=\sin x$의 성질을 조사하기 위해, $y=\sin x$의 정의로부터 출발하자. 그림 1.17에서 시초선은 $\overrightarrow{AO}$이고, 동경과 원의 교점을 $B, B_1, B_2, \cdots, B_8$이라 하자. 그리고 점 $B, B_1, B_2, \cdots, B_8$에서 시초선을 포함하는 직선 OA에 수선을 내려 그 발을 $L, L_1, L_2, \cdots, L_8$이라 하자.

각 BOL에 대한 사인값은 $\frac{\overline{BL}}{R}$이다. 즉, $\sin BOL=\frac{\overline{BL}}{R}$이며, 사인함수는 정의역이 시초선과 동경이 이루는 각이고 치역이 사인값인 함수이다.

정리 1.1에 의해, 삼각함수의 값은 원의 반지름에 종속되지 않으므로, 그림 1.17에서 원의 반지름 $\overline{OA}$를 1로 잡아도 삼각함수의 값은 변하지 않는다. 반지름이 1인 원을 단위원이라고 부른다.

반지름이 R인 원에서 동경이 $\overrightarrow{OB}$인 각을 $\angle BOA=x$라 하면, 호 AB의 길이 l은 $l=Rx$이다. 그림 1.17의 원을 단위원이라 하자. 그러면 호 AB의 길이 l은 $l=x$가 된다. 즉, 단위원에서는 호의 길이 l과 각 x가 같다. 일반각에서 크기가 $2n\pi+x$인 각을 생각하면, 이 각에 대응하는 호의 길이도 $2n\pi+x$가 된다. 왜냐 하면, 단위원에서 원의 둘레의 길이는 2π이기 때문이다.

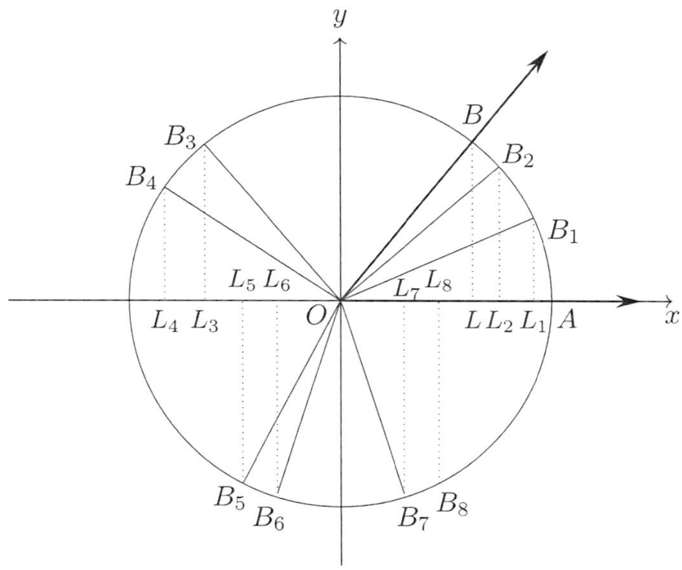

그림 1.17

사인함수 $y = \sin x$의 정의역은 시초선과 동경이 이루는 각이고 치역이 사인값인 함수인데, 이것을 단위원에서 생각하면 사인함수 $y = \sin x$는 각에 대응하는 호의 길이가 정의역이고 치역이 사인값인 함수라고 할 수 있다. 이것은 코사인, 탄젠트, 코시컨트, 시컨트, 코탄젠트에 대해서도 똑같이 생각할 수 있다.

이제, 제1사분면과 제2사분면에 있는 각에 대해 생각하자. x축에 호 BA, B_1A, B_2A, B_3A, B_4A, $\cdots$의 길이를 표시하고, 이에 상응하는 선분 BL, B_1L_1, B_2L_2, B_3L_3, B_4, L_4, $\cdots$를 y축에 표시하여 점으로 나타내면, 그림 1.18을 얻을 수 있다.

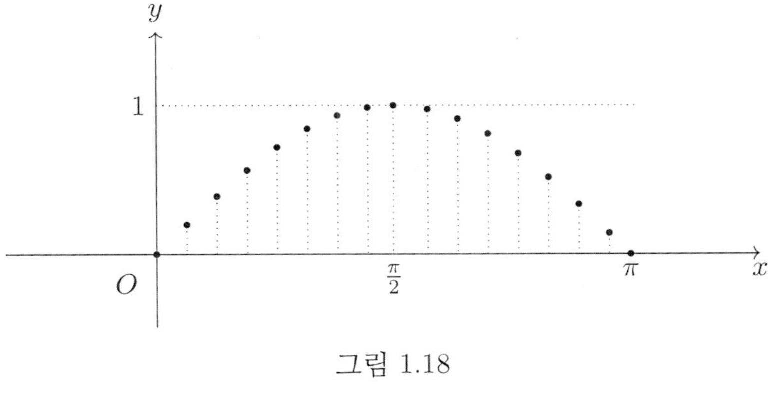

그림 1.18

제3사분면과 제4사분면에 있는 각에 대해 생각하자. x축에 호 B_5A, B_6A, B_7A, B_8A, $\cdots$의 길이를 표시하자. 그리고 제3사분면과 제4사분면의 각에 대한 사인값은 $-\overline{B_5L_5}$, $-\overline{B_6L_6}$, $-\overline{B_7L_7}$, $-\overline{B_8, L_8}$, $\cdots$가 되는 것을 생각하자. 이 값을 y축에 표시하여 점으로 나타내면, 그림 1.19를 얻을 수 있다.

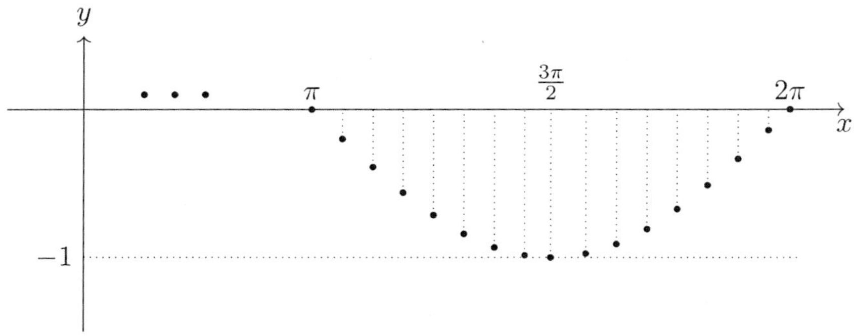

그림 1.19

결국, 0에서 2π까지 사인함수 $y = \sin x$의 그래프는 그림 1.20과 같다.

단위원을 생각하면, $\sin(2\pi + x) = \overline{BL} = \sin x$가 된다. 그러므로 각 $2\pi + x$에서 4π까지 사인값의 그래프를 생각하면, 그림 1.20과 같은 그래프가 반복된다. 결국, 사인함수 $y = \sin x$는 주기함수이며, 주기가 2π가 된다는 것을 알 수 있다.

함수 $y = f(x)$에서 임의의 x에 대해 $f(x) = f(x + t) = f(x - t)$인 t를 함수 $y = f(x)$의 주기라고 부른다. 주기함수 $y = f(x)$에는 수많은 주기가 존재한다. 가령, t를 주기함수 $y = f(x)$의 주기라 하면, $f(x) = f(x + 2t)$가 성립한다. 그러므로, $2t$도 함수 $y = f(x)$의 주기이다.

t가 주기함수 $y = f(x)$의 주기이면, 정수 n에 대해 nt도 주기함수 $y = f(x)$의 주기이다. 주기함수 $y = f(x)$의 주기 nt중에서 양수인 최솟값 t를 기본주기라고 부른다. 일반적으로, 주기함수 $y = f(x)$의 주기를 말할 때는 기본주기를 말하는 경우가 많다.

사인함수 $y = \sin x$의 주기가 2π이므로, $\sin x = \sin(x + 2\pi) = \sin(x + 4\pi) = \sin(x + 6\pi) = \cdots$, $\sin x = \sin(x - 2\pi) = \sin(x - 4\pi) = \sin(x - 6\pi) = \cdots$가 성립한다.

이제, 그림 1.20에서 정의역을 실수 집합으로 확장하여 사인함수의 그래프를 생각하면, 그림 1.21을 얻을 수 있다.

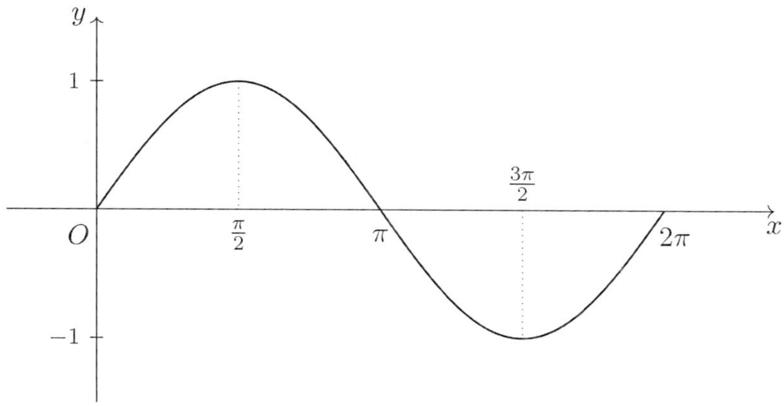

그림 1.20

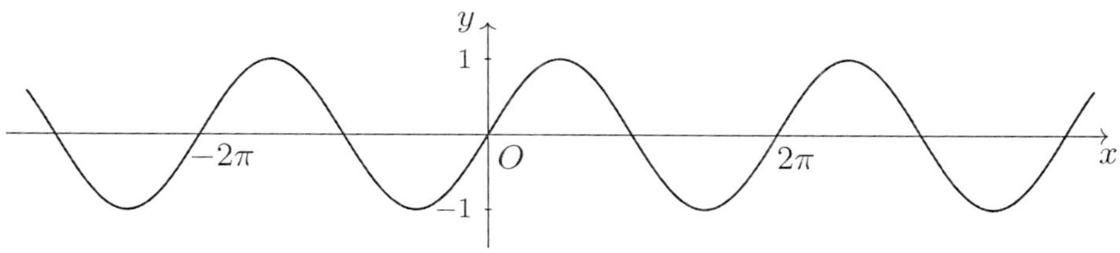

그림 1.21

$y = \cos x$의 성질과 그래프 코사인 함수의 그래프와 성질을 생각하자. 이를 위해, 두 가지 접근 방법을 생각할 수 있다. 첫 번째 방법은 그림 1.17에서 각 BOL에 대한 코사인 값 $\frac{\overline{OL}}{R}$을 이용하는 것이다. $\cos BOL = \frac{\overline{OL}}{R}$인데, $R = 1$인 단위원을 생각하면 $\cos BOL = \overline{OL}$이 된다. 사인함수의 그래프와 성질을 조사할 때와 같이, 코사인 함수의 함숫값을 구하여 그래프를 작도할 수 있다.

두 번째 방법은 그림 1.15에서 보였던 $\cos\theta = \sin\left(\theta + \frac{\pi}{2}\right)$가 된다는 것을 이용하는 것이다. 여기서는 두 번째 방법을 자세히 살펴보자.

$\cos\theta = \sin\left(\theta + \frac{\pi}{2}\right)$이므로 실수 x에 대해 $\cos x$의 값은 $\sin\left(x + \frac{\pi}{2}\right)$의 값과 같다. 예를 들어, $\cos 0 = \sin\frac{\pi}{2}$이고, $\cos\frac{\pi}{6} = \sin\left(\frac{\pi}{6} + \frac{\pi}{2}\right) = \sin\frac{2\pi}{3}$가 된다.

결국, $y = \cos x = \sin\left(x + \frac{\pi}{2}\right)$의 그래프는 $y = \sin x$의 그래프를 x축을 따라 왼쪽으로 $\frac{\pi}{2}$만큼 평행이동시켜 얻어질 수 있다. 즉, $y = \cos x$의 그래프는 $y = \sin x$의 그래프를 x축으로 $-\frac{\pi}{2}$만큼 평행이동시켜 얻어진다.

그림 1.22에서 점선은 $y = \sin x$의 그래프이고, 이 그래프를 x축의 방향으로 $-\frac{\pi}{2}$만큼 평행이동시킨 그래프를 실선으로 표시하였는데, 이 그래프가 $y = \cos x$의 그래프이다.

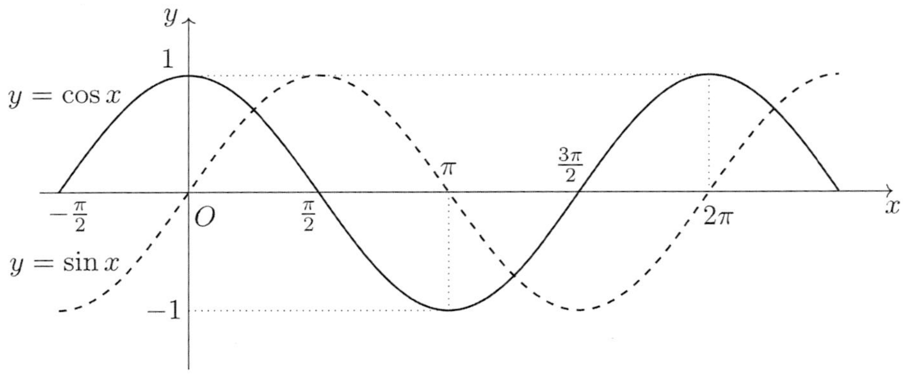

그림 1.22

$y = \sin x$의 그래프를 평행이동시켜 $y = \cos x$의 그래프를 얻었기 때문에, 함수 $y = \cos x$의 정의역, 치역, 주기는 함수 $y = \sin x$와 같다.

$y = \cos x$가 우함수(짝함수)라는 것을 살펴보자. 함수 $f(x)$가 $f(-x) = f(x)$를 만족하면, 함수 $f(x)$를 우함수라고 한다. 예를 들어, $f(x) = x^2$, $f(x) = 2x^4+5x^2+3$ 등은 $f(-x) = f(x)$를 만족하므로, 우함수가 된다. 한편, 기함수(홀함수)는 $f(-x) = -f(x)$를 만족시키는 함수를 말하며, $f(x) = x^3 + 3x$가 기함수의 예이다. 우함수도 아니고 기함수도 아닌 함수들이 있다. 예를 들어, $f(x) = x^2 + x$는 우함수도 아니고 기함수도 아닌 함수의 예이다.

$y = f(x) = \cos x$가 우함수라는 것을 보이려면, $f(-x) = f(x)$를 보여야 한다. 이것은 코사인의 정의를 이용하여 확인할 수 있다. 이를 위해, 그림 1.23에서 $R = 1$인 단위원을 작도하고, 여기서 코사인 값을 생각하자. 단위원에서 $\angle B_1OA = \widehat{AB_1}$가

되며, $\cos\angle B_1OA = \cos\widehat{AB_1}$이다.

호 $\widehat{AB_1}$는 각 θ_1, $\widehat{AB_2}$는 각 θ_2, $\widehat{AB_3}$는 각 $-\theta_1$, $\widehat{AB_4}$는 각 $-\theta_2$를 나타낸다 하자. 이때, $\cos\theta_1$은 호 AB_1의 끝점 B_1에서 x축에 수선의 발 L_1을 내려, 선분 OL_1을 이용하여 정의된다. 즉, $\cos\theta_1 = \overline{OL_1}$이다. 같은 이유로, $\cos(-\theta_1) = \overline{OL_1}$, $\cos\theta_2 = \overline{OL_2}$, $\cos(-\theta_2) = \overline{OL_2}$이다. 즉, $f(x) = \cos x$에서 $f(\theta_1) = f(-\theta_1)$, $f(\theta_2) = f(-\theta_2)$가 성립한다. 이로부터 $y = f(x) = \cos x$는 $f(-x) = f(x)$가 성립하며, $f(x) = \cos x$는 우함수라는 것을 알 수 있다.

한편, 코사인의 성질 $\cos\theta = \cos(-\theta)$로부터 $f(-x) = f(x)$를 유도할 수도 있다.

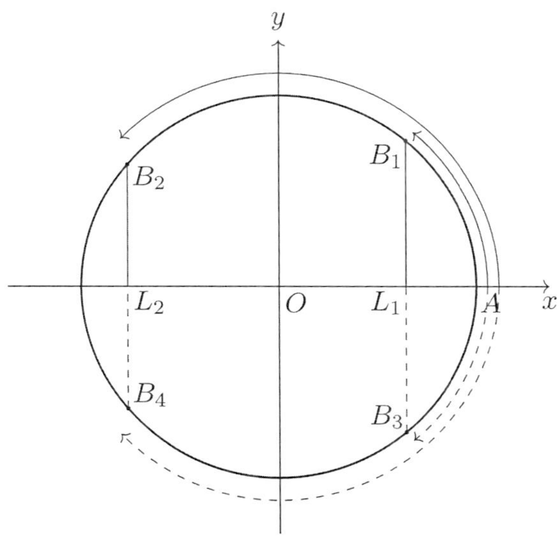

그림 1.23

그림 1.23에서 $\sin\theta_1 = \overline{B_1L_1}$, $\sin(-\theta_1) = -\overline{B_3L_1}$이며, $\sin\theta_2 = \overline{B_2L_2}$, $\sin(-\theta_2) = -\overline{B_4L_2}$이다. $\overline{B_1L_1} = \overline{B_3L_1}$, $\overline{B_2L_2} = \overline{B_4L_2}$이므로, $\sin\theta_1 = -\sin(-\theta_1)$, $\sin\theta_2 = -\sin(-\theta_2)$이며, $f(-x) = -f(x)$가 성립한다. 그러므로, 사인함수 $f(x) = \sin x$는 기함수이다. 한편, 사인함수 $f(x) = \sin x$는 기함수라는 것은 사인함수의 성질 $\sin(-\theta) = -\sin\theta$로부터도 유도된다.

탄젠트함수 $f(x) = \tan x$는 $\tan(-\theta) = -\tan\theta$가 성립하므로, 탄젠트함수 $f(x) = \tan x$도 기함수이다.

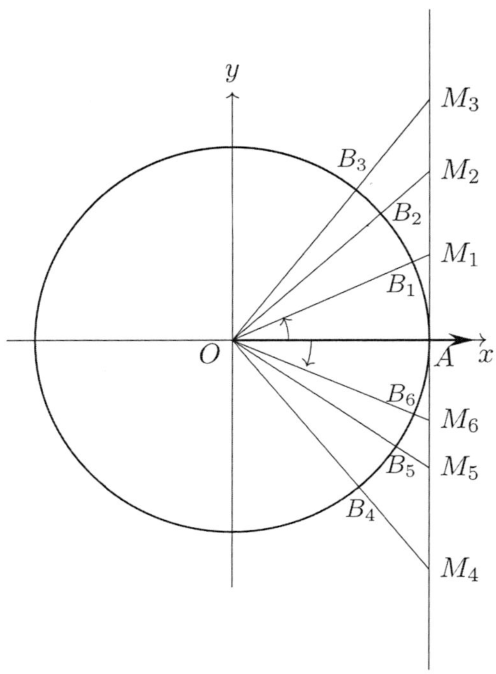

그림 1.24

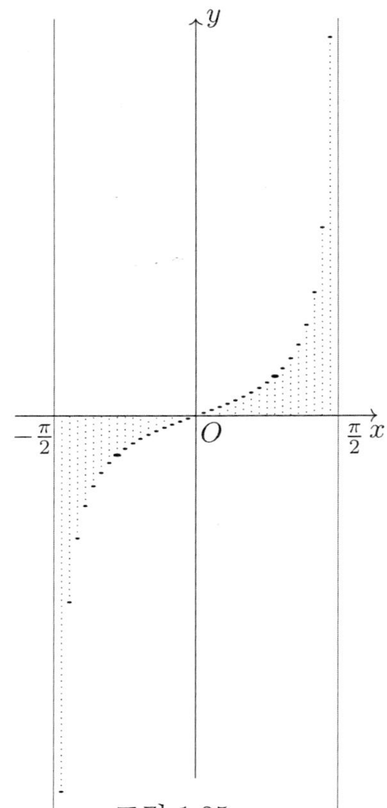

그림 1.25

$y = \tan x$의 성질과 그래프 $y = \tan x$의 정의를 이용하기 위해, 중심이 O인 단위원을 작도하자. 그림 1.24에서 시초선 $\overrightarrow{OA}$와 제1사분면과 제4사분면에 놓인 동경 $\overrightarrow{OB_1}$, $\overrightarrow{OB_2}$, $\overrightarrow{OB_3}\cdots$을 생각하자. 이때, 점 A로부터 그은 원에 대한 접선과 동경의 교점을 $M_1, M_2, M_3, \cdots$라 하자.

$y = \tan x$의 정의에 의해, 그림 1.24에서 $\tan B_1OA = \overline{AM_1}$, $\tan B_2OA = \overline{AM_2}$, $\tan B_3OA = \overline{AM_3}$이다. 그리고 제4사분면의 각에 대한 탄젠트 값이 음수이므로, $\tan(-AOB_4) = -\overline{AM_4}$, $\tan(-AOB_5) = -\overline{AM_5}$, $\tan(-AOB_6) = -\overline{AM_6}$이다.

이제, $\angle B_1OA = \widehat{AB_1}$, $\angle B_2OA = \widehat{AB_2}$, $\angle B_3OA = \widehat{AB_3}$, $-\angle AOB_4 = -\widehat{AB_4}$, $-\angle AOB_5 = -\widehat{AB_5}$, $-\angle AOB_6 = -\widehat{AB_6}$인 값을 x좌표로, x값에 대응하는 탄젠트 값을 y좌표로 하자. 이 점들을 좌표평면에 표시하면, 그림 1.25를 얻을 수 있다.

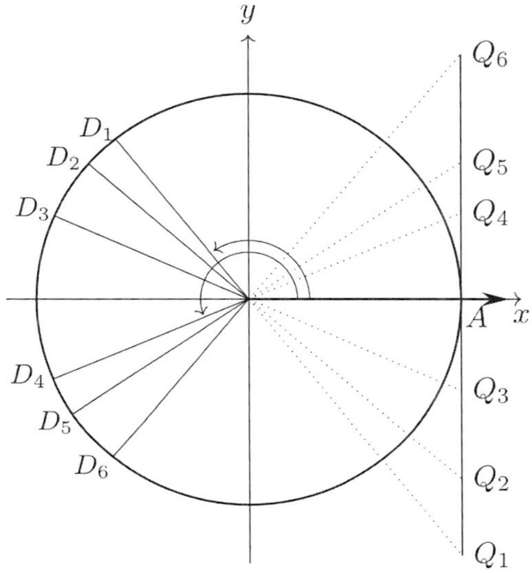

그림 1.26

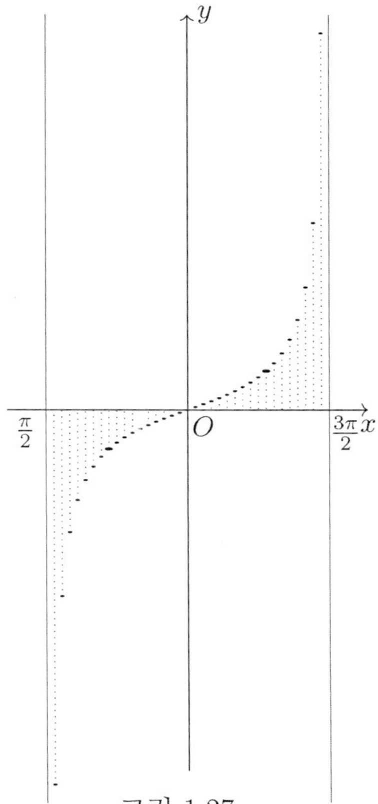

그림 1.27

제2사분면과 제3사분면의 각에 대해 생각하자. 제2사분면에 있는 동경을 $\overrightarrow{OD_1}$, $\overrightarrow{OD_2}$, $\overrightarrow{OD_3}\cdots$이라 하자. 그리고 점 A로부터 그은 원에 대한 접선과 동경을 포함하는 직선의 교점을 $Q_1, Q_2, Q_3, \cdots$라 하자(그림 1.26).

탄젠트의 정의에 의해, $\tan D_1OA = -\overline{AQ_1}$, $\tan D_2OA = -\overline{AQ_2}$, $\tan D_3OA = -\overline{AQ_3}$이다. 그리고 제3사분면의 각에 대해서는 $\tan D_4OA = \overline{AQ_4}$, $\tan D_5OA = \overline{AQ_5}$, $\tan D_6OA = \overline{AQ_6}$이다.

$\angle D_1OA = \widehat{AD_1}$, $\angle D_2OA = \widehat{AD_2}$, $\angle D_3OA = \widehat{AD_3}$, $\angle AOD_4 = \widehat{AD_4}$, $\angle AOD_5 = \widehat{AD_5}$, $\angle AOD_6 = \widehat{AD_6}$의 값을 x좌표로, 이 x값에 대한 탄젠트 값을 y좌표로 잡자. 이때, 제2사분면의 각에 대한 탄젠트 값은 음수이며, 제3사븐면의 탄젠트 값은 양수라는 것을 생각하자. 얻어진 점들을 좌표평면에 표시하면, 그림 1.27을 얻을 수 있다.

구간 $\left(\frac{\pi}{2}, \frac{3\pi}{2}\right)$에서 탄젠트 값의 그래프인 그림 1.27과 구간 $\left(-\frac{\pi}{2}, \frac{\pi}{2}\right)$에서의 그래프인 그림 1.25와 비교하자. 그러면, x축의 좌표가 $-\frac{\pi}{2}$가 $\frac{\pi}{2}$로, $\frac{\pi}{2}$가 $\frac{3\pi}{2}$로 바뀐 것이 다르며, 나머지는 같다. 결국, 탄젠트 함수의 주기가 π이며, 정의역은 $n\pi \pm \frac{\pi}{2}$를 제외한 실수 집합이고 치역도 실수 집합이라는 것을 알 수 있다. 물론 $x = n\pi \pm \frac{\pi}{2}$에서 탄젠트 값은 정의되지 않는다. 탄젠트 함수 $y = \tan x$의 그래프는 그림 1.28과 같다.

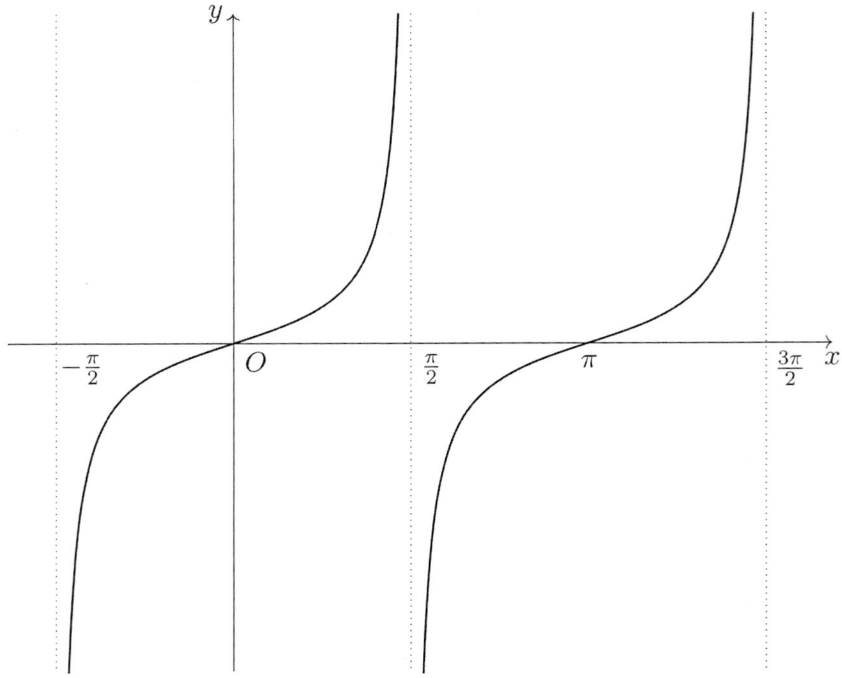

그림 1.28

$y = \cot x$**의 성질과 그래프** $y = \cot x$의 그래프를 $\cot x = -\tan\left(x + \frac{\pi}{2}\right)$를 이용하여 살펴보자. $y = -\tan\left(x + \frac{\pi}{2}\right)$의 그래프는 $y = \tan x$의 그래프를 x축으로 $-\frac{\pi}{2}$만큼 평행이동시킨 다음, x축에 대해 대칭시켜 얻어질 수 있다.

예를 들어, 구간 $\left(\frac{\pi}{2}, \frac{3\pi}{2}\right)$에서 $y = \tan x$의 그래프를 x축으로 $-\frac{\pi}{2}$만큼 평행이동시킨 다음, x축에 대해 대칭시키자. 그림 1.29에서 얇은 실선은 $y = \tan x$의 그래프이며 점선은 $y = \tan x$의 그래프를 x축으로 $-\frac{\pi}{2}$만큼 평행이동시킨 그래프이고, 굵은 실선은 얻어진 그래프를 x축에 대해 대칭시킨 $y = -\tan\left(x + \frac{\pi}{2}\right) = \cot x$의 그래프이다.

결국, $y = \cot x$는 $x = 0, \pi$에서 정의되지 않으며, 주기는 π이며 치역은 실수 집합이다. 그리고 $x = \frac{\pi}{2}$에서 함숫값이 0이다. 구간 $(0, \pi)$에서 x값이 증가하면, $y = \cot x$의 함숫값은 감소한다.

이제, 실수 집합에서 $y = \tan x$의 그래프를 생각하면, $y = \cot x$의 그래프를 얻을 수 있다. $y = \tan x$가 $x = n\pi \pm \frac{\pi}{2}$에서 정의되지 않으므로, $y = \cot x$는 $x = n\pi$에서 정의되지 않는다. 그리고 $y = \tan x$가 $x = n\pi$에서 함숫값이 0이므로, $y = \cot x$는 $x = n\pi \pm \frac{\pi}{2}$에서 함숫값이 0이다. 이로부터 $y = \cot x$의 그래프를 그림 1.30과 같이 얻을 수 있다.

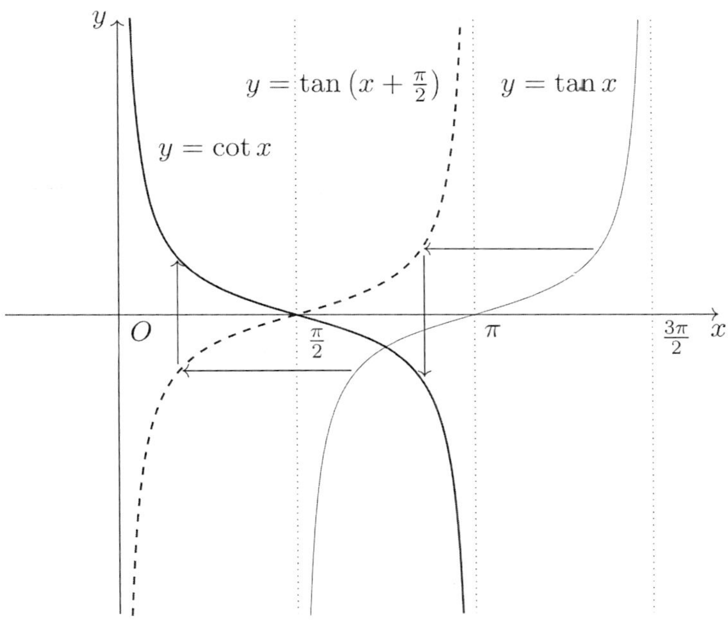

그림 1.29

$y = \operatorname{cosec} x$**의 성질과 그래프** 단위원에서 시초선이 $\overrightarrow{OA}$, 동경이 $\overrightarrow{OB}$인 각 BOA에 대해 $\operatorname{cosec} BOA$는 $\overline{ON}$이다(그림 1.31). 그리고 동경 $\overrightarrow{OB_1}$을 생각하면, $\operatorname{cosec} B_1OA = \overline{ON_1}$이다. 그리고 $\operatorname{cosec} B_2OA = \overline{ON_2}$, $\operatorname{cosec} B_3OA = \overline{ON_3}$, $\operatorname{cosec} B_4OA = \overline{ON_4}$,

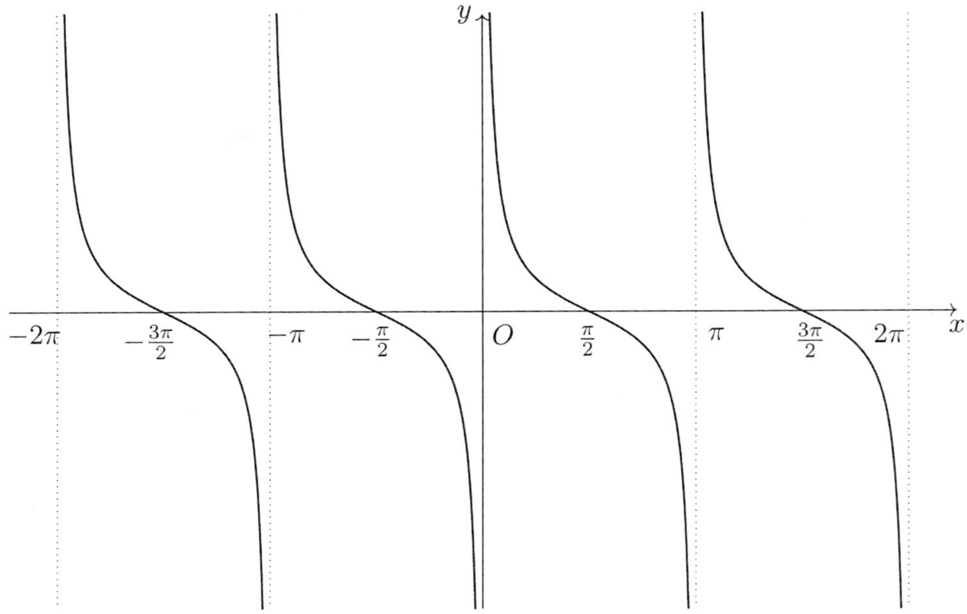

그림 1.30

$\operatorname{cosec} B_5OA = \overline{ON_5}$, $\operatorname{cosec} B_6OA = \overline{ON_6}$이며 $\operatorname{cosec} COA = \overline{OC} = 1$이다. 제1사분면과 제2사분면의 각에 대한 코시컨트의 값은 양수라는 것을 생각하자.

한편, 시초선과 동경을 $\overrightarrow{OA}$로 잡으면, $\angle AOA = 0$이며 이때 동경 $\overrightarrow{OA}$와 점 C로부터 그은 원에 대한 접선은 만나지 않는다. 결국, $\operatorname{cosec} 0$은 정의되지 않는다. 마찬가지로, $\operatorname{cosec} \pi$도 정의되지 않는다.

이제, 코시컨트 값의 대소관계를 살펴보자. $\overline{ON} > \overline{ON_1}$이므로, $\operatorname{cosec} BOA > \operatorname{cosec} B_1OA$이다. 이와 같은 방법으로, 제1사분면에 놓인 각들에 대해 다음의 대소관계를 알 수 있다.

$$\operatorname{cosec} BOA > \operatorname{cosec} B_1OA > \operatorname{cosec} B_2OA > \operatorname{cosec} B_3OA$$

제2사분면에 놓인 각의 코시컨트 값에 대한 대소관계를 그림 1.31에서 살펴보면, 다음을 알 수 있다.

$$\operatorname{cosec} B_6OA > \operatorname{cosec} B_5OA > \operatorname{cosec} B_4OA$$

결국, 제1사분면에 놓인 각 x가 구간 $(0, \frac{\pi}{2})$에서 증가하면 $y = \operatorname{cosec} x$의 값은 감소한다. 그리고 $y = \operatorname{cosec} \frac{\pi}{2} = 1$이다. 구간 $(\frac{\pi}{2}, \pi)$에서 x가 증가하면 $y = \operatorname{cosec} x$의 값은 증가한다. 그리고 0과 π에서 $y = \operatorname{cosec} x$의 값은 정의되지 않는다.

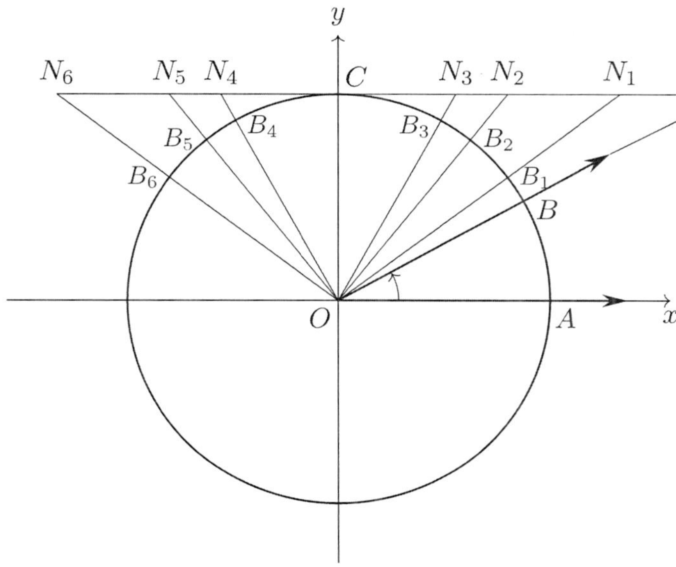

그림 1.31

$\operatorname{cosec}(\pi + \theta) = -\operatorname{cosec} \theta$이므로, 제3사분면과 제4사분면에 놓인 각 x에 대한 $y = \operatorname{cosec} x$의 값은 음수가 된다. 그리고 구간 $(0, \frac{\pi}{2})$에서 x가 증가하면 $y = \operatorname{cosec} x$의 값은 감소하므로, 구간 $\left(\pi, \frac{3\pi}{2}\right)$에서 x가 증가하면 $y = \operatorname{cosec} x$의 값은 음의 값을 가지며 증가한다. 한편, 구간 $(\frac{\pi}{2}, \pi)$에서 x가 증가하면 $y = \operatorname{cosec} x$의 값은 증가하므로, 구간 $\left(\frac{3\pi}{2}, 2\pi\right)$에서 x가 증가하면 $y = \operatorname{cosec} x$의 값은 음의 값을 가지면서 감소한다. 그리고 $\operatorname{cosec} \frac{3\pi}{2} = -1$이고, $\operatorname{cosec} 2\pi$의 값은 정의되지 않는다.

얻어진 결과로부터, $y = \operatorname{cosec} x$의 그래프를 그림 1.32와 같이 얻을 수 있다. 함수 $y = \operatorname{cosec} x$의 주기는 2π이다.

한편, 관계식 $\operatorname{cosec} x = \frac{1}{\sin x}$로부터 $y = \operatorname{cosec} x$의 그래프를 생각할 수도 있다. $y = \sin x$의 그래프를 그리고, $y = \sin x$의 그래프로부터 $y = \frac{1}{\sin x}$의 그래프를 개략적으로 작도하자. 그림 1.33에서 점선은 $y = \sin x$의 그래프이다. $y = \frac{1}{\sin x}$의 그래프는

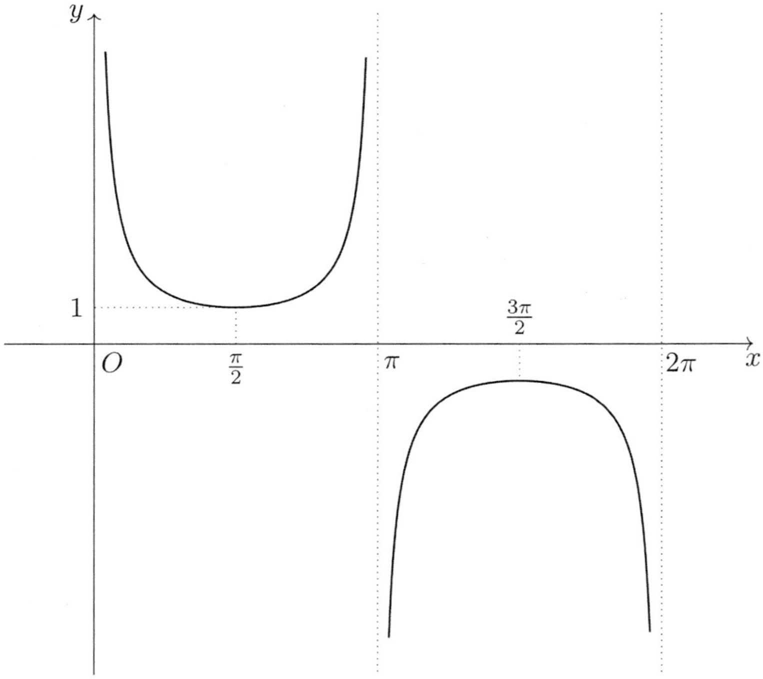

그림 1.32

$y = \sin x$의 함숫값에 역수를 취하여 얻어질 수 있다.

$x = 0$에 대해 sin의 값은 0이므로, $\frac{1}{\sin 0}$의 값은 정의되지 않는다. $x = \pi, 2\pi$에서도 사인값이 0이므로, $\frac{1}{\sin \pi}$, $\frac{1}{\sin 2\pi}$의 값은 정의되지 않는다. 한편, $\sin\frac{\pi}{6} = \frac{1}{2}$이므로 $\frac{1}{\sin\frac{\pi}{6}} = \operatorname{cosec}\frac{\pi}{6} = 2$이며, $\sin\frac{\pi}{4} = \frac{\sqrt{2}}{2}$이므로 $\frac{1}{\sin\frac{\pi}{4}} = \operatorname{cosec}\frac{\pi}{4} = \sqrt{2}$, $\sin\frac{\pi}{3} = \frac{\sqrt{3}}{2}$이므로 $\frac{1}{\sin\frac{\pi}{3}} = \operatorname{cosec}\frac{\pi}{3} = \frac{2}{\sqrt{3}}$이다. 이와 같은 방법으로 $y = \operatorname{cosec} x$의 함숫값을 생각하면, 그림 1.33에서 실선으로 표시된 $y = \operatorname{cosec} x$의 그래프를 얻을 수 있다.

$y = \sec x$의 성질과 그래프 $y = \sec x$의 그래프를 $y = \sec x$의 정의로부터 유도할 수도 있지만, 여기서는 관계식 $\sec x = \frac{1}{\cos x}$을 이용하여 살펴보자. $y = \cos x$의 그래프를 생각하면, $x = \frac{\pi}{2}, \frac{3\pi}{2}$에서 $y = \cos x$의 값이 0이다. 이것은 $y = \sec x$가 $x = \frac{\pi}{2}, \frac{3\pi}{2}$에서는 정의되지 않는다는 것을 의미한다.

$y = \cos x$의 그래프를 생각하면, 구간 $(0, \frac{\pi}{2})$에서 x가 증가하면 $y = \cos x$는 감소

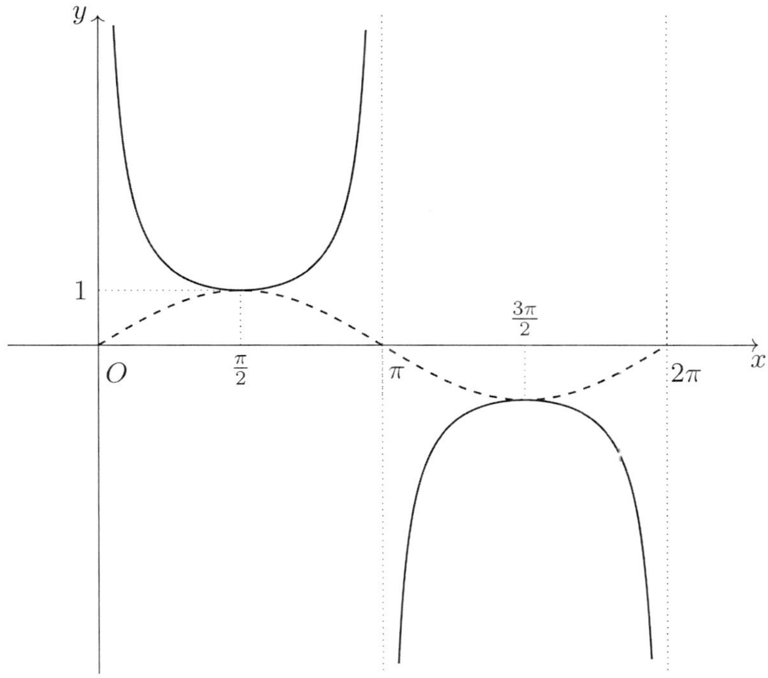

그림 1.33

하고, 구간 $(\frac{\pi}{2}, \pi)$에서 x가 증가하면 $y = \cos x$는 감소한다. 그리고 구간 $\left(\pi, \frac{3\pi}{2}\right)$에서 x가 증가하면 $y = \cos x$는 증가하고, 구간 $\left(\frac{3\pi}{2}, 2\pi\right)$에서 x가 증가하면 $y = \cos x$는 증가한다. 이로부터, 다음을 알 수 있다.

(1) 구간 $(0, \frac{\pi}{2})$에서 x가 증가하면 $y = \sec x$는 증가한다.

(2) 구간 $(\frac{\pi}{2}, \pi)$에서 x가 증가하면 $y = \sec x$는 증가한다.

(3) 구간 $\left(\pi, \frac{3\pi}{2}\right)$에서 x가 증가하면 $y = \sec x$는 감소한다.

(4) 구간 $\left(\frac{3\pi}{2}, 2\pi\right)$에서 x가 증가하면 $y = \sec x$는 감소한다.

(5) $x = \frac{\pi}{2}, \frac{3\pi}{2}$에서 $y = \sec x$는 정의되지 않는다.

(6) $x = 0, 2\pi$에서 $y = \sec x$의 값은 1이고, $x = \pi$에서 $y = \sec x$의 값은 -1이다.

이로부터 $y = \sec x$의 그래프를 그림 1.34와 같이 얻을 수 있다. 이때, 점선은 $y = \cos x$의 그래프이고, 실선이 $y = \sec x$의 그래프이다. 함수 $y = \sec x$는 $y = \cos x$와 마찬가지로 주기가 2π이다.

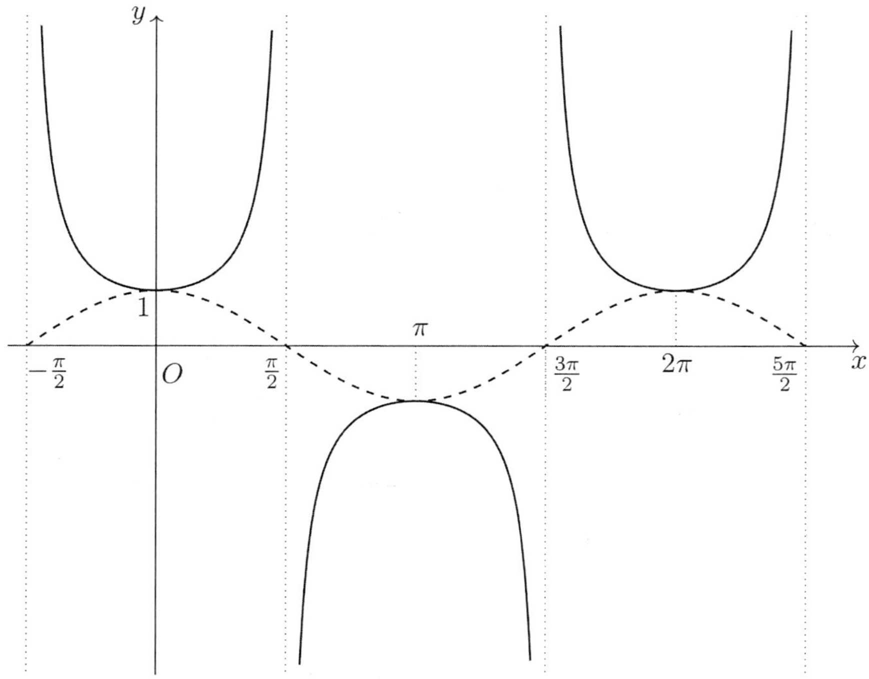

그림 1.34

그림 1.33과 그림 1.34를 살펴보면, $y = \operatorname{cosec} x$와 $y = \sec x$의 그래프는 개형이 같다는 것을 알 수 있다. 실제로, $y = \sec x$의 그래프는 $y = \operatorname{cosec} x$의 그래프를 x축으로 $-\frac{\pi}{2}$만큼 평행이동하여 얻어진다. 이것은 $\operatorname{cosec}(\theta + \frac{\pi}{2}) = \sec\theta$인 것으로 설명될 수 있다. 즉, $y = \sec x = \operatorname{cosec}(x + \frac{\pi}{2})$이므로, $y = \sec x$의 그래프는 $y = \operatorname{cosec} x$를 x축으로 $-\frac{\pi}{2}$만큼 평행이동하여 얻어진다.

제 2 장.

삼각함수의 관계식

1. 삼각함수의 기본 관계식

각 θ의 삼각함수들 사이의 관계를 살펴보자. 정의에 의해, $\sin\theta = \frac{\overline{BL}}{R}$, $\cos\theta = \frac{\overline{OL}}{R}$, $\tan\theta = \frac{\overline{AM}}{R}$이다(그림 2.1). 이들 사이의 관계를 조사하자.

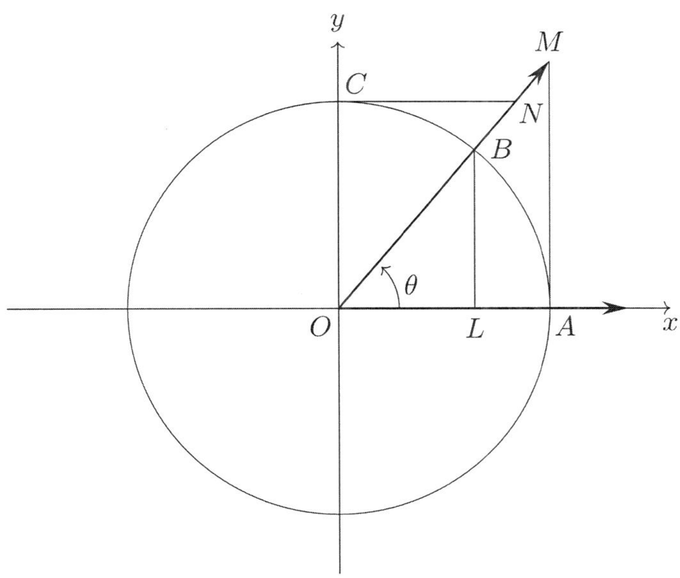

그림 2.1

직각삼각형 OBL에서 피타고라스 정리에 의해 $\overline{OL}^2 + \overline{BL}^2 = \overline{OB}^2$이 성립한다. 이 등식의 양변을 R^2으로 나누면, 다음을 얻을 수 있다.

$$\overline{OL}^2 + \overline{BL}^2 = \overline{OB}^2, \quad \left(\frac{\overline{OL}}{R}\right)^2 + \left(\frac{\overline{BL}}{R}\right)^2 = \left(\frac{\overline{OB}}{R}\right)^2$$

$\cos\theta = \frac{\overline{OL}}{R}$, $\sin\theta = \frac{\overline{BL}}{R}$이고 $\overline{OB} = R$이므로, $\cos^2\theta + \sin^2\theta = 1$이 성립한다는 것을 알 수 있다.

한편, $\frac{\sin\theta}{\cos\theta}$에 대해 살펴보자. $\sin\theta$와 $\cos\theta$의 정의로부터, $\frac{\sin\theta}{\cos\theta} = \frac{\overline{BL}}{\overline{OL}}$이 된다. 삼각형 OBL과 OMA는 닮음이므로, $\frac{\overline{BL}}{\overline{OL}} = \frac{\overline{MA}}{\overline{OA}}$가 성립한다. $\tan\theta = \frac{\overline{AM}}{R}$, $\overline{OA} = R$이라는 것을 생각하면, 다음을 얻을 수 있다.

$$\frac{\sin\theta}{\cos\theta} = \frac{\overline{BL}}{\overline{OL}} = \frac{\overline{MA}}{\overline{OA}} = \tan\theta$$

$\cot\theta$를 $\sin\theta, \cos\theta$로 나타내자. $\cot\theta = \frac{\overline{CN}}{R}$이라는 것을 기억하자. 삼각형 NCO와 OLB는 닮음이며, $\frac{\overline{CN}}{\overline{CO}} = \frac{\overline{OL}}{\overline{LB}}$이 성립한다. $\overline{CO} = R$이라는 것을 생각하면, 다음을 얻을 수 있다.

$$\cot\theta = \frac{\overline{CN}}{R} = \frac{\overline{CN}}{\overline{CO}} = \frac{\overline{OL}}{\overline{LB}} = \frac{\frac{\overline{OL}}{R}}{\frac{\overline{LB}}{R}} = \frac{\cos\theta}{\sin\theta}$$

이제, $\tan^2\theta + 1$을 살펴보자. $\tan\theta = \frac{\overline{AM}}{R}$이므로, 다음과 같이 정리할 수 있다.

$$\tan^2\theta + 1 = \left(\frac{\overline{AM}}{R}\right)^2 + 1 = \frac{\overline{AM}^2 + R^2}{R^2}$$

얻어진 식에서 분자의 R에 $R = \overline{OA}$를 대입하고, 분모의 R은 그대로 두자. 그리고 직각삼각형 MOA에서 $\overline{AM}^2 + \overline{OA}^2 = \overline{OM}^2$이 된다. 이때 $\sec\theta = \frac{\overline{OM}}{R}$이라는 것을 생각하면, 다음을 얻을 수 있다.

$$\tan^2\theta + 1 = \frac{\overline{AM}^2 + R^2}{R^2} = \frac{\overline{AM}^2 + \overline{OA}^2}{R^2} = \frac{\overline{OM}^2}{R^2} = \sec^2\theta$$

이제, 직각삼각형 OCN을 생각하면, $\cot^2\theta + 1 = \operatorname{cosec}^2\theta$를 유도할 수 있다. 얻어진 θ에 대한 삼각함수들 사이의 기본 관계를 정리하면, 다음과 같다.

$$\cos^2\theta + \sin^2\theta = 1, \quad \frac{\sin\theta}{\cos\theta} = \tan\theta, \quad \frac{\cos\theta}{\sin\theta} = \cot\theta$$

$$\tan^2\theta + 1 = \sec^2\theta, \quad \cot^2\theta + 1 = \operatorname{cosec}^2\theta$$

그리고 제1장에서 다음의 관계도 확인하였다.

$$\operatorname{cosec}\theta = \frac{1}{\sin\theta}, \quad \sec\theta = \frac{1}{\cos\theta}, \quad \cot\theta = \frac{1}{\tan\theta}$$

예제 2.1. θ가 제1사분면의 각이라고 할 때, $\sin\theta$를 $\cos\theta, \tan\theta, \operatorname{cosec}\theta, \sec\theta, \cot\theta$를 이용하여 나타내어라.

풀이. (1) $\sin\theta$를 $\cos\theta$를 이용하여 나타내자. 이를 위해, $\cos^2\theta + \sin^2\theta = 1$을 이용할 수 있다. $\sin^2\theta = 1 - \cos^2\theta$이므로, $\sin\theta = \pm\sqrt{1-\cos^2\theta}$이다. θ가 제1사분면의 각이므로, $\sin\theta = \sqrt{1-\cos^2\theta}$이다.

(2) $\sin\theta$를 $\tan\theta$를 이용하여 나타내자. 이를 위해, $\tan\theta = \frac{\sin\theta}{\cos\theta}$를 이용하자. $\sin\theta = \tan\theta\cos\theta$가 된다. 그리고 $\tan^2\theta + 1 = \sec^2\theta = \frac{1}{\cos^2\theta}$이므로, $\cos\theta = \pm\sqrt{\frac{1}{\tan^2\theta+1}}$이다. θ가 제1사분면의 각이므로, $\cos\theta = \sqrt{\frac{1}{\tan^2\theta+1}}$이다. 이로부터, 다음을 얻을 수 있다.

$$\sin\theta = \tan\theta\cos\theta = \frac{\tan\theta}{\sqrt{\tan^2\theta+1}}$$

(3) $\sin\theta$를 $\operatorname{cosec}\theta$를 이용하여 나타내면, $\sin\theta = \frac{1}{\operatorname{cosec}\theta}$이다.

(4) $\sin\theta$를 $\sec\theta$를 이용하여 나타내자. 등식 $\cos^2\theta + \sin^2\theta = 1$, $\frac{1}{\sec^2\theta} + \sin^2\theta = 1$로부터, 다음을 알 수 있다.

$$\sin^2\theta = 1 - \frac{1}{\sec^2\theta}, \quad \sin\theta = \pm\sqrt{1-\frac{1}{\sec^2\theta}} = \pm\frac{\sqrt{\sec^2\theta-1}}{\sec\theta}$$

θ가 제1사분면의 각이므로, $\sin\theta = \frac{\sqrt{\sec^2\theta-1}}{\sec\theta}$이다.

(5) $\sin\theta$를 $\cot\theta$를 이용하여 나타내자. 제1사분면의 각 θ에 대해 $\sin\theta = \frac{\tan\theta}{\sqrt{\tan^2\theta+1}}$이며, $\tan\theta = \frac{1}{\cot\theta}$라는 것을 이용하자. $\sin\theta = \frac{\tan\theta}{\sqrt{\tan^2\theta+1}}$에 $\tan\theta = \frac{1}{\cot\theta}$을 대입하여, 다음과 같이 정리할 수 있다.

$$\sin\theta = \frac{\frac{1}{\cot\theta}}{\sqrt{\left(\frac{1}{\cot\theta}\right)^2+1}} = \frac{1}{\sqrt{\cot^2\theta+1}}$$

이것으로 문제가 해결된다. □

예제 2.1에서는 $\sin\theta$를 $\cos\theta, \tan\theta, \operatorname{cosec}\theta, \sec\theta, \cot\theta$를 이용하여 나타냈다. 비슷한 방법으로, $\cos\theta, \tan\theta$를 다른 삼각함수들을 이용하여 나타내면, 다음과 같다.

$$\cos\theta = \sqrt{1-\sin^2\theta},\quad \cos\theta = \frac{1}{\sqrt{1+\tan^2\theta}},\quad \cos\theta = \frac{1}{\sec\theta},$$

$$\cos\theta = \frac{\sqrt{\operatorname{cosec}^2\theta - 1}}{\operatorname{cosec}\theta},\quad \cos\theta = \frac{\cot\theta}{\sqrt{1+\cot^2\theta}};$$

$$\tan\theta = \frac{\sin\theta}{\sqrt{1-\sin^2\theta}},\quad \tan\theta = \frac{\sqrt{1-\cos^2\theta}}{\cos\theta},\quad \tan\theta = \sqrt{\sec^2\theta - 1},$$

$$\tan\theta = \frac{1}{\sqrt{\operatorname{cosec}^2\theta - 1}},\quad \tan\theta = \frac{1}{\cot\theta}.$$

예제 2.2. θ가 제1사분면의 각이라고 할 때, $\cot\theta$를 $\sin\theta, \cos\theta, \operatorname{cosec}\theta, \sec\theta$를 이용하여 나타내어라.

풀이. (1) $\cot^2\theta + 1 = \operatorname{cosec}^2\theta$이므로, $\cot^2\theta = \operatorname{cosec}^2\theta - 1$이다. $\operatorname{cosec}\theta = \frac{1}{\sin\theta}$이므로, $\cot^2\theta = \frac{1}{\sin^2\theta} - 1 = \frac{1-\sin^2\theta}{\sin^2\theta}$이다. 이로부터, 다음을 알 수 있다.

$$\cot^2\theta = \frac{1-\sin^2\theta}{\sin^2\theta},\quad \cot\theta = \frac{\sqrt{1-\sin^2\theta}}{\sin\theta}$$

(2) $\tan^2\theta + 1 = \sec^2\theta$이므로, $\tan^2\theta = \sec^2\theta - 1$이다. $\cot\theta = \frac{1}{\tan\theta}$, $\sec\theta = \frac{1}{\cos\theta}$이므로, $\frac{1}{\cot^2\theta} = \frac{1}{\cos^2\theta} - 1 = \frac{1-\cos^2\theta}{\cos^2\theta}$이다. 이로부터, 다음을 알 수 있다.

$$\frac{1}{\cot^2\theta} = \frac{1-\cos^2\theta}{\cos^2\theta},\quad \cot^2\theta = \frac{\cos^2\theta}{1-\cos^2\theta}$$

이로부터 $\cot\theta = \frac{\cos\theta}{\sqrt{1-\cos^2\theta}}$를 얻을 수 있다.

(3) $\cot^2\theta + 1 = \operatorname{cosec}^2\theta$이므로, $\cot^2\theta = \operatorname{cosec}^2\theta - 1$이며 $\cot\theta = \pm\sqrt{\operatorname{cosec}^2\theta - 1}$이다. 제1사분면의 각 θ에 대해 $\cot\theta$는 양의 값을 가지므로, $\cot\theta = \sqrt{\operatorname{cosec}^2\theta - 1}$이다.

(4) $\tan^2\theta + 1 = \sec^2\theta$이므로, $\tan^2\theta = \sec^2\theta - 1$이다. 이로부터 $\tan^2\theta = \frac{1}{\cot^2\theta} = \sec^2\theta - 1$이다. 결국, $\cot^2\theta = \frac{1}{\sec^2\theta - 1}$이며, $\cot\theta = \pm\sqrt{\frac{1}{\sec^2\theta-1}} = \pm\frac{1}{\sqrt{\sec^2\theta - 1}}$이다. 각 θ에 대해 $\cot\theta$는 양의 값을 가지므로, $\cot\theta = \frac{1}{\sqrt{\sec^2\theta-1}}$이다. □

제1사분면의 각 θ에 대해 $\operatorname{cosec}\theta, \sec\theta$를 다른 삼각함수들로 나타내면 다음과 같다. 식의 변형 과정은 독자에게 연습으로 남긴다.

$$\operatorname{cosec}\theta = \frac{1}{\sin\theta}, \quad \operatorname{cosec}\theta = \frac{1}{\sqrt{1-\cos^2\theta}}, \quad \operatorname{cosec}\theta = \frac{\sqrt{1+\tan^2\theta}}{\tan\theta},$$

$$\operatorname{cosec}\theta = \sqrt{1+\cot^2\theta}, \quad \operatorname{cosec}\theta = \frac{\sec\theta}{\sqrt{\sec^2\theta-1}};$$

$$\sec\theta = \frac{1}{\sqrt{1-\sin^2\theta}}, \quad \sec\theta = \frac{1}{\cos\theta}, \quad \sec\theta = \sqrt{1+\tan^2\theta},$$

$$\sec\theta = \frac{\sqrt{1+\cot^2\theta}}{\cot\theta}, \quad \sec\theta = \frac{\operatorname{cosec}\theta}{\sqrt{\operatorname{cosec}^2\theta-1}}.$$

예제 2.3. 다음 등식을 유도하여라. 단, (5)와 (6)에서 θ는 제4사분면의 각이다.

(1) $\sin^2\theta = \frac{\tan^2\theta}{1+\tan^2\theta}$

(2) $\operatorname{cosec}^4\theta - \operatorname{cosec}^2\theta = \cot^4\theta + \cot^2\theta$

(3) $\cos^6\theta + \sin^6\theta = 1 - 3\sin^2\theta\cos^2\theta$

(4) $\frac{\tan\theta+\sec\theta-1}{\tan\theta-\sec\theta+1} = \sec\theta + \tan\theta$

(5) $\sqrt{\tan^2\theta - \sin^2\theta} = \tan\theta\sin\theta$

(6) $\operatorname{cosec}\theta\sqrt{\frac{1}{1+\cos\theta} + \frac{1}{1-\cos\theta}} = -\sqrt{2}(\cot^2\theta + 1)$

풀이. (1) $\cot^2\theta + 1 = \operatorname{cosec}^2\theta$이므로, 다음을 알 수 있다.

$$\operatorname{cosec}^2\theta = \frac{1}{\sin^2\theta} = \cot^2\theta + 1 = \frac{1}{\tan^2\theta} + 1 = \frac{1+\tan^2\theta}{\tan^2\theta}$$

이로부터 $\sin^2\theta = \frac{\tan^2\theta}{1+\tan^2\theta}$가 유도된다.

(2) $\operatorname{cosec}^4\theta - \operatorname{cosec}^2\theta = \operatorname{cosec}^2\theta(\operatorname{cosec}^2\theta - 1)$에서 $\operatorname{cosec}^2\theta = \cot^2\theta + 1$을 대입하자. 그러면, 다음을 얻을 수 있다.

$$\begin{aligned}\operatorname{cosec}^4\theta - \operatorname{cosec}^2\theta &= \operatorname{cosec}^2\theta(\operatorname{cosec}^2\theta - 1) \\ &= \operatorname{cosec}^2\theta\cot^2\theta = (\cot^2\theta + 1)\cot^2\theta\end{aligned}$$

얻어진 식에서 $(\cot^2\theta + 1)\cot^2\theta = \cot^4\theta + \cot^2\theta$이므로, 등식이 유도된다.

(3) 대수식 $a^3 + b^3 = (a+b)(a^2 - ab + b^3)$과 $\cos^2\theta + \sin^2\theta = 1$임을 이용하면, $\cos^6\theta + \sin^6\theta$을 다음과 같이 변형시킬 수 있다.

$$\begin{aligned}\cos^6\theta + \sin^6\theta &= (\cos^2\theta + \sin^2\theta)(\cos^4\theta - \cos^2\theta\sin^2\theta + \sin^4\theta)\\ &= \cos^4\theta - \cos^2\theta\sin^2\theta + \sin^4\theta\end{aligned}$$

그리고 $\cos^4\theta - \cos^2\theta\sin^2\theta + \sin^4\theta$에서 $\cos^4\theta + \sin^4\theta = (\cos^2\theta + \sin^2\theta)^2 - 2\cos^2\theta\sin^2\theta = 1 - 2\cos^2\theta\sin^2\theta$가 된다는 것을 생각하면, 다음을 얻을 수 있다.

$$\begin{aligned}\cos^4\theta - \cos^2\theta\sin^2\theta + \sin^4\theta &= (\cos^4\theta + \sin^4\theta) - \cos^2\theta\sin^2\theta\\ &= 1 - 3\cos^2\theta\sin^2\theta\end{aligned}$$

(4) 증명하려는 등식의 좌변을 다음과 같이 변형시킬 수 있다.

$$\begin{aligned}\frac{\tan\theta + \sec\theta - 1}{\tan\theta - \sec\theta + 1} &= \frac{\tan\theta + (\sec\theta - 1)}{\tan\theta - (\sec\theta - 1)} = \frac{[\tan\theta + (\sec\theta - 1)][\tan\theta + (\sec\theta - 1)]}{[\tan\theta - (\sec\theta - 1)][\tan\theta + (\sec\theta - 1)]}\\ &= \frac{[\tan\theta + (\sec\theta - 1)]^2}{\tan^2\theta - (\sec\theta - 1)^2}\\ &= \frac{\tan^2\theta + 2\tan\theta(\sec\theta - 1) + (\sec\theta - 1)^2}{\tan^2\theta - \sec^2\theta + 2\sec\theta - 1}\\ &= \frac{\tan^2\theta + 2\tan\theta\sec\theta - 2\tan\theta + \sec^2\theta - 2\sec\theta + 1}{\tan^2\theta - \sec^2\theta + 2\sec\theta - 1}\end{aligned}$$

이제, $\tan^2\theta + 1 = \sec^2\theta$이라는 것을 생각하자. 그러면 $\tan^2\theta + 2\tan\theta\sec\theta - 2\tan\theta + \sec^2\theta - 2\sec\theta + 1 = 2\sec^2\theta + 2\tan\theta\sec\theta - 2\tan\theta - 2\sec\theta$이고, $\tan^2\theta - \sec^2\theta + 2\sec\theta - 1 = 2\sec\theta - 2$가 된다. 이로부터, 다음을 얻을 수 있다.

$$\begin{aligned}&\frac{\tan^2\theta + 2\tan\theta\sec\theta - 2\tan\theta + \sec^2\theta - 2\sec\theta + 1}{\tan^2\theta - \sec^2\theta + 2\sec\theta - 1}\\ &\qquad = \frac{\sec^2\theta + \tan\theta\sec\theta - \tan\theta - \sec\theta}{\sec\theta - 1}\end{aligned}$$

얻어진 식의 분자에서 $\sec^2\theta + \tan\theta\sec\theta - \tan\theta - \sec\theta = \sec^2\theta - \sec\theta + \tan\theta\sec\theta - \tan\theta = \sec\theta(\sec\theta - 1) + \tan\theta(\sec\theta - 1) = (\sec\theta + \tan\theta)(\sec\theta - 1)$이 된다. 이로부터, 다음이 유도된다.

$$\frac{\sec^2\theta + \tan\theta\sec\theta - \tan\theta - \sec\theta}{\sec\theta - 1} = \frac{(\sec\theta + \tan\theta)(\sec\theta - 1)}{\sec\theta - 1} = \sec\theta + \tan\theta$$

(5) $\tan\theta = \frac{\sin\theta}{\cos\theta}$이므로 $\sqrt{\tan^2\theta - \sin^2\theta} = \sqrt{\frac{\sin^2\theta}{\cos^2\theta} - \sin^2\theta}$가 된다. 이제, $\cos^2\theta$로 통분하여 정리하면 다음을 얻을 수 있다.

$$\sqrt{\tan^2\theta - \sin^2\theta} = \sqrt{\frac{\sin^2\theta - \sin^2\theta\cos^2\theta}{\cos^2\theta}} = \sqrt{\frac{\sin^2\theta(1-\cos^2\theta)}{\cos^2\theta}} = \sqrt{\frac{\sin^2\theta\sin^2\theta}{\cos^2\theta}}$$

이제, $\frac{\sin^2\theta}{\cos^2\theta} = \tan^2\theta$이므로 $\sqrt{\tan^2\theta - \sin^2\theta} = \sqrt{\tan^2\theta\sin^2\theta} = |\tan\theta\sin\theta|$가 된다. θ가 제4사분면의 각이므로, $\tan\theta < 0, \sin\theta < 0$이며 $|\tan\theta\sin\theta| = \tan\theta\sin\theta$가 된다. 이로부터 등식이 증명된다.

(6) 등식의 제곱근호 안에서 첫 번째 항에는 $1-\cos\theta$를 분자와 분모에 곱하고, 두 번째 항에는 $1+\cos\theta$를 분자와 분모에 곱하여 정리하자. 그러면, 다음을 얻을 수 있다.

$$\begin{aligned}
&\operatorname{cosec}\theta\sqrt{\frac{1}{1+\cos\theta} + \frac{1}{1-\cos\theta}} \\
&= \operatorname{cosec}\theta\sqrt{\frac{1-\cos\theta}{(1+\cos\theta)(1-\cos\theta)} + \frac{1+\cos\theta}{(1-\cos\theta)(1+\cos\theta)}} \\
&= \operatorname{cosec}\theta\sqrt{\frac{1-\cos\theta}{1-\cos^2\theta} + \frac{1+\cos\theta}{1-\cos^2\theta}} \\
&= \operatorname{cosec}\theta\sqrt{\frac{2}{1-\cos^2\theta}} = \operatorname{cosec}\theta\sqrt{\frac{2}{\sin^2\theta}}
\end{aligned}$$

θ가 제4사분면의 각이므로, $\sqrt{\frac{2}{\sin^2\theta}} = -\frac{\sqrt{2}}{\sin\theta}$가 된다. 이로부터, 다음을 얻을 수 있다.

$$\operatorname{cosec}\theta\sqrt{\frac{1}{1+\cos\theta} + \frac{1}{1-\cos\theta}} = -\operatorname{cosec}\theta \cdot \frac{\sqrt{2}}{\sin\theta} = -\frac{\sqrt{2}}{\sin^2\theta}$$

그리고 $-\frac{\sqrt{2}}{\sin^2\theta} = -\sqrt{2}\operatorname{cosec}^2\theta$이다. $\operatorname{cosec}^2\theta = \cot^2\theta + 1$이므로, $-\sqrt{2}\operatorname{cosec}^2\theta = -\sqrt{2}(\cot^2\theta + 1)$이 된다. 이로부터 등식 $\operatorname{cosec}\theta\sqrt{\frac{1}{1+\cos\theta} + \frac{1}{1-\cos\theta}} = -\sqrt{2}(\cot^2\theta + 1)$이 증명된다. □

살펴본 삼각함수의 기본 관계식이나 그 활용이 복잡하지는 않지만, 가끔 비정형적인 문제상황에서 삼각함수의 기본 관계식이 문제해결의 열쇠가 되는 경우가 있다. 그러한 예를 [22]에 제시된 문제에서 살펴보자.

예제 2.4. $a > 0, b > 0$에 대해 등식 $\frac{\sin^4\theta}{a} + \frac{\cos^4\theta}{b} = \frac{1}{a+b}$가 성립한다. 이때, 다음 등식을 증명하여라.

$$\frac{\sin^8\theta}{a^3} + \frac{\cos^8\theta}{b^3} = \frac{1}{(a+b)^3}$$

풀이. 등식 $\frac{\sin^4\theta}{a} + \frac{\cos^4\theta}{b} = \frac{1}{a+b}$의 양변에 $a+b$를 곱하자. 그러면, 다음이 성립한다.

$$\frac{(a+b)\sin^4\theta}{a} + \frac{(a+b)\cos^4\theta}{b} = 1, \quad \sin^4\theta + \frac{b}{a}\sin^4\theta + \frac{a}{b}\cos^4\theta + \cos^4\theta = 1$$

이제 우변에서 $1 = \sin^2\theta + \cos^2\theta$을 생각하고 $1 = 1^2 = \left(\sin^2\theta + \cos^2\theta\right)^2$으로 바꾸자. 그러면, 다음을 얻을 수 있다.

$$\begin{aligned}\sin^4\theta + \frac{b}{a}\sin^4\theta + \frac{a}{b}\cos^4\theta + \cos^4\theta &= \left(\sin^2\theta + \cos^2\theta\right)^2 \\ &= \sin^4\theta + 2\sin^2\theta\cos^2\theta + \cos^4\theta\end{aligned}$$

얻어진 식을 정리하면, 다음이 얻어진다.

$$\frac{b}{a}\sin^4\theta + \frac{a}{b}\cos^4\theta = 2\sin^2\theta\cos^2\theta$$

우변의 식을 이항하고, $\frac{b}{a}\sin^4\theta = \left(\sqrt{\frac{b}{a}}\sin^2\theta\right)^2$이고 $\frac{a}{b}\cos^4\theta = \left(\sqrt{\frac{a}{b}}\cos^2\theta\right)^2$이라는 것을 생각하자. 그러면, 다음과 같은 완전제곱식을 얻을 수 있다.

$$\left(\sqrt{\frac{b}{a}}\sin^2\theta - \sqrt{\frac{a}{b}}\cos^2\theta\right)^2 = 0$$

결국, $\sqrt{\frac{b}{a}}\sin^2\theta = \sqrt{\frac{a}{b}}\cos^2\theta$이 성립하며, 이 식의 양변을 제곱하면 다음이 얻어진다.

$$\sin^4\theta = \frac{a^2}{b^2}\cos^4\theta, \quad \cos^4\theta = \frac{b^2}{a^2}\sin^4\theta$$

얻어진 식을 조건에서 주어진 등식 $\frac{\sin^4\theta}{a} + \frac{\cos^4\theta}{b} = \frac{1}{a+b}$에 각각 대입하자. 우선 $\sin^4\theta = \frac{a^2}{b^2}\cos^4\theta$를 등식의 우변 $\frac{\sin^4\theta}{a} + \frac{\cos^4\theta}{b}$에 대입하면, 다음이 얻어진다.

$$\begin{aligned}\frac{\sin^4\theta}{a} + \frac{\cos^4\theta}{b} &= \frac{\frac{a^2}{b^2}\cos^4\theta}{a} + \frac{\cos^4\theta}{b} \\ &= \frac{a}{b^2}\cos^4\theta + \frac{\cos^4\theta}{b} = \cos^4\theta\left(\frac{a}{b^2} + \frac{1}{b}\right) = \cos^4\theta\left(\frac{a+b}{b^2}\right)\end{aligned}$$

얻어진 결과를 이용하면, 등식 $\frac{\sin^4\theta}{a}+\frac{\cos^4\theta}{b}=\frac{1}{a+b}$을 다음과 같이 쓸 수 있다.

$$\cos^4\theta\left(\frac{a+b}{b^2}\right)=\frac{1}{a+b},\quad \cos^4\theta=\frac{b^2}{(a+b)^2}$$

같은 방법으로, $\sin^4\theta=\frac{a^2}{(a+b)^2}$이 된다는 것을 유도할 수 있다. 이제, $\sin^4\theta=\frac{a^2}{(a+b)^2}$와 $\cos^4\theta=\frac{b^2}{(a+b)^2}$의 양변을 제곱하자. 그러면, 다음이 얻어진다.

$$\sin^8\theta=\frac{a^4}{(a+b)^4},\quad \cos^8\theta=\frac{b^4}{(a+b)^4}$$

$$\frac{\sin^8\theta}{a^3}=\frac{a}{(a+b)^4},\quad \frac{\cos^8\theta}{b^3}=\frac{b}{(a+b)^4}$$

등식 $\frac{\sin^8\theta}{a^3}=\frac{a}{(a+b)^4}$와 $\frac{\cos^8\theta}{b^3}=\frac{b}{(a+b)^4}$를 변끼리 서로 더하자. 그러면, 다음이 얻어진다.

$$\frac{\sin^8\theta}{a^3}+\frac{\cos^8\theta}{b^3}=\frac{a+b}{(a+b)^4}=\frac{1}{(a+b)^3}$$

이것으로 문제가 해결된다. □

예제 2.4의 해결에서 어려움은 삼각함수 식의 대수적 변형과 기본 관계식의 변형에 관련된다. 기본 관계식 $\sin^2\theta+\cos^2\theta=1$을 $1=1^2=\left(\sin^2\theta+\cos^2\theta\right)^2$으로 변형하여 식을 완전제곱의 형태로 변형하는 것은 주목할 만하다.

2. $\sin(\alpha\pm\beta), \cos(\alpha\pm\beta), \tan(\alpha\pm\beta), \cot(\alpha\pm\beta)$

$\sin(\alpha\pm\beta)$에 대한 관계식 각 α, β의 합 $\alpha+\beta$의 사인, 코사인, 탄젠트, 코탄젠트를 구하는 것을 살펴보자. 우선, 사인의 덧셈정리로 알려진 다음 정리를 살펴보자.

정리 2.1 (사인의 덧셈정리)**.** 각 α, β에 대해 다음이 성립한다.

$$\sin(\alpha+\beta)=\sin\alpha\cos\beta+\cos\alpha\sin\beta$$

증명. 증명을 (1) $0<\alpha+\beta\le\frac{\pi}{2}$, (2) $\frac{\pi}{2}<\alpha+\beta<\pi$, (3) $\alpha+\beta=\pi$, (4) $\pi<\alpha+\beta\le\frac{3\pi}{2}$, (5) $\frac{3\pi}{2}<\alpha+\beta<2\pi$, (6) $\alpha+\beta=2\pi$인 경우로 나누어 살펴보자.

(1) $0 < \alpha + \beta \leq \frac{\pi}{2}$이라 하자. 그림 2.2에서 $\angle B_1OA = \alpha, \angle BOB_1 = \beta$라 하면, $\angle BOA = \alpha + \beta$이다. 이제, 삼각함수의 정의를 이용하여 정리를 증명하자.

점 B에서 각 α의 동경 $\overrightarrow{OB_1}$에 수선의 발을 내려 L_2라 하고, 점 L_2에서 선분 BL에 다시 수선 L_2H를 그었다.

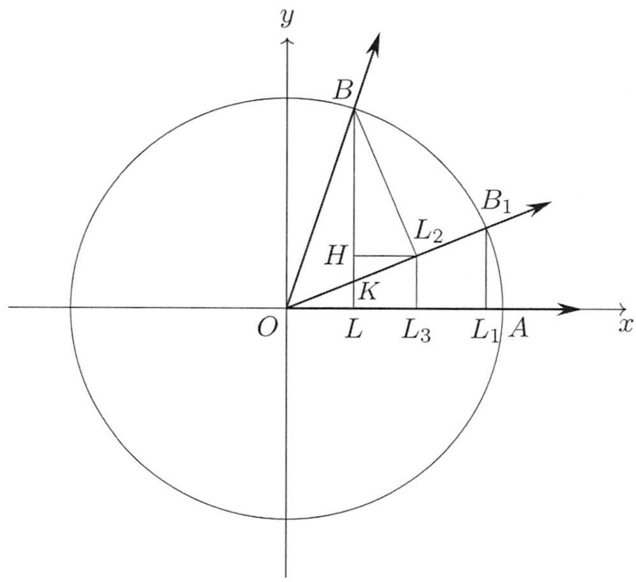

그림 2.2

이제, $\sin(\alpha+\beta)$를 구하자. 정의에 의해 $\sin(\alpha+\beta) = \frac{\overline{BL}}{R}$이며 $\overline{BL} = \overline{BH} + \overline{HL}$이므로, 다음이 성립한다.

$$\sin(\alpha+\beta) = \frac{\overline{BL}}{R} = \frac{\overline{BH}}{R} + \frac{\overline{HL}}{R} = \frac{\overline{BH}}{R} + \frac{\overline{L_2L_3}}{R}$$

직각삼각형 BHL_2와 OL_1B_1을 생각하자. $\angle OKL = \angle BKL_2$이며 각 BL_2K는 직각이므로, $\angle KOL = \angle KBL_2 = \alpha$가 된다. 그러므로, 직각삼각형 BHL_2와 OL_1B_1은 닮음이며, $\frac{\overline{BH}}{\overline{BL_2}} = \frac{\overline{OL_1}}{\overline{OB_1}}$이고 $\frac{\overline{BH}}{\overline{OL_1}} = \frac{\overline{BL_2}}{\overline{OB_1}}$가 된다. 그리고 $\overline{OB_1} = R$이라는 것과 각 β에 대해 $\sin\beta = \frac{\overline{BL_2}}{R}$를 생각하면, 다음을 알 수 있다.

$$\frac{\overline{BH}}{\overline{OL_1}} = \frac{\overline{BL_2}}{\overline{OB_1}} = \frac{\overline{BL_2}}{R} = \sin\beta$$

결국, $\overline{BH} = \overline{OL_1} \cdot \sin\beta$가 된다. 등식의 양변을 R로 나누고 $\cos\alpha = \frac{\overline{OL_1}}{R}$임을 생각하면, 다음을 얻을 수 있다.

$$\overline{BH} = \overline{OL_1} \cdot \sin\beta, \quad \frac{\overline{BH}}{R} = \frac{\overline{OL_1}}{R} \cdot \sin\beta = \cos\alpha\sin\beta$$

이제, $\overline{L_2L_3}$를 구하기 위해, 점 L_2에서 x축에 수선의 발 L_3를 내리고 직각삼각형 OL_2L_3와 OB_1L_1을 생각하자. 직각삼각형 OL_2L_3와 OB_1L_1에서 각 α가 공통이므로, 이들은 닮음이다. 그러므로, $\frac{\overline{L_2L_3}}{\overline{OL_2}} = \frac{\overline{B_1L_1}}{\overline{OB_1}}$이고 $\frac{\overline{L_2L_3}}{\overline{B_1L_1}} = \frac{\overline{OL_2}}{\overline{OB_1}}$이다. 이때, $\cos\beta = \frac{\overline{OL_2}}{R}$임을 생각하면, 다음을 얻을 수 있다.

$$\overline{L_2L_3} = \frac{\overline{OL_2}}{\overline{OB_1}} \cdot \overline{B_1L_1} = \frac{\overline{OL_2}}{R} \cdot \overline{B_1L_1} = \cos\beta \cdot \overline{B_1L_1}$$

이제, 얻어진 식의 양변을 R로 나누면, $\frac{\overline{L_2L_3}}{R} = \cos\beta \cdot \frac{\overline{B_1L_1}}{R} = \cos\beta\sin\alpha$가 된다. $\frac{\overline{BH}}{R} = \cos\alpha\sin\beta$, $\frac{\overline{L_2L_3}}{R} = \cos\beta\sin\alpha$를 $\sin(\alpha+\beta) = \frac{\overline{BH}}{R} + \frac{\overline{L_2L_3}}{R}$에 대입하면, 다음 등식이 얻어진다.

$$\sin(\alpha+\beta) = \sin\alpha\cos\beta + \cos\alpha\sin\beta$$

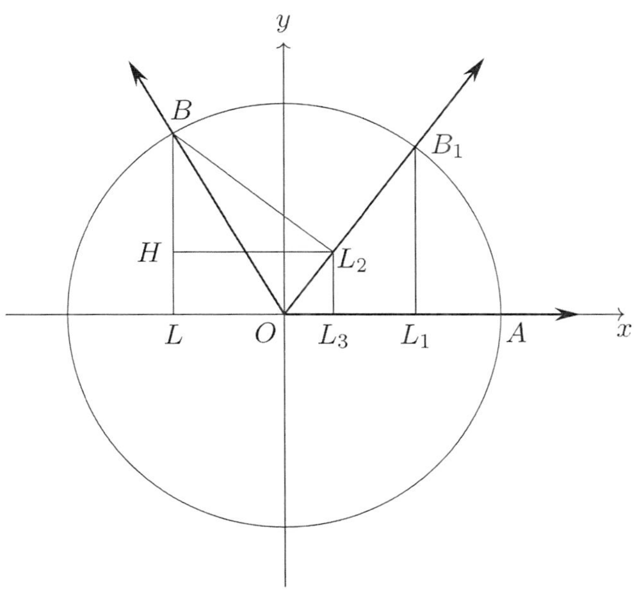

그림 2.3

(2) $\frac{\pi}{2} < \alpha+\beta < \pi$라 하자. 그림 2.3에서 $\angle B_1OA = \alpha, \angle BOB_1 = \beta$이며 $\angle BOA = \alpha + \beta$이다. 점 B에서 각 α의 동경 $\overrightarrow{OB_1}$에 수선 BL_2를 긋자. 그리고 점 L_2에서 선분 BL에 수선 L_2H를 긋고, x축에 수선 L_2L_3를 긋자. 그러면, 다음이 성립한다.

$$\sin(\alpha + \beta) = \frac{\overline{BL}}{R} = \frac{\overline{BH}}{R} + \frac{\overline{HL}}{R} = \frac{\overline{BH}}{R} + \frac{\overline{L_2L_3}}{R}$$

직각삼각형 BHL_2와 OL_1B_1을 생각하자. $\angle L_2OL_3 = \angle OL_2H = \alpha$이며, 각 BL_2O는 직각이므로 $\angle BL_2H = \frac{\pi}{2} - \alpha$, $\angle HBL_2 = \alpha$가 된다. 그러므로, 직각삼각형 BHL_2와 OL_1B_1은 닮음이며, (1)의 경우와 마찬가지로 다음이 성립한다.

$$\overline{BH} = \overline{OL_1} \cdot \sin\beta, \quad \frac{\overline{BH}}{R} = \frac{\overline{OL_1}}{R} \cdot \sin\beta = \cos\alpha\sin\beta$$

한편, 직각삼각형 OL_2L_3와 OB_1L_1의 닮음으로부터 $\overline{L_2L_3}$를 구할 수 있다.

$$\overline{L_2L_3} = \frac{\overline{OL_2}}{\overline{OB_1}} \cdot \overline{B_1L_1} = \frac{\overline{OL_2}}{R} \cdot \overline{B_1L_1} = \cos\beta \cdot \overline{B_1L_1}$$

이제, 얻어진 식을 $\sin(\alpha + \beta) = \frac{\overline{BH}}{R} + \frac{\overline{L_2L_3}}{R}$에 대입하면, 정리가 증명된다.

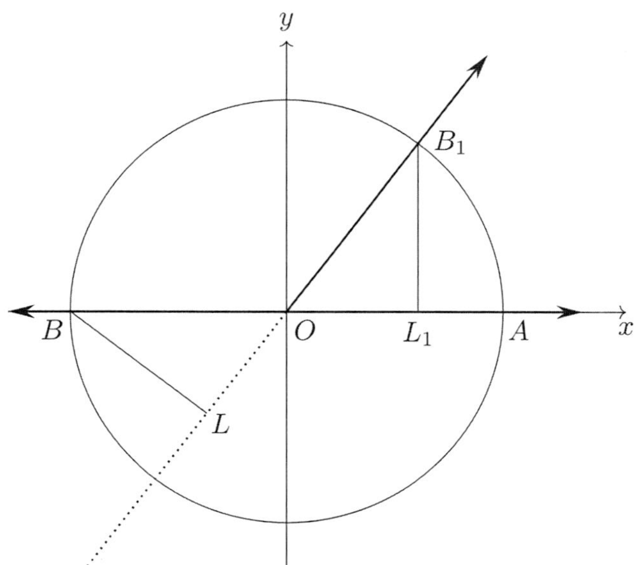

그림 2.4

(3) $\alpha+\beta=\pi$라 하자. 그림 2.4에서 $\sin(\alpha+\beta)=\sin\alpha\cos\beta+\cos\alpha\sin\beta$가 성립하는지 조사하자. $\angle B_1OA=\alpha, \angle BOB_1=\beta$이며 $\angle BOA=\alpha+\beta=\pi$이다. 그러므로 $\sin(\alpha+\beta)=0$이다.

한편, $\sin\alpha=\frac{\overline{B_1L_1}}{R}$, $\cos\alpha=\frac{\overline{OL_1}}{R}$이고, $\sin\beta=\frac{\overline{BL}}{R}$, $\cos\beta=-\frac{\overline{OL}}{R}$이다. 그러므로, $\sin\alpha\cos\beta+\cos\alpha\sin\beta=-\frac{\overline{B_1L_1}}{R}\cdot\frac{\overline{OL}}{R}+\frac{\overline{OL_1}}{R}\cdot\frac{\overline{BL}}{R}$이 된다.

직각삼각형 OBL과 OB_1L_1을 보자. $\angle BOL=\angle B_1OL_1$, $\angle BLO=\angle B_1L_1O$이고 $\overline{BO}=\overline{B_1O}$이므로, 직각삼각형 OBL과 OB_1L_1은 합동이다. 이로부터 $\overline{BL}=\overline{B_1L_1}$, $\overline{OL}=\overline{OL_1}$이 되며, $\overline{B_1L_1}\cdot\overline{OL}=\overline{BL}\cdot\overline{OL_1}$이다. 결국, $\sin\alpha\cos\beta+\cos\alpha\sin\beta=0$이며, $\sin(\alpha+\beta)=\sin\alpha\cos\beta+\cos\alpha\sin\beta$가 성립한다.

(4) $\pi<\alpha+\beta\leq\frac{3\pi}{2}$라 하자. 그림 2.5에서 $\angle B_1OA=\alpha, \angle BOB_1=\beta$이고 $\angle BOA=\alpha+\beta$이다. 앞에서와 같이, 점 B에서 각 α의 동경 $\overrightarrow{OB_1}$에 수선 BL_2를 긋고, 점 L_2에서 직선 BL에 수선 L_2H를 그었다.

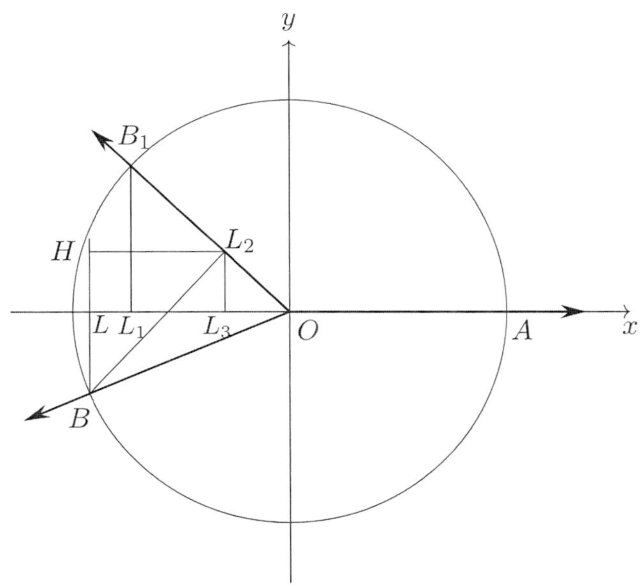

그림 2.5

이제, $\sin(\alpha+\beta)$를 구하자. $\sin(\alpha+\beta)=-\frac{\overline{BL}}{R}$이며 $\overline{BL}=\overline{BH}-\overline{HL}$이므로, 다음이

성립한다.

$$\sin(\alpha+\beta) = -\frac{\overline{BL}}{R} = -\frac{\overline{BH}}{R} + \frac{\overline{HL}}{R} = -\frac{\overline{BH}}{R} + \frac{\overline{L_2L_3}}{R}$$

직각삼각형 BHL_2와 OL_1B_1을 생각하자. $\angle L_2OL_3 = \angle B_1L_2H = \pi - \alpha$이며 각 BL_2B_1은 직각이므로, $\angle BL_2H = \alpha - \frac{\pi}{2}$이며 $\angle HBL_2 = \pi - \alpha$가 된다. 그러므로, 직각삼각형 BHL_2와 OL_1B_1은 닮음이며 $\frac{\overline{BH}}{\overline{OL_1}} = \frac{\overline{BL_2}}{\overline{OB_1}}$가 된다. 이로부터, $\frac{\overline{BH}}{\overline{OL_1}} = \frac{\overline{BL_2}}{\overline{OB_1}} = \sin\beta, \overline{BH} = \overline{OL_1}\cdot\sin\beta$이며, $\frac{\overline{BH}}{R} = \frac{\overline{OL_1}}{R}\cdot\sin\beta = -\cos\alpha\sin\beta$가 된다.

한편, 점 L_2에서 x축에 수선 L_2L_3를 긋고, 닮음인 직각삼각형 OL_2L_3와 OB_1L_1을 생각하자. 이로부터, $\frac{\overline{L_2L_3}}{\overline{B_1L_1}} = \frac{\overline{OL_2}}{\overline{OB_1}}$이며, $\overline{L_2L_3} = \frac{\overline{OL_2}}{\overline{OB_1}}\cdot\overline{B_1L_1} = \cos\beta\cdot\overline{B_1L_1}$이다. 그리고 $\frac{\overline{L_2L_3}}{R} = \cos\beta\cdot\frac{\overline{B_1L_1}}{R} = \cos\beta\sin\alpha$가 얻어진다. 이 식들을 $\sin(\alpha+\beta) = -\frac{\overline{BH}}{R} + \frac{\overline{L_2L_3}}{R}$에 대입하면, $\sin(\alpha+\beta) = \sin\alpha\cos\beta + \cos\alpha\sin\beta$가 얻어진다.

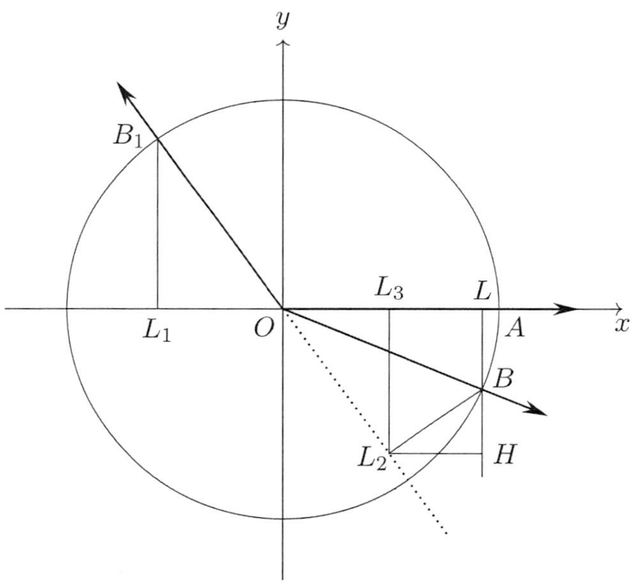

그림 2.6

(5) $\frac{3\pi}{2} < \alpha+\beta < 2\pi$라 하자. 그림 2.6에서 $\angle B_1OA = \alpha, \angle BOB_1 = \beta$이고 $\angle BOA = \alpha+\beta$이다. 점 B에서 각 α의 동경 $\overrightarrow{OB_1}$의 연장선에 수선 BL_2를 긋고, 점 L_2에서 직선 BL에 수선 L_2H를 그었다. 나머지 증명과정은 $\pi < \alpha+\beta \leq \frac{3\pi}{2}$인 경우와 유사하므로, 독자에게 남긴다.

(6) $\alpha + \beta = 2\pi$라 하자. 그림 2.7에서 $\sin(\alpha+\beta) = \sin\alpha\cos\beta + \cos\alpha\sin\beta$가 성립하는지 조사하자. $\angle B_1OA = \alpha, \angle BOB_1 = \beta$이며 $\angle BOA = \alpha + \beta = 2\pi$이다. 그러므로 $\sin(\alpha+\beta) = 0$이다.

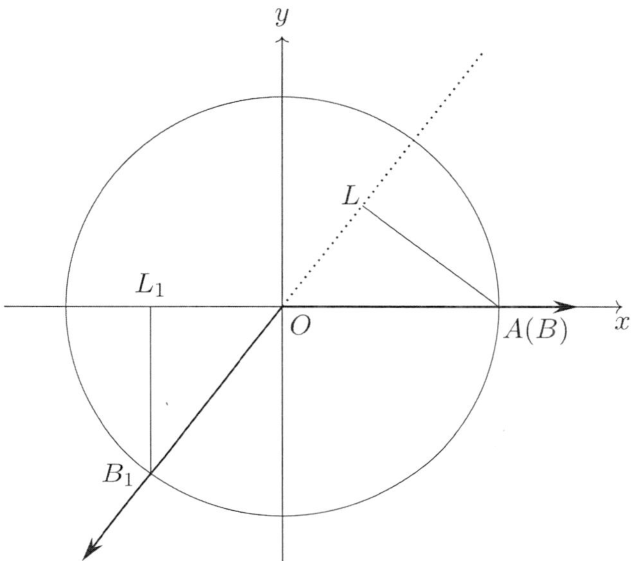

그림 2.7

$\sin\alpha = -\frac{\overline{B_1L_1}}{R}$, $\cos\alpha = -\frac{\overline{OL_1}}{R}$이고, $\sin\beta = \frac{\overline{BL}}{R}$, $\cos\beta = -\frac{\overline{OL}}{R}$이다. 그러므로, $\sin\alpha\cos\beta + \cos\alpha\sin\beta = \frac{\overline{B_1L_1}}{R}\cdot\frac{\overline{OL}}{R} - \frac{\overline{OL_1}}{R}\cdot\frac{\overline{BL}}{R}$이 된다.

직각삼각형 OBL과 OB_1L_1을 보자. $\angle BOL = \angle B_1OL_1$, $\angle BLO = \angle B_1L_1O$이고 $\overline{BO} = \overline{B_1O}$이므로, 직각삼각형 OBL과 OB_1L_1은 합동이다. 이로부터 $\overline{BL} = \overline{B_1L_1}$, $\overline{OL} = \overline{OL_1}$이 되며, $\overline{B_1L_1}\cdot\overline{OL} = \overline{BL}\cdot\overline{OL_1}$이다. 결국, $\sin\alpha\cos\beta + \cos\alpha\sin\beta = 0$이며, $\sin(\alpha+\beta) = \sin\alpha\cos\beta + \cos\alpha\sin\beta$가 증명된다. □

정리 2.1에서는 $\sin(\alpha+\beta) = \sin\alpha\cos\beta + \cos\alpha\sin\beta$를 증명하였다. 그러면, $\sin(\alpha-\beta)$에 대한 식은 어떻게 유도할 수 있을까? 정리 2.1에서 β대신에 $-\beta$를 대입하자. 그러면, 다음을 얻을 수 있다.

$$\sin(\alpha-\beta) = \sin\alpha\cos(-\beta) + \cos\alpha\sin(-\beta)$$

$\cos(-\beta) = \cos\beta$이고 $\sin(-\beta) = -\sin\beta$이므로, $\sin(\alpha-\beta)$에 대한 다음 식이 얻어진다.

$$\sin(\alpha-\beta) = \sin\alpha\cos\beta - \cos\alpha\sin\beta$$

$\sin(\alpha-\beta)$에 대한 식을 삼각함수의 정의를 이용하여 유도할 수도 있다. 그림 2.8에서 $\angle B_1OA = \alpha$, $\angle B_1OB = \beta$라 하면, $\angle BOA = \alpha-\beta$가 된다. $\sin(\alpha-\beta) = \sin BOA$를 구하자. 이를 위해, 점 B에서 동경 $\overrightarrow{OB_1}$에 수선 BC를 그었고, 점 C에서 x축에 수선 CC_1을 그었다. 그리고 점 B에서 선분 CC_1에 수선 BH를 그었다. 그러면, $\angle OCC_1 = \frac{\pi}{2} - \angle COC_1 = \frac{\pi}{2} - \angle BCC_1$이므로, $\angle COC_1 = \angle BCC_1 = \alpha$가 된다.

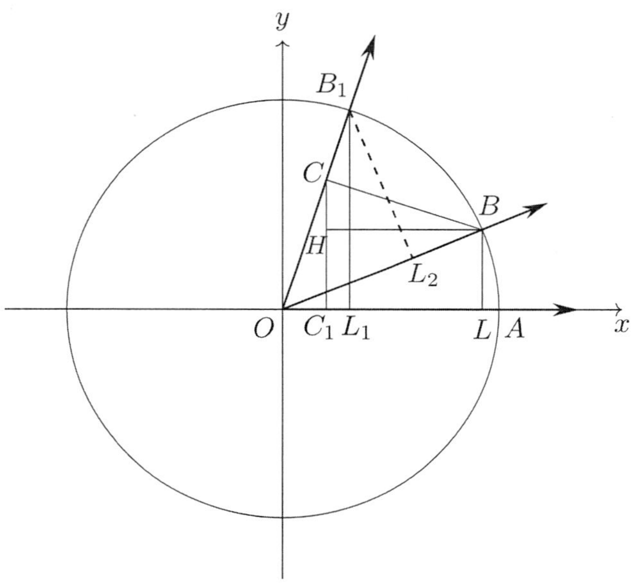

그림 2.8

$\sin(\alpha-\beta) = \sin BOA = \frac{\overline{BL}}{R}$이며, $\overline{BL} = \overline{CC_1} - \overline{CH}$이다. 이로부터 다음을 알 수 있다.

$$\sin(\alpha-\beta) = \frac{\overline{BL}}{R} = \frac{\overline{CC_1} - \overline{CH}}{R}$$

직각삼각형 OCC_1과 OB_1L_1은 닮음이므로, $\frac{\overline{CC_1}}{\overline{OC}} = \frac{\overline{B_1L_1}}{\overline{OB_1}}$이며 $\overline{CC_1} = \frac{\overline{B_1L_1}}{\overline{OB_1}} \cdot \overline{OC}$이다. 이때, $\frac{\overline{B_1L_1}}{\overline{OB_1}} = \frac{\overline{B_1L_1}}{R} = \sin\alpha$이므로, $\overline{CC_1} = \sin\alpha \cdot \overline{OC}$이다. 한편, 점 B_1에서 동경

$\overrightarrow{OB}$에 수선 B_1L_2를 그으면, 직각삼각형 OBC와 OB_1L_2는 닮음이 된다. 그러면 $\frac{\overline{OC}}{\overline{OB}} = \frac{\overline{OL_2}}{\overline{OB_1}}$이며 $\overline{OC} = \frac{\overline{OL_2}}{\overline{OB_1}} \cdot \overline{OB}$이다. 이때, $\frac{\overline{OL_2}}{\overline{OB_1}} = \frac{\overline{OL_2}}{R} = \cos\beta$이므로, $\overline{OC} = \cos\beta \cdot \overline{OB}$이다. 이것을 $\overline{CC_1} = \sin\alpha \cdot \overline{OC}$에 대입하면, $\overline{CC_1} = \sin\alpha\cos\beta \cdot \overline{OB}$가 된다는 것을 알 수 있다.

$\overline{CH}$를 생각하기 위해, 직각삼각형 CBH와 OB_1L_1의 닮음에 주목하자. $\frac{\overline{CH}}{\overline{CB}} = \frac{\overline{OL_1}}{\overline{OB_1}}$이며 $\overline{CH} = \frac{\overline{OL_1}}{\overline{OB_1}} \cdot \overline{CB} = \cos\alpha \cdot \overline{CB}$이다. 그리고 직각삼각형 OBC와 OB_1L_2가 닮음이므로, $\frac{\overline{CB}}{\overline{OB}} = \frac{\overline{B_1L_2}}{\overline{OB_1}}$이며 $\overline{CB} = \frac{\overline{B_1L_2}}{\overline{OB_1}} \cdot \overline{OB} = \sin\beta \cdot \overline{OB}$이다. 이로부터 $\overline{CH} = \cos\alpha\sin\beta \cdot \overline{OB}$이다.

얻어진 결과를 $\sin(\alpha - \beta) = \frac{\overline{CC_1} - \overline{CH}}{R}$에 대입하면, 다음을 알 수 있다.

$$\sin(\alpha - \beta) = \frac{\overline{CC_1} - \overline{CH}}{R} = \frac{\sin\alpha\cos\beta \cdot \overline{OB}}{R} - \frac{\cos\alpha\sin\beta \cdot \overline{OB}}{R}$$

이때, $\overline{OB} = R$이므로, $\sin(\alpha - \beta) = \sin\alpha\cos\beta - \cos\alpha\sin\beta$가 얻어진다.

$\sin(\alpha+\beta), \sin(\alpha-\beta)$에 대한 식을 이용하면, 제1장에서 다룬 $\sin\left(\frac{\pi}{2} \pm \alpha\right) = \cos\alpha$, $\sin\left(\frac{3\pi}{2} \pm \alpha\right) = -\cos\alpha$에 대한 등식을 다음과 같이 유도할 수 있다.

$$\begin{aligned}
\sin\left(\frac{\pi}{2} + \alpha\right) &= \sin\frac{\pi}{2}\cos\alpha + \cos\frac{\pi}{2}\sin\alpha = \cos\alpha, \\
\sin\left(\frac{\pi}{2} - \alpha\right) &= \sin\frac{\pi}{2}\cos\alpha - \cos\frac{\pi}{2}\sin\alpha = \cos\alpha, \\
\sin\left(\frac{3\pi}{2} + \alpha\right) &= \sin\frac{3\pi}{2}\cos\alpha + \cos\frac{3\pi}{2}\sin\alpha = -\cos\alpha, \\
\sin\left(\frac{3\pi}{2} - \alpha\right) &= \sin\frac{3\pi}{2}\cos\alpha - \cos\frac{\pi}{2}\sin\alpha = -\cos\alpha.
\end{aligned}$$

예제 2.5. 다음 등식을 증명하여라.

(1) $\sin\left(\alpha + \frac{\pi}{6}\right)\sin\left(\alpha - \frac{\pi}{6}\right) + \cos^2\alpha = \frac{3}{4}$

(2) $\frac{\sin(\alpha+\beta)\sin(\alpha-\beta)}{\cos^2\alpha\cos^2\beta} = \tan^2\alpha - \tan^2\beta$

(3) $\sin(\alpha+\beta)\sin(\alpha-\beta) = \sin^2\alpha - \sin^2\beta = \cos^2\beta - \cos^2\alpha$

(4) $\frac{\sin(\alpha-\gamma)+2\sin\alpha+\sin(\alpha+\gamma)}{\sin(\beta-\gamma)+2\sin\beta+\sin(\beta+\gamma)} = \frac{\sin\alpha}{\sin\beta}$

풀이. (1) $\sin\left(\alpha+\frac{\pi}{6}\right)\sin\left(\alpha-\frac{\pi}{6}\right)$를 다음과 같이 정리할 수 있다.

$$\begin{aligned}\sin\left(\alpha+\frac{\pi}{6}\right)\sin\left(\alpha-\frac{\pi}{6}\right) &= \left(\sin\alpha\cos\frac{\pi}{6}+\cos\alpha\sin\frac{\pi}{6}\right)\left(\sin\alpha\cos\frac{\pi}{6}-\cos\alpha\sin\frac{\pi}{6}\right)\\ &= \left(\frac{\sqrt{3}}{2}\sin\alpha+\frac{1}{2}\cos\alpha\right)\left(\frac{\sqrt{3}}{2}\sin\alpha-\frac{1}{2}\cos\alpha\right)\\ &= \frac{3}{4}\sin^2\alpha-\frac{1}{4}\cos^2\alpha\end{aligned}$$

그러므로, 다음을 얻을 수 있다.

$$\begin{aligned}\sin\left(\alpha+\frac{\pi}{6}\right)\sin\left(\alpha-\frac{\pi}{6}\right)+\cos^2\alpha &= \frac{3}{4}\sin^2\alpha-\frac{1}{4}\cos^2\alpha+\cos^2\alpha\\ &= \frac{3}{4}(\sin^2\alpha+\cos^2\alpha)=\frac{3}{4}\end{aligned}$$

(2) $\sin(\alpha+\beta)\sin(\alpha-\beta)$를 다음과 같이 정리할 수 있다.

$$\begin{aligned}\sin(\alpha+\beta)\sin(\alpha-\beta) &= (\sin\alpha\cos\beta+\cos\alpha\sin\beta)(\sin\alpha\cos\beta-\cos\alpha\sin\beta)\\ &= \sin^2\alpha\cos^2\beta-\cos^2\alpha\sin^2\beta\end{aligned}$$

그러므로, 다음을 얻을 수 있다.

$$\begin{aligned}\frac{\sin(\alpha+\beta)\sin(\alpha-\beta)}{\cos^2\alpha\cos^2\beta} &= \frac{\sin^2\alpha\cos^2\beta-\cos^2\alpha\sin^2\beta}{\cos^2\alpha\cos^2\beta}\\ &= \frac{\sin^2\alpha\cos^2\beta}{\cos^2\alpha\cos^2\beta}-\frac{\cos^2\alpha\sin^2\beta}{\cos^2\alpha\cos^2\beta}\\ &= \frac{\sin^2\alpha}{\cos^2\alpha}-\frac{\sin^2\beta}{\cos^2\beta}=\tan^2\alpha-\tan^2\beta\end{aligned}$$

(3) $\sin(\alpha+\beta)\sin(\alpha-\beta)$를 다음과 같이 정리할 수 있다.

$$\begin{aligned}\sin(\alpha+\beta)\sin(\alpha-\beta) &= (\sin\alpha\cos\beta+\cos\alpha\sin\beta)(\sin\alpha\cos\beta-\cos\alpha\sin\beta)\\ &= \sin^2\alpha\cos^2\beta-\cos^2\alpha\sin^2\beta\end{aligned}$$

얻어진 식에 $\cos^2\beta=1-\sin^2\beta, \cos^2\alpha=1-\sin^2\alpha$를 대입하자. 그러면, 다음을 얻을 수 있다.

$$\begin{aligned}\sin^2\alpha\cos^2\beta-\cos^2\alpha\sin^2\beta &= \sin^2\alpha(1-\sin^2\beta)-(1-\sin^2\alpha)\sin^2\beta\\ &= \sin^2\alpha-\sin^2\beta\end{aligned}$$

이제, $\sin^2\alpha-\sin^2\beta$에 $\sin^2\alpha = 1-\cos^2\alpha, \sin^2\beta = 1-\cos^2\beta$를 대입하면, $\sin^2\alpha-\sin^2\beta = \cos^2\beta-\cos^2\alpha$가 된다.

(4) 등식의 좌변에서 분자를 정리하면, $\sin(\alpha-\gamma)+2\sin\alpha+\sin(\alpha+\gamma) = \sin\alpha\cos\gamma-\cos\alpha\sin\gamma+2\sin\alpha+\sin\alpha\cos\gamma+\cos\alpha\sin\gamma = 2\sin\alpha\cos\gamma+2\sin\alpha$이다. 그리고 분모를 정리하면, $\sin(\beta-\gamma)+2\sin\beta+\sin(\beta+\gamma) = \sin\beta\cos\gamma-\cos\beta\sin\gamma+2\sin\beta+\sin\beta\cos\gamma+\cos\beta\sin\gamma = 2\sin\beta\cos\gamma+2\sin\beta$이다. 이것을 증명하려는 등식의 좌변에 대입하면, 다음을 얻을 수 있다.

$$\begin{aligned}\frac{\sin(\alpha-\gamma)+2\sin\alpha+\sin(\alpha+\gamma)}{\sin(\beta-\gamma)+2\sin\beta+\sin(\beta+\gamma)} &= \frac{2\sin\alpha\cos\gamma+2\sin\alpha}{2\sin\beta\cos\gamma+2\sin\beta}\\ &= \frac{2\sin\alpha(\cos\gamma+1)}{2\sin\beta(\cos\gamma+1)} = \frac{\sin\alpha}{\sin\beta}\end{aligned}$$

이것으로 문제가 해결된다. □

예제 2.6. 각 α, β, γ가 주어졌다. $\sin(\alpha+\beta+\gamma)$를 α, β, γ에 대한 삼각함수를 이용하여 나타내라.

풀이. $\sin(\alpha+\beta+\gamma) = \sin(\alpha+(\beta+\gamma))$로 나타낼 수 있으므로, 정리 2.1을 이용할 수 있다. 즉, 정리 2.1을 이용해 $\sin(\alpha+(\beta+\gamma))$를 다음과 같이 변형시킬 수 있다.

$$\begin{aligned}\sin(\alpha+(\beta+\gamma)) &= \sin\alpha\cos(\beta+\gamma)+\cos\alpha\sin(\beta+\gamma)\\ &= \sin\alpha(\cos\beta\cos\gamma-\sin\beta\sin\gamma)+\cos\alpha(\sin\beta\cos\gamma+\cos\beta\sin\gamma)\\ &= \sin\alpha\cos\beta\cos\gamma-\sin\alpha\sin\beta\sin\gamma+\cos\alpha\sin\beta\cos\gamma\\ &\quad+\cos\alpha\cos\beta\sin\gamma\end{aligned}$$

결국, $\sin(\alpha+\beta+\gamma)$를 α, β, γ에 대한 삼각함수를 이용하여 다음과 같이 나타낼 수 있다.

$$\begin{aligned}&\sin(\alpha+\beta+\gamma) =\\ &\quad= \sin\alpha\cos\beta\cos\gamma-\sin\alpha\sin\beta\sin\gamma+\cos\alpha\sin\beta\cos\gamma+\cos\alpha\cos\beta\sin\gamma\end{aligned}$$

이것으로 문제가 해결된다. □

예제 2.6의 결과를 이용하면, 다음 등식을 유도할 수 있다.

$$\frac{\sin(\alpha+\beta+\gamma)}{\cos\alpha\cos\beta\cos\gamma} = \tan\alpha+\tan\beta+\tan\gamma-\tan\alpha\tan\beta\tan\gamma$$

실제로, $\sin(\alpha+\beta+\gamma) = \sin\alpha\cos\beta\cos\gamma - \sin\alpha\sin\beta\sin\gamma + \cos\alpha\sin\beta\cos\gamma + \cos\alpha\cos\beta\sin\gamma$이므로, 이것을 $\frac{\sin(\alpha+\beta+\gamma)}{\cos\alpha\cos\beta\cos\gamma}$에 대입하자. 그러면, 다음과 같이 쓸 수 있다.

$$\begin{aligned}&\frac{\sin(\alpha+\beta+\gamma)}{\cos\alpha\cos\beta\cos\gamma} =\\ &\qquad = \frac{\sin\alpha\cos\beta\cos\gamma - \sin\alpha\sin\beta\sin\gamma + \cos\alpha\sin\beta\cos\gamma + \cos\alpha\cos\beta\sin\gamma}{\cos\alpha\cos\beta\cos\gamma}\end{aligned}$$

이때, $\frac{\sin\alpha\cos\beta\cos\gamma}{\cos\alpha\cos\beta\cos\gamma} = \tan\alpha$, $\frac{\cos\alpha\sin\beta\cos\gamma}{\cos\alpha\cos\beta\cos\gamma} = \tan\beta$, $\frac{\cos\alpha\cos\beta\sin\gamma}{\cos\alpha\cos\beta\cos\gamma} = \tan\gamma$이며, $\frac{\sin\alpha\sin\beta\sin\gamma}{\cos\alpha\cos\beta\cos\gamma} = \tan\alpha\tan\beta\tan\gamma$이므로, $\frac{\sin(\alpha+\beta+\gamma)}{\cos\alpha\cos\beta\cos\gamma} = \tan\alpha+\tan\beta+\tan\gamma-\tan\alpha\tan\beta\tan\gamma$가 얻어진다.

$\cos(\alpha\pm\beta)$에 대한 관계식 $\cos(\alpha+\beta)$에 대한 등식인 코사인의 덧셈정리를 살펴보자. 코사인의 덧셈정리를 정리 2.1의 $\sin(\alpha+\beta) = \sin\alpha\cos\beta+\cos\alpha\sin\beta$를 이용하여 유도할 수도 있다.

삼각함수의 성질에 의해 $\cos(\alpha+\beta) = \sin\left(\frac{\pi}{2}+(\alpha+\beta)\right) = \sin\left(\left(\frac{\pi}{2}+\alpha\right)+\beta\right)$가 성립한다는 것을 이용한다. $\sin\left(\left(\frac{\pi}{2}+\alpha\right)+\beta\right)$를 정리 2.1을 이용하여 정리하면, 다음을 얻을 수 있다.

$$\begin{aligned}\cos(\alpha+\beta) &= \sin\left(\frac{\pi}{2}+(\alpha+\beta)\right) = \sin\left(\left(\frac{\pi}{2}+\alpha\right)+\beta\right)\\ &= \sin\left(\frac{\pi}{2}+\alpha\right)\cos\beta + \cos\left(\frac{\pi}{2}+\alpha\right)\sin\beta\\ &= \cos\alpha\cos\beta - \sin\alpha\sin\beta\end{aligned}$$

이제, 코사인의 덧셈정리를 정리 2.1과 같이 삼각함수의 정의를 이용하여 유도하자.

정리 2.2 (코사인의 덧셈정리). 각 α, β에 대해 다음이 성립한다.

$$\cos(\alpha+\beta) = \cos\alpha\cos\beta - \sin\alpha\sin\beta$$

증명. 여기서는 $\frac{\pi}{2} < \alpha+\beta < \pi$인 경우에 대해 증명하자. 나머지 경우에 대해서는 정리 2.1과 유사한 방법으로 증명할 수 있다. 이에 대한 증명은 독자에게 남긴다.

그림 2.9에서 $\angle B_1OA = \alpha, \angle BOB_1 = \beta$라 하면, $\angle BOA = \alpha + \beta$이다. 점 B에서 반직선 $\overrightarrow{OB_1}$에 수선 BL_2를 긋고, 점 B, L_2, B_1에서 x축에 수선 BL, L_2L_3, B_1L_1을 작도하자. 그리고 점 L_2에서 선분 BL에 수선 L_2H를 그었다. 이때, $\cos(\alpha+\beta) = -\frac{\overline{OL}}{R}$이며 $\overline{OL} = \overline{LL_3} - \overline{OL_3} = \overline{HL_2} - \overline{OL_3}$이다.

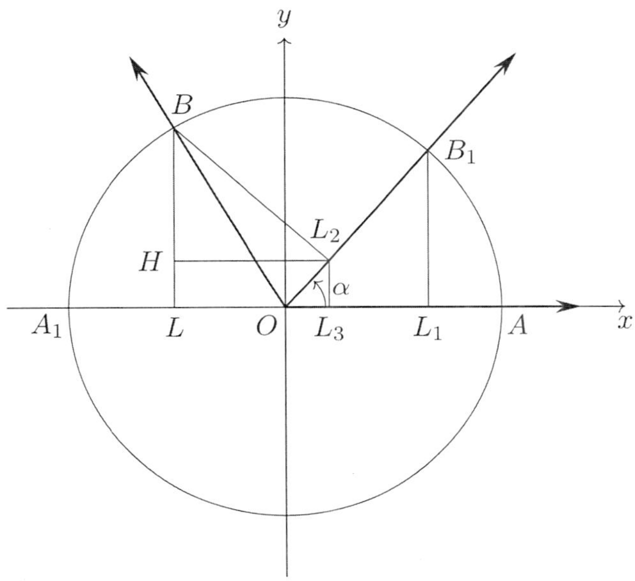

그림 2.9

선분 HL_2를 구하기 위해, 직각삼각형 BL_2H를 생각하자. $\angle LOB = \pi - (\alpha+\beta)$이므로, $\angle OBL = \frac{\pi}{2} - (\pi - (\alpha+\beta)) = (\alpha+\beta) - \frac{\pi}{2}$이다. 그리고 $\angle OBL_2 = \frac{\pi}{2} - \beta$이므로, $\angle LBL_2 = \alpha$이다. 그러므로, 직각삼각형 BHL_2와 OL_1B_1은 닮음이며, 다음이 성립한다.

$$\frac{\overline{HL_2}}{\overline{BL_2}} = \frac{\overline{B_1L_1}}{\overline{OB_1}}, \quad \overline{HL_2} = \frac{\overline{B_1L_1}}{\overline{OB_1}} \cdot \overline{BL_2} = \sin\alpha \cdot \overline{BL_2}$$

얻어진 식 $\overline{HL_2} = \sin\alpha \cdot \overline{BL_2}$의 양변을 R로 나누면, $\frac{\overline{HL_2}}{R} = \sin\alpha \cdot \frac{\overline{BL_2}}{R} = \sin\alpha\sin\beta$가 된다.

한편, 직각삼각형 OL_3L_2와 OL_1B_1은 닮음이므로, 다음이 성립한다.

$$\frac{\overline{OL_3}}{\overline{OL_2}} = \frac{\overline{OL_1}}{\overline{OB_1}}, \quad \overline{OL_3} = \frac{\overline{OL_1}}{\overline{OB_1}} \cdot \overline{OL_2} = \cos\alpha \cdot \overline{OL_2}$$

얻어진 식 $\overline{OL_3} = \cos\alpha \cdot \overline{OL_2}$의 양변을 R로 나누면, $\frac{\overline{OL_3}}{R} = \cos\alpha \cdot \frac{\overline{OL_2}}{R} = \cos\alpha\cos\beta$가 된다.

$\overline{OL} = \overline{HL_2} - \overline{OL_3}$의 양변을 R로 나누면, $\frac{\overline{OL}}{R} = \frac{\overline{HL_2}}{R} - \frac{\overline{OL_3}}{R}$가 된다. 여기에 $\frac{\overline{HL_2}}{R} = \sin\alpha\sin\beta$, $\frac{\overline{OL_3}}{R} = \cos\alpha\cos\beta$를 대입하자. 그러면 $\frac{\overline{OL}}{R} = \sin\alpha\sin\beta - \cos\alpha\cos\beta$가 되며, $\cos(\alpha+\beta) = -\frac{\overline{OL}}{R} = \cos\alpha\cos\beta - \sin\alpha\sin\beta$가 유도된다. □

정리 2.2에서는 $\cos(\alpha+\beta) = \cos\alpha\cos\beta - \sin\alpha\sin\beta$를 다루었다. 이때, β대신에 $-\beta$를 대입하자. 그러면, 다음을 얻을 수 있다.

$$\cos(\alpha-\beta) = \cos\alpha\cos(-\beta) - \sin\alpha\sin(-\beta)$$

$\cos(-\beta) = \cos\beta$이고 $\sin(-\beta) = -\sin\beta$이므로, $\cos(\alpha-\beta)$에 대한 다음 식을 얻을 수 있다.

$$\cos(\alpha-\beta) = \cos\alpha\cos\beta + \sin\alpha\sin\beta$$

예제 2.7. 다음 등식을 증명하여라.

(1) $\cos(\alpha+\beta)\cos(\alpha-\beta) = \cos^2\alpha - \sin^2\beta$

(2) $(\cos\alpha + \cos\beta)^2 + (\sin\alpha + \sin\beta)^2 = 2\cos(\alpha-\beta) + 2$

풀이. (1) 등식의 좌변을 전개하여 우변의 식을 유도하자. 등식의 좌변을 다음과 같이 변형시킬 수 있다.

$$\begin{aligned}\cos(\alpha+\beta)\cos(\alpha-\beta) &= (\cos\alpha\cos\beta - \sin\alpha\sin\beta)(\cos\alpha\cos\beta + \sin\alpha\sin\beta)\\ &= \cos^2\alpha\cos^2\beta - \sin^2\alpha\sin^2\beta\\ &= \cos^2\alpha(1-\sin^2\beta) - (1-\cos^2\alpha)\sin^2\beta\\ &= \cos^2\alpha - \cos^2\alpha\sin^2\beta - \sin^2\beta + \cos^2\alpha\sin^2\beta\\ &= \cos^2\alpha - \sin^2\beta\end{aligned}$$

이것으로 등식 $\cos(\alpha+\beta)\cos(\alpha-\beta) = \cos^2\alpha - \sin^2\beta$가 증명된다.

(2) $(\cos\alpha+\cos\beta)^2$, $(\sin\alpha+\sin\beta)^2$를 다음과 같이 쓸 수 있다.

$$(\cos\alpha+\cos\beta)^2 = \cos^2\alpha + 2\cos\alpha\cos\beta + \cos^2\beta$$

$$(\sin\alpha+\sin\beta)^2 = \sin^2\alpha + 2\sin\alpha\sin\beta + \sin^2\beta$$

얻어진 두 등식을 변끼리 더하면, 다음을 얻을 수 있다.

$$\begin{aligned}&(\cos\alpha+\cos\beta)^2 + (\sin\alpha+\sin\beta)^2\\ &\qquad = \cos^2\alpha + 2\cos\alpha\cos\beta + \cos^2\beta + \sin^2\alpha + 2\sin\alpha\sin\beta + \sin^2\beta\end{aligned}$$

$\sin^2\alpha + \cos^2\alpha = 1, \sin^2\beta + \cos^2\beta = 1$이므로, $\cos^2\alpha + 2\cos\alpha\cos\beta + \cos^2\beta + \sin^2\alpha + 2\sin\alpha\sin\beta + \sin^2\beta = 2 + 2\sin\alpha\sin\beta + 2\cos\alpha\cos\beta$가 된다. 이때, $\sin\alpha\sin\beta + \cos\alpha\cos\beta = \cos(\alpha-\beta)$이므로, $(\cos\alpha+\cos\beta)^2 + (\sin\alpha+\sin\beta)^2 = 2\cos(\alpha-\beta) + 2$가 증명된다. □

사인과 코사인의 합에 대한 등식 $\sin(\alpha+\beta) = \sin\alpha\cos\beta + \cos\alpha\sin\beta$, $\cos(\alpha+\beta) = \cos\alpha\cos\beta - \sin\alpha\sin\beta$를 증명하는 다양한 방법이 알려져 있다. 이 방법들은 대부분 $0 < \alpha < \frac{\pi}{2}, 0 < \beta < \frac{\pi}{2}$인 경우에 대한 증명을 다룬다. 이러한 증명에서는 각 α, β를 포함하는 직각삼각형을 생각하여, 직각삼각형에서 변들의 관계를 이용하여 $\sin\alpha$, $\cos\alpha$, $\tan\alpha$, $\sin\beta$, $\cos\beta$, $\tan\beta$를 나타낸다. 그러나 각 α, β가 $\frac{\pi}{2}$보다 큰 경우에는 각 α, β를 포함하는 직각삼각형이 존재하지 않으므로, 증명 방법의 일반화에 주의해야 한다.

$0 < \alpha < \frac{\pi}{2}$인 경우, α를 포함하는 직각삼각형에서 변들의 관계를 이용하여 삼각함수를 나타낼 수 있다. 그림 2.10의 직각삼각형 ABC에서 $\angle C = \frac{\pi}{2}$이며 $0 < \alpha < \frac{\pi}{2}$인 α에 대해 $\angle B = \alpha$이다. 이때, $\sin\alpha = \frac{b}{c}, \cos\alpha = \frac{a}{c}, \tan\alpha = \frac{b}{a}, \operatorname{cosec}\alpha = \frac{c}{b}, \sec\alpha = \frac{c}{a}, \cot\alpha = \frac{a}{b}$로 나타낼 수 있다. 그러면, 제1장에서 정의한 삼각함수와 같게 된다. 그 이유를 살펴보자.

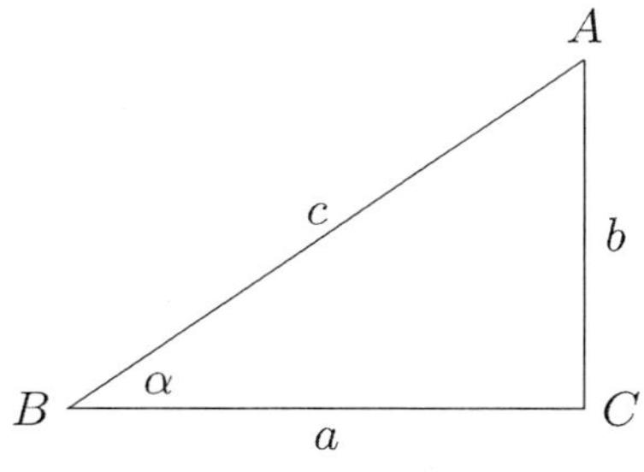

그림 2.10

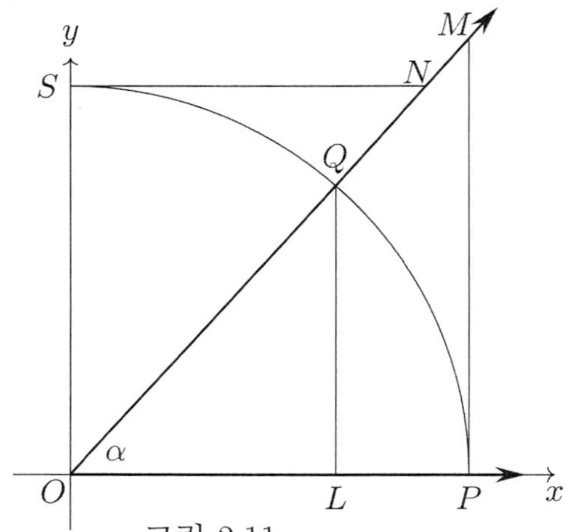

그림 2.11

그림 2.11에서 원의 반지름이 R이라 하자. 제1장에서 $\sin\alpha = \frac{\overline{QL}}{R}$, $\cos\alpha = \frac{\overline{OL}}{R}$, $\tan\alpha = \frac{\overline{MP}}{R}$, $\operatorname{cosec}\alpha = \frac{\overline{ON}}{R}$, $\sec\alpha = \frac{\overline{OM}}{R}$, $\cot\alpha = \frac{\overline{SN}}{R}$으로 정의하였다.

그림 2.10과 그림 2.11에서 직각삼각형 ABC와 QOL은 닮음이므로, $\frac{\overline{AC}}{\overline{AB}} = \frac{b}{c} = \frac{\overline{QL}}{\overline{QO}} = \frac{\overline{QL}}{R} = \sin\alpha$이고 $\frac{\overline{BC}}{\overline{AB}} = \frac{a}{c} = \frac{\overline{OL}}{\overline{QO}} = \frac{\overline{OL}}{R} = \cos\alpha$가 된다. 한편, 직각삼각형 ABC와 MOP의 닮음으로부터 $\frac{\overline{AC}}{\overline{BC}} = \frac{b}{a} = \frac{\overline{MP}}{\overline{OP}} = \frac{\overline{MP}}{R} = \tan\alpha$이며, $\frac{\overline{AB}}{\overline{BC}} = \frac{c}{a} = \frac{\overline{MO}}{\overline{OP}} = \frac{\overline{MO}}{R} = \frac{\overline{OM}}{R} = \sec\alpha$이다.

직각삼각형 ABC와 ONS에서 $\angle ONS = \alpha$이므로, 직각삼각형 ABC와 ONS는 닮음이다. 그러므로, $\frac{\overline{AB}}{\overline{AC}} = \frac{c}{b} = \frac{\overline{ON}}{\overline{OS}} = \frac{\overline{ON}}{R} = \operatorname{cosec}\alpha$이고 $\frac{\overline{BC}}{\overline{AC}} = \frac{a}{b} = \frac{\overline{NS}}{\overline{OS}} = \frac{\overline{NS}}{R} = \frac{\overline{SN}}{R} = \cot\alpha$가 된다.

결국, 예각 α에 대해 그림 2.10에서 직각삼각형의 변들사이의 비로 각 α의 삼각함수를 정의하는 것과 제1장에서 그림 2.11을 이용하여 각 α의 삼각함수를 정의한 것이 서로 같다는 것을 알 수 있다.

삼각형에 관련된 문제해결에서 삼각함수를 이용하는 경우가 많다. 이때에는 보조선 등을 이용하여 직각삼각형을 만들고, 직각삼각형의 변들 사이의 비를 이용하여 문제상황이나 주어진 정보들을 삼각함수로 나타내게 된다.

이제, $0 < \alpha + \beta < \pi$인 경우에 대한 삼각함수의 합에 대한 등식을 증명하는 한 가지 방법을 [8]을 중심으로 살펴보자. 그림 2.12에서 $\angle B = \alpha, \angle C = \beta$라 하고 꼭짓점 C에서 변 AB의 연장선에 수선 CH를 그으면, $\angle CAH = \alpha + \beta$이다. 그리고 꼭짓점 A에서 변 BC에 수선 AG를 긋자. 이제 $\overline{AB} = c, \overline{BC} = a, \overline{AC} = b, \overline{BG} = a_1, \overline{GC} = a_2, \overline{CH} = h, \overline{AG} = g, \overline{AH} = f$라 하자.

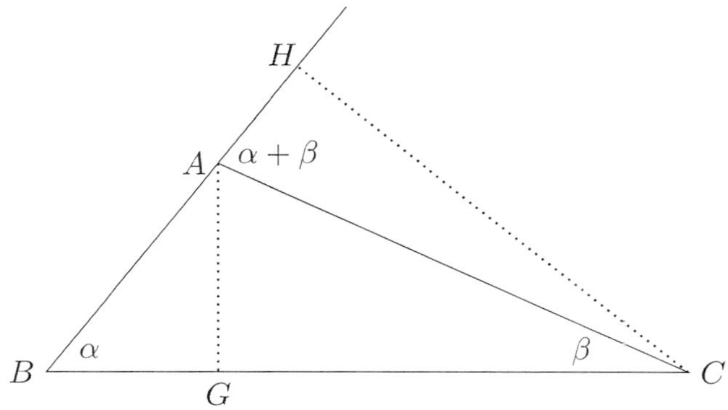

그림 2.12

그림 2.12에서 직각삼각형 ABG를 생각하면 $\sin\alpha = \frac{g}{c}, \cos\alpha = \frac{a_1}{c}$이며, 직각삼각형 AGC에서 $\sin\beta = \frac{g}{b}, \cos\beta = \frac{a_2}{b}$이며, 직각삼각형 AHC에서 $\sin(\alpha+\beta) = \frac{h}{b}, \cos(\alpha+\beta) = \frac{f}{b}$이다.

우선, $\cos(\alpha+\beta) = \cos\alpha\cos\beta - \sin\alpha\sin\beta$를 증명하자. $\cos(\alpha+\beta) = \frac{f}{b}$이며 $\cos\alpha\cos\beta - \sin\alpha\sin\beta = \frac{a_1}{c}\cdot\frac{a_2}{b} - \frac{g}{c}\cdot\frac{g}{b} = \frac{a_1a_2-g^2}{bc}$이므로, $\frac{f}{b} = \frac{a_1a_2-g^2}{bc}$을 증명하면 된다.

직각삼각형 BGA와 BHC에서 각 B가 공통이므로, 직각삼각형 BGA와 BHC는 닮음이며 $\frac{\overline{AB}}{\overline{BC}} = \frac{\overline{BG}}{\overline{BH}}$, 즉 $\frac{c}{a_1+a_2} = \frac{a_1}{c+f}$이 된다. 이로부터 $c^2 + cf = a_1^2 + a_1a_2$가 얻어진다. 직각삼각형 ABG에서 $c^2 - a_1^2 = g^2$이므로, 이것을 $c^2 + cf = a_1^2 + a_1a_2$에 대입하면 $g^2 + cf = a_1a_2$이며 $a_1a_2 - g^2 = cf$이다.

이제, $\frac{a_1a_2-g^2}{bc}$에 $a_1a_2 - g^2 = cf$를 대입하자. 그러면, $\frac{cf}{bc} = \frac{f}{b}$가 되어 $\cos(\alpha+\beta) = \cos\alpha\cos\beta - \sin\alpha\sin\beta$가 증명된다.

그림 2.12을 이용하여 $\sin(\alpha+\beta) = \sin\alpha\cos\beta + \cos\alpha\sin\beta$도 증명할 수 있다.

$\sin(\alpha+\beta) = \frac{h}{b}$이며 $\sin\alpha\cos\beta + \cos\alpha\sin\beta = \frac{g}{c}\cdot\frac{a_2}{b} + \frac{a_1}{c}\cdot\frac{g}{b} = \frac{ga_2+ga_1}{bc}$이므로, $\frac{h}{b} = \frac{ga_1+ga_2}{bc}$를 증명하면 된다.

$ga_1+ga_2 = g(a_1+a_2)$는 삼각형 ABC의 넓이 S_{ABC}와 관련지어 생각할 수 있다. $S_{ABC} = \frac{1}{2}g(a_1+a_2)$이다. 한편, 변 AB를 밑변으로, $\overline{CH}$를 높이로 하면 $S_{ABC} = \frac{1}{2}ch$이다. 그러므로, $\frac{1}{2}g(a_1+a_2) = \frac{1}{2}ch$이고 $g(a_1+a_2) = ch$이다. 결국 $\frac{ga_1+ga_2}{bc} = \frac{ch}{bc} = \frac{h}{b}$이다. 이로부터 $\sin(\alpha+\beta) = \sin\alpha\cos\beta + \cos\alpha\sin\beta$가 증명된다.

삼각형의 넓이를 이용하여 $\sin(\alpha+\beta) = \sin\alpha\cos\beta + \cos\alpha\sin\beta$를 증명하는 다른 방법을 다음 예제를 통해 탐구하자. 이 방법은 [9]에 소개되어 있다.

예제 2.8. 각 α, β가 그림 2.13과 같이 주어졌고, 원 O는 단위원이다. 그러면, $\sin(\alpha+\beta) = \overline{BH} = 2S_{AOB}$이다. 이때, 다음 물음에 답하여라.

(1) 점 A에서 동경 $\overrightarrow{OB_1}$에 수선 AF를 긋고, 점 B에서 수선 BG를 그었다. 삼각형 AOG와 BOF의 넓이를 S_{AOG}, S_{BOF}라 할 때, $\sin(\alpha+\beta) = 2(S_{AOG}+S_{BOF})$라는 것을 보여라.

(2) $\sin(\alpha+\beta) = \sin\alpha\cos\beta + \cos\alpha\sin\beta$를 유도하여라.

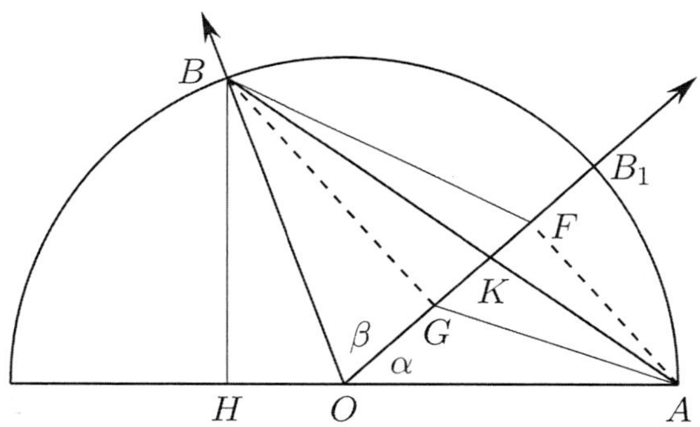

그림 2.13

풀이. (1) 그림 2.13에서 삼각형 AOB의 넓이 S_{AOB}를 삼각형 AOK와 BOK의 넓이의 합으로 구하자. 즉, $S_{AOB} = S_{AOK} + S_{BOK}$이다. 이때, 직선 BG와 AF가 평행이며, 삼각형 BGF와 BGA의 변 BG는 직선 BG에 속하며 꼭짓점 F와 A는 직선 AF에

속한다. 그러므로, 삼각형 BGF와 BGA의 넓이는 서로 같다.

이제, 삼각형 BGF와 BGA에서 삼각형 BGK를 빼자. 그러면, 나머지 삼각형 GAK와 BKF의 넓이가 서로 같다. 이로부터, $S_{AOK} + S_{BOK} = S_{AOG} + S_{BOF}$가 된다는 것을 알 수 있다. $S_{AOB} = S_{AOK} + S_{BOK}$이며 $\sin(\alpha+\beta) = 2S_{AOB}$이므로, $\sin(\alpha+\beta) = 2(S_{AOG} + S_{BOF})$를 유도할 수 있다.

(2) $S_{AOG} = \frac{1}{2}\overline{OG}\cdot\overline{AF}, S_{BOF} = \frac{1}{2}\overline{OF}\cdot\overline{BG}$이다. 직각삼각형 BOG에서 $\cos\beta = \frac{\overline{OG}}{\overline{OB}} = \frac{\overline{OG}}{1} = \overline{OG}$이고, $\sin\beta = \overline{BG}$이다. 그리고 직각삼각형 OAF에서 $\sin\alpha = \frac{\overline{AF}}{\overline{OA}} = \frac{\overline{AF}}{1} = \overline{AF}, \cos\alpha = \overline{OF}$가 된다. 그러므로, $2S_{AOG} + 2S_{BOF} = \overline{OG}\cdot\overline{AF} + \overline{OF}\cdot\overline{BG} = \cos\beta\sin\alpha + \cos\alpha\sin\beta$가 된다. 이로부터, $\sin(\alpha+\beta) = \sin\alpha\cos\beta + \cos\alpha\sin\beta$가 유도된다. □

$\cos(\alpha+\beta), \cos(\alpha-\beta)$에 대한 식을 이용하면, 제1장의 $\cos\left(\frac{\pi}{2}\pm\alpha\right)$, $\cos\left(\frac{3\pi}{2}\pm\alpha\right)$에 대한 식도 다음과 같이 유도할 수 있다.

$$\begin{aligned}
\cos\left(\frac{\pi}{2}+\alpha\right) &= \cos\frac{\pi}{2}\cos\alpha - \sin\frac{\pi}{2}\sin\alpha = -\sin\alpha,\\
\cos\left(\frac{\pi}{2}-\alpha\right) &= \cos\frac{\pi}{2}\cos\alpha + \sin\frac{\pi}{2}\sin\alpha = \sin\alpha,\\
\cos\left(\frac{3\pi}{2}+\alpha\right) &= \cos\frac{3\pi}{2}\cos\alpha - \sin\frac{3\pi}{2}\sin\alpha = \sin\alpha,\\
\cos\left(\frac{3\pi}{2}-\alpha\right) &= \cos\frac{3\pi}{2}\cos\alpha + \sin\frac{3\pi}{2}\sin\alpha = -\sin\alpha.
\end{aligned}$$

이제, 사인과 코사인의 덧셈정리를 이용하여 식을 변형하는 몇 가지 문제를 살펴보자. 이때, $2\alpha = \alpha + \alpha$로 생각하여 덧셈정리를 사용하면 된다.

예제 2.9. 다음 등식을 증명하여라.

(1) $\frac{1-\tan 2\alpha\cot 3\alpha}{1-\tan\alpha\cot 3\alpha} = \frac{\sec 2\alpha}{2}$

(2) $2\sin(\alpha+\beta) - \frac{\sin(2\alpha+\beta)}{\cos\alpha} = \frac{\sin\beta}{\cos\alpha}$

(3) $\frac{-\sin 2\alpha+\cos 2\alpha\tan\alpha}{-\cos 2\alpha-\sin 2\alpha\tan\alpha} = \tan\alpha$

풀이. (1) $\tan\alpha, \tan 2\alpha, \cot 3\alpha$를 사인과 코사인으로 나타내어 정리하면, 다음을 얻을

수 있다.

$$\frac{1-\tan 2\alpha\cot 3\alpha}{1-\tan\alpha\cot 3\alpha}=\frac{1-\frac{\sin 2\alpha}{\cos 2\alpha}\cdot\frac{\cos 3\alpha}{\sin 3\alpha}}{1-\frac{\sin\alpha}{\cos\alpha}\cdot\frac{\cos 3\alpha}{\sin 3\alpha}}=\frac{\frac{\sin 3\alpha\cos 2\alpha-\sin 2\alpha\cos 3\alpha}{\cos 2\alpha\sin 3\alpha}}{\frac{\cos\alpha\sin 3\alpha-\sin\alpha\cos 3\alpha}{\cos\alpha\sin 3\alpha}}=\frac{\frac{\sin(3\alpha-2\alpha)}{\cos 2\alpha\sin 3\alpha}}{\frac{\sin(3\alpha-\alpha)}{\cos\alpha\sin 3\alpha}}$$

얻어진 식을 정리하면, 다음이 얻어진다.

$$\frac{1-\tan 2\alpha\cot 3\alpha}{1-\tan\alpha\cot 3\alpha}=\frac{\frac{\sin\alpha}{\cos 2\alpha\sin 3\alpha}}{\frac{\sin 2\alpha}{\cos\alpha\sin 3\alpha}}=\frac{\sin\alpha\cos\alpha\sin 3\alpha}{\cos 2\alpha\sin 3\alpha\sin 2\alpha}=\frac{\sin\alpha\cos\alpha}{\cos 2\alpha\sin 2\alpha}$$

$\sin 2\alpha=2\sin\alpha\cos\alpha$이므로, $\frac{\sin\alpha\cos\alpha}{\cos 2\alpha\sin 2\alpha}=\frac{1}{2\cos 2\alpha}=\frac{\sec 2\alpha}{2}$가 유도된다.

(2) $2\sin(\alpha+\beta)-\frac{\sin(2\alpha+\beta)}{\cos\alpha}$에서 $2\alpha+\beta=(\alpha+\beta)+\alpha$로 놓고 전개하여 통분하면, 다음을 얻을 수 있다.

$$\begin{aligned}2\sin(\alpha+\beta)-\frac{\sin(2\alpha+\beta)}{\cos\alpha}&=2\sin(\alpha+\beta)-\frac{\sin[(\alpha+\beta)+\alpha]}{\cos\alpha}\\&=\frac{2\sin(\alpha+\beta)\cos\alpha-\sin[(\alpha+\beta)+\alpha]}{\cos\alpha}\\&=\frac{2\sin(\alpha+\beta)\cos\alpha-\sin(\alpha+\beta)\cos\alpha-\cos(\alpha+\beta)\sin\alpha}{\cos\alpha}\\&=\frac{\sin(\alpha+\beta)\cos\alpha-\cos(\alpha+\beta)\sin\alpha}{\cos\alpha}\\&=\frac{\sin[(\alpha+\beta)-\alpha]}{\cos\alpha}=\frac{\sin\beta}{\cos\alpha}\end{aligned}$$

(3) $\frac{-\sin 2\alpha+\cos 2\alpha\tan\alpha}{-\cos 2\alpha-\sin 2\alpha\tan\alpha}$에 $\tan\alpha=\frac{\sin\alpha}{\cos\alpha}$를 대입하여 정리하면, 다음을 얻을 수 있다.

$$\begin{aligned}\frac{-\sin 2\alpha+\cos 2\alpha\tan\alpha}{-\cos 2\alpha-\sin 2\alpha\tan\alpha}&=\frac{-\sin 2\alpha+\cos 2\alpha\cdot\frac{\sin\alpha}{\cos\alpha}}{-\cos 2\alpha-\sin 2\alpha\cdot\frac{\sin\alpha}{\cos\alpha}}\\&=\frac{\frac{-\sin 2\alpha\cos\alpha+\cos 2\alpha\sin\alpha}{\cos\alpha}}{\frac{-\cos 2\alpha\cos\alpha-\sin 2\alpha\sin\alpha}{\cos\alpha}}=\frac{-\sin 2\alpha\cos\alpha+\cos 2\alpha\sin\alpha}{-\cos 2\alpha\cos\alpha-\sin 2\alpha\sin\alpha}\\&=\frac{\sin(\alpha-2\alpha)}{-\cos(2\alpha-\alpha)}=\frac{-\sin\alpha}{-\cos\alpha}=\frac{\sin\alpha}{\cos\alpha}=\tan\alpha\end{aligned}$$

이것으로 문제가 해결된다. □

예제 2.10. 각 α,β,γ가 주어졌다. $\cos(\alpha+\beta+\gamma)$를 α,β,γ에 대한 삼각함수를 이용하여 나타내라.

풀이. 예제 2.6에서와 비슷한 방법으로 해결할 수 있다. $\cos(\alpha+\beta+\gamma)$를 괄호로 묶어 $\cos(\alpha+(\beta+\gamma))$로 나타낼 수 있으므로, 정리 2.2를 이용할 수 있다. 정리 2.2를 이용해 $\cos(\alpha+(\beta+\gamma))$를 다음과 같이 변형시킬 수 있다.

$$\begin{aligned}\cos(\alpha+(\beta+\gamma)) &= \cos\alpha\cos(\beta+\gamma)-\sin\alpha\sin(\beta+\gamma)\\ &= \cos\alpha(\cos\beta\cos\gamma-\sin\beta\sin\gamma)-\sin\alpha(\sin\beta\cos\gamma+\cos\beta\sin\gamma)\\ &= \cos\alpha\cos\beta\cos\gamma-\cos\alpha\sin\beta\sin\gamma-\sin\alpha\sin\beta\cos\gamma\\ &\quad -\sin\alpha\cos\beta\sin\gamma\end{aligned}$$

결국, $\cos(\alpha+\beta+\gamma)$를 α,β,γ에 대한 삼각함수를 이용하여 다음과 같이 나타낼 수 있다.

$$\begin{aligned}&\cos(\alpha+\beta+\gamma) =\\ &= \cos\alpha\cos\beta\cos\gamma-\cos\alpha\sin\beta\sin\gamma-\sin\alpha\sin\beta\cos\gamma-\sin\alpha\cos\beta\sin\gamma \quad \square\end{aligned}$$

예제 2.10의 결과를 이용하면, 다음 등식을 어렵지 않게 증명할 수 있다.

$$\begin{aligned}&\cos(\alpha+\beta+\gamma)+\cos(-\alpha+\beta+\gamma)+\cos(\alpha-\beta+\gamma)+\cos(\alpha+\beta-\gamma)\\ &\qquad = 4\cos\alpha\cos\beta\cos\gamma\end{aligned}$$

살펴본 $\cos(\alpha+\beta+\gamma) = \cos\alpha\cos\beta\cos\gamma-\cos\alpha\sin\beta\sin\gamma-\sin\alpha\sin\beta\cos\gamma-\sin\alpha\cos\beta\sin\gamma$를 이용하면, 다음을 얻을 수 있다.

$$\begin{aligned}\cos(-\alpha+\beta+\gamma) &= \cos((-\alpha)+\beta+\gamma)\\ &= \cos\alpha\cos\beta\cos\gamma-\cos\alpha\sin\beta\sin\gamma+\sin\alpha\sin\beta\cos\gamma+\sin\alpha\cos\beta\sin\gamma\\ \cos(\alpha-\beta+\gamma) &= \cos(\alpha+(-\beta)+\gamma)\\ &= \cos\alpha\cos\beta\cos\gamma+\cos\alpha\sin\beta\sin\gamma+\sin\alpha\sin\beta\cos\gamma-\sin\alpha\cos\beta\sin\gamma\\ \cos(\alpha+\beta-\gamma) &= \cos(\alpha+\beta+(-\gamma))\\ &= \cos\alpha\cos\beta\cos\gamma+\cos\alpha\sin\beta\sin\gamma-\sin\alpha\sin\beta\cos\gamma+\sin\alpha\cos\beta\sin\gamma\end{aligned}$$

얻어진 $\cos(\alpha+\beta+\gamma)$, $\cos(-\alpha+\beta+\gamma)$, $\cos(\alpha-\beta+\gamma)$, $\cos(\alpha+\beta-\gamma)$에 대한 식들을 더하면, 다음을 얻을 수 있다.

$$\cos(\alpha+\beta+\gamma)+\cos(-\alpha+\beta+\gamma)+\cos(\alpha-\beta+\gamma)+\cos(\alpha+\beta-\gamma) \\ = 4\cos\alpha\cos\beta\cos\gamma$$

예제 2.11. 다음 등식을 증명하여라.

$$\frac{\cos(\alpha+\beta+\gamma)+\cos(-\alpha+\beta+\gamma)+\cos(\alpha-\beta+\gamma)+\cos(\alpha+\beta-\gamma)}{\sin(\alpha+\beta+\gamma)+\sin(-\alpha+\beta+\gamma)-\sin(\alpha-\beta+\gamma)+\sin(\alpha+\beta-\gamma)} = \cot\beta$$

풀이. 등식의 좌변에서 분모를 정리하자. 이때, $\sin(\alpha+\beta+\gamma) = \sin\alpha\cos\beta\cos\gamma - \sin\alpha\sin\beta\sin\gamma + \cos\alpha\sin\beta\cos\gamma + \cos\alpha\cos\beta\sin\gamma$이므로, 다음이 성립한다.

$$\begin{aligned} \sin(-\alpha+\beta+\gamma) &= \sin((-\alpha)+\beta+\gamma) \\ &= -\sin\alpha\cos\beta\cos\gamma+\sin\alpha\sin\beta\sin\gamma+\cos\alpha\sin\beta\cos\gamma+\cos\alpha\cos\beta\sin\gamma \\ -\sin(\alpha-\beta+\gamma) &= -\sin(\alpha+(-\beta)+\gamma) \\ &= -\sin\alpha\cos\beta\cos\gamma-\sin\alpha\sin\beta\sin\gamma+\cos\alpha\sin\beta\cos\gamma-\cos\alpha\cos\beta\sin\gamma \\ \sin(\alpha+\beta-\gamma) &= \sin(\alpha+\beta+(-\gamma)) \\ &= \sin\alpha\cos\beta\cos\gamma+\sin\alpha\sin\beta\sin\gamma+\cos\alpha\sin\beta\cos\gamma-\cos\alpha\cos\beta\sin\gamma \end{aligned}$$

얻어진 $\sin(\alpha+\beta+\gamma)$, $\sin(-\alpha+\beta+\gamma)$, $\sin(\alpha-\beta+\gamma)$, $\sin(\alpha+\beta-\gamma)$에 대한 식들을 더하면, 다음을 얻을 수 있다.

$$\sin(\alpha+\beta+\gamma)+\sin(-\alpha+\beta+\gamma)+\sin(\alpha-\beta+\gamma)+\sin(\alpha+\beta-\gamma) \\ = 4\cos\alpha\sin\beta\cos\gamma$$

얻어진 $\cos(\alpha+\beta+\gamma)+\cos(-\alpha+\beta+\gamma)+\cos(\alpha-\beta+\gamma)+\cos(\alpha+\beta-\gamma)$, $\sin(\alpha+\beta+\gamma)+\sin(-\alpha+\beta+\gamma)+\sin(\alpha-\beta+\gamma)+\sin(\alpha+\beta-\gamma)$에 대한 식을

대입하면, 다음을 얻을 수 있다.

$$\frac{\cos(\alpha+\beta+\gamma)+\cos(-\alpha+\beta+\gamma)+y(\alpha-\beta+\gamma)+\cos(\alpha+\beta-\gamma)}{\sin(\alpha+\beta+\gamma)+\sin(-\alpha+\beta+\gamma)-x(\alpha-\beta+\gamma)+\sin(\alpha+\beta-\gamma)}$$
$$=\frac{4\cos\alpha\cos\beta\cos\gamma}{4\cos\alpha\sin\beta\cos\gamma}=\frac{\cos\beta}{\sin\beta}=\cot\beta$$

이것으로 문제가 해결된다. □

$\tan(\alpha\pm\beta)$에 대한 관계식 $\sin(\alpha+\beta)$와 $\cos(\alpha+\beta)$에 대한 등식을 살펴보았다. 이를 이용하여 $\tan(\alpha+\beta)$를 유도하자.

정리 2.3 (탄젠트의 덧셈정리)**.** 각 α, β에 대해 다음이 성립한다.

$$\tan(\alpha+\beta)=\frac{\tan\alpha+\tan\beta}{1-\tan\alpha\tan\beta}$$

증명. 삼각함수의 관계로부터 다음을 알 수 있다.

$$\tan(\alpha+\beta)=\frac{\sin(\alpha+\beta)}{\cos(\alpha+\beta)}$$

여기에 $\sin(\alpha+\beta)=\sin\alpha\cos\beta+\cos\alpha\sin\beta$, $\cos(\alpha+\beta)=\cos\alpha\cos\beta-\sin\alpha\sin\beta$를 대입하자. 그러면, 다음을 얻을 수 있다.

$$\tan(\alpha+\beta)=\frac{\sin\alpha\cos\beta+\cos\alpha\sin\beta}{\cos\alpha\cos\beta-\sin\alpha\sin\beta}$$

이제, 등식 우변에 있는 분자와 분모를 $\cos\alpha\cos\beta$로 나누자. 그러면, 다음이 얻어진다.

$$\tan(\alpha+\beta)=\frac{\sin\alpha\cos\beta+\cos\alpha\sin\beta}{\cos\alpha\cos\beta-\sin\alpha\sin\beta}=\frac{\frac{\sin\alpha\cos\beta}{\cos\alpha\cos\beta}+\frac{\cos\alpha\sin\beta}{\cos\alpha\cos\beta}}{1-\frac{\sin\alpha\sin\beta}{\cos\alpha\cos\beta}}$$

$\tan\alpha=\frac{\sin\alpha}{\cos\alpha}, \tan\beta=\frac{\sin\beta}{\cos\beta}$이므로, 이것을 이용하여 식을 다음과 같이 변형시킬 수 있다.

$$\tan(\alpha+\beta)=\frac{\frac{\sin\alpha\cos\beta}{\cos\alpha\cos\beta}+\frac{\cos\alpha\sin\beta}{\cos\alpha\cos\beta}}{1-\frac{\sin\alpha\sin\beta}{\cos\alpha\cos\beta}}=\frac{\tan\alpha+\tan\beta}{1-\tan\alpha\tan\beta}$$

이것으로 정리가 증명된다. □

$\tan(\alpha-\beta)$에 대한 식은 $\tan(\alpha+\beta)$와 유사한 방법으로, 다음과 같이 얻을 수 있다.

$$\tan(\alpha-\beta)=\frac{\sin(\alpha-\beta)}{\cos(\alpha-\beta)}=\frac{\tan\alpha-\tan\beta}{1+\tan\alpha\tan\beta}$$

$\tan(\alpha+\beta)$를 다른 방법으로 유도할 수 있다. 여기서는 그림 2.12를 이용하는 방법을 살펴보자. 그림 2.12에서 직각삼각형 ABG를 생각하면 $\tan\alpha=\frac{g}{a_1}$, 직각삼각형 AGC에서 $\tan\beta=\frac{g}{a_2}$이며, 직각삼각형 AHC에서 $\tan(\alpha+\beta)=\frac{h}{f}$이다.

$\tan(\alpha+\beta)=\frac{\tan\alpha+\tan\beta}{1-\tan\alpha\tan\beta}$를 증명하자. $\tan(\alpha+\beta)=\frac{h}{f}$이며 $\frac{\tan\alpha+\tan\beta}{1-\tan\alpha\tan\beta}=\frac{\frac{g}{a_1}+\frac{g}{a_2}}{1-\frac{g}{a_1}\cdot\frac{g}{a_2}}$이므로, $\frac{h}{f}=\frac{\frac{g}{a_1}+\frac{g}{a_2}}{1-\frac{g}{a_1}\cdot\frac{g}{a_2}}=\frac{ga_1+ga_2}{a_1a_2-g^2}$를 증명하면 된다.

그림 2.12에서 $\sin(\alpha+\beta)=\sin\alpha\cos\beta+\cos\alpha\sin\beta$를 증명하면서 $g(a_1+a_2)=ch$를 보였다. 그리고 $\cos(\alpha+\beta)=\cos\alpha\cos\beta-\sin\alpha\sin\beta$를 증명하면서 $a_1a_2-g^2=cf$를 보였다. 그러므로 $\frac{ga_1+ga_2}{a_1a_2-g^2}=\frac{ch}{cf}=\frac{h}{f}$이며, 이것으로 $\tan(\alpha+\beta)=\frac{\tan\alpha+\tan\beta}{1-\tan\alpha\tan\beta}$가 증명된다.

살펴본 것과 유사한 벙법으로, $\tan(\alpha-\beta)$도 유도할 수 있다. 그림 2.14에서 $\angle B=\beta$라 하고 꼭짓점 C에서 변 AB의 연장선에 수선 CH를 그어 $\angle CAH=\alpha$라 하면, $\angle ACB=\alpha-\beta$가 된다. 꼭짓점 A에서 변 BC에 수선 AG를 긋자. 이제 $\overline{AB}=c, \overline{BC}=a, \overline{AC}=b, \overline{BG}=a_1, \overline{GC}=a_2, \overline{CH}=h, \overline{AG}=g, \overline{AH}=f$라 하자. 그러면, $\tan\alpha=\frac{h}{f}, \tan\beta=\frac{h}{c+f}, \tan(\alpha-\beta)=\frac{g}{a_2}$이다.

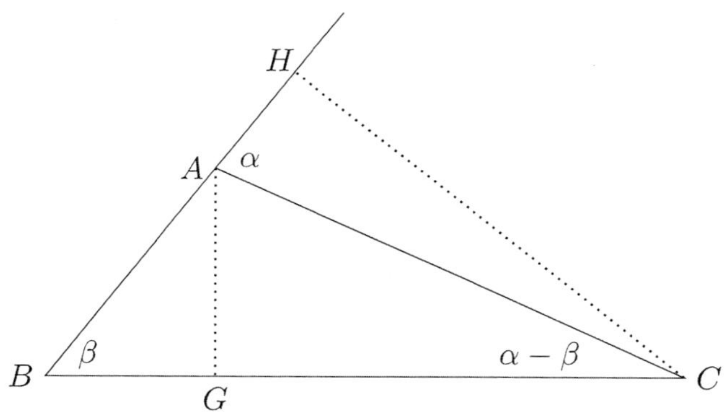

그림 2.14

이제, $\tan(\alpha-\beta)=\frac{\tan\alpha-\tan\beta}{1+\tan\alpha\tan\beta}$, 즉 $\frac{g}{a_2}=\frac{\frac{h}{f}-\frac{h}{c+f}}{1+\frac{h}{f}\cdot\frac{h}{c+f}}=\frac{ch}{cf+f^2+h^2}$를 증명하자. 이를

위해, 등식의 우변을 변형시켜 좌변을 유도하자.

$S_{ABC} = \frac{1}{2}ch$이고 $S_{ABC} = S_{ABG} + S_{ACG} = \frac{1}{2}a_1 g + \frac{1}{2}a_2 g = \frac{1}{2}(a_1 + a_2)g$이다. 그러므로, $\frac{1}{2}ch = \frac{1}{2}(a_1 + a_2)g$이고, $ch = (a_1 + a_2)g$이다.

식 $cf + f^2 + h^2$에 관련하여 생각하자. 이를 위해, 직각삼각형 BCH에서 피타고라스 정리에 의해 $(c+f)^2 + h^2 = (a_1 + a_2)^2$이며 $c^2 + f^2 + 2cf + h^2 = a_1^2 + a_2^2 + 2a_1a_2$이다. 그런데, 닮음인 직각삼각형 BGA와 BHC에서 $\frac{\overline{AB}}{\overline{BC}} = \frac{\overline{BG}}{\overline{BH}}$로부터 $\frac{c}{a_1+a_2} = \frac{a_1}{c+f}$이며 $c^2 + cf = a_1^2 + a_1a_2$가 얻어진다. 이 식을 $c^2 + f^2 + 2cf + h^2 = a_1^2 + a_2^2 + 2a_1a_2$에 대입하면, $f^2 + cf + h^2 = a_2^2 + a_1a_2$이다. 이로부터 다음을 얻을 수 있다.

$$\frac{\tan\alpha - \tan\beta}{1 + \tan\alpha\tan\beta} = \frac{g(a_1 + a_2)}{a_2^2 + a_1a_2} = \frac{g}{a_2}$$

이것으로 $\frac{\tan\alpha - \tan\beta}{1+\tan\alpha\tan\beta} = \tan(\alpha - \beta)$가 증명된다.

$\cot(\alpha \pm \beta)$**에 대한 관계식** $\cot\alpha = \frac{1}{\tan\alpha}$라는 것을 이용하면, $\cot(\alpha + \beta)$에 대한 관계식을 $\tan(\alpha + \beta)$로부터 얻을 수 있다.

정리 2.4 (코탄젠트의 덧셈정리)**.** 각 α, β에 대해 다음이 성립한다.

$$\cot(\alpha + \beta) = \frac{\cot\alpha\cot\beta - 1}{\cot\alpha + \cot\beta}$$

증명. $\cot\alpha = \frac{1}{\tan\alpha}$이고 $\cot\beta = \frac{1}{\tan\beta}$이 성립하므로, $\cot(\alpha+\beta)$에 대한 등식을 관계식 $\cot(\alpha + \beta) = \frac{1}{\tan(\alpha+\beta)}$을 이용하여 증명하자. $\cot(\alpha + \beta)$를 다음과 같이 쓸 수 있다.

$$\cot(\alpha + \beta) = \frac{1}{\tan(\alpha + \beta)} = \frac{1 - \tan\alpha\tan\beta}{\tan\alpha + \tan\beta}$$

이제, 등식의 우변에서 분자와 분모를 $\tan\alpha\tan\beta$로 나누자. 그러면, 다음을 얻을 수 있다.

$$\frac{1 - \tan\alpha\tan\beta}{\tan\alpha + \tan\beta} = \frac{\frac{1}{\tan\alpha\tan\beta} - \frac{\tan\alpha\tan\beta}{\tan\alpha\tan\beta}}{\frac{\tan\alpha}{\tan\alpha\tan\beta} + \frac{\tan\beta}{\tan\alpha\tan\beta}} = \frac{\cot\alpha\cot\beta - 1}{\cot\beta + \cot\alpha}$$

이것으로 정리가 증명된다. □

$\cot(\alpha-\beta)$에 대한 식은 (1) $\cot(\alpha+\beta)$와 유사한 방법으로, (2) $\cot(\alpha+\beta)$에 대한 식에서 β를 $-\beta$로 바꾸어 다음과 같이 얻을 수 있다.

$$\cot(\alpha-\beta)=\frac{1}{\tan(\alpha-\beta)}=\frac{\cot\alpha\cot\beta+1}{\cot\beta-\cot\alpha}$$

예제 2.12. 다음 등식을 증명하여라.

(1) $\cot\left(\alpha-\frac{3\pi}{4}\right)(1+\sin 2\alpha)=\cos 2\alpha$

(2) $\tan\alpha+2\tan 2\alpha+4\tan 4\alpha+8\cot 8\alpha=\cot\alpha$

(3) $\cot^2\alpha-\tan^2\alpha-8\cos 2\alpha\cot 2\alpha=4\cot 2\alpha\operatorname{cosec}2\alpha(\sin 2\alpha-\cos 2\alpha)^2$

풀이. (1) $\cot(\alpha-\beta)$에 대한 식을 이용하여 $\cot\left(\alpha-\frac{3\pi}{4}\right)$를 전개하자.

$$\cot\left(\alpha-\frac{3\pi}{4}\right)=\frac{\cot\alpha\cot\frac{3\pi}{4}+1}{\cot\alpha-\cot\frac{3\pi}{4}}=\frac{-\cot\alpha+1}{\cot\alpha+1}$$

얻어진 식에 $\cot=\frac{\cos\alpha}{\sin\alpha}$를 대입하여 정리하자.

$$\frac{-\cot\alpha+1}{\cot\alpha+1}=\frac{\frac{\sin\alpha-\cos\alpha}{\sin\alpha}}{\frac{\cos\alpha+\sin\alpha}{\sin\alpha}}=\frac{\sin\alpha-\cos\alpha}{\sin\alpha+\cos\alpha}$$

그리고 얻어진 등식의 우변에서 분자와 분모에 $\sin\alpha+\cos\alpha$를 곱하여 정리하자.

$$\frac{\sin\alpha-\cos\alpha}{\sin\alpha+\cos\alpha}=\frac{(\sin\alpha-\cos\alpha)(\sin\alpha+\cos\alpha)}{(\sin\alpha+\cos\alpha)^2}=\frac{\sin^2\alpha-\cos^2\alpha}{1+2\sin\alpha\cos\alpha}$$

결국, 증명할 등식의 좌변을 다음과 같이 쓸 수 있다.

$$\cot\left(\alpha-\frac{3\pi}{4}\right)(1+\sin 2\alpha)=\frac{\sin^2\alpha-\cos^2\alpha}{1+2\sin\alpha\cos\alpha}(1+\sin 2\alpha)$$

이때, $\sin 2\alpha=\sin(\alpha+\alpha)=2\sin\alpha\cos\alpha$이고, $\cos 2\alpha=\cos(\alpha+\alpha)=\cos^2\alpha-\sin^2\alpha$가 된다. 이로부터, 다음을 얻을 수 있다.

$$\frac{\sin^2\alpha-\cos^2\alpha}{1+2\sin\alpha\cos\alpha}(1+\sin 2\alpha)=\frac{\cos 2\alpha}{1+\sin 2\alpha}(1+\sin 2\alpha)=\cos 2\alpha$$

(2) $4\tan 4\alpha + 8\cot 8\alpha = 4(\tan 4\alpha + 2\cot 8\alpha)$이다. 이때, $\cot 8\alpha = \cot(4\alpha + 4\alpha) = \frac{1}{\tan(4\alpha+4\alpha)} = \frac{1-\tan 4\alpha \tan 4\alpha}{\tan 4\alpha + \tan 4\alpha} = \frac{1-\tan^2 4\alpha}{2\tan 4\alpha}$이다. 이것을 $\tan 4\alpha + 2\cot 8\alpha$에 대입하자. 그러면, 다음을 얻을 수 있다.

$$\tan 4\alpha + 2\cot 8\alpha = \tan 4\alpha + \frac{1-\tan^2 4\alpha}{\tan 4\alpha} = \frac{1}{\tan 4\alpha} = \cot 4\alpha$$

$\tan 4\alpha + 2\cot 8\alpha = \cot 4\alpha$이므로, $4\tan 4\alpha + 8\cot 8\alpha = 4\cot 4\alpha$가 된다. 이것을 증명할 등식의 좌변에 대입하자. 그러면, $\tan\alpha + 2\tan 2\alpha + 4\tan 4\alpha + 8\cot 8\alpha = \tan\alpha + 2\tan 2\alpha + 4\cot 4\alpha$이며, $\tan\alpha + 2\tan 2\alpha + 4\cot 4\alpha = \tan\alpha + 2(\tan 2a + 2\cot 4\alpha)$가 된다.

$\tan 4\alpha + 2\cot 8\alpha = \cot 4\alpha$를 유도했던 것과 같은 방법으로, $\tan 2a + 2\cot 4\alpha = \cot 2\alpha$가 된다는 것을 알 수 있다. 그러므로, $\tan\alpha + 2(\tan 2a + 2\cot 4\alpha) = \tan\alpha + 2\cot 2\alpha$가 되며, 같은 방법으로 $\tan\alpha + 2\cot 2\alpha = \cot\alpha$를 유도할 수 있다.

(3) 등식의 좌변에서 $\cot^2\alpha - \tan^2\alpha = (\cot\alpha - \tan\alpha)(\cot\alpha + \tan\alpha)$로 놓고, $\cot\alpha = \frac{\cos\alpha}{\sin\alpha}, \tan\alpha = \frac{\sin\alpha}{\cos\alpha}$를 대입하여 정리하자. 그러면, 다음을 얻을 수 있다.

$$\begin{aligned}\cot^2\alpha - \tan^2\alpha &= (\cot\alpha - \tan\alpha)(\cot\alpha + \tan\alpha)\\ &= \left(\frac{\cos\alpha}{\sin\alpha} - \frac{\sin\alpha}{\cos\alpha}\right)\left(\frac{\cos\alpha}{\sin\alpha} + \frac{\sin\alpha}{\cos\alpha}\right)\\ &= \left(\frac{\cos^2\alpha - \sin^2\alpha}{\sin\alpha\cos\alpha}\right)\left(\frac{\cos^2\alpha + \sin^2\alpha}{\sin\alpha\cos\alpha}\right)\\ &= \frac{\cos 2\alpha}{\sin\alpha\cos\alpha}\cdot\frac{1}{\sin\alpha\cos\alpha} = \frac{2\cos 2\alpha}{\sin 2\alpha}\cdot\frac{2}{\sin 2\alpha} = \frac{4\cos 2\alpha}{\sin^2 2\alpha}\end{aligned}$$

그러므로, $\cot^2\alpha - \tan^2\alpha - 8\cos 2\alpha\cot 2\alpha = \frac{4\cos 2\alpha}{\sin^2 2\alpha} - 8\cos 2\alpha\cot 2\alpha$가 된다. $8\cos 2\alpha\cot 2\alpha = \frac{8\cos^2 2\alpha}{\sin 2\alpha}$이므로, 다음을 알 수 있다.

$$\frac{4\cos 2\alpha}{\sin^2 2\alpha} - 8\cos 2\alpha\cot 2\alpha = \frac{4\cos 2\alpha}{\sin^2 2\alpha} - \frac{8\cos^2 2\alpha}{\sin 2\alpha}$$

이제, 얻어진 식을 다음과 같이 인수분해하여 정리하면, 문제를 해결할 수 있다.

$$\begin{aligned}\frac{4\cos 2\alpha}{\sin^2 2\alpha} - \frac{8\cos^2 2\alpha}{\sin 2\alpha} &= \frac{4\cos 2\alpha}{\sin 2\alpha}\left(\frac{1}{\sin 2\alpha} - 2\cos 2\alpha\right)\\ &= \frac{4\cos 2\alpha}{\sin 2\alpha}\left(\frac{1 - 2\sin 2\alpha\cos 2\alpha}{\sin 2\alpha}\right)\\ &= \frac{4\cos 2\alpha}{\sin 2\alpha}\left(\frac{\sin^2 2\alpha + \cos^2 2\alpha - 2\sin 2\alpha\cos 2\alpha}{\sin 2\alpha}\right)\\ &= \frac{4\cos 2\alpha}{\sin 2\alpha}\left(\frac{(\sin 2\alpha - \cos 2\alpha)^2}{\sin 2\alpha}\right)\\ &= 4\cot 2\alpha \operatorname{cosec} 2\alpha(\sin 2\alpha - \cos 2\alpha)^2\end{aligned}$$

이것으로 문제가 해결된다. □

예제 2.6과 2.10과 같이, 각 α, β, γ가 주어졌을 때, $\tan(\alpha+\beta+\gamma)$, $\cot(\alpha+\beta+\gamma)$를 α, β, γ에 대한 삼각함수를 이용하여 나타낼 수 있다. 자세한 유도 과정은 독자에게 남기고, 여기서는 결과만 소개한다.

$$\tan(\alpha+\beta+\gamma) = \frac{\tan\alpha + \tan\beta + \tan\gamma - \tan\alpha\tan\beta\tan\gamma}{1 - \tan\alpha\tan\beta - \tan\beta\tan\gamma - \tan\gamma\tan\alpha}$$

$$\cot(\alpha+\beta+\gamma) = \frac{\cot\alpha\cot\beta\cot\gamma - \cot\alpha - \cot\beta - \cot\gamma}{\cot\alpha\cot\beta + \cot\beta\cot\gamma + \cot\gamma\cot\alpha - 1}$$

예제 2.13. 다음 등식을 증명하여라.

(1) $\frac{\tan\alpha+\tan\beta}{\tan(\alpha+\beta)} + \frac{\tan\alpha-\tan\beta}{\tan(\alpha-\beta)} + 2\tan^2\alpha = 2\sec^2\alpha$

(2) $\frac{\tan(\alpha-\beta)-\tan\alpha+\tan\beta}{\tan(\alpha-\beta)\tan\beta} = -\tan\alpha$

(3) $\alpha+\beta+\gamma = \frac{\pi}{2}$일 때, $\tan\alpha\tan\beta + \tan\beta\tan\gamma + \tan\gamma\tan\alpha = 1$

(4) α, β가 예각삼각형의 각일 때, $\tan\alpha\tan\beta > 1$

풀이. (1) $\tan(\alpha+\beta) = \frac{\tan\alpha+\tan\beta}{1-\tan\alpha\tan\beta}$, $\tan(\alpha-\beta) = \frac{\tan\alpha-\tan\beta}{1+\tan\alpha\tan\beta}$를 주어진 식의 좌변에 대입하자. 그러면, 다음이 얻어진다.

$$\frac{\tan\alpha+\tan\beta}{\tan(\alpha+\beta)} = 1 - \tan\alpha\tan\beta, \quad \frac{\tan\alpha-\tan\beta}{\tan(\alpha-\beta)} = 1 + \tan\alpha\tan\beta$$

이로부터, 다음이 유도된다.

$$\frac{\tan\alpha+\tan\beta}{\tan(\alpha+\beta)}+\frac{\tan\alpha-\tan\beta}{\tan(\alpha-\beta)}+2\tan^2\alpha=2+2\tan^2\alpha=2\sec^2\alpha$$

(2) 등식의 좌변에 $\tan(\alpha-\beta)=\frac{\tan\alpha-\tan\beta}{1+\tan\alpha\tan\beta}$를 대입하고, 식을 통분하여 정리하자. 그러면, 다음을 얻을 수 있다.

$$\begin{aligned}&\frac{\tan(\alpha-\beta)-\tan\alpha+\tan\beta}{\tan(\alpha-\beta)\tan\beta}\\&\qquad=\frac{\frac{\tan\alpha-\tan\beta}{1+\tan\alpha\tan\beta}-\tan\alpha+\tan\beta}{\frac{\tan\alpha-\tan\beta}{1+\tan\alpha\tan\beta}\cdot\tan\beta}\\&\qquad=\frac{\tan\alpha-\tan\beta-\tan\alpha+\tan\beta-\tan^2\alpha\tan\beta+\tan\alpha\tan^2\beta}{\tan\alpha\tan\beta-\tan^2\beta}\\&\qquad=\frac{-\tan^2\alpha\tan\beta+\tan\alpha\tan^2\beta}{\tan\alpha\tan\beta-\tan^2\beta}\\&\qquad=\frac{-\tan\alpha\tan\beta(\tan\alpha-\tan\beta)}{\tan\beta(\tan\alpha-\tan\beta)}=-\tan\alpha\end{aligned}$$

(3) $\tan\alpha\tan\beta+\tan\beta\tan\gamma+\tan\gamma\tan\alpha=\tan\alpha\tan\beta+\tan\gamma(\tan\alpha+\tan\beta)$ 인데, $\gamma=\frac{\pi}{2}-\alpha-\beta$이므로 $\tan\alpha\tan\beta+\tan\gamma(\tan\alpha+\tan\beta)=\tan\alpha\tan\beta+\tan\left(\frac{\pi}{2}-\alpha-\beta\right)(\tan\alpha+\tan\beta)=\tan\alpha\tan\beta+\cot(\alpha+\beta)(\tan\alpha+\tan\beta)$가 된다. $\cot(\alpha+\beta)=\frac{1}{\tan(\alpha+\beta)}=\frac{1-\tan\alpha\tan\beta}{\tan\alpha+\tan\beta}$이므로, 다음을 얻을 수 있다.

$$\tan\alpha\tan\beta+\cot(\alpha+\beta)(\tan\alpha+\tan\beta)=\tan\alpha\tan\beta+1-\tan\alpha\tan\beta=1$$

(4) $\tan(\alpha+\beta)=\frac{\tan\alpha+\tan\beta}{1-\tan\alpha\tan\beta}$이므로, $1-\tan\alpha\tan\beta=\frac{\tan\alpha+\tan\beta}{\tan(\alpha+\beta)}$로 변형시킬 수 있으며 $\tan\alpha\tan\beta=1-\frac{\tan\alpha+\tan\beta}{\tan(\alpha+\beta)}$이다.

각 α,β가 예각삼각형의 각들이므로, $\frac{\pi}{2}<\alpha+\beta<\pi$이다. 왜냐하면, 예각삼각형의 나머지 한 각도 예각, 즉 $\frac{\pi}{2}$보다 작기 때문이다. 그러면, $\tan(\alpha+\beta)<0$이고, $\tan\alpha>0,\tan\beta>0$이며 $\tan\alpha+\tan\beta>0,\tan(\alpha+\beta)<0$이 된다. 결국, $\frac{\tan\alpha+\tan\beta}{\tan(\alpha+\beta)}<0$이 되며, $1-\frac{\tan\alpha+\tan\beta}{\tan(\alpha+\beta)}>1$이다. 이로부터 $\tan\alpha\tan\beta>1$이 증명된다. □

예제 2.13의 (3)에서 얻어진 결과를 이용하면, α,β,γ에 대한 부등식을 증명할 수 있다. $\alpha+\beta+\gamma=\frac{\pi}{2}$인 α, β, γ에 대해 부등식 $\tan^2\alpha+\tan^2\beta+\tan^2\gamma \geq 1$이 성립한다는 것을 보이자.

우선, $(\tan\alpha-\tan\beta)^2$을 생각하자. $(\tan\alpha-\tan\beta)^2=\tan^2\alpha+\tan^2\beta-2\tan\alpha\tan\beta$이므로, $\tan^2\alpha+\tan^2\beta=(\tan\alpha-\tan\beta)^2+2\tan\alpha\tan\beta$가 된다. $(\tan\beta-\tan\gamma)^2$, $(\tan\alpha-\tan\gamma)^2$에 대해서도 다음과 같은 등식을 생각할 수 있다.

$$\tan^2\beta+\tan^2\gamma=(\tan\beta-\tan\gamma)^2+2\tan\beta\tan\gamma$$
$$\tan^2\alpha+\tan^2\gamma=(\tan\alpha-\tan\gamma)^2+2\tan\alpha\tan\gamma$$

이제, $\tan^2\alpha+\tan^2\beta, \tan^2\beta+\tan^2\gamma, \tan^2\alpha+\tan^2\gamma$에 대한 식을 변끼리 더하자. 그러면, 다음을 얻을 수 있다.

$$\begin{aligned}2(\tan^2\alpha+\tan^2\beta+\tan^2\gamma) &= 2\tan\alpha\tan\beta+2\tan\beta\tan\gamma+2\tan\alpha\tan\gamma \\ &\quad +(\tan\alpha-\tan\beta)^2+(\tan\beta-\tan\gamma)^2+(\tan\alpha-\tan\gamma)^2\end{aligned}$$

등식의 양변을 2로 나누고 예제 2.13의 (3)에서 얻어진 $\tan\alpha\tan\beta+\tan\beta\tan\gamma+\tan\alpha\tan\gamma=1$을 대입하면, 다음을 얻을 수 있다.

$$\begin{aligned}\tan^2\alpha+\tan^2\beta+\tan^2\gamma &= 1+\frac{1}{2}(\tan\alpha-\tan\beta)^2 \\ &\quad +\frac{1}{2}(\tan\beta-\tan\gamma)^2+\frac{1}{2}(\tan\alpha-\tan\gamma)^2\end{aligned}$$

이때, $(\tan\alpha-\tan\beta)^2 \geq 0, (\tan\beta-\tan\gamma)^2 \geq 0, (\tan\alpha-\tan\gamma)^2 \geq 0$이므로, $\tan^2\alpha+\tan^2\beta+\tan^2\gamma \geq 1$이 증명된다.

3. 삼각함수 식의 변형

삼각함수의 기본 관계와 $(\alpha \pm \beta)$에 대한 삼각함수 관계식, 이 관계로부터 유도되는 $n\alpha$, $\frac{1}{2}\alpha$에 대한 삼각함수 관계식을 살펴보았다. 여기서는 이 관계식들을 이용하여 삼각함수 식을 변형하는 예들을 살펴보자.

예제 2.14. 다음 등식을 증명하여라.

(1) $\frac{\cot^2\alpha+1}{\cot^2\alpha+\cot a+1} = \frac{\sec\alpha}{\sec\alpha+\sin\alpha}$

(2) $\frac{\sin^2\alpha}{\sin\alpha-\cos\alpha} - \frac{\sin\alpha+\cos\alpha}{\tan^2\alpha-1} = \sin\alpha+\cos\alpha$

(3) $\frac{1+2\cot^2\alpha+\cot\alpha\operatorname{cosec}\alpha}{\cot^2\alpha} = \sec^2\alpha+\sec\alpha+1$

(4) $\frac{\sin\alpha+\cos\alpha}{\cos^3\alpha} = \tan^3\alpha+\tan^2\alpha+\tan\alpha+1$

풀이. (1) 등식의 좌변을 변형하여 우변의 식을 유도하자. $\cot\alpha = \frac{\cos\alpha}{\sin\alpha}$를 등식의 좌변에 대입하면, 다음이 얻어진다.

$$\begin{aligned}\frac{\cot^2\alpha+1}{\cot^2\alpha+\cot a+1} &= \frac{\frac{\cos^2\alpha}{\sin^2\alpha}+1}{\frac{\cos^2\alpha}{\sin^2\alpha}+\frac{\cos\alpha}{\sin\alpha}+1} = \frac{\frac{\cos^2\alpha+\sin^2\alpha}{\sin^2\alpha}}{\frac{\cos^2\alpha+\cos\alpha\sin\alpha+\sin^2\alpha}{\sin^2\alpha}}\\ &= \frac{\cos^2\alpha+\sin^2\alpha}{\cos^2\alpha+\cos\alpha\sin\alpha+\sin^2\alpha} = \frac{1}{1+\cos\alpha\sin\alpha}\end{aligned}$$

얻어진 식 $\frac{1}{1+\cos\alpha\sin\alpha}$의 분자와 분모를 $\cos\alpha$로 나누자. 그러면, 다음이 얻어진다.

$$\frac{1}{1+\cos\alpha\sin\alpha} = \frac{\frac{1}{\cos\alpha}}{\frac{1}{\cos\alpha}+\sin\alpha} = \frac{\sec\alpha}{\sec\alpha+\sin\alpha}$$

(2) 식 $\frac{\sin\alpha+\cos\alpha}{\tan^2\alpha-1}$에서 $\tan\alpha = \frac{\sin\alpha}{\cos\alpha}$를 대입하여 정리하자. 그러면, 다음과 같이 식을 변형시킬 수 있다.

$$\begin{aligned}\frac{\sin\alpha+\cos\alpha}{\tan^2\alpha-1} &= \frac{\sin\alpha+\cos\alpha}{\frac{\sin^2\alpha}{\cos^2\alpha}-1} = \frac{\sin\alpha+\cos\alpha}{\frac{\sin^2\alpha-\cos^2\alpha}{\cos^2\alpha}} = \frac{\cos^2\alpha(\sin\alpha+\cos\alpha)}{\sin^2\alpha-\cos^2\alpha}\\ &= \frac{\cos^2\alpha(\sin\alpha+\cos\alpha)}{(\sin\alpha+\cos\alpha)(\sin\alpha-\cos\alpha)} = \frac{\cos^2\alpha}{\sin\alpha-\cos\alpha}\end{aligned}$$

얻어진 식을 증명하려는 등식의 좌변 $\frac{\sin^2\alpha}{\sin\alpha-\cos\alpha} - \frac{\sin\alpha+\cos\alpha}{\tan^2\alpha-1}$에 대입하여 정리하면, 다음을 얻을 수 있다.

$$\begin{aligned}\frac{\sin^2\alpha}{\sin\alpha-\cos\alpha} - \frac{\sin\alpha+\cos\alpha}{\tan^2\alpha-1} &= \frac{\sin^2\alpha}{\sin\alpha-\cos\alpha} - \frac{\cos^2\alpha}{\sin\alpha-\cos\alpha}\\ &= \frac{\sin^2\alpha-\cos^2\alpha}{\sin\alpha-\cos\alpha} = \sin\alpha+\cos\alpha\end{aligned}$$

(3) 증명하려는 등식의 좌변을 다음과 같이 나타내자.

$$\frac{1+2\cot^2\alpha+\cot\alpha\operatorname{cosec}\alpha}{\cot^2\alpha} = \frac{1}{\cot^2\alpha}+2+\frac{\operatorname{cosec}\alpha}{\cot\alpha}$$

$\cot\alpha = \frac{\cos\alpha}{\sin\alpha}$이고 $\operatorname{cosec}\alpha = \frac{1}{\sin\alpha}$이므로, 얻어진 식을 다음과 같이 변형시킬 수 있다.

$$\frac{1}{\cot^2\alpha} + 2 + \frac{\operatorname{cosec}\alpha}{\cot\alpha} = \frac{\sin^2\alpha}{\cos^2\alpha} + 2 + \frac{1}{\cos\alpha} = \frac{\sin^2\alpha + 2\cos^2\alpha}{\cos^2\alpha} + \sec\alpha$$
$$= \frac{1+\cos^2\alpha}{\cos^2\alpha} + \sec\alpha = \sec^2\alpha + \sec\alpha + 1$$

(4) 증명하려는 등식의 좌변을 다음과 같이 변형시키자.

$$\frac{\sin\alpha + \cos\alpha}{\cos^3\alpha} = \frac{(\sin\alpha+\cos\alpha)\cdot 1}{\cos^3\alpha} = \frac{(\sin\alpha+\cos\alpha)(\sin^2\alpha+\cos^2\alpha)}{\cos^3\alpha}$$

얻어진 식의 분자를 전개하여 식을 다음과 같이 정리할 수 있다.

$$\frac{(\sin\alpha+\cos\alpha)(\sin^2\alpha+\cos^2\alpha)}{\cos^3\alpha} = \frac{\sin^3\alpha + \sin\alpha\cos^2\alpha + \cos\alpha\sin^2\alpha + \cos^3\alpha}{\cos^3\alpha}$$
$$= \frac{\sin^3\alpha}{\cos^3\alpha} + \frac{\sin\alpha\cos^2\alpha}{\cos^3\alpha} + \frac{\cos\alpha\sin^2\alpha}{\cos^3\alpha} + \frac{\cos^3\alpha}{\cos^3\alpha}$$
$$= \tan^3\alpha + \tan\alpha + \tan^2\alpha + 1$$

이것으로 문제가 해결된다. □

예제 2.15. 다음 등식을 증명하여라.

(1) $\tan\alpha\tan 4\alpha\tan 5\alpha = \tan 5\alpha - \tan 4\alpha - \tan\alpha$

(2) $\cot\alpha\cot 4\alpha = \cot 5\alpha(\cot 4\alpha + \cot\alpha) + 1$

(3) $\sin 5\alpha + \cos 3\alpha = (\sin\alpha + \cos\alpha)(\sin 4\alpha + \cos 4\alpha)$

(4) $\sin 5\alpha - \cos 3\alpha = (\sin\alpha - \cos\alpha)(\sin 4\alpha - \cos 4\alpha)$

(5) $\cos 5\alpha + \sin 3\alpha = (\cos\alpha - \sin\alpha)(\cos 4\alpha + \sin 4\alpha)$

(6) $\cos 5\alpha - \sin 3\alpha = (\cos\alpha + \sin\alpha)(\cos 4\alpha - \sin 4\alpha)$

풀이. (1) $\tan(\alpha+\beta) = \frac{\tan\alpha+\tan\beta}{1-\tan\alpha\tan\beta}$를 이용하자. 우변의 분모를 좌변으로 이항하면, $\tan(\alpha+\beta)(1-\tan\alpha\tan\beta) = \tan\alpha + \tan\beta$이다. 이 식을 다음과 같이 쓸 수 있다.

$$\tan(\alpha+\beta) - \tan\alpha\tan\beta\tan(\alpha+\beta) = \tan\alpha + \tan\beta$$

이로부터, $\tan\alpha\tan\beta\tan(\alpha+\beta) = \tan(\alpha+\beta) - \tan\alpha - \tan\beta$가 된다. 얻어진 식에서 β대신에 4α를 대입하자. 그러면, 증명하려는 등식 $\tan\alpha\tan 4\alpha\tan(\alpha+4\alpha) = \tan(\alpha+4\alpha) - \tan\alpha - \tan 4\alpha$, $\tan\alpha\tan 4\alpha\tan 5\alpha = \tan 5\alpha - \tan\alpha - \tan 4\alpha$가 얻어진다.

(2) 이 문제에서는 $\cot(\alpha+\beta) = \frac{\cot\alpha\cot\beta - 1}{\cot\alpha+\cot\beta}$를 이용하자. 우변의 분모를 이항하면, $\cot(\alpha+\beta)(\cot\alpha+\cot\beta) = \cot\alpha\cot\beta - 1$이 된다.

이제, β대신에 4α를 대입하자. 그러면, $\cot 5\alpha(\cot\alpha+\cot 4\alpha) = \cot\alpha\cot 4\alpha - 1$이고, $\cot\alpha\cot 4\alpha = \cot 5\alpha(\cot\alpha+\cot 4\alpha)+1$이 얻어진다.

(3) 등식의 우변을 전개하여 좌변의 식을 유도하자. 그러면, 다음을 얻을 수 있다.

$$\begin{aligned}
&(\sin\alpha+\cos\alpha)(\sin 4\alpha+\cos 4\alpha)\\
&\qquad = \sin\alpha\sin 4\alpha + \sin\alpha\cos 4\alpha + \cos\alpha\sin 4\alpha + \cos\alpha\cos 4\alpha\\
&\qquad = \sin(\alpha+4\alpha) + \cos(\alpha-4\alpha)\\
&\qquad = \sin 5\alpha + \cos(-3\alpha) = \sin 5\alpha + \cos 3\alpha
\end{aligned}$$

(4) (3)과 유사한 방법으로, 등식의 우변을 전개하여 좌변을 유도할 수 있다.

(5) 등식 (3)의 증명 방향과는 반대로 진행하는 증명을 살펴보자.

$\cos 5\alpha + \sin 3\alpha = \cos(4\alpha+\alpha) + \sin(4\alpha-\alpha)$이므로, $\cos(4\alpha+\alpha)$과 $\sin(4\alpha-\alpha)$를 전개하자. 그러면 다음을 얻을 수 있다.

$$\begin{aligned}
&\cos(4\alpha+\alpha)+\sin(4\alpha-\alpha)\\
&\qquad = \cos 4\alpha\cos\alpha - \sin 4\alpha\sin\alpha + \sin 4\alpha\cos\alpha - \cos 4\alpha\sin\alpha\\
&\qquad = \cos 4\alpha(\cos\alpha - \sin\alpha) + \sin 4\alpha(\cos\alpha-\sin\alpha)\\
&\qquad = (\cos 4\alpha + \sin 4\alpha)(\cos\alpha - \sin\alpha)
\end{aligned}$$

(6) 앞에서와 유사한 방법으로 증명할 수 있다. □

예제 2.16. 다음을 증명하여라.

(1) $\alpha+\beta+\gamma=\pi$일 때 $\cot\alpha\cot\beta + \cot\alpha\cot\gamma + \cot\beta\cot\gamma = 1$

(2) $\alpha+\beta+\gamma+\delta=2\pi$일 때, $\tan\alpha+\tan\beta+\tan\gamma+\tan\delta=\tan\alpha\tan\beta\tan\gamma+\tan\alpha\tan\beta\tan\delta+\tan\alpha\tan\gamma\tan\delta+\tan\beta\tan\gamma\tan\delta$

풀이. (1) $\cot\alpha\cot\beta+\cot\alpha\cot\gamma+\cot\beta\cot\gamma=\cot\alpha\cot\beta+(\cot\alpha+\cot\beta)\cot\gamma$라 놓고, $\cot\alpha+\cot\beta$를 다음과 같이 변형시키자.

$$\cot\alpha+\cot\beta=\frac{\cos\alpha}{\sin\alpha}+\frac{\cos\beta}{\sin\beta}=\frac{\cos\alpha\sin\beta+\cos\beta\sin\alpha}{\sin\alpha\sin\beta}=\frac{\sin(\alpha+\beta)}{\sin\alpha\sin\beta}$$

얻어진 식을 대입하자. 그러면, $\cot\alpha\cot\beta+(\cot\alpha+\cot\beta)\cot\gamma=\cot\alpha\cot\beta+\frac{\sin(\alpha+\beta)}{\sin\alpha\sin\beta}\cdot\cot\gamma$가 된다. $\alpha+\beta+\gamma=\pi$이므로, 여기서 $\gamma=\pi-(\alpha+\beta)$를 대입하면 $\cot\gamma=\cot(\pi-(\alpha+\beta))=-\cot(\alpha+\beta)$가 된다. 이것을 대입하자. 그러면, 다음을 얻을 수 있다.

$$\begin{aligned}\cot\alpha\cot\beta+\frac{\sin(\alpha+\beta)}{\sin\alpha\sin\beta}\cdot\cot\gamma&=\cot\alpha\cot\beta-\frac{\sin(\alpha+\beta)}{\sin\alpha\sin\beta}\cdot\cot(\alpha+\beta)\\&=\cot\alpha\cot\beta-\frac{\cos(\alpha+\beta)}{\sin\alpha\sin\beta}\\&=\cot\alpha\cot\beta-\frac{\cos\alpha\cos\beta}{\sin\alpha\sin\beta}+\frac{\sin\alpha\sin\beta}{\sin\alpha\sin\beta}\\&=\cot\alpha\cot\beta-\cot\alpha\cot\beta+1=1\end{aligned}$$

(2) $\alpha+\beta+\gamma+\delta=2\pi$이므로, $\tan(\alpha+\beta+\gamma+\delta)=0$이다. $\tan(\alpha+\beta+\gamma+\delta)$를 $\tan((\alpha+\beta)+(\gamma+\delta))$로 생각하자. 그러면, 다음을 알 수 있다.

$$\tan((\alpha+\beta)+(\gamma+\delta))=\frac{\tan(\alpha+\beta)+\tan(\gamma+\delta)}{1-\tan(\alpha+\beta)\tan(\gamma+\delta)}=0$$

얻어진 등식으로부터 $\tan(\alpha+\beta)+\tan(\gamma+\delta)=0$, 즉 $\tan(\alpha+\beta)=-\tan(\gamma+\delta)$가 된다는 것을 알 수 있다. 이 등식을 $\frac{1}{\tan(\alpha+\beta)}+\frac{1}{\tan(\gamma+\delta)}=0$으로 쓸 수 있다. 등식의 양변에 $(\tan\alpha+\tan\beta)(\tan\gamma+\tan\delta)$를 곱하자. 그러면, 다음을 얻을 수 있다.

$$(\tan\gamma+\tan\delta)\cdot\frac{\tan\alpha+\tan\beta}{\tan(\alpha+\beta)}+(\tan\alpha+\tan\beta)\cdot\frac{\tan\gamma+\tan\delta}{\tan(\gamma+\delta)}=0$$

이때, $\tan(\alpha+\beta)=\frac{\tan\alpha+\tan\beta}{1-\tan\alpha\tan\beta}$이므로, $\frac{\tan\alpha+\tan\beta}{\tan(\alpha+\beta)}=1-\tan\alpha\tan\beta$가 된다. 이것을 얻어진 등식에 대입하자. 그러면, 다음을 얻을 수 있다.

$$(\tan\gamma+\tan\delta)(1-\tan\alpha\tan\beta)+(\tan\alpha+\tan\beta)(1-\tan\gamma\tan\delta)=0$$

얻어진 등식을 전개하자. $\tan\gamma + \tan\delta - \tan\alpha\tan\beta\tan\gamma - \tan\alpha\tan\beta\tan\delta + \tan\alpha + \tan\beta - \tan\alpha\tan\gamma\tan\delta - \tan\beta\tan\gamma\tan\delta = 0$이며, 이로부터 $\tan\alpha + \tan\beta + \tan\gamma + \tan\delta = \tan\alpha\tan\beta\tan\gamma + \tan\alpha\tan\beta\tan\delta + \tan\alpha\tan\gamma\tan\delta + \tan\beta\tan\gamma\tan\delta$가 얻어진다. □

예제 2.17. 다음 부등식을 증명하여라.

(1) $0 \le \alpha \le \pi, 0 \le \beta \le \pi$일 때, $\sin\frac{\alpha+\beta}{2} \ge \frac{\sin\alpha+\sin\beta}{2}$

(2) $0 < \alpha < \frac{\pi}{2}, 0 < \beta < \frac{\pi}{2}$일 때, $\tan\frac{\alpha+\beta}{2} \le \frac{\tan\alpha+\tan\beta}{2}$

풀이. (1) 부등식 $\sin\frac{\alpha+\beta}{2} \ge \frac{\sin\alpha+\sin\beta}{2}$를 $2\sin\frac{\alpha+\beta}{2} \ge \sin\alpha + \sin\beta$로 쓸 수 있다. 이제, $2\sin\frac{\alpha+\beta}{2} - \sin\alpha - \sin\beta \ge 0$이 된다는 것을 증명하자. $\alpha = \beta$이면, 등호가 성립하므로 문제가 해결된다. 먼저, $\alpha < \beta$라고 가정하자.

$2\sin\frac{\alpha+\beta}{2} - \sin\alpha - \sin\beta$에 $\sin\frac{\alpha+\beta}{2} = \sin\frac{\alpha}{2}\cos\frac{\beta}{2} + \cos\frac{\alpha}{2}\sin\frac{\beta}{2}$, $\sin\alpha = 2\sin\frac{\alpha}{2}\cos\frac{\alpha}{2}$, $\sin\beta = 2\sin\frac{\beta}{2}\cos\frac{\beta}{2}$를 대입하자. 그러면, 다음을 얻을 수 있다.

$$\begin{aligned}
&2\sin\frac{\alpha+\beta}{2} - \sin\alpha - \sin\beta \\
&\qquad = 2\left(\sin\frac{\alpha}{2}\cos\frac{\beta}{2} + \cos\frac{\alpha}{2}\sin\frac{\beta}{2}\right) - 2\sin\frac{\alpha}{2}\cos\frac{\alpha}{2} - 2\sin\frac{\beta}{2}\cos\frac{\beta}{2} \\
&\qquad = 2\sin\frac{\alpha}{2}\cos\frac{\beta}{2} - 2\sin\frac{\alpha}{2}\cos\frac{\alpha}{2} + 2\cos\frac{\alpha}{2}\sin\frac{\beta}{2} - 2\sin\frac{\beta}{2}\cos\frac{\beta}{2} \\
&\qquad = 2\sin\frac{\alpha}{2}\left(\cos\frac{\beta}{2} - \cos\frac{\alpha}{2}\right) + 2\sin\frac{\beta}{2}\left(\cos\frac{\alpha}{2} - \cos\frac{\beta}{2}\right) \\
&\qquad = 2\left(\cos\frac{\alpha}{2} - \cos\frac{\beta}{2}\right)\left(\sin\frac{\beta}{2} - \sin\frac{\alpha}{2}\right)
\end{aligned}$$

$0 \le \alpha \le \pi, 0 \le \beta \le \pi$에 대해 $\frac{\alpha}{2}, \frac{\beta}{2}$는 제1사분면의 각이며 $\alpha < \beta$이므로, $\cos\frac{\alpha}{2} - \cos\frac{\beta}{2} > 0$이고 $\sin\frac{\beta}{2} - \sin\frac{\alpha}{2} > 0$이 된다. 이로부터 $2\sin\frac{\alpha+\beta}{2} - \sin\alpha - \sin\beta \ge 0$이 증명된다. 한편, $\alpha > \beta$인 경우의 증명은 $\alpha < \beta$인 경우의 증명 과정과 유사하다.

(2) $2\tan\frac{\alpha+\beta}{2} - \tan\alpha - \tan\beta \le 0$을 증명하면 된다. $\alpha = \beta$이면, 등호가 성립하므로 문제가 해결된다. 먼저, $\alpha < \beta$라고 가정하자.

$2\tan\frac{\alpha+\beta}{2} - \tan\alpha - \tan\beta = \tan\frac{\alpha+\beta}{2} - \tan\alpha + \tan\frac{\alpha+\beta}{2} - \tan\beta$이며, $\tan\frac{\alpha+\beta}{2} = \frac{\sin\frac{\alpha+\beta}{2}}{\cos\frac{\alpha+\beta}{2}}$, $\tan\alpha = \frac{\sin\alpha}{\cos\alpha}$, $\tan\beta = \frac{\sin\beta}{\cos\beta}$라 놓고 식을 정리하자. 그러면, 다음을 얻을 수

있다.

$$
\begin{aligned}
\tan\frac{\alpha+\beta}{2}-\tan\alpha+\tan\frac{\alpha+\beta}{2}-\tan\beta &= \frac{\sin\frac{\alpha+\beta}{2}}{\cos\frac{\alpha+\beta}{2}}-\frac{\sin\alpha}{\cos\alpha}+\frac{\sin\frac{\alpha+\beta}{2}}{\cos\frac{\alpha+\beta}{2}}-\frac{\sin\beta}{\cos\beta}\\
&= \frac{\sin\frac{\alpha+\beta}{2}\cos\alpha-\sin\alpha\cos\frac{\alpha+\beta}{2}}{\cos\frac{\alpha+\beta}{2}\cos\alpha}+\frac{\sin\frac{\alpha+\beta}{2}\cos\beta-\sin\beta\cos\frac{\alpha+\beta}{2}}{\cos\frac{\alpha+\beta}{2}\cos\beta}\\
&= \frac{\sin\left(\frac{\alpha+\beta}{2}-\alpha\right)}{\cos\frac{\alpha+\beta}{2}\cos\alpha}+\frac{\sin\left(\frac{\alpha+\beta}{2}-\beta\right)}{\cos\frac{\alpha+\beta}{2}\cos\beta}\\
&= \frac{\sin\frac{\beta-\alpha}{2}}{\cos\frac{\alpha+\beta}{2}\cos\alpha}+\frac{\sin\frac{\alpha-\beta}{2}}{\cos\frac{\alpha+\beta}{2}\cos\beta}\\
&= \frac{\sin\frac{\beta-\alpha}{2}}{\cos\frac{\alpha+\beta}{2}\cos\alpha}-\frac{\sin\frac{\beta-\alpha}{2}}{\cos\frac{\alpha+\beta}{2}\cos\beta}\\
&= \frac{\sin\frac{\beta-\alpha}{2}}{\cos\frac{\alpha+\beta}{2}}\left(\frac{1}{\cos\alpha}-\frac{1}{\cos\beta}\right)=\frac{\sin\frac{\beta-\alpha}{2}}{\cos\frac{\alpha+\beta}{2}}\left(\frac{\cos\beta-\cos\alpha}{\cos\alpha\cos\beta}\right)
\end{aligned}
$$

얻어진 식에서 $\sin\frac{\beta-\alpha}{2}>0, \cos\frac{\alpha+\beta}{2}>0$이며, $\cos\alpha\cos\beta>0$이다. 그런데, 제1 사분면의 각 α, β에 대해 $\alpha<\beta$이면 $\cos\beta<\cos\alpha$가 되므로, $\cos\beta-\cos\alpha<0$이 된다. 이로부터 $2\tan\frac{\alpha+\beta}{2}-\tan\alpha-\tan\beta\le 0$이 증명된다.

한편, $\alpha>\beta$인 경우의 증명은 $\alpha<\beta$인 경우의 증명 과정과 유사하다. 이것은 독자에게 남긴다. □

제 3 장.

$(\alpha \pm \beta)$의 삼각함수 관계식의 활용

1. n배각과 반각의 관계식

제2장에서 각 α, β의 합과 차의 삼각함수 $\sin(\alpha\pm\beta)$, $\cos(\alpha\pm\beta)$, $\tan(\alpha\pm\beta)$, $\cot(\alpha\pm\beta)$에 대한 관계식을 다음과 같이 유도하였다.

$$\sin(\alpha \pm \beta) = \sin\alpha\cos\beta \pm \cos\alpha\sin\beta \tag{3.1}$$

$$\cos(\alpha \pm \beta) = \cos\alpha\cos\beta \mp \sin\alpha\sin\beta \tag{3.2}$$

$$\tan(\alpha \pm \beta) = \tfrac{\tan\alpha\pm\tan\beta}{1\mp\tan\alpha\tan\beta} \tag{3.3}$$

$$\cot(\alpha \pm \beta) = \tfrac{\cot\alpha\cot\beta\mp1}{\cot\beta\pm\cot\alpha} \tag{3.4}$$

$\sec(\alpha \pm \beta)$, $\text{cosec}(\alpha \pm \beta)$에 대한 식들도 생각할 수 있다. $\sec(\alpha+\beta) = \frac{1}{\cos(\alpha+\beta)}$이므로, 다음과 같이 쓸 수 있다.

$$\sec(\alpha+\beta) = \frac{1}{\cos(\alpha+\beta)} = \frac{1}{\cos\alpha\cos\beta - \sin\alpha\sin\beta}$$

얻어진 식의 분자와 분모를 $\sin\alpha\sin\beta\cos\alpha\cos\beta$로 나누고 $\sec\alpha = \frac{1}{\cos\alpha}$, $\text{cosec}\,\alpha =$

$\frac{1}{\sin\alpha}$라는 것을 생각하면, 다음을 얻을 수 있다.

$$\frac{1}{\cos\alpha\cos\beta-\sin\alpha\sin\beta}=\frac{\frac{1}{\sin\alpha\sin\beta\cos\alpha\cos\beta}}{\frac{1}{\sin\alpha\sin\beta}-\frac{1}{\cos\alpha\cos\beta}}$$
$$=\frac{\sec\alpha\sec\beta\,\mathrm{cosec}\,\alpha\,\mathrm{cosec}\,\beta}{\mathrm{cosec}\,\alpha\,\mathrm{cosec}\,\beta-\sec\alpha\sec\beta}$$

이로부터, $\sec(\alpha+\beta)$에 대한 다음 등식이 얻어진다.

$$\sec(\alpha+\beta)=\frac{\sec\alpha\sec\beta\,\mathrm{cosec}\,\alpha\,\mathrm{cosec}\,\beta}{\mathrm{cosec}\,\alpha\,\mathrm{cosec}\,\beta-\sec\alpha\sec\beta}$$

얻어진 식에서 β를 $-\beta$로 바꾸면, $\sec(\alpha-\beta)$에 대한 다음 등식이 얻어진다.

$$\sec(\alpha-\beta)=\frac{\sec\alpha\sec\beta\,\mathrm{cosec}\,\alpha\,\mathrm{cosec}\,\beta}{\mathrm{cosec}\,\alpha\,\mathrm{cosec}\,\beta+\sec\alpha\sec\beta}$$

한편, $\mathrm{cosec}(\alpha+\beta)=\frac{1}{\sin(\alpha+\beta)}$이므로, $\mathrm{cosec}(\alpha+\beta)$에 대한 식을 다음과 같이 생각할 수 있다.

$$\mathrm{cosec}(\alpha+\beta)=\frac{1}{\sin(\alpha+\beta)}=\frac{1}{\sin\alpha\cos\beta+\cos\alpha\sin\beta}$$

얻어진 식의 분자와 분모를 $\sin\alpha\sin\beta\cos\alpha\cos\beta$로 나누면, 다음을 얻을 수 있다.

$$\frac{1}{\sin\alpha\cos\beta+\cos\alpha\sin\beta}=\frac{\frac{1}{\sin\alpha\sin\beta\cos\alpha\cos\beta}}{\frac{1}{\cos\alpha\sin\beta}+\frac{1}{\sin\alpha\cos\beta}}$$
$$=\frac{\sec\alpha\sec\beta\,\mathrm{cosec}\,\alpha\,\mathrm{cosec}\,\beta}{\sec\alpha\,\mathrm{cosec}\,\beta+\mathrm{cosec}\,\alpha\sec\beta}$$

이로부터, $\sec(\alpha+\beta)$에 대한 다음 등식이 얻어진다.

$$\sec(\alpha+\beta)=\frac{\sec\alpha\sec\beta\,\mathrm{cosec}\,\alpha\,\mathrm{cosec}\,\beta}{\sec\alpha\,\mathrm{cosec}\,\beta+\mathrm{cosec}\,\alpha\sec\beta}$$

그리고 얻어진 식에서 β를 $-\beta$로 바꾸면, $\mathrm{cosec}(\alpha-\beta)$에 대한 다음 등식이 얻어진다.

$$\mathrm{cosec}(\alpha+\beta)=\frac{\sec\alpha\sec\beta\,\mathrm{cosec}\,\alpha\,\mathrm{cosec}\,\beta}{\mathrm{cosec}\,\alpha\,\mathrm{cosec}\,\beta-\sec\alpha\sec\beta}$$

n배각의 삼각함수 관계식 각 α, β의 합과 차의 삼각함수 관계식을 이용하여 $\sin 2\alpha$, $\cos 2\alpha$, $\sin 3\alpha$, $\cos 3\alpha$를 유도하자. 우선, 등식 3.1과 3.2에서 $\beta = \alpha$로 놓으면, 다음을 얻을 수 있다.

$$\sin 2\alpha = 2\sin\alpha\cos\alpha,$$

$$\cos 2\alpha = \cos^2\alpha - \sin^2\alpha = 1 - 2\sin^2\alpha = 2\cos^2\alpha - 1$$

살펴본 $\sin 2\alpha, \cos 2\alpha$에 대한 등식은 삼각함수 식의 변형에서 폭넓게 사용된다. $\cos 2\alpha$에 대한 식은 다음과 같이 변형된 형태로 사용되기도 한다.

$$\sin^2\alpha = \frac{1-\cos 2\alpha}{2}, \quad \cos^2\alpha = \frac{1+\cos 2\alpha}{2}$$

가령, 다음 등식을 증명한다고 하자.

$$16\cos\alpha\cos 2\alpha\cos 4\alpha\cos 8\alpha = \frac{\sin 16\alpha}{\sin\alpha}$$

이 식이 복잡해 보이지만, $\sin 2\alpha$에 대한 식을 이용하여 해결할 수 있다. 등식의 좌변에서 우변의 식을 유도한다고 하자. 좌변의 식을 다음과 같이 쓰자.

$$16\cos\alpha\cos 2\alpha\cos 4\alpha\cos 8\alpha = 16\frac{\sin\alpha}{\sin\alpha}\cos\alpha\cos 2\alpha\cos 4\alpha\cos 8\alpha$$

그러면, $2\sin\alpha\cos\alpha = \sin 2\alpha$, $2\sin 2\alpha 2\cos\alpha = \sin 4\alpha$가 성립한다. 이를 이용하면, 다음과 같이 식을 변형시킬 수 있다.

$$\begin{aligned}
&16\frac{\sin\alpha}{\sin\alpha}\cos\alpha\cos 2\alpha\cos 4\alpha\cos 8\alpha \\
&\qquad = 8\frac{\sin 2\alpha\cos 2\alpha\cos 4\alpha\cos 8\alpha}{\sin\alpha} = 4\frac{\sin 4\alpha\cos 4\alpha\cos 8\alpha}{\sin\alpha} \\
&\qquad = 2\frac{\sin 8\alpha\cos 8\alpha}{\sin\alpha} = \frac{\sin 16\alpha}{\sin\alpha}
\end{aligned}$$

이로부터 $16\cos\alpha\cos 2\alpha\cos 4\alpha\cos 8\alpha = \frac{\sin 16\alpha}{\sin\alpha}$가 증명된다. 이제, 몇 가지 예제를 살펴보자.

예제 3.1. 다음 등식을 증명하여라.

(1) $\tan\alpha - \cot\alpha = -2\cot 2\alpha$

(2) $\sin(\alpha+\beta)\cos(\alpha-\beta) + \cos(\alpha+\beta)\sin(\alpha-\beta) = \sin 2\alpha$

(3) $\cos(\alpha+\beta)\cos(\alpha-\beta) - \sin(\alpha+\beta)\sin(\alpha-\beta) = \cos 2\alpha$

(4) $\sin^2\alpha + \sin^2\beta - \sin^2(\alpha+\beta) + \frac{1}{2}\sin 2\alpha\sin 2\beta = 2\sin^2\alpha\sin^2\beta$

(5) $\cos^2(\alpha+\beta) + \cos^2(\alpha-\beta) - \cos 2\alpha\cos 2\beta = 1$

(6) $\sin^6\alpha + \cos^6\alpha = \frac{4-3\sin^2 2\alpha}{4}$

(7) $\cos^6\alpha - \sin^6\alpha = \frac{1}{8}\cos 2\alpha(7+\cos 4\alpha)$

풀이. (1) $\tan\alpha = \frac{\sin\alpha}{\cos\alpha}$, $\cot\alpha = \frac{\cos\alpha}{\sin\alpha}$인 것을 $\tan\alpha - \cot\alpha$에 대하여 통분하면 다음이 얻어진다.

$$\tan\alpha - \cot\alpha = \frac{\sin\alpha}{\cos\alpha} - \frac{\cos\alpha}{\sin\alpha} = \frac{\sin^2\alpha - \cos^2\alpha}{\sin\alpha\cos\alpha}$$

$\sin^2\alpha - \cos^2\alpha = -\cos 2\alpha$이고, $\sin\alpha\cos\alpha = \frac{1}{2}\sin 2\alpha$이므로, 이것을 대입하면 다음과 같이 식을 정리할 수 있다.

$$\frac{\sin^2\alpha - \cos^2\alpha}{\sin\alpha\cos\alpha} = \frac{-\cos 2\alpha}{\frac{1}{2}\sin 2\alpha} = \frac{-2\cos 2\alpha}{\sin 2\alpha} = -2\cot 2\alpha$$

이것으로 $\tan\alpha - \cot\alpha = -2\cot 2\alpha$가 증명된다.

(2) 증명하려는 등식의 좌변을 전개하여 정리하자.

$$\begin{aligned}
&\sin(\alpha+\beta)\cos(\alpha-\beta) + \cos(\alpha+\beta)\sin(\alpha-\beta) \\
&\quad = (\sin\alpha\cos\beta + \cos\alpha\sin\beta)(\cos\alpha\cos\beta + \sin\alpha\sin\beta) \\
&\qquad + (\cos\alpha\cos\beta - \sin\alpha\sin\beta)(\sin\alpha\cos\beta - \cos\alpha\sin\beta) \\
&\quad = \sin\alpha\cos\alpha\cos^2\beta + \sin^2\alpha\sin\beta\cos\beta + \cos^2\alpha\sin\beta\cos\beta \\
&\qquad + \sin\alpha\cos\alpha\sin^2\beta + \sin\alpha\cos\alpha\cos^2\beta - \cos^2\alpha\sin\beta\cos\beta \\
&\qquad - \sin^2\alpha\sin\beta\cos\beta + \sin\alpha\cos\alpha\sin^2\beta \\
&\quad = \sin\alpha\cos\alpha\cos^2\beta + \sin\alpha\cos\alpha\sin^2\beta \\
&\qquad + \sin\alpha\cos\alpha\cos^2\beta + \sin\alpha\cos\alpha\sin^2\beta
\end{aligned}$$

이제, 얻어진 식을 인수분해하여 정리하면, 다음을 얻을 수 있다.

$$\begin{aligned}
&\sin\alpha\cos\alpha\cos^2\beta + \sin\alpha\cos\alpha\sin^2\beta \\
&\qquad\qquad + \sin\alpha\cos\alpha\cos^2\beta + \sin\alpha\cos\alpha\sin^2\beta \\
&\qquad = \sin\alpha\cos\alpha(\cos^2\beta + \sin^2\beta + \cos^2\beta + \sin^2\beta) \\
&\qquad = 2\sin\alpha\cos\alpha = \sin 2\alpha
\end{aligned}$$

(3) 증명하려는 등식의 좌변을 전개하여 정리하자.

$$\begin{aligned}
&\cos(\alpha+\beta)\cos(\alpha-\beta) - \sin(\alpha+\beta)\sin(\alpha-\beta) \\
&\quad = (\cos\alpha\cos\beta - \sin\alpha\sin\beta)(\cos\alpha\cos\beta + \sin\alpha\sin\beta) \\
&\qquad - (\sin\alpha\cos\beta + \cos\alpha\sin\beta)(\sin\alpha\cos\beta - \cos\alpha\sin\beta) \\
&\quad = \cos^2\alpha\cos^2\beta - \sin^2\alpha\sin^2\beta - \sin^2\alpha\cos^2\beta + \cos^2\alpha\sin^2\beta
\end{aligned}$$

이제, 얻어진 식을 인수분해하여 정리하면, 다음을 얻을 수 있다.

$$\begin{aligned}
&\cos^2\alpha\cos^2\beta - \sin^2\alpha\sin^2\beta - \sin^2\alpha\cos^2\beta + \cos^2\alpha\sin^2\beta \\
&\qquad = \cos^2\beta(\cos^2\alpha - \sin^2\alpha) + \sin^2\beta(\cos^2\alpha - \sin^2\alpha) \\
&\qquad = (\cos^2\alpha - \sin^2\alpha)(\cos^2\beta + \sin^2\beta) = \cos 2\alpha
\end{aligned}$$

(4) 증명하려는 등식의 좌변을 전개하여 정리하자.

$$\begin{aligned}
&\sin^2\alpha + \sin^2\beta - \sin^2(\alpha+\beta) + \frac{1}{2}\sin 2\alpha\sin 2\beta \\
&\quad = \sin^2\alpha + \sin^2\beta - (\sin\alpha\cos\beta + \cos\alpha\sin\beta)^2 + \frac{1}{2}\sin 2\alpha\sin 2\beta \\
&\quad = \sin^2\alpha + \sin^2\beta - \sin^2\alpha\cos^2\beta - 2\sin\alpha\cos\beta\cos\alpha\sin\beta \\
&\qquad - \cos^2\alpha\sin^2\beta + 2\sin\alpha\cos\alpha\sin\beta\cos\beta \\
&\quad = \sin^2\alpha + \sin^2\beta - \sin^2\alpha\cos^2\beta - \cos^2\alpha\sin^2\beta
\end{aligned}$$

이제, 얻어진 식을 인수분해하여 정리하면, 다음을 얻을 수 있다.

$$\begin{aligned}
&\sin^2\alpha + \sin^2\beta - \sin^2\alpha\cos^2\beta - \cos^2\alpha\sin^2\beta \\
&\qquad = \sin^2\alpha(1 - \cos^2\beta) + \sin^2\beta(1 - \cos^2\alpha) \\
&\qquad = \sin^2\alpha\sin^2\beta + \sin^2\alpha\sin^2\beta = 2\sin^2\alpha\sin^2\beta
\end{aligned}$$

(5) 증명하려는 등식의 좌변을 전개하여 정리하자.

$$\begin{aligned}
&\cos^2(\alpha+\beta)+\cos^2(\alpha-\beta)-\cos 2\alpha\cos 2\beta \\
&\quad=(\cos\alpha\cos\beta-\sin\alpha\sin\beta)^2 \\
&\qquad+(\cos\alpha\cos\beta+\sin\alpha\sin\beta)^2-\cos 2\alpha\cos 2\beta \\
&\quad=2\cos^2\alpha\cos^2\beta+2\sin^2\alpha\sin^2\beta \\
&\qquad-(4\cos^2\alpha\cos^2\beta-2\cos^2\alpha-2\cos^2\beta+1) \\
&\quad=-2\cos^2\alpha\cos^2\beta+2\sin^2\alpha\sin^2\beta+2\cos^2\alpha+2\cos^2\beta-1 \\
&\quad=-2\cos^2\alpha(1-\sin^2\beta)+2(1-\cos^2\alpha)\sin^2\beta+2\cos^2\alpha+2\cos^2\beta-1 \\
&\quad=-2\cos^2\alpha+2\cos^2\alpha\sin^2\beta+2\sin^2\beta-2\cos^2\alpha\sin^2\beta \\
&\qquad+2\cos^2\alpha+2\cos^2\beta-1 \\
&\quad=-2\cos^2\alpha+2\sin^2\beta+2\cos^2\alpha+2\cos^2\beta-1 \\
&\quad=2\sin^2\beta+2\cos^2\beta-1=1
\end{aligned}$$

(6) $a^3+b^3=(a+b)(a^2-ab+b^2)$이므로, $\sin^6\alpha+\cos^6\alpha$를 다음과 같이 인수분해할 수 있다.

$$\sin^6\alpha+\cos^6\alpha=(\sin^2\alpha+\cos^2\alpha)(\sin^4\alpha-\sin^2\alpha\cos^2\alpha+\cos^4\alpha)$$

이때, $\sin^2\alpha+\cos^2\alpha=1$이므로, $\sin^6\alpha+\cos^6\alpha=\sin^4\alpha-\sin^2\alpha\cos^2\alpha+\cos^4\alpha$이다. 그리고 $\sin^4\alpha-\sin^2\alpha\cos^2\alpha+\cos^4\alpha$를 $(\sin^2\alpha-\cos^2\alpha)^2$을 이용하여 다음과 같이 나타낼 수 있다.

$$\sin^4\alpha-\sin^2\alpha\cos^2\alpha+\cos^4\alpha=(\sin^2\alpha-\cos^2\alpha)^2+\sin^2\alpha\cos^2\alpha$$

$\sin^2\alpha-\cos^2\alpha=-\cos 2\alpha$이고, $\sin^2\alpha\cos^2\alpha=\frac{1}{4}\sin^2 2\alpha$인 것을 이용하자. 그러면, 다음을 얻을 수 있다.

$$(\sin^2\alpha-\cos^2\alpha)^2+\sin^2\alpha\cos^2\alpha=\cos^2 2\alpha+\frac{1}{4}\sin^2 2\alpha=\frac{4\cos^2 2\alpha+\sin^2 2\alpha}{4}$$

여기에 $\cos^2 2\alpha = 1 - \sin^2 2\alpha$를 대입하자. 그러면 다음 등식을 얻을 수 있다.

$$\frac{4\cos^2 2\alpha + \sin^2 2\alpha}{4} = \frac{4(1-\sin^2 2\alpha) + \sin^2 2\alpha}{4} = \frac{4 - 3\sin^2 2\alpha}{4}$$

이로부터, 등식 $\sin^6\alpha + \cos^6\alpha = \frac{4-3\sin^2 2\alpha}{4}$가 증명된다.

(7) $a^3 - b^3 = (a-b)(a^2+ab+b^2)$이므로, $\cos^6\alpha - \sin^6\alpha$를 다음과 같이 인수분해할 수 있다.

$$\cos^6\alpha - \sin^6\alpha = (\cos^2 - \sin^2\alpha)(\cos^4\alpha + \cos^2\alpha\sin^2\alpha + \sin^4\alpha)$$

이때, $\cos^2\alpha - \sin^2\alpha = \cos 2\alpha$이며, $\cos^4\alpha + \cos^2\alpha\sin^2\alpha + \sin^4\alpha = \cos^4\alpha + 2\cos^2\alpha\sin^2\alpha + \sin^4\alpha - \cos^2\alpha\sin^2\alpha = (\cos^2\alpha + \sin^2\alpha)^2 - \cos^2\alpha\sin^2\alpha = 1 - \cos^2\alpha\sin^2\alpha$가 된다. 이 식들을 대입하면, 다음을 얻을 수 있다.

$$\cos^6\alpha - \sin^6\alpha = \cos 2\alpha(1 - \cos^2\alpha\sin^2\alpha)$$

그리고 $\cos^2\alpha\sin^2\alpha = \frac{1}{4}\cdot 4\cos^2\alpha\sin^2\alpha = \frac{1}{4}(2\cos\alpha\sin\alpha)^2 = \frac{1}{4}\sin^2 2\alpha$이다. 그러므로, 주어진 식을 다음과 같이 변형시킬 수 있다.

$$\begin{aligned}\cos^6\alpha - \sin^6\alpha &= \cos 2\alpha(1 - \cos^2\alpha\sin^2\alpha)\\ &= \cos 2\alpha\left(1 - \frac{1}{4}\sin^2 2\alpha\right) = \frac{1}{4}\cos 2\alpha(4 - \sin^2 2\alpha)\\ &= \frac{1}{4}\cos 2\alpha(4 - (1 - \cos^2 2\alpha)) = \frac{1}{4}\cos 2\alpha(3 + \cos^2 2\alpha)\\ &= \frac{1}{4}\cos 2\alpha\left(3 + \frac{1 + \cos 4\alpha}{2}\right) = \frac{1}{8}\cos 2\alpha(7 + \cos 4\alpha)\end{aligned}$$

이것으로 문제가 해결된다. □

이제, $\sin 3\alpha, \cos 3\alpha$에 대한 식을 유도하자. 이를 위해, 등식 3.1에 $\beta = 2\alpha$로 놓자. 즉, $\sin 3\alpha = \sin(\alpha + 2\alpha)$라는 것을 이용하여, $\sin 3\alpha$에 대한 식을 다음과 같은 방법으로

구할 수 있다.

$$
\begin{aligned}
\sin(\alpha + 2\alpha) &= \sin\alpha\cos 2\alpha + \cos\alpha\sin 2\alpha \\
&= \sin\alpha(1 - 2\sin^2\alpha) + \cos\alpha(2\sin\alpha\cos\alpha) \\
&= \sin\alpha - 2\sin^3\alpha + 2\sin\alpha\cos^2\alpha \\
&= \sin\alpha - 2\sin^3\alpha + 2\sin\alpha(1 - \sin^2\alpha) = 3\sin\alpha - 4\sin^3\alpha
\end{aligned}
$$

결국, $\sin 3\alpha = 3\sin\alpha - 4\sin^3\alpha$가 얻어진다. 이제, 등식 3.2에 $\beta = 2\alpha$로 놓자. 그러면, $\cos 3\alpha$에 대한 식을 다음과 같이 구할 수 있다.

$$
\begin{aligned}
\cos(\alpha + 2\alpha) &= \cos\alpha\cos 2\alpha - \sin\alpha\sin 2\alpha \\
&= \cos\alpha(2\cos^2\alpha - 1) - \sin\alpha(2\sin\alpha\cos\alpha) \\
&= 2\cos^3\alpha - \cos\alpha - 2\sin^2\alpha\cos\alpha \\
&= 2\cos^3\alpha - \cos\alpha - 2\cos\alpha(1 - \cos^2\alpha) = 4\cos^3\alpha - 3\cos\alpha
\end{aligned}
$$

결국, $\cos 3\alpha = 4\cos^3\alpha - 3\cos\alpha$가 얻어진다.

$\sin 4\alpha, \cos 4\alpha$에 대한 식은 $\sin 2\alpha, \cos 2\alpha$를 이용하여 어렵지 않게 유도할 수 있다. 즉, $\sin 4\alpha = \sin 2(2\alpha), \cos 4\alpha = \cos 2(2\alpha)$를 생각하면 된다. 먼저, $\sin 4\alpha$에 대한 식을 살펴보자.

$$
\begin{aligned}
\sin 4\alpha = \sin 2(2\alpha) &= 2\sin 2\alpha\cos 2\alpha \\
&= 4\sin\alpha\cos\alpha(\cos^2\alpha - \sin^2\alpha)
\end{aligned}
$$

$\sin 4\alpha = 4\sin\alpha\cos\alpha(\cos^2\alpha - \sin^2\alpha)$이다. 여기에 $\cos^2\alpha = 1 - \sin^2\alpha$, $\sin^2\alpha = 1 - \cos^2\alpha$를 대입하면, 다음을 얻을 수 있다.

$$\sin 4\alpha = 4\sin\alpha\cos\alpha(1 - 2\sin^2\alpha) = 4\sin\alpha\cos\alpha - 8\sin^3\alpha\cos\alpha$$

$$\sin 4\alpha = 4\sin\alpha\cos\alpha(2\cos^2\alpha - 1) = 8\sin\alpha\cos^3\alpha - 4\sin\alpha\cos\alpha$$

$\cos 4\alpha$의 식을 $\cos 4\alpha = \cos 2(2\alpha)$를 이용하여, 다음과 같이 유도할 수 있다.

$$
\begin{aligned}
\cos 4\alpha = \cos 2(2\alpha) &= \cos^2 2\alpha - \sin^2 2\alpha \\
&= (\cos^2\alpha - \sin^2\alpha)^2 - (2\sin\alpha\cos\alpha)^2 \\
&= \cos^4\alpha - 6\sin^2\alpha\cos^2\alpha + \sin^4\alpha
\end{aligned}
$$

$\cos 4\alpha = \cos^4\alpha - 6\sin^2\alpha\cos^2\alpha + \sin^4\alpha$로 나타낼 수 있다. 이 식에서는 $\cos 4\alpha$를 사인과 코사인을 이용하여 나타냈다. 이때, $\sin^2\alpha$와 $\sin^4\alpha$를 코사인으로 나타내면, $\cos 4\alpha$를 코사인에 대한 식으로 나타낼 수 있다. 이를 자세히 살펴보자.

$\sin^2\alpha = 1 - \cos^2\alpha$이므로 $\sin^4\alpha = (1-\cos^2\alpha)^2$이다. 이것을 $\cos 4\alpha = \cos^4\alpha - 6\sin^2\alpha\cos^2\alpha + \sin^4\alpha$에 대입하여, 다음과 같이 정리할 수 있다.

$$
\begin{aligned}
\cos 4\alpha &= \cos^4\alpha - 6\sin^2\alpha\cos^2\alpha + \sin^4\alpha \\
&= \cos^4\alpha - 6(1-\cos^2\alpha)\cos^2\alpha + (1-\cos^2\alpha)^2 \\
&= 8\cos^4\alpha - 8\cos^2\alpha + 1
\end{aligned}
$$

이제, $\sin 5\alpha$, $\cos 5\alpha$에 대한 식을 살펴보자. $\sin 5\alpha = \sin(3\alpha + 2\alpha)$와 같이 나타내어 유도할 수 있다.

$$
\begin{aligned}
\sin 5\alpha &= \sin(3\alpha + 2\alpha) \\
&= \sin 3\alpha\cos 2\alpha + \cos 3\alpha\sin 2\alpha \\
&= (3\sin\alpha - 4\sin^3\alpha)(1 - 2\sin^2\alpha) + (4\cos^3\alpha - 3\cos\alpha)(2\sin\alpha\cos\alpha \\
&= 3\sin\alpha - 6\sin^3\alpha - 4\sin^3\alpha + 8\sin^5\alpha + 8\sin\alpha\cos^4\alpha - 6\sin\alpha\cos^2\alpha \\
&= 8\sin^5\alpha - 10\sin^3\alpha + 3\sin\alpha + 8\sin\alpha(1-\sin^2\alpha)^2 - 6\sin\alpha(1-\sin^2\alpha) \\
&= 16\sin^5\alpha - 20\sin^3\alpha + 5\sin\alpha
\end{aligned}
$$

$\cos 5\alpha$도 $\sin 5\alpha$에서와 유사한 방법으로, $\cos 5\alpha = \cos(3\alpha + 2\alpha)$를 이용하여 구할

수 있다.

$$
\begin{aligned}
\cos 5\alpha &= \cos(3\alpha + 2\alpha) \\
&= \cos 3\alpha \cos 2\alpha - \sin 3\alpha \sin 2\alpha \\
&= (4\cos^3\alpha - 3\cos\alpha)(2\cos^2\alpha - 1) - (3\sin\alpha - 4\sin^3\alpha)2\sin\alpha\cos\alpha \\
&= 8\cos^5\alpha - 10\cos^3\alpha + 3\cos\alpha - 2\cos\alpha\sin^2\alpha(3 - 4\sin^2\alpha) \\
&= 8\cos^5\alpha - 10\cos^3\alpha + 3\cos\alpha - 2\cos\alpha(1 - \cos^2\alpha)(4\cos^2\alpha - 1) \\
&= 16\cos^5\alpha - 20\cos^3\alpha + 5\cos\alpha
\end{aligned}
$$

예제 3.2. 다음 등식을 증명하여라.

(1) $\sin 3\alpha + \sin 2\alpha - \sin\alpha = 2\sin\alpha(\cos\alpha + 1)(2\cos\alpha - 1)$

(2) $4\sin\alpha\sin\left(\frac{\pi}{3} - \alpha\right)\sin\left(\frac{\pi}{3} + \alpha\right) = \sin 3\alpha$

(3) $4\cos\alpha\cos\left(\frac{\pi}{3} - \alpha\right)\cos\left(\frac{\pi}{3} + \alpha\right) = \cos 3\alpha$

(4) $\sin^3 2\alpha\cos 6\alpha + \cos^3 2\alpha\sin 6a = \frac{3}{4}\sin 8\alpha$

(5) $3\sin\alpha\cos 3\alpha + \frac{9}{2}\sin 2\alpha - \sin 3\alpha(\cos 3\alpha + 3\cos\alpha) = 2\sin^3 2\alpha$

풀이. (1) $\sin 3\alpha = 3\sin\alpha - 4\sin^3\alpha$, $\sin 2\alpha = 2\sin\alpha\cos\alpha$를 증명할 등식의 좌변에 대입하자. 그러면, 다음을 얻을 수 있다.

$$
\begin{aligned}
\sin 3\alpha + \sin 2\alpha - \sin\alpha &= (3\sin\alpha - 4\sin^3\alpha) + 2\sin\alpha\cos\alpha - \sin\alpha \\
&= 2\sin\alpha - 4\sin^3\alpha + 2\sin\alpha\cos\alpha \\
&= \sin\alpha(2 - 4\sin^2\alpha + 2\cos\alpha)
\end{aligned}
$$

얻어진 식에 $\sin^2\alpha = 1 - \cos^2\alpha$를 대입하면, $\sin\alpha(2 - 4\sin^2\alpha + 2\cos\alpha) = \sin\alpha(4\cos^2\alpha + 2\cos\alpha - 2)$가 된다. 여기서 공통인수 2를 괄호 밖으로 꺼낸 다음, $2\cos^2\alpha + \cos\alpha - 1$을 $(\cos\alpha + 1)(2\cos\alpha - 1)$로 인수분해할 수 있다. 이로부터, 다음 등식이 얻어진다.

$$\sin 3\alpha + \sin 2\alpha - \sin\alpha = 2\sin\alpha(\cos\alpha + 1)(2\cos\alpha - 1)$$

(2) 증명할 등식의 좌변을 정리하여 우변의 식을 유도하자.

$$\begin{aligned}4\sin\alpha\sin\left(\frac{\pi}{3}-\alpha\right)\sin\left(\frac{\pi}{3}+\alpha\right)\\ &=4\sin\alpha\left(\frac{\sqrt{3}}{2}\cos\alpha-\frac{1}{2}\sin\alpha\right)\left(\frac{\sqrt{3}}{2}\cos\alpha+\frac{1}{2}\sin\alpha\right)\\ &=4\sin\alpha\left(\frac{3}{4}\cos^2\alpha-\frac{1}{4}\sin^2\alpha\right)\end{aligned}$$

얻어진 식에 $\cos^2\alpha = 1-\sin^2\alpha$를 대입하여 정리하자. 그러면, 다음을 얻을 수 있다.

$$\begin{aligned}4\sin\alpha\left(\frac{3}{4}\cos^2\alpha-\frac{1}{4}\sin^2\alpha\right)&=\sin\alpha\left(3(1-\sin^2\alpha)-\sin^2\alpha\right)\\ &=3\sin\alpha-4\sin^3\alpha=\sin 3\alpha\end{aligned}$$

(3) 증명할 등식의 우변으로부터 좌변을 유도하자. $\cos 3\alpha = \cos(\alpha+2\alpha) = \cos\alpha\cos 2\alpha - \sin\alpha\sin 2\alpha$가 된다. $\sin 2\alpha = 2\sin\alpha\cos\alpha$, $\cos 2\alpha = \cos^2\alpha - \sin^2\alpha$를 이용하면, 다음을 얻을 수 있다.

$$\begin{aligned}\cos\alpha\cos 2\alpha-\sin\alpha\sin 2\alpha&=\cos\alpha(\cos^2\alpha-\sin^2\alpha)-2\sin^2\alpha\cos\alpha\\ &=\cos\alpha(\cos^2\alpha-3\sin^2\alpha)\\ &=\cos\alpha(\cos\alpha-\sqrt{3}\sin\alpha)(\cos\alpha+\sqrt{3}\sin\alpha)\\ &=4\cos\alpha\left(\frac{1}{2}\cos\alpha-\frac{\sqrt{3}}{2}\sin\alpha\right)\left(\frac{1}{2}\cos\alpha-\frac{\sqrt{3}}{2}\sin\alpha\right)\\ &=4\cos\alpha\left(\cos\frac{\pi}{3}\cos\alpha-\sin\frac{\pi}{3}\sin\alpha\right)\left(\cos\frac{\pi}{3}\cos\alpha+\sin\frac{\pi}{3}\sin\alpha\right)\\ &=4\cos\alpha\cos\left(\frac{\pi}{3}+\alpha\right)\cos\left(\frac{\pi}{3}-\alpha\right)\end{aligned}$$

(4) 증명할 등식의 좌변을 정리하자. 이를 위해, $\cos 6\alpha = \cos 3(2\alpha), \sin 6\alpha = \sin 3(2\alpha)$로 두고 $\cos 3\alpha, \sin 3\alpha$에 대한 식을 이용하자.

$$\begin{aligned}\sin^3 2\alpha\cos 6\alpha+\cos^3 2\alpha\sin 6a\\ &=\sin^3 2\alpha(4\cos^3 2\alpha-3\cos 2\alpha)+\cos^3 2\alpha(3\sin 2\alpha-4\sin^3 2\alpha)\\ &=4\sin^3 2\alpha\cos^3 2\alpha-3\sin^2 2\alpha\cos 2\alpha+3\sin 2\alpha\cos^3 2\alpha-4\sin^3 2\alpha\cos^3 2\alpha\\ &=3\sin 2\alpha\cos 2\alpha(\cos^2 2\alpha-\sin^2 2\alpha)\end{aligned}$$

얻어진 식에 $\sin^2 2\alpha = 1 - \cos^2 2\alpha$를 대입하여 정리하자. 그러면, 다음을 얻을 수 있다.

$$\begin{aligned}&3\sin 2\alpha\cos 2\alpha(\cos^2 2\alpha - \sin^2 2\alpha)\\&\qquad = 3\sin 2\alpha\cos 2\alpha(2\cos^2 2\alpha - 1) = \frac{3}{2}\sin 4\alpha\cos 4\alpha = \frac{3}{4}\sin 8\alpha\end{aligned}$$

(5) 증명할 등식의 좌변에 $\cos 3\alpha = 4\cos^3\alpha - 3\cos\alpha$, $\sin 2\alpha = 2\sin\alpha\cos\alpha$, $\sin 3\alpha = 3\sin\alpha - 4\sin^3\alpha$를 대입하여 식을 다음과 같이 정리하자.

$$\begin{aligned}&3\sin\alpha\cos 3\alpha + \frac{9}{2}\sin 2\alpha - \sin 3\alpha(\cos 3\alpha + 3\cos\alpha)\\&\qquad = 3\sin\alpha(4\cos^3\alpha - 3\cos\alpha) + 9\sin\alpha\cos\alpha\\&\qquad\qquad\qquad - \sin 3\alpha(4\cos^3\alpha - 3\cos\alpha + 3\cos\alpha)\\&\qquad = 3\sin\alpha\cos\alpha(4\cos^2\alpha - 3) + 9\sin\alpha\cos\alpha - (3\sin\alpha - 4\sin^3\alpha)(4\cos^3\alpha)\\&\qquad = \sin\alpha\cos\alpha(12\cos^2\alpha - 9 + 9 - 12\cos^2\alpha + 16\sin^2\alpha\cos^2\alpha)\\&\qquad = \sin\alpha\cos\alpha(16\sin^2\alpha\cos^2\alpha) = \sin 2\alpha(8\sin^2\alpha\cos^2\alpha) = 2\sin^3 2\alpha\end{aligned}$$

이것으로 문제가 해결된다. □

예제 3.2의 (2)와 (3)의 증명 과정을 살펴보자. (2)에서는 등식의 좌변에서 우변을 유도했고, (3)에서는 등식의 우변에서 좌변을 유도하였다. (2)의 증명도 (3)에서처럼 등식의 우변에서 좌변을 유도하는 방법을 생각할 수 있다.

$\sin 3\alpha = \sin(2\alpha + \alpha)$라 놓자. 그러면, $\sin 3\alpha = \sin(\alpha + 2\alpha) = \sin\alpha\cos 2\alpha + \cos\alpha\sin 2\alpha$가 된다. 이를 이용하면, 다음을 얻을 수 있다.

$$\begin{aligned}\sin\alpha\cos 2\alpha + \cos\alpha\sin 2\alpha &= \sin\alpha(\cos^2\alpha - \sin^2\alpha) + \cos\alpha(2\sin\alpha\cos\alpha)\\&= \sin\alpha(\cos^2\alpha - \sin^2\alpha + 2\sin^2\alpha) = \sin\alpha(3\cos^2\alpha - \sin^2\alpha)\\&= \sin\alpha\left(\sqrt{3}\cos\alpha + \sin\alpha\right)\left(\sqrt{3}\cos\alpha - \sin\alpha\right)\end{aligned}$$

여기서 $\sqrt{3}\cos\alpha + \sin\alpha = 2\left(\frac{\sqrt{3}}{2}\cos\alpha + \frac{1}{2}\sin\alpha\right) = 2\sin\left(\frac{\pi}{3} + \alpha\right)$가 되며, 같은 방법으로 $\sqrt{3}\cos\alpha - \sin\alpha = 2\sin\left(\frac{\pi}{3} - \alpha\right)$가 된다. 이것을 대입하면, 다음이 유도된다.

$$\sin\alpha\left(\sqrt{3}\cos\alpha + \sin\alpha\right)\left(\sqrt{3}\cos\alpha - \sin\alpha\right) = 4\sin\alpha\sin\left(\frac{\pi}{3} - \alpha\right)\sin\left(\frac{\pi}{3} + \alpha\right)$$

이로부터, $4\sin\alpha\sin\left(\frac{\pi}{3}-\alpha\right)\sin\left(\frac{\pi}{3}+\alpha\right)=\sin 3\alpha$가 증명된다.

한편, 예제 3.2에서 증명한 등식 $4\sin\alpha\sin\left(\frac{\pi}{3}-\alpha\right)\sin\left(\frac{\pi}{3}+\alpha\right)=\sin 3\alpha$를 다음과 같이 쓸 수도 있다.

$$4\sin\alpha\sin\left(\alpha+\frac{\pi}{3}\right)\sin\left(\alpha+\frac{2\pi}{3}\right)=\sin 3\alpha$$

그 이유를 살펴보자. 살펴본 $4\sin\alpha\sin\left(\frac{\pi}{3}-\alpha\right)\sin\left(\frac{\pi}{3}+\alpha\right)=\sin 3\alpha$의 증명 과정에서 $\frac{\pi}{3}-\alpha$를 $\alpha+\frac{\pi}{3}$로, $\frac{\pi}{3}+\alpha$를 $\frac{2\pi}{3}+\alpha$로 바꾸자. 그러면, 증명 과정의 일부를 다음과 같이 수정할 수 있다.

$$\begin{aligned}
&4\sin\alpha\sin\left(\alpha+\frac{\pi}{3}\right)\sin\left(\alpha+\frac{2\pi}{3}\right)\\
&\qquad=4\sin\alpha\left(\frac{1}{2}\sin\alpha+\frac{\sqrt{3}}{2}\cos\alpha\right)\left(-\frac{1}{2}\sin\alpha+\frac{\sqrt{3}}{2}\cos\alpha\right)\\
&\qquad=4\sin\alpha\left(\frac{3}{4}\cos^2\alpha-\frac{1}{4}\sin^2\alpha\right)
\end{aligned}$$

얻어진 $4\sin\alpha\left(\frac{3}{4}\cos^2\alpha-\frac{1}{4}\sin^2\alpha\right)$로부터 $\sin 3\alpha$를 유도하는 과정은 예제 3.2에서 (2)의 증명 과정과 동일하다. 결국, 식 $4\sin\alpha\sin\left(\alpha+\frac{\pi}{3}\right)\sin\left(\alpha+\frac{2\pi}{3}\right)$의 변형 과정을 (2)의 증명 과정과 비교하면, 일부의 내용에서는 차이가 있지만, 그 결과에는 변함이 없다.

살펴본 예제 3.2의 (2)나 등식 $4\sin\alpha\sin\left(\alpha+\frac{\pi}{3}\right)\sin\left(\alpha+\frac{2\pi}{3}\right)=\sin 3\alpha$는 삼각함수에 대한 등식을 만드는데 활용될 수 있다. 등식을 만드는 한 가지 예를 살펴보자.

$4\sin\alpha\sin\left(\alpha+\frac{\pi}{3}\right)\sin\left(\alpha+\frac{2\pi}{3}\right)=\sin 3\alpha$에서 α를 $\frac{11\pi}{39}$라 하자. 그러면, 다음을 얻을 수 있다.

$$4\sin\frac{11\pi}{39}\sin\left(\frac{11\pi}{39}+\frac{\pi}{3}\right)\sin\left(\frac{11\pi}{39}+\frac{2\pi}{3}\right)=\sin 3\cdot\frac{11\pi}{39}$$

이때, $\frac{11\pi}{39}+\frac{\pi}{3}=\frac{24\pi}{39}$이고 $\frac{11\pi}{39}+\frac{2\pi}{3}=\frac{37\pi}{39}$이므로, 다음과 같이 쓸 수 있다.

$$4\sin\frac{11\pi}{39}\sin\frac{24\pi}{39}\sin\frac{37\pi}{39}=\sin\frac{33\pi}{39}$$

얻어진 식에서 $\sin\frac{24\pi}{39} = \sin\left(2\cdot\frac{12\pi}{39}\right) = 2\sin\frac{12\pi}{39}\cos\frac{12\pi}{39}$이다. $\sin\frac{12\pi}{39}$에 대해 유사한 방법으로, $\sin\frac{12\pi}{39} = \sin\left(2\cdot\frac{6\pi}{39}\right) = 2\sin\frac{6\pi}{39}\cos\frac{6\pi}{39}$이다. 이것을 대입하면, 다음 식을 얻을 수 있다.

$$16\sin\frac{11\pi}{39}\sin\frac{6\pi}{39}\cos\frac{6\pi}{39}\cos\frac{12\pi}{39}\sin\frac{37\pi}{39} = \sin\frac{33\pi}{39}$$

얻어진 등식의 우변에서 $\sin\frac{33\pi}{39} = \sin\left(\pi - \frac{6\pi}{39}\right) = \sin\frac{6\pi}{39}$이다. 그러므로, 다음을 얻을 수 있다.

$$16\sin\frac{11\pi}{39}\sin\frac{6\pi}{39}\cos\frac{6\pi}{39}\cos\frac{12\pi}{39}\sin\frac{37\pi}{39} = \sin\frac{6\pi}{39}$$
$$\sin\frac{11\pi}{39}\cos\frac{6\pi}{39}\cos\frac{12\pi}{39}\sin\frac{37\pi}{39} = \frac{1}{16}$$

결국, 삼각함수에 대한 등식 $\cos\frac{6\pi}{39}\sin\frac{11\pi}{39}\cos\frac{12\pi}{39}\sin\frac{37\pi}{39} = \frac{1}{16}$을 얻었다. 한편, $\cos\frac{6\pi}{39}, \cos\frac{12\pi}{39}$도 사인으로 변형시킬 수 있다. $\cos\frac{6\pi}{39} = \sin\left(\frac{6\pi}{39} + \frac{\pi}{2}\right) = \sin\frac{51\pi}{78}$이며, $\cos\frac{12\pi}{39} = \sin\left(\frac{12\pi}{39} + \frac{\pi}{2}\right) = \sin\frac{63\pi}{78}$이다. 이를 대입하면, 다음을 얻을 수 있다.

$$\sin\frac{11\pi}{39}\sin\frac{51\pi}{78}\sin\frac{63\pi}{78}\sin\frac{37\pi}{39} = \frac{1}{16}$$
$$\sin\frac{22\pi}{78}\sin\frac{51\pi}{78}\sin\frac{63\pi}{78}\sin\frac{74\pi}{78} = \frac{1}{16}$$

앞에서 $\sin 2\alpha$, $\cos 2\alpha$, $\sin 3\alpha$, $\cos 3\alpha$, $\sin 4\alpha$, $\cos 4\alpha$, $\sin 5\alpha$, $\cos 5\alpha$에 대한 등식을 다음과 같이 살펴보았다.

$$\sin 2\alpha = 2\sin\alpha\cos\alpha,$$

$$\cos 2\alpha = \cos^2\alpha - \sin^2\alpha = 1 - 2\sin^2\alpha = 2\cos^2\alpha - 1$$

$$\sin 3\alpha = 3\sin\alpha - 4\sin^3\alpha$$

$$\cos 3\alpha = 4\cos^3\alpha - 3\cos\alpha$$

$$\sin 4\alpha = 4\sin\alpha\cos\alpha(1 - 2\sin^2\alpha) = 4\sin\alpha\cos\alpha(2\cos^2\alpha - 1)$$

$$\cos 4\alpha = 8\cos^4\alpha - 8\cos^2\alpha + 1$$

$$\sin 5\alpha = 16\sin^5\alpha - 20\sin^3\alpha + 5\sin\alpha$$

$$\cos 5\alpha = 16\cos^5\alpha - 20\cos^3\alpha + 5\cos\alpha$$

$\cos 2\alpha$는 $\sin\alpha$, $\cos\alpha$에 대한 이차식이고, $\sin 3\alpha$는 $\sin\alpha$에 대한 3차식, $\cos 3\alpha$는 $\cos\alpha$에 대한 3차식, $\sin 4\alpha$는 $\sin\alpha$와 $\cos\alpha$에 대한 4차식, $\cos 4\alpha$는 $\cos\alpha$에 대한 4차식, $\sin 5\alpha$는 $\sin\alpha$에 대한 5차식, $\cos 5\alpha$는 $\cos\alpha$에 대한 5차식이라는 것을 알 수 있다. 그러므로, 이 등식들을 이용하면, $\sin, \cos$에 대한 식의 차수를 낮추는 방법을 생각할 수 있다.

예를 들어, $\sin^2\alpha$, $\cos^2\alpha$, $\tan^2\alpha$, $\sin^3\alpha$, $\cos^3\alpha$를 차수를 낮추어 일차식으로 나타낼 수 있다. $\cos 2\alpha = 1 - 2\sin^2\alpha$를 다음과 같이 변형시킬 수 있다.

$$2\sin^2\alpha = 1 - \cos 2\alpha, \quad \sin^2\alpha = \frac{1-\cos 2\alpha}{2}$$

즉, $\sin\alpha$에 대한 이차식을 $\cos 2\alpha$에 대한 일차식으로 나타냈다. 유사한 방법으로, $\cos 2\alpha = 2\cos^2\alpha - 1$에서 $\cos^2\alpha = \frac{1+\cos 2\alpha}{2}$가 얻어진다. 그리고 $\tan^2\alpha = \frac{\sin^2\alpha}{\cos^2\alpha}$이므로, $\tan^2\alpha = \frac{1-\cos 2\alpha}{1+\cos 2\alpha}$가 된다.

등식 $\sin 3\alpha = 3\sin\alpha - 4\sin^3\alpha$와 $\cos 3\alpha = 4\cos^3\alpha - 3\cos\alpha$로부터 다음 등식이 유도될 수 있다. 이 등식들은 $\sin^3\alpha, \cos^3\alpha$를 $\sin, \cos$에 대한 일차식으로 나타낸 것이다.

$$\sin^3\alpha = \frac{3\sin\alpha - \sin 3\alpha}{4}, \quad \cos^3\alpha = \frac{3\cos\alpha + \cos 3\alpha}{4}$$

$\sin 4\alpha$, $\cos 4\alpha$, $\sin 5\alpha$, $\cos 5\alpha$에 대해서도 유사한 방법으로 차수를 낮춘 등식을 유도할 수 있다.

이제, $\tan, \cot$에 대한 n배각에 대한 관계식을 조사하자. 등식 3.3과 3.4에서 $\beta = \alpha$로 놓으면, 다음을 얻을 수 있다.

$$\tan 2\alpha = \frac{2\tan\alpha}{1-\tan^2\alpha}, \quad \cot 2\alpha = \frac{\cot^2\alpha - 1}{2\cot\alpha}$$

$\tan 3\alpha, \cot 3\alpha$에 대한 식을 유도하자. 우선, 등식 3.3에 $\beta = 2\alpha$로 놓자.

$$\begin{aligned}\tan 3\alpha = \tan(\alpha + 2\alpha) &= \frac{\tan\alpha + \tan 2\alpha}{1 - \tan\alpha\tan 2\alpha} = \frac{\tan\alpha + \frac{2\tan\alpha}{1-\tan^2\alpha}}{1 - \tan\alpha\left(\frac{2\tan\alpha}{1-\tan^2\alpha}\right)} \\ &= \frac{\tan\alpha(1-\tan^2\alpha) + 2\tan\alpha}{1 - \tan^2\alpha - 2\tan^2\alpha} = \frac{3\tan\alpha - \tan^3\alpha}{1 - 3\tan^2\alpha}\end{aligned}$$

결국, $\tan 3\alpha = \frac{3\tan\alpha - \tan^3\alpha}{1-3\tan^2\alpha}$가 얻어진다. 이제, 등식 3.4에 $\beta = 2\alpha$로 놓자.

$$\begin{aligned}\cot 3\alpha = \cot(\alpha + 2\alpha) &= \frac{\cot\alpha\cot 2\alpha - 1}{\cot\alpha + \cot 2\alpha} = \frac{\cot\alpha\left(\frac{\cot^2\alpha - 1}{2\cot\alpha}\right) - 1}{\cot\alpha + \frac{\cot^2\alpha-1}{2\cot\alpha}} \\ &= \frac{\cot^3\alpha - \cot\alpha - 2\cot\alpha}{2\cot^2\alpha + \cot^2\alpha - 1} = \frac{\cot^3\alpha - 3\cot\alpha}{3\cot^2\alpha - 1}\end{aligned}$$

결국, $\cot 3\alpha = \frac{\cot^3\alpha - 3\cot\alpha}{3\cot^2\alpha - 1}$가 얻어진다.

$\tan 4\alpha, \cot 4\alpha$에 대한 식은 $\tan 2\alpha, \cot 2\alpha$를 이용하여 유도할 수 있다. 즉, $\tan 4\alpha = \tan 2(2\alpha), \cot 4\alpha = \cot 2(2\alpha)$를 생각한다. $\tan 4\alpha$의 식을 살펴보자.

$$\begin{aligned}\tan 4\alpha = \tan 2(2\alpha) &= \frac{2\tan 2\alpha}{1 - \tan^2 2\alpha} = \frac{2\left(\frac{2\tan\alpha}{1-\tan^2\alpha}\right)}{1 - \left(\frac{2\tan\alpha}{1-\tan^2\alpha}\right)^2} \\ &= \frac{4\tan\alpha(1-\tan^2\alpha)}{(1-\tan^2\alpha)^2 - 4\tan^2\alpha} = \frac{4\tan\alpha(1-\tan^2\alpha)}{1 - 6\tan^2\alpha + \tan^4\alpha}\end{aligned}$$

결국, $\tan 4\alpha = \frac{4\tan\alpha(1-\tan^2\alpha)}{1-6\tan^2\alpha+\tan^4\alpha}$이다.

$\cot 4\alpha$의 식을 살펴보자.

$$\begin{aligned}\cot 4\alpha = \cot 2(2\alpha) &= \frac{\cot^2 2\alpha - 1}{2\cot 2\alpha} = \frac{\left(\frac{\cot^2\alpha-1}{2\cot\alpha}\right)^2 - 1}{2\left(\frac{\cot^2\alpha-1}{2\cot\alpha}\right)} \\ &= \frac{(\cot^2\alpha - 1)^2 - 4\cot^2\alpha}{4\cot\alpha(\cot^2\alpha - 1)} = \frac{\cot^4\alpha - 6\cot^2\alpha + 1}{4\cot\alpha(\cot^2\alpha - 1)}\end{aligned}$$

이로부터, $\cot 4\alpha = \frac{\cot^4\alpha - 6\cot^2\alpha + 1}{4\cot\alpha(\cot^2\alpha - 1)}$이다.

$\tan 5\alpha$에 대한 식은 $\sin 5\alpha$에서와 같이, $\tan 5\alpha = \tan(3\alpha + 2\alpha)$를 이용하여 다음과 같이 구할 수 있다.

$$\begin{aligned}\tan 5\alpha = \tan(3\alpha + 2\alpha) &= \frac{\tan 3\alpha + \tan 2\alpha}{1 - \tan 3\alpha\tan 2\alpha} = \frac{\frac{3\tan\alpha - \tan^3\alpha}{1-3\tan^2\alpha} + \frac{2\tan\alpha}{1-\tan^2\alpha}}{1 - \frac{3\tan\alpha-\tan^3\alpha}{1-3\tan^2\alpha}\cdot\frac{2\tan\alpha}{1-\tan^2\alpha}} \\ &= \frac{(3\tan\alpha - \tan^3\alpha)(1-\tan^2\alpha) + 2\tan\alpha(1-3\tan^2\alpha)}{(1-3\tan^2\alpha)(1-\tan^2\alpha) - (3\tan\alpha - \tan^3\alpha)(2\tan\alpha)} \\ &= \frac{\tan^5\alpha - 10\tan^3\alpha + 5\tan\alpha}{5\tan^4\alpha - 10\tan^2\alpha + 1}\end{aligned}$$

$\cot 5\alpha$에 대해서도 $\cot(3\alpha+2\alpha)$를 이용하여, 다음과 같이 접근할 수 있다.

$$\begin{aligned}\cot 5\alpha = \cot(3\alpha+2\alpha) = \frac{\cot 3\alpha\cot 2\alpha - 1}{\cot 2\alpha + \cot 3\alpha} &= \frac{\frac{\cot^3\alpha-3\cot\alpha}{3\cot^2\alpha-1}\cdot\frac{\cot^2\alpha-1}{2\cot\alpha}-1}{\frac{\cot^2\alpha-1}{2\cot\alpha}+\frac{\cot^3\alpha-3\cot\alpha}{3\cot^2\alpha-1}}\\ &= \frac{(\cot^3\alpha-3\cot\alpha)(\cot^2\alpha-1)-(3\cot^2\alpha-1)(2\cot\alpha)}{(\cot^2\alpha-1)(3\cot^2\alpha-1)+(\cot^3\alpha-3\cot\alpha)(2\cot\alpha)}\\ &= \frac{\cot^5\alpha-10\cot^3\alpha+5\cot\alpha}{5\cot^4\alpha-10\cot^2\alpha+1}\end{aligned}$$

결국, $\tan 5\alpha, \cot 5\alpha$에 대한 다음 등식을 유도할 수 있다.

$$\tan 5\alpha = \frac{\tan^5\alpha-10\tan^3\alpha+5\tan\alpha}{5\tan^4\alpha-10\tan^2\alpha+1},\quad \cot 5\alpha = \frac{\cot^5\alpha-10\cot^3\alpha+5\cot\alpha}{5\cot^4\alpha-10\cot^2\alpha+1}$$

예제 3.3. 다음 등식을 증명하여라.

(1) $\tan 3\alpha = \tan\alpha\tan(\frac{\pi}{3}+\alpha)\tan(\frac{\pi}{3}-\alpha)$

(2) $\tan 3\alpha - \tan 2\alpha - \tan\alpha = \tan\alpha\tan 2\alpha\tan 3\alpha$

(3) $2(\operatorname{cosec} 4\alpha + \cot 4\alpha) = \cot\alpha - \tan\alpha$

(4) $(\cot^2\alpha-1)(3\cot^2\alpha-1)(\cot 3\alpha\tan 2\alpha - 1) \leq -1$

(5) $\tan^2\alpha + \tan^2\left(\frac{\pi}{3}-\alpha\right) + \tan^2\left(\frac{\pi}{3}+\alpha\right) = 9\tan^2 3\alpha + 6$

풀이. (1) $\tan 3\alpha = \frac{3\tan\alpha-\tan^3\alpha}{1-3\tan^2\alpha}$의 분자에서 $\tan\alpha$를 꺼내면, $\frac{\tan\alpha(3-\tan^2\alpha)}{1-3\tan^2\alpha}$가 된다. 이때, $3=\tan^2\frac{\pi}{3}$를 대입하자. 그러면, 다음을 얻을 수 있다.

$$\begin{aligned}\frac{\tan\alpha(3-\tan^2\alpha)}{1-3\tan^2\alpha} &= \frac{\tan\alpha(\tan^2\frac{\pi}{3}-\tan^2\alpha)}{1-\tan^2\frac{\pi}{3}\tan^2\alpha}\\ &= \frac{\tan\alpha(\tan\frac{\pi}{3}+\tan\alpha)(\tan\frac{\pi}{3}-\tan\alpha)}{(1-\tan\frac{\pi}{3}\tan\alpha)(1+\tan\frac{\pi}{3}\tan\alpha)}\\ &= \tan\alpha\cdot\frac{\tan\frac{\pi}{3}+\tan\alpha}{1-\tan\frac{\pi}{3}\tan\alpha}\cdot\frac{\tan\frac{\pi}{3}-\tan\alpha}{1+\tan\frac{\pi}{3}\tan\alpha}\end{aligned}$$

이제, $\frac{\tan\frac{\pi}{3}+\tan\alpha}{1-\tan\frac{\pi}{3}\tan\alpha} = \tan\left(\frac{\pi}{3}+\alpha\right)$이고 $\frac{\tan\frac{\pi}{3}-\tan\alpha}{1+\tan\frac{\pi}{3}\tan\alpha} = \tan\left(\frac{\pi}{3}-\alpha\right)$라는 것을 생각하면, 다음 등식이 증명된다.

$$\tan 3\alpha = \tan\alpha\tan\left(\frac{\pi}{3}+\alpha\right)\tan\left(\frac{\pi}{3}-\alpha\right)$$

(2) $\tan 3\alpha - \tan 2\alpha - \tan\alpha = \tan 3\alpha - (\tan 2\alpha + \tan\alpha)$로 나타내자. 그리고 $\tan 2\alpha + \tan\alpha = \frac{\tan 2\alpha + \tan\alpha}{1-\tan 2\alpha\tan\alpha}(1-\tan 2\alpha\tan\alpha)$로 쓰면, 다음과 같이 식이 변형된다.

$$\tan 3\alpha - (\tan 2\alpha + \tan\alpha) = \tan 3\alpha - \left(\frac{\tan 2\alpha + \tan\alpha}{1-\tan 2\alpha\tan\alpha}(1-\tan 2\alpha\tan\alpha)\right)$$

$\frac{\tan 2\alpha + \tan\alpha}{1-\tan 2\alpha\tan\alpha} = \tan(2\alpha+\alpha) = \tan 3\alpha$이다. 그러므로, $\tan 3\alpha - (\tan 2\alpha + \tan\alpha) = \tan 3\alpha - \tan 3\alpha(1-\tan 2\alpha\tan\alpha) = \tan\alpha\tan 2\alpha\tan 3\alpha$가 유도된다.

(3) 증명할 등식의 좌변을 변형시켜 우변의 식을 유도하자.

$$2(\operatorname{cosec} 4\alpha + \cot 4\alpha) = 2\left(\frac{1}{\sin 4\alpha} + \frac{\cos 4\alpha}{\sin 4\alpha}\right) = \frac{2(1+\cos 4\alpha)}{\sin 4\alpha}$$

$\cos 2\beta + 1 = 2\cos^2\beta$이므로 $\cos 4\alpha + 1 = 2\cos^2 2\alpha$가 되며, $\sin 4\alpha = 2\sin 2\alpha\cos 2\alpha$이므로, 다음을 얻을 수 있다.

$$\frac{2(1+\cos 4\alpha)}{\sin 4\alpha} = \frac{2(2\cos^2 2\alpha)}{2\sin 2\alpha\cos 2\alpha} = \frac{2\cos 2\alpha}{\sin 2\alpha} = 2\cot 2\alpha$$

$\cot 2\alpha = \frac{\cot^2\alpha - 1}{2\cot\alpha}$이므로, 다음이 성립한다.

$$2\cot 2\alpha = \frac{\cot^2\alpha - 1}{\cot\alpha} = \frac{\cot^2\alpha}{\cot\alpha} - \frac{1}{\cot\alpha} = \cot\alpha - \tan\alpha$$

(4) $\cot 3\alpha = \frac{\cot^3\alpha - 3\cot\alpha}{3\cot^2\alpha - 1}$, $\tan 2\alpha = \frac{2\tan\alpha}{1-\tan^2\alpha}$이므로, $\cot 3\alpha\tan 2\alpha - 1$을 다음과 같이 쓸 수 있다.

$$\cot 3\alpha\tan 2\alpha - 1 = \frac{(\cot^3\alpha - 3\cot\alpha)(2\tan\alpha) - (3\cot^2\alpha - 1)(1-\tan^2\alpha)}{(3\cot^2\alpha - 1)(1-\tan^2\alpha)}$$

이로부터, 증명할 부등식의 좌변을 다음과 같이 쓸 수 있다.

$$(\cot^2\alpha - 1)(3\cot^2\alpha - 1)\cdot\frac{(\cot^3\alpha - 3\cot\alpha)(2\tan\alpha) - (3\cot^2\alpha - 1)(1-\tan^2\alpha)}{(3\cot^2\alpha - 1)(1-\tan^2\alpha)}$$

이때, $\cot^2\alpha - 1 = \frac{1}{\tan^2\alpha} - 1 = \frac{1-\tan^2\alpha}{\tan^2\alpha}$이며, 다음과 같이 변형시킬 수 있다.

$$(\cot^2\alpha - 1)(3\cot^2\alpha - 1)\cdot\frac{(\cot^3\alpha - 3\cot\alpha)(2\tan\alpha) - (3\cot^2\alpha - 1)(1-\tan^2\alpha)}{(3\cot^2\alpha - 1)(1-\tan^2\alpha)}$$
$$= \frac{(\cot^3\alpha - 3\cot\alpha)(2\tan\alpha) - (3\cot^2\alpha - 1)(1-\tan^2\alpha)}{\tan^2\alpha}$$
$$= \frac{2\cot^3\alpha\tan\alpha - 6\cot\alpha\tan\alpha - 3\cot^2\alpha + 3\cot^2\alpha\tan^2\alpha + 1 - \tan^2\alpha}{\tan^2\alpha}$$
$$= \frac{-\cot^2\alpha - 2 - \tan^2\alpha}{\tan^2\alpha} = -\frac{(\tan\alpha + \cot\alpha)^2}{\tan^2\alpha}$$
$$= -\left(1 + \frac{\cot\alpha}{\tan\alpha}\right)^2 = -(1+\cot^2\alpha)^2$$

얻어진 식 $-(1+\cot^2\alpha)^2$에서 $(1+\cot^2\alpha)^2 \geq 1$이므로, $-(1+\cot^2\alpha)^2 \leq -1$이 성립한다.

(5) $\tan^2\left(\frac{\pi}{3} - \alpha\right) = \left(\frac{\sqrt{3}-\tan\alpha}{1+\sqrt{3}\tan\alpha}\right)^2$이고, $\tan^2\left(\frac{\pi}{3} + \alpha\right) = \left(\frac{\sqrt{3}+\tan\alpha}{1-\sqrt{3}\tan\alpha}\right)^2$이므로, 이것을 증명할 식의 좌변에 대입하자.

$$\tan^2\alpha + \tan^2\left(\frac{\pi}{3} - \alpha\right) + \tan^2\left(\frac{\pi}{3} + \alpha\right)$$
$$= \tan^2\alpha + \left(\frac{\sqrt{3}-\tan\alpha}{1+\sqrt{3}\tan\alpha}\right)^2 + \left(\frac{\sqrt{3}+\tan\alpha}{1-\sqrt{3}\tan\alpha}\right)^2$$
$$= \tan^2\alpha + \frac{(\sqrt{3}-\tan\alpha)^2}{(1+\sqrt{3}\tan\alpha)^2} + \frac{(\sqrt{3}+\tan\alpha)^2}{(1-\sqrt{3}\tan\alpha)^2}$$
$$= \tan^2\alpha + \frac{(\sqrt{3}-\tan\alpha)^2(1-\sqrt{3}\tan\alpha)^2 + (\sqrt{3}+\tan\alpha)^2(1+\sqrt{3}\tan\alpha)^2}{(1+\sqrt{3}\tan\alpha)^2(1-\sqrt{3}\tan\alpha)^2}$$
$$= \tan^2\alpha + \frac{(\sqrt{3}-\tan\alpha)^2(1-\sqrt{3}\tan\alpha)^2 + (\sqrt{3}+\tan\alpha)^2(1+\sqrt{3}\tan\alpha)^2}{(1-3\tan^2\alpha)^2}$$
$$= \frac{\tan^2\alpha(1-3\tan^2\alpha)^2 + (\sqrt{3}-\tan\alpha)^2(1-\sqrt{3}\tan\alpha)^2}{(1-3\tan^2\alpha)^2} + \frac{(\sqrt{3}+\tan\alpha)^2(1+\sqrt{3}\tan\alpha)^2}{(1-3\tan^2\alpha)^2}$$

얻어진 식에서 분자를 따로 정리하자. $\tan^2\alpha(1-3\tan^2\alpha)^2 + (\sqrt{3}-\tan\alpha)^2(1-\sqrt{3}\tan\alpha)^2 + (\sqrt{3}+\tan\alpha)^2(1+\sqrt{3}\tan\alpha)^2 = \tan^2\alpha(1-6\tan^2\alpha+9\tan^4\alpha) + (3-2\sqrt{3}\tan\alpha+\tan^2\alpha)(1-2\sqrt{3}\tan\alpha+3\tan^2\alpha)+(3+2\sqrt{3}\tan\alpha+\tan^2\alpha)(1+2\sqrt{3}\tan\alpha+3\tan^2\alpha)$이다. 이 식에서 $\tan^2\alpha(1-6\tan^2\alpha+9\tan^4\alpha) = \tan^2\alpha - 6\tan^4\alpha + 9\tan^6\alpha$이다.

나머지 항들을 계산하기 위해, $\tan^2\alpha+3=A, 3\tan^2\alpha+1=B$라 놓고 다음과 같이 식을 정리하자.

$$\begin{aligned}(3-&2\sqrt{3}\tan\alpha+\tan^2\alpha)(1-2\sqrt{3}\tan\alpha+3\tan^2\alpha)\\&\qquad+(3+2\sqrt{3}\tan\alpha+\tan^2\alpha)(1+2\sqrt{3}\tan\alpha+3\tan^2\alpha)\\&=(A-2\sqrt{3}\tan\alpha)(B-2\sqrt{3}\tan\alpha)+(A+2\sqrt{3}\tan\alpha)(B+2\sqrt{3}\tan\alpha)\\&=2AB+24\tan^2\alpha=2(\tan^2\alpha+3)(3\tan^2\alpha+1)+24\tan^2\alpha\\&=6\tan^4\alpha+44\tan^2\alpha+6\end{aligned}$$

이로부터 $\tan^2\alpha(1-3\tan^2\alpha)^2+(\sqrt{3}-\tan\alpha)^2(1-\sqrt{3}\tan\alpha)^2+(\sqrt{3}+\tan\alpha)^2(1+\sqrt{3}\tan\alpha)^2=9\tan^6\alpha+45\tan^2\alpha+6$이 된다. 결국, 다음이 성립한다.

$$\tan^2\alpha+\tan^2\left(\frac{\pi}{3}-\alpha\right)+\tan^2\left(\frac{\pi}{3}+\alpha\right)=\frac{9\tan^6\alpha+45\tan^2\alpha+6}{(1-3\tan^2\alpha)^2}$$

이제, 증명할 등식의 우변에 있는 식 $9\tan^2 3\alpha+6$을 살펴보자. $\tan 3\alpha=\frac{3\tan\alpha-\tan^3\alpha}{1-3\tan^2\alpha}$이므로, 식 $9\tan^2 3\alpha+6$을 다음과 같이 쓸 수 있다.

$$9\tan^2 3\alpha+6=\frac{9(3\tan\alpha-\tan^3\alpha)^2+6(1-3\tan^2\alpha)^2}{(1-3\tan^2\alpha)^2}$$

결국, $\tan^2\alpha+\tan^2\left(\frac{\pi}{3}-\alpha\right)+\tan^2\left(\frac{\pi}{3}+\alpha\right)=9\tan^2 3\alpha+6$을 보이려면, 다음 등식이 성립한다는 것을 보여야 한다.

$$9\tan^6\alpha+45\tan^2\alpha+6=9(3\tan\alpha-\tan^3\alpha)^2+6(1-3\tan^2\alpha)^2$$

이것은 등식의 우변에 있는 식을 전개하여 좌변의 식과 비교하면 어렵지 않게 확인할 수 있다. □

이등변삼각형에서 2배각의 삼각함수 관계식 앞에서 $\sin 2\alpha$, $\cos 2\alpha$, $\tan 2\alpha$, $\cot 2\alpha$에 대한 관계식을 $\sin(\alpha+\beta)$, $\cos(\alpha+\beta)$, $\tan(\alpha+\beta)$, $\cot(\alpha+\beta)$에서 $\beta=\alpha$로 놓고 유도하였다. 이것을 삼각형에서 선분들의 관계를 이용하여 곧바로 유도할 수도 있다. 여기서는 [16]을 중심으로 그 방법을 자세히 살펴보자.

$\overline{AB} = \overline{AC}$인 이등변삼각형 ABC를 생각하자. 꼭짓점 A에서 각의 이등분선 AD를 작도하자. 그러면, $\overline{AD}$는 중선이며 동시에 수선이다. 그러므로 $\angle BAD = \angle CAD = \alpha$, $\overline{BD} = \overline{CD}$이며, $\angle ADB = \angle ADC = \frac{\pi}{2}$이다. 이제, 꼭짓점 B에서 대변 AC에 수선 BH_1을 내리고, 점 D에서 수선 DH_2를 긋자(그림 3.1). 그러면, $\overline{BD} = \overline{CD}$이며 $\overline{BH_1} \parallel \overline{DH_2}$이므로, $\overline{BH_1} = 2\overline{DH_2}$, $\overline{CH_2} = \overline{H_1H_2}$이다.

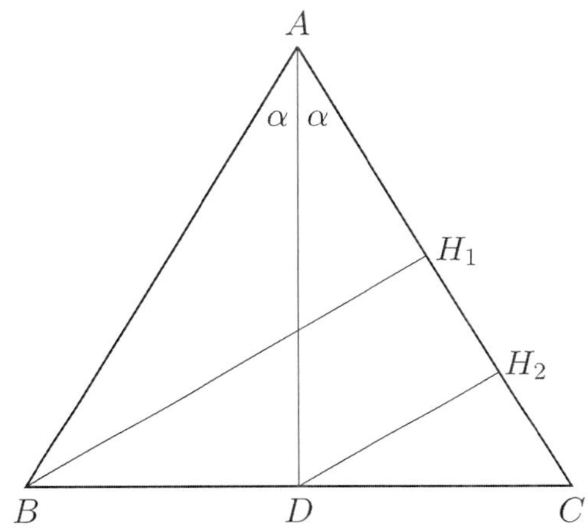

그림 3.1

이제, 직각삼각형 ABH_1에서 $\sin 2\alpha = \frac{\overline{BH_1}}{\overline{AB}} = \frac{2\overline{DH_2}}{\overline{AB}}$가 된다. 직각삼각형 ADH_2에서 $\sin\alpha = \frac{\overline{DH_2}}{\overline{AD}}$이므로, $\overline{DH_2} = \overline{AD} \cdot \sin\alpha$이다. 그리고 직각삼각형 ABD에서 $\cos\alpha = \frac{\overline{AD}}{\overline{AB}}$이며 $\overline{AD} = \cos\alpha \cdot \overline{AB}$이다. 이것을 $\overline{DH_2} = \overline{AD} \cdot \sin\alpha$에 대입하면, $\overline{DH_2} = \cos\alpha \cdot \overline{AB} \cdot \sin\alpha$가 된다.

$\overline{DH_2} = \cos\alpha \cdot \overline{AB} \cdot \sin\alpha$에서 $\overline{AB}$를 좌변으로 이항하면, $\frac{\overline{DH_2}}{\overline{AB}} = \sin\alpha\cos\alpha$가 얻어진다. 이 식의 양변에 2를 곱하면, $\frac{2\overline{DH_2}}{\overline{AB}} = \sin 2\alpha = 2\sin\alpha\cos\alpha$가 유도된다.

$\cos 2\alpha$에 대한 삼각함수 관계식을 유도하자. 그림 3.1의 직각삼각형 ABH_1에서 $\cos 2\alpha = \frac{\overline{AH_1}}{\overline{AB}} = \frac{\overline{AH_2} - \overline{H_1H_2}}{\overline{AB}} = \frac{\overline{AH_2} - \overline{CH_2}}{\overline{AB}}$이다. 직각삼각형 ADH_2에서 $\cos\alpha = \frac{\overline{AH_2}}{\overline{AD}}$이며, $\overline{AD} \cdot \cos\alpha = \overline{AH_2}$이다. 그리고 직각삼각형 ABD에서 $\overline{AD} = \cos\alpha \cdot \overline{AB}$이다. 이것을 $\overline{AD} \cdot \cos\alpha = \overline{AH_2}$에 대입하면, $\cos\alpha\cos\alpha \cdot \overline{AB} = \overline{AH_2}$가 된다. 이로부터 $\cos^2\alpha = \frac{\overline{AH_2}}{\overline{AB}}$가 얻어진다.

직각삼각형 CDH_2에서 $\angle DCH_2 = \frac{\pi}{2} - \alpha$이므로, $\angle CDH_2 = \alpha$이다. 그러므로, $\sin\alpha = \frac{\overline{CH_2}}{\overline{CD}}$이고, 직각삼각형 ACD에서 $\sin\alpha = \frac{\overline{CD}}{\overline{AC}}$이며 $\overline{CD} = \overline{AC}\cdot\sin\alpha$이다. 이것을 $\sin\alpha = \frac{\overline{CH_2}}{\overline{CD}}$에 대입하면, $\sin\alpha = \frac{\overline{CH_2}}{\overline{AC}\cdot\sin\alpha}$가 되며 $\sin^2\alpha = \frac{\overline{CH_2}}{\overline{AC}} = \frac{\overline{CH_2}}{\overline{AB}}$이다.

얻어진 $\cos^2\alpha = \frac{\overline{AH_2}}{\overline{AB}}$, $\sin^2\alpha = \frac{\overline{CH_2}}{\overline{AB}}$를 $\cos 2\alpha = \frac{\overline{AH_2}-\overline{CH_2}}{\overline{AB}}$에 대입하자. 그러면, 다음을 얻을 수 있다.

$$\cos 2\alpha = \frac{\overline{AH_2} - \overline{CH_2}}{\overline{AB}} = \frac{\overline{AH_2}}{\overline{AB}} - \frac{\overline{CH_2}}{\overline{AB}} = \cos^2\alpha - \sin^2\alpha$$

결국, $\cos 2\alpha = \cos^2\alpha - \sin^2\alpha$가 유도된다.

$\tan 2\alpha$에 대한 삼각함수 관계식을 유도하자. 그림 3.1의 직각삼각형 ABH_1에서 $\tan 2\alpha = \frac{\overline{BH_1}}{\overline{AH_1}}$이다. $\overline{BH_1} = 2\overline{DH_2}$, $\overline{AH_1} = \overline{AH_2} - \overline{H_1H_2}$이므로, 다음이 성립한다.

$$\tan 2\alpha = \frac{\overline{BH_1}}{\overline{AH_1}} = \frac{2\overline{DH_2}}{\overline{AH_2} - \overline{H_1H_2}} = \frac{2\frac{\overline{DH_2}}{\overline{AH_2}}}{1 - \frac{\overline{H_1H_2}}{\overline{AH_2}}}$$

직각삼각형 CDH_2에서 $\tan\alpha = \frac{\overline{CH_2}}{\overline{DH_2}}$이며 $\overline{CH_2} = \overline{DH_2}\cdot\tan\alpha$이다. 그리고 직각삼각형 ADH_2에서 $\tan\alpha = \frac{\overline{DH_2}}{\overline{AH_2}}$이며, $\overline{DH_2} = \overline{AH_2}\cdot\tan\alpha$이다. 이것을 $\overline{CH_2} = \overline{DH_2}\cdot\tan\alpha$에 대입하면, $\overline{CH_2} = \overline{AH_2}\cdot\tan^2\alpha$이다. $\overline{CH_2} = \overline{H_1H_2}$이므로, $\overline{H_1H_2} = \overline{AH_2}\cdot\tan^2\alpha$가 얻어진다. 이로부터 다음을 얻을 수 있다.

$$\tan 2\alpha = \frac{2\frac{\overline{DH_2}}{\overline{AH_2}}}{1 - \frac{\overline{H_1H_2}}{\overline{AH_2}}} = \frac{2\tan\alpha}{1 - \frac{\overline{AH_2}\cdot\tan^2\alpha}{\overline{AH_2}}} = \frac{2\tan\alpha}{1-\tan^2\alpha}$$

이것으로 $\tan 2\alpha = \frac{2\tan\alpha}{1-\tan^2\alpha}$가 증명된다.

한편, 직각삼각형 ABH_1에서 $\cot 2\alpha = \frac{\overline{AH_1}}{\overline{BH_1}}$이므로, $\tan 2\alpha$를 유도하는 과정에서 얻어진 결과를 이용하면, $\cot 2\alpha = \frac{\overline{AH_1}}{\overline{BH_1}} = \frac{1-\tan^2\alpha}{2\tan\alpha}$를 얻을 수 있다. 이 등식의 우변에서 분자와 분모를 $\tan^2\alpha$로 나누면, 다음을 얻을 수 있다.

$$\cot 2\alpha = \frac{1-\tan^2\alpha}{2\tan\alpha} = \frac{\frac{1}{\tan^2\alpha} - \frac{\tan^2\alpha}{\tan^2\alpha}}{\frac{2\tan\alpha}{\tan^2\alpha}} = \frac{\cot^2\alpha - 1}{2\cot\alpha}$$

이로부터 $\cot 2\alpha = \frac{\cot^2\alpha-1}{2\cot\alpha}$가 된다는 것을 확인할 수 있다.

$\sec 2\alpha$에 대한 삼각함수 관계식을 유도하자. 그림 3.1의 직각삼각형 ABH_1에서 $\sec 2\alpha = \frac{\overline{AB}}{\overline{AH_1}}$이며 $\overline{AH_1} = \overline{AH_2} - \overline{H_1H_2}$이다. 그러므로, 다음을 얻을 수 있다.

$$\sec 2\alpha = \frac{\overline{AB}}{\overline{AH_1}} = \frac{\overline{AB}}{\overline{AH_2} - \overline{H_1H_2}} = \frac{\frac{\overline{AB}}{\overline{AH_2}}}{1 - \frac{\overline{H_1H_2}}{\overline{AH_2}}} = \frac{\frac{\overline{AB}}{\overline{AH_2}}}{1 - \tan^2\alpha}$$

직각삼각형 ABD에서 $\sec\alpha = \frac{\overline{AB}}{\overline{AD}}$이고, 직각삼각형 ADH_2에서 $\sec\alpha = \frac{\overline{AD}}{\overline{AH_2}}$이다. 그러므로, $\frac{\overline{AB}}{\overline{AH_2}} = \frac{\overline{AD}}{\overline{AH_2}} \cdot \frac{\overline{AB}}{\overline{AD}} = \sec^2\alpha$가 된다. 이로부터, 다음을 얻을 수 있다.

$$\sec 2\alpha = \frac{\frac{\overline{AB}}{\overline{AH_2}}}{1 - \tan^2\alpha} = \frac{\sec^2\alpha}{1 - \tan^2\alpha}$$

얻어진 식에 $\tan\alpha = \frac{\sin\alpha}{\cos\alpha}$를 대입하고, 분자와 분모를 $\sin^2\alpha$로 나누면, 다음과 같이 식을 정리할 수 있다.

$$\frac{\sec^2\alpha}{1 - \tan^2\alpha} = \frac{\sec^2\alpha}{1 - \frac{\sin^2\alpha}{\cos^2\alpha}} = \frac{\frac{\sec^2\alpha}{\sin^2\alpha}}{\frac{1}{\sin^2\alpha} - \frac{1}{\cos^2\alpha}} = \frac{\sec^2\alpha\,\text{cosec}^2\alpha}{\text{cosec}^2\alpha - \sec^2\alpha}$$

이로부터 $\sec 2\alpha = \frac{\sec^2\alpha\,\text{cosec}^2\alpha}{\text{cosec}^2\alpha - \sec^2\alpha}$가 유도된다.

$\text{cosec}\,2\alpha$에 대한 삼각함수 관계식을 유도하자. 그림 3.1의 직각삼각형 ABH_1에서 $\text{cosec}\,2\alpha = \frac{\overline{AB}}{\overline{BH_1}}$이며, $\overline{BH_1} = 2\overline{DH_2}$라는 것을 생각하자. 그리고 이 식의 분자와 분모를 $\overline{AH_2}$로 나누면, 다음을 얻을 수 있다.

$$\text{cosec}\,2\alpha = \frac{\overline{AB}}{\overline{BH_1}} = \frac{\overline{AB}}{2\overline{DH_2}} = \frac{\frac{\overline{AB}}{\overline{AH_2}}}{\frac{2\overline{DH_2}}{\overline{AH_2}}}$$

$\frac{\overline{AB}}{\overline{AH_2}} = \sec^2\alpha$이고 $\frac{\overline{DH_2}}{\overline{AH_2}} = \tan\alpha$이므로, 다음을 얻을 수 있다.

$$\text{cosec}\,2\alpha = \frac{\frac{\overline{AB}}{\overline{AH_2}}}{\frac{2\overline{DH_2}}{\overline{AH_2}}} = \frac{\sec^2\alpha}{2\tan\alpha}$$

얻어진 식에 $\tan\alpha = \frac{\sin\alpha}{\cos\alpha}$를 대입하여 정리하면, $\text{cosec}\,2\alpha = \frac{\sec\alpha\,\text{cosec}\,\alpha}{2}$가 유도된다.

반각의 삼각함수 관계식 주어진 각의 절반인 각의 삼각함수에 관해 살펴보자. 먼저, $\sin 2\alpha = 2\sin\alpha\cos\alpha$에서 $\alpha = \frac{\beta}{2}$로 놓으면, $\sin\beta = 2\sin\frac{\beta}{2}\cos\frac{\beta}{2}$가 된다. 그리고 $\cos 2\alpha = \cos^2\alpha - \sin^2\alpha = 1 - 2\sin^2\alpha = 2\cos^2\alpha - 1$에서 $\alpha = \frac{\beta}{2}$로 놓으면, 다음을 얻을 수 있다.

$$\cos\beta = \cos^2\frac{\beta}{2} - \sin^2\frac{\beta}{2} = 1 - 2\sin^2\frac{\beta}{2} = 2\cos^2\frac{\beta}{2} - 1$$

한편, $\tan 2\alpha = \frac{2\tan\alpha}{1-\tan^2\alpha}, \cot 2\alpha = \frac{\cot^2\alpha - 1}{2\cot\alpha}$에서 $\alpha = \frac{\beta}{2}$로 놓으면, 다음이 얻어진다.

$$\tan\beta = \frac{2\tan\frac{\beta}{2}}{1-\tan^2\frac{\beta}{2}}, \quad \cot\beta = \frac{\cot^2\frac{\beta}{2} - 1}{2\cot\frac{\beta}{2}}$$

살펴본 $\tan\beta, \cot\beta$에 대한 등식에서는 $\tan\beta, \cot\beta$를 $\tan\frac{\beta}{2}, \cot\frac{\beta}{2}$에 대한 이차식으로 나타냈다. 이러한 특징을 이용하면, 예각 α에 대해 부등식 $1 + \cot\alpha \le \cot\frac{\alpha}{2}$가 성립한다는 것을 보일 수 있다.

실제로, 부등식 $1 + \cot\alpha \le \cot\frac{\alpha}{2}$를 증명하려면, $1 + \cot\alpha - \cot\frac{\alpha}{2} \le 0$을 보이면 된다. 그런데 $\cot\alpha = \frac{\cot^2\frac{\alpha}{2} - 1}{2\cot\frac{\alpha}{2}}$이므로, 부등식의 좌변을 다음과 같이 쓸 수 있다.

$$1 + \cot\alpha - \cot\frac{\alpha}{2} = 1 + \frac{\cot^2\frac{\alpha}{2} - 1}{2\cot\frac{\alpha}{2}} - \cot\frac{\alpha}{2} = \frac{2\cot\frac{\alpha}{2} + \cot^2\frac{\alpha}{2} - 1 - 2\cot^2\frac{\alpha}{2}}{2\cot\frac{\alpha}{2}}$$

얻어진 식의 분자를 $2\cot\frac{\alpha}{2} + \cot^2\frac{\alpha}{2} - 1 - 2\cot^2\frac{\alpha}{2} = -\cot^2\frac{\alpha}{2} + 2\cot\frac{\alpha}{2} - 1 = -\left(\cot\frac{\alpha}{2} - 1\right)^2$과 같이 쓸 수 있다. 이때, $-\left(\cot\frac{\alpha}{2} - 1\right)^2 \le 0$이며, 예각 α에 대해 $2\cot\frac{\alpha}{2}$는 양의 값을 가지므로, 부등식 $1 + \cot\alpha \le \cot\frac{\alpha}{2}$가 증명된다.

살펴본 증명에서는 $\cot\beta$를 $\cot\frac{\beta}{2}$에 대한 이차식으로 나타내고, 식 $1+\cot\alpha-\cot\frac{\alpha}{2}$를 $\cot\frac{\alpha}{2}$에 대한 완전제곱식으로 변형시켜 부등식 $1 + \cot\alpha \le \cot\frac{\alpha}{2}$를 증명하였다.

이제, 등식 $\cos\beta = 1 - 2\sin^2\frac{\beta}{2} = 2\cos^2\frac{\beta}{2} - 1$에 주목해 보자. 이 식을 이용하면, $\sin^2\frac{\beta}{2}, \cos^2\frac{\beta}{2}$를 $\cos\beta$의 식으로 나타낼 수 있다. 즉, 등식 $\cos\beta = 1 - 2\sin^2\frac{\beta}{2}$, $\cos\beta = 2\cos^2\frac{\beta}{2} - 1$을 다음과 같이 쓸 수 있다.

$$\sin^2\frac{\beta}{2} = \frac{1-\cos\beta}{2}, \quad \cos^2\frac{\beta}{2} = \frac{1+\cos\beta}{2}$$

$\sin^2\frac{\beta}{2}=\frac{1-\cos\beta}{2}$, $\cos^2\frac{\beta}{2}=\frac{1+\cos\beta}{2}$으로부터 $\tan^2\frac{\beta}{2}$를 다음과 같이 구할 수 있다.

$$\tan^2\frac{\beta}{2}=\frac{\sin^2\frac{\beta}{2}}{\cos^2\frac{\beta}{2}}=\frac{1-\cos\beta}{1+\cos\beta}$$

이때, $1+\cos\beta\neq 0$이다.

결국, 얻어진 결과에서 각 β를 각 α로 바꾸어 다음과 같이 쓸 수 있다.

$$\sin^2\frac{\alpha}{2}=\frac{1-\cos\alpha}{2},\quad \cos^2\frac{\alpha}{2}=\frac{1+\cos\alpha}{2},\quad \tan^2\frac{\alpha}{2}=\frac{1-\cos\alpha}{1+\cos\alpha}$$

예제 3.4. 다음 등식을 증명하여라.

(1) $\frac{1+\cos\frac{\alpha}{2}-\sin\frac{\alpha}{2}}{1-\cos\frac{\alpha}{2}-\sin\frac{\alpha}{2}}=-\cot\frac{\alpha}{4}$

(2) $\frac{\sin\frac{\alpha}{2}+\sin\frac{\alpha}{4}}{1+\cos\frac{\alpha}{2}+\cos\frac{\alpha}{4}}=\tan\frac{\alpha}{4}$

(3) $\frac{1+\sin\frac{\alpha}{2}-\cos\frac{\alpha}{2}}{1+\sin\frac{\alpha}{2}+\cos\frac{\alpha}{2}}=\tan\frac{\alpha}{4}$

(4) $\frac{3+4\cos\frac{\alpha}{2}+\cos\alpha}{3-4\cos\frac{\alpha}{2}+\cos\alpha}=\cot^4\frac{\alpha}{4}$

풀이. (1) 증명하려는 등식의 좌변을 $\frac{\alpha}{4}$에 대한 식으로 변형시키자. 이를 위해, $1+\cos\frac{\alpha}{2}=2\cos^2\frac{\alpha}{4}$, $1-\cos\frac{\alpha}{2}=2\sin^2\frac{\alpha}{4}$, $\sin\frac{\alpha}{2}=2\sin\frac{\alpha}{4}\cos\frac{\alpha}{4}$를 이용하자. 그러면, 다음과 같이 식을 변형시킬 수 있다.

$$\begin{aligned}\frac{1+\cos\frac{\alpha}{2}-\sin\frac{\alpha}{2}}{1-\cos\frac{\alpha}{2}-\sin\frac{\alpha}{2}}&=\frac{2\cos^2\frac{\alpha}{4}-2\sin\frac{\alpha}{4}\cos\frac{\alpha}{4}}{2\sin^2\frac{\alpha}{4}-2\sin\frac{\alpha}{4}\cos\frac{\alpha}{4}}\\&=\frac{2\cos\frac{\alpha}{4}\left(\cos\frac{\alpha}{4}-\sin\frac{\alpha}{4}\right)}{2\sin\frac{\alpha}{4}\left(\sin\frac{\alpha}{4}-\cos\frac{\alpha}{4}\right)}=-\frac{\cos\frac{\alpha}{4}}{\sin\frac{\alpha}{4}}=-\cot\frac{\alpha}{4}\end{aligned}$$

(2) 증명하려는 등식의 좌변을 $\frac{\alpha}{4}$에 대한 식으로 변형시키자. 이를 위해, $1+\cos\frac{\alpha}{2}=2\cos^2\frac{\alpha}{4}$, $\sin\frac{\alpha}{2}=2\sin\frac{\alpha}{4}\cos\frac{\alpha}{4}$를 이용하자. 그러면, 다음과 같이 식을 변형시킬 수 있다.

$$\begin{aligned}\frac{\sin\frac{\alpha}{2}+\sin\frac{\alpha}{4}}{1+\cos\frac{\alpha}{2}+\cos\frac{\alpha}{4}}&=\frac{2\sin\frac{\alpha}{4}\cos\frac{\alpha}{4}+\sin\frac{\alpha}{4}}{2\cos^2\frac{\alpha}{4}+\cos\frac{\alpha}{4}}\\&=\frac{\sin\frac{\alpha}{4}\left(2\cos\frac{\alpha}{4}+1\right)}{\cos\frac{\alpha}{4}\left(2\cos\frac{\alpha}{4}+1\right)}=\frac{\sin\frac{\alpha}{4}}{\cos\frac{\alpha}{4}}=\tan\frac{\alpha}{4}\end{aligned}$$

(3) (1)과 (2)에서 했던 것과 유사한 방법으로, 증명해야 할 등식의 좌변을 다음과 같이 변형시킬 수 있다.

$$\begin{aligned}\frac{1+\sin\frac{\alpha}{2}-\cos\frac{\alpha}{2}}{1+\sin\frac{\alpha}{2}+\cos\frac{\alpha}{2}} &= \frac{2\sin^2\frac{\alpha}{4}+2\sin\frac{\alpha}{4}\cos\frac{\alpha}{4}}{2\cos^2\frac{\alpha}{4}+2\sin\frac{\alpha}{4}\cos\frac{\alpha}{4}} \\ &= \frac{2\sin\frac{\alpha}{4}\left(\sin\frac{\alpha}{4}+\cos\frac{\alpha}{4}\right)}{2\cos\frac{\alpha}{4}\left(\cos\frac{\alpha}{4}+\sin\frac{\alpha}{4}\right)} = \tan\frac{\alpha}{4}\end{aligned}$$

(4) $\cos\alpha = 2\cos^2\frac{\alpha}{2}-1$을 이용하여 증명해야 할 등식의 좌변을 다음과 같이 변형시킬 수 있다.

$$\begin{aligned}\frac{3+4\cos\frac{\alpha}{2}+\cos\alpha}{3-4\cos\frac{\alpha}{2}+\cos\alpha} &= \frac{2+4\cos\frac{\alpha}{2}+2\cos^2\frac{\alpha}{2}}{2-4\cos\frac{\alpha}{2}+2\cos^2\frac{\alpha}{2}} \\ &= \frac{1+2\cos\frac{\alpha}{2}+\cos^2\frac{\alpha}{2}}{1-2\cos\frac{\alpha}{2}+\cos^2\frac{\alpha}{2}} = \frac{\left(1+\cos\frac{\alpha}{2}\right)^2}{\left(1-\cos\frac{\alpha}{2}\right)^2}\end{aligned}$$

이때, $\tan^2\frac{\alpha}{2} = \frac{1-\cos\alpha}{1+\cos\alpha}$이므로 $\cot^2\frac{\alpha}{2} = \frac{1+\cos\alpha}{1-\cos\alpha}$가 된다. 이것을 이용하면, 얻어진 등식을 다음과 같이 변형시킬 수 있다.

$$\frac{\left(1+\cos\frac{\alpha}{2}\right)^2}{\left(1-\cos\frac{\alpha}{2}\right)^2} = \left(\frac{1+\cos\frac{\alpha}{2}}{1-\cos\frac{\alpha}{2}}\right)^2 = \cot^4\frac{\alpha}{4}$$

이것으로 문제가 해결된다. □

이제, $\sin^2\frac{\alpha}{2}, \cos^2\frac{\alpha}{2}, \tan^2\frac{\alpha}{2}$에 대한 식의 양변에 제곱근을 취하면, 다음을 얻을 수 있다.

$$\sin\frac{\alpha}{2} = \pm\sqrt{\frac{1-\cos\alpha}{2}}, \quad \cos\frac{\alpha}{2} = \pm\sqrt{\frac{1+\cos\alpha}{2}}, \quad \tan\frac{\alpha}{2} = \pm\sqrt{\frac{1-\cos\alpha}{1+\cos\alpha}}$$

등식 $\tan\frac{\alpha}{2} = \pm\sqrt{\frac{1-\cos\alpha}{1+\cos\alpha}}$의 우변에는 분모와 분자에 $\cos\alpha$가 포함되어 있으므로, 식을 더 변형시킬 수 있는지 조사해 보자. 분모가 근호 안에 있으므로, 분모를 유리화시킬 수 있는지 살펴보자.

먼저, $\sqrt{\frac{1-\cos\alpha}{1+\cos\alpha}}$의 분자와 분모에 $1+\cos\alpha$를 곱해서 분모가 완전제곱식이 되도록 만들자. 그러면, $\tan\frac{\alpha}{2}$는 다음과 같이 변형될 수 있다.

$$\begin{aligned}\tan\frac{\alpha}{2} &= \pm\sqrt{\frac{1-\cos\alpha}{1+\cos\alpha}} = \pm\sqrt{\frac{(1-\cos\alpha)(1+\cos\alpha)}{(1+\cos\alpha)(1+\cos\alpha)}} \\ &= \pm\sqrt{\frac{1-\cos^2\alpha}{(1+\cos\alpha)^2}} = \pm\sqrt{\frac{\sin^2\alpha}{(1+\cos\alpha)^2}}\end{aligned}$$

결국, $\tan\frac{\alpha}{2} = \pm\frac{\sin\alpha}{1+\cos\alpha}$로 쓸 수 있을 것이다. 그러나, 여기서 부호 ±는 필요가 없다. $a > 0$에 대해 $x^2 = a$로부터 $x = \pm\sqrt{a}$가 되는 것은 제곱해서 a인 수가 양수 $\sqrt{a}$와 음수 $-\sqrt{a}$이기 때문이다. 그런데, $\frac{\sin\alpha}{1+\cos\alpha}$에서 분모인 $1+\cos\alpha$는 음이 될 수 없으며, 분자 $\sin\alpha$는 α의 값에 따라 양수도 될 수 있고 음수도 될 수 있다. 즉, α에 따라 $\frac{\sin\alpha}{1+\cos\alpha}$는 양숫값과 음숫값이 될 수 있다. 그러므로, $\tan\frac{\alpha}{2}$를 다음과 같이 나타낼 수 있다.

$$\tan\frac{\alpha}{2} = \frac{\sin\alpha}{1+\cos\alpha}$$

한편, $\sqrt{\frac{1-\cos\alpha}{1+\cos\alpha}}$의 분자와 분모에 $1-\cos\alpha$를 곱하여 분모를 유리화시키면, 다음의 식을 얻을 수 있다.

$$\tan\frac{\alpha}{2} = \frac{1-\cos\alpha}{\sin\alpha}$$

예제 3.5. 다음에 답하여라.

(1) $0 < \alpha < \pi$인 α에 대해 $\frac{3\tan^2\frac{\alpha}{2}+10\tan\frac{\alpha}{2}+3}{\tan^2\frac{\alpha}{2}+1}$을 $\sin\alpha$를 이용하여 나타내라.

(2) $\sin\frac{\alpha}{2}, \cos\frac{\alpha}{2}$를 $\sin\alpha$를 이용하여 나타내라.

(3) $\tan\frac{\alpha}{2}$를 $\tan\alpha$를 이용하여 나타내라.

(4) $\sin\alpha, \cos\alpha$를 $\tan\frac{\alpha}{2}$를 이용하여 나타내라.

풀이. (1) $\tan^2\frac{\alpha}{2} = \frac{1-\cos\alpha}{1+\cos\alpha}$이고 $\tan\frac{\alpha}{2} = \frac{1-\cos\alpha}{\sin\alpha}$이므로, 이들을 $\frac{3\tan^2\frac{\alpha}{2}+10\tan\frac{\alpha}{2}+3}{\tan^2\frac{\alpha}{2}+1}$에 대입하여 정리하자. 그러면, 다음을 다음을 얻을 수 있다.

$$\begin{aligned}\frac{3\tan^2\frac{\alpha}{2}+10\tan\frac{\alpha}{2}+3}{\tan^2\frac{\alpha}{2}+1} &= \frac{\frac{3(1-\cos\alpha)}{1+\cos\alpha}+\frac{10(1-\cos\alpha)}{\sin\alpha}+3}{\frac{1-\cos\alpha}{1+\cos\alpha}+1}\\ &= \frac{\frac{3\sin\alpha-3\sin\alpha\cos\alpha+10-10\cos^2\alpha+3\sin\alpha+3\sin\alpha\cos\alpha}{(1+\cos\alpha)\sin\alpha}}{\frac{1-\cos\alpha+1+\cos\alpha}{1+\cos\alpha}}\\ &= \frac{-10\cos^2\alpha+6\sin\alpha+10}{2\sin\alpha} = \frac{10\sin^2\alpha+6\sin\alpha}{2\sin\alpha}\end{aligned}$$

이때, $\frac{10\sin^2\alpha+6\sin\alpha}{2\sin\alpha} = 5\sin\alpha+3$이므로, $\frac{3\tan^2\frac{\alpha}{2}+10\tan\frac{\alpha}{2}+3}{\tan^2\frac{\alpha}{2}+1}$을 $\sin\alpha$를 이용하여 나타내면, $5\sin\alpha+3$이 된다.

(2) $\sin\frac{\alpha}{2}, \cos\frac{\alpha}{2}$와 $\sin\alpha$의 관계를 조사하기 위해, 다음 등식을 생각하자.

$$\left(\sin\frac{\alpha}{2} \pm \cos\frac{\alpha}{2}\right)^2 = \sin^2\frac{\alpha}{2} + \cos^2\frac{\alpha}{2} \pm 2\sin\frac{\alpha}{2}\cos\frac{\alpha}{2} = 1 \pm \sin\alpha$$

이로부터, 다음 등식들이 얻어진다.

$$\sin\frac{\alpha}{2} + \cos\frac{\alpha}{2} = \pm\sqrt{1+\sin\alpha}, \quad \sin\frac{\alpha}{2} - \cos\frac{\alpha}{2} = \pm\sqrt{1-\sin\alpha}$$

얻어진 등식들을 연립방정식으로 나타내면, 다음과 같다.

$$\begin{cases} \sin\frac{\alpha}{2} + \cos\frac{\alpha}{2} = \sqrt{1+\sin\alpha} \\ \sin\frac{\alpha}{2} - \cos\frac{\alpha}{2} = \sqrt{1-\sin\alpha} \end{cases} \qquad \begin{cases} \sin\frac{\alpha}{2} + \cos\frac{\alpha}{2} = \sqrt{1+\sin\alpha} \\ \sin\frac{\alpha}{2} - \cos\frac{\alpha}{2} = -\sqrt{1-\sin\alpha} \end{cases}$$

$$\begin{cases} \sin\frac{\alpha}{2} + \cos\frac{\alpha}{2} = -\sqrt{1+\sin\alpha} \\ \sin\frac{\alpha}{2} - \cos\frac{\alpha}{2} = \sqrt{1-\sin\alpha} \end{cases} \qquad \begin{cases} \sin\frac{\alpha}{2} + \cos\frac{\alpha}{2} = -\sqrt{1+\sin\alpha} \\ \sin\frac{\alpha}{2} - \cos\frac{\alpha}{2} = -\sqrt{1-\sin\alpha} \end{cases}$$

얻어진 연립방정식들을 변끼리 더하거나 빼서 정리하면, 다음을 얻을 수 있다.

$$\begin{cases} \sin\frac{\alpha}{2} = \frac{\sqrt{1+\sin\alpha} + \sqrt{1-\sin\alpha}}{2} \\ \cos\frac{\alpha}{2} = \frac{\sqrt{1+\sin\alpha} - \sqrt{1-\sin\alpha}}{2} \end{cases} \qquad \begin{cases} \sin\frac{\alpha}{2} = \frac{\sqrt{1+\sin\alpha} - \sqrt{1-\sin\alpha}}{2} \\ \cos\frac{\alpha}{2} = \frac{\sqrt{1+\sin\alpha} + \sqrt{1-\sin\alpha}}{2} \end{cases}$$

$$\begin{cases} \sin\frac{\alpha}{2} = \frac{-\sqrt{1+\sin\alpha} + \sqrt{1-\sin\alpha}}{2} \\ \cos\frac{\alpha}{2} = \frac{-\sqrt{1+\sin\alpha} - \sqrt{1-\sin\alpha}}{2} \end{cases} \qquad \begin{cases} \sin\frac{\alpha}{2} = \frac{-\sqrt{1+\sin\alpha} - \sqrt{1-\sin\alpha}}{2} \\ \cos\frac{\alpha}{2} = \frac{-\sqrt{1+\sin\alpha} + \sqrt{1-\sin\alpha}}{2} \end{cases}$$

(3) $\tan\frac{\alpha}{2}$를 $\tan\alpha$로 나타내기 위해, 등식 $\tan\alpha = \frac{2\tan\frac{\alpha}{2}}{1-\tan^2\frac{\alpha}{2}}$를 생각하자. 이 등식의 분모를 이항하여, 다음과 같이 $\tan\frac{\alpha}{2}$에 대해 식을 정리하자.

$$\tan\alpha\left(1-\tan^2\frac{\alpha}{2}\right) = 2\tan\frac{\alpha}{2}, \quad (\tan\alpha)\tan^2\frac{\alpha}{2} + 2\tan\frac{\alpha}{2} - \tan\alpha = 0$$

얻어진 $\tan\frac{\alpha}{2}$에 대한 이차방정식을 근의 공식을 이용하여 풀면, 다음을 얻을 수 있다.

$$\tan\frac{\alpha}{2} = \frac{-1 \pm \sqrt{1+\tan^2\alpha}}{\tan\alpha}$$

(4) 우선 $\cos\alpha$를 $\tan\frac{\alpha}{2}$를 이용하여 나타내자. $\tan^2\frac{\alpha}{2} = \frac{1-\cos\alpha}{1+\cos\alpha}$이므로, 이 식을 $\cos\alpha$에 대해 변형시키자. 이를 위해, 분모의 $1+\cos\alpha$를 이항하자. 그러면 $\tan^2\frac{\alpha}{2}(1+\cos\alpha) = 1-\cos\alpha$, $\tan^2\frac{\alpha}{2} + \tan^2\frac{\alpha}{2}\cos\alpha = 1-\cos\alpha$가 된다. 이로부터 $(\tan^2\frac{\alpha}{2}+1)\cos\alpha = 1-\tan^2\frac{\alpha}{2}$이며, $\cos\alpha = \frac{1-\tan^2\frac{\alpha}{2}}{1+\tan^2\frac{\alpha}{2}}$가 얻어진다.

이제, $\sin\alpha$를 $\tan\frac{\alpha}{2}$를 이용하여 나타내자. $\tan\frac{\alpha}{2} = \frac{\sin\alpha}{1+\cos\alpha}$이며 $\sin\alpha = \tan\frac{\alpha}{2}(1+\cos\alpha)$이므로, 여기에 $\cos\alpha = \frac{1-\tan^2\frac{\alpha}{2}}{1+\tan^2\frac{\alpha}{2}}$를 대입하자. 그러면, 다음을 얻을 수 있다.

$$\begin{aligned}\sin\alpha = \tan\frac{\alpha}{2}(1+\cos\alpha) &= \tan\frac{\alpha}{2}\left(1+\frac{1-\tan^2\frac{\alpha}{2}}{1+\tan^2\frac{\alpha}{2}}\right)\\ &= \tan\frac{\alpha}{2}\left(\frac{1+\tan^2\frac{\alpha}{2}+1-\tan^2\frac{\alpha}{2}}{1+\tan^2\frac{\alpha}{2}}\right) = \frac{2\tan\frac{\alpha}{2}}{1+\tan^2\frac{\alpha}{2}}\end{aligned}$$

이것으로 문제가 해결된다. □

2. 사인과 코사인의 합(차)을 곱으로 변형

삼각함수의 관계식 $\sin(\alpha\pm\beta) = \sin\alpha\cos\beta\pm\cos\alpha\sin\beta$에서는 각 α,β의 합 $\alpha+\beta$ 또는 차 $\alpha-\beta$에 대한 사인을 각 α,β의 사인 또는 코사인의 합(차)을 이용하여 나타냈다. 예를 들어, $75° = 30° + 45°$이므로, $\sin 75°$의 값을 $\sin 30°, \cos 30°, \sin 45°, \cos 45°$를 이용하여 구할 수 있다. 그리고 $\cos(\alpha\pm\beta) = \cos\alpha\cos\beta\mp\sin\alpha\sin\beta$도 유사한 의미를 가지는 관계식이라고 할 수 있다.

이제, 사인의 합(차)의 형태로 표현된 식 $\sin\alpha\pm\sin\beta$, 코사인의 합(차)으로 표현된 식 $\cos\alpha\pm\cos\beta$를 사인과 코사인의 곱의 형태로 변형시키는 방법을 살펴보자. 사실, 변형시키는 방법은 간단하다. 다음 등식들을 살펴보자.

$$\sin(\alpha+\beta) = \sin\alpha\cos\beta + \cos\alpha\sin\beta$$

$$\sin(\alpha-\beta) = \sin\alpha\cos\beta - \cos\alpha\sin\beta$$

등식의 좌변에 포함된 식 $\sin\alpha\cos\beta$, $\cos\alpha\sin\beta$는 같지만, 첫 번째 등식에서는 $+$로 연결되어 있고 두 번째 등식에서는 $-$로 연결되어 있다. 그러므로, 두 등식을 변끼리 더하면, 다음을 얻을 수 있다.

$$\sin(\alpha+\beta)+\sin(\alpha-\beta)=2\sin\alpha\cos\beta$$

결국, $\sin(\alpha+\beta)$와 $\sin(\alpha-\beta)$의 합을 $\sin\alpha$와 $\cos\beta$의 곱의 형태로 나타내는 식을 얻었다. 이때 더하는 식 $\sin(\alpha+\beta)$, $\sin(\alpha-\beta)$를 간단하게 표현하기 위해, 다음과 같이 치환하자.

$$\alpha+\beta=A, \quad \alpha-\beta=B$$

α, β에 대한 연립방정식을 풀면, 다음을 얻을 수 있다.

$$\alpha=\frac{A+B}{2}, \quad \beta=\frac{A-B}{2}$$

$\alpha+\beta=A, \alpha-\beta=B$를 대입하고 $\alpha=\frac{A+B}{2}, \beta=\frac{A-B}{2}$를 대입하면, 등식 $\sin(\alpha+\beta)+\sin(\alpha-\beta)=2\sin\alpha\cos\beta$로부터 다음 등식을 얻게 된다.

$$\sin A+\sin B=2\sin\frac{A+B}{2}\cos\frac{A-B}{2}$$

이제, $\sin(\alpha+\beta)$, $\sin(\alpha-\beta)$에 대한 등식을 변끼리 빼서, 유사한 방법으로 정리하면 다음을 얻을 수 있다.

$$\sin A-\sin B=2\cos\frac{A+B}{2}\sin\frac{A-B}{2}$$

코사인에 대한 다음 두 등식으로부터 $\cos A+\cos B$, $\cos A-\cos B$에 대한 등식을 사인의 경우와 유사한 방법으로 유도할 수 있다.

$$\cos(\alpha+\beta)=\cos\alpha\cos\beta-\sin\alpha\sin\beta$$

$$\cos(\alpha-\beta)=\cos\alpha\cos\beta+\sin\alpha\sin\beta$$

위의 두 등식을 변끼리 더한 다음, $\alpha+\beta=A$, $\alpha-\beta=B$로 치환하자. 그리고 $\alpha=\frac{A+B}{2}, \beta=\frac{A-B}{2}$라는 것을 생각하면, 다음을 얻을 수 있다.

$$\cos A+\cos B=2\cos\frac{A+B}{2}\cos\frac{A-B}{2}$$

한편, 첫 번째 등식에서 두 번째 등식을 변끼리 빼서 정리하면, 다음을 얻을 수 있다.

$$\cos A - \cos B = -2\sin\frac{A+B}{2}\sin\frac{A-B}{2}$$

사인과 코사인의 합(차)으로 주어진 식을 사인, 코사인의 곱의 형태로 변형시키는 것을 살펴보았으며, 이로부터 다음의 네 등식을 얻었다.

$$\sin A + \sin B = 2\sin\tfrac{A+B}{2}\cos\tfrac{A-B}{2} \tag{3.5}$$

$$\sin A - \sin B = 2\cos\tfrac{A+B}{2}\sin\tfrac{A-B}{2} \tag{3.6}$$

$$\cos A + \cos B = 2\cos\tfrac{A+B}{2}\cos\tfrac{A-B}{2} \tag{3.7}$$

$$\cos A - \cos B = -2\sin\tfrac{A+B}{2}\sin\tfrac{A-B}{2} \tag{3.8}$$

살펴본 등식들을 이용하면 삼각함수들의 합에 대한 식을 곱의 형태로 나타낼 수 있다. 예를 들어, $\sin\alpha+\sin 3\alpha$는 $\sin A+\sin B = 2\sin\frac{A+B}{2}\cos\frac{A-B}{2}$를 이용하여 다음과 같이 사인과 코사인의 곱의 형태로 나타낼 수 있다.

$$\begin{aligned}\sin\alpha + \sin 3\alpha &= 2\sin\frac{\alpha+3\alpha}{2}\cos\frac{\alpha-3\alpha}{2} = 2\sin 2\alpha\cos(-\alpha)\\ &= 2\sin 2\alpha\cos\alpha = 4\sin\alpha\cos\alpha\cos\alpha = 4\sin\alpha\cos^2\alpha\end{aligned}$$

$\sin\alpha + \sin 3\alpha$와 같이 항이 두 개인 경우에 곱의 형태로 나타내거나, 항이 3개인 경우에 곱의 형태로 나타내는 문제들을 살펴보자.

예제 3.6. 다음 등식을 증명하여라. 단, (6)−(7)에서는 $\angle A + \angle B + \angle C = \pi$이다.

(1) $\sin^2(A+B) - \sin^2(A-B) = \sin 2A \sin 2B$

(2) $\frac{\cos A+\cos B}{\cos A-\cos B} = -\cot\frac{A+B}{2}\cot\frac{A-B}{2}$, $\quad \frac{\sin A+\sin B}{\sin A-\sin B} = \frac{\tan\frac{A+B}{2}}{\tan\frac{A-B}{2}}$

(3) $\cos A + 2\cos 2A + \cos 3A = 4\cos 2A\cos^2\frac{A}{2}$

(4) $\frac{\cos 2A-4\cos 3A+\cos 4A}{\sin 2A-4\sin 3A+\sin 4A} = \cot 3A$

(5) $\sin A + \sin B - \sin(A+B) = 4\sin\frac{A}{2}\sin\frac{B}{2}\sin\frac{A+B}{2}$

(6) $\sin A + \sin B + \sin C = 4\cos\frac{A}{2}\cos\frac{B}{2}\cos\frac{C}{2}$

(7) $\cos A + \cos B + \cos C = 4\sin\frac{A}{2}\sin\frac{B}{2}\sin\frac{C}{2} + 1$

풀이. (1) 증명하려는 등식의 좌변을 인수분해하면, $\sin^2(A+B)-\sin^2(A-B) = (\sin(A+B)+\sin(A-B))(\sin(A+B)-\sin(A-B))$가 된다. 이제, 식 $\sin(A+B)+\sin(A-B)$, $\sin(A+B)-\sin(A-B)$를 다음과 같이 변형시키자.

$$\begin{aligned}&\sin(A+B)+\sin(A-B)\\&\qquad = 2\sin\frac{A+B+A-B}{2}\cos\frac{A+B-A+B}{2} = 2\sin A\cos B\\&\sin(A+B)-\sin(A-B)\\&\qquad = 2\cos\frac{A+B+A-B}{2}\sin\frac{A+B-A+B}{2} = 2\cos A\sin B\end{aligned}$$

얻어진 식들을 이용하여 다음을 얻을 수 있다.

$$\begin{aligned}&\sin^2(A+B)-\sin^2(A-B) = (\sin(A+B)+\sin(A-B))\times\\&\qquad\times(\sin(A+B)-\sin(A-B)) = 4\sin A\cos A\cos B\sin B = \sin 2A\cos 2B\end{aligned}$$

(2) 등식의 좌변에서 $\cos A+\cos B = 2\cos\frac{A+B}{2}\cos\frac{A-B}{2}$이고, $\cos A-\cos B = -2\sin\frac{A+B}{2}\sin\frac{A-B}{2}$이다. 이것을 대입하면, 다음을 얻을 수 있다.

$$\begin{aligned}\frac{\cos A+\cos B}{\cos A-\cos B} &= \frac{2\cos\frac{A+B}{2}\cos\frac{A-B}{2}}{-2\sin\frac{A+B}{2}\sin\frac{A-B}{2}}\\&= \frac{2\cos\frac{A+B}{2}}{-2\sin\frac{A+B}{2}}\cdot\frac{\cos\frac{A-B}{2}}{\sin\frac{A-B}{2}} = -\cot\frac{A+B}{2}\cot\frac{A-B}{2}\end{aligned}$$

한편, 등식 $\frac{\sin A+\sin B}{\sin A-\sin B} = \frac{\tan\frac{A+B}{2}}{\tan\frac{A-B}{2}}$의 증명도 유사한 방법으로 유도할 수 있다. 등식의 좌변에서 $\sin A+\sin B = 2\sin\frac{A+B}{2}\cos\frac{A-B}{2}$이고, $\sin A-\sin B = 2\cos\frac{A+B}{2}\sin\frac{A-B}{2}$이다. 이것을 대입하면, 다음을 얻을 수 있다.

$$\begin{aligned}\frac{\sin A+\sin B}{\sin A-\sin B} &= \frac{2\sin\frac{A+B}{2}\cos\frac{A-B}{2}}{2\cos\frac{A+B}{2}\sin\frac{A-B}{2}}\\&= \frac{2\sin\frac{A+B}{2}}{2\cos\frac{A+B}{2}}\cdot\frac{\cos\frac{A-B}{2}}{\sin\frac{A-B}{2}}\\&= \tan\frac{A+B}{2}\cot\frac{A-B}{2} = \frac{\tan\frac{A+B}{2}}{\tan\frac{A-B}{2}}\end{aligned}$$

(3) 증명하려는 등식의 좌변 $\cos A + 2\cos 2A + \cos 3A$에서 $\cos A + \cos 3A = 2\cos 2A \cos A$이다. 그러므로, $\cos A + 2\cos 2A + \cos 3A = 2\cos 2A\cos A + 2\cos 2A = 2\cos 2A(1+\cos A)$가 된다.

$\cos^2\frac{A}{2} = \frac{1+\cos A}{2}$이므로, $1+\cos A = 2\cos^2\frac{A}{2}$이다. 이것을 대입하면, 다음을 얻을 수 있다.

$$\cos A + 2\cos 2B + \cos 3A = 2\cos 2A(1+\cos A) = 4\cos 2A\cos^2\frac{A}{2}$$

(4) 증명해야 하는 등식의 좌변을 다음과 같이 나타내자.

$$\frac{\cos 2A - 4\cos 3A + \cos 4A}{\sin 2A - 4\sin 3A + \sin 4A} = \frac{\cos 2A + \cos 4A - 4\cos 3A}{\sin 2A + \sin 4A - 4\sin 3A}$$

이제, $\cos 2A + \cos 4A = 2\cos 3A\cos A$, $\sin 2A + \sin 4A = 2\sin 3A\cos A$로 나타낼 수 있다. 이들을 얻어진 식에 대입하면, 식을 다음과 같이 정리할 수 있다.

$$\begin{aligned}\frac{\cos 2\alpha + \cos 4A - 4\cos 3A}{\sin 2A + \sin 4A - 4\sin 3A} &= \frac{2\cos 3A\cos A - 4\cos 3A}{2\sin 3A\cos A - 4\sin 3A}\\ &= \frac{2\cos 3A(\cos A - 2)}{2\sin 3A(\cos A - 2)} = \frac{\cos 3A}{\sin 3A} = \cot 3A\end{aligned}$$

(5) 증명해야 할 등식의 좌변에서 $\sin A + \sin B = 2\sin\frac{A+B}{2}\cos\frac{A-B}{2}$이고 $\sin(A+B) = \sin\left(2\cdot\frac{A+B}{2}\right) = 2\sin\frac{A+B}{2}\cos\frac{A+B}{2}$이다. 이것을 등식의 좌변에 대입하여 정리하면, 다음을 얻을 수 있다.

$$\begin{aligned}\sin A + \sin B - \sin(A+B) &= 2\sin\frac{A+B}{2}\cos\frac{A-B}{2} - 2\sin\frac{A+B}{2}\cos\frac{A+B}{2}\\ &= 2\sin\frac{A+B}{2}\left(\cos\frac{A-B}{2} - \cos\frac{A+B}{2}\right)\end{aligned}$$

얻어진 식에서 $\cos\frac{A-B}{2} - \cos\frac{A+B}{2}$를 다음과 같이 변형시킬 수 있다.

$$\begin{aligned}\cos\frac{A-B}{2} - \cos\frac{A+B}{2} &= -2\sin\frac{\frac{A-B}{2}+\frac{A+B}{2}}{2}\sin\frac{\frac{A-B}{2}-\frac{A+B}{2}}{2}\\ &= -2\sin\frac{A}{2}\sin\frac{-B}{2} = 2\sin\frac{A}{2}\sin\frac{B}{2}\end{aligned}$$

얻어진 식을 대입하면, 다음을 얻을 수 있다.

$$\sin A + \sin B - \sin(A+B) = 4\sin\frac{A}{2}\sin\frac{B}{2}\sin\frac{A+B}{2}$$

얻어진 등식을 $\angle A + \angle B + \angle C = \pi$라는 조건을 추가하여 변형시켜 보자. $\angle A + \angle B + \angle C = \pi$로부터 $\angle C = \pi - (\angle A + \angle B)$이며, $\sin(A+B) = \sin C$가 된다. 그리고 $\sin\frac{A+B}{2} = \sin\frac{\pi - C}{2} = \sin\left(\frac{\pi}{2} - \frac{C}{2}\right) = \cos\frac{C}{2}$가 된다. 이로부터 다음을 얻을 수 있다.

$$\sin A + \sin B - \sin(A+B) = \sin A + \sin B - \sin C$$
$$4\sin\frac{A}{2}\sin\frac{B}{2}\sin\frac{A+B}{2} = 4\sin\frac{A}{2}\sin\frac{B}{2}\cos\frac{C}{2}$$

결국, $\angle A + \angle B + \angle C = \pi$이면, 다음 등식이 성립한다.

$$\sin A + \sin B - \sin C = 4\sin\frac{A}{2}\sin\frac{B}{2}\cos\frac{C}{2}$$

(6) $\sin A + \sin B + \sin C = (\sin A + \sin B) + \sin C$라 놓고, $\sin A + \sin B = 2\sin\frac{A+B}{2}\cos\frac{A-B}{2}$를 이용하자. 그러면, 다음을 얻을 수 있다.

$$\sin A + \sin B + \sin C = 2\sin\frac{A+B}{2}\cos\frac{A-B}{2} + \sin C$$

$\angle A + \angle B + \angle C = \pi$이므로, $\angle C = \pi - (\angle A + \angle B)$이다. 이로부터 $\sin C = \sin(A+B)$가 된다. 그리고 $\sin(A+B) = \sin\left(2\cdot\frac{A+B}{2}\right) = 2\sin\frac{A+B}{2}\cos\frac{A+B}{2}$이다. 이로부터, 다음이 얻어진다.

$$\begin{aligned}\sin A + \sin B + \sin C &= \sin\frac{A+B}{2}\cos\frac{A-B}{2} + \sin C\\ &= 2\sin\frac{A+B}{2}\cos\frac{A-B}{2} + 2\sin\frac{A+B}{2}\cos\frac{A+B}{2}\\ &= 2\sin\frac{A+B}{2}\left(\cos\frac{A-B}{2} + \cos\frac{A+B}{2}\right)\end{aligned}$$

이제, 식 $\cos\frac{A-B}{2} + \cos\frac{A+B}{2}$를 곱의 형태로 다음과 같이 변형시키자.

$$\cos\frac{A-B}{2} + \cos\frac{A+B}{2} = 2\cos\frac{\frac{A-B}{2} + \frac{A+B}{2}}{2}\cos\frac{\frac{A-B}{2} - \frac{A+B}{2}}{2} = 2\cos\frac{A}{2}\cos\frac{B}{2}$$

이로부터, 다음이 얻어진다.

$$\sin A + \sin B + \sin C = 4\sin\frac{A+B}{2}\cos\frac{A}{2}\cos\frac{B}{2}$$

이때, $\sin\frac{A+B}{2} = \sin\frac{\pi-C}{2} = \sin\left(\frac{\pi}{2} - \frac{C}{2}\right) = \cos\frac{C}{2}$이다. 그러므로 $\sin A + \sin B + \sin C = 4\cos\frac{A}{2}\cos\frac{B}{2}\cos\frac{C}{2}$가 유도된다.

(7) $\cos A + \cos B + \cos C = (\cos A + \cos B) + \cos C$라 놓으면, 다음을 얻을 수 있다.

$$\cos A + \cos B + \cos C = 2\cos\frac{A+B}{2}\cos\frac{A-B}{2} + \cos C$$

$\angle A + \angle B + \angle C = \pi$이므로, $\angle C = \pi - (\angle A + \angle B)$이다. 이로부터 $\cos C = -\cos(A+B)$가 된다. $\cos(A+B) = \cos\left(2\cdot\frac{A+B}{2}\right) = 2\cos^2\frac{A+B}{2} - 1$이다. 이로부터, $\cos C = 1 - 2\cos^2\frac{A+B}{2}$이며 다음이 얻어진다.

$$\begin{aligned}\cos A + \cos B + \cos C &= 2\cos\frac{A+B}{2}\cos\frac{A-B}{2} + \cos C \\ &= 2\cos\frac{A+B}{2}\cos\frac{A-B}{2} - 2\cos^2\frac{A+B}{2} + 1 \\ &= 2\cos\frac{A+B}{2}\left(\cos\frac{A-B}{2} - \cos\frac{A+B}{2}\right) + 1\end{aligned}$$

이제, 식 $\cos\frac{A-B}{2} - \cos\frac{A+B}{2}$를 곱의 형태로 다음과 같이 변형시키자.

$$\cos\frac{A-B}{2} - \cos\frac{A+B}{2} = -2\sin\frac{\frac{A-B}{2}+\frac{A+B}{2}}{2}\sin\frac{\frac{A-B}{2}-\frac{A+B}{2}}{2} = 2\sin\frac{A}{2}\sin\frac{B}{2}$$

이로부터, 다음이 얻어진다.

$$\cos A + \cos B + \cos C = 4\cos\frac{A+B}{2}\sin\frac{A}{2}\sin\frac{B}{2} + 1$$

이때, $\cos\frac{A+B}{2} = \cos\frac{\pi-C}{2} = \cos\left(\frac{\pi}{2} - \frac{C}{2}\right) = \sin\frac{C}{2}$가 된다. 이로부터 $\cos A + \cos B + \cos C = 4\sin\frac{A}{2}\sin\frac{B}{2}\sin\frac{C}{2} + 1$이 유도된다. □

예제 3.6의 (6)과 (7)에서 $\sin A + \sin B + \sin C$와 $\cos A + \cos B + \cos C$에 대한 등식을 살펴보았다. 이 합들에 관련된 식의 변형이 [10]에 제시되어 있다. 이를 살펴보자.

예제 2.6에서 $\sin(\alpha+\beta+\gamma)$를 α, β, γ에 대한 삼각함수로, 예제 2.10에서 $\cos(\alpha+\beta+\gamma)$를 α, β, γ에 대한 삼각함수로 나타냈다. 이때, $\alpha+\beta+\gamma = \pi$인 경우에 다음이

성립한다.

$$\sin(\alpha+\beta+\gamma)$$
$$=\sin\alpha\cos\beta\cos\gamma-\sin\alpha\sin\beta\sin\gamma+\cos\alpha\sin\beta\cos\gamma+\cos\alpha\cos\beta\sin\gamma=0$$
$$\cos(\alpha+\beta+\gamma)$$
$$=\cos\alpha\cos\beta\cos\gamma-\cos\alpha\sin\beta\sin\gamma-\sin\alpha\sin\beta\cos\gamma-\sin\alpha\cos\beta\sin\gamma=-1$$

이제, $\sin(\alpha+\beta+\gamma)$에 대한 식과 $\cos(\alpha+\beta+\gamma)$에 대한 식을 연립하여 적당히 변형시키자. 이를 위해, $\sin(\alpha+\beta+\gamma)$에 대한 식에서 $\cos(\alpha+\beta+\gamma)$에 대한 식을 빼자. 그러면, 다음을 얻을 수 있다.

$$\sin\alpha\cos\beta\cos\gamma-\sin\alpha\sin\beta\sin\gamma+\cos\alpha\sin\beta\cos\gamma+\cos\alpha\cos\beta\sin\gamma$$
$$-\cos\alpha\cos\beta\cos\gamma+\cos\alpha\sin\beta\sin\gamma+\sin\alpha\sin\beta\cos\gamma+\sin\alpha\cos\beta\sin\gamma=1$$

얻어진 등식의 양변에 $2\sin\alpha\sin\beta\sin\gamma+2\cos\alpha\cos\beta\cos\gamma$를 더하자. 그러면, 다음이 얻어진다.

$$\sin\alpha\cos\beta\cos\gamma+\sin\alpha\sin\beta\sin\gamma+\cos\alpha\sin\beta\cos\gamma+\cos\alpha\cos\beta\sin\gamma$$
$$+\cos\alpha\cos\beta\cos\gamma+\cos\alpha\sin\beta\sin\gamma+\sin\alpha\sin\beta\cos\gamma+\sin\alpha\cos\beta\sin\gamma$$
$$=1+2\sin\alpha\sin\beta\sin\gamma+2\cos\alpha\cos\beta\cos\gamma$$

얻어진 식에서 $\sin\alpha=a_1$, $\sin\beta=a_2$, $\sin\gamma=a_3$, $\cos\alpha=b_1$, $\cos\beta=b_2$, $\cos\gamma=b_3$라 하면, 얻어진 등식의 좌변을 $a_1b_2b_3+a_1a_2a_3+b_1a_2b_3+b_1b_2a_3+b_1b_2b_3+b_1a_2a_3+a_1a_2b_3+a_1b_2a_3$로 나타낼 수 있다.

식 $a_1b_2b_3+a_1a_2a_3+b_1a_2b_3+b_1b_2a_3+b_1b_2b_3+b_1a_2a_3+a_1a_2b_3+a_1b_2a_3$에서 $a_1=-b_1$을 대입하자. 그러면, $a_1b_2b_3+a_1a_2a_3+b_1a_2b_3+b_1b_2a_3+b_1b_2b_3+b_1a_2a_3+a_1a_2b_3+a_1b_2a_3=-b_1b_2b_3-b_1a_2a_3+b_1a_2b_3+b_1b_2a_3+b_1b_2b_3+b_1a_2a_3-b_1a_2b_3-b_1b_2a_3=0$이 된다. 결국, 이 식은 a_1+b_1을 인수로 가진다는 것을 알 수 있다. 유사한 방법으로, $a_2=-b_2$, $a_3=-b_3$를 대입하면, a_2+b_2, a_3+b_3를 인수로 가진다는 것을 확인할 수

있다. 결국, 다음과 같은 인수분해를 얻을 수 있다.

$$a_1b_2b_3 + a_1a_2a_3 + b_1a_2b_3 + b_1b_2a_3 + b_1b_2b_3 + b_1a_2a_3 + a_1a_2b_3 + a_1b_2a_3 = (a_1+b_1)(a_2+b_2)(a_3+b_3)$$

$$\begin{aligned}&\sin\alpha\cos\beta\cos\gamma + \sin\alpha\sin\beta\sin\gamma + \cos\alpha\sin\beta\cos\gamma + \cos\alpha\cos\beta\sin\gamma\\&+\cos\alpha\cos\beta\cos\gamma + \cos\alpha\sin\beta\sin\gamma + \sin\alpha\sin\beta\cos\gamma + \sin\alpha\cos\beta\sin\gamma\\&= (\sin\alpha+\cos\alpha)(\sin\beta+\cos\beta)(\sin\gamma+\cos\gamma)\end{aligned}$$

결국, 다음 등식이 얻어진다.

$$(\sin\alpha+\cos\alpha)(\sin\beta+\cos\beta)(\sin\gamma+\cos\gamma) = 1 + 2\sin\alpha\sin\beta\sin\gamma + 2\cos\alpha\cos\beta\cos\gamma$$

A, B, C를 포함하는 적당한 치환을 이용하여 얻어진 등식을 변형시키자. 이때, $\alpha+\beta+\gamma=\pi$이므로, A, B, C를 포함한 식의 치환에서도 그 합이 π가 되도록 해야 한다. 가령, $\alpha = \frac{\pi}{2} - \frac{A}{2}$, $\beta = \frac{\pi}{2} - \frac{B}{2}$, $\gamma = \frac{\pi}{2} - \frac{C}{2}$로 치환한다고 하자. 이때, α, β, γ 대신에 $\frac{\pi}{2} - \frac{A}{2}$, $\frac{\pi}{2} - \frac{B}{2}$, $\frac{\pi}{2} - \frac{C}{2}$를 대입한다고 하자.

$\alpha+\beta+\gamma=\pi$가 되어야 한다. $\frac{\pi}{2} - \frac{A}{2} + \frac{\pi}{2} - \frac{B}{2} + \frac{\pi}{2} - \frac{C}{2} = \frac{3\pi}{2} - \frac{A+B+C}{2}$이므로, $\frac{A+B+C}{2} = \frac{\pi}{2}$이면, 즉 $A+B+C=\pi$이면 $\frac{\pi}{2} - \frac{A}{2}$, $\frac{\pi}{2} - \frac{B}{2}$, $\frac{\pi}{2} - \frac{C}{2}$의 합이 π가 되며, α, β, γ 대신에 대입할 수 있다.

$A+B+C=\pi$인 경우에 등식의 좌변을 다음과 같이 변형시킬 수 있다.

$$\begin{aligned}&(\sin\alpha+\cos\alpha)(\sin\beta+\cos\beta)(\sin\gamma+\cos\gamma)\\&= \left(\sin\left(\frac{\pi}{2}-\frac{A}{2}\right)+\cos\left(\frac{\pi}{2}-\frac{A}{2}\right)\right)\left(\sin\left(\frac{\pi}{2}-\frac{B}{2}\right)+\cos\left(\frac{\pi}{2}-\frac{B}{2}\right)\right)\times\\&\qquad\times\left(\sin\left(\frac{\pi}{2}-\frac{C}{2}\right)+\cos\left(\frac{\pi}{2}-\frac{C}{2}\right)\right)\\&= \left(\cos\frac{A}{2}+\sin\frac{A}{2}\right)\left(\cos\frac{B}{2}+\sin\frac{B}{2}\right)\left(\cos\frac{C}{2}+\sin\frac{C}{2}\right)\end{aligned}$$

그리고 등식의 우변은 다음과 같이 변형된다.

$$\begin{aligned}
&1 + 2\sin\alpha\sin\beta\sin\gamma + 2\cos\alpha\cos\beta\cos\gamma \\
&\quad = 1 + 2\sin\left(\frac{\pi}{2} - \frac{A}{2}\right)\sin\left(\frac{\pi}{2} - \frac{B}{2}\right)\sin\left(\frac{\pi}{2} - \frac{C}{2}\right) \\
&\qquad\qquad + 2\cos\left(\frac{\pi}{2} - \frac{A}{2}\right)\cos\left(\frac{\pi}{2} - \frac{B}{2}\right)\cos\left(\frac{\pi}{2} - \frac{C}{2}\right) \\
&\quad = 1 + 2\cos\frac{A}{2}\cos\frac{B}{2}\cos\frac{C}{2} + 2\sin\frac{A}{2}\sin\frac{B}{2}\sin\frac{C}{2}
\end{aligned}$$

결국, 다음 등식을 얻을 수 있다.

$$\begin{aligned}
&\left(\cos\frac{A}{2} + \sin\frac{A}{2}\right)\left(\cos\frac{B}{2} + \sin\frac{B}{2}\right)\left(\cos\frac{C}{2} + \sin\frac{C}{2}\right) \\
&\qquad = 1 + 2\cos\frac{A}{2}\cos\frac{B}{2}\cos\frac{C}{2} + 2\sin\frac{A}{2}\sin\frac{B}{2}\sin\frac{C}{2}
\end{aligned}$$

그런데, 예제 3.6에서 $\sin A + \sin B + \sin C = 4\cos\frac{A}{2}\cos\frac{B}{2}\cos\frac{C}{2}$, $\cos A + \cos B + \cos C = 4\sin\frac{A}{2}\sin\frac{B}{2}\sin\frac{C}{2} + 1$이 성립한다. 이 두 등식을 더하자. 그러면, 다음이 얻어진다.

$$\begin{aligned}
&\sin A + \sin B + \sin C + \cos A + \cos B + \cos C \\
&\qquad = 4\cos\frac{A}{2}\cos\frac{B}{2}\cos\frac{C}{2} + 4\sin\frac{A}{2}\sin\frac{B}{2}\sin\frac{C}{2} + 1
\end{aligned}$$

결국, $A + B + C = \pi$에 대해, 다음 등식이 성립한다는 것을 알 수 있다.

$$\begin{aligned}
&\sin A + \sin B + \sin C + \cos A + \cos B + \cos C + 1 \\
&\qquad = 2\left(\cos\frac{A}{2} + \sin\frac{A}{2}\right)\left(\cos\frac{B}{2} + \sin\frac{B}{2}\right)\left(\cos\frac{C}{2} + \sin\frac{C}{2}\right)
\end{aligned}$$

이제, $\sin\alpha + \sin 2\alpha + \sin 3\alpha + \cdots + \sin n\alpha$와 같이 항이 많은 경우에 식을 변형시키는 방법을 살펴보자. 이에 관련된 흥미로운 접근 방법이 [24]에 소개되어 있다. 이 방법에서는 다음 등식을 이용한다.

$$\cos\left(\alpha + \frac{2k+1}{2}h\right) - \cos\left(\alpha + \frac{2k-1}{2}h\right) = -2\sin(\alpha + kh)\sin\frac{h}{2} \tag{3.9}$$

이 등식의 타당성은 쉽게 확인할 수 있다. 등식 3.8을 이용하면, 등식 3.9의 좌변을 다음과 같이 변형시킬 수 있다.

$$\begin{aligned}
&\cos\left(\alpha+\frac{2k+1}{2}h\right)-\cos\left(\alpha+\frac{2k-1}{2}h\right)\\
&=-2\sin\frac{\left(\alpha+\frac{2k+1}{2}h\right)+\left(\alpha+\frac{2k-1}{2}h\right)}{2}\sin\frac{\left(\alpha+\frac{2k+1}{2}h\right)-\left(\alpha+\frac{2k-1}{2}h\right)}{2}\\
&=-2\sin\left(\frac{2\alpha+2kh}{2}\right)\sin\frac{h}{2}=-2\sin(\alpha+kh)\sin\frac{h}{2}
\end{aligned}$$

등식 3.9를 자세히 살펴보자. 등식 3.9에서 $k=0,1,2,3,\ \cdots,(n-1)$을 대입하면, 다음을 얻을 수 있다.

$$\begin{aligned}
\cos\left(\alpha+\frac{1}{2}h\right)-\cos\left(\alpha-\frac{1}{2}h\right)&=-2\sin\alpha\sin\frac{h}{2}\\
\cos\left(\alpha+\frac{3}{2}h\right)-\cos\left(\alpha+\frac{1}{2}h\right)&=-2\sin(\alpha+h)\sin\frac{h}{2}\\
\cos\left(\alpha+\frac{5}{2}h\right)-\cos\left(\alpha+\frac{3}{2}h\right)&=-2\sin(\alpha+2h)\sin\frac{h}{2}\\
\cos\left(\alpha+\frac{7}{2}h\right)-\cos\left(\alpha+\frac{5}{2}h\right)&=-2\sin(\alpha+3h)\sin\frac{h}{2}\\
\cdots\qquad\cdots\qquad\cdots\cdots\qquad&\cdots\cdots\qquad\cdots\\
\cos\left(\alpha+\frac{2n-1}{2}h\right)-\cos\left(\alpha+\frac{2n-3}{2}h\right)&=-2\sin(\alpha+(n-1)h)\sin\frac{h}{2}
\end{aligned}$$

이제, 이 식들을 서로 변끼리 더하면, 다음이 얻어진다.

$$\begin{aligned}
\cos\left(\alpha+\frac{2n-1}{2}h\right)-\cos\left(\alpha-\frac{1}{2}h\right)=-2\sin\frac{h}{2}[&\sin\alpha+\sin(\alpha+h)\\
&+\sin(\alpha+2h)+\sin(\alpha+3h)+\cdots+\sin(\alpha+(n-1)h)]
\end{aligned}$$

이제, 등식의 우변에서 $-2\sin\frac{h}{2}$를 좌변으로 이항하면, 다음 등식이 얻어진다.

$$\begin{aligned}
&\sin\alpha+\sin(\alpha+h)+\sin(\alpha+2h)+\sin(\alpha+3h)+\cdots+\sin(\alpha+(n-1)h)=\\
&\qquad\qquad\frac{\cos\left(\alpha+\frac{2n-1}{2}h\right)-\cos\left(\alpha-\frac{1}{2}h\right)}{-2\sin\frac{h}{2}}\qquad(3.10)
\end{aligned}$$

이제, 등식 3.10으로부터 얻을 수 있는 몇 가지 등식을 생각하자. 가령, $h = \alpha$라 놓으면, 다음이 얻어진다.

$$\sin\alpha + \sin 2\alpha + \sin 3\alpha + \sin 4\alpha + \cdots + \sin n\alpha =$$
$$\frac{\cos\left(\alpha + \frac{2n-1}{2}\alpha\right) - \cos\left(\alpha - \frac{1}{2}\alpha\right)}{-2\sin\frac{\alpha}{2}} = \frac{\cos\left(\frac{2n+1}{2}\alpha\right) - \cos\frac{\alpha}{2}}{-2\sin\frac{\alpha}{2}}$$

얻어진 식 $\frac{\cos\left(\frac{2n+1}{2}\alpha\right)-\cos\frac{\alpha}{2}}{-2\sin\frac{\alpha}{2}}$에 등식 3.8을 이용하여 식을 정리하면, 다음을 얻을 수 있다.

$$\frac{\cos\left(\frac{2n+1}{2}\alpha\right) - \cos\frac{\alpha}{2}}{-2\sin\frac{\alpha}{2}} = \frac{\sin\frac{(n+1)\alpha}{2}\sin\frac{n\alpha}{2}}{\sin\frac{\alpha}{2}}$$

이로부터, 다음과 같은 등식이 유도된다.

$$\sin\alpha + \sin 2\alpha + \sin 3\alpha + \cdots + \sin n\alpha = \frac{\sin\frac{(n+1)\alpha}{2}\sin\frac{n\alpha}{2}}{\sin\frac{\alpha}{2}}$$

살펴본 방법을 사용하여 삼각함수의 다양한 합을 구하기 위해, 등식 3.10에서 h를 변화시키면 된다. 살펴본 것처럼 h대신에 α를 넣으면, $\sin\alpha + \sin 2\alpha + \sin 3\alpha + \cdots + \sin n\alpha$에 대한 식을 얻을 수 있었다.

등식 3.10에서 h대신에 2α를 넣는다고 하자. 그러면, 등식 3.10의 좌변은 다음과 같이 변형된다.

$$\begin{aligned}&\sin\alpha + \sin(\alpha+h) + \sin(\alpha+2h) + \sin(\alpha+3h) + \cdots + \sin(\alpha+(n-1)h)\\ &= \sin\alpha + \sin(\alpha+2\alpha) + \sin(\alpha+4\alpha) + \sin(\alpha+6\alpha) + \cdots + \sin(\alpha+2(n-1)\alpha)\\ &= \sin\alpha + \sin 3\alpha + \sin 5\alpha + \sin 7\alpha + \cdots + \sin(2n-1)\alpha\end{aligned}$$

이제, 등식 3.10의 우변에 $h = 2\alpha$를 넣고 계산하면 합 $\sin\alpha + \sin 3\alpha + \sin 5\alpha + \sin 7\alpha + \cdots + \sin(2n-1)\alpha$를 구할 수 있다.

한편, 등식 3.10에서 h대신에 β를 넣는다고 하자. 그러면, 등식 3.10의 좌변은 다음과 같이 변형된다.

$$\begin{aligned}&\sin\alpha + \sin(\alpha+h) + \sin(\alpha+2h) + \sin(\alpha+3h) + \cdots + \sin(\alpha+(n-1)h)\\ &= \sin\alpha + \sin(\alpha+\beta) + \sin(\alpha+2\beta) + \sin(\alpha+3\beta) + \cdots + \sin(\alpha+(n-1)\beta)\end{aligned}$$

등식 3.10의 우변에 $h = \beta$를 넣고 계산하면, $\sin\alpha + \sin(\alpha+\beta) + \sin(\alpha+2\beta) + \sin(\alpha+3\beta) + \cdots + \sin(\alpha+(n-1)\beta)$의 합도 구할 수 있다. 이에 관련된 예제를 살펴보자.

예제 3.7. 다음 합을 구하여라.

(1) $\sin\alpha + \sin 3\alpha + \sin 5\alpha + \cdots + \sin(2n-1)\alpha$

(2) $\sin\alpha - \sin 2\alpha + \sin 3\alpha - \sin 4a + \cdots + (-1)^{n+1}\sin n\alpha$

(3) $\cos\alpha + \cos(\alpha+\beta) + \cos(\alpha+2\beta) + \cos(\alpha+3\beta) + \cdots + \cos(\alpha+(n-1)\beta)$

(4) $\sin\alpha\sin 2\alpha + \sin 2\alpha\sin 3\alpha + \sin 3\alpha\sin 4\alpha + \cdots + \sin n\alpha\sin(n+1)\alpha$

풀이. (1) 다음의 등식 3.10을 생각하자.

$$\begin{aligned}\sin\alpha + \sin(\alpha+h) + \sin(\alpha+2h) + \sin(\alpha+3h) + \cdots + \sin(\alpha+(n-1)h)\\ = \frac{\cos\left(\alpha+\frac{2n-1}{2}h\right) - \cos\left(\alpha-\frac{1}{2}h\right)}{-2\sin\frac{h}{2}}\end{aligned}$$

이 등식에서 $h = 2\alpha$라고 놓으면, 다음이 얻어진다.

$$\begin{aligned}\sin\alpha + \sin 3\alpha + \sin 5\alpha + \sin 7\alpha + \cdots + \sin(2n-1)\alpha\\ = \frac{\cos\left(\alpha+\frac{2n-1}{2}(2\alpha)\right) - \cos\left(\alpha-\frac{1}{2}(2\alpha)\right)}{-2\sin\frac{2\alpha}{2}} = \frac{\cos 2n\alpha - \cos 0}{-2\sin\alpha}\end{aligned}$$

$\cos 2n\alpha - \cos 0 = -2\sin n\alpha\sin n\alpha = -2\sin^2 n\alpha$가 되므로, 다음을 유도할 수 있다.

$$\frac{\cos 2n\alpha - \cos 0}{-2\sin\alpha} = \frac{-2\sin^2 n\alpha}{-2\sin\alpha} = \frac{\sin^2 n\alpha}{\sin\alpha}$$

이로부터, 다음의 합이 얻어진다.

$$\sin\alpha + \sin 3\alpha + \sin 5\alpha + \cdots + \sin(2n-1)\alpha = \frac{\sin^2 n\alpha}{\sin\alpha}$$

(2) 등식 3.10을 생각하자. 이 등식에서 $h = \alpha + \pi$라 놓으면, 등식의 좌변은 다음과

같이 변형된다.

$$\sin\alpha + \sin(\alpha+\alpha+\pi) + \sin(\alpha+2\alpha+2\pi) + \sin(\alpha+3\alpha+3\pi) + \cdots + \sin(\alpha+(n-1)\alpha+(n-1)\pi)$$
$$= \sin\alpha + \sin(2\alpha+\pi) + \sin(3\alpha+2\pi) + \sin(4\alpha+3\pi) + \cdots + \sin(n\alpha+(n-1)\pi)$$
$$= \sin\alpha - \sin 2\alpha + \sin 3\alpha - \sin 4\alpha + \cdots + (-1)^{n+1}\sin n\alpha$$

그리고 등식의 우변에서는 다음 식이 얻어진다.

$$\frac{\cos\left(\alpha+\frac{2n-1}{2}(\alpha+\pi)\right)-\cos\left(\alpha-\frac{\alpha+\pi}{2}\right)}{-2\sin\frac{\alpha+\pi}{2}} = \frac{-2\sin\left(\frac{2\alpha+(n-1)(\alpha+\pi)}{2}\right)\sin\frac{n(\alpha+\pi)}{2}}{-2\sin\frac{\alpha+\pi}{2}}$$
$$= \frac{\sin\left(\frac{2\alpha+(n-1)(\alpha+\pi)}{2}\right)\sin\frac{n(\alpha+\pi)}{2}}{\sin\frac{\alpha+\pi}{2}}$$
$$= \frac{\sin\left(\alpha+\frac{n-1}{2}(\alpha+\pi)\right)\sin\frac{n(\alpha+\pi)}{2}}{\cos\frac{\alpha}{2}}$$

얻어진 식들로부터 다음 등식이 유도된다.

$$\sin\alpha - \sin 2\alpha + \sin 3\alpha - \sin 4\alpha + \cdots + (-1)^{n+1}\sin n\alpha = \frac{\sin\left(\alpha+\frac{n-1}{2}(\alpha+\pi)\right)\sin\frac{n(\alpha+\pi)}{2}}{\cos\frac{\alpha}{2}}$$

(3) 등식 3.10을 생각하자. 이 등식에서 $\alpha = \alpha_1 + \frac{\pi}{2}$, $h = \beta$라 놓으면, 등식 3.10의 좌변을 다음과 같이 변형시킬 수 있다.

$$\sin\alpha + \sin(\alpha+h) + \sin(\alpha+2h) + \sin(\alpha+3h) + \cdots + \sin(\alpha+(n-1)h)$$
$$= \sin\left(\alpha_1+\frac{\pi}{2}\right) + \sin\left(\alpha_1+\frac{\pi}{2}+\beta\right) + \sin\left(\alpha_1+\frac{\pi}{2}+2\beta\right) + \sin\left(\alpha_1+\frac{\pi}{2}+3\beta\right) + \cdots + \sin\left(\alpha_1+\frac{\pi}{2}+(n-1)\beta\right)$$
$$= \cos\alpha_1 + \cos(\alpha_1+\beta) + \cos(\alpha_1+2\beta) + \cos(\alpha_1+3\beta) + \cdots + \cos(\alpha_1+(n-1)\beta)$$

그리고 등식 3.10의 우변을 다음과 같이 변형시킬 수 있다.

$$\frac{\cos\left(\alpha+\frac{(2n-1)h}{2}\right)-\cos\left(\alpha-\frac{h}{2}\right)}{-2\sin\frac{h}{2}}=\frac{\cos\left(\alpha_1+\frac{\pi}{2}+\frac{(2n-1)\beta}{2}\right)-\cos\left(\alpha_1+\frac{\pi}{2}-\frac{\beta}{2}\right)}{-2\sin\frac{\beta}{2}}$$
$$=\frac{-\sin\left(\alpha_1+\frac{(2n-1)\beta}{2}\right)+\sin\left(\alpha_1-\frac{\beta}{2}\right)}{-2\sin\frac{\beta}{2}}$$

얻어진 식을 다음과 같이 정리할 수 있다.

$$\frac{-\sin\left(\alpha_1+\frac{(2n-1)\beta}{2}\right)+\sin\left(\alpha_1-\frac{\beta}{2}\right)}{-2\sin\frac{\beta}{2}}=\frac{\cos\left(\alpha_1+\frac{(n-1)\beta}{2}\right)\sin\frac{n\beta}{2}}{\sin\frac{\beta}{2}}$$

이로부터, 다음이 얻어진다.

$$\cos\alpha+\cos(\alpha+\beta)+\cos(\alpha+2\beta)+\cos(\alpha+3\beta)+\cdots$$
$$+\cos(\alpha+(n-1)\beta)=\frac{\cos\left(\alpha+\frac{(n-1)\beta}{2}\right)\sin\frac{n\beta}{2}}{\sin\frac{\beta}{2}}$$

살펴본 풀이 방법은 등식 3.10을 이용한 것이다. 등식 3.9와 같은 삼각함수 등식을 이용해 문제를 해결할 수도 있다. 이러한 방법을 살펴보자.

문제해결에 등식 3.9와 유사한 등식을 이용하려면, 등식의 좌변에 삼각함수의 차가 있어야 하는데, 이때 삼각함수의 차는 등식 3.6과 등식 3.8 중의 하나가 될 것이다. 그리고 등식의 우변에는 $\cos(\alpha+kh)$와 같은 식이 포함되어야 한다. 그렇지 않으면, 코사인의 합에 대한 식을 얻을 수 없게 된다.

등식 3.6과 등식 3.8에서 우변에 $\cos(\alpha+kh)$와 같은 식을 포함하는 것은 등식 3.6이다. 결국, 이 문제에서는 $\sin\left(\alpha+\frac{2k+1}{2}h\right)-\sin\left(\alpha+\frac{2k-1}{2}h\right)$와 같은 식을 생각해야 한다. 이 식은 등식 3.6을 이용하여, 다음과 같이 정리될 수 있다.

$$\sin\left(\alpha+\frac{2k+1}{2}h\right)-\sin\left(\alpha+\frac{2k-1}{2}h\right)=2\cos(\alpha+kh)\sin\frac{h}{2} \tag{3.11}$$

이 등식에 $k = 0, 1, 2, 3, \cdots, (n-1)$을, $h = \beta$를 대입하면, 다음을 얻을 수 있다.

$$\sin\left(\alpha + \frac{1}{2}\beta\right) - \sin\left(\alpha - \frac{1}{2}\beta\right) = 2\cos\alpha\sin\frac{\beta}{2}$$
$$\sin\left(\alpha + \frac{3}{2}\beta\right) - \sin\left(\alpha + \frac{1}{2}\beta\right) = 2\cos(\alpha+\beta)\sin\frac{\beta}{2}$$
$$\sin\left(\alpha + \frac{5}{2}\beta\right) - \sin\left(\alpha + \frac{3}{2}\beta\right) = 2\cos(\alpha+2\beta)\sin\frac{\beta}{2}$$
$$\sin\left(\alpha + \frac{7}{2}\beta\right) - \sin\left(\alpha + \frac{5}{2}\beta\right) = 2\cos(\alpha+3\beta)\sin\frac{\beta}{2}$$
$$\cdots \qquad \cdots \qquad \cdots$$
$$\sin\left(\alpha + \frac{2n-1}{2}\beta\right) - \sin\left(\alpha + \frac{2n-3}{2}\beta\right) = 2\cos(\alpha+(n-1)\beta)\sin\frac{\beta}{2}$$

얻어진 등식들을 변끼리 서로 더하면, 다음이 얻어진다.

$$\sin\left(\alpha + \frac{(2n-1)\beta}{2}\right) - \sin\left(\alpha - \frac{\beta}{2}\right)$$
$$= 2\sin\frac{\beta}{2}\left[\cos\alpha + \cos(\alpha+\beta) + \cos(\alpha+2\beta) + \cdots + \cos(\alpha+(n-1)\beta)\right]$$

이제, $\sin\left(\alpha + \frac{(2n-1)\beta}{2}\right) - \sin\left(\alpha - \frac{\beta}{2}\right)$를 등식 3.6을 이용하여 정리하면, 문제를 해결할 수 있다.

(4) $\sin\alpha\sin 2\alpha$, $\sin 2\alpha\sin 3\alpha$, $\cdots$, $\sin n\alpha\sin(n+1)\alpha$의 합을 구해야 한다. 각 항들이 어떻게 얻어질 수 있는지를 살펴보자. 예를 들어, $\sin\alpha\sin 2\alpha$는 어떤 등식과 관련하여 얻을 수 있는지를 생각하자. 이 식은 등식 3.8과 관련하여 생각할 수 있을 것이다. 즉, $\cos(\alpha+2\alpha) - \cos(\alpha-2\alpha)$를 계산하면, $-2\sin\alpha\sin 2\alpha$가 얻어진다.

이제, 유사한 방법으로 다음을 얻을 수 있다.

$$\cos(2\alpha+3\alpha) - \cos(2\alpha-3\alpha) = -2\sin 2\alpha\sin 3\alpha$$
$$\cos(3\alpha+4\alpha) - \cos(3\alpha-4\alpha) = -2\sin 3\alpha\sin 4\alpha$$
$$\cos(4\alpha+5\alpha) - \cos(4\alpha-5\alpha) = -2\sin 4\alpha\sin 5\alpha$$
$$\cdots \qquad \cdots \qquad \cdots$$
$$\cos(n\alpha+(n+1)\alpha) - \cos(n\alpha-(n+1)\alpha) = -2\sin n\alpha\sin(n+1)\alpha$$

이제, $\cos(\alpha+2\alpha)-\cos(\alpha-2\alpha)=-2\sin\alpha\sin 2\alpha$와 얻어진 등식들을 변끼리 더하자. 이때, $\cos(\alpha+2\alpha)-\cos(\alpha-2\alpha)=\cos 3\alpha-\cos\alpha$, $\cos(2\alpha+3\alpha)-\cos(2\alpha-3\alpha)=\cos 5\alpha-\cos\alpha$, $\cos(3\alpha+4\alpha)-\cos(3\alpha-4\alpha)=\cos 7\alpha-\cos\alpha$, $\cdots$, $\cos(n\alpha+(n+1)\alpha)-\cos(n\alpha-(n+1)\alpha)=\cos(2n+1)\alpha-\cos\alpha$인 것을 생각하자. 그러면, 다음을 얻을 수 있다.

$$\begin{aligned}(\cos 3\alpha-\cos\alpha)+(\cos 5\alpha-\cos\alpha)+\cdots+(\cos(2n+1)\alpha-\cos\alpha)&\\ =-2(\sin\alpha\sin 2\alpha+\sin 2\alpha\sin 3\alpha+\sin 3\alpha\sin 4\alpha+\cdots&\\ +\sin n\alpha\sin(n+1)\alpha)&\end{aligned}$$

이로부터, 다음을 알 수 있다.

$$\begin{aligned}&\sin\alpha\sin 2\alpha+\sin 2\alpha\sin 3\alpha+\sin 3\alpha\sin 4\alpha+\cdots+\sin n\alpha\sin(n+1)\alpha\\ &\qquad=-\frac{1}{2}(\cos 3\alpha+\cos 5\alpha+\cos 7\alpha+\cdots+\cos(2n+1)\alpha-n\cos\alpha)\end{aligned}$$

합 $\cos 3\alpha+\cos 5\alpha+\cos 7\alpha+\cdots+\cos(2n+1)\alpha$를 구하자. 이를 위해, 등식 3.11을 이용할 수 있다. 등식 3.11에서 $h=2\alpha$로 놓으면, 다음과 같이 식이 변형된다.

$$\sin(\alpha+(2k+1)\alpha)-\sin(\alpha+(2k-1)\alpha)=2\cos(\alpha+2k\alpha)\sin\alpha$$

이제, $k=1,2,\cdots,n$을 대입하자. 그러면, 다음을 얻을 수 있다.

$$\begin{aligned}\sin(\alpha+3\alpha)-\sin(\alpha+\alpha)&=2\cos(\alpha+2\alpha)\sin\alpha\\ \sin(\alpha+5\alpha)-\sin(\alpha+3\alpha)&=2\cos(\alpha+4\alpha)\sin\alpha\\ \sin(\alpha+7\alpha)-\sin(\alpha+5\alpha)&=2\cos(\alpha+6\alpha)\sin\alpha\\ \cdots\qquad\cdots&\qquad\cdots\\ \sin(\alpha+(2n+1)\alpha)-\sin(\alpha+(2n-1)\alpha)&=2\cos(\alpha+2n\alpha)\sin\alpha\end{aligned}$$

얻어진 식들을 변끼리 서로 더하면, 다음이 얻어진다.

$$\sin(2n+2)\alpha-\sin 2\alpha=2\sin\alpha[\cos 3\alpha+\cos 5\alpha+\cdots+\cos(2n+1)\alpha]$$

이로부터, $\cos 3\alpha + \cos 5\alpha + \cdots + \cos(2n+1)\alpha = \frac{\sin(2n+2)\alpha - \sin 2\alpha}{2\sin\alpha}$가 되며, $\sin(2n+2)\alpha - \sin 2\alpha = 2\cos(n+2)\alpha\sin n\alpha$이다. 그러므로, 다음을 얻을 수 있다.

$$\cos 3\alpha + \cos 5\alpha + \cdots + \cos(2n+1)\alpha = \frac{\cos(n+2)\alpha\sin n\alpha}{\sin\alpha}$$

이 식을 $-\frac{1}{2}(\cos 3\alpha + \cos 5\alpha + \cos 7\alpha + \cdots + \cos(2n+1)\alpha - n\cos\alpha)$에 대입하자. 그러면, $-\frac{1}{2}\left(\frac{\cos(n+2)\alpha\sin n\alpha}{\sin\alpha} - n\cos\alpha\right) = \frac{1}{2}\left(n\cos\alpha - \frac{\cos(n+2)\alpha\sin n\alpha}{\sin\alpha}\right)$가 된다. 그러므로, 구하는 합을 다음과 같이 쓸 수 있다.

$$\begin{aligned}\sin\alpha\sin 2\alpha + \sin 2\alpha\sin 3\alpha + \sin 3\alpha\sin 4\alpha + \cdots + \sin n\alpha\sin(n+1)\alpha \\ = \frac{1}{2}\left(n\cos\alpha - \frac{\cos(n+2)\alpha\sin n\alpha}{\sin\alpha}\right)\end{aligned}$$

이것으로 문제가 해결된다. □

한편, $\tan\alpha$의 무한합에 관련된 흥미로운 문제가 [6]에 소개되어 있다. 이 문제는 다음 등식을 유도하는 것으로, $\frac{1}{2^n}\tan\frac{\alpha}{2^n}$인 형태의 항들에 대한 무한합을 구하는 문제이다.

$$\tan\alpha + \frac{1}{2}\tan\frac{\alpha}{2} + \frac{1}{4}\tan\frac{\alpha}{4} + \cdots + \frac{1}{2^n}\tan\frac{\alpha}{2^n} + \cdots = \frac{1}{\alpha} - 2\cot 2\alpha$$

이때, 분모는 0이 아니므로 $\alpha \neq 0$이며, 탄젠트의 정의역을 생각하면 $\alpha \neq (2k+1)2^{n-1}\pi$이다. 위의 등식을 증명하기 위해 예제 3.1의 $\tan\alpha - \cot\alpha = -2\cot 2\alpha$, 즉 $\tan\alpha = \cot\alpha - 2\cot 2\alpha$를 이용하자.

등식 $\tan\alpha = \cot\alpha - 2\cot 2\alpha$에서 α대신 $\frac{\alpha}{2}$를 대입하면 $\tan\frac{\alpha}{2} = \cot\frac{\alpha}{2} - 2\cot\alpha$가 된다. 얻어진 등식의 양변을 2로 나누면, $\frac{1}{2}\tan\frac{\alpha}{2} = \frac{1}{2}\cot\frac{\alpha}{2} - \cot\alpha$가 얻어진다.

다시 $\frac{1}{2}\tan\frac{\alpha}{2} = \frac{1}{2}\cot\frac{\alpha}{2} - \cot\alpha$에서 α대신 $\frac{\alpha}{2}$를 대입하고 양변을 2로 나누면 $\frac{1}{4}\tan\frac{\alpha}{4} = \frac{1}{4}\cot\frac{\alpha}{4} - \frac{1}{2}\cot\frac{\alpha}{2}$가 얻어진다. 이와 같은 방법으로, n에 대한 등식 $\frac{1}{2^n}\tan\frac{\alpha}{2^n} = \frac{1}{2^n}\cot\frac{\alpha}{2^n} - \frac{1}{2^{n-1}}\cot\frac{\alpha}{2^{n-1}}$를 얻을 수 있다.

증명할 등식의 좌변을 얻기 위해, 다음 등식을 생각하자.

$$\tan\alpha = \cot\alpha - 2\cot 2\alpha, \quad \frac{1}{2}\tan\frac{\alpha}{2} = \frac{1}{2}\cot\frac{\alpha}{2} - \cot\alpha,$$
$$\frac{1}{4}\tan\frac{\alpha}{4} = \frac{1}{4}\cot\frac{\alpha}{4} - \frac{1}{2}\cot\frac{\alpha}{2}, \quad \cdots, \quad \frac{1}{2^n}\tan\frac{\alpha}{2^n} = \frac{1}{2^n}\cot\frac{\alpha}{2^n} - \frac{1}{2^{n-1}}\cot\frac{\alpha}{2^{n-1}}$$

이 등식들을 변끼리 서로 더하면, 다음이 얻어진다.

$$\begin{aligned}
&\tan\alpha + \frac{1}{2}\tan\frac{\alpha}{2} + \frac{1}{4}\tan\frac{\alpha}{4} + \cdots + \frac{1}{2^n}\tan\frac{\alpha}{2^n} \\
&\quad = \left(\cot\alpha + \frac{1}{2}\cot\frac{\alpha}{2} + \frac{1}{4}\cot\frac{\alpha}{4} + \cdots + \frac{1}{2^n}\cot\frac{\alpha}{2^n}\right) \\
&\qquad - \left(2\cot 2\alpha + \cot\alpha + \frac{1}{2}\cot\frac{\alpha}{2} + \frac{1}{4}\cot\frac{\alpha}{4} + \cdots + \frac{1}{2^{n-1}}\cot\frac{\alpha}{2^{n-1}}\right) \\
&\quad = \frac{1}{2^n}\cot\frac{\alpha}{2^n} - 2\cot 2\alpha
\end{aligned}$$

이제, 얻어진 식 $\frac{1}{2^n}\cot\frac{\alpha}{2^n} - 2\cot 2\alpha$의 극한을 구하면, 구한합 $\tan\alpha + \frac{1}{2}\tan\frac{\alpha}{2} + \frac{1}{4}\tan\frac{\alpha}{4} + \cdots + \frac{1}{2^n}\tan\frac{\alpha}{2^n} + \cdots$을 계산할 수 있다. $n \to \infty$에 대해 극한값을 구하자.

$$\lim_{n\to\infty}\left(\frac{1}{2^n}\cot\frac{\alpha}{2^n} - 2\cot 2\alpha\right) = \lim_{n\to\infty}\left(\frac{1}{2^n}\cdot\frac{\cos\frac{\alpha}{2^n}}{\sin\frac{\alpha}{2^n}} - 2\cot 2\alpha\right)$$

이때, $\frac{1}{2^n}\cdot\frac{1}{\sin\frac{\alpha}{2^n}} = \frac{1}{\alpha}\cdot\frac{\frac{\alpha}{2^n}}{\sin\frac{\alpha}{2^n}}$로 쓸 수 있으므로, $\lim_{t\to 0}\frac{\sin t}{t} = 1$이라는 것을 생각하면 다음과 같이 극한을 구할 수 있다.

$$\begin{aligned}
\lim_{n\to\infty}\left(\frac{1}{2^n}\cdot\frac{\cos\frac{\alpha}{2^n}}{\sin\frac{\alpha}{2^n}} - 2\cot 2\alpha\right) &= \lim_{n\to\infty}\left(\frac{1}{\alpha}\cdot\frac{\frac{\alpha}{2^n}}{\sin\frac{\alpha}{2^n}}\cdot\cos\frac{\alpha}{2^n} - 2\cot 2\alpha\right) \\
&= \lim_{n\to\infty}\left(\frac{1}{\alpha}\cdot\cos\frac{\alpha}{2^n} - 2\cot 2\alpha\right) = \frac{1}{\alpha} - 2\cot 2\alpha
\end{aligned}$$

여기서는 $\frac{1}{2^n}\tan\frac{\alpha}{2^n}$인 n개의 항에 대한 합을 구하기 위해, 더하는 과정에서 소거되는 항들을 만들어 문제를 해결하였다. 이러한 방법은 수열의 합을 구할 때에 자주 이용된다.

이제, 탄젠트, 코탄젠트의 합(차)을 삼각함수의 곱의 형태로 나타내는 방법을 살펴보자. 이를 위해, 다음 식들을 살펴보자.

$$\tan(\alpha+\beta) = \frac{\tan\alpha + \tan\beta}{1 - \tan\alpha\tan\beta}, \quad \tan(\alpha-\beta) = \frac{\tan\alpha - \tan\beta}{1 + \tan\alpha\tan\beta}$$

사인과 코사인에서 했던 것처럼, $\tan(\alpha+\beta)$에 대한 등식과 $\tan(\alpha-\beta)$에 대한 등식을 변끼리 더하거나 빼려도 시도할 수 있다. 그러나 여기서는 분모가 다르기 때문에, 식들이 간단하게 정리되지 못한다.

그렇다면, $\tan A + \tan B$에서 $\tan A = \frac{\sin A}{\cos A}$, $\tan B = \frac{\sin B}{\cos B}$로 놓고, 식을 정리해 보는 것도 하나의 시도는 될 수 있을 것이다.

$$\tan A + \tan B = \frac{\sin A}{\cos A} + \frac{\sin B}{\cos B} = \frac{\sin A \cos B + \cos A \sin B}{\cos A \cos B}$$

얻어진 식의 분자에서 $\sin A \cos B + \cos A \sin B = \sin(A+B)$이므로, $\tan A + \tan B$를 다음과 같이 곱의 형태로 나타낼 수 있다.

$$\tan A + \tan B = \frac{\sin(A+B)}{\cos A \cos B}$$

유사한 방법으로, $\tan A - \tan B$를 계산하자. 그러면, $\tan A - \tan B$를 다음과 같이 곱의 형태로 나타낼 수 있다.

$$\tan A - \tan B = \frac{\sin(A-B)}{\cos A \cos B}$$

한편, $\cot A + \cot B$도 $\tan A + \tan B$에서와 같이 곱의 형태로 나타낼 수 있다. $\cot A = \frac{\cos A}{\sin A}$이며 $\cot B = \frac{\cos B}{\sin B}$이므로, $\cot A + \cot B$를 다음과 같이 변형시킬 수 있다.

$$\cot A + \cot B = \frac{\cos A}{\sin A} + \frac{\cos B}{\sin B} = \frac{\cos A \sin B + \cos B \sin A}{\sin A \sin B}$$

이때, $\cos A \sin B + \cos B \sin A = \sin A \cos B + \cos A \sin B = \sin(A+B)$이므로, 다음을 얻을 수 있다.

$$\cot A + \cot B = \frac{\sin(A+B)}{\sin A \sin B}$$

$\cot A - \cot B$도 $\cot A + \cot B$에서와 같은 방법으로 계산하면, 분자에 $\cos A \sin B - \cos B \sin A = -(\sin A \cos B - \cos A \sin B) = -(\sin(A-B)) = \sin(B-A)$가 된다. 그러므로, 다음을 알 수 있다.

$$\cot A - \cot B = \frac{\sin(B-A)}{\sin A \sin B}$$

사인과 코사인에서는 사인, 코사인의 합(차)을 곱의 형태로 변형시켰지만, 살펴본 것과 같이 $\tan A \pm \tan B$에서는 $\sin(A \pm B)$의 $\cos A \cos B$에 대한 몫의 형태로, $\cot A \pm \cot B$에서는 $\sin(B \pm A)$의 $\sin A \sin B$에 대한 몫의 형태로 표현되었다. 삼각함수 식을 변형하는 예제를 살펴보자.

예제 3.8. 다음 등식을 증명하여라. 단, (4)에서는 $\angle A + \angle B + \angle C = \pi$이고 (5)에서는 $\angle A + \angle B + \angle C = \frac{\pi}{2}$이다.

(1) $\tan A + \cot A + \tan 3A + \cot 3A = \frac{8\cos^2 2A}{\sin 6A}$

(2) $\tan A = \frac{n}{m}$일 때, $m + n = \sqrt{2}m \sin\left(\frac{\pi}{4} + A\right) \sec A$

(3) $\tan 6A - \tan 4A - \tan 2A = \tan 6A \tan 4A \tan 2A$

(4) $\tan A + \tan B + \tan C = \tan A \tan B \tan C$

(5) $\cot A + \cot B + \cot C = \cot A \cot B \cot C$

풀이. (1) 증명해야 하는 등식의 좌변을 다음과 같이 변형시키자.

$$\begin{aligned}
\tan A + \cot A + \tan 3A + \cot 3A &= \tan A + \tan 3A + \cot A + \cot 3A \\
&= \tan A + \tan 3A + \frac{1}{\tan A} + \frac{1}{\tan 3A} = \tan A + \tan 3A + \frac{\tan A + \tan 3A}{\tan A \tan 3A} \\
&= (\tan A + \tan 3A)\left(1 + \frac{1}{\tan A \tan 3A}\right) \\
&= (\tan A + \tan 3A)\left(\frac{\tan A \tan 3A + 1}{\tan A \tan 3A}\right)
\end{aligned}$$

이때, $\tan A + \tan 3A = \frac{\sin 4A}{\cos A \cos 3A}$이며, 식 $\frac{\tan A \tan 3A + 1}{\tan A \tan 3A}$는 $\tan A = \frac{\sin A}{\cos A}$, $\tan 3A = \frac{\sin 3A}{\cos 3A}$를 대입하여 다음과 같이 정리할 수 있다.

$$\frac{\tan A \tan 3A + 1}{\tan A \tan 3A} = \frac{\frac{\sin\alpha \sin 3A + \cos 3A \cos A}{\cos A \cos 3A}}{\frac{\sin A \sin 3A}{\cos A \cos 3A}} = \frac{\cos(3A - A)}{\sin A \sin 3A} = \frac{\cos 2A}{\sin A \sin 3A}$$

얻어진 식들을 대입하면, 다음과 같이 식을 정리할 수 있다.

$$\begin{aligned}
(\tan A + \tan 3A)\left(\frac{\tan A \tan 3A + 1}{\tan A \tan 3A}\right) &= \frac{\sin 4A}{\cos A \cos 3A} \cdot \frac{\cos 2A}{\sin A \sin 3A} \\
&= \frac{2\sin 2A \cos^2 2A}{\sin A \cos A \sin 3A \cos 3A} = \frac{8\cos^2 2A}{\sin 6A}
\end{aligned}$$

(2) $m+n=m\left(1+\frac{n}{m}\right)=m(1+\tan A)$로 쓸 수 있다. 이제, $\tan\frac{\pi}{4}=1$이라는 것을 생각하면, 다음을 얻을 수 있다.

$$\begin{aligned} m(1+\tan A) &= m\left(\tan\frac{\pi}{4}+\tan A\right)=m\left(\frac{\sin\frac{\pi}{4}}{\cos\frac{\pi}{4}}+\frac{\sin A}{\cos A}\right)=\frac{m\sin\left(\frac{\pi}{4}+A\right)}{\cos\frac{\pi}{4}\cos A} \\ &= \frac{m\sin\left(\frac{\pi}{4}+A\right)\sec A}{\cos\frac{\pi}{4}}=\sqrt{2}m\sin\left(\frac{\pi}{4}+A\right)\sec A \end{aligned}$$

(3) $\tan 6A-\tan 4A=\frac{\sin 2A}{\cos 6A\cos 4A}$이므로, 증명하려는 등식의 좌변을 다음과 같이 쓸 수 있다.

$$\tan 6A-\tan 4A-\tan 2A=\frac{\sin 2A}{\cos 6A\cos 4A}-\frac{\sin 2A}{\cos 2A}$$

얻어진 식을 통분하면, 다음과 같이 정리할 수 있다.

$$\begin{aligned} \frac{\sin 2A}{\cos 6A\cos 4A}-\frac{\sin 2A}{\cos 2A} &= \frac{\sin 2A\cos 2A-\sin 2A\cos 6A\cos 4A}{\cos 6A\cos 4A\cos 2A} \\ &= \frac{\sin 2A(\cos 2A-\cos 6A\cos 4A)}{\cos 6A\cos 4A\cos 2A} \end{aligned}$$

이제, $\cos 2A=\cos(6A-4A)=\cos 6A\cos 4A+\sin 6A\sin 4A$로 놓고, 이를 얻어진 식에 대입하자. 그러면, 다음을 얻을 수 있다.

$$\begin{aligned} &\frac{\sin 2A(\cos 2A-\cos 6A\cos 4A)}{\cos 6A\cos 4A\cos 2A} \\ &\quad= \frac{\sin 2A(\cos 6A\cos 4A+\sin 6A\sin 4A-\cos 6A\cos 4A)}{\cos 6A\cos 4A\cos 2A} \\ &\quad= \frac{\sin 2A\sin 6A\sin 4A}{\cos 6A\cos 4A\cos 2A}=\tan 6A\tan 4A\tan 2A \end{aligned}$$

(4) $\tan A+\tan B+\tan C$를 다음과 같이 변형시키자.

$$\begin{aligned} \tan A+\tan B+\tan C &= \frac{\sin A}{\cos A}+\frac{\sin B}{\cos B}+\frac{\sin C}{\cos C} \\ &= \frac{\sin A\cos B\cos C+\cos A\sin B\cos C+\cos A\cos B\sin C}{\cos A\cos B\cos C} \end{aligned}$$

얻어진 등식에 있는 식 $\sin A\cos B\cos C+\cos A\sin B\cos C+\cos A\cos B\sin C$가 어떻게 얻어질 수 있는지 생각하자. 식의 각 항이 사인과 코사인의 곱으로 구성되는데,

이 식은 예제 2.6에서 $\sin(\alpha+\beta+\gamma)$를 α, β, γ에 대한 삼각함수로 나타내면서 다루었다. 즉, $\sin(A+B+C) = \sin A\cos B\cos C - \sin A\sin B\sin C + \cos A\sin B\cos C + \cos A\cos B\sin C$가 성립한다. 여기서는 $\angle A+\angle B+\angle C = \pi$이므로, $\sin(A+B+C) = 0$이다. 이로부터 다음을 얻을 수 있다.

$$\sin A\cos B\cos C + \cos A\sin B\cos C + \cos A\cos B\sin C = \sin A\sin B\sin C$$

얻어진 결과를 $\tan A + \tan B + \tan C$에 대한 식에 대입하여 정리하자.

$$\begin{aligned}\tan A + \tan B + \tan C &= \frac{\sin A\cos B\cos C + \cos A\sin B\cos C + \cos A\cos B\sin C}{\cos A\cos B\cos C}\\ &= \frac{\sin A\sin B\sin C}{\cos A\cos B\cos C}\end{aligned}$$

이로부터, $\tan A + \tan B + \tan C = \tan A\tan B\tan C$가 유도된다.

(5) $\cot A + \cot B + \cot C$를 다음과 같이 변형시키자.

$$\begin{aligned}\cot A + \cot B + \cot C &= \frac{\cos A}{\sin A} + \frac{\cos B}{\sin B} + \frac{\cos C}{\sin C}\\ &= \frac{\cos A\sin B\sin C + \sin A\cos B\sin C + \sin A\sin B\cos C}{\sin A\sin B\sin C}\end{aligned}$$

얻어진 등식에 있는 식 $\cos A\sin B\sin C + \sin A\cos B\sin C + \sin A\sin B\cos C$는 예제 2.10과 관련해 생각할 수 있다. 예제 2.10에서 $\cos(A+B+C) = \cos A\cos B\cos C - \cos A\sin B\sin C - \sin A\cos B\sin C - \sin A\sin B\cos C$가 성립한다. 그리고 $\angle A+\angle B+\angle C = \frac{\pi}{2}$이므로, $\cos(A+B+C) = 0$이다. 이로부터 다음을 얻을 수 있다.

$$\cos A\sin B\sin C + \sin A\cos B\sin C + \sin A\sin B\cos C = \cos A\cos B\cos C$$

얻어진 결과를 $\cot A + \cot B + \cot C$에 대한 식에 대입하여 정리하자.

$$\begin{aligned}\cot A + \cot B + \cot C &= \frac{\cos A\sin B\sin C + \sin A\cos B\sin C + \sin A\sin B\cos C}{\sin A\sin B\sin C}\\ &= \frac{\cos A\cos B\cos C}{\sin A\sin B\sin C}\end{aligned}$$

이로부터, $\cot A + \cot B + \cot C = \cot A\cot B\cot C$가 유도된다. □

삼각함수의 곱을 합(차)으로 변형 등식 3.5에서 $\sin A + \sin B = 2\sin\frac{A+B}{2}\cos\frac{A-B}{2}$를 살펴보았다. 이 등식에서 식의 변환을 좌변으로부터 우변으로 수행한다고 하면, 사인의 합을 사인과 코사인의 곱으로 바꾸는 변환이 된다. 이제, 우변으로부터 좌변으로 식을 변환한다고 하면, 사인과 코사인의 곱을 사인의 합으로 변형시킨 것이 된다.

등식 3.5의 좌변과 우변을 바꾸어 다음과 같이 쓸 수 있다.

$$\sin\frac{A+B}{2}\cos\frac{A-B}{2} = \frac{1}{2}(\sin A + \sin B)$$

등식의 좌변에 있는 각 $\frac{A+B}{2}, \frac{A-B}{2}$를 간단히 나타내기 위해, $\frac{A+B}{2} = \alpha, \frac{A-B}{2} = \beta$로 치환을 하자. 그러면, $A = \alpha + \beta, B = \alpha - \beta$가 되며, 위의 등식을 다음과 같이 쓸 수 있다.

$$\sin\alpha\cos\beta = \frac{1}{2}(\sin(\alpha+\beta) + \sin(\alpha-\beta))$$

등식 3.6, 등식 3.7, 등식 3.8에 대해서도 같은 방법으로 치환하면, 다음의 등식들을 얻을 수 있다.

$$\begin{aligned}
\cos\alpha\sin\beta &= \frac{1}{2}(\sin(\alpha+\beta) - \sin(\alpha-\beta)) \\
\cos\alpha\cos\beta &= \frac{1}{2}(\cos(\alpha+\beta) + \cos(\alpha-\beta)) \\
\sin\alpha\sin\beta &= -\frac{1}{2}(\cos(\alpha+\beta) - \cos(\alpha-\beta))
\end{aligned}$$

이 등식들은 곱의 형태를 포함하는 삼각함수의 식을 정리하는데 폭넓게 이용된다. 가령, 다음 식의 값을 구한다고 하자.

$$\cos\frac{\pi}{9}\cos\frac{2\pi}{9}\cos\frac{3\pi}{9}\cos\frac{4\pi}{9}$$

$\cos\frac{\pi}{9}\cos\frac{2\pi}{9}$를 등식 $\cos\alpha\cos\beta = \frac{1}{2}(\cos(\alpha+\beta) + \cos(\alpha-\beta))$를 이용하면, 다음과 같이 변형시킬 수 있다.

$$\begin{aligned}
\cos\frac{\pi}{9}\cos\frac{2\pi}{9} = \frac{1}{2}\left(\cos\frac{3\pi}{9} + \cos\left(-\frac{\pi}{9}\right)\right) &= \frac{1}{2}\left(\cos\frac{\pi}{3} + \cos\frac{\pi}{9}\right) \\
&= \frac{1}{2}\left(\frac{1}{2} + \cos\frac{\pi}{9}\right) = \frac{1}{4}\left(1 + 2\cos\frac{\pi}{9}\right)
\end{aligned}$$

$\cos\frac{3\pi}{9}\cos\frac{4\pi}{9}$도 다음과 같이 변형시킬 수 있다. 이때, $\cos\frac{7\pi}{9} = \cos\left(\pi - \frac{2\pi}{9}\right) = -\cos\frac{2\pi}{9}$를 이용하자.

$$\cos\frac{3\pi}{9}\cos\frac{4\pi}{9} = \frac{1}{2}\left(\cos\frac{7\pi}{9} + \cos\frac{\pi}{9}\right) = \frac{1}{2}\left(-\cos\frac{2\pi}{9} + \cos\frac{\pi}{9}\right)$$
$$= \frac{1}{2}\left(\cos\frac{\pi}{9} - \cos\frac{2\pi}{9}\right)$$

얻어진 식들을 $\cos\frac{\pi}{9}\cos\frac{2\pi}{9}\cos\frac{3\pi}{9}\cos\frac{4\pi}{9}$에 대입하자. 그러면, 다음과 같은 식을 얻을 수 있다.

$$\begin{aligned}&\cos\frac{\pi}{9}\cos\frac{2\pi}{9}\cos\frac{3\pi}{9}\cos\frac{4\pi}{9}\\ &\quad= \frac{1}{4}\left(1 + 2\cos\frac{\pi}{9}\right)\cdot\frac{1}{2}\left(\cos\frac{\pi}{9} - \cos\frac{2\pi}{9}\right)\\ &\quad= \frac{1}{8}\left(1 + 2\cos\frac{\pi}{9}\right)\left(\cos\frac{\pi}{9} - \cos\frac{2\pi}{9}\right)\end{aligned}$$

얻어진 식에서 $\cos\frac{2\pi}{9} = \cos^2\frac{\pi}{9} - \sin^2\frac{\pi}{9}$이므로, 이를 대입하면 다음과 같이 식을 변형시킬 수 있다.

$$\begin{aligned}&\frac{1}{8}\left(1 + 2\cos\frac{\pi}{9}\right)\left(\cos\frac{\pi}{9} - \cos\frac{2\pi}{9}\right)\\ &\quad= \frac{1}{8}\left(1 + 2\cos\frac{\pi}{9}\right)\left(\cos\frac{\pi}{9} - \cos^2\frac{\pi}{9} + \sin^2\frac{\pi}{9}\right)\\ &\quad= \frac{1}{8}\left(1 + 2\cos\frac{\pi}{9}\right)\left(1 + \cos\frac{\pi}{9} - 2\cos^2\frac{\pi}{9}\right)\\ &\quad= \frac{1}{8}\left(1 + \cos\frac{\pi}{9} - 2\cos^2\frac{\pi}{9} + 2\cos\frac{\pi}{9} + 2\cos^2\frac{\pi}{9} - 4\cos^3\frac{\pi}{9}\right)\\ &\quad= \frac{1}{8}\left(1 + 3\cos\frac{\pi}{9} - 4\cos^3\frac{\pi}{9}\right)\end{aligned}$$

$\cos 3\alpha = 4\cos^3\alpha - 3\cos\alpha$이며 $4\cos^3\alpha = \cos 3\alpha + 3\cos\alpha$이므로, $4\cos^3\frac{\pi}{9} = \cos\frac{\pi}{3} + 3\cos\frac{\pi}{9}$가 된다. 그러므로, 얻어진 식을 $\frac{1}{8}\left(1 + 3\cos\frac{\pi}{9} - \cos\frac{\pi}{3} - 3\cos\frac{\pi}{9}\right) = \frac{1}{8}\left(1 - \cos\frac{\pi}{3}\right)$로 변형시킬 수 있다. 이 식을 정리하면 $\frac{1}{16}$이 되며, 다음과 같이 쓸 수 있다.

$$\cos\frac{\pi}{9}\cos\frac{2\pi}{9}\cos\frac{3\pi}{9}\cos\frac{4\pi}{9} = \frac{1}{16}$$

살펴본 식 $\cos\frac{\pi}{9}\cos\frac{2\pi}{9}\cos\frac{3\pi}{9}\cos\frac{4\pi}{9}$의 변형 과정에서는 코사인의 곱을 코사인의 합으로 변형시키고, 코사인의 2배각, 코사인의 3배각에 대한 등식을 복합적으로 이용하였다.

이제, 삼각함수 식을 변형하는 예제를 살펴보자.

예제 3.9. 다음 등식을 증명하여라. 단, (6)에서는 $\alpha+\beta+\gamma=\pi$이다.

(1) $4\sin\alpha\sin\left(\frac{\pi}{3}+\alpha\right)\sin\left(\frac{\pi}{3}-\alpha\right)=\sin 3\alpha$

(2) $\frac{\sin\alpha\sin 2\alpha+\sin 3\alpha\sin 6\alpha+\sin 4\alpha\sin 13\alpha}{\sin\alpha\cos 2\alpha+\sin 3\alpha\cos 6\alpha+\sin 4\alpha\cos 13\alpha}=\tan 9\alpha$

(3) $1+2\cos 2\alpha+2\cos 4\alpha+2\cos 6\alpha+2\cos 8\alpha=\frac{\sin 9\alpha}{\sin\alpha}$

(4) $\tan\alpha+\tan 3\alpha-\tan 4\alpha=-\tan\alpha\tan 3\alpha\tan 4\alpha$

(5) $\frac{3\tan\alpha-\tan^3\alpha}{1-3\tan^2\alpha}=\tan 3\alpha$

(6) $\sin^2\beta+\sin^2\gamma-2\sin\beta\sin\gamma\cos\alpha=\sin^2\alpha$

(7) $\sin 2\alpha+\sin 4\alpha+\sin 6\alpha+\cdots+\sin 2n\alpha=\frac{\sin n\alpha\sin(n+1)\alpha}{\sin\alpha}$

풀이. (1) 이 등식은 예제 3.2에서 $\sin(\alpha\pm\beta)=\sin\alpha\cos\beta\pm\cos\alpha\sin\beta$를 이용하여 증명하였다. 여기서는 사인의 곱을 합(차)으로 변형시키는 방법을 이용하여 증명할 것이다.

등식의 좌변을 변형하여 우변과 같다는 것을 보이자. $\sin\left(\frac{\pi}{3}+\alpha\right)\sin\left(\frac{\pi}{3}-\alpha\right)=-\frac{1}{2}\left(\cos\left(\frac{2\pi}{3}\right)-\cos 2\alpha\right)=\frac{1}{2}\left(\cos 2\alpha+\frac{1}{2}\right)$이므로, 다음을 얻을 수 있다.

$$\begin{aligned}4\sin\alpha\sin\left(\frac{\pi}{3}+\alpha\right)\sin\left(\frac{\pi}{3}-\alpha\right)&=4\sin\alpha\cdot\frac{1}{2}\left(\cos 2\alpha+\frac{1}{2}\right)\\&=2\sin\alpha\left(\cos 2\alpha+\frac{1}{2}\right)=2\sin\alpha\left(1-2\sin^2\alpha+\frac{1}{2}\right)\\&=2\sin\alpha\left(\frac{3}{2}-2\sin^2\alpha\right)=\sin\alpha(3-4\sin^2\alpha)\end{aligned}$$

한편, $\sin 3\alpha=3\sin\alpha-4\sin^3\alpha$이 성립하므로, 등식의 좌변과 우변이 같다는 것을 확인할 수 있다.

(2) 증명해야 하는 등식의 분자에 있는 식을 곱의 형태에서 합(차)의 형태로 바꾸자. $\sin\alpha\sin 2\alpha=-\frac{1}{2}(\cos 3\alpha-\cos\alpha)$, $\sin 3\alpha\sin 6\alpha=-\frac{1}{2}(\cos 9\alpha-\cos 3\alpha)$가 되며,

$\sin 4\alpha \sin 13\alpha = -\frac{1}{2}(\cos 17\alpha - \cos 9\alpha)$이다. 그리고 분모에서 $\sin\alpha\cos 2\alpha = \frac{1}{2}(\sin 3\alpha - \sin\alpha)$, $\sin 3\alpha \cos 6\alpha = \frac{1}{2}(\sin 9\alpha - \sin 3\alpha)$, $\sin 4\alpha \cos 13\alpha = \frac{1}{2}(\sin 17\alpha - 9\sin\alpha)$로 식의 형태를 바꿀 수 있다. 이 식들을 주어진 등식의 좌변에 대입하자. 그러면, 다음을 얻을 수 있다.

$$\begin{aligned}&\frac{\sin\alpha\sin 2\alpha + \sin 3\alpha \sin 6\alpha + \sin 4\alpha \sin 13\alpha}{\sin\alpha\cos 2\alpha + \sin 3\alpha\cos 6\alpha + \sin 4\alpha \cos 13\alpha}\\ &\quad = \frac{-\frac{1}{2}(\cos 3\alpha - \cos\alpha) - \frac{1}{2}(\cos 9\alpha - \cos 3\alpha) - \frac{1}{2}(\cos 17\alpha - \cos 9\alpha)}{\frac{1}{2}(\sin 3\alpha - \sin\alpha) + \frac{1}{2}(\sin 9\alpha - \sin 3\alpha) + \frac{1}{2}(\sin 17\alpha - \sin 9\alpha)}\\ &\quad = -\frac{\cos 17\alpha - \cos\alpha}{\sin 17\alpha - \sin\alpha}\end{aligned}$$

얻어진 식에서 $\cos 17\alpha - \cos\alpha = -2\sin\frac{17\alpha+\alpha}{2}\sin\frac{17\alpha-\alpha}{2} = -2\sin 9\alpha \sin 8\alpha$이며, $\sin 17\alpha - \sin\alpha = 2\cos 9\alpha\sin 8\alpha$이다. 이로부터, 다음을 얻을 수 있다.

$$-\frac{\cos 17\alpha - \cos\alpha}{\sin 17\alpha - \sin\alpha} = \frac{2\sin 9\alpha\sin 8\alpha}{2\cos 9\alpha \sin 8\alpha} = \tan 9\alpha$$

(3) 증명하려는 등식의 우변을 이항하여 통분하자. 그러면, 다음을 얻을 수 있다.

$$\begin{aligned}&1 + 2\cos 2\alpha + 2\cos 4\alpha + 2\cos 6\alpha + 2\cos 8\alpha - \frac{\sin 9\alpha}{\sin\alpha}\\ &= \frac{\sin\alpha + 2\cos 2\alpha\sin\alpha + 2\cos 4\alpha\sin\alpha + 2\cos 6\alpha\sin\alpha + 2\cos 8\alpha\sin\alpha - \sin 9\alpha}{\sin\alpha}\end{aligned}$$

이때, $2\cos 2\alpha\sin\alpha = \sin(2\alpha+\alpha) - \sin(2\alpha-\alpha) = \sin 3\alpha - \sin\alpha$가 된다. 같은 방법으로, $2\cos 4\alpha\sin\alpha = \sin 5\alpha - \sin 3\alpha$, $2\cos 6\alpha \sin\alpha = \sin 7\alpha - \sin 5\alpha$, $2\cos 8\alpha\sin\alpha = \sin 9\alpha - \sin 7\alpha$가 된다는 것을 알 수 있다. 이것을 얻어진 식에 대입하자. 그러면, 다음을 얻을 수 있다.

$$\sin\alpha + 2\cos 2\alpha\sin\alpha + 2\cos 4\alpha\sin\alpha + 2\cos 6\alpha\sin\alpha + 2\cos 8\alpha\sin\alpha = \sin 9\alpha$$

이로부터, 다음을 유도할 수 있다.

$$1 + 2\cos 2\alpha + 2\cos 4\alpha + 2\cos 6\alpha + 2\cos 8\alpha = \frac{\sin 9\alpha}{\sin\alpha}$$

(4) 이 문제와 유사한 문제를 예제 2.15에서 다루었다. 예제 2.15에서는 $\tan(\alpha+\beta) = \frac{\tan\alpha + \tan\beta}{1-\tan\alpha\tan\beta}$를 이용하여 해결하였다. 여기서는 다른 방법으로 해결해 보자.

$\tan\alpha + \tan 3\alpha = \frac{\sin 4\alpha}{\cos\alpha\cos 3\alpha}$이며, $\tan 4\alpha = \frac{\sin 4\alpha}{\cos 4\alpha}$인 것을 이용하자. 이들을 증명해야 하는 등식의 좌변에 대입하여, 다음과 같이 식을 정리할 수 있다.

$$\begin{aligned}\tan\alpha + \tan 3\alpha - \tan 4\alpha &= \frac{\sin 4\alpha}{\cos\alpha\cos 3\alpha} - \frac{\sin 4\alpha}{\cos 4\alpha}\\ &= \frac{\sin 4\alpha\cos 4\alpha - \sin 4\alpha\cos\alpha\cos 3\alpha}{\cos\alpha\cos 3\alpha\cos 4\alpha}\end{aligned}$$

얻어진 식의 분자를 살펴보자. $\sin 4\alpha\cos 4\alpha - \sin 4\alpha\cos\alpha\cos 3\alpha = \sin 4\alpha(\cos 4\alpha - \cos\alpha\cos 3\alpha)$이며, 이때 $\cos\alpha\cos 3\alpha = \frac{1}{2}(\cos 4\alpha + \cos 2\alpha)$이다. 그러므로, 분자를 다음과 같이 변형시킬 수 있다.

$$\begin{aligned}\sin 4\alpha(\cos 4\alpha - \cos\alpha\cos 3\alpha) &= \sin 4\alpha(\cos 4\alpha - \frac{1}{2}(\cos 4\alpha + \cos 2\alpha))\\ &= \frac{\sin 4\alpha}{2}(\cos 4\alpha - \cos 2\alpha) = \frac{\sin 4\alpha}{2}(-2\sin 3\alpha\sin\alpha)\end{aligned}$$

이로부터 다음을 얻을 수 있다.

$$\tan\alpha + \tan 3\alpha - \tan 4\alpha = \frac{-2\sin 4\alpha\sin 3\alpha\sin\alpha}{2\cos\alpha\cos 3\alpha\cos 4\alpha} = -\tan\alpha\tan 3\alpha\tan 4\alpha$$

(5) $\tan\alpha = \frac{\sin\alpha}{\cos\alpha}$를 대입하여, 증명해야 하는 등식의 좌변을 정리하자. 그러면, 다음을 얻을 수 있다.

$$\begin{aligned}\frac{3\tan\alpha - \tan^3\alpha}{1 - 3\tan^2\alpha} &= \frac{\frac{3\sin\alpha}{\cos\alpha} - \frac{\sin^3\alpha}{\cos^3\alpha}}{1 - \frac{3\sin^2\alpha}{\cos^2\alpha}} = \frac{\frac{3\sin\alpha\cos^2\alpha - \sin^3\alpha}{\cos^3\alpha}}{\frac{\cos^2\alpha - 3\sin^2\alpha}{\cos^2\alpha}}\\ &= \frac{3\sin\alpha\cos^2\alpha - \sin^3\alpha}{\cos\alpha(\cos^2\alpha - 3\sin^2\alpha)} = \frac{\sin\alpha(3\cos^2\alpha - \sin^2\alpha)}{\cos\alpha(\cos^2\alpha - 3\sin^2\alpha)}\end{aligned}$$

여기서 $\cos^2\alpha = \frac{1}{2}(1 + \cos 2\alpha)$, $\sin^2\alpha = \frac{1}{2}(1 - \cos 2\alpha)$를 얻어진 식에 대입하자. 그러면, 다음을 얻을 수 있다.

$$\begin{aligned}\frac{\sin\alpha(3\cos^2\alpha - \sin^2\alpha)}{\cos\alpha(\cos^2\alpha - 3\sin^2\alpha)} &= \frac{\sin\alpha\left(\frac{3}{2}(1 + \cos 2\alpha) - \frac{1}{2}(1 - \cos 2\alpha)\right)}{\cos\alpha\left(\frac{1}{2}(1 + \cos 2\alpha) - \frac{3}{2}(1 - \cos 2\alpha)\right)}\\ &= \frac{\sin\alpha(1 + 2\cos 2\alpha)}{\cos\alpha(-1 + 2\cos 2\alpha)} = \frac{2\sin\alpha\cos 2\alpha + \sin\alpha}{2\cos\alpha\cos 2\alpha - \cos\alpha}\end{aligned}$$

이때, $2\sin\alpha\cos 2\alpha = \sin 3\alpha + \sin(-\alpha) = \sin 3\alpha - \sin\alpha$이며 $2\cos\alpha\cos 2\alpha = \cos 3\alpha + \cos\alpha$이다. 이것을 대입하면, 다음을 얻을 수 있다.

$$\frac{2\sin\alpha\cos 2\alpha + \sin\alpha}{2\cos\alpha\cos 2\alpha - \cos\alpha} = \frac{\sin 3\alpha - \sin\alpha + \sin\alpha}{\cos 3\alpha + \cos\alpha - \cos\alpha} = \frac{\sin 3\alpha}{\cos 3\alpha} = \tan 3\alpha$$

(6) $\sin^2\beta = 1 - \cos^2\beta$이므로, $\sin^2\beta + \sin^2\gamma - 2\sin\beta\sin\gamma\cos\alpha = (1-\cos^2\beta) + (1-\cos^2\gamma) - 2\sin\beta\sin\gamma\cos\alpha$가 된다. 그리고 $\cos^2\beta = \frac{1+\cos 2\beta}{2}$라는 것과 $\sin\beta\sin\gamma$를 삼각함수의 합(차)으로 나타내는 식을 이용하면, 다음을 얻을 수 있다.

$$\begin{aligned}(1-\cos^2\beta) &+ (1-\cos^2\gamma) - 2\sin\beta\sin\gamma\cos\alpha \\ &= 2 - \frac{1+\cos 2\beta}{2} - \frac{1+\cos 2\gamma}{2} + (\cos(\beta+\gamma) - \cos(\beta-\gamma))\cos\alpha \\ &= \frac{2 - \cos 2\beta - \cos 2\gamma}{2} + (\cos(\beta+\gamma) - \cos(\beta-\gamma))\cos\alpha\end{aligned}$$

여기서 $\alpha = \pi - \beta - \gamma$이므로, $\cos\alpha = -\cos(\beta+\gamma)$가 된다. 그리고 $\cos 2\beta + \cos 2\gamma = 2\cos(\beta+\gamma)\cos(\beta-\gamma)$로 나타낼 수 있다. 이를 이용하여 식을 변형시키면, 다음을 얻을 수 있다.

$$\begin{aligned}&\frac{2 - \cos 2\beta - \cos 2\gamma}{2} + (\cos(\beta+\gamma) - \cos(\beta-\gamma))\cos\alpha \\ &= 1 - \cos(\beta+\gamma)\cos(\beta-\gamma) + \cos(\beta+\gamma)\cos\alpha + \cos(\beta-\gamma)\cos\alpha \\ &= 1 - \cos(\beta+\gamma)\cos(\beta-\gamma) + \cos(\beta+\gamma)\cos\alpha + \cos(\beta-\gamma)\cos(\beta+\gamma) \\ &= 1 + \cos(\beta+\gamma)\cos\alpha = 1 - \cos^2\alpha = \sin^2\alpha\end{aligned}$$

이로부터 $\sin^2\beta + \sin^2\gamma - 2\sin\beta\sin\gamma\cos\alpha = \sin^2\alpha$가 증명된다.

(7) $\sin 2\alpha + \sin 4\alpha + \sin 6\alpha + \cdots + \sin 2n\alpha = S$라 두고, 등식의 양변에 $2\sin\alpha$를 곱하자. 그러면, 다음을 얻을 수 있다.

$$2\sin\alpha\sin 2\alpha + 2\sin\alpha\sin 4\alpha + 2\sin\alpha\sin 6\alpha + \cdots + 2\sin\alpha\sin 2n\alpha = 2\sin\alpha\cdot S$$

이제, $2\sin\alpha\sin 2\alpha = -(\cos 3\alpha - \cos(-\alpha)) = \cos\alpha - \cos 3\alpha$를 생각하자. 비슷한 방법으로, $2\sin\alpha\sin 4\alpha = \cos 3\alpha - \cos 5\alpha$가 된다는 것을 알 수 있다. 그리고

$2\sin\alpha\sin 6\alpha = \cos 5\alpha - \cos 7\alpha,\ \cdots,\ 2\sin\alpha\sin 2n\alpha = \cos(2n-1)\alpha - \cos(2n+1)\alpha$
가 된다.

얻어진 등식들을 변끼리 서로 더하면, $2\sin\alpha\sin 2\alpha + 2\sin\alpha\sin 4\alpha + 2\sin\alpha\sin 6\alpha + \cdots + 2\sin\alpha\sin 2n\alpha = \cos\alpha - \cos(2n+1)\alpha$가 된다. 그리고 $\cos\alpha - \cos(2n+1)\alpha = -2\sin(n+1)\alpha\sin(-n)\alpha = 2\sin n\alpha\sin(n+1)\alpha$가 된다. 이로부터 $2\sin\alpha\cdot S = 2\sin n\alpha\sin(n+1)\alpha$이며, $S = \frac{\sin n\alpha\sin(n+1)\alpha}{\sin\alpha}$가 유도된다. □

이제, $\cos\alpha\cos\beta\cos\gamma$와 같이 3개의 삼각함수가 곱을 연결된 경우에, 이 식을 합의 형태로 나타내는 문제를 살펴보자.

예제 3.10. 다음 삼각함수의 곱을 합(차)의 형태로 변형시키라.

(1) $\cos\alpha\cos\beta\cos\gamma$

(2) $\cos\alpha\cos\beta\sin\gamma$

(3) $\cos\alpha\sin\beta\sin\gamma$

(4) $\sin\alpha\sin\beta\sin\gamma$

풀이. (1) $\cos\alpha\cos\beta$를 합으로 나타내면, $\cos\alpha\cos\beta = \frac{1}{2}(\cos(\alpha+\beta)+\cos(\alpha-\beta))$이므로, $\cos\alpha\cos\beta\cos\gamma$를 다음과 같이 변형시킬 수 있다.

$$\begin{aligned}\cos\alpha\cos\beta\cos\gamma &= \frac{1}{2}(\cos(\alpha+\beta)+\cos(\alpha-\beta))\cos\gamma \\ &= \frac{1}{2}(\cos(\alpha+\beta)\cos\gamma+\cos(\alpha-\beta)\cos\gamma)\end{aligned}$$

이때, $\cos(\alpha+\beta)\cos\gamma$, $\cos(\alpha-\beta)\cos\gamma$를 합의 형태로 변형시키자.

$$\cos(\alpha+\beta)\cos\gamma = \frac{1}{2}(\cos(\alpha+\beta+\gamma)+\cos(\alpha+\beta-\gamma))$$

$$\cos(\alpha-\beta)\cos\gamma = \frac{1}{2}(\cos(\alpha-\beta+\gamma)+\cos(\alpha-\beta-\gamma))$$

얻어진 식을 대입하면, 다음을 얻을 수 있다.

$$\begin{aligned}\cos\alpha\cos\beta\cos\gamma &= \frac{1}{2}\left(\cos(\alpha+\beta)\cos\gamma+\cos(\alpha-\beta)\cos\gamma\right)\\ &= \frac{1}{4}(\cos(\alpha+\beta+\gamma)+\cos(\alpha+\beta-\gamma)+\cos(\alpha-\beta+\gamma)\\ &\qquad +\cos(\alpha-\beta-\gamma))\end{aligned}$$

결국, $\cos\alpha\cos\beta\cos\gamma$를 삼각함수의 합(차)의 형태로 나타내면, 다음과 같다.

$$\begin{aligned}\cos\alpha\cos\beta\cos\gamma = \frac{1}{4}(&\cos(\alpha+\beta+\gamma)+\cos(\alpha+\beta-\gamma)\\ &+\cos(\alpha-\beta+\gamma)+\cos(\alpha-\beta-\gamma))\end{aligned}$$

(2) $\cos\alpha\cos\beta$를 합으로 나타내면, $\cos\alpha\cos\beta = \frac{1}{2}\left(\cos(\alpha+\beta)+\cos(\alpha-\beta)\right)$이므로, $\cos\alpha\cos\beta\sin\gamma$를 다음과 같이 변형시킬 수 있다.

$$\begin{aligned}\cos\alpha\cos\beta\sin\gamma &= \frac{1}{2}\left(\cos(\alpha+\beta)-\cos(\alpha-\beta)\right)\sin\gamma\\ &= \frac{1}{2}\left(\cos(\alpha+\beta)\sin\gamma+\cos(\alpha-\beta)\sin\gamma\right)\end{aligned}$$

이때, $\cos(\alpha+\beta)\sin\gamma$, $\cos(\alpha-\beta)\sin\gamma$를 합의 형태로 변형시키자.

$$\cos(\alpha+\beta)\sin\gamma = \frac{1}{2}\left(\sin(\alpha+\beta+\gamma)-\sin(\alpha+\beta-\gamma)\right)$$

$$\cos(\alpha-\beta)\sin\gamma = \frac{1}{2}\left(\sin(\alpha-\beta+\gamma)-\sin(\alpha-\beta-\gamma)\right)$$

얻어진 식을 대입하면, 다음을 얻을 수 있다.

$$\begin{aligned}\cos\alpha\cos\beta\sin\gamma &= \frac{1}{2}\left(\cos(\alpha+\beta)\sin\gamma+\cos(\alpha-\beta)\sin\gamma\right)\\ &= \frac{1}{4}(\sin(\alpha+\beta+\gamma)-\sin(\alpha+\beta-\gamma)+\sin(\alpha-\beta+\gamma)\\ &\qquad -\sin(\alpha-\beta-\gamma))\end{aligned}$$

결국, $\cos\alpha\cos\beta\sin\gamma$를 삼각함수의 합(차)의 형태로 나타내면, 다음과 같다.

$$\begin{aligned}\cos\alpha\cos\beta\sin\gamma = \frac{1}{4}(&\sin(\alpha+\beta+\gamma)-\sin(\alpha+\beta-\gamma)\\ &+\sin(\alpha-\beta+\gamma)-\sin(\alpha-\beta-\gamma))\end{aligned}$$

(3) $\cos\alpha\sin\beta$를 합으로 나타내면, $\cos\alpha\sin\beta = \frac{1}{2}\left(\sin(\alpha+\beta) - \sin(\alpha-\beta)\right)$이므로, $\cos\alpha\sin\beta\sin\gamma$를 다음과 같이 변형시킬 수 있다.

$$\begin{aligned}\cos\alpha\sin\beta\sin\gamma &= \frac{1}{2}\left(\sin(\alpha+\beta) - \sin(\alpha-\beta)\right)\sin\gamma \\ &= \frac{1}{2}\left(\sin(\alpha+\beta)\sin\gamma - \sin(\alpha-\beta)\sin\gamma\right)\end{aligned}$$

이때, $\sin(\alpha+\beta)\sin\gamma$, $\sin(\alpha-\beta)\sin\gamma$를 합의 형태로 변형시키자.

$$\sin(\alpha+\beta)\sin\gamma = -\frac{1}{2}\left(\cos(\alpha+\beta+\gamma) - \cos(\alpha+\beta-\gamma)\right)$$

$$\sin(\alpha-\beta)\sin\gamma = -\frac{1}{2}\left(\cos(\alpha-\beta+\gamma) - \cos(\alpha-\beta-\gamma)\right)$$

얻어진 식을 대입하면, 다음을 얻을 수 있다.

$$\begin{aligned}\cos\alpha\sin\beta\sin\gamma &= \frac{1}{2}\left(\sin(\alpha+\beta)\sin\gamma - \sin(\alpha-\beta)\sin\gamma\right) \\ &= -\frac{1}{4}(\cos(\alpha+\beta+\gamma) - \cos(\alpha+\beta-\gamma) - \cos(\alpha-\beta+\gamma) \\ &\qquad + \cos(\alpha-\beta-\gamma))\end{aligned}$$

결국, $\cos\alpha\sin\beta\sin\gamma$를 삼각함수의 합(차)의 형태로 나타내면, 다음과 같다.

$$\begin{aligned}\cos\alpha\sin\beta\sin\gamma = -\frac{1}{4}(&\cos(\alpha+\beta+\gamma) - \cos(\alpha+\beta-\gamma) \\ &- \cos(\alpha-\beta+\gamma) + \cos(\alpha-\beta-\gamma))\end{aligned}$$

(4) $\sin\alpha\sin\beta$를 합으로 나타내면, $\sin\alpha\sin\beta = -\frac{1}{2}\left(\cos(\alpha+\beta) - \cos(\alpha-\beta)\right)$이므로, $\sin\alpha\sin\beta\sin\gamma$를 다음과 같이 변형시킬 수 있다.

$$\begin{aligned}\sin\alpha\sin\beta\sin\gamma &= -\frac{1}{2}\left(\cos(\alpha+\beta) - \cos(\alpha-\beta)\right)\sin\gamma \\ &= -\frac{1}{2}\left(\cos(\alpha+\beta)\sin\gamma - \cos(\alpha-\beta)\sin\gamma\right)\end{aligned}$$

이때, $\cos(\alpha+\beta)\sin\gamma$, $\cos(\alpha-\beta)\sin\gamma$를 합의 형태로 변형시키자.

$$\cos(\alpha+\beta)\sin\gamma = \frac{1}{2}\left(\sin(\alpha+\beta+\gamma) - \sin(\alpha+\beta-\gamma)\right)$$

$$\cos(\alpha-\beta)\sin\gamma = \frac{1}{2}\left(\sin(\alpha-\beta+\gamma) - \sin(\alpha-\beta-\gamma)\right)$$

얻어진 식을 대입하면, 다음을 얻을 수 있다.

$$\begin{aligned}\sin\alpha\sin\beta\sin\gamma &= -\frac{1}{2}\left(\cos(\alpha+\beta)\sin\gamma-\cos(\alpha-\beta)\sin\gamma\right)\\ &= -\frac{1}{4}(\sin(\alpha+\beta+\gamma)-\sin(\alpha+\beta-\gamma)-\sin(\alpha-\beta+\gamma)\\ &\qquad +\sin(\alpha-\beta-\gamma))\end{aligned}$$

결국, $\sin\alpha\sin\beta\sin\gamma$를 삼각함수의 합(차)의 형태로 나타내면, 다음과 같다.

$$\begin{aligned}\sin\alpha\sin\beta\sin\gamma = -\frac{1}{4}(&\sin(\alpha+\beta+\gamma)-\sin(\alpha+\beta-\gamma)-\sin(\alpha-\beta+\gamma)\\ &+\sin(\alpha-\beta-\gamma))\end{aligned} \qquad \square$$

제 4 장.

삼각함수와 삼각형

1. 사인 정리와 삼각함수 관계식

삼각형 ABC에서 성립하는 삼각함수 관계식들을 살펴보자. 이때, 삼각형 ABC의 넓이를 S_{ABC} 또는 S, 변의 길이를 $\overline{BC} = a, \overline{AC} = b, \overline{AB} = c$, 외접원의 반지름을 R, 내접원의 반지름을 r, 둘레의 절반을 p라 하자. 즉, $p = \frac{a+b+c}{2}$이다. 꼭짓점 A에서 그은 중선, 각의 이등분선, 높이를 m_a, l_a, h_a로 나타내고, 꼭짓점 B, C에서 그은 중선, 각의 이등분선, 높이를 m_b, l_b, h_b, m_c, l_c, h_c로 나타내자.

정리 4.1 (사인 정리)**.** 삼각형 ABC에서 다음이 성립한다.

$$\frac{a}{\sin A} = \frac{b}{\sin B} = \frac{c}{\sin C} = 2R$$

증명. 사인의 정의를 이용하여 증명할 것인데, 여기서는 두 가지 방법을 살펴보자. 첫 번째 방법은 삼각형 ABC에 외접원을 작도하고, 여기에 적당히 직교좌표계를 잡아서 증명하는 것이다.

삼각형 ABC의 외접원을 작도하여 중심을 O, 반지름을 R이라 하자. 이제, 직교좌표계를 생각하자. 이때, 원점이 O이고, x축이 변 AC를 수직이등분하도록 하자(그림 4.1). 그러면, 삼각형 OAL과 OCL은 합동이 되며, $\angle AOL = \angle COL$이 된다. 한편,

호 AC에 대한 원주각이 각 B이며, 중심각은 각 AOC이다. 같은 호에 대한 중심각은 원주각의 두 배이므로, $\angle AOL = \angle B$가 된다.

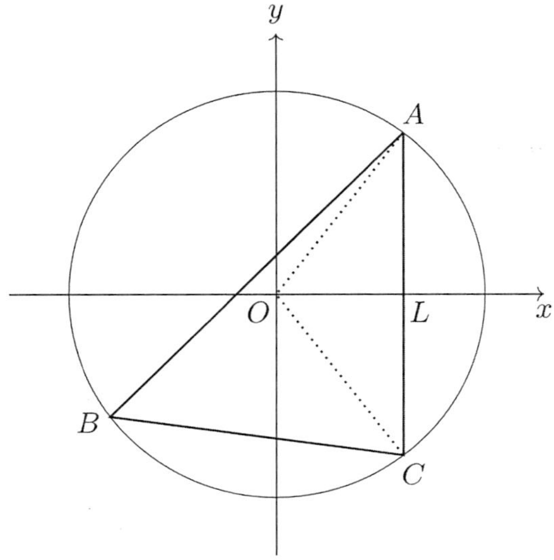

그림 4.1

이제, 각 AOL의 사인을 생각하자. 시초선이 $\overrightarrow{OL}$이고 동경이 $\overrightarrow{OA}$인 각 AOL에서 $\sin AOL$은 정의에 의해 $\sin AOL = \frac{\overline{AL}}{R}$이다. 그런데, $\angle AOL = \angle B$이므로, $\sin B = \frac{\overline{AL}}{R}$이다. 그리고 $2\overline{AL} = \overline{AC}$이므로, $\sin B = \frac{\frac{1}{2}\overline{AC}}{R} = \frac{\overline{AC}}{2R} = \frac{b}{2R}$가 된다.

유사한 방법으로, $\angle A, \angle C$에 대해서도 $\sin A = \frac{\overline{BC}}{2R} = \frac{a}{2R}, \sin C = \frac{\overline{AB}}{2R} = \frac{c}{2R}$를 얻을 수 있다. 이로부터, 다음이 성립한다.

$$\frac{a}{\sin A} = 2R, \quad \frac{b}{\sin B} = 2R, \quad \frac{c}{\sin C} = 2R$$

이것으로 정리가 증명된다.

두 번째 방법에서는 사인의 정의, 원주각의 성질, 삼각형의 닮음을 이용한다. 삼각형 ABC의 외접원을 작도하여 중심을 O, 반지름을 R이라 하자. 그림 4.2에서 각 A는 호 BC에 대한 원주각이다. 같은 호에 대한 원주각은 모두 같으므로, 선분 CA_1이 원의 중심 O를 지나도록 원주각 BA_1C를 작도하면, $\angle A = \angle BA_1C$가 된다.

각 BA_1C에 대한 사인을 생각하자. 이를 위해, 원의 중심 O를 지나 선분 A_1B와 평

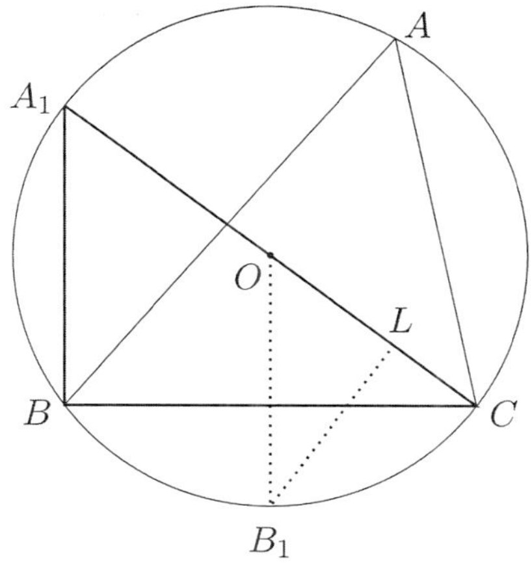

그림 4.2

행한 직선 OB_1을 작도하자. 그러면, $\angle BA_1C = \angle B_1OC$이며, $\sin BA_1C = \sin B_1OC$가 된다. 이제, 점 B_1에서 원의 지름 A_1C에 수선의 발 L을 내리면, 각 B_1OC의 사인을 구할 수 있다. 즉, $\sin A = \sin BA_1C = \sin B_1OC = \frac{\overline{B_1L}}{R}$이다.

$\overline{B_1L}$에 대한 식을 얻기 위해, 직각삼각형 OB_1L과 A_1CB를 생각하자. $\angle BA_1C = \angle B_1OC$이므로, 직각삼각형 OB_1L과 A_1CB는 닮음이다. 그러면, 다음 등식을 얻을 수 있다.

$$\frac{\overline{B_1L}}{\overline{OB_1}} = \frac{\overline{BC}}{\overline{A_1C}}, \quad \overline{B_1L} = \frac{\overline{BC}}{\overline{A_1C}} \cdot \overline{OB_1} = \frac{a}{2R} \cdot R = \frac{a}{2}$$

즉, $\overline{B_1L} = \frac{a}{2}$이다. 등식의 양변을 R로 나누면, 다음이 성립한다.

$$\frac{\overline{B_1L}}{R} = \frac{\frac{a}{2}}{R} = \frac{a}{2R}, \quad \sin B_1OC = \sin A = \frac{a}{2R}$$

이로부터, $\frac{a}{\sin A} = 2R$이 얻어진다. 같은 방법으로, $\frac{b}{\sin B} = 2R$, $\frac{c}{\sin C} = 2R$를 유도할 수 있으며, 이로부터 정리가 증명된다. □

직각삼각형에서 변들사이의 관계를 이용하여 예각의 삼각함수를 정의하는 방법으로 정리 4.1을 증명할 수도 있다. 예각삼각형 ABC에 중심이 O인 외접원을 작도하자 (그림 4.3).

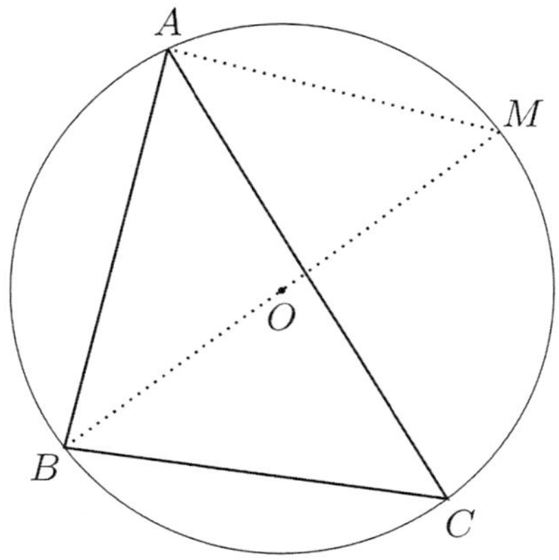

그림 4.3

먼저 $\sin C = \frac{\overline{AB}}{2R} = \frac{c}{2R}$라는 것을 유도하자. 이를 위해, 그림 4.3에 점 B에서 외접원의 중심 O를 지나 원과 점 M에서 만나는 선분을 긋자. 그러면, 각 BCA와 BMA는 호 AB에 대한 원주각으로 서로 같다. 그러므로 $\sin C = \sin BMA$이다.

삼각형 ABM에서 변 BM이 외접원의 지름이므로, $\angle BAM = \frac{\pi}{2}$이다. 즉 삼각형 ABM은 각 BAM이 직각인 직각삼각형이다. 이 직각삼각형에서 $\sin BMA = \frac{\overline{AB}}{\overline{BM}} = \frac{c}{2R}$이다. $\sin BMA = \sin C$이므로, $\sin C = \frac{c}{2R}$가 된다. 유사한 방법으로, $\sin A = \frac{a}{2R}$, $\sin B = \frac{b}{2R}$를 유도할 수 있으며, 이로부터 예각삼각형 ABC에서 정리 4.1이 증명된다.

한편, 둔각삼각형 ABC에서 정리 4.1을 증명하자. 이를 위해, 둔각삼각형 ABC와 외접원 O를 작도하자. 그리고 꼭짓점 A에서 외접원의 중심 O를 지나는 직선을 그어 원과의 교점을 M이라 하자(그림 4.4).

이때, 사각형 $ABCM$은 원에 내접하며, 원에 내접하는 사각형의 대각의 합은 π이다. 그러므로, $\angle ABC + \angle AMC = \pi$이며, $\angle ABC = \pi - \angle AMC$이다. 이로부터 $\sin ABC = \sin(\pi - \angle AMC) = \sin AMC$가 된다. 이제, 직각삼각형 ACM에서 $\sin AMC = \frac{\overline{AC}}{\overline{AM}} = \frac{b}{2R}$가 성립한다. 그러므로 $\sin ABC = \sin B = \frac{b}{2R}$가 된다.

이제 $\sin A = \frac{a}{2R}$를 보이자. 이를 위해, 그림 4.5와 같이 꼭짓점 C에서 외접원의 중심 O를 지나는 직선을 그어 원과의 교점을 N이라 하자. 그러면, 각 CAB와 CNB는 호 BC에 대한 원주각이므로, $\angle CAB = \angle A = \angle CNB$이며 $\sin A = \sin CNB$이다.

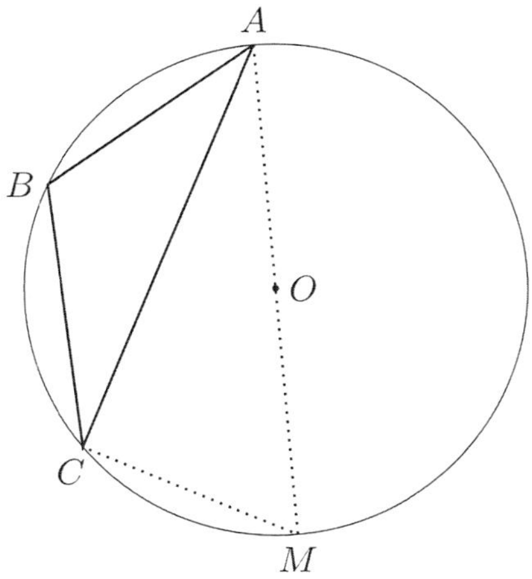

그림 4.4

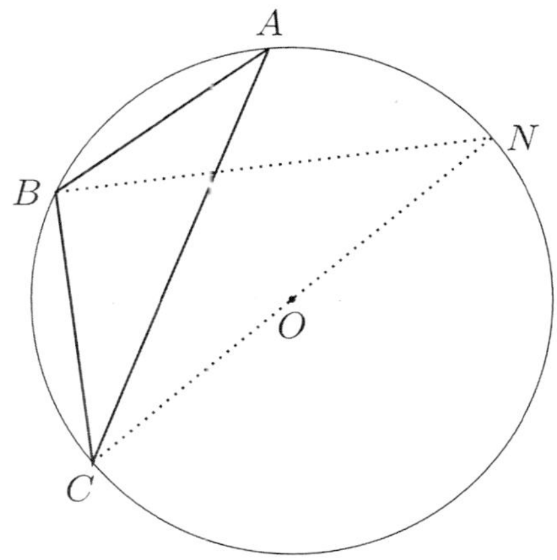

그림 4.5

직각삼각형 CNB에서 $\sin CNB = \frac{\overline{BC}}{\overline{CN}} = \frac{a}{2R}$가 되며, $\sin A = \frac{a}{2R}$가 된다. 이와 유사한 방법으로, $\sin C = \frac{c}{2R}$를 유도할 수 있다. 이로부터 둔각삼각형 ABC에 대해 정리 4.1이 증명된다.

살펴본 증명 방법에서는 $\sin A = \frac{a}{2R}$, $\sin B = \frac{b}{2R}$, $\sin C = \frac{c}{2R}$를 보여서 사인 정리를 증명하였다. 다른 접근 방법도 존재한다. 먼저, 비가 같다는 것, 즉 $\frac{a}{\sin A} = \frac{b}{\sin B} = \frac{c}{\sin C}$를 보이고, 이 비의 값이 $2R$이라는 것을 보이는 방법도 있다.

비 $\frac{a}{\sin A} = \frac{b}{\sin B} = \frac{c}{\sin C}$는 삼각형의 넓이 $S = \frac{1}{2}bc\sin A = \frac{1}{2}ac\sin B = \frac{1}{2}ab\sin C$로부터 어렵지 않게 유도할 수 있다. 즉, 등식 $\frac{1}{2}bc\sin A = \frac{1}{2}ac\sin B = \frac{1}{2}ab\sin C$의 모든 변에 2를 곱한 후에 abc로 나누자. 그러면, 다음을 얻을 수 있다.

$$\frac{\sin A}{a} = \frac{\sin B}{b} = \frac{\sin C}{c}, \quad \frac{a}{\sin A} = \frac{b}{\sin B} = \frac{c}{\sin C}$$

이제, 비 $\frac{b}{\sin B} = 2R$이 된다는 것을 증명하면 된다. 이것은 그림 4.1에서 사인의 정의를 이용하여 유도할 수 있다. $\sin B = \sin AOL = \frac{\overline{AL}}{R} = \frac{\frac{1}{2}\overline{AC}}{R} = \frac{\frac{b}{2}}{R}$이며, 이로부터 $\frac{b}{\sin B} = 2R$이 유도된다.

이러한 접근 방법에서는 사인 정리가 삼각형에서 변과 각의 사인의 비 $\frac{a}{\sin A}$, $\frac{b}{\sin B}$,

$\frac{c}{\sin C}$사이의 관계를 나타낸다는 것을 강조하고 있다.

사인 정리로부터 삼각형에 관련된 여러 결과를 얻을 수 있다. 삼각형 ABC의 넓이 $S = \frac{1}{2}ac\sin B$를 생각하자. 사인 정리에 의해 $\frac{b}{\sin B} = 2R$, $\sin B = \frac{b}{2R}$이다. 이들을 연립하면, $S = \frac{abc}{4R}$가 얻어진다. $S = \frac{abc}{4R}$를 이용하면, 삼각형의 세 변 a, b, c와 외접원의 반지름 R을 이용하여 삼각형의 넓이를 구할 수 있다.

이제, 사인 정리를 이용하여 삼각형의 성질을 증명하자.

정리 4.2. 삼각형 ABC에서 다음 등식이 성립한다.

$$a = b\cos C + c\cos B, \quad b = a\cos C + c\cos A, \quad c = a\cos B + b\cos A$$

풀이. 삼각형 ABC에서 $\angle A + \angle B = \pi - \angle C$이므로, $\sin(A+B) = \sin(\pi - C)$가 된다. 이 등식에서 좌변은 $\sin(A+B) = \sin A\cos B + \cos A\sin B$이고 우변은 $\sin(\pi - C) = \sin C$이므로, $\sin A\cos B + \cos A\sin B = \sin C$가 성립한다.

사인 정리에서 $\sin A = \frac{a}{2R}, \sin B = \frac{b}{2R}, \sin C = \frac{c}{2R}$이므로, 이것을 등식 $\sin A\cos B + \cos A\sin B = \sin C$에 대입하자. 그러면, 다음을 얻을 수 있다.

$$\sin A\cos B + \cos A\sin B = \frac{a}{2R}\cdot\cos B + \cos A\cdot\frac{b}{2R} = \sin C = \frac{c}{2R}$$

이로부터 $\frac{a}{2R}\cdot\cos B + \cos A\cdot\frac{b}{2R} = \frac{c}{2R}$가 성립하며, 양변에 $2R$을 곱해 정리하면 $a\cos B + b\cos A = c$가 얻어진다.

유사한 방법으로, $a = b\cos C + c\cos B, b = a\cos C + c\cos A$도 증명할 수 있다. □

정리 4.2를 삼각형 ABC에서 다른 방법으로 유도할 수도 있다. 가령, $a = b\cos C + c\cos B$를 유도해 보자. 먼저 각 B가 예각인 경우를 살펴보자(그림 4.6). 꼭짓점 A에서 변 BC에 수선 AH를 긋자. 그러면 $\overline{BC} = a = \overline{BH} + \overline{CH}$이다.

직각삼각형 ABH에서 $\overline{BH} = c\cos B$이며, 직각삼각형 ACH에서 $\overline{CH} = b\cos C$이다. 그러므로, $a = b\cos C + c\cos B$가 된다.

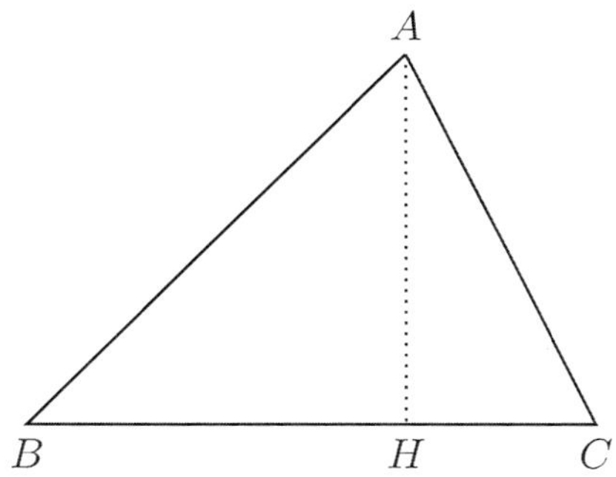

그림 4.6

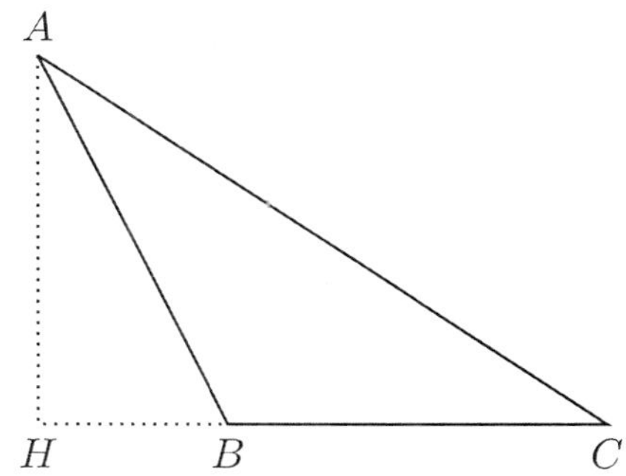

그림 4.7

각 B가 둔각이라 하자(그림 4.7). 꼭짓점 A에서 변 BC의 연장선에 수선 AH를 긋자. 그러면, $a = \overline{HC} - \overline{HB}$이다. 직각삼각형 AHB에서 $\angle ABH = \pi - \angle ABC$이므로, $\overline{HB} = c\cos ABH = c\cos(\pi - B) = -c\cos B$이다. 그리고 직각삼각형 AHC에서 $\overline{HC} = b\cos C$이다. 그러므로 $a = \overline{HC} - \overline{HB} = b\cos C + c\cos B$가 된다.

사인 정리를 비례식의 성질과 관련시키면, 삼각형에 관련된 몇 가지 등식들을 유도할 수 있다. 예를 들어, $a : b = c : d$, 즉 $\frac{a}{b} = \frac{c}{d}$이면, 다음 등식이 성립한다.

$$\frac{a+b}{b} = \frac{c+d}{d}, \quad \frac{a-b}{b} = \frac{c-d}{d}, \quad \frac{a+b}{a-b} = \frac{c+d}{c-d}$$

이 등식들의 타당성은 어렵지 않게 생각할 수 있다. 등식 $\frac{a}{b} = \frac{c}{d}$의 양변에 1을 더하여 정리하면 $\frac{a+b}{b} = \frac{c+d}{d}$가 유도되며, 등식 $\frac{a}{b} = \frac{c}{d}$의 양변에 1을 빼서 정리하면 $\frac{a-b}{b} = \frac{c-d}{d}$가 유도된다. 그리고 $\frac{a+b}{b} = \frac{c+d}{d}$에서 $\frac{a+b}{c+d} = \frac{b}{d}$가, $\frac{a-b}{b} = \frac{c-d}{d}$에서 $\frac{a-b}{c-d} = \frac{b}{d}$가 유도되며, 이들을 연립하면 $\frac{a+b}{a-b} = \frac{c+d}{c-d}$를 얻을 수 있다.

이제, 사인 정리에서 $\frac{a}{\sin A} = \frac{b}{\sin B}$, 즉 $\frac{a}{b} = \frac{\sin A}{\sin B}$를 살펴본 비례식들을 이용하여 변형시키자. $\frac{a}{b} = \frac{c}{d}$를 $\frac{a}{b} = \frac{\sin A}{\sin B}$로 생각하면, 삼각형 ABC의 변 a, b와 각 A, B에 대해 다음 등식들 얻을 수 있다.

$$\frac{a+b}{b} = \frac{\sin A + \sin B}{\sin B}, \quad \frac{a-b}{b} = \frac{\sin A - \sin B}{\sin B}, \quad \frac{a+b}{a-b} = \frac{\sin A + \sin B}{\sin A - \sin B}$$

등식 $\frac{a+b}{b} = \frac{\sin A + \sin B}{\sin B}$에 $\sin A + \sin B = 2\sin\frac{A+B}{2}\cos\frac{A-B}{2}$, $\sin B = 2\sin\frac{B}{2}\cos\frac{B}{2}$

를 대입하면, 다음 등식으로 변형된다.

$$\frac{a+b}{b}=\frac{2\sin\frac{A+B}{2}\cos\frac{A-B}{2}}{2\sin\frac{B}{2}\cos\frac{B}{2}}=\frac{\sin\frac{A+B}{2}\cos\frac{A-B}{2}}{\sin\frac{B}{2}\cos\frac{B}{2}}$$

여기에 삼각형 ABC에서 $\angle A+\angle B=\pi-\angle C$라는 것을 생각하면, $\sin\frac{A+B}{2}=\sin\frac{\pi-C}{2}=\sin\left(\frac{\pi}{2}-\frac{C}{2}\right)=\cos\frac{C}{2}$가 된다. 이것을 얻어진 식에 대입하면, 다음을 얻을 수 있다.

$$\frac{a+b}{b}=\frac{\sin\frac{A+B}{2}\cos\frac{A-B}{2}}{\sin\frac{B}{2}\cos\frac{B}{2}}=\frac{\cos\frac{C}{2}\cos\frac{A-B}{2}}{\sin\frac{B}{2}\cos\frac{B}{2}}$$

얻어진 식 $\frac{a+b}{b}=\frac{\cos\frac{C}{2}\cos\frac{A-B}{2}}{\sin\frac{B}{2}\cos\frac{B}{2}}$, 즉 $b\cos\frac{C}{2}\cos\frac{A-B}{2}=(a+b)\sin\frac{B}{2}\cos\frac{B}{2}$는 사인 정리로부터 얻어질 수 있는 새로운 등식이다. 비례식 $\frac{a-b}{b}=\frac{c-d}{d}$로부터도 등식을 유도할 수 있다. 이것은 독자에게 남긴다.

비례식 $\frac{a+b}{a-b}=\frac{c+d}{c-d}$로부터 등식을 유도해 보자. 앞에서와 같이, $\frac{a}{b}=\frac{c}{d}$와 사인 정리로부터 $\frac{a}{b}=\frac{\sin A}{\sin B}$를 생각하자. 이제, $\frac{a+b}{a-b}=\frac{c+d}{c-d}$에서 c대신에 $\sin A$, d대신에 $\sin B$를 대입하자. 그러면, 다음 등식을 얻을 수 있다.

$$\frac{a+b}{a-b}=\frac{\sin A+\sin B}{\sin A-\sin B}$$

이때, $\sin A+\sin B=2\sin\frac{A+B}{2}\cos\frac{A-B}{2}$이고 $\sin A-\sin B=2\cos\frac{A+B}{2}\sin\frac{A-B}{2}$이므로, $\frac{\sin A+\sin B}{\sin A-\sin B}$를 다음과 같이 쓸 수 있다.

$$\frac{\sin A+\sin B}{\sin A-\sin B}=\frac{2\sin\frac{A+B}{2}\cos\frac{A-B}{2}}{2\cos\frac{A+B}{2}\sin\frac{A-B}{2}}=\frac{\sin\frac{A+B}{2}\cos\frac{A-B}{2}}{\cos\frac{A+B}{2}\sin\frac{A-B}{2}}$$

$\frac{\sin\frac{A+B}{2}}{\cos\frac{A+B}{2}}=\tan\frac{A+B}{2}$이고 $\frac{\cos\frac{A-B}{2}}{\sin\frac{A-B}{2}}=\cot\frac{A-B}{2}$이므로, 다음과 같이 식을 변형시킬 수 있다.

$$\frac{\sin\frac{A+B}{2}\cos\frac{A-B}{2}}{\cos\frac{A+B}{2}\sin\frac{A-B}{2}}=\tan\frac{A+B}{2}\cot\frac{A-B}{2}=\frac{\tan\frac{A+B}{2}}{\tan\frac{A-B}{2}}$$

결국, 비례식 $\frac{a+b}{a-b}=\frac{c+d}{c-d}$로부터 다음 등식을 얻을 수 있다.

$$\frac{a+b}{a-b}=\tan\frac{A+B}{2}\cot\frac{A-B}{2}=\frac{\tan\frac{A+B}{2}}{\tan\frac{A-B}{2}}$$

그리고 $\angle A + \angle B = \pi - \angle C$라는 것을 생각하면, $\tan\frac{A+B}{2} = \tan\frac{\pi-C}{2}$가 되며 $\tan\left(\frac{\pi}{2} - \frac{C}{2}\right) = \cot\frac{C}{2}$로 쓸 수 있다. 그러면, 등식 $\frac{a+b}{a-b} = \frac{\tan\frac{A+B}{2}}{\tan\frac{A-B}{2}}$를 다음과 같이 변형시킬 수 있다.

$$\frac{a+b}{a-b} = \frac{\tan\frac{A+B}{2}}{\tan\frac{A-B}{2}} = \frac{\cot\frac{C}{2}}{\tan\frac{A-B}{2}}$$

이로부터 등식 $\frac{a+b}{a-b} = \frac{\cot\frac{C}{2}}{\tan\frac{A-B}{2}}$가 얻어지는데, 이것을 다음과 같이 쓸 수도 있다.

$$\tan\frac{A-B}{2} = \frac{a-b}{a+b}\cot\frac{C}{2}$$

삼각형의 변 a, b에 대한 식 $\frac{a+b}{a-b}$를 각 A, B의 삼각함수로 나타냈다. 이제, 삼각형의 변 a, b, c에 대한 식 $\frac{a+b}{c}$, $\frac{a-b}{c}$를 각 A, B, C의 삼각함수르 나타낼 수 있다. 이를 이용하면, 몰바이데(Mollweide) 공식이라 불리는 등식을 유도할 수 있다.

정리 4.3 (몰바이데 공식)**.** 삼각형 ABC에서 다음 등식이 성립한다.

$$\frac{a+b}{c} = \frac{\cos\frac{A-B}{2}}{\sin\frac{C}{2}}, \quad \frac{a-b}{c} = \frac{\sin\frac{A-B}{2}}{\cos\frac{C}{2}}$$

풀이. 사인 정리에 의해 $a = 2R\sin A, b = 2R\sin B, c = 2R\sin C$이다. 이것을 $\frac{a+b}{c}$에 대입하고 $\sin A + \sin B = 2\sin\frac{A+B}{2}\cos\frac{A-B}{2}$, $\sin C = 2\sin\frac{C}{2}\cos\frac{C}{2}$임을 생각하면, 다음을 얻을 수 있다.

$$\frac{a+b}{c} = \frac{2R\sin A + 2R\sin B}{2R\sin C} = \frac{\sin A + \sin B}{\sin C} = \frac{\sin\frac{A+B}{2}\cos\frac{A-B}{2}}{\sin\frac{C}{2}\cos\frac{C}{2}}$$

$\angle A + \angle B = \pi - \angle C$이므로, $\sin\frac{A+B}{2} = \sin\left(\frac{\pi}{2} - \frac{C}{2}\right) = \cos\frac{C}{2}$가 된다. 이것을 위의 등식에 대입하면, 다음을 얻을 수 있다.

$$\frac{\sin\frac{A+B}{2}\cos\frac{A-B}{2}}{\sin\frac{C}{2}\cos\frac{C}{2}} = \frac{\cos\frac{C}{2}\cos\frac{A-B}{2}}{\sin\frac{C}{2}\cos\frac{C}{2}} = \frac{\cos\frac{A-B}{2}}{\sin\frac{C}{2}}$$

한편, $\frac{a-b}{c}$에 대해서도 유사한 방법으로, 다음과 같이 등식을 유도할 수 있다.

$$\frac{a-b}{c} = \frac{\sin A - \sin B}{\sin C} = \frac{\cos\frac{A+B}{2}\sin\frac{A-B}{2}}{\sin\frac{C}{2}\cos\frac{C}{2}} = \frac{\sin\frac{C}{2}\sin\frac{A-B}{2}}{\sin\frac{C}{2}\cos\frac{C}{2}} = \frac{\sin\frac{A-B}{2}}{\cos\frac{C}{2}}$$

이것으로 정리가 증명된다. □

몰바이데 공식은 정리 4.2를 이용하여 증명할 수도 있다. 정리 4.2에 의해, $a = b\cos C + c\cos B$이고 $b = a\cos C + c\cos A$이다. 이 두 등식을 서로 더하면, $a + b = b\cos C + c\cos B + a\cos C + c\cos A = (a+b)\cos C + c(\cos A + \cos B)$이다. 이때, $(a+b)\cos C$를 이항하면, $(1-\cos C)(a+b) = c(\cos A + \cos B)$이고 $\frac{a+b}{c} = \frac{\cos A + \cos B}{1-\cos C}$가 된다.

$\cos A + \cos B = 2\cos\frac{A+B}{2}\cos\frac{A-B}{2}$이고, $\cos C = 1 - 2\sin^2\frac{C}{2}$이며 $1 - \cos C = 2\sin^2\frac{C}{2}$이다. 이것을 대입하면, 다음을 얻을 수 있다.

$$\frac{a+b}{c} = \frac{\cos A + \cos B}{1-\cos C} = \frac{2\cos\frac{A+B}{2}\cos\frac{A-B}{2}}{2\sin^2\frac{C}{2}} = \frac{\cos\frac{A+B}{2}\cos\frac{A-B}{2}}{\sin^2\frac{C}{2}}$$

$\angle A + \angle B = \pi - \angle C$이므로, $\cos\frac{A+B}{2} = \cos\left(\frac{\pi}{2} - \frac{C}{2}\right) = \sin\frac{C}{2}$이다. 그러므로, 다음이 성립한다.

$$\frac{a+b}{c} = \frac{\cos\frac{A+B}{2}\cos\frac{A-B}{2}}{\sin^2\frac{C}{2}} = \frac{\sin\frac{C}{2}\cos\frac{A-B}{2}}{\sin^2\frac{C}{2}} = \frac{\cos\frac{A-B}{2}}{\sin\frac{C}{2}}$$

이로부터 $\frac{a+b}{c} = \frac{\cos\frac{A-B}{2}}{\sin\frac{C}{2}}$가 증명된다.

한편, $\frac{a-b}{c} = \frac{\sin\frac{A-B}{2}}{\cos\frac{C}{2}}$은 $a = b\cos C + c\cos B$에서 $b = a\cos C + c\cos A$를 빼서, 앞에서와 유사한 방법으로 정리하면 유도될 수 있다. 이것은 독자에게 남긴다.

이제, 몰바이데 공식을 사인 정리나 정리 4.2를 이용하지 않고, 기하학적으로 유도해 보자. 여기서는 [14]에 제시된 방법을 중심으로 살펴보자.

삼각형 ABC에서 각 C의 이등분선 CD를 긋자. 그리고 직선 CD에 삼각형의 꼭짓점 A, B에서 수선 AH_1, BH_2를 긋자. 이때, 직선 BH_2와 변 CA의 연장선의 교점을 E라 하자(그림 4.8).

여기서는 몰바이데 공식 $\frac{a+b}{c} = \frac{\cos\frac{A-B}{2}}{\sin\frac{C}{2}}$, $\frac{a-b}{c} = \frac{\sin\frac{A-B}{2}}{\cos\frac{C}{2}}$의 우변에서 좌변을 유도할 것이다. 이를 위해, $\cos\frac{A-B}{2}, \sin\frac{C}{2}, \sin\frac{A-B}{2}$, $\cos\frac{C}{2}$를 구하자. 직각삼각형 CBH_2에서 $\cos\frac{C}{2} = \frac{\overline{CH_2}}{\overline{CB}} = \frac{\overline{CH_2}}{a}$이고, $\sin\frac{C}{2} = \frac{\overline{BH_2}}{\overline{CB}} = \frac{\overline{BH_2}}{a}$이다.

직각삼각형 BDH_2에서 $\angle DBH_2 = \angle CBH_2 - \angle B$이다. $\angle CBH_2$는 직각삼각형 CBH_2에서 생각하자. $\angle CBH_2 = \frac{\pi}{2} - \frac{\angle C}{2} = \frac{\angle A + \angle B}{2}$이다. 그러므로, $\angle DBH_2 =$

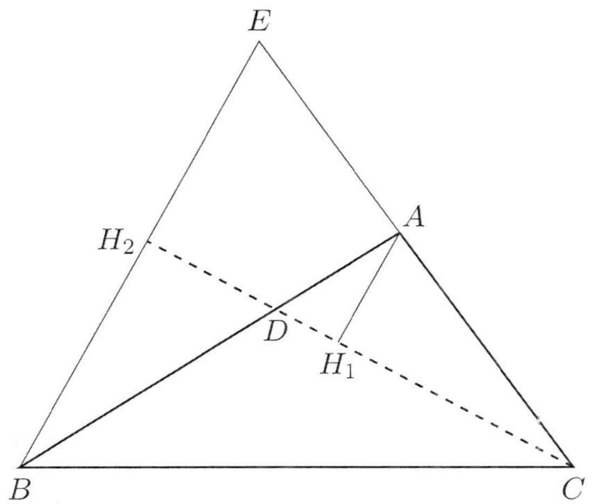

그림 4.8

$\angle CBH_2 - \angle B = \frac{\angle A + \angle B}{2} - \angle B = \frac{\angle A - \angle B}{2}$가 된다. 이로부터, $\sin\frac{A-B}{2} = \sin DBH_2 = \frac{\overline{DH_2}}{\overline{BD}}$이며, $\cos\frac{A-B}{2} = \cos DBH_2 = \frac{\overline{BH_2}}{\overline{BD}}$이다.

얻어진 삼각함수 식들로부터, 다음을 얻을 수 있다.

$$\frac{\cos\frac{A-B}{2}}{\sin\frac{C}{2}} = \frac{\frac{\overline{BH_2}}{\overline{BD}}}{\frac{\overline{BH_2}}{a}} = \frac{a}{\overline{BD}},\ \frac{\sin\frac{A-B}{2}}{\cos\frac{C}{2}} = \frac{\frac{\overline{DH_2}}{\overline{BD}}}{\frac{\overline{CH_2}}{a}} = \frac{a \cdot \overline{DH_2}}{\overline{BD} \cdot \overline{CH_2}}$$

$\frac{\cos\frac{A-B}{2}}{\sin\frac{C}{2}}$와 $\frac{\sin\frac{A-B}{2}}{\cos\frac{C}{2}}$를 삼각형의 변들로 나타내기 위해, $\overline{BD}$와 $\frac{\overline{DH_2}}{\overline{CH_2}}$를 삼각형의 변들로 나타내자.

$\overline{BD}$를 구하기 위해, 각의 이등분선의 성질을 이용하자. $\overline{CD}$가 각의 이등분선이므로, $\frac{\overline{AD}}{\overline{BD}} = \frac{\overline{CA}}{\overline{CB}}$이다. 얻어진 등식의 양변에 1을 더하면, 다음을 얻을 수 있다.

$$\frac{\overline{AD} + \overline{BD}}{\overline{BD}} = \frac{\overline{CA} + \overline{CB}}{\overline{CB}},\ \frac{\overline{AB}}{\overline{BD}} = \frac{\overline{CA} + \overline{CB}}{\overline{CB}}$$

이로부터 $\frac{c}{\overline{BD}} = \frac{b+a}{a}$이며, $\overline{BD} = \frac{ac}{a+b}$가 된다.

$\frac{\overline{DH_2}}{\overline{CH_2}}$를 구하기 위해, $\frac{\overline{DH_2} \cdot \overline{H_1H_2}}{\overline{CH_2} \cdot \overline{H_1H_2}} = \frac{\overline{DH_2}}{\overline{H_1H_2}} \cdot \frac{\overline{H_1H_2}}{\overline{CH_2}}$를 생각하자. 직각삼각형 CH_2E와 CH_1A가 닮음이므로, $\frac{\overline{H_1H_2}}{\overline{CH_2}} = \frac{\overline{AE}}{\overline{CE}}$이다. 이때, 직각삼각형 CBH_2와 CEH_2가 합동이므로, $\overline{CE} = \overline{CB} = a$이다. 그리고 $\overline{AE} = \overline{CE} - \overline{AC} = a - b$가 된다. 결국, $\frac{\overline{H_1H_2}}{\overline{CH_2}} = \frac{a-b}{a}$가 된다.

$\frac{\overline{DH_2}}{\overline{H_1H_2}}$를 구하기 위해, $\frac{\overline{H_1H_2}}{\overline{DH_2}}$를 계산하자. $\frac{\overline{H_1H_2}}{\overline{DH_2}} = \frac{\overline{H_1D}+\overline{DH_2}}{\overline{DH_2}} = \frac{\overline{H_1D}}{\overline{DH_2}} + \frac{\overline{DH_2}}{\overline{DH_2}}$이다. 이때, $\frac{\overline{H_1D}}{\overline{DH_2}}$는 직각삼각형 ADH_1과 BDH_2의 닮음으로부터 얻어질 수 있다. 즉 $\frac{\overline{H_1D}}{\overline{DH_2}} = \frac{\overline{AD}}{\overline{BD}} = \frac{b}{a}$가 된다. 결국 $\frac{\overline{H_1D}}{\overline{DH_2}} + \frac{\overline{DH_2}}{\overline{DH_2}} = \frac{b}{a} + 1 = \frac{a+b}{a}$이며, $\frac{\overline{DH_2}}{\overline{H_1H_2}} = \frac{a}{a+b}$이다. 이로부터 $\frac{\overline{DH_2}}{\overline{CH_2}} = \frac{\overline{DH_2}}{\overline{H_1H_2}} \cdot \frac{\overline{H_1H_2}}{\overline{CH_2}} = \frac{a}{a+b} \cdot \frac{a-b}{a} = \frac{a-b}{a+b}$가 된다.

얻어진 $\overline{BD}$와 $\frac{\overline{DH_2}}{\overline{CH_2}}$를 대입하면, 다음을 얻을 수 있다.

$$\frac{\cos\frac{A-B}{2}}{\sin\frac{C}{2}} = \frac{a}{\overline{BD}} = \frac{a}{\frac{ac}{a+b}} = \frac{a+b}{c}$$
$$\frac{\sin\frac{A-B}{2}}{\cos\frac{C}{2}} = \frac{a}{\overline{BD}} \cdot \frac{\overline{DH_2}}{\overline{CH_2}} = \frac{a+b}{c} \cdot \frac{a-b}{a+b} = \frac{a-b}{c}$$

살펴본 것과 같이, 강의 이등분선의 성질, 삼각형의 합동과 닮음을 이용하여 몰바이데 공식을 유도하였다.

앞에서 사인 정리를 이용하여 비례식 $\frac{a+b}{b} = \frac{c+d}{d}$, $\frac{a-b}{b} = \frac{c-d}{d}$, $\frac{a+b}{a-b} = \frac{c+d}{c-d}$와 비 $\frac{a+b}{c}$, $\frac{a-b}{c}$를 삼각형의 각 A, B, C의 삼각함수로 나타냈고, 몇 가지 등식을 유도하였다.

이제, 비례식 $\frac{a}{x} = \frac{b}{y} = \frac{c}{z}$로부터 $\frac{a}{x} = \frac{b}{y} = \frac{c}{z} = \frac{a+b+c}{x+y+z}$가 성립한다는 것을 생각하자. 이것을 사인 정리와 비교하면, x대신 $\sin A$, y대신 $\sin B$, z대신 $\sin C$를 생각할 수 있다. 그러면, 다음 관계식을 유도할 수 있다.

$$\frac{a+b+c}{\sin A + \sin B + \sin C} = \frac{a}{\sin A} = \frac{b}{\sin B} = \frac{c}{\sin C} = 2R$$

이 등식에서 삼각형 둘레의 절반을 p로 나타내자. 그리고 예제 3.6에서 삼각형의 각 A, B, C에 대해 $\sin A + \sin B + \sin C = 4\cos\frac{A}{2}\cos\frac{B}{2}\cos\frac{C}{2}$를 보였다. 이를 대입하면, 다음 등식을 얻을 수 있다.

$$\frac{p}{2\cos\frac{A}{2}\cos\frac{B}{2}\cos\frac{C}{2}} = 2R, \quad \cos\frac{A}{2}\cos\frac{B}{2}\cos\frac{C}{2} = \frac{p}{4R}$$

이제, 사인 정리를 이용하여 증명할 수 있는 삼각형에 관련된 정리들을 살펴보자. 우선, 체바(Ceva) 정리와 메넬라우스(Menelaus) 정리를 알아보자. 체바 정리와 메넬라우스 정리를 증명하는 다양한 방법이 있는데, 여기서는 사인 정리를 이용한 [12]에 소개된 아이디어를 바탕으로 증명을 살펴보자.

삼각형 ABC의 변 BC, AC, AB에 점 L, M, N을 잡아, 선분 AL, BM, CN을 작도하자(그림 4.9). 체바 정리는 선분 AL, BM, CN이 한 점 O에서 만날 필요충분조건은 다음 등식이 성립한다는 것이다.

$$\frac{\overline{AN}}{\overline{NB}} \cdot \frac{\overline{BL}}{\overline{LC}} \cdot \frac{\overline{CM}}{\overline{MA}} = 1$$

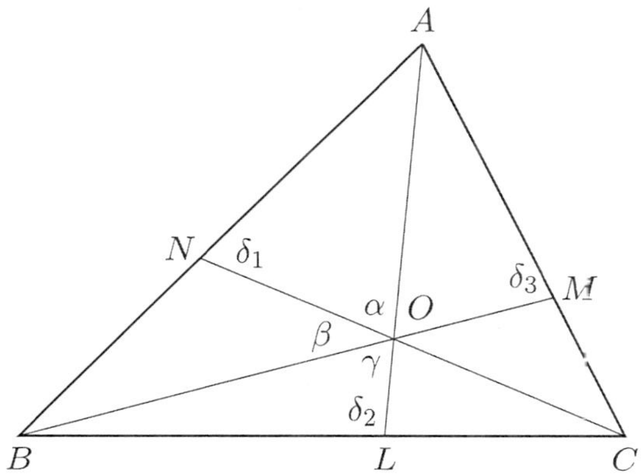

그림 4.9

예제 4.1 (체바 정리)**.** 삼각형 ABC에서 그림 4.9와 같이 선분 AL, BM, CN이 한 점 O에서 만날 필요충분조건은 다음 등식이 성립하는 것임을 증명하여라.

$$\frac{\overline{AN}}{\overline{NB}} \cdot \frac{\overline{BL}}{\overline{LC}} \cdot \frac{\overline{CM}}{\overline{MA}} = 1$$

풀이. [충분조건 증명] 삼각형 ANO에 사인 정리를 사용하기 위해, $\angle AON = \alpha$, $\angle ANO = \delta_1$이라 하자. 그러면, 사인 정리에 의해 $\frac{\overline{AN}}{\overline{AO}} = \frac{\sin\alpha}{\sin\delta_1}$가 성립한다. 그리고 $\angle NOB = \beta$라 하면, 사인 정리에 의해 $\frac{\overline{NB}}{\overline{BO}} = \frac{\sin\beta}{\sin(\pi-\delta_1)} = \frac{\sin\beta}{\sin\delta_1}$가 성립한다. 이제, 얻어진 두 식을 변끼리 나누면, 다음이 얻어진다.

$$\frac{\frac{\overline{AN}}{\overline{AO}}}{\frac{\overline{NB}}{\overline{BO}}} = \frac{\frac{\sin\alpha}{\sin\delta_1}}{\frac{\sin\beta}{\sin\delta_1}}, \quad \frac{\overline{AN}}{\overline{NB}} = \frac{\overline{AO}\cdot\sin\alpha}{\overline{BO}\cdot\sin\beta}$$

같은 방법으로, 삼각형 BLO와 CLO에 사인 정리를 사용하자. 이를 위해, $\angle BOL = \gamma$, $\angle BLO = \delta_2$라 놓자. 그러면, 다음을 얻을 수 있다.

$$\frac{\overline{BL}}{\overline{BO}} = \frac{\sin\gamma}{\sin\delta_2}, \quad \frac{\overline{LC}}{\overline{CO}} = \frac{\sin\alpha}{\sin\delta_2}, \quad \frac{\overline{BL}}{\overline{LC}} = \frac{\overline{EO}\cdot\sin\gamma}{\overline{CO}\cdot\sin\alpha}$$

이제, 삼각형 CMO와 AMO에 사인 정리를 사용하자. 이를 위해, $\angle AMO = \delta_3$라 놓자. 그러면, 다음을 얻을 수 있다.

$$\frac{\overline{CM}}{\overline{CO}} = \frac{\sin\beta}{\sin\delta_3}, \ \frac{\overline{MA}}{\overline{AO}} = \frac{\sin\gamma}{\sin\delta_3}, \quad \frac{\overline{CM}}{\overline{MA}} = \frac{\overline{CO}\cdot\sin\beta}{\overline{AO}\cdot\sin\gamma}$$

얻어진 등식 $\frac{\overline{AN}}{\overline{NB}} = \frac{\overline{AO}\cdot\sin\alpha}{\overline{BO}\cdot\sin\beta}$, $\frac{\overline{BL}}{\overline{LC}} = \frac{\overline{BO}\cdot\sin\gamma}{\overline{CO}\cdot\sin\alpha}$, $\frac{\overline{CM}}{\overline{MA}} = \frac{\overline{CO}\cdot\sin\beta}{\overline{AO}\cdot\sin\gamma}$를 변끼리 서로 곱하자. 그러면, 다음을 얻을 수 있다.

$$\frac{\overline{AN}}{\overline{NB}}\cdot\frac{\overline{BL}}{\overline{LC}}\cdot\frac{\overline{CM}}{\overline{MA}} = \frac{\overline{AO}\cdot\sin\alpha}{\overline{BO}\cdot\sin\beta}\cdot\frac{\overline{BO}\cdot\sin\gamma}{\overline{CO}\cdot\sin\alpha}\cdot\frac{\overline{CO}\cdot\sin\beta}{\overline{AO}\cdot\sin\gamma} = 1$$

[필요조건 증명] 등식 $\frac{\overline{AN}}{\overline{NB}}\cdot\frac{\overline{BL}}{\overline{LC}}\cdot\frac{\overline{CM}}{\overline{MA}} = 1$이 성립할 때, 선분 AL, BM, CN이 한 점에서 만난다는 것을 보이자. 이를 위해, 삼각형 ABC에서 서로 만나는 두 선분 AL, BM을 작도하고, 그 교점을 O라 하자(그림 4.10).

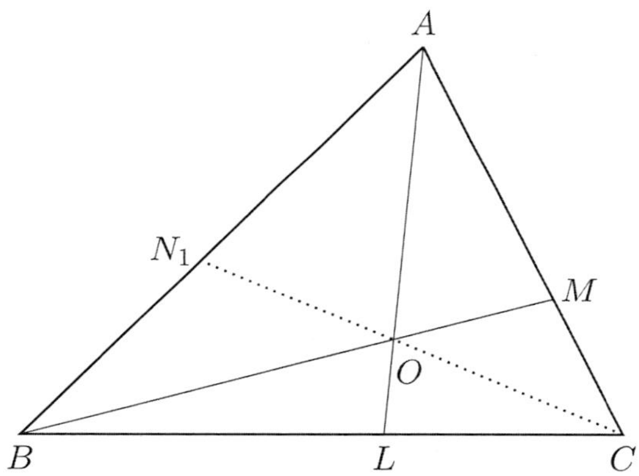

그림 4.10

이제, 직선 CO를 그어 변 AB와의 교점을 N_1이라 하자. 그러면, 앞에서 증명한 것에 의해, 다음 등식이 성립한다.

$$\frac{\overline{AN_1}}{\overline{N_1B}}\cdot\frac{\overline{BL}}{\overline{LC}}\cdot\frac{\overline{CM}}{\overline{MA}} = 1$$

이 등식을 등식 $\frac{\overline{AN}}{\overline{NB}}\cdot\frac{\overline{BL}}{\overline{LC}}\cdot\frac{\overline{CM}}{\overline{MA}} = 1$과 연립하자. 그러면, $\frac{\overline{AN_1}}{\overline{N_1B}} = \frac{\overline{AN}}{\overline{NB}}$이 얻어진다. 이 등식은 점 N과 N_1이 변 AB를 같은 비로 나눈다는 것을 의미하므로, 점 N과 N_1은

일치한다. 이로부터, 세 선분 AL, BM, CN이 한 점에서 만난다는 것이 증명된다. □

체바 정리의 등식은 삼각형의 선분들로 구성된다. 그런데, 사인 정리에 의해 삼각형의 변을 대각의 사인값으로 나타낼 수 있으므로, 체바 정리의 등식에서 선분을 사인으로 표현할 수도 있을 것이다.

이를 위해, 삼각형 ABC와 한 점 O에서 만나는 선분 AL, BM, CN을 생각하자. 이때, $\angle BAL = \alpha_2$, $\angle CAL = \alpha_1$, $\angle ABM = \beta_1$, $\angle CBM = \beta_2$, $\angle BCN = \gamma_1$, $\angle ACN = \gamma_2$라 하자. 그리고 $\angle ALB = \delta_1$, $\angle BMA = \delta_2$, $\angle ANC = \delta_3$라 하자(그림 4.11).

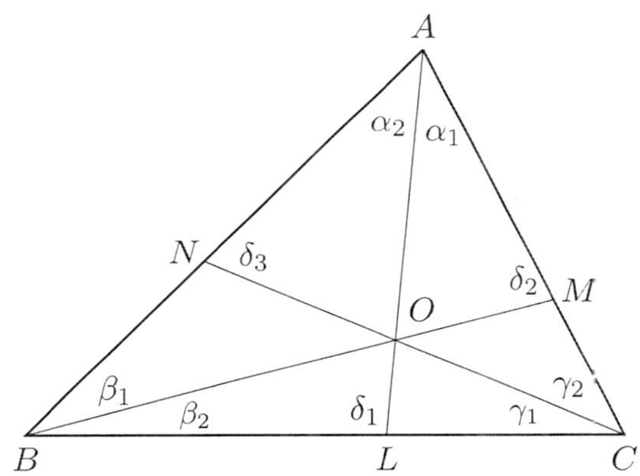

그림 4.11

삼각형 ABL에서 사인 정리에 의해 $\frac{\overline{AB}}{\overline{BL}} = \frac{\sin\delta_1}{\sin\alpha_2}$이므로, $\frac{c}{\overline{BL}} = \frac{\sin\delta_1}{\sin\alpha_2}$이고 $\overline{BL} = \frac{c\sin\alpha_2}{\sin\delta_1}$이다. 그리고 삼각형 ACL에서 사인 정리에 의해 $\frac{\overline{AC}}{\overline{LC}} = \frac{\sin(\pi-\delta_1)}{\sin\alpha_1}$이므로, $\frac{b}{\overline{LC}} = \frac{\sin\delta_1}{\sin\alpha_1}$이고 $\overline{LC} = \frac{b\sin\alpha_1}{\sin\delta_1}$이다. 이로부터 다음을 얻을 수 있다.

$$\frac{\overline{BL}}{\overline{LC}} = \frac{\frac{c\sin\alpha_2}{\sin\delta_1}}{\frac{b\sin\alpha_1}{\sin\delta_1}} = \frac{c\sin\alpha_2}{b\sin\alpha_1}$$

이제, 삼각형 CAN에서 사인 정리에 의해 $\frac{\overline{AC}}{\overline{AN}} = \frac{\sin\delta_3}{\sin\gamma_2}$이므로, $\frac{b}{\overline{AN}} = \frac{\sin\delta_3}{\sin\gamma_2}$이고 $\overline{AN} = \frac{b\sin\gamma_2}{\sin\delta_3}$이다. 그리고 삼각형 CBN에서 사인 정리에 의해 $\frac{\overline{BC}}{\overline{NB}} = \frac{\sin(\pi-\delta_3)}{\sin\gamma_1}$이므로,

$\frac{a}{\overline{NB}} = \frac{\sin\delta_3}{\sin\gamma_1}$이고 $\overline{NB} = \frac{a\sin\gamma_1}{\sin\delta_3}$이다. 이로부터 다음을 얻을 수 있다.

$$\frac{\overline{AN}}{\overline{NB}} = \frac{\frac{b\sin\gamma_2}{\sin\delta_3}}{\frac{a\sin\gamma_1}{\sin\delta_3}} = \frac{b\sin\gamma_2}{a\sin\gamma_1}$$

유사한 방법으로, 삼각형 BCM과 BAM에 사인 정리를 사용하면, 다음의 등식을 얻을 수 있다.

$$\frac{\overline{CM}}{\overline{MA}} = \frac{\frac{a\sin\beta_2}{\sin\delta_2}}{\frac{c\sin\beta_1}{\sin\delta_2}} = \frac{a\sin\beta_2}{c\sin\beta_1}$$

얻어진 $\frac{\overline{BL}}{\overline{LC}}$, $\frac{\overline{AN}}{\overline{NB}}$, $\frac{\overline{CM}}{\overline{MA}}$에 대한 등식을 변끼리 서로 곱하자. 그러면, 다음 등식을 얻을 수 있다.

$$\frac{\overline{BL}}{\overline{LC}} \cdot \frac{\overline{AN}}{\overline{NB}} \cdot \frac{\overline{CM}}{\overline{MA}} = \frac{c\sin\alpha_2}{b\sin\alpha_1} \cdot \frac{b\sin\gamma_2}{a\sin\gamma_1} \cdot \frac{a\sin\beta_2}{c\sin\beta_1}$$

결국, 체바 정리의 등식을 다음과 같이 삼각함수로 나타낼 수 있다.

$$\frac{\overline{BL}}{\overline{LC}} \cdot \frac{\overline{AN}}{\overline{NB}} \cdot \frac{\overline{CM}}{\overline{MA}} = \frac{\sin\alpha_2}{\sin\alpha_1} \cdot \frac{\sin\gamma_2}{\sin\gamma_1} \cdot \frac{\sin\beta_2}{\sin\beta_1}$$

체바 정리에서는 삼각형의 세 선분이 한 점에서 만날 필요충분조건을 말하고 있다. 삼각형에서는 세 중선, 삼각형의 세 각의 이등분선, 삼각형의 세 수선이 한 점에서 만난다는 것이 알려져 있다. 이를 체바 정리를 이용하여 증명해 보자.

우선, 삼각형의 세 중선이 한 점에서 만난다는 것을 체바 정리를 이용해 증명하자. 이를 위해, 삼각형 ABC에 중선 AL, BM, CN을 긋자. 그리고 체바 정리의 다음 등식이 성립하는지 조사하자.

$$\frac{\overline{AN}}{\overline{NB}} \cdot \frac{\overline{BL}}{\overline{LC}} \cdot \frac{\overline{CM}}{\overline{MA}} = 1$$

선분 AL, BM, CN이 중선이므로, $\overline{AN} = \overline{NB}$, $\overline{BL} = \overline{LC}$, $\overline{CM} = \overline{MA}$이므로, $\frac{\overline{AN}}{\overline{NB}} = 1$, $\frac{\overline{BL}}{\overline{LC}} = 1$, $\frac{\overline{CM}}{\overline{MA}} = 1$이며, 다음 등식이 성립한다.

$$\frac{\overline{AN}}{\overline{NB}} \cdot \frac{\overline{BL}}{\overline{LC}} \cdot \frac{\overline{CM}}{\overline{MA}} = 1$$

이로부터, 삼각형의 세 중선 AL, BM, CN이 한 점에서 만난다는 것이 증명된다.

이제, 삼각형의 세 각의 이등분선이 한 점에서 만난다는 것을 체바 정리를 이용해 증명하자. 삼각형 ABC에 각의 이등분선 AL_1, BM_1, CN_1을 작도하자. 그러면, 삼각형에서 각의 이등분선의 성질에 의해 $\frac{\overline{AN_1}}{\overline{N_1B}} = \frac{b}{a}$, $\frac{\overline{BL_1}}{\overline{L_1B}} = \frac{c}{b}$, $\frac{\overline{CM_1}}{\overline{M_1A}} = \frac{a}{c}$가 된다. 이로부터 다음이 성립한다.

$$\frac{\overline{AN_1}}{\overline{N_1B}} \cdot \frac{\overline{BL_1}}{\overline{L_1C}} \cdot \frac{\overline{CM_1}}{\overline{M_1A}} = \frac{b}{a} \cdot \frac{c}{b} \cdot \frac{a}{c} = 1$$

결국, 체바 정리에 의해 삼각형의 세 각의 이등분선 AL_1, BM_1, CN_1이 한 점에서 만난다는 것이 증명된다.

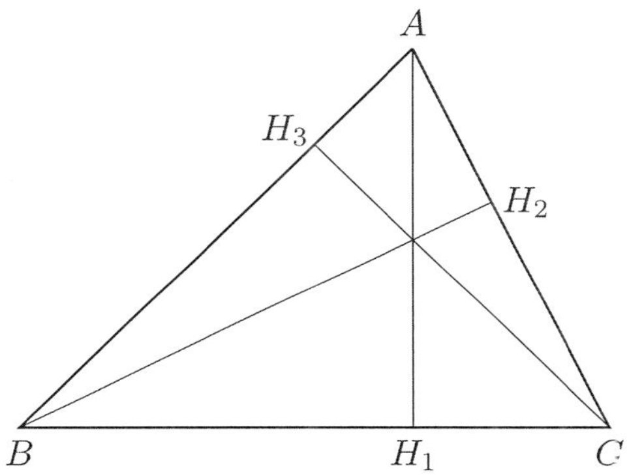

그림 4.12

삼각형의 세 수선이 한 점에서 만난다는 것을 체바 정리를 이용해 증명하자. 삼각형 ABC에 수선 AH_1, BH_2, CH_3을 작도하자(그림 4.12). 직각삼각형 ACH_3에서 $\overline{AH_3} = b\cos A$이고 직각삼각형 BCH_3에서 $\overline{H_3B} = a\cos B$이다. 그리고 직각삼각형 ABH_1에서 $\overline{BH_1} = c\cos B$이며 직각삼각형 CAH_1에서 $\overline{H_1C} = b\cos C$가 된다. 직각삼각형 BCH_2에서 $\overline{CH_2} = a\cos C$이고 직각삼각형 BAH_2에서 $\overline{H_2A} = c\cos A$이다. 이로부터, 다음을 알 수 있다.

$$\frac{\overline{AH_3}}{\overline{H_3B}} \cdot \frac{\overline{BH_1}}{\overline{H_1C}} \cdot \frac{\overline{CH_2}}{\overline{H_2A}} = \frac{b\cos A}{a\cos B} \cdot \frac{c\cos B}{b\cos C} \cdot \frac{a\,\mathrm{ccs}\,C}{c\cos A} = 1$$

결국, 체바 정리에 의해 삼각형의 세 수선 AH_1, BH_2, CH_3이 한 점에서 만난다는 것이 증명된다.

체바 정리가 삼각형에서 세 선분이 한 점에서 만날 필요충분조건을 말한다면, 세 점이 한 직선에 속할 필요충분조건을 말하는 것이 메넬라우스 정리이다. 즉, 삼각형 ABC의 변 AB, BC, AC의 변 또는 연장선에 속하는 점 N, L, M이 한 직선에 속할 필요충분조건은 다음 등식이 성립한다는 것이다(그림 4.13).

$$\frac{\overline{AN}}{\overline{NB}} \cdot \frac{\overline{BL}}{\overline{LC}} \cdot \frac{\overline{CM}}{\overline{MA}} = 1$$

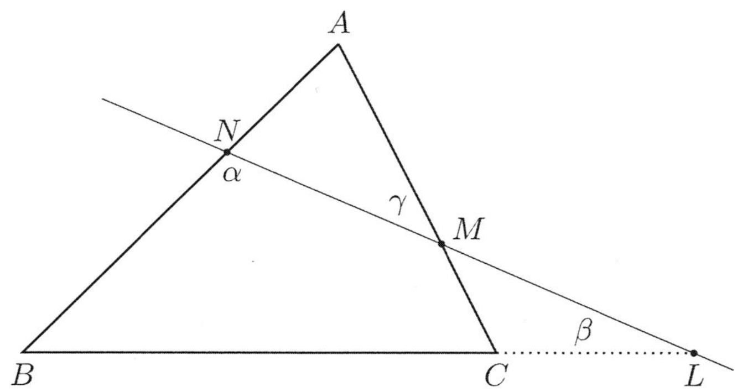

그림 4.13

예제 4.2 (메넬라우스 정리)**.** 삼각형 ABC의 변 AB, BC, AC의 변 또는 연장선에 속하는 점 N, L, M이 그림 4.13과 같이 주어졌다. 이때, 세 점 N, L, M이 한 직선에 속할 필요충분조건은 다음 등식이 성립하는 것임을 증명하여라.

$$\frac{\overline{AN}}{\overline{NB}} \cdot \frac{\overline{BL}}{\overline{LC}} \cdot \frac{\overline{CM}}{\overline{MA}} = 1$$

풀이. [충분조건 증명] 사인 정리를 이용하여 증명하자. 이를 위해, $\angle AMN = \gamma$라 하고 $\angle BNL = \alpha$, $\angle BLN = \beta$라 하자(그림 4.13). 삼각형 ANM을 생각하면 사인 정리에 의해 $\frac{\overline{AN}}{\overline{MA}} = \frac{\sin\gamma}{\sin(\pi-\alpha)} = \frac{\sin\gamma}{\sin\alpha}$가 성립한다.

삼각형 NBL에 사인 정리를 이용하면 $\frac{\overline{BL}}{\overline{NB}} = \frac{\sin\alpha}{\sin\beta}$가 얻어진다. 그리고 삼각형 MCL에서 $\frac{\overline{CM}}{\overline{LC}} = \frac{\sin\beta}{\sin\gamma}$를 얻을 수 있다.

이제, 얻어진 식들을 변끼리 서로 곱하자. 그러면 다음을 얻을 수 있다.

$$\frac{\overline{AN}}{\overline{MA}} \cdot \frac{\overline{BL}}{\overline{NB}} \cdot \frac{\overline{CM}}{\overline{LC}} = \frac{\overline{AN}}{\overline{NB}} \cdot \frac{\overline{BL}}{\overline{LC}} \cdot \frac{\overline{CM}}{\overline{MA}} = \frac{\sin\gamma}{\sin\alpha} \cdot \frac{\sin\alpha}{\sin\beta} \cdot \frac{\sin\beta}{\sin\gamma} = 1$$

[필요조건 증명] 삼각형 ABC의 변 AB의 점 N, 변 BC의 연장선에 점 L, 변 AC의 점 M에 대해 등식 $\frac{\overline{AN}}{\overline{NB}} \cdot \frac{\overline{BL}}{\overline{LC}} \cdot \frac{\overline{CM}}{\overline{MA}} = 1$이 성립한다고 하자.

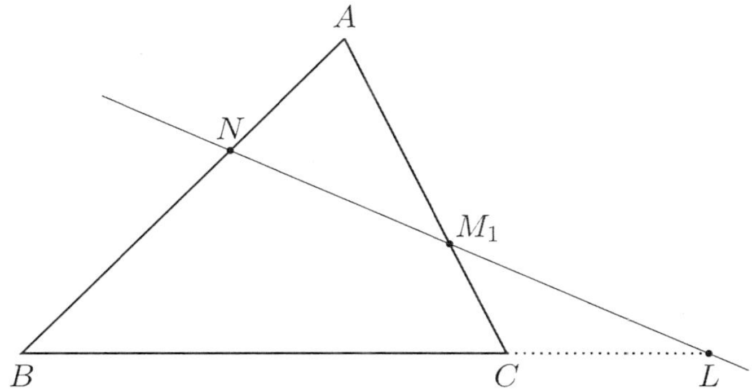

그림 4.14

이제, 직선 LN을 그어 변 AC와의 교점을 M_1이라 하자(그림 4.14). 그러면, 앞에서 증명한 것에 의해, 점 L, M_1, N에 대해 등식 $\frac{\overline{AN}}{\overline{NB}} \cdot \frac{\overline{BL}}{\overline{LC}} \cdot \frac{\overline{CM_1}}{\overline{M_1A}} = 1$이 성립한다. 이 등식을 등식 $\frac{\overline{AN}}{\overline{NB}} \cdot \frac{\overline{BL}}{\overline{LC}} \cdot \frac{\overline{CM}}{\overline{MA}} = 1$과 연립하자. 그러면, $\frac{\overline{CM}}{\overline{MA}} = \frac{\overline{CM_1}}{\overline{M_1A}}$이 얻어진다. 이것은 점 M, M_1이 변 AC를 같은 비로 나눈다는 것을 의미하므로, 점 M과 M_1은 일치한다는 것을 알 수 있다. 이로부터, 세 점 L, M, N이 한 직선에 속한다는 것이 증명된다. □

체바 정리를 이용하여 삼각형에서 세 중선, 각의 이등분선, 수선이 한 점에서 만난다는 것을 보였다. 메넬라우스 정리를 이용해도 삼각형에서 세 중선, 각의 이등분선, 수선이 한 점에서 만난다는 것을 보일 수 있다. 여기서는 메넬라우스 정리를 이용하여 삼각형의 세 각의 이등분선이 한 점에서 만난다는 것을 보이자.

체바 정리를 이용한 증명과 메넬라우스 정리를 이용한 증명은 그 증명의 방향이 다르다. 각의 이등분선에 대해 그 차이점을 살펴보자. 체바 정리에서는 삼각형에 세 각의 이등분선을 모두 작도하고, 이들이 체바 정리의 등식을 만족하는지 확인하였다.

메넬라우스 정리를 이용한 증명에서는 각의 이등분선 두 개를 작도한다. 가령, 꼭짓점 A, B에서 각의 이등분선 AL, BM을 긋고, 이들의 교점을 O라 하자. 그리고 점 N이 각 C의 이등분선과 변 AB의 교점이 되도록 변 AB에 점 N을 잡는다(아직 각 C

의 이등분선이 작도된 것은 아니다).

이때, 점 N의 위치는 각 C의 이등분선의 성질을 이용하여 구할 수 있다. 실제로, 삼각형 ABC에서 각의 이등분선 성질에 의해 점 N은 $\frac{\overline{CA}}{\overline{AN}} = \frac{\overline{CB}}{\overline{BN}}$를 만족한다. 그러므로, 변 AB에 $\frac{\overline{AN}}{\overline{BN}} = \frac{\overline{CA}}{\overline{CB}}$인 점 N을 잡으면 된다. 이제, 메넬라우스 정리를 이용해 점 C, O, N이 한 직선에 속한다는 것을 보이면, 삼각형 ABC의 각 A, B, C의 이등분선이 한 점 O에서 만난다는 것이 증명된다.

실제로, 메넬라우스 정리를 이용하여 삼각형 ABC의 각 A, B, C의 이등분선이 한 점 O에서 만난다는 것을 증명하자. 이를 위해, 각 A, B의 이등분선 AL, BM을 작도하고, 그 교점을 O라 하자(그림 4.15). 그리고 변 AB에 $\frac{\overline{AN}}{\overline{BN}} = \frac{\overline{CA}}{\overline{CB}}$인 점 N을 잡자.

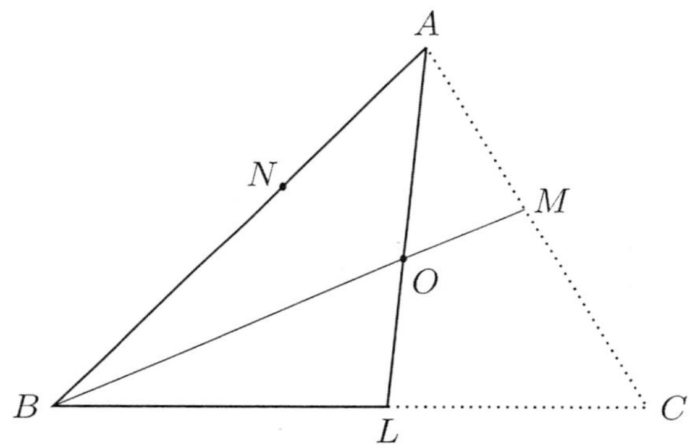

그림 4.15

삼각형 ABL과 점 N, O, C에 대해 메넬라우스 정리의 다음 등식이 성립하는지 조사하자.

$$\frac{\overline{AN}}{\overline{NB}} \cdot \frac{\overline{BC}}{\overline{CL}} \cdot \frac{\overline{LO}}{\overline{OA}} = 1$$

선분 BM이 각 B의 이등분선이므로, 선분 BO는 삼각형 ABL의 각의 이등분선이 된다. 그러므로 $\frac{\overline{LO}}{\overline{OA}} = \frac{\overline{BL}}{\overline{AB}}$이 된다. 그러므로, 다음을 얻을 수 있다.

$$\frac{\overline{AN}}{\overline{NB}} \cdot \frac{\overline{BC}}{\overline{CL}} \cdot \frac{\overline{LO}}{\overline{OA}} = \frac{\overline{CA}}{\overline{CB}} \cdot \frac{\overline{BC}}{\overline{CL}} \cdot \frac{\overline{BL}}{\overline{AB}} = \frac{\overline{CA}}{\overline{CL}} \cdot \frac{\overline{BL}}{\overline{AB}}$$

선분 AL이 삼각형 ABC의 각의 이등분선이므로, $\frac{\overline{AC}}{\overline{AB}} = \frac{\overline{CL}}{\overline{BL}}$이 성립한다. 이를 얻어진 식에 대입하면, $\frac{\overline{CA}}{\overline{CL}} \cdot \frac{\overline{BL}}{\overline{AB}} = 1$이 얻어진다. 결국, 메넬라우스 정리에 의해 세 점 C, O, N이 한 직선에 속하며, 삼각형 ABC의 세 각의 이등분선이 한 점 O에서 만난다는 것이 증명된다.

메넬라우스 정리를 이용하여 삼각형 ABC의 세 중선, 세 수선이 한 점에서 만난다는 것을 증명하는 구체적인 방법은 [4]에 제시되어 있다.

이제, 사인 정리를 이용하여 삼각형의 각의 삼등분에 관련된 성질을 살펴보자. 임의의 각을 자와 컴퍼스를 이용하여 삼등분할 수 없다는 것은 잘 알려져 있다. 이것이 각의 삼등분선이 존재하지 않는다는 것을 의미하지는 않는다. 실제로, 자와 컴퍼스 이외의 다른 도구와 방법을 이용하여 각의 삼등분선을 작도하는 여러 방법들이 알려져 있다.

삼각형에서 각의 삼등분선에 관련하여 잘 알려진 것이 몰리(Morley) 정리이다. 삼각형 ABC에서 각 A, B, C의 삼등분선을 작도하였다. 이때, 각 A의 삼등분선 하나와 각 B의 삼등분선 하나가 점 D에서, 각 B의 삼등분선 하나와 각 C의 삼등분선 하나가 점 E에서, 각 C의 삼등분선 하나와 각 A의 삼등분선 하나가 점 F에서 만난다고 하자 (그림 4.16). 몰리 정리는 삼각형 DEF가 정삼각형이라는 것이다. 이것의 증명을 [7]에 제시된 방법을 중심으로 살펴보자.

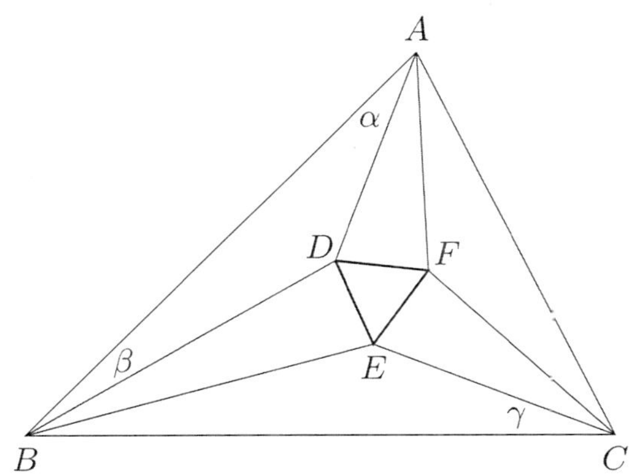

그림 4.16

예제 4.3 (몰리 정리). 삼각형 ABC에서 각 A, B, C의 삼등분선을 작도하였으며, 이들의 교점을 D, E, F라 하자(그림 4.16). 그러면, 삼각형 DEF가 정삼각형이라는 것을 증명하여라.

풀이. 그림 4.16에서 $\angle BAD = \alpha$라 하면, $\angle DAF = \angle CAF = \alpha$이다. 그리고 $\angle ABD = \beta$라 하면 $\angle DBE = \angle EBC = \beta$가 되며, $\angle BCE = \gamma$라 하면 $\angle ECF = \angle FCA = \gamma$가 된다. 이때, $\angle A + \angle B + \angle C = \pi$라는 것을 생각하면, $\alpha + \beta + \gamma = \frac{\pi}{3}$가 된다.

이제, 삼각형 ABD를 보자. 사인 정리에 의해 $\frac{\overline{BD}}{c} = \frac{\sin\alpha}{\sin ADB}$가 얻어진다. 이때, $\angle ADB = \pi - (\alpha + \beta)$이며, $\sin ADB = \sin(\pi - (\alpha + \beta)) = \sin(\alpha + \beta)$이다. 그리고 $\alpha + \beta + \gamma = \frac{\pi}{3}$이므로, $\sin(\alpha + \beta) = \sin\left(\frac{\pi}{3} - \gamma\right)$이다. 그러므로, $\frac{\overline{BD}}{c} = \frac{\sin\alpha}{\sin\left(\frac{\pi}{3} - \gamma\right)}$가 된다.

삼각형 BEC에 대해서도 사인 정리를 사용하자. 그러면, $\frac{\overline{BE}}{a} = \frac{\sin\gamma}{\sin BEC}$가 된다. 이때, $\angle BEC = \pi - (\beta + \gamma)$이며, $\sin BEC = \sin(\pi - (\beta + \gamma)) = \sin(\beta + \gamma)$이다. 그리고 $\beta + \gamma = \frac{\pi}{3} - \alpha$이므로, $\sin(\beta + \gamma) = \sin\left(\frac{\pi}{3} - \alpha\right)$이다. 그러므로, $\frac{\overline{BE}}{a} = \frac{\sin\gamma}{\sin\left(\frac{\pi}{3} - \alpha\right)}$가 된다.

얻어진 등식 $\frac{\overline{BD}}{c} = \frac{\sin\alpha}{\sin\left(\frac{\pi}{3} - \gamma\right)}$과 $\frac{\overline{BE}}{a} = \frac{\sin\gamma}{\sin\left(\frac{\pi}{3} - \alpha\right)}$로부터 다음을 얻을 수 있다.

$$\frac{\frac{\overline{BD}}{c}}{\frac{\overline{BE}}{a}} = \frac{\frac{\sin\alpha}{\sin\left(\frac{\pi}{3} - \gamma\right)}}{\frac{\sin\gamma}{\sin\left(\frac{\pi}{3} - \alpha\right)}}, \quad \frac{a \cdot \overline{BD}}{c \cdot \overline{BE}} = \frac{\sin\alpha \sin\left(\frac{\pi}{3} - \alpha\right)}{\sin\gamma \sin\left(\frac{\pi}{3} - \gamma\right)}$$

삼각형 ABC에서 사인 정리에 의해, $\frac{a}{c} = \frac{\sin 3\alpha}{\sin 3\gamma}$이므로, 다음을 얻을 수 있다.

$$\frac{\overline{BD}}{\overline{BE}} = \frac{\sin 3\gamma \sin\alpha \sin\left(\frac{\pi}{3} - \alpha\right)}{\sin 3\alpha \sin\gamma \sin\left(\frac{\pi}{3} - \gamma\right)}$$

이때, 예제 3.9에 의해 $\sin 3\alpha = 4\sin\alpha \sin\left(\frac{\pi}{3} + \alpha\right)\sin\left(\frac{\pi}{3} - \alpha\right)$가 성립하며, $\sin 3\gamma = 4\sin\gamma \sin\left(\frac{\pi}{3} + \gamma\right)\sin\left(\frac{\pi}{3} - \gamma\right)$이다. 이들을 대입하자. 그러면, 등식을 다음과 같이 변형시킬 수 있다.

$$\frac{\overline{BD}}{\overline{BE}} = \frac{\sin 3\gamma \sin\alpha \sin\left(\frac{\pi}{3} - \alpha\right)}{\sin 3\alpha \sin\gamma \sin\left(\frac{\pi}{3} - \gamma\right)} = \frac{\sin\left(\frac{\pi}{3} + \gamma\right)}{\sin\left(\frac{\pi}{3} + \alpha\right)}$$

이제, $\angle L = \beta$이고 $\angle M = \frac{\pi}{3} + \gamma$, $\angle N = \frac{\pi}{3} + \alpha$인 삼각형 LMN을 생각하자. 그러면, $\frac{\overline{LN}}{\overline{LM}} = \frac{\sin\left(\frac{\pi}{3}+\gamma\right)}{\sin\left(\frac{\pi}{3}+\alpha\right)}$가 된다. 그리고 $\angle L = \angle DBE = \beta$인 것을 생각하면, 삼각형 LNM과 BDE는 닮음이다. 이로부터, $\angle BDE = \frac{\pi}{3} + \alpha$, $\angle BED = \frac{\pi}{3} + \gamma$가 된다는 것을 알 수 있다.

삼각형 ADF에 대해서도 앞에서와 유사한 방법으로, $\angle ADF = \frac{\pi}{3} + \beta$, $\angle AFD = \frac{\pi}{3} + \gamma$가 되며, 삼각형 CEF에서 $\angle CFE = \frac{\pi}{3} + \alpha$, $\angle CEF = \frac{\pi}{3} + \beta$가 된다는 것을 유도할 수 있다.

이제, 각 FDE, DEF, DFE를 구할 수 있다. 삼각형 ABD에서 $\angle ADB = \pi - (\alpha + \beta)$이므로, 다음을 구할 수 있다.

$$\begin{aligned}\angle FDE &= 2\pi - (\angle ADF + \angle ADB + \angle BDE)\\ &= 2\pi - \left(\frac{\pi}{3} + \beta + \pi - \alpha - \beta + \frac{\pi}{3} + \alpha\right) = \frac{\pi}{3}\end{aligned}$$

이로부터 $\angle FDE = \frac{\pi}{3}$라는 것을 알 수 있다. 유사한 벙법으로, 각 DEF, DFE도 $\frac{\pi}{3}$가 된다는 것을 유도할 수 있다. 그러므로, 삼각형 DEF는 정삼각형임이 증명된다. □

살펴본 증명에서는 삼각형 DEF의 각들이 모두 $\frac{\pi}{3}$가 된다는 것을 유도하여 삼각형 DEF가 정삼각형이 된다는 것을 보였다. 삼각형 DEF가 정삼각형이 된다는 것은 다른 방법으로도 보일 수 있다. 즉, 삼각형 DEF의 변들이 모두 같다는 것을 보여 삼각형 DEF가 정삼각형이라는 것을 증명할 수도 있다.

살펴본 증명 과정에서 삼각형 BDE에 대해 $\overline{BD}, \overline{BE}$에 대한 정보를 찾았으며 $\angle DBE = \beta$라는 것을 알았다. 삼각형 BDE에서 $\overline{BD}, \overline{BE}$, $\angle DBE = \beta$를 알면 $\overline{DE}$를 구하는 방법이 있다. 이것은 뒤에서 다룰 코사인 정리에 관련된다. 몰리 정리를 삼각형 DEF의 변 $\overline{DE}$, $\overline{EF}$, $\overline{DF}$를 구해서 증명하는 방법은 코사인 정리와 관련하여 살펴보기로 하자.

사인 정리는 삼각형뿐만 아니라, 다양한 도형의 성질을 탐구하는데 폭넓게 사용된다. 예를 들어, 원에 내접하는 사각형 $ABCD$에서 톨레미(Ptolemy) 정리로 알려진 다음 성질을 사인 정리를 이용하여 증명할 수 있다.

예제 4.4 (톨레미 정리)**.** 원에 내접하는 사각형 $ABCD$에서 다음 등식을 증명하여라.

$$\overline{AB} \cdot \overline{CD} + \overline{BC} \cdot \overline{AD} = \overline{AC} \cdot \overline{BD}$$

풀이. 원에 내접하는 사각형 $ABCD$를 작도하고, 대각선 AC, BD를 긋자(그림 4.17). 이제, 사각형의 변 AB, BC, CD, AD를 사인 정리를 이용하여 나타내자. 이를 위해, $\angle ACB = \alpha$라 놓으면, $\angle ADB = \alpha$가 된다.

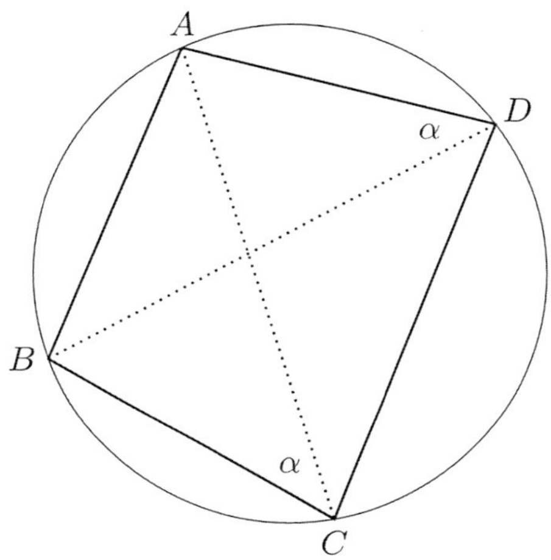

그림 4.17

삼각형 ABC에서 $\overline{AB} = 2R\sin\alpha$, $\overline{AC} = 2R\sin B$이다. 그리고 $\angle BAC = \pi - \angle B - \alpha$이므로, $\overline{BC} = 2R\sin(\pi - B - \alpha) = 2R\sin(B + \alpha)$가 된다.

한편, 삼각형 ACD에서 $\overline{AD} = 2R\sin ACD$이다. 이때, $\angle ACD = \angle ABD$이며, 삼각형 ABD에서 $\angle ABD = \pi - \angle A - \alpha$이다. 그러므로, $\sin ACD = \sin ABD = \sin(A + \alpha)$이며, $\overline{AD} = 2R\sin(A + \alpha)$가 된다. 그리고 $\overline{CD} = 2R\sin CAD$인데, $\angle CAD = \angle A - \angle BAC = -\pi + \angle A + \angle B + \alpha$이다. 그러므로 $\sin CAD = -\sin(A + B + \alpha)$이며, $\overline{CD} = -2R\sin(A + B + \alpha) = 2R\sin(-A - B - \alpha)$이다. 그리고 삼각형 ABD에서 $\overline{BD} = 2R\sin A$가 된다는 것을 알 수 있다.

이제, $\overline{AB}\cdot\overline{CD}$와 $\overline{BC}\cdot\overline{AD}$를 다음과 같이 계산할 수 있다.

$$\begin{aligned}\overline{AB}\cdot\overline{CD} &= 2R\sin\alpha\cdot 2R\sin(-A-B-\alpha)\\ &= -\frac{4R^2}{2}[\cos(A+B)-\cos(2\alpha+A+B)]\\ &= 2R^2[\cos(2\alpha+A+B)-\cos(A+B)]\\ \overline{BC}\cdot\overline{AD} &= 2R\sin(B+\alpha)\cdot 2R\sin(A+\alpha)\\ &= -\frac{4R^2}{2}[\cos(A+B+2\alpha)-\cos(A-B)]\\ &= 2R^2[\cos(A-B)-\cos(A+B+2\alpha)]\end{aligned}$$

이로부터 $\overline{AB}\cdot\overline{CD}+\overline{BC}\cdot\overline{AD} = 2R^2[\cos(A-B)-\cos(A+B)]$가 얻어진다. 한편, $\overline{AC} = 2R\sin B$이고 $\overline{BD} = 2R\sin A$이므로, $\overline{AC}\cdot\overline{BD}$를 다음과 같이 정리할 수 있다.

$$\overline{AC}\cdot\overline{BD} = 4R^2\sin A\sin B = -2R^2[\cos(A+B)-\cos(A-B)]$$

결국, $\overline{AC}\cdot\overline{BD} = 2R^2[\cos(A-B)-\cos(A+B)]$가 되며, $\overline{AC}\cdot\overline{BD} = \overline{AB}\cdot\overline{CD}+\overline{BC}\cdot\overline{AD}$가 증명된다. □

톨레미 정리는 원에 내접하는 사각형에서 변들과 대각선의 관계이지만, 이를 이용하여 삼각함수의 관계식을 유도할 수 있다. 여기서는 $\sin(\alpha+\beta) = \sin\alpha\cos\beta+\cos\alpha\sin\beta$와 $\sin(\alpha-\beta) = \sin\alpha\cos\beta-\cos\alpha\sin\beta$를 사인 정리와 톨레미 정리를 이용하여 유도하자.

$\sin(\alpha+\beta) = \sin\alpha\cos\beta+\cos\alpha\sin\beta$를 유도하기 위해, 중심이 O인 원에 내접하는 사각형 $ABCD$를 생각하자. 이때, 사각형 $ABCD$의 대각선 AC가 원의 지름에 놓이도록 하였고, $\angle COD = 2\alpha, \angle COB = 2\beta$라 놓자(그림 4.18).

삼각형 OCD가 이등변삼각형이므로 $\angle OCD = \angle ODC = \frac{\pi}{2}-\alpha$이며, 사인 정리에 의해 $\frac{\overline{CD}}{\sin 2\alpha} = \frac{\overline{OC}}{\sin\left(\frac{\pi}{2}-\alpha\right)}$가 된다. 이때, $\overline{OC} = R$이므로, $\overline{CD} = \frac{2R\sin\alpha\cos\alpha}{\cos\alpha} = 2R\sin\alpha$가 된다.

삼각형 BOC에서 $\overline{CD}$를 구한 것과 유사한 방법으로, $\overline{BC} = 2R\sin\beta$임을 알 수 있다. 이제, $\overline{BD}$를 구하기 위해, 삼각형 OBD를 생각하자. $\angle BOD = 2\alpha+2\beta$이다. 삼각

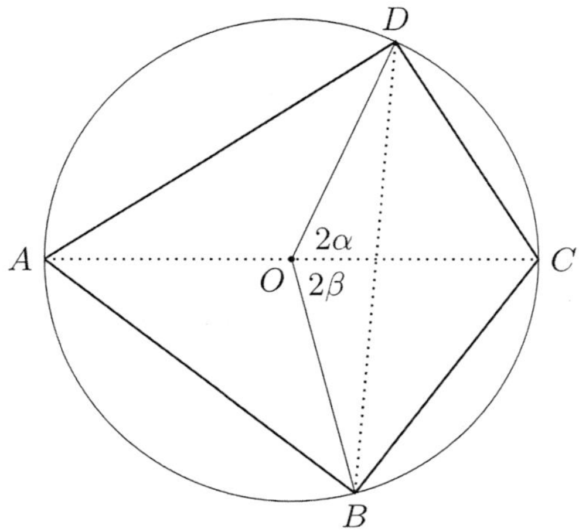

그림 4.18

형 OBD가 이등변삼각형이므로, $\angle ODB = \angle OBD = \frac{1}{2}(\pi - (2\alpha + 2\beta)) = \frac{\pi}{2} - (\alpha + \beta)$이다. 그러므로, $\overline{OB} = R$인 것을 생각하면, 사인 정리에 의해 다음을 알 수 있다.

$$\frac{\overline{BD}}{\sin(2\alpha + 2\beta)} = \frac{\overline{OB}}{\sin\left(\frac{\pi}{2} - (\alpha + \beta)\right)}, \ \overline{BD} = \frac{2R\sin(\alpha + \beta)\cos(\alpha + \beta)}{\cos(\alpha + \beta)}$$

이로부터 $\overline{BD} = 2R\sin(\alpha + \beta)$이다.

$\overline{AD}$를 구하기 위해, 삼각형 AOD를 생각하자. $\angle AOD = \pi - 2\alpha$이고 $\angle ODA = \angle OAD = \alpha$이므로, 사인 정리에 의해 다음이 성립한다.

$$\frac{\overline{AD}}{\sin(\pi - 2\alpha)} = \frac{\overline{AO}}{\sin\alpha}, \ \overline{AD} = \frac{2R\sin\alpha\cos\alpha}{\sin\alpha} = 2R\cos\alpha$$

유사한 방법으로, 삼각형 AOB에서 $\overline{AB} = 2R\cos\beta$가 된다는 것을 알 수 있다. 그리고 $\overline{AC} = 2R$이다. 이제, 얻어진 $\overline{CD}$, $\overline{BC}$, $\overline{BD}$, $\overline{AD}$, $\overline{AB}$, $\overline{AC}$를 톨레미 정리의 등식 $\overline{AB} \cdot \overline{CD} + \overline{AD} \cdot \overline{BC} = \overline{AC} \cdot \overline{BD}$에 대입하자. 그러면, 다음을 얻을 수 있다.

$$2R\sin\beta \cdot 2R\sin\alpha + 2R\cos\alpha \cdot 2R\sin\beta = 2R \cdot 2R\sin(\alpha + \beta)$$

양변을 $4R^2$으로 나누면, $\sin(\alpha + \beta) = \sin\alpha\cos\beta + \cos\alpha\sin\beta$가 유도된다.

한편, 등식 $\sin(\alpha - \beta) = \sin\alpha\cos\beta - \cos\alpha\sin\beta$도 사인 정리와 톨레미 정리를 이용하여 유도할 수 있다. 이를 위해, 원 O에 내접하는 사각형 $ABCD$의 변 BC가 원의 지름

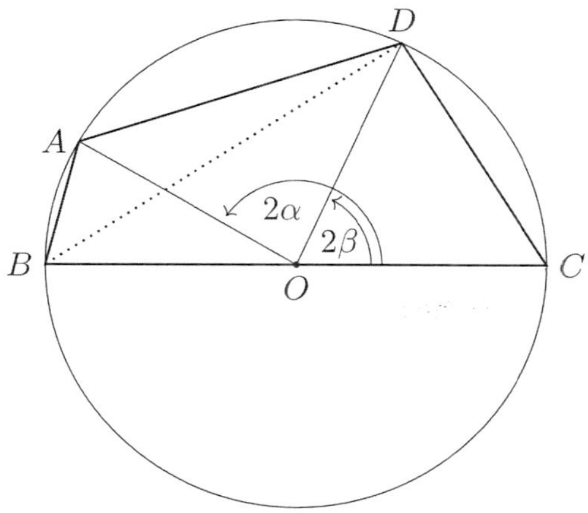

그림 4.19

에 놓이도록 사각형 $ABCD$를 작도하자(그림 4.19). 이때, $\angle AOC = 2\alpha, \angle DOC = 2\beta$라 놓자. 그러면, 삼각형 COD는 이등변삼각형이므로, $\angle OCD = \angle ODC = \frac{\pi}{2} - \beta$이다. 그리고 $\angle AOD = 2\alpha - 2\beta$이며, 이등변삼각형 OAB에서 $\angle OAB = \angle OBA = \frac{1}{2}(\pi - (\pi - 2\alpha)) = \alpha$이다. 그리고 이등변삼각형 OBD에서 $\angle OBD = \angle ODB = \frac{1}{2}(\pi - (\pi - 2\beta)) = \beta$가 된다.

이와 같은 방법으로 필요한 각들을 구한 다음, 사인 정리를 이용하여 $\overline{CD}$, $\overline{BC}$, $\overline{BD}$, $\overline{AD}$, $\overline{AB}$, $\overline{AC}$를 구할 수 있다. 얻어진 식들을 톨레미 정리의 등식 $\overline{AB} \cdot \overline{CD} + \overline{AD} \cdot \overline{BC} = \overline{AC} \cdot \overline{BD}$에 대입하면, $\sin(\alpha - \beta) = \sin\alpha\cos\beta - \cos\alpha\sin\beta$를 유도할 수 있다. 자세한 유도 과정은 독자에게 남긴다.

2. 코사인 정리와 삼각함수 관계식

코사인 정리로 알려진 삼각형의 각과 변들사이의 관계를 살펴보자. 코사인 정리에서는 삼각형의 한 각의 코사인 값을 삼각형의 세 변을 이용하여 나타낸다.

정리 4.4 (코사인 정리)**.** 삼각형 ABC에서 다음이 성립한다.

$$\cos A = \frac{b^2 + c^2 - a^2}{2bc}, \quad \cos B = \frac{a^2 + c^2 - b^2}{2ac}, \quad \cos C = \frac{a^2 + b^2 - c^2}{2ab}$$

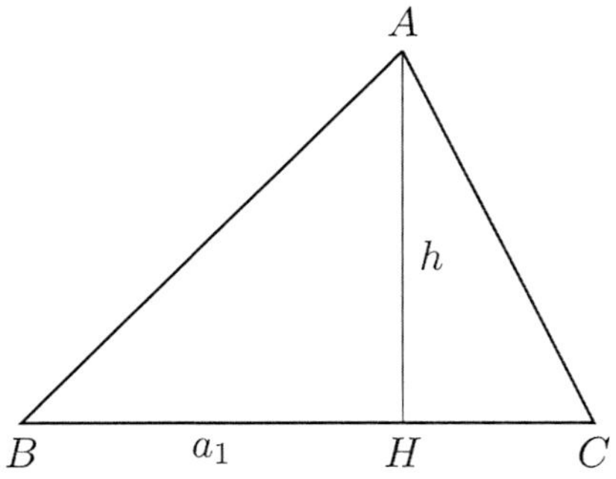

그림 4.20

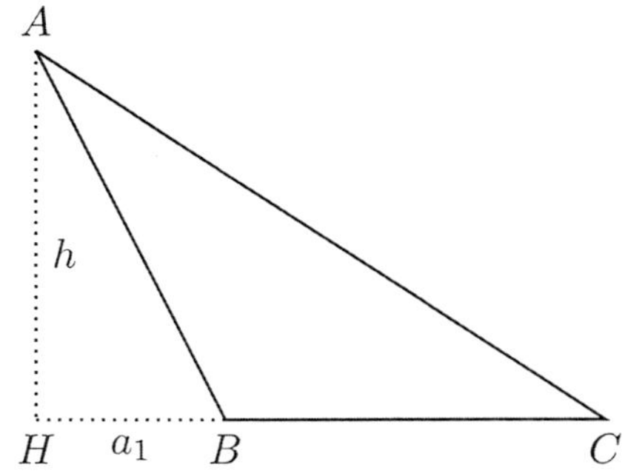

그림 4.21

풀이. 등식 $\cos B = \frac{a^2+c^2-b^2}{2ac}$을 각 B가 예각인 경우와 둔각인 경우로 나누어 증명하자.

각 B가 예각이라 하자(그림 4.20). 삼각형 ABC의 꼭짓점 A에서 변 BC에 수선 AH를 긋자. $\overline{BH} = a_1, \overline{AH} = h$라 하면, $\overline{HC} = a - a_1$이 된다. 이제, 직각삼각형 ABH에서 피타고라스 정리에 의해 $h^2 = c^2 - a_1^2$이 성립하고, 직각삼각형 ACH에서는 $h^2 = b^2 - (a - a_1)^2$이 얻어진다.

등식 $h^2 = c^2 - a_1^2$과 $h^2 = b^2 - (a - a_1)^2$을 연립하자. 그러면, $c^2 - a_1^2 = b^2 - (a - a_1)^2$이며 $b^2 = c^2 + a^2 - 2aa_1$이 된다. 직각삼각형 ABH에서 $a_1 = c\cos B$인 것을 생각하면, $b^2 = c^2 + a^2 - 2ac\cos B$가 얻어진다. 이로부터, $\cos B = \frac{a^2+c^2-b^2}{2ac}$이 유도된다.

이제, 각 B가 둔각인 경우를 살펴보자(그림 4.21). 이 경우에는 꼭짓점 A에서 직선 BC에 수선 AH를 그으면, 변 BC의 연장선에 수선의 발 H가 놓이게 된다. $\overline{BH} = a_1, \overline{AH} = h$라 하면, $\overline{HC} = a_1 + a$가 된다.

이제, 직각삼각형 ABH에서 피타고라스 정리에 의해 $h^2 = c^2 - a_1^2$이고, 직각삼각형 ACH에서는 $h^2 = b^2 - (a_1 + a)^2$이다. 등식 $h^2 = c^2 - a_1^2$과 $h^2 = b^2 - (a_1 + a)^2$을 연립하자. 그러면, $c^2 - a_1^2 = b^2 - (a_1 + a)^2$이며 $b^2 = c^2 + a^2 + 2aa_1$이 된다.

직각삼각형 ABH에서 $a_1 = c\cos ABH$인데, $\angle ABH = \pi - \angle B$이므로 $\cos ABH = \cos(\pi - B) = -\cos B$이며 $a_1 = -c\cos B$가 된다. 이로부터 $b^2 = c^2 + a^2 - 2ac\cos B$가 얻어진다. 이로부터, $\cos B = \frac{a^2+c^2-b^2}{2ac}$이 유도된다.

한편, 등식 $\cos A = \frac{b^2+c^2-a^2}{2bc}$, $\cos C = \frac{a^2+b^2-c^2}{2ab}$도 $\cos B = \frac{a^2+c^2-b^2}{2ac}$과 유사한 방법으로 증명할 수 있다. □

코사인 정리를 삼각형의 변들을 중심으로 다음과 같이 쓰기도 한다.

$$a^2 = b^2 + c^2 - 2bc\cos A, \quad b^2 = a^2 + c^2 - 2ac\cos B, \quad c^2 = a^2 + b^2 - 2ab\cos C$$

코사인 정리에 대한 증명을 사인 정리를 이용하여 유도할 수도 있다. 이를 위해, 비례식의 성질을 이용하자. 비 $\frac{a}{x} = \frac{b}{y} = \frac{c}{z}$가 성립하면, 다음 등식을 유도할 수 있다.

$$\frac{a^2}{x^2} = \frac{b^2}{y^2} = \frac{c^2}{z^2} = \frac{bc}{yz}$$

이러한 등식이 성립하는 이유를 살펴보자. $\frac{a}{x} = \frac{b}{y} = \frac{c}{z} = k$라 하자. 그러면, $a = xk, b = yk, c = zk$가 된다. $a^2 = x^2k^2$이며, $\frac{a^2}{x^2} = k^2$이 된다. 같은 방법으로 $\frac{b^2}{y^2} = k^2$, $\frac{c^2}{z^2} = k^2$, $\frac{bc}{yz} = k^2$이 된다는 것을 알 수 있다. 이로부터 $\frac{a^2}{x^2} = \frac{b^2}{y^2} = \frac{c^2}{z^2} = \frac{bc}{yz}$가 성립한다는 것을 확인할 수 있다.

이제, 사인 정리의 $\frac{a}{\sin A} = \frac{b}{\sin B} = \frac{c}{\sin C}$에서 $\frac{a}{\sin A}$에 $\frac{c}{\sin A}$를 곱하고 $\frac{b}{\sin B}$에 $\frac{b}{\sin B}$를, $\frac{c}{\sin C}$에 $\frac{c}{\sin C}$를 각각 곱하자. 그리고 $\frac{b}{\sin B} = \frac{c}{\sin C}$에서 분자는 분자끼리 분모는 분모끼리 곱하자. 그러면, 살펴본 비례식의 성질에 의해 다음을 얻을 수 있다.

$$\frac{a^2}{\sin^2 A} = \frac{b^2}{\sin^2 B} = \frac{c^2}{\sin^2 C} = \frac{bc}{\sin B \sin C}$$

그리고 $\frac{bc}{\sin B \sin C}$의 분자와 분모에 $2\cos A$를 곱하면, 다음을 얻을 수 있다.

$$\frac{a^2}{\sin^2 A} = \frac{b^2}{\sin^2 B} = \frac{c^2}{\sin^2 C} = \frac{2bc\cos A}{2\sin B \sin C \cos A}$$

한편, 비례식 $\frac{a}{x} = \frac{b}{y} = \frac{c}{z} = \frac{d}{w}$에서 등식 $\frac{a}{x} = \frac{b+c-d}{y+z-w}$가 성립하므로, 다음을 얻을 수 있다.

$$\frac{a^2}{\sin^2 A} = \frac{b^2 + c^2 - 2bc\cos A}{\sin^2 B + \sin^2 C - 2\sin B \sin C \cos A}$$

예제 3.9에서 $\sin^2 A = \sin^2 B + \sin^2 C - 2\sin B \sin C \cos A$가 성립한다는 것을 보였다. 이로부터 $\frac{a^2}{\sin^2 A} = \frac{b^2+c^2-2bc\cos A}{\sin^2 A}$가 성립하며, $a^2 = b^2 + c^2 - 2bc\cos A$가 유도된다.

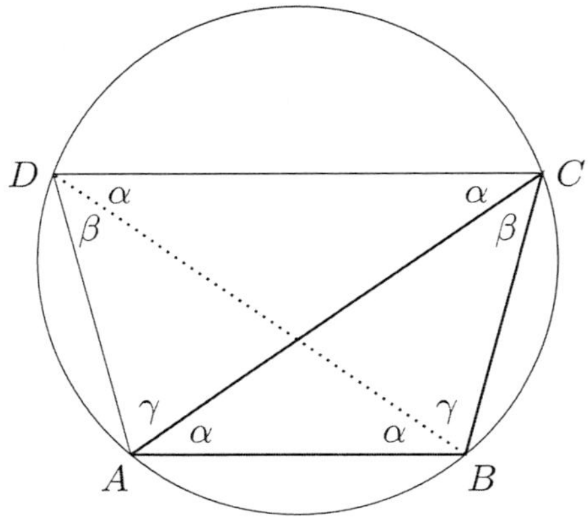

그림 4.22

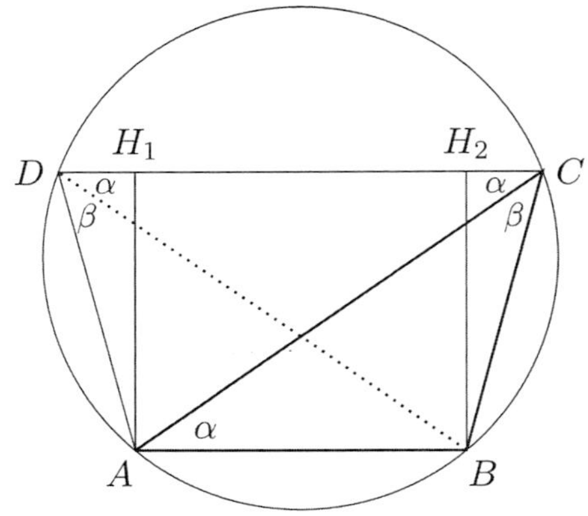

그림 4.23

코사인 정리에 대한 다른 증명을 살펴보자. 톨레미 정리를 이용하여 코사인 정리를 유도할 수도 있다. 여기서는 [1]에 소개된 아이디어를 중심으로 살펴보자.

삼각형 ABC가 주어졌고, 삼각형 ABC의 외접원을 작도하자. 이제, 호 BC와 같도록 호 AD를 작도하면, $\overline{BC} = \overline{AD} = a$이다. 그리고 점 C, D를 연결하자(그림 4.22). 그러면, 사각형 $ABCD$를 얻을 수 있으며, 톨레미 정리를 이용하기 위해 사각형 $ABCD$의 변과 대각선을 구하자.

같은 호에 대한 원주각으로 $\angle DBA = \angle DCA = \angle CDB = \angle CAB = \alpha$이며, 선분 AB와 CD는 평행이다. 그리고 같은 호에 대한 원주각으로 $\angle ADB = \angle ACB = \beta$, $\angle CAD = \angle CBD = \gamma$가 된다는 것도 알 수 있다.

삼각형 ABC와 BAD에서 변 AB는 공통이고 $\angle ABC = \alpha + \gamma = \angle BAD$, $\overline{BC} = \overline{AD}$이므로, 삼각형 ABC와 BAD는 합동이다. 이로부터 $\overline{AC} = \overline{BD} = b$가 된다.

이제, 사각형 $ABCD$의 변 CD를 구하자. 이를 위해, 점 A, B에서 변 CD에 수선 AH_1, AH_2를 긋자(그림 4.23). 그러면, 직각삼각형 ADH_1과 BCH_2에서 빗변 AD, BC가 같고 다른 변 AH_1, BH_2가 같으므로, 직각삼각형 ADH_1과 BCH_2는 합동이며 $\overline{DH_1} = \overline{CH_2}$이다. 이로부터 $\overline{CD} = \overline{AB} + 2\overline{DH_1} = c + 2\overline{DH_1}$이 된다.

직각삼각형 ADH_1에서 $\overline{DH_1} = \overline{AD} \cos ADH_1$이다. $\angle ADH_1 = \alpha+\beta$인데, 삼각형 ABC에서 $\alpha+\beta = \pi - \angle B$이다. 그러므로, $\cos ADH_1 = \cos(\pi - B) = -\cos B$이다. 이

것을 $\overline{DH_1} = \overline{AD}\cos ADH_1$에 대입하고 $\overline{AD} = a$인 것을 생각하면, $\overline{DH_1} = -a\cos B$가 되며 $\overline{CD} = c - 2a\cos B$가 된다.

얻어진 식들을 이용하면, $\overline{AB}\cdot\overline{CD} = c(c-2a\cos B)$, $\overline{BC}\cdot\overline{AD} = a^2$, $\overline{AC}\cdot\overline{BD} = b^2$을 얻을 수 있다. 톨레미 정리로부터 $\overline{AB}\cdot\overline{CD} + \overline{BC}\cdot\overline{AD} = \overline{AC}\cdot\overline{BD}$이므로, 다음을 유도할 수 있다.

$$\overline{AB}\cdot\overline{CD} + \overline{BC}\cdot\overline{AD} = c(c-2a\cos B) + a^2 = \overline{AC}\cdot\overline{BD} = b^2$$

이로부터 $b^2 = a^2 + c^2 - 2ac\cos B$가 유도된다.

코사인 정리에 대한 다른 증명으로, 원에서 할선의 길이를 이용하는 방법이 있다. 이 방법은 Pitiscus에 의해 고안되었다고 한다([1]). 여기에 제시된 방법을 살펴보자.

삼각형 ABC에서 변 AC가 가장 짧은 변이라 하자. 이제 꼭짓점 A를 중심으로 반지름이 $\overline{AC}$인 원을 작도하자. 그러면, 이 원은 삼각형의 변 AB, BC와 만나며, 교점을 M, N이라 하자(그림 4.24).

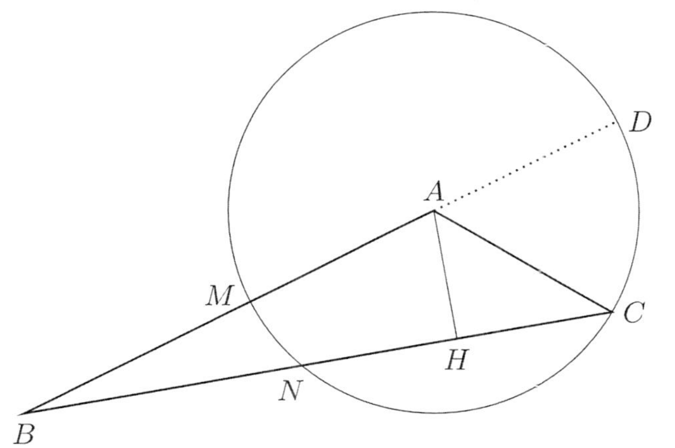

그림 4.24

이제, 변 AB의 연장선과 원의 교점을 D라 하면, 원에 그은 할선 BA, BC의 성질에 의해 $\overline{BM}\cdot\overline{BD} = \overline{BN}\cdot\overline{BC}$가 된다. 이때, 원의 반지름이 $\overline{AC} = b$이므로, $\overline{BM} = c - b$, $\overline{BD} = c + b$이다. 그리고 $\overline{BN} = \overline{BC} - \overline{NC} = a - \overline{NC}$이므로, 다음이

성립한다.

$$\overline{BM}\cdot\overline{BD}=(c-b)(c+b)=\overline{BN}\cdot\overline{BC}=a(a-\overline{NC})$$

즉, $(c-b)(c+b)=a(a-\overline{NC})$이며 $c^2-b^2=a^2-a\cdot\overline{NC}$가 된다.

이제, 원의 중심 A에서 변 BC에 수선 AH를 긋자. 그러면, 점 H는 현 NC를 이등분하며, $\overline{HC}=b\cos C$이며 $\overline{NC}=2b\cos C$이다. 그러므로, $c^2-b^2=a^2-a\cdot\overline{NC}=a^2-2ab\cos C$, 즉 $c^2-b^2=a^2-2ab\cos C$, $c^2=a^2+b^2-2ab\cos C$가 유도된다.

한편, 정리 4.2를 이용하여 코사인 정리를 유도할 수도 있다. 가령 $c^2=a^2+b^2-2ab\cos C$를 증명한다고 하자. 정리 4.2에 의해 다음 등식이 성립한다.

$$a=b\cos C+c\cos B,\quad b=a\cos C+c\cos A,\quad c=a\cos B+b\cos A$$

등식 $a=b\cos C+c\cos B$의 양변에 a를 곱하고, 등식 $b=a\cos C+c\cos A$의 양변에는 b를, 등식 $c=a\cos B+b\cos A$의 양변에는 c를 곱하자. 그러면, 다음을 얻을 수 있다.

$$a^2=ab\cos C+ac\cos B$$
$$b^2=ab\cos C+bc\cos A$$
$$c^2=ac\cos B+bc\cos A$$

이제, $a^2=ab\cos C+ac\cos B$와 $b^2=ab\cos C+bc\cos A$를 변끼리 더한 다음, 등식 $c^2=ac\cos B+bc\cos A$를 빼자. 그러면, $a^2+b^2-c^2=ab\cos C+ac\cos B+ab\cos C+bc\cos A-ac\cos B-bc\cos A$가 되며, 이로부터 $a^2+b^2-c^2=2ab\cos C$가 얻어진다. c^2과 $2ab\cos C$를 이항하면, $c^2=a^2+b^2-2ab\cos C$가 된다. a^2, b^2에 대한 코사인 정리의 등식도 유사한 방법으로 유도될 수 있다.

이제, 코사인 정리를 이용하여 몰리 정리를 증명하자. 예제 4.3(몰리 정리)의 풀이 과정에서 그림 4.25에 대해 다음 등식을 유도하였다.

$$\frac{\overline{BD}}{c}=\frac{\sin\alpha}{\sin\left(\frac{\pi}{3}-\gamma\right)},\quad \frac{\overline{BE}}{a}=\frac{\sin\gamma}{\sin\left(\frac{\pi}{3}-\alpha\right)}$$

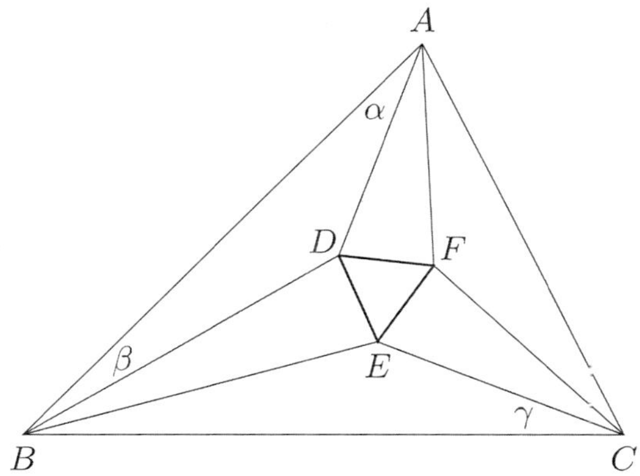

그림 4.25

등식 $\frac{\overline{BD}}{c} = \frac{\sin\alpha}{\sin\left(\frac{\pi}{3}-\gamma\right)}$에서 c를 사인 정리를 이용하여 나타내자. 그러면, $\frac{c}{\sin C} = 2R = \frac{c}{\sin 3\gamma}$, $c = 2R\sin 3\gamma$이며, 이것을 등식에 대입하자. 그리고 예제 3.9에서 증명했던 $\sin 3\gamma = 4\sin\gamma\sin\left(\frac{\pi}{3}+\gamma\right)\sin\left(\frac{\pi}{3}-\gamma\right)$도 대입하자. 그러면, 다음과 같이 $\overline{BD}$를 구할 수 있다.

$$\begin{aligned}\overline{BD} = \frac{c\sin\alpha}{\sin\left(\frac{\pi}{3}-\gamma\right)} &= \frac{2R\sin 3\gamma\sin\alpha}{\sin\left(\frac{\pi}{3}-\gamma\right)}\\ &= \frac{8R\sin\gamma\sin\left(\frac{\pi}{3}+\gamma\right)\sin\left(\frac{\pi}{3}-\gamma\right)\sin\alpha}{\sin\left(\frac{\pi}{3}-\gamma\right)}\\ &= 8R\sin\gamma\sin\left(\frac{\pi}{3}+\gamma\right)\sin\alpha\end{aligned}$$

유사한 방법으로, $\overline{BE} = 8R\sin\alpha\sin\left(\frac{\pi}{3}+\alpha\right)\sin\gamma$가 된다는 것을 유도할 수 있다. $\angle DBE = \beta$이므로, 삼각형 BDE에 코사인 정리를 이용하면 $\overline{DE}^2 = \overline{BD}^2 + \overline{BE}^2 - 2\overline{BD}\cdot\overline{BE}\cos\beta$가 된다. 이 식에 $\overline{BD} = 8R\sin\gamma\sin\left(\frac{\pi}{3}+\gamma\right)\sin\alpha$, $\overline{BE} = 8R\sin\alpha\sin\left(\frac{\pi}{3}+\alpha\right)\sin\gamma$를 대입하자. 그러면, 다음을 얻을 수 있다.

$$\begin{aligned}\overline{DE}^2 &= \overline{BD}^2 + \overline{BE}^2 - 2\overline{BD}\cdot\overline{BE}\cos\beta\\ &= \left(8R\sin\gamma\sin\left(\frac{\pi}{3}+\gamma\right)\sin\alpha\right)^2 + \left(8R\sin\alpha\sin\left(\frac{\pi}{3}+\alpha\right)\sin\gamma\right)^2\\ &\qquad - 128R^2\cdot\sin\gamma\sin\left(\frac{\pi}{3}+\gamma\right)\sin\alpha\cdot\sin\alpha\sin\left(\frac{\pi}{3}+\alpha\right)\sin\gamma\cdot\cos\beta\end{aligned}$$

얻어진 식을 정리하면, 다음을 얻을 수 있다.

$$64R^2\left(\sin^2\gamma\sin^2\alpha\sin^2\left(\frac{\pi}{3}+\gamma\right)+\sin^2\alpha\sin^2\gamma\sin^2\left(\frac{\pi}{3}+\alpha\right)\right)$$
$$-128R^2\sin^2\gamma\sin^2\alpha\sin\left(\frac{\pi}{3}+\gamma\right)\sin\left(\frac{\pi}{3}+\alpha\right)\cos\beta$$

이제, 공통인수로 $64R^2\sin^2\alpha\sin^2\gamma$를 꺼내어 인수분해하면, 다음이 얻어진다.

$$\overline{DE}^2=64R^2\sin^2\alpha\sin^2\gamma\times$$
$$\times\left(\sin^2\left(\frac{\pi}{3}+\alpha\right)+\sin^2\left(\frac{\pi}{3}+\gamma\right)-2\sin\left(\frac{\pi}{3}+\alpha\right)\sin\left(\frac{\pi}{3}+\gamma\right)\cos\beta\right)$$

여기서 식 $\sin^2\left(\frac{\pi}{3}+\alpha\right)+\sin^2\left(\frac{\pi}{3}+\gamma\right)-2\sin\left(\frac{\pi}{3}+\alpha\right)\sin\left(\frac{\pi}{3}+\gamma\right)\cos\beta$에 주목하자. 예제 3.9에서 $\angle A+\angle B+\angle C=\pi$이면 $\sin^2 A=\sin^2 B+\sin^2 C-2\sin B\sin C\cos A$가 성립한다는 것을 보였다. $\left(\frac{\pi}{3}+\alpha\right)+\beta+\left(\frac{\pi}{3}+\gamma\right)=\frac{2\pi}{3}+\alpha+\beta+\gamma=\pi$가 성립하므로, $\sin^2\left(\frac{\pi}{3}+\alpha\right)+\sin^2\left(\frac{\pi}{3}+\gamma\right)-2\sin\left(\frac{\pi}{3}+\alpha\right)\sin\left(\frac{\pi}{3}+\gamma\right)\cos\beta=\sin^2\beta$가 된다.

이로부터, $\overline{DE}^2$을 다음과 같이 구할 수 있다.

$$\overline{DE}^2=64R^2\sin^2\alpha\sin^2\gamma\times$$
$$\times\left(\sin^2\left(\frac{\pi}{3}+\alpha\right)+\sin^2\left(\frac{\pi}{3}+\gamma\right)-2\sin\left(\frac{\pi}{3}+\alpha\right)\sin\left(\frac{\pi}{3}+\gamma\right)\cos\beta\right)$$
$$=64R^2\sin^2\alpha\sin^2\beta\sin^2\gamma$$

유사한 방법으로, 삼각형 ADF에서 $\overline{DF}^2=64R^2\sin^2\alpha\sin^2\beta\sin^2\gamma$를, 삼각형 CEF에서 $\overline{EF}^2=64R^2\sin^2\alpha\sin^2\beta\sin^2\gamma$를 구할 수 있다. 이로부터, 삼각형 DEF가 정삼각형이라는 것이 증명된다.

살펴본 코사인 정리를 이용한 몰리 정리의 증명 과정에서 예제 3.9를 이용하여 $\sin^2\left(\frac{\pi}{3}+\alpha\right)+\sin^2\left(\frac{\pi}{3}+\gamma\right)-2\sin\left(\frac{\pi}{3}+\alpha\right)\sin\left(\frac{\pi}{3}+\gamma\right)\cos\beta=\sin^2\beta$가 된다는 것을 보였다. 그렇지만, 등식 $\sin^2\left(\frac{\pi}{3}+\alpha\right)+\sin^2\left(\frac{\pi}{3}+\gamma\right)-2\sin\left(\frac{\pi}{3}+\alpha\right)\sin\left(\frac{\pi}{3}+\gamma\right)\cos\beta=\sin^2\beta$도 사인 정리와 코사인 정리를 이용하여 유도할 수 있다.

이를 위해, 지름이 1인 원에 내접하는 삼각형 LMN을 생각하자. 이때, $\angle L = \frac{\pi}{3}+\alpha$, $\angle M = \beta$, $\angle N = \frac{\pi}{3}+\gamma$라 놓을 수 있다. 왜냐 하면, $(\frac{\pi}{3}+\alpha)+\beta+(\frac{\pi}{3}+\gamma) = \frac{2\pi}{3}+\alpha+\beta+\gamma = \pi$가 되기 때문이다. 그리고 $\overline{LM} = n$, $\overline{MN} = l$, $\overline{LN} = m$이라 하자(그림 4.26). 그러면 사인 정리에 의해, $\frac{l}{\sin(\frac{\pi}{3}+\alpha)} = \frac{m}{\sin\beta} = \frac{n}{\sin(\frac{\pi}{3}+\gamma)} = 1$이다. 즉, $l = \sin\left(\frac{\pi}{3}+\alpha\right)$, $m = \sin\beta$, $n = \sin\left(\frac{\pi}{3}+\gamma\right)$이다.

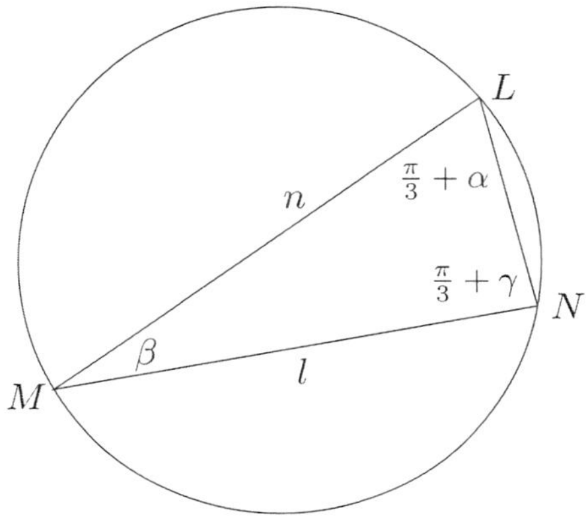

그림 4.26

삼각형 LMN에서 코사인 정리에 의해 $m^2 = l^2+n^2-2ln\cos\beta$가 된다. 여기에 $l = \sin\left(\frac{\pi}{3}+\alpha\right)$, $m = \sin\beta$, $n = \sin\left(\frac{\pi}{3}+\gamma\right)$를 대입하면, 다음을 구할 수 있다.

$$\sin^2\beta = \sin^2\left(\frac{\pi}{3}+\alpha\right)+\sin^2\left(\frac{\pi}{3}+\gamma\right)-2\sin\left(\frac{\pi}{3}+\alpha\right)\sin\left(\frac{\pi}{3}+\gamma\right)\cos\beta$$

이제, 코사인 정리의 등식 $\cos A = \frac{b^2+c^2-a^2}{2bc}$을 변형시켜 삼각함수 관계식을 유도해 보자. 먼저, $1-\cos A$와 $1+\cos A$에 $\cos A = \frac{b^2+c^2-a^2}{2bc}$을 대입하여 정리하자. $1-\cos A$에 $\cos A = \frac{b^2+c^2-a^2}{2bc}$을 대입하면, 다음을 얻을 수 있다.

$$\begin{aligned}1-\cos A &= 1-\frac{b^2+c^2-a^2}{2bc} = \frac{2bc-b^2-c^2+a^2}{2bc}\\ &= \frac{a^2-(b^2-2bc+c^2)}{2bc} = \frac{a^2-(b-c)^2}{2bc}\\ &= \frac{(a+b-c)(a-b+c)}{2bc}\end{aligned}$$

$\frac{a+b+c}{2} = p$이므로, $a+b-c = 2p-2c = 2(p-c)$이고 $a-b+c = 2(p-b)$이다.

이것을 얻어진 식에 대입하면, 다음을 얻을 수 있다.

$$\frac{(a+b-c)(a-b+c)}{2bc}=\frac{4(p-c)(p-b)}{2bc}=\frac{2(p-b)(p-c)}{bc}$$

결국, $1-\cos A=\frac{2(p-b)(p-c)}{bc}$가 된다.

이제, $1+\cos A$에 $\cos A=\frac{b^2+c^2-a^2}{2bc}$을 대입하면, 다음과 같이 식을 변형시킬 수 있다.

$$\begin{aligned}1+\cos A&=1+\frac{b^2+c^2-a^2}{2bc}=\frac{2bc+b^2+c^2-a^2}{2bc}\\&=\frac{(b^2+2bc+c^2)-a^2}{2bc}=\frac{(b+c)^2-a^2}{2bc}\\&=\frac{(a+b+c)(-a+b+c)}{2bc}\end{aligned}$$

$\frac{a+b+c}{2}=p$이므로, $a+b+c=2p$이고 $-a+b+c=2(p-a)$이다. 이것을 얻어진 식에 대입하면, 다음을 얻을 수 있다.

$$\frac{(a+b+c)(-a+b+c)}{2bc}=\frac{4p(p-a)}{2bc}=\frac{2p(p-a)}{bc}$$

결국, $1+\cos A=\frac{2p(p-a)}{bc}$가 된다.

$1-\cos A$, $1+\cos A$에 관련된 식을 생각하자. $\cos A=\cos 2\left(\frac{A}{2}\right)=1-2\sin^2\frac{A}{2}$에서 $1-\cos A=2\sin^2\frac{A}{2}$이고, $\cos 2\left(\frac{A}{2}\right)=2\cos^2\frac{A}{2}-1$에서 $1+\cos A=2\cos^2\frac{A}{2}$이다. 이로부터 다음을 알 수 있다.

$$\sin^2\frac{A}{2}=\frac{1-\cos A}{2},\quad \cos^2\frac{A}{2}=\frac{1+\cos A}{2}$$

이때, 각 A는 삼각형의 한 각이므로 $0<\angle A<\pi$이며, $\sin\frac{A}{2}$와 $\cos\frac{A}{2}$는 양의 값을 가진다. 그러므로, 다음을 알 수 있다.

$$\sin\frac{A}{2}=\sqrt{\frac{1-\cos A}{2}},\quad \cos\frac{A}{2}=\sqrt{\frac{1+\cos A}{2}}$$

이 등식에 $1-\cos A=\frac{2(p-b)(p-c)}{bc}$와 $1+\cos A=\frac{2p(p-a)}{bc}$를 대입하자. 그러면, 다음을 얻을 수 있다.

$$\sin\frac{A}{2}=\sqrt{\frac{2(p-b)(p-c)}{2bc}}=\sqrt{\frac{(p-b)(p-c)}{bc}}$$
$$\cos\frac{A}{2}=\sqrt{\frac{2p(p-a)}{2bc}}=\sqrt{\frac{p(p-a)}{bc}}$$

유사한 방법으로 $\sin\frac{B}{2}, \sin\frac{C}{2}$와 $\cos\frac{B}{2}, \cos\frac{C}{2}$를 다음과 같이 구할 수 있다.

$$\sin\frac{B}{2} = \sqrt{\frac{(p-a)(p-c)}{ac}}, \quad \sin\frac{C}{2} = \sqrt{\frac{(p-a)(p-b)}{ab}}$$

$$\cos\frac{B}{2} = \sqrt{\frac{p(p-b)}{ac}}, \quad \cos\frac{C}{2} = \sqrt{\frac{p(p-c)}{ab}}$$

한편, $\tan\frac{A}{2} = \frac{\sin\frac{A}{2}}{\cos\frac{A}{2}}$이므로, 다음을 유도할 수 있다.

$$\tan\frac{A}{2} = \frac{\sqrt{\frac{(p-b)(p-c)}{bc}}}{\sqrt{\frac{p(p-a)}{bc}}} = \sqrt{\frac{(p-b)(p-c)}{p(p-a)}}$$

유사한 방법으로, $\tan\frac{B}{2}$, $\tan\frac{C}{2}$에 대해 다음을 유도할 수 있다.

$$\tan\frac{B}{2} = \sqrt{\frac{(p-a)(p-c)}{p(p-b)}}, \quad \tan\frac{C}{2} = \sqrt{\frac{(p-a)(p-b)}{p(p-c)}}$$

코사인 정리의 등식을 변형시켜 얻어진 식들을 다음과 같이 쓸 수 있다.

정리 4.5. 삼각형 ABC에서 다음 등식이 성립한다.

$$\sin\frac{A}{2} = \sqrt{\frac{(p-b)(p-c)}{bc}}, \sin\frac{B}{2} = \sqrt{\frac{(p-a)(p-c)}{ac}}, \sin\frac{C}{2} = \sqrt{\frac{(p-a)(p-b)}{ab}}$$

$$\cos\frac{A}{2} = \sqrt{\frac{p(p-a)}{bc}}, \cos\frac{B}{2} = \sqrt{\frac{p(p-b)}{ac}}, \cos\frac{C}{2} = \sqrt{\frac{p(p-c)}{ab}}$$

$$\tan\frac{A}{2} = \sqrt{\frac{(p-b)(p-c)}{p(p-a)}}, \tan\frac{B}{2} = \sqrt{\frac{(p-a)(p-c)}{p(p-b)}}, \tan\frac{C}{2} = \sqrt{\frac{(p-a)(p-b)}{p(p-c)}}$$

코사인 정리의 등식을 다른 모양으로 변형시킬 수도 있다. 이를 위해 등식 $a^2 = b^2 + c^2 - 2bc\cos A$를 생각하자. 그리고 등식의 우변에 있는 $b^2 + c^2$에 주목하여, $b^2 + c^2$에 $2ab$를 더하고 빼서 완전제곱식을 유도하자.

$$\begin{aligned} a^2 &= b^2 + c^2 - 2bc\cos A = b^2 + 2bc + c^2 - 2bc - 2bc\cos A \\ &= (b+c)^2 - 2bc(1+\cos A) = (b+c)^2 - 4bc\cos^2\frac{A}{2} \end{aligned}$$

이때, 얻어진 등식의 좌변에 있는 bc에 주목하자. bc를 삼각형 ABC의 넓이 $S = \frac{1}{2}bc\sin A$의 bc와 관련시켜 생각하자. $S = \frac{1}{2}bc\sin A$에서 $bc = \frac{2S}{\sin A}$인데, $\sin A =$

$2\sin\frac{A}{2}\cos\frac{A}{2}$이므로 $bc = \frac{2S}{2\sin\frac{A}{2}\cos\frac{A}{2}} = \frac{S}{\sin\frac{A}{2}\cos\frac{A}{2}}$가 된다. 이것을 대입하여 정리하면, 다음을 얻을 수 있다.

$$\begin{aligned} a^2 &= (b+c)^2 - 4bc\cos^2\frac{A}{2} = (b+c)^2 - 4\cdot\frac{S}{\sin\frac{A}{2}\cos\frac{A}{2}}\cdot\cos^2\frac{A}{2} \\ &= (b+c)^2 - 4S\cdot\frac{\cos\frac{A}{2}}{\sin\frac{A}{2}} = (b+c)^2 - 4S\cot\frac{A}{2} \end{aligned}$$

결국, $a^2 = (b+c)^2 - 4S\cot\frac{A}{2}$이며 $4S\cot\frac{A}{2} = (b+c)^2 - a^2$이 된다.

이제, 코사인 정리를 다르게 변형시키자. 이를 위해, 등식 $a^2 = b^2 + c^2 - 2bc\cos A$의 우변에 있는 $b^2 + c^2$에 다음과 같이 $2ab$를 빼고 더해서 완전제곱식을 유도하자.

$$\begin{aligned} a^2 &= b^2 + c^2 - 2bc\cos A = b^2 - 2bc + c^2 + 2bc - 2bc\cos A \\ &= (b-c)^2 + 2bc(1-\cos A) = (b-c)^2 + 4bc\sin^2\frac{A}{2} \end{aligned}$$

여기에, $bc = \frac{S}{\sin\frac{A}{2}\cos\frac{A}{2}}$를 대입하여 정리하자. 그러면, 다음을 얻을 수 있다.

$$\begin{aligned} a^2 &= (b-c)^2 + 4bc\sin^2\frac{A}{2} = (b-c)^2 + 4\cdot\frac{S}{\sin\frac{A}{2}\cos\frac{A}{2}}\cdot\sin^2\frac{A}{2} \\ &= (b-c)^2 + 4S\cdot\frac{\sin\frac{A}{2}}{\cos\frac{A}{2}} = (b-c)^2 + 4S\tan\frac{A}{2} \end{aligned}$$

결국, $a^2 = (b-c)^2 + 4S\tan\frac{A}{2}$이며 $4S\tan\frac{A}{2} = a^2 - (b-c)^2$이 된다.

예제 4.5. 삼각형 ABC에서 다음을 증명하여라.

(1) $\cot A + \cot B + \cot C = \frac{a^2+b^2+c^2}{4S}$

(2) $\tan\frac{A}{2} + \tan\frac{B}{2} + \tan\frac{C}{2} \le \cot A + \cot B + \cot C$

(3) $\sin\frac{A}{2}\sin\frac{B}{2}\sin\frac{C}{2} \le \frac{1}{8}$

풀이. (1) 코사인 정리 $a^2 = b^2 + c^2 - 2bc\cos A$에서 bc를 삼각형의 넓이 S와 관련시키자. $S = \frac{1}{2}bc\sin A$에서 $bc = \frac{2S}{\sin A}$이다. 이 식을 코사인 정리에 대입하면, 다음을 얻을 수 있다.

$$a^2 = b^2 + c^2 - 2bc\cos A = b^2 + c^2 - \frac{4S}{\sin A}\cdot\cos A$$

이때, $\frac{\cos A}{\sin A} = \cot A$이므로, $a^2 = b^2 + c^2 - 4S\cot A$가 된다. 이로부터 $4S\cot A = b^2 + c^2 - a^2$이 된다. 같은 방법으로, $4S\cot B = a^2 + c^2 - b^2$, $4S\cot C = a^2 + b^2 - c^2$을 유도할 수 있다.

이제, 얻어진 식들을 변끼리 서로 더하자. 그러면, 다음을 얻을 수 있다.

$$\begin{aligned}&4S\cot A + 4S\cot B + 4S\cot C\\ &\qquad = b^2 + c^2 - a^2 + a^2 + c^2 - b^2 + a^2 + b^2 - c^2 = a^2 + b^2 + c^2\end{aligned}$$

이로부터 $4S\cot A + 4S\cot B + 4S\cot C = a^2 + b^2 + c^2$이며, $4S$를 이항하자. 그러면, $\cot A + \cot B + \cot C = \frac{a^2+b^2+c^2}{4S}$을 유도할 수 있다.

(2) $a^2 = (b-c)^2 + 4S\tan\frac{A}{2}$에서 $(b-c)^2 \geq 0$이므로, $\tan\frac{A}{2} \leq \frac{a^2}{4S}$이 된다. 같은 방법으로, $\tan\frac{B}{2} \leq \frac{b^2}{4S}$, $\tan\frac{C}{2} \leq \frac{c^2}{4S}$을 유도할 수 있다. 얻어진 등식들을 변끼리 서로 더하면, 다음을 얻을 수 있다.

$$\tan\frac{A}{2} + \tan\frac{B}{2} + \tan\frac{C}{2} \leq \frac{a^2}{4S} + \frac{b^2}{4S} + \frac{c^2}{4S} = \frac{a^2+b^2+c^2}{4S}$$

(1)에서 $\cot A + \cot B + \cot C = \frac{a^2+b^2+c^2}{4S}$이므로, $\tan\frac{A}{2} + \tan\frac{B}{2} + \tan\frac{C}{2} \leq \cot A + \cot B + \cot C$가 성립한다.

(3) $a^2 = (b-c)^2 + 4bc\sin^2\frac{A}{2}$이며 $(b-c)^2 \geq 0$이므로, $4bc\sin^2\frac{A}{2} \leq a^2$이다. 이로부터 $\sin^2\frac{A}{2} \leq \frac{a^2}{4bc}$이며, $\sin\frac{A}{2} \leq \frac{a}{2\sqrt{bc}}$이다. 같은 방법으로, $\sin\frac{B}{2} \leq \frac{b}{2\sqrt{ac}}$, $\sin\frac{C}{2} \leq \frac{c}{2\sqrt{ab}}$를 유도할 수 있다.

이제, 얻어진 부등식들을 변끼리 서로 곱하자. 그러면, 다음을 얻을 수 있다.

$$\sin\frac{A}{2}\sin\frac{B}{2}\sin\frac{C}{2} \leq \frac{a}{2\sqrt{bc}} \cdot \frac{b}{2\sqrt{ac}} \cdot \frac{c}{2\sqrt{ab}} = \frac{1}{8}$$

이로부터 $\sin\frac{A}{2}\sin\frac{B}{2}\sin\frac{C}{2} \leq \frac{1}{8}$이 유도된다. □

이제, 삼각형의 넓이를 구하는 헤론(Heron) 공식을 유도해 보자. 등식 $4S\cot\frac{A}{2} = (b+c)^2 - a^2$과 $4S\tan\frac{A}{2} = a^2 - (b-c)^2$을 보면, $4S\cot\frac{A}{2}$와 $4S\tan\frac{A}{2}$가 삼각형의 변 a, b, c로 표현되어 있다. 그리고 $\cot\frac{A}{2} \cdot \tan\frac{A}{2} = 1$인 것을 생각하자.

등식 $4S\cot\frac{A}{2}=(b+c)^2-a^2$과 $4S\tan\frac{A}{2}=a^2-(b-c)^2$을 서로 변끼리 곱하여 식을 정리하자. 그러면, 다음을 얻을 수 있다.

$$\begin{aligned}4S\cot\frac{A}{2}\cdot 4S\tan\frac{A}{2}&=[(b+c)^2-a^2][a^2-(b-c)^2]\\&=(b+c-a)(b+c+a)(a-b+c)(a+b-c)\end{aligned}$$

이로부터, $16S^2=(b+c-a)(b+c+a)(a-b+c)(a+b-c)$이며 S^2을 다음과 같이 나타낼 수 있다.

$$S^2=\frac{b+c-a}{2}\cdot\frac{b+c+a}{2}\cdot\frac{a-b+c}{2}\cdot\frac{a+b-c}{2}$$

여기서 $\frac{a+b+c}{2}=p$이므로, $\frac{b+c-a}{2}=\frac{a+b+c}{2}-a=p-a$이며 $\frac{a-b+c}{2}=p-b$, $\frac{a+b-c}{2}=p-c$이다. 얻어진 식들을 대입하면, 삼각형 ABC의 넓이 S를 다음과 같이 나타낼 수 있다.

$$S^2=p(p-a)(p-b)(p-c),\quad S=\sqrt{p(p-a)(p-b)(p-c)}$$

삼각형의 넓이를 구하는 식 $S=\sqrt{p(p-a)(p-b)(p-c)}$를 헤론 공식이라 부른다.

이제, 코사인 정리를 이용하여 삼각형 ABC의 중선의 길이를 구하자. 삼각형 ABC의 꼭짓점 A, B, C에서 대변에 그은 중선의 길이를 m_a, m_b, m_c라 놓고, 다음 예제를 살펴보자.

예제 4.6. 삼각형 ABC의 중선 m_a, m_b, m_c에 대해, 다음 등식이 성립한다는 것을 증명하여라.

$$m_a^2=\frac{2b^2+2c^2-a^2}{4},\quad m_b^2=\frac{2a^2+2c^2-b^2}{4},\quad m_c^2=\frac{2a^2+2b^2-c^2}{4}$$

풀이. 삼각형 ABC의 꼭짓점 A에서 변 BC에 중선 AM을 긋자. 그리고 중선 AM의 연장선에 $\overline{MD}=\overline{AM}$인 점 D를 잡아, 삼각형 BDM을 생각하자(그림 4.27).

삼각형 BDM과 CAM은 $\overline{BM}=\overline{CM}$, $\overline{MD}=\overline{AM}$, $\angle BMD=\angle CMA$이므로 합동이다. 이로부터 $\overline{BD}=\overline{AC}=b$이고 $\angle MBD=\angle MCA=\angle C$가 된다.

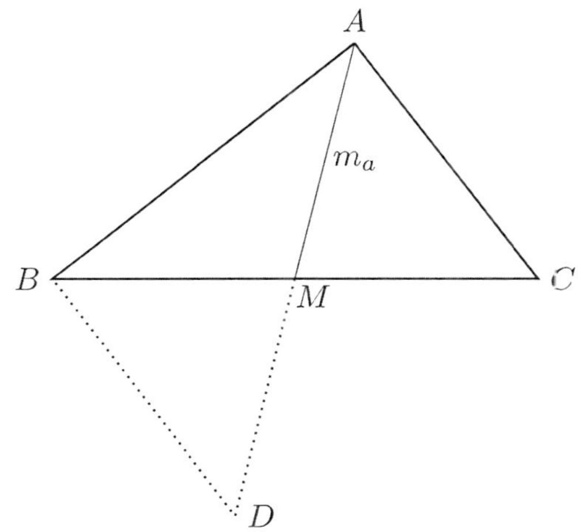

그림 4.27

이제, 삼각형 BDA에서 $\angle ABD = \angle B + \angle C$이므로 코사인 정리에 의해 $\overline{AD} = 2m_a$를 다음과 같이 구할 수 있다.

$$\begin{aligned}\overline{AD}^2 = 4m_a^2 &= b^2 + c^2 - 2bc\cos(B+C)\\ &= b^2 + c^2 - 2bc\cos(\pi - A) = b^2 + c^2 + 2bc\cos A\end{aligned}$$

한편, 삼각형 ABC에서 코사인 정리에 의해 $\cos A = \frac{b^2+c^2-a^2}{2bc}$이며, 이것을 등식 $4m_a^2 = b^2 + c^2 + 2bc\cos A$에 대입하자. 그러면, 다음을 얻을 수 있다.

$$\begin{aligned}4m_a^2 &= b^2 + c^2 + 2bc\cos A\\ &= b^2 + c^2 + 2bc \cdot \frac{b^2+c^2-a^2}{2bc} = 2b^2 + 2c^2 - a^2\end{aligned}$$

이로부터, $m_a^2 = \frac{2b^2+2c^2-a^2}{4}$이 유도된다.

삼각형 ABC의 꼭짓점 B, C로부터 그은 중선 m_b, m_c에 대해서도 유사한 방법으로 다음을 유도할 수 있다.

$$m_b^2 = \frac{2a^2+2c^2-b^2}{4}, \quad m_c^2 = \frac{2a^2+2b^2-c^2}{4}$$

이것으로 문제가 해결된다. □

얻어진 m_a^2, m_b^2, m_c^2에서 $m_a^2+m_b^2+m_c^2$을 계산해 보자. 그러면, 삼각형 ABC에서 다음 등식이 성립한다는 것을 확인할 수 있다.

$$m_a^2+m_b^2+m_c^2=\frac{3}{4}(a^2+b^2+c^2)$$

그리고 $m_a^2+m_b^2-5m_c^2$(또는 $m_b^2+m_c^2-5m_a^2$, $m_a^2+m_c^2-5m_b^2$)을 계산해 보자.

$$\begin{aligned}m_a^2+m_b^2-5m_c^2&=\left(\frac{2b^2+2c^2-a^2}{4}\right)+\left(\frac{2a^2+2c^2-b^2}{4}\right)-5\left(\frac{2a^2+2b^2-c^2}{4}\right)\\&=\frac{2b^2+2c^2-a^2+2a^2+2c^2-b^2-10a^2-10b^2+5c^2}{4}\\&=\frac{-9a^2-9b^2+9c^2}{4}\end{aligned}$$

즉, $\frac{4}{9}(m_a^2+m_b^2-5m_c^2)=-a^2-b^2+c^2$이 된다. 얻어진 등식으로부터 $m_a^2+m_b^2-5m_c^2=0$일 필요충분조건은 $-a^2-b^2+c^2=0$이라는 것을 알 수 있다. $-a^2-b^2+c^2=0$을 다시 쓰면 $a^2+b^2=c^2$, 즉 피타고라스 정리의 등식이 된다.

결국, $-a^2-b^2+c^2=0$은 삼각형 ABC가 $\angle C=\frac{\pi}{2}$인 직각삼각형이라는 것을 의미한다. 이로부터, 삼각형 ABC가 $\angle C=\frac{\pi}{2}$인 직각삼각형일 필요충분조건은 $m_a^2+m_b^2=5m_c^2$이라는 것을 알 수 있다.

삼각형 ABC에서 꼭짓점 A, B, C에서 대변에 그은 각의 이등분선의 길이 l_a, l_b, l_c도 구할 수 있다. 다음 예제를 살펴보자.

예제 4.7. 삼각형 ABC의 각의 이등분선 l_a, l_b, l_c에 대해, 다음 등식이 성립한다는 것을 증명하여라.

$$l_a=\frac{2}{b+c}\sqrt{bcp(p-a)},\quad l_b=\frac{2}{a+c}\sqrt{acp(p-b)},\quad l_c=\frac{2}{a+b}\sqrt{abp(p-c)}$$

풀이. 삼각형 ABC의 각 A의 이등분선 $AD=l_a$를 긋자(그림 4.28). 삼각형 ABD, ACD에서 코사인 정리에 의해, 다음 등식을 얻을 수 있다.

$$\cos\frac{A}{2}=\frac{c^2+l_a^2-\overline{BD}^2}{2cl_a},\quad \cos\frac{A}{2}=\frac{b^2+l_a^2-\overline{CD}^2}{2bl_a}$$

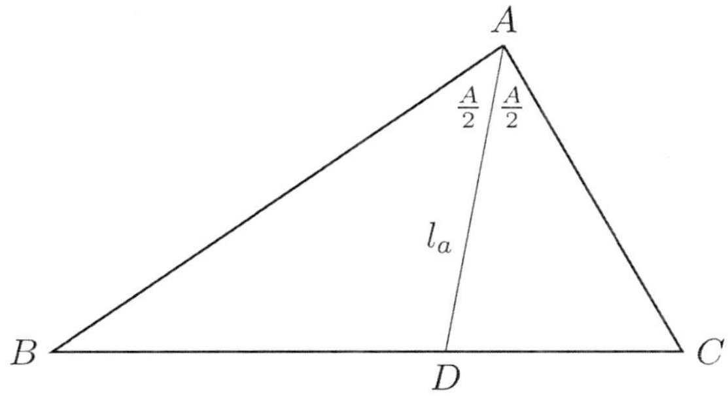

그림 4.28

등식 $\cos\frac{A}{2} = \frac{c^2+l_a^2-\overline{BD}^2}{2cl_a}$의 우변에서 분자와 분모에 b를 곱하고, 등식 $\cos\frac{A}{2} = \frac{b^2+l_a^2-\overline{CD}^2}{2bl_a}$의 우변에서 분자와 분모에 c를 곱하자. 그러면, 다음을 얻을 수 있다.

$$\cos\frac{A}{2} = \frac{bc^2+bl_a^2-b\cdot\overline{BD}^2}{2bcl_a}, \quad \cos\frac{A}{2} = \frac{cb^2+cl_a^2-c\cdot\overline{CD}^2}{2cbl_a}$$

이제, 얻어진 두 식을 연립하자. 그러면, 다음 등식이 얻어진다

$$\frac{bc^2+bl_a^2-b\cdot\overline{BD}^2}{2bcl_a} = \frac{cb^2+cl_a^2-c\cdot\overline{CD}^2}{2cbl_a}$$
$$bc^2+bl_a^2-b\cdot\overline{BD}^2 = cb^2+cl_a^2-c\cdot\overline{CD}^2$$

결국, $(b-c)l_a^2 = cb^2-bc^2+b\cdot\overline{BD}^2-c\cdot\overline{CD}^2$이다. 여기서 $\overline{BD}$와 $\overline{CD}$를 삼각형의 변 a,b,c를 이용하여 나타내자. 이를 위해, 삼각형 ABC의 각 A의 이등분선의 성질인 $\frac{\overline{AB}}{\overline{BD}} = \frac{\overline{AC}}{\overline{CD}}$, 즉 $\frac{c}{\overline{BD}} = \frac{b}{\overline{CD}}$를 생각하자. 비례식의 성질에 의해, $\frac{c}{\overline{BD}} = \frac{b}{\overline{CD}} = \frac{c+b}{\overline{BD}+\overline{CD}} = \frac{b+c}{a}$가 성립한다. 이로부터 $\overline{BD} = \frac{ac}{b+c}$이고 $\overline{CD} = \frac{ab}{b+c}$가 된다. 이를 등식 $(b-c)l_a^2 = cb^2-bc^2+b\cdot\overline{BD}^2-c\cdot\overline{CD}^2$에 대입하자. 그러면, 다음을 얻을 수 있다.

$$\begin{aligned}(b-c)l_a^2 &= cb^2-bc^2+b\cdot\overline{BD}^2-c\cdot\overline{CD}^2\\ &= cb^2-bc^2+b\left(\frac{ac}{b+c}\right)^2-c\left(\frac{ab}{b+c}\right)^2\\ &= \frac{cb^2(b+c)^2-bc^2(b+c)^2+a^2bc^2-a^2b^2c}{(b+c)^2}\\ &= \frac{bc(b+c)^2(b-c)-a^2bc(b-c)}{(b+c)^2} = \frac{bc(b-c)[(b+c)^2-a^2]}{(b+c)^2}\end{aligned}$$

이제, 얻어진 등식의 양변을 $b-c$로 나누고 $(b+c)^2-a^2=(b+c+a)(b+c-a)$로 인수분해하면, 다음을 얻을 수 있다.

$$l_a^2=\frac{bc[(b+c)^2-a^2]}{(b+c)^2}=\frac{bc(b+c+a)(b+c-a)}{(b+c)^2}$$

$a+b+c=2p, b+c-a=2(p-a)$이므로, 다음 등식이 유도된다.

$$l_a^2=\frac{4bcp(p-a)}{(b+c)^2},\quad l_a=\frac{2}{b+c}\sqrt{bcp(p-a)}$$

유사한 방법으로, l_b, l_c를 다음과 같이 구할 수 있다.

$$l_b=\frac{2}{a+c}\sqrt{acp(p-b)},\quad l_c=\frac{2}{a+b}\sqrt{abp(p-c)}$$

이것으로 문제가 해결된다. □

예제 4.7에서 삼각형의 세 각의 이등분선 l_a, l_b, l_c를 삼각형의 변들을 이용하여 나타냈다. 얻어진 등식들을 이용하면, 다음 부등식을 유도할 수 있다.

$$l_a+l_b+l_c\le\frac{\sqrt{3}}{p}$$

$l_a=\frac{2}{b+c}\sqrt{bcp(p-a)}$에서 제곱근호 앞에 있는 식 $\frac{2}{b+c}$에 주목하자. 산술평균과 기하평균의 관계에 의해 $\sqrt{bc}\le\frac{b+c}{2}$이므로, $\frac{1}{\sqrt{bc}}\ge\frac{2}{b+c}$가 된다. 이로부터 다음이 성립한다.

$$\frac{2}{b+c}\sqrt{bcp(p-a)}\le\frac{1}{\sqrt{bc}}\cdot\sqrt{bcp(p-a)}=\sqrt{p(p-a)}$$

즉, $l_a\le\sqrt{p(p-a)}$가 성립한다. 이 부등식의 양변에 $\sqrt{3}$을 곱하면, $\sqrt{3}l_a\le\sqrt{3p(p-a)}$가 된다. 이제, $\sqrt{3p(p-a)}$에 산술평균과 기하평균의 관계를 사용하자. 이때 $\sqrt{3p(p-a)}$를 $\sqrt{3p\times(p-a)}$로 볼 수도 있고, $\sqrt{p\times(3p-3a)}$로 볼 수도 있다. 여기서는 $\sqrt{p\times(3p-3a)}$에 대해 산술평균과 기하평균의 관계를 사용하자. 그러면, 다음을 얻을 수 있다.

$$\sqrt{3}l_a\le\sqrt{3p(p-a)}\le\frac{p+(3p-3a)}{2}=\frac{4p-3a}{2}$$

유사한 방법으로, $l_b = \frac{2}{a+c}\sqrt{acp(p-b)}, l_c = \frac{2}{a+b}\sqrt{abp(p-c)}$에 대해 다음 부등식을 유도할 수 있다.

$$\sqrt{3}l_b \le \frac{4p-3b}{2}, \quad \sqrt{3}l_c \le \frac{4p-3c}{2}$$

얻어진 세 부등식을 변끼리 더하자. 그러면, 다음을 얻을 수 있다.

$$\sqrt{3}l_a + \sqrt{3}l_b + \sqrt{3}l_c \le \frac{4p-3a}{2} + \frac{4p-3b}{2} + \frac{4p-3c}{2} = 3p$$

이로부터 $\sqrt{3}(l_a + l_b + l_c) \le 3p$가 얻어지며, $l_a + l_b + l_c \le \sqrt{3}p$가 증명된다.

삼각형 ABC에서 각의 이등분선을 나타내는 다른 식을 살펴보자. 그림 4.29에서 삼각형 ABD의 넓이 S_1은 $S_1 = \frac{1}{2}cl_a \sin\frac{A}{2}$이고, 삼각형 ACD의 넓이 S_2는 $S_2 = \frac{1}{2}bl_a \sin\frac{A}{2}$이다. 그리고 삼각형 ABC의 넓이 S는 $S = \frac{1}{2}bc\sin A$이다. $S = S_1 + S_2$이므로, 다음을 알 수 있다.

$$\frac{1}{2}bc\sin A = \frac{1}{2}cl_a \sin\frac{A}{2} + \frac{1}{2}bl_a \sin\frac{A}{2} = \frac{1}{2}(b+c)l_a \sin\frac{A}{2}$$

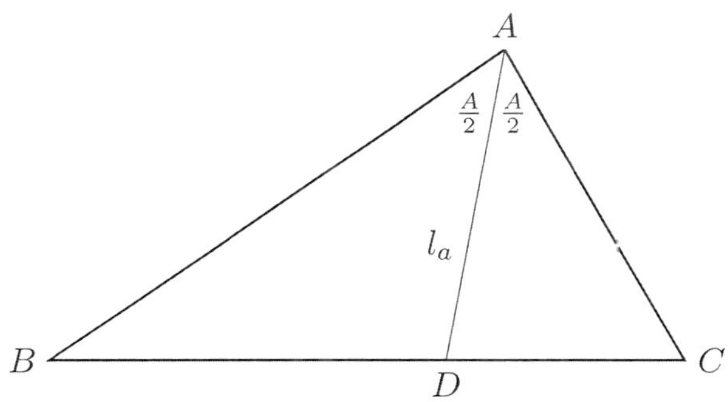

그림 4.29

이로부터 $\frac{1}{2}bc\sin A = \frac{1}{2}(b+c)l_a \sin\frac{A}{2}$이고 $l_a = \frac{bc\sin A}{(b+c)\sin\frac{A}{2}}$이다. 이때 $\sin A = 2\sin\frac{A}{2}\cos\frac{A}{2}$이므로, $l_a = \frac{2bc\sin\frac{A}{2}\cos\frac{A}{2}}{(b+c)\sin\frac{A}{2}} = \frac{2bc\cos\frac{A}{2}}{b+c}$가 된다.

이때, 얻어진 등식에 정리 4.5의 $\cos\frac{A}{2} = \sqrt{\frac{p(p-a)}{bc}}$를 대입하면, 예제 4.7의 $l_a = \frac{2}{b+c}\sqrt{bcp(p-a)}$가 유도된다.

이제, 각 B, C의 이등분선 l_b, l_c에 대해서도 유사한 방법으로 다음 등식을 유도할 수 있다.

$$l_b = \frac{2ac\cos\frac{B}{2}}{a+c},\ l_c = \frac{2ab\cos\frac{C}{2}}{a+b}$$

각의 이등분선 l_a, l_b, l_c를 구하는 식과 예제 4.7에서 유도한 식을 이용하여 슈타이너-레무스(Steiner-Lehmus) 정리로 알려진 이등변삼각형의 조건을 증명할 수 있다. 슈타이너-레무스 정리는 '삼각형에서 두 각의 이등분선이 같으면, 삼각형은 이등변삼각형이다'라는 것이다.

[5]에 슈타이너-레무스 정리에 대한 다양한 증명과 그 특징이 분석되어 있다. 그중에서 각의 이등분선에 대한 식을 이용한 방법을 살펴보자.

예제 4.7을 이용하여, 삼각형 ABC에서 $l_b = l_c$이면, $b = c$가 된다는 것을 유도하자 (그림 4.30).

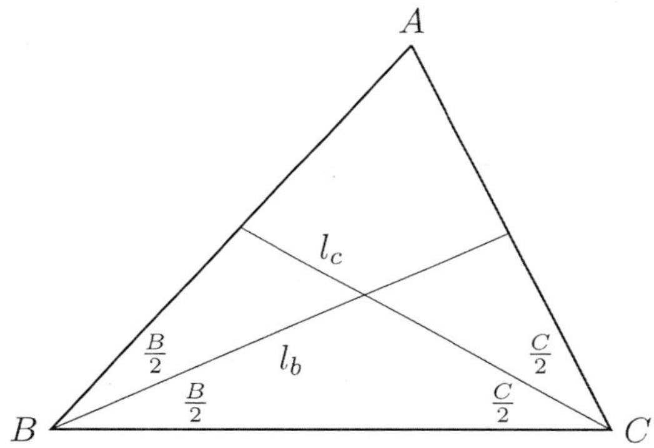

그림 4.30

예제 4.7에 의해 $l_b = \frac{2}{a+c}\sqrt{acp(p-b)}$, $l_c = \frac{2}{a+b}\sqrt{abp(p-c)}$이다. 등식 $l_b = l_c$로부터 다음이 유도된다.

$$\frac{2}{a+c}\sqrt{acp(p-b)} = \frac{2}{a+b}\sqrt{abp(p-c)}$$

얻어진 등식의 양변을 제곱하여 정리하자. 그러면, 다음을 얻을 수 있다.

$$\frac{4acp(p-b)}{(a+c)^2} = \frac{4abp(p-c)}{(a+b)^2},\ \frac{c(p-b)}{(a+c)^2} = \frac{b(p-c)}{(a+b)^2}$$

얻어진 식에서 $p-b=\frac{a-b+c}{2}, p-c=\frac{a+b-c}{2}$임을 생각하고 통분하여 정리하면, $a^3(b-c)+a^2(b+c)(b-c)+3abc(b-c)+bc(b-c)(b+c)=0$이 얻어진다. 이 식을 인수분해하면, 다음과 같다.

$$(b-c)[a^3+a^2(b+c)+3abc+bc(b+c)]=0$$

이로부터, $b=c$가 유도되며, 삼각형 ABC가 이등변삼각형임이라는 것이 증명된다.

한편, $l_b=\frac{2ac\cos\frac{B}{2}}{a+c}, l_c=\frac{2ab\cos\frac{C}{2}}{a+b}$를 이용하여, $l_b=l_c$이면 삼각형 ABC가 이등변삼각형이라는 것을 증명할 수도 있다. 귀류법으로, $b\neq c$라고 가정하자.

가령, $b>c$라고 하자. 그러면, 삼각형에서 긴 변의 맞은편에는 큰 각이 놓이므로, $\angle B>\angle C$가 된다. 그러면 $\frac{B}{2}>\frac{C}{2}$이며 $\frac{B}{2}, \frac{C}{2}$는 예각이므로, $\cos\frac{B}{2}<\cos\frac{C}{2}$가 된다.

이제, $b>c$에 대해 역수를 취하면 $\frac{1}{b}<\frac{1}{c}$이 된다. 그리고 이 부등식의 양변에 $\frac{1}{a}$을 더하자. 그러면, $\frac{1}{b}+\frac{1}{a}<\frac{1}{c}+\frac{1}{a}$이 된다. 얻어진 식을 통분하여 정리하면, $\frac{a+b}{ab}<\frac{a+c}{ac}$가 된다. 다시 역수를 취하면, $\frac{ab}{a+b}>\frac{ac}{a+c}$가 성립한다.

얻어진 부등식 $\cos\frac{B}{2}<\cos\frac{C}{2}$와 $\frac{ac}{a+c}<\frac{ab}{a+b}$를 변끼리 서로 곱하자. 그러면, 다음 얻어진다.

$$\cos\frac{B}{2}\cdot\frac{ac}{a+c}<\cos\frac{C}{2}\cdot\frac{ab}{a+b}, \frac{2ac\cos\frac{B}{2}}{a+c}<\frac{2ab\cos\frac{C}{2}}{a+b}$$

$l_b=\frac{2ac\cos\frac{B}{2}}{a+c}, l_c=\frac{2ab\cos\frac{C}{2}}{a+b}$이므로, 얻어진 부등식으로부터 $l_b<l_c$가 유도된다. 이것은 가정 $l_b=l_c$에 모순된다. 한편, 유사한 방법으로 $b<c$라고 가정하면 $l_b>l_c$를 유도할 수 있다.

결국, $b>c$인 경우와 $b<c$인 경우에 모순이 유도되므로, 이로부터 $b=c$가 증명되며 삼각형 ABC는 이등변삼각형이 된다.

예제 4.6과 예제 4.7에서는 삼각형 ABC의 꼭짓점에서 대변에 그은 선분(중선, 각의 이등분선)의 길이를 구했다. 이를 일반화하면, 삼각형 ABC의 변 BC의 점 D에 대해 선분 AD의 길이를 삼각형의 변으로 나타내는 문제가 된다. 이에 대한 것이 스튜어트(Stewart) 정리이다. 여기서는 스튜어트 정리를 코사인 정리를 이용하여

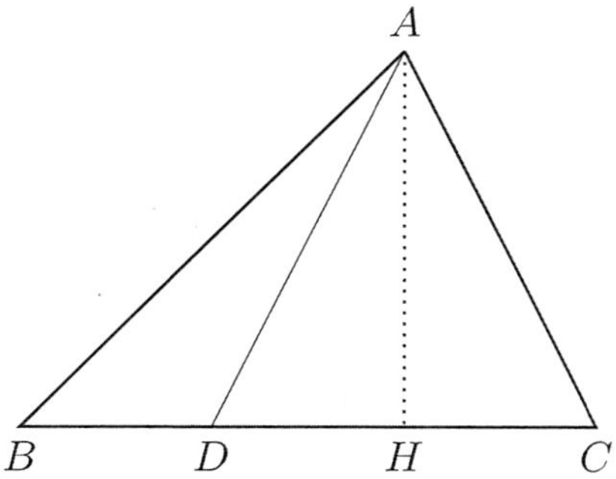

그림 4.31

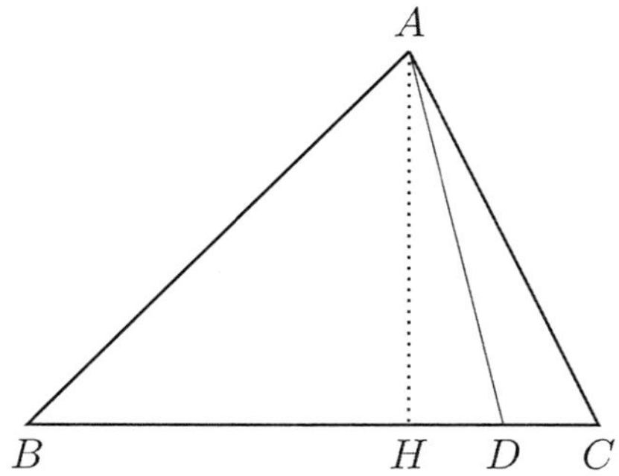

그림 4.32

유도하자.

예제 4.8 (스튜어트 정리)**.** 삼각형 ABC의 꼭짓점 A에서 대변에 선분 AD를 그었다. 다음 등식이 성립한다는 것을 증명하여라.

$$\overline{AD}^2 = \overline{AB}^2 \cdot \frac{\overline{CD}}{\overline{BC}} + \overline{AC}^2 \cdot \frac{\overline{BD}}{\overline{BC}} - \overline{BD} \cdot \overline{CD}$$

풀이. 삼각형 ABC의 변 BC에 점 D를 잡고, 꼭짓점 A에서 변 BC에 수선 AH를 긋자. 그림 4.31에서는 점 D가 점 B와 H사이에 놓여있다.

삼각형 ABD에서 코사인 정리를 생각하면, 다음을 얻을 수 있다.

$$\overline{AB}^2 = \overline{BD}^2 + \overline{AD}^2 - 2\overline{BD} \cdot \overline{AD} \cdot \cos ADB$$

이때, $\cos ADB = \cos(\pi - ADH) = -\cos ADH$이며, $\overline{AD} \cdot \cos ADB = -\overline{AD} \cdot \cos ADH = -\overline{DH}$가 된다. 이것을 얻어진 등식에 대입하면, 다음을 얻을 수 있다.

$$\overline{AB}^2 = \overline{BD}^2 + \overline{AD}^2 + 2\overline{BD} \cdot \overline{DH}$$

삼각형 ADC에서 코사인 정리를 생각하면, 다음을 얻을 수 있다.

$$\overline{AC}^2 = \overline{AD}^2 + \overline{CD}^2 - 2\overline{AD} \cdot \overline{DC} \cdot \cos ADC$$

이때, $\overline{AD} \cdot \cos ADC = \overline{DH}$이므로, 다음을 얻을 수 있다.

$$\overline{AC}^2 = \overline{AD}^2 + \overline{CD}^2 - 2\overline{DH} \cdot \overline{DC}$$

등식 $\overline{AB}^2 = \overline{BD}^2 + \overline{AD}^2 + 2\overline{BD} \cdot \overline{DH}$의 양변에 $\overline{CD}$를 곱하고 등식 $\overline{AC}^2 = \overline{AD}^2 + \overline{CD}^2 - 2\overline{DH} \cdot \overline{DC}$의 양변에 $\overline{BD}$를 곱하자. 그러면, 다음을 얻을 수 있다.

$$\overline{AB}^2 \cdot \overline{CD} = \overline{BD}^2 \cdot \overline{CD} + \overline{AD}^2 \cdot \overline{CD} + 2\overline{BD} \cdot \overline{DH} \cdot \overline{CD}$$

$$\overline{AC}^2 \cdot \overline{BD} = \overline{AD}^2 \cdot \overline{BD} + \overline{CD}^2 \cdot \overline{BD} - 2\overline{DH} \cdot \overline{DC} \cdot \overline{BD}$$

얻어진 두 등식을 변끼리 더하자. 그리고 $\overline{BD} + \overline{CD} = \overline{BC}$임을 생각하면, 다음을 얻을 수 있다.

$$\begin{aligned}
&\overline{AB}^2 \cdot \overline{CD} + \overline{AC}^2 \cdot \overline{BD} \\
&\qquad = \overline{BD}^2 \cdot \overline{CD} + \overline{AD}^2 \cdot \overline{CD} + \overline{AD}^2 \cdot \overline{BD} + \overline{CD}^2 \cdot \overline{BD} \\
&\qquad\qquad + 2\overline{BD} \cdot \overline{DH} \cdot \overline{CD} - 2\overline{DH} \cdot \overline{DC} \cdot \overline{BD} \\
&\qquad = \overline{AD}^2(\overline{BD} + \overline{CD}) + \overline{BD} \cdot \overline{CD}(\overline{BD} + \overline{CD}) \\
&\qquad = \overline{AD}^2 \cdot \overline{BC} + \overline{BD} \cdot \overline{CD} \cdot \overline{BC}
\end{aligned}$$

결국, $\overline{AD}^2 \cdot \overline{BC} = \overline{AB}^2 \cdot \overline{CD} + \overline{AC}^2 \cdot \overline{BD} - \overline{BD} \cdot \overline{CD} \cdot \overline{BC}$가 된다. 이 등식의 양변을 $\overline{BC}$로 나누자. 그러면, 다음이 유도된다.

$$\overline{AD}^2 = \overline{AB}^2 \cdot \frac{\overline{CD}}{\overline{BC}} + \overline{AC}^2 \cdot \frac{\overline{BD}}{\overline{BC}} - \overline{BD} \cdot \overline{CD}$$

한편, 점 D가 H와 일치하는 경우에는 피타고라스 정리에 의해 다음 등식이 얻어진다.

$$\overline{AB}^2 = \overline{BH}^2 + \overline{AH}^2, \quad \overline{AC}^2 = \overline{AH}^2 + \overline{CH}^2$$

등식 $\overline{AB}^2 = \overline{BH}^2 + \overline{AH}^2$의 양변에 $\overline{CH}$를 곱하고 등식 $\overline{AC}^2 = \overline{AH}^2 + \overline{CH}^2$의 양변에 $\overline{BH}$를 곱하여, 변끼리 더하자. 그러면, 다음을 얻을 수 있다.

$$\begin{aligned}
\overline{AB}^2 \cdot \overline{CH} + \overline{AC}^2 \cdot \overline{BH} &= \overline{BH}^2 \cdot \overline{CH} + \overline{AH}^2 \cdot \overline{CH} + \overline{AH}^2 \cdot \overline{BH} + \overline{CH}^2 \cdot \overline{BH} \\
&= \overline{AH}^2(\overline{BH} + \overline{CH}) + \overline{BH} \cdot \overline{CH}(\overline{BH} + \overline{CH}) \\
&= \overline{AH}^2 \cdot \overline{BC} + \overline{BH} \cdot \overline{CH} \cdot \overline{BC}
\end{aligned}$$

결국, $\overline{AH}^2 \cdot \overline{BC} = \overline{AB}^2 \cdot \overline{CH} + \overline{AC}^2 \cdot \overline{BH} - \overline{BH} \cdot \overline{CH} \cdot \overline{BC}$가 얻어진다. 이제, 양변을 $\overline{BC}$로 나누면, 다음이 유도된다.

$$\overline{AH}^2 = \overline{AB}^2 \cdot \frac{\overline{CH}}{\overline{BC}} + \overline{AC}^2 \cdot \frac{\overline{BH}}{\overline{BC}} - \overline{BH} \cdot \overline{CH}$$

한편, 그림 4.32에서와 같이 점 D가 점 H와 C사이에 놓인 경우를 생각하자. 이러한 경우는 그림 4.31과 유사한 유사한 방법으로 증명할 수 있다. 이것으로 문제가 해결된다. □

점 D와 H가 일치하는 경우에 얻어진 등식 $\overline{AH}^2 = \overline{AB}^2 \cdot \frac{\overline{CH}}{\overline{BC}} + \overline{AC}^2 \cdot \frac{\overline{BH}}{\overline{BC}} - \overline{BH} \cdot \overline{CH}$는 삼각형 ABC의 꼭짓점 A에서 대변에 그은 높이를 나타낸다. 여기서 $\overline{BH} = c\cos B, \overline{CH} = b\cos C$를 대입하자. 그러면 $\overline{AH} = h_a$를 다음과 같이 나타낼 수 있다.

$$h_a^2 = c^2 \cdot \frac{b\cos C}{a} + b^2 \cdot \frac{c\cos B}{a} - bc\cos B\cos C$$
$$h_a^2 = \frac{bc^2\cos C + b^2c\cos B - abc\cos B\cos C}{a}$$

그리고 스튜어트 정리에서 점 D의 위치에 따라 선분 AD가 중선이 될 수도 있고, 각의 이등분선이 될 수도 있다. 스튜어트 정리를 이용하여 예제 4.6과 예제 4.7의 결과를 확인해 보자.

선분 AD가 중선이라 하자. 그러면, $\overline{BD} = \overline{CD}$이며, $\frac{\overline{BD}}{\overline{BC}} = \frac{\overline{CD}}{\overline{BC}} = \frac{1}{2}$이 된다. 이것을 스튜어트 정리의 등식에 대입하면, $\overline{AD}$를 다음과 같이 구할 수 있다.

$$\begin{aligned}\overline{AD}^2 &= \overline{AB}^2 \cdot \frac{\overline{CD}}{\overline{BC}} + \overline{AC}^2 \cdot \frac{\overline{BD}}{\overline{BC}} - \overline{BD} \cdot \overline{CD} \\ &= \overline{AB}^2 \cdot \frac{1}{2} + \overline{AC}^2 \cdot \frac{1}{2} - \left(\frac{1}{2}\overline{BC}\right)^2 \\ &= \frac{2\overline{AB}^2 + 2\overline{AC}^2 - \overline{BC}^2}{4} = \frac{2b^2 + 2c^2 - a^2}{4}\end{aligned}$$

한편, 선분 AD가 각의 이등분선이라 하자. 그러면, $\overline{BD} = \frac{ac}{b+c}$이고 $\overline{CD} = \frac{ab}{b+c}$이다. 이것을 스튜어트 정리의 등식에 대입하고 $\overline{AB} = c, \overline{AC} = b, \overline{BC} = a$임을 생각

하면, $\overline{AD}$를 다음과 같이 구할 수 있다.

$$\begin{aligned}
\overline{AD}^2 &= c^2 \cdot \frac{\frac{ab}{b+c}}{a} + b^2 \cdot \frac{\frac{ac}{b+c}}{a} - \frac{ac}{b+c} \cdot \frac{ab}{b+c} \\
&= \frac{bc^2}{b+c} + \frac{b^2c}{b+c} - \frac{a^2bc}{(b+c)^2} = \frac{bc^2(b+c) + b^2c(b+c) - a^2bc}{(b+c)^2} \\
&= \frac{bc(bc + c^2 + b^2 + bc - a^2)}{(b+c)^2} = \frac{bc[-a^2 + (b+c)^2]}{(b+c)^2} \\
&= \frac{bc(b+c+a)(b+c-a)}{(b+c)^2}
\end{aligned}$$

$a+b+c = 2p, b+c-a = 2p-2a = 2(p-a)$이므로, 다음 등식이 유도된다.

$$\overline{AD}^2 = \frac{4bcp(p-a)}{(b+c)^2}, \quad \overline{AD} = \frac{2}{b+c}\sqrt{bcp(p-a)}$$

스튜어트 정리의 등식으로부터 예제 4.6과 예제 4.7의 등식이 유도되었다.

제 5 장.

삼각형의 원과 삼각함수

1. 삼각형의 내접원에 관련된 등식

삼각형 ABC에서 각 A, B, C의 이등분선의 교점에 대해 살펴보자. 앞에서 체바 정리와 메넬라우스 정리를 이용하여 삼각형의 세 각의 이등분선이 한 점에서 만난다는 것을 보였다. 여기서는 각의 이등분선의 다음 성질을 이용하여, 삼각형의 세 각의 이등분선이 한 점에서 만난다는 것을 보이자.

> 각의 이등분선은 각의 두 변으로부터 같은 거리만큼 떨어져 있으며, 역으로 각의 두 변으로부터 같은 거리만큼 떨어진 점들은 각의 이등분선을 이룬다.

삼각형 ABC의 각 A, B, C의 이등분선이 한 점에서 만난다는 것을 보이기 위해, 우선 각 A, B의 이등분선 AD, BE를 작도하고, 그 교점을 I라 하자(그림 5.1). 그러면, 점 I는 각 A의 변인 선분 AB, AC로부터 같은 거리만큼 떹어져 있고, 점 I는 각 B의 변인 선분 BA, BC로부터 같은 거리만큼 떨어져 있다.

결국, 점 I는 선분 BC, AC에서 같은 거리만큼 떨어져 있다. 그런데, 선분 BC, AC는 각 C의 변에 속한다. 이로부터, 점 I는 각 C의 이등분선에 속하며, 반직선 CI

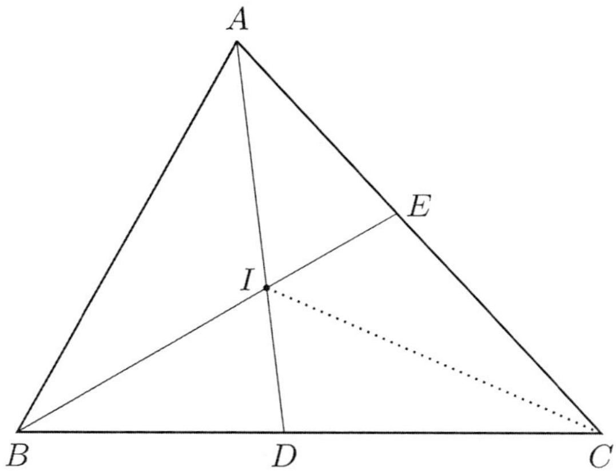

그림 5.1

각 C의 이등분선이라는 것을 알 수 있다. 결국, 삼각형 ABC의 세 각 A, B, C의 이등분선은 한 점 I에서 만난다는 것을 알 수 있다.

점 I로부터 삼각형 ABC의 세 변 AB, BC, AC까지의 거리가 같기 때문에, 점 I를 중심으로 삼각형 ABC에 접하는 원을 작도할 수 있다. 이 원을 삼각형 ABC의 내접원이라 하고, 점 I를 삼각형 ABC의 내심이라 부른다. 그리고 삼각형 ABC의 내접원의 반지름을 r로 나타내자.

삼각형 ABC의 변들, 각들, 내접원의 반지름에 관련된 성질을 조사하자. 이를 위해, 삼각형 ABC의 각 B, C의 이등분선을 긋고, 그 교점을 I라 하자(그림 5.2). 그리고 점 I에서 변 BC에 수선 IH를 그어 내접원의 반지름을 조사하자.

정리 5.1. 삼각형 ABC에서 다음이 성립한다.

$$r = \frac{a\sin\frac{B}{2}\sin\frac{C}{2}}{\cos\frac{A}{2}} = \frac{b\sin\frac{A}{2}\sin\frac{C}{2}}{\cos\frac{B}{2}} = \frac{c\sin\frac{A}{2}\sin\frac{B}{2}}{\cos\frac{C}{2}}$$

증명. 그림 5.2에서 각 IBH가 $\frac{\angle B}{2}$이며 각 ICH가 $\frac{\angle C}{2}$라는 것을 생각하면, 직각삼각형 BHI, CHI로부터 $\overline{IH} = r = \overline{BH} \cdot \tan\frac{B}{2}, r = \overline{HC} \cdot \tan\frac{C}{2}$라는 것을 알 수 있다. 이로부터, $\overline{BH} = \frac{r}{\tan\frac{B}{2}}, \overline{HC} = \frac{r}{\tan\frac{C}{2}}$이며, $\overline{BH} = r\cot\frac{B}{2}, \overline{HC} = r\cot\frac{C}{2}$가 된다.

이제, $\overline{BH}, \overline{HC}$의 식을 변끼리 서로 더하자. 그러면, 다음을 얻을 수 있다.

$$\overline{BH} + \overline{HC} = a = r\left(\cot\frac{B}{2} + \cot\frac{C}{2}\right)$$

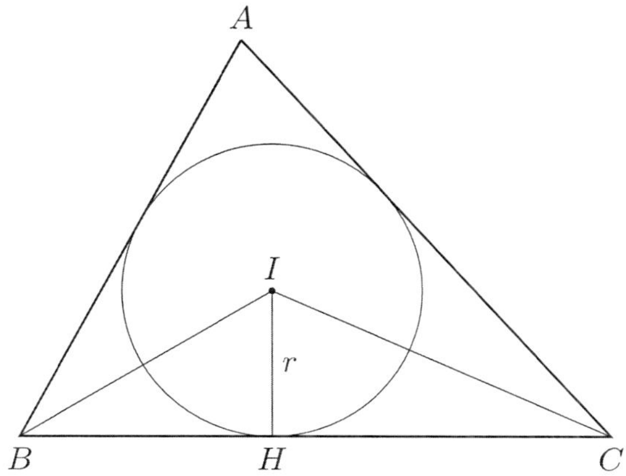

그림 5.2

얻어진 등식에서 식 $\cot\frac{B}{2}+\cot\frac{C}{2}$를 사인과 코사인에 대한 식으로 바꾸자.

$$\cot\frac{B}{2}+\cot\frac{C}{2}=\frac{1}{\tan\frac{B}{2}}+\frac{1}{\tan\frac{C}{2}}=\frac{\tan\frac{B}{2}+\tan\frac{C}{2}}{\tan\frac{B}{2}\tan\frac{C}{2}}$$
$$=\frac{\frac{\sin\frac{B}{2}}{\cos\frac{B}{2}}+\frac{\sin\frac{C}{2}}{\cos\frac{C}{2}}}{\frac{\sin\frac{B}{2}}{\cos\frac{B}{2}}\cdot\frac{\sin\frac{C}{2}}{\cos\frac{C}{2}}}=\frac{\sin\frac{B}{2}\cos\frac{C}{2}+\cos\frac{B}{2}\sin\frac{C}{2}}{\sin\frac{B}{2}\sin\frac{C}{2}}$$

얻어진 식에서 $\sin\frac{B}{2}\cos\frac{C}{2}+\cos\frac{B}{2}\sin\frac{C}{2}=\sin\left(\frac{B}{2}+\frac{C}{2}\right)$이며 $\frac{B}{2}+\frac{C}{2}=\frac{\pi}{2}-\frac{A}{2}$이므로, 식을 다음과 같이 정리할 수 있다.

$$\frac{\sin\frac{B}{2}\cos\frac{C}{2}+\cos\frac{B}{2}\sin\frac{C}{2}}{\sin\frac{B}{2}\sin\frac{C}{2}}=\frac{\sin\left(\frac{B}{2}+\frac{C}{2}\right)}{\sin\frac{B}{2}\sin\frac{C}{2}}=\frac{\sin\left(\frac{\pi}{2}-\frac{A}{2}\right)}{\sin\frac{B}{2}\sin\frac{C}{2}}=\frac{\cos\frac{A}{2}}{\sin\frac{B}{2}\sin\frac{C}{2}}$$

이로부터, 다음 등식이 성립한다는 것을 알 수 있다.

$$a=r\left(\cot\frac{B}{2}+\cot\frac{C}{2}\right)=\frac{r\cos\frac{A}{2}}{\sin\frac{B}{2}\sin\frac{C}{2}}$$

유사한 방법으로 b,c도 다음과 같이 구할 수 있다.

$$b=\frac{r\cos\frac{B}{2}}{\sin\frac{A}{2}\sin\frac{C}{2}},\ c=\frac{r\cos\frac{C}{2}}{\sin\frac{A}{2}\sin\frac{B}{2}}$$

얻어진 결과로부터, r을 다음과 같이 나타낼 수 있다.

$$r=\frac{a\sin\frac{B}{2}\sin\frac{C}{2}}{\cos\frac{A}{2}}=\frac{b\sin\frac{A}{2}\sin\frac{C}{2}}{\cos\frac{B}{2}}=\frac{c\sin\frac{A}{2}\sin\frac{B}{2}}{\cos\frac{C}{2}}$$

이것으로 정리가 증명된다. □

이제, 정리 4.5를 생각하자. $\sin\frac{B}{2} = \sqrt{\frac{(p-a)(p-c)}{ac}}, \sin\frac{C}{2} = \sqrt{\frac{(p-a)(p-b)}{ab}}, \cos\frac{A}{2} = \sqrt{\frac{p(p-a)}{bc}}$이므로, 이것을 얻어진 등식 $r = \frac{a\sin\frac{B}{2}\sin\frac{C}{2}}{\cos\frac{A}{2}}$에 대입하자. 그러면, 다음을 얻을 수 있다.

$$\begin{aligned} r = \frac{a\sin\frac{B}{2}\sin\frac{C}{2}}{\cos\frac{A}{2}} &= \frac{a\sqrt{\frac{(p-a)(p-c)}{ac}\cdot\frac{(p-a)(p-b)}{ab}}}{\sqrt{\frac{p(p-a)}{bc}}} \\ &= \frac{\sqrt{(p-a)(p-c)(p-a)(p-b)}}{\sqrt{p(p-a)}} = \sqrt{\frac{(p-a)(p-b)(p-c)}{p}} \\ &= \sqrt{\frac{p(p-a)(p-b)(p-c)}{p^2}} = \frac{\sqrt{p(p-a)(p-b)(p-c)}}{p} \end{aligned}$$

헤론 공식에 의해 $S = \sqrt{p(p-a)(p-b)(p-c)}$라는 것을 생각하면, $r = \frac{S}{p}$라는 것도 알 수 있다.

등식 $r = \frac{S}{p}$는 삼각형의 넓이를 이용해서도 얻을 수 있다. 그림 5.2에서 삼각형 BIC의 넓이는 $\frac{ar}{2}$, 삼각형 CIA의 넓이는 $\frac{br}{2}$, 삼각형 AIB의 넓이는 $\frac{cr}{2}$이다. 삼각형 BIC, CIA, AIB의 넓이를 합하면, 삼각형 ABC의 넓이가 된다. 그러므로 $S = \frac{ar}{2} + \frac{br}{2} + \frac{cr}{2}$이며, $S = \frac{a+b+c}{2}r = pr$이다. 이로부터 $r = \frac{S}{p}$가 유도될 수도 있다.

이제, 삼각형 ABC에 중심이 I인 내접원을 그리고, 내심 I로부터 변 BC, AC, AB에 수선 IH_1, IH_2, IH_3를 내리자. 그리고 $\overline{BH_1} = x, \overline{CH_2} = y, \overline{AH_3} = z$라 하자(그림 5.3). 그러면, 삼각형에서 접선의 성질에 의해 $\overline{BH_3} = x$, $\overline{AH_2} = z$, $\overline{CH_1} = y$가 된다.

그림 5.3에서 $x + y = a, y + z = b, z + x = c$이며, $x + y + z = p$이다. 그리고 $x + y + z = p$에서 $y + z = b$를 빼면, $x = p - b$가 된다. 유사한 방법으로, $y = p - c, z = p - a$를 유도할 수 있다.

정리 5.2. 삼각형 ABC에서 다음 등식이 성립한다.

$$r = (p-a)\tan\frac{A}{2},\ r = (p-b)\tan\frac{B}{2},\ r = (p-c)\tan\frac{C}{2}$$

증명. 그림 5.3에서 직각삼각형 BIH_1을 생각하자. 이 직각삼각형에서 $\cot\frac{B}{2} = \frac{x}{r} =$

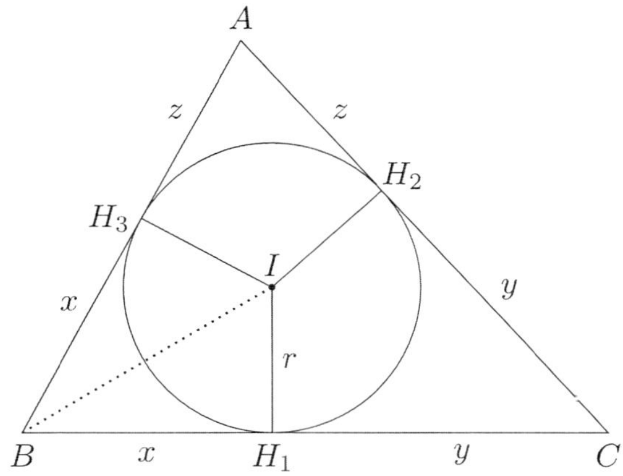

그림 5.3

$\frac{p-b}{r}$이다. 이로부터, $r = \frac{p-b}{\cot \frac{B}{2}}$가 된다. 유사한 방법으로, 다음을 유도할 수 있다.

$$\cot \frac{A}{2} = \frac{p-a}{r},\ r = \frac{p-a}{\cot \frac{A}{2}},\quad \cot \frac{C}{2} = \frac{p-c}{r},\ r = \frac{p-c}{\cot \frac{C}{2}}$$

그리고 $\cot \frac{A}{2} = \frac{1}{\tan \frac{A}{2}}$인 것을 생각하면, $\frac{1}{\tan \frac{A}{2}} = \frac{p-a}{r}$이며 $r = (p-a)\tan \frac{A}{2}$가 얻어진다. 같은 방법으로, 다음을 유도할 수 있다.

$$r = (p-b)\tan \frac{B}{2},\ r = (p-c)\tan \frac{C}{2}$$

이것으로 정리가 증명된다. □

등식 $r = (p-a)\tan \frac{A}{2}$에 대해 살펴보자. 양변에 p를 곱하면, $pr = p(p-a)\tan \frac{A}{2}$가 된다. 이제 $S = pr$이고 $S = \sqrt{p(p-a)(p-b)(p-c)}$라는 것을 생각하면, 다음을 얻을 수 있다.

$$pr = S = \sqrt{p(p-a)(p-b)(p-c)} = p(p-a)\tan \frac{A}{2}$$

이로부터 $\tan \frac{A}{2}$를 다음과 같이 쓸 수 있다.

$$\tan \frac{A}{2} = \frac{\sqrt{p(p-a)(p-b)(p-c)}}{p(p-a)} = \sqrt{\frac{p(p-a)(p-b)(p-c)}{p^2(p-a)^2}} = \sqrt{\frac{(p-b)(p-c)}{p(p-a)}}$$

얻어진 등식 $\tan \frac{A}{2} = \sqrt{\frac{(p-b)(p-c)}{p(p-a)}}$는 정리 4.5에서 제시한 $\tan \frac{A}{2}$의 식과 일치한다.

한편, 정리 4.5의 $\sin\frac{A}{2}$, $\cos\frac{A}{2}$에 대한 등식도 삼각형의 넓이와 $\tan\frac{A}{2}$를 이용하여 유도할 수 있다. 이를 살펴보자.

$S=\frac{1}{2}bc\sin A$이고 $S=\sqrt{p(p-a)(p-b)(p-c)}$가 성립한다. 이들을 연립하면, $\frac{1}{2}bc\sin A=\sqrt{p(p-a)(p-b)(p-c)}$이다. 그리고 $\sin A=2\sin\frac{A}{2}\cos\frac{A}{2}$이므로, 다음을 얻을 수 있다.

$$bc\sin\frac{A}{2}\cos\frac{A}{2}=\sqrt{p(p-a)(p-b)(p-c)}$$

얻어진 식과 등식 $\tan\frac{A}{2}=\sqrt{\frac{(p-b)(p-c)}{p(p-a)}}$을 변끼리 곱하자. 그러면, 다음이 얻어진다.

$$bc\sin\frac{A}{2}\cos\frac{A}{2}\cdot\tan\frac{A}{2}=\sqrt{p(p-a)(p-b)(p-c)}\cdot\sqrt{\frac{(p-b)(p-c)}{p(p-a)}}$$

얻어진 등식을 정리하자. 그러면, 다음을 얻을 수 있다.

$$bc\sin^2\frac{A}{2}=\sqrt{(p-b)^2(p-c)^2},\quad \sin^2\frac{A}{2}=\frac{(p-b)(p-c)}{bc}$$

이로부터 $\sin\frac{A}{2}=\sqrt{\frac{(p-b)(p-c)}{bc}}$가 얻어진다. 이제, $\frac{\sin\frac{A}{2}}{\tan\frac{A}{2}}$를 계산하면 $\cos\frac{A}{2}$를 얻을 수 있다. 이때 얻어진 $\sin\frac{A}{2}$, $\cos\frac{A}{2}$에 대한 식은 정리 4.5와 같은 결과이다.

유사한 방법으로, $\sin\frac{B}{2}$, $\sin\frac{C}{2}$에 대한 식도 다음과 같이 유도할 수 있다.

$$\sin\frac{B}{2}=\sqrt{\frac{(p-a)(p-c)}{ac}},\quad \sin\frac{C}{2}=\sqrt{\frac{(p-a)(p-b)}{ab}}$$

예제 5.1. 그림 5.4에서 다음 등식을 증명하여라.

(1) $\overline{AI}=\sqrt{\frac{bc(p-a)}{p}}, \overline{BI}=\sqrt{\frac{ac(p-b)}{p}}, \overline{CI}=\sqrt{\frac{ab(p-c)}{p}}$

(2) $\overline{AI}\cdot\overline{BI}\cdot\overline{CI}=4Rr^2$

(3) $a\cdot\overline{AI}^2+b\cdot\overline{BI}^2+c\cdot\overline{CI}^2=abc$

풀이. (1) 등식 $\overline{BI}=\sqrt{\frac{ac(p-b)}{p}}$를 증명하자. 그림 5.4에서 $\overline{BI}$를 a,b,c로 나타내자. 직각삼각형 BHI에서 $\sin IBH=\sin\frac{B}{2}=\frac{r}{\overline{BI}}$이므로, $\overline{BI}=\frac{r}{\sin\frac{B}{2}}$이다. 여기에 얻어진

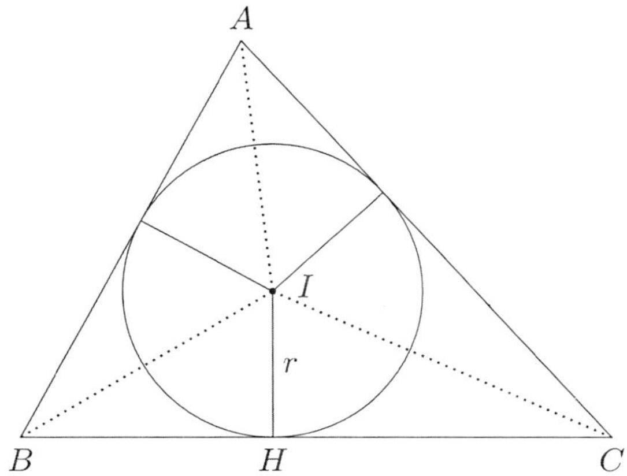

그림 5.4

등식 $\sin\frac{B}{2} = \sqrt{\frac{(p-a)(p-c)}{ac}}$와 $r = \frac{\sqrt{p(p-a)(p-b)(p-c)}}{p}$를 대입하자. 그러면, 다음을 얻을 수 있다.

$$\overline{BI} = \frac{r}{\sin\frac{B}{2}} = \frac{\frac{\sqrt{p(p-a)(p-b)(p-c)}}{p}}{\sqrt{\frac{(p-a)(p-c)}{ac}}} = \sqrt{\frac{ac(p-b)}{p}}$$

유사한 방법으로, 다음을 유도할 수 있다.

$$\overline{AI} = \sqrt{\frac{bc(p-a)}{p}},\ \overline{CI} = \sqrt{\frac{ab(p-c)}{p}}$$

(2) (1)에서 얻어진 등식 $\overline{AI} = \sqrt{\frac{bc(p-a)}{p}}, \overline{BI} = \sqrt{\frac{ac(p-b)}{p}}, \overline{CI} = \sqrt{\frac{ab(p-c)}{p}}$를 생각하자. 이를 $\overline{AI}\cdot\overline{BI}\cdot\overline{CI}$에 대입하면, 다음을 얻을 수 있다.

$$\begin{aligned}\overline{AI}\cdot\overline{BI}\cdot\overline{CI} &= \sqrt{\frac{bc(p-a)}{p}}\cdot\sqrt{\frac{ac(p-b)}{p}}\cdot\sqrt{\frac{ab(p-c)}{p}}\\ &= \sqrt{\frac{a^2b^2c^2(p-a)(p-b)(p-c)}{p^3}}\\ &= \sqrt{\frac{a^2b^2c^2p(p-a)(p-b)(p-c)}{p^4}}\\ &= \sqrt{\frac{a^2b^2c^2S^2}{p^4}} = \sqrt{\frac{a^2b^2c^2p^2r^2}{p^4}} = \sqrt{\frac{a^2b^2c^2r^2}{p^2}} = \frac{abcr}{p}\end{aligned}$$

이제, $S = \frac{abc}{4R}$와 $S = pr$에서 $\frac{abc}{4R} = pr$이고 $abc = 4Rpr$이다. 그러므로, $\frac{abcr}{p} = \frac{4Rpr\cdot r}{p} = 4Rr^2$이 유도된다.

(3) (1)에서 얻어진 등식 $\overline{AI} = \sqrt{\frac{bc(p-a)}{p}}, \overline{BI} = \sqrt{\frac{ac(p-b)}{p}}, \overline{CI} = \sqrt{\frac{ab(p-c)}{p}}$를 생각하자. 이를 $a \cdot \overline{AI}^2 + b \cdot \overline{BI}^2 + c \cdot \overline{CI}^2$에 대입하자. 그러면, 다음을 얻을 수 있다.

$$\begin{aligned} a \cdot \overline{AI}^2 + b \cdot \overline{BI}^2 + c \cdot \overline{CI}^2 &= a \cdot \frac{bc(p-a)}{p} + b \cdot \frac{ac(p-b)}{p} + c \cdot \frac{ab(p-c)}{p} \\ &= \frac{abc}{p}(p-a+p-b+p-c) = \frac{abc}{p}(3p-(a+b+c)) = abc \end{aligned}$$

이와 같이, $a \cdot \overline{AI}^2 + b \cdot \overline{BI}^2 + c \cdot \overline{CI}^2 = abc$가 증명된다.

만약, 이 문제의 해결에서 (1)의 결과를 사용하지 않는다고 하자. 그러면, $\overline{AI} = \frac{r}{\sin\frac{A}{2}}, \overline{BI} = \frac{r}{\sin\frac{B}{2}}, \overline{CI} = \frac{r}{\sin\frac{C}{2}}$을 생각할 수 있다. 이 등식들을 식 $a \cdot \overline{AI}^2 + b \cdot \overline{BI}^2 + c \cdot \overline{CI}^2$에 대입하자. 그러면, 다음을 얻을 수 있다.

$$a \cdot \overline{AI}^2 + b \cdot \overline{BI}^2 + c \cdot \overline{CI}^2 = \frac{ar^2}{\sin^2\frac{A}{2}} + \frac{br^2}{\sin^2\frac{B}{2}} + \frac{cr^2}{\sin^2\frac{C}{2}}$$

이제, 정리 4.5의 $\sin\frac{A}{2} = \sqrt{\frac{(p-b)(p-c)}{bc}}$, $\sin\frac{B}{2} = \sqrt{\frac{(p-a)(p-c)}{ac}}$, $\sin\frac{C}{2} = \sqrt{\frac{(p-a)(p-b)}{ab}}$를 얻어진 식에 대입하자. 그러면, 다음을 얻을 수 있다.

$$\begin{aligned} \frac{ar^2}{\sin^2\frac{A}{2}} + \frac{br^2}{\sin^2\frac{B}{2}} + \frac{cr^2}{\sin^2\frac{C}{2}} &= \frac{ar^2}{\frac{(p-b)(p-c)}{bc}} + \frac{br^2}{\frac{(p-a)(p-c)}{ac}} + \frac{cr^2}{\frac{(p-a)(p-b)}{ab}} \\ &= abcr^2\left(\frac{1}{(p-b)(p-c)} + \frac{1}{(p-a)(p-c)} + \frac{1}{(p-a)(p-b)}\right) \end{aligned}$$

얻어진 등식의 우변에서 $\frac{1}{(p-b)(p-c)} + \frac{1}{(p-a)(p-c)} + \frac{1}{(p-a)(p-b)}$을 통분하여 정리하면 $\frac{3p-(a+b+c)}{(p-a)(p-b)(p-c)}$가 된다. $a+b+c = 2p$이므로, $\frac{3p-(a+b+c)}{(p-a)(p-b)(p-c)} = \frac{p}{(p-a)(p-b)(p-c)}$이다. 이것을 대입하고 $S = pr$이라는 것을 생각하면, 다음을 얻을 수 있다.

$$\begin{aligned} &abcr^2\left(\frac{1}{(p-b)(p-c)} + \frac{1}{(p-a)(p-c)} + \frac{1}{(p-a)(p-b)}\right) \\ &= abcr^2 \cdot \frac{p}{(p-a)(p-b)(p-c)} \\ &= abcr^2 \cdot \frac{p^2}{p(p-a)(p-b)(p-c)} = abc \cdot \frac{p^2r^2}{S^2} = abc \end{aligned}$$

이와 같은 방법으로도 문제가 해결될 수 있다. □

예제 5.2. 그림 5.5에서 다음 등식을 증명하여라.

(1) $r = \frac{h_a \sin\frac{A}{2}}{2\cos\frac{B}{2}\cos\frac{C}{2}}$

(2) $r^2 = S\tan\frac{A}{2}\tan\frac{B}{2}\tan\frac{C}{2}$

(3) $r = 4R\sin\frac{A}{2}\sin\frac{B}{2}\sin\frac{C}{2}$

(4) $Rr = \frac{S}{4\cos\frac{A}{2}\cos\frac{B}{2}\cos\frac{C}{2}}$

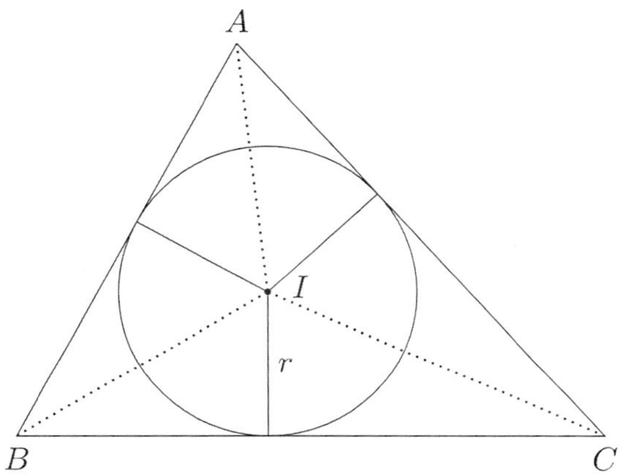

그림 5.5

풀이. (1) h_a가 주어졌으므로, 삼각형의 넓이를 이용하자. $S = \frac{1}{2}ah_a = \frac{1}{2}ac\sin B$이다. 이로부터 $h_a = c\sin B$이다. 그리고 $\sin B = 2\sin\frac{B}{2}\cos\frac{B}{2}$이므로, $h_a = 2c\sin\frac{B}{2}\cos\frac{B}{2}$가 된다. 얻어진 식을 증명할 등식의 우변에 대입하자. 그러면, 다음을 얻을 수 있다.

$$\frac{h_a \sin\frac{A}{2}}{2\cos\frac{B}{2}\cos\frac{C}{2}} = \frac{2c\sin\frac{B}{2}\cos\frac{B}{2}\sin\frac{A}{2}}{2\cos\frac{B}{2}\cos\frac{C}{2}} = \frac{c\sin\frac{B}{2}\sin\frac{A}{2}}{\cos\frac{C}{2}}$$

정리 5.1에 의해 $\frac{c\sin\frac{B}{2}\sin\frac{A}{2}}{\cos\frac{C}{2}} = r$이므로, $r = \frac{h_a \sin\frac{A}{2}}{2\cos\frac{B}{2}\cos\frac{C}{2}}$가 유도된다.

(2) 정리 5.2에서 $\tan\frac{A}{2} = \frac{r}{p-a}$, $\tan\frac{B}{2} = \frac{r}{p-b}$, $\tan\frac{C}{2} = \frac{r}{p-c}$이므로, 세 등식을 변끼리 서로 곱하자. 그러면, 다음을 얻을 수 있다.

$$\tan\frac{A}{2}\tan\frac{B}{2}\tan\frac{C}{2} = \frac{r}{p-a}\cdot\frac{r}{p-b}\cdot\frac{r}{p-c} = \frac{r^3}{(p-a)(p-b)(p-c)}$$

얻어진 등식의 우변에서 분자와 분모에 p를 곱하자. 그리고 $S = pr$, $S^2 = p(p-$

$a)(p-b)(p-c)$인 것을 생각하면, 다음을 얻을 수 있다.

$$\frac{r^3}{(p-a)(p-b)(p-c)} = \frac{pr^3}{p(p-a)(p-b)(p-c)} = \frac{Sr^2}{S^2} = \frac{r^2}{S}$$

이로부터, $S\tan\frac{A}{2}\tan\frac{B}{2}\tan\frac{C}{2} = S\cdot\frac{r^2}{S} = r^2$이 유도된다.

(3) 삼각형의 넓이를 이용하자. $S = pr$에서 $r = \frac{S}{p}$이다. 여기에 $S = \frac{1}{2}ac\sin B$를, $p = \frac{a+b+c}{2}$를 대입하자. 그러면, $r = \frac{ac\sin B}{a+b+c}$가 된다. 사인 정리에 의해, $a = 2R\sin A, b = 2R\sin B, c = 2R\sin C$이다. 이것을 대입하자. 그러면, 다음을 얻을 수 있다.

$$r = \frac{ac\sin B}{a+b+c} = \frac{2R\sin A\cdot 2R\sin C\sin B}{2R(\sin A+\sin B+\sin C)}$$

예제 3.6에 의해 $\sin A+\sin B+\sin C = 4\cos\frac{A}{2}\cos\frac{B}{2}\cos\frac{C}{2}$이다. 그리고 $\sin A = 2\sin\frac{A}{2}\cos\frac{A}{2}$이므로, 이것을 대입하여 식을 다음과 같이 변형시킬 수 있다.

$$\begin{aligned}\frac{2R\sin A\cdot 2R\sin C\sin B}{2R(\sin A+\sin B+\sin C)} &= \frac{2R\cdot 2\sin\frac{A}{2}\cos\frac{A}{2}\cdot 2\sin\frac{B}{2}\cos\frac{B}{2}\cdot 2\sin\frac{C}{2}\cos\frac{C}{2}}{4\cos\frac{A}{2}\cos\frac{B}{2}\cos\frac{C}{2}}\\ &= 4R\sin\frac{A}{2}\sin\frac{B}{2}\sin\frac{C}{2}\end{aligned}$$

이로부터, 등식 $r = 4R\sin\frac{A}{2}\sin\frac{B}{2}\sin\frac{C}{2}$가 유도된다.

(4) 이 등식은 앞에서 증명한 등식들을 이용하여 유도할 수 있다. 등식 $r^2 = S\tan\frac{A}{2}\tan\frac{B}{2}\tan\frac{C}{2}$에서 $r = 4R\sin\frac{A}{2}\sin\frac{B}{2}\sin\frac{C}{2}$를 변끼리 서로 나누자. 이때, $\frac{\tan\frac{A}{2}}{\sin\frac{A}{2}} = \frac{1}{\cos\frac{A}{2}}$을 생각하면, 다음을 얻을 수 있다.

$$\frac{r^2}{r} = \frac{S\tan\frac{A}{2}\tan\frac{B}{2}\tan\frac{C}{2}}{4R\sin\frac{A}{2}\sin\frac{B}{2}\sin\frac{C}{2}} = \frac{S}{4R\cos\frac{A}{2}\cos\frac{B}{2}\cos\frac{C}{2}}$$

이로부터 $r = \frac{S}{4R\cos\frac{A}{2}\cos\frac{B}{2}\cos\frac{C}{2}}$가 된다. 이제, 우변의 R을 좌변으로 이항하면, 구하려는 등식을 얻을 수 있다. □

앞에서 내접원에 관련된 몇 가지 성질들을 증명하였다. 내접원과 관련하여 각 $\frac{A}{2}$, $\frac{B}{2}$, $\frac{C}{2}$에 대한 삼각함수를 다루어야 하는 경우가 있다. 이때에는 정리 4.5의 결과를 이용하면 문제해결에 도움이 될 수 있다. 정리 4.5에서는 각 $\frac{A}{2}$, $\frac{B}{2}$, $\frac{C}{2}$에 대한 삼각함수를 삼각형의 변들로 표현하였다.

예제 5.3. 그림 5.6에서 다음 등식을 증명하여라.

(1) $S = p^2 \tan\frac{A}{2}\tan\frac{B}{2}\tan\frac{C}{2}$

(2) $p = r\cot\frac{A}{2}\cot\frac{B}{2}\cot\frac{C}{2}$

(3) $\frac{\cos\frac{3A}{2}}{\sin^3\frac{A}{2}} + \frac{\cos\frac{3B}{2}}{\sin^3\frac{B}{2}} + \frac{c}{r}\cdot\frac{3\cos\frac{A-B}{2}}{\sin\frac{A}{2}\sin\frac{B}{2}} = \frac{c^3}{r^3}$

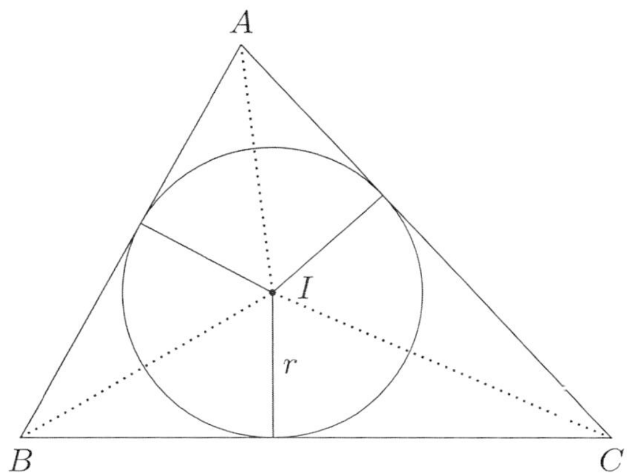

그림 5.6

풀이. (1) 이 문제에 대한 두 가지 풀이를 소개할 것이다. 첫 번째 풀이는 정리 5.2에서 $r = (p-a)\tan\frac{A}{2}$를 이용하는 것이다. $r = (p-a)\tan\frac{A}{2}$에 의해 $\tan\frac{A}{2} = \frac{r}{p-a}$이다. 같은 이유로, $\tan\frac{B}{2} = \frac{r}{p-b}$, $\tan\frac{C}{2} = \frac{r}{p-c}$이다. 이제, 얻어진 세 등식을 서로 곱하고, 분모와 분자에 p를 곱하자. 그러면, 다음을 얻을 수 있다.

$$\tan\frac{A}{2}\tan\frac{B}{2}\tan\frac{C}{2} = \frac{r^3}{(p-a)(p-b)(p-c)} = \frac{pr^3}{p(p-a)(p-b)(p-c)}$$

여기에서 $S^2 = p(p-a)(p-b)(p-c)$, $S = pr$, $r = \frac{S}{p}$라는 것을 생각하자. 그러면, 다음을 얻을 수 있다.

$$\frac{pr^3}{p(p-a)(p-b)(p-c)} = \frac{Sr^2}{S^2} = \frac{r^2}{S} = \frac{r^2}{pr} = \frac{r}{p} = \frac{\frac{S}{p}}{p} = \frac{S}{p^2}$$

이로부터 $S = p^2\tan\frac{A}{2}\tan\frac{B}{2}\tan\frac{C}{2}$가 유도된다.

두 번째 풀이는 정리 4.5를 이용하는 것이다. 정리 4.5에 의해 $\tan\frac{A}{2}, \tan\frac{B}{2}, \tan\frac{C}{2}$

를 다음과 같이 나타낼 수 있다.

$$\tan\frac{A}{2}=\sqrt{\frac{(p-b)(p-c)}{p(p-a)}}, \tan\frac{B}{2}=\sqrt{\frac{(p-a)(p-c)}{p(p-b)}}, \tan\frac{C}{2}=\sqrt{\frac{(p-a)(p-b)}{p(p-c)}}$$

그러므로, $p^2\tan\frac{A}{2}\tan\frac{B}{2}\tan\frac{C}{2}$를 다음과 같이 계산할 수 있다.

$$\begin{aligned}
&p^2\tan\frac{A}{2}\tan\frac{B}{2}\tan\frac{C}{2}\\
&\qquad=p^2\cdot\sqrt{\frac{(p-b)(p-c)}{p(p-a)}}\cdot\sqrt{\frac{(p-a)(p-c)}{p(p-b)}}\cdot\sqrt{\frac{(p-a)(p-b)}{p(p-c)}}\\
&\qquad=p^2\cdot\sqrt{\frac{(p-b)(p-c)(p-a)(p-c)(p-a)(p-b)}{p^3(p-a)(p-b)(p-c)}}\\
&\qquad=\sqrt{p(p-a)(p-b)(p-c)}
\end{aligned}$$

이로부터, $S=p^2\tan\frac{A}{2}\tan\frac{B}{2}\tan\frac{C}{2}$가 유도된다.

(2) 증명하려는 등식 $p=r\cot\frac{A}{2}\cot\frac{B}{2}\cot\frac{C}{2}$는 앞의 등식 $S=p^2\tan\frac{A}{2}\tan\frac{B}{2}\tan\frac{C}{2}$를 이용하여 쉽게 유도할 수 있다. 즉, $S=p^2\tan\frac{A}{2}\tan\frac{B}{2}\tan\frac{C}{2}$에서 우변에 p만 남기고 나머지 식들을 좌변으로 이항하자. 그리고 $\frac{S}{p}=r$이고 $\frac{1}{\tan\frac{A}{2}}=\cot\frac{A}{2}$라는 것을 생각하면, 다음을 얻을 수 있다.

$$\frac{S}{p\tan\frac{A}{2}\tan\frac{B}{2}\tan\frac{C}{2}}=p,\ \frac{r}{\tan\frac{A}{2}\tan\frac{B}{2}\tan\frac{C}{2}}=p, r\cot\frac{A}{2}\cot\frac{B}{2}\cot\frac{C}{2}=p$$

등식 $p=r\cot\frac{A}{2}\cot\frac{B}{2}\cot\frac{C}{2}$를 유도하는 다른 방법을 살펴보자. 여기서는 $a=r\left(\cot\frac{B}{2}+\cot\frac{C}{2}\right)$, $b=r\left(\cot\frac{A}{2}+\cot\frac{C}{2}\right)$, $c=r\left(\cot\frac{A}{2}+\cot\frac{B}{2}\right)$를 이용해 보자. p가 둘레의 절반이므로, 다음과 같이 쓸 수 있다.

$$\begin{aligned}
p=\frac{a+b+c}{2}&=\frac{r\left(\cot\frac{B}{2}+\cot\frac{C}{2}\right)+r\left(\cot\frac{A}{2}+\cot\frac{C}{2}\right)+r\left(\cot\frac{A}{2}+\cot\frac{B}{2}\right)}{2}\\
&=r\left(\cot\frac{A}{2}+\cot\frac{B}{2}+\cot\frac{C}{2}\right)
\end{aligned}$$

$\cot\frac{A}{2}+\cot\frac{B}{2}=\frac{\sin\left(\frac{A}{2}+\frac{B}{2}\right)}{\sin\frac{A}{2}\sin\frac{B}{2}}$이며 $\sin\left(\frac{A}{2}+\frac{B}{2}\right)=\sin\left(\frac{\pi}{2}-\frac{C}{2}\right)=\cos\frac{C}{2}$이므로 다음을

알 수 있다.

$$\begin{aligned} r\left(\cot\frac{A}{2}+\cot\frac{B}{2}+\cot\frac{C}{2}\right) &= r\left(\frac{\sin\left(\frac{A}{2}+\frac{B}{2}\right)}{\sin\frac{A}{2}\sin\frac{B}{2}}+\cot\frac{C}{2}\right) \\ &= r\left(\frac{\cos\frac{C}{2}}{\sin\frac{A}{2}\sin\frac{B}{2}}+\frac{\cos\frac{C}{2}}{\sin\frac{C}{2}}\right) \\ &= r\cos\frac{C}{2}\cdot\frac{\sin\frac{C}{2}+\sin\frac{A}{2}\sin\frac{B}{2}}{\sin\frac{A}{2}\sin\frac{B}{2}\sin\frac{C}{2}} \end{aligned}$$

이제, $\sin\frac{C}{2} = \sin\frac{\pi-(A+B)}{2} = \sin\left(\frac{\pi}{2}-\frac{A+B}{2}\right) = \cos\frac{A+B}{2}$를 생각하자. 그리고 $\cos\frac{A+B}{2} = \cos\left(\frac{A}{2}+\frac{B}{2}\right) = \cos\frac{A}{2}\cos\frac{B}{2} - \sin\frac{A}{2}\sin\frac{B}{2}$를 이용하자. 그러면, 다음을 얻을 수 있다.

$$\begin{aligned} p =& r\cos\frac{C}{2}\cdot\frac{\sin\frac{C}{2}+\sin\frac{A}{2}\sin\frac{B}{2}}{\sin\frac{A}{2}\sin\frac{B}{2}\sin\frac{C}{2}} \\ &= r\cos\frac{C}{2}\cdot\frac{\cos\frac{A}{2}\cos\frac{B}{2}-\sin\frac{A}{2}\sin\frac{B}{2}+\sin\frac{A}{2}\sin\frac{B}{2}}{\sin\frac{A}{2}\sin\frac{B}{2}\sin\frac{C}{2}} \\ &= \frac{r\cos\frac{A}{2}\cos\frac{B}{2}r\cos\frac{C}{2}}{\sin\frac{A}{2}\sin\frac{B}{2}\sin\frac{C}{2}} = r\cot\frac{A}{2}\cot\frac{B}{2}\cot\frac{C}{2} \end{aligned}$$

(3) 주어진 식에서 $\cos\frac{3A}{2} = \cos\left(3\cdot\frac{A}{2}\right)$로 나타낼 수 있다. $\cos 3\alpha = 4\cos^3\alpha - 3\cos\alpha$에서 $4\cos^3\alpha - 3\cos\alpha = 4\cos\alpha(1-\sin^2\alpha) - 3\cos\alpha = \cos\alpha(-4\sin^2\alpha+1)$이 되며, 이 식을 $\cos\alpha(-4\sin^2\alpha+\cos^2\alpha+\sin^2\alpha) = \cos^3\alpha - 3\sin^2\alpha\cos\alpha$로 쓸 수 있다. 즉, $\cos 3\alpha = \cos^3\alpha - 3\sin^2\alpha\cos\alpha$로 나타낼 수 있다.

결국, $\cos\frac{3A}{2} = \cos^3\frac{A}{2} - 3\sin^2\frac{A}{2}\cos\frac{A}{2}$로 쓸 수 있으며, $\frac{\cos\frac{3A}{2}}{\sin^3\frac{A}{2}}$를 다음과 같이 정리할 수 있다.

$$\frac{\cos\frac{3A}{2}}{\sin^3\frac{A}{2}} = \frac{\cos^3\frac{A}{2}-3\sin^2\frac{A}{2}\cos\frac{A}{2}}{\sin^3\frac{A}{2}} = \frac{\cos^3\frac{A}{2}}{\sin^3\frac{A}{2}} - \frac{3\sin^2\frac{A}{2}\cos\frac{A}{2}}{\sin^3\frac{A}{2}}$$

여기서, $\frac{\cos^3\frac{A}{2}}{\sin^3\frac{A}{2}} = \cot^3\frac{A}{2}$이고, $\frac{3\sin^2\frac{A}{2}\cos\frac{A}{2}}{\sin^3\frac{A}{2}} = 3\cot\frac{A}{2}$가 된다. 그러므로, $\frac{\cos\frac{3A}{2}}{\sin^3\frac{A}{2}} = \cot^3\frac{A}{2} - 3\cot\frac{A}{2}$가 된다. 같은 방법으로, $\frac{\cos\frac{3B}{2}}{\sin^3\frac{B}{2}} = \cot^3\frac{B}{2} - 3\cot\frac{B}{2}$가 된다는 것을 알 수 있다.

한편, $\cos\frac{A-B}{2} = \cos\frac{A}{2}\cos\frac{B}{2} + \sin\frac{A}{2}\sin\frac{B}{2}$이므로, 이를 이용하여 다음을 유도할 수 있다.

$$\frac{\cos\frac{A-B}{2}}{\sin\frac{A}{2}\sin\frac{B}{2}} = \frac{\cos\frac{A}{2}\cos\frac{B}{2}+\sin\frac{A}{2}\sin\frac{B}{2}}{\sin\frac{A}{2}\sin\frac{B}{2}} = \cot\frac{A}{2}\cot\frac{B}{2}+1$$

이로부터 $\frac{\cos\frac{3A}{2}}{\sin^3\frac{A}{2}} + \frac{\cos\frac{3B}{2}}{\sin^3\frac{B}{2}} + \frac{3\cos\frac{A-B}{2}}{\sin\frac{A}{2}\sin\frac{B}{2}}\cdot\frac{c}{r}$를 다음과 같이 쓸 수 있다.

$$\begin{aligned}
&\frac{\cos\frac{3A}{2}}{\sin^3\frac{A}{2}} + \frac{\cos\frac{3B}{2}}{\sin^3\frac{B}{2}} + \frac{3\cos\frac{A-B}{2}}{\sin\frac{A}{2}\sin\frac{B}{2}}\cdot\frac{c}{r} \\
&\quad= \left(\cot^3\frac{A}{2} - 3\cot\frac{A}{2}\right) + \left(\cot^3\frac{B}{2} - 3\cot\frac{B}{2}\right) + \left(3\cot\frac{A}{2}\cot\frac{B}{2}+3\right)\cdot\frac{c}{r} \\
&\quad= \left(\cot^3\frac{A}{2} + \cot^3\frac{B}{2}\right) - 3\left(\cot\frac{A}{2}+\cot\frac{B}{2}\right) + 3\left(\cot\frac{A}{2}\cot\frac{B}{2}+1\right)\cdot\frac{c}{r}
\end{aligned}$$

이제, 얻어진 식에서 $\cot^3\frac{A}{2}+\cot^3\frac{B}{2}$를 다음과 같이 인수분해할 수 있다.

$$\cot^3\frac{A}{2}+\cot^3\frac{B}{2} = \left(\cot\frac{A}{2}+\cot\frac{B}{2}\right)\left(\cot^2\frac{A}{2} - \cot\frac{A}{2}\cot\frac{B}{2} + \cot^2\frac{B}{2}\right)$$

여기에 $c = r\left(\cot\frac{A}{2}+\cot\frac{B}{2}\right)$, 즉 $\cot\frac{A}{2}+\cot\frac{B}{2} = \frac{c}{r}$를 대입하면, 다음이 얻어진다.

$$\cot^3\frac{A}{2}+\cot^3\frac{B}{2} = \frac{c}{r}\left(\cot^2\frac{A}{2} - \cot\frac{A}{2}\cot\frac{B}{2} + \cot^2\frac{B}{2}\right)$$

결국, 다음과 같이 식을 정리할 수 있다.

$$\begin{aligned}
&\left(\cot^3\frac{A}{2} + \cot^3\frac{B}{2}\right) - 3\left(\cot\frac{A}{2}+\cot\frac{B}{2}\right) + 3\left(\cot\frac{A}{2}\cot\frac{B}{2}+1\right)\cdot\frac{c}{r} \\
&\quad= \frac{c}{r}\left(\cot^2\frac{A}{2} - \cot\frac{A}{2}\cot\frac{B}{2} + \cot^2\frac{B}{2}\right) - \frac{3c}{r} + 3\left(\cot\frac{A}{2}\cot\frac{B}{2}+1\right)\cdot\frac{c}{r} \\
&\quad= \frac{c}{r}\left(\cot^2\frac{A}{2} + 2\cot\frac{A}{2}\cot\frac{B}{2} + \cot^2\frac{B}{2}\right) \\
&\quad= \frac{c}{r}\left(\cot\frac{A}{2}+\cot\frac{B}{2}\right)^2 = \frac{c^3}{r^3}
\end{aligned}$$

이것으로 문제가 해결된다. □

이제, 그림 5.7에서 $\overline{H_1H_3}$를 구해보자.

예제 5.4. 그림 5.7에서 다음 등식을 유도하여라.

$$\overline{H_1H_3} = \frac{2(p-b)\sqrt{(p-a)(p-c)}}{\sqrt{ac}}$$

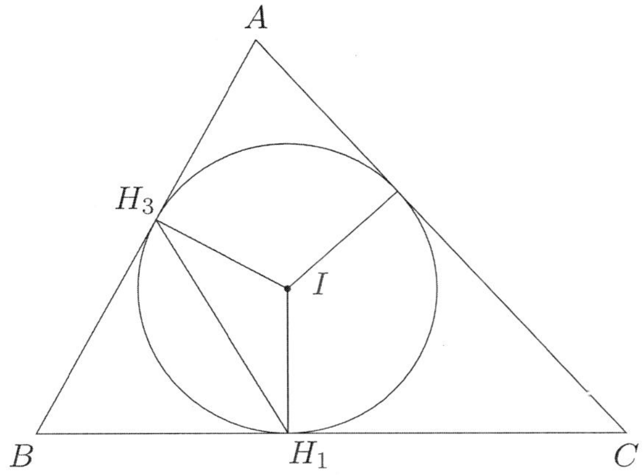

그림 5.7

풀이. 그림 5.7에서 선분 BI를 긋고, 직각삼각형 BH_1I에서 피타고라스 정리를 이용하자. 그러면 $\overline{BI} = \sqrt{x^2+r^2} = \sqrt{(p-b)^2+r^2}$과 같이 그할 수 있다. 이제, $r = \frac{\sqrt{p(p-a)(p-b)(p-c)}}{p}$를 대입하자. 그러면, $\overline{BI}$를 다음과 같이 구할 수 있다.

$$\begin{aligned}\overline{BI} = \sqrt{(p-b)^2+r^2} &= \sqrt{(p-b)^2 + \frac{(p-a)(p-b)(p-c)}{p}} \\ &= \sqrt{(p-b)\cdot\frac{p(p-b)+(p-a)(p-c)}{p}} \\ &= \sqrt{(p-b)\cdot\frac{2p^2-(a+b+c)p+ac}{p}} \\ &= \sqrt{(p-b)\cdot\frac{ac}{p}} = \sqrt{\frac{ac(p-b)}{p}}\end{aligned}$$

이제, $\overline{H_1H_3}$을 구하자. 그림 5.8에서 $\angle IH_1B = \angle IH_3B = \frac{\pi}{2}$이므로, $\angle IH_1B + \angle IH_3B = \pi$이며 사각형 BH_1IH_3는 원에 내접한다. 그리고 $\angle IH_1B = \angle IH_3B = \frac{\pi}{2}$ 이므로 선분 BI는 외접하는 원의 지름이다.

이제, 호 H_1H_3를 생각하자. $\angle H_3BI = \angle H_1BI$이므로, 점 I는 호 H_1H_3의 중점이다. 이로부터 지름 BI가 현 H_1H_3를 수직이등분한다는 것을 알 수 있다.

직각삼각형 BH_1I의 넓이 S를 구해보자. 선분 BI를 밑변으로 하고 $\overline{H_1H_3}$의 절반을 높이로 하면, $S = \frac{1}{2}\overline{BI}\cdot\frac{\overline{H_1H_3}}{2}$로 구할 수 있다. 한편, 직각삼각형 BH_1I에서 선분

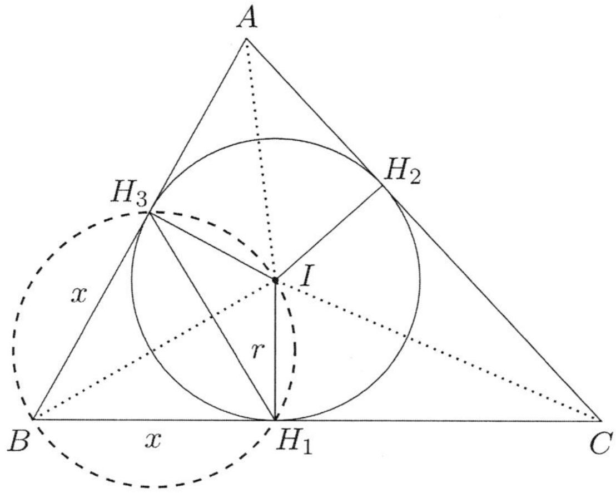

그림 5.8

BH_1을 밑변으로 생각하면, $S = \frac{xr}{2}$이 된다. 이로부터 $\frac{1}{2}\overline{BI} \cdot \frac{\overline{H_1H_3}}{2} = \frac{xr}{2}$이 얻어지며, $\overline{H_1H_3} = \frac{2xr}{\overline{BI}}$이다. 이때, $\overline{BI} = \sqrt{\frac{ac(p-b)}{p}}$이고 $r = \frac{\sqrt{p(p-a)(p-b)(p-c)}}{p}$이다.

얻어진 식들을 대입하면, 다음을 얻을 수 있다.

$$\begin{aligned}\overline{H_1H_3} = \frac{2xr}{\overline{BI}} &= \frac{2(p-b)\cdot\frac{\sqrt{p(p-a)(p-b)(p-c)}}{p}}{\sqrt{\frac{ac(p-b)}{p}}} \\ &= \frac{2(p-b)\sqrt{(p-a)(p-b)(p-c)}}{\sqrt{ac(p-b)}} \\ &= \frac{2(p-b)\sqrt{(p-a)(p-c)}}{\sqrt{ac}}\end{aligned}$$

이것으로 문제가 해결된다. □

예제 5.4에서 $\overline{H_1H_3}$를 구했던 것과 유사한 방법으로, $\overline{H_1H_2}$, $\overline{H_2H_3}$를 다음과 같이 구할 수 있다.

$$\overline{H_1H_2} = \frac{2(p-c)\sqrt{(p-a)(p-b)}}{\sqrt{ab}}, \quad \overline{H_2H_3} = \frac{2(p-a)\sqrt{(p-b)(p-c)}}{\sqrt{bc}}$$

이제, 그림 5.9에서 삼각형 ABC에 관련된 각들의 삼각함수를 x, y, z를 이용하여 나타내자.

먼저 $\cos A$를 x, y, z를 이용하여 구하자. 코사인 정리에 의해, $\cos A = \frac{b^2+c^2-a^2}{2bc}$이다. 여기에 $a = x + y, b = y + z, c = x + z$를 대입하자. 그러면, 다음을 얻을 수 있다.

$$\begin{aligned}\cos A = \frac{b^2+c^2-a^2}{2bc} &= \frac{(y+z)^2+(x+z)^2-(x+y)^2}{2(x+z)(y+z)}\\ &= \frac{y^2+2yz+z^2+x^2+2xz+z^2-x^2-2xy-y^2}{2(x+z)(y+z)}\\ &= \frac{2z^2+2xz+2yz-2xy}{2(x+z)(y+z)} = \frac{2z(x+y+z)-2xy}{2(x+z)(y+z)}\\ &= \frac{z(x+y+z)-xy}{(x+z)(y+z)}\end{aligned}$$

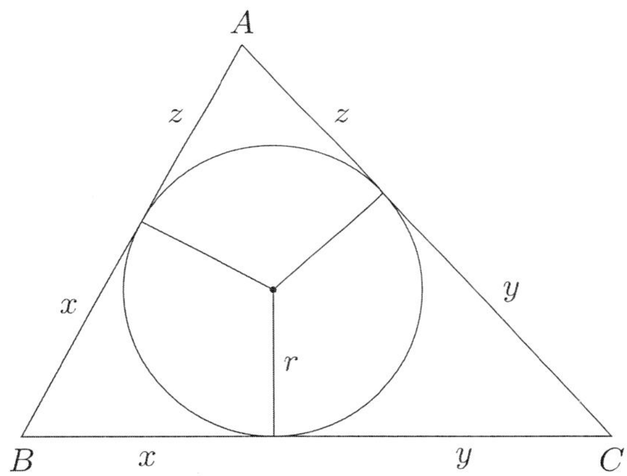

그림 5.9

얻어진 식에서 $x + y + z = p$를 대입하자. 그러면, 다음을 알 수 있다.

$$\cos A = \frac{z(x+y+z)-xy}{(x+z)(y+z)} = \frac{pz-xy}{(x+z)(y+z)}$$

가 된다. 유사한 방법으로 다음을 유도할 수 있다.

$$\cos B = \frac{px-yz}{(x+y)(x+z)},\quad \cos C = \frac{py-xz}{(x+y)(y+z)}$$

헤론 공식을 이용하면, 삼각형 ABC의 넓이를 x, y, z로 나타낼 수 있다. 즉, $S = \sqrt{p(p-a)(p-b)(p-c)}$에서 $p = x + y + z$, $p - a = z$, $p - b = x$, $p - c = y$이므로,

$S = \sqrt{xyz(x+y+z)} = \sqrt{pxyz}$가 된다. 그리고 $S = \frac{1}{2}ah_a$에서 $h_a = \frac{2S}{a}$이다. 이때, $a = x+y$이므로, $h_a = \frac{2\sqrt{pxyz}}{x+y}$로 쓸 수 있다. 같은 이유로, h_b, h_c를 다음과 같이 x, y, z, p로 나타낼 수 있다.

$$h_b = \frac{2\sqrt{pxyz}}{y+z}, \quad h_c = \frac{2\sqrt{pxyz}}{x+z}$$

한편, $S = pr$에서 $r = \frac{S}{p}$이므로, $r = \frac{\sqrt{pxyz}}{p} = \sqrt{\frac{xyz}{p}}$로 쓸 수 있다. 그리고 $S = \frac{abc}{4R}$에서 $R = \frac{abc}{4S}$이므로, $R = \frac{(x+y)(y+z)(z+x)}{4\sqrt{pxyz}}$가 된다. R을 x, y, z, p로 나타냈으므로, 사인 정리를 이용하면 $\sin A$, $\sin B$, $\sin C$를 x, y, z, p로 나타낼 수 있다.

사인 정리에 의해, $\sin A = \frac{a}{2R}$이다. 그러므로, 다음을 알 수 있다.

$$\sin A = \frac{a}{2R} = \frac{x+y}{\frac{2(x+y)(y+z)(z+x)}{4\sqrt{pxyz}}} = \frac{2\sqrt{pxyz}}{(y+z)(z+x)}$$

같은 방법으로, 다음을 유도할 수 있다.

$$\sin B = \frac{2\sqrt{pxyz}}{(x+y)(z+x)}, \quad \sin C = \frac{2\sqrt{pxyz}}{(x+y)(y+z)}$$

그리고 $\tan A = \frac{\sin A}{\cos A}$인 것을 생각하면, $\tan A$를 다음과 같이 x, y, z, p로 나타낼 수 있다.

$$\tan A = \frac{\sin A}{\cos A} = \frac{\frac{2\sqrt{pxyz}}{(y+z)(z+x)}}{\frac{pz-xy}{(x+z)(y+z)}} = \frac{2\sqrt{pxyz}}{pz-xy}$$

같은 방법으로, 다음을 유도할 수 있다.

$$\tan B = \frac{2\sqrt{pxyz}}{px-yz}, \quad \tan C = \frac{2\sqrt{pxyz}}{py-xz}$$

이제, $\sin^2\frac{A}{2} = \frac{1-\cos A}{2}$, $\cos^2\frac{A}{2} = \frac{1+\cos A}{2}$를 이용하면, $\sin\frac{A}{2}$, $\cos\frac{A}{2}$, $\tan\frac{A}{2}$를 x, y, z로 나타낼 수 있다. [25]에는 이와 같은 방법으로 $\sin\frac{A}{2}$를 x, y, z로 나타낸 등식이 제시되어 있다.

예제 5.5. 그림 5.10에서 $\sin\frac{A}{2}$, $\cos\frac{A}{2}$, $\tan\frac{A}{2}$에 대해 다음을 증명하여라.

$$\sin\frac{A}{2} = \sqrt{\frac{xy}{(x+z)(y+z)}}, \quad \cos\frac{A}{2} = \sqrt{\frac{pz}{(x+z)(y+z)}}, \quad \tan\frac{A}{2} = \sqrt{\frac{xy}{pz}}$$

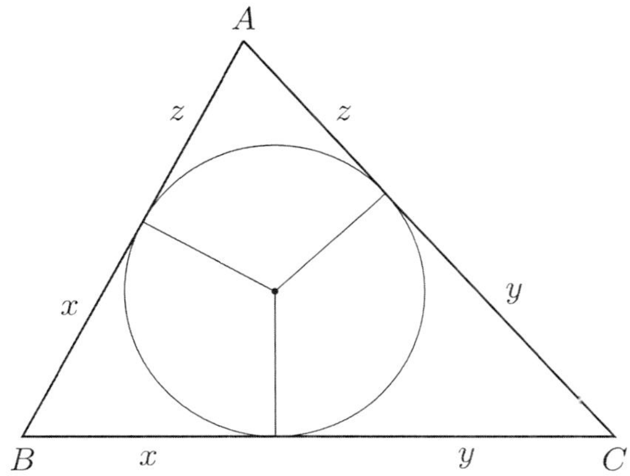

그림 5.10

풀이. (1) $\sin\frac{A}{2}$를 x, y, z로 나타내자. $\sin^2\frac{A}{2} = \frac{1-\cos A}{2}$이며 삼각형 ABC의 각 A의 절반은 예각이므로, $\sin\frac{A}{2} = \sqrt{\frac{1-\cos A}{2}}$가 된다. 여기에 $\cos A = \frac{pz-xy}{(x+z)(y+z)}$를 대입하자. 그러면, 다음을 얻을 수 있다.

$$\begin{aligned}\sin\frac{A}{2} = \sqrt{\frac{1-\cos A}{2}} &= \sqrt{\frac{1}{2}\left(1-\frac{pz-xy}{(x+z)(y+z)}\right)}\\ &= \sqrt{\frac{1}{2}\cdot\frac{z^2+(x+y)z+xy-(pz-xy)}{(x+z)(y+z)}}\\ &= \sqrt{\frac{1}{2}\cdot\frac{z(x+y+z)-pz+2xy}{(x+z)(y+z)}} = \sqrt{\frac{xy}{(x+z)(y+z)}}\end{aligned}$$

(2) $\cos\frac{A}{2}$도 $\sin\frac{A}{2}$와 유사한 방법으로 x, y, z로 나타낼 수 있다. $\cos\frac{A}{2} = \sqrt{\frac{1+\cos A}{2}}$이다. 여기에 $\cos A = \frac{pz-xy}{(x+z)(y+z)}$를 대입하자. 그러면, 다음을 얻을 수 있다.

$$\begin{aligned}\cos\frac{A}{2} = \sqrt{\frac{1+\cos A}{2}} &= \sqrt{\frac{1}{2}\left(1+\frac{pz-xy}{(x+z)(y+z)}\right)}\\ &= \sqrt{\frac{1}{2}\cdot\frac{z^2+(x+y)z+xy+pz-xy}{(x+z)(y+z)}}\\ &= \sqrt{\frac{1}{2}\cdot\frac{z(x+y+z)+pz}{(x+z)(y+z)}} = \sqrt{\frac{pz}{(x+z)(y+z)}}\end{aligned}$$

(3) $\tan\frac{A}{2}=\frac{\sin\frac{A}{2}}{\cos\frac{A}{2}}$인 것을 이용하자. 그러면, 다음을 얻을 수 있다.

$$\tan\frac{A}{2}=\frac{\sin\frac{A}{2}}{\cos\frac{A}{2}}=\frac{\sqrt{\frac{xy}{(x+z)(y+z)}}}{\sqrt{\frac{pz}{(x+z)(y+z)}}}=\sqrt{\frac{xy}{pz}}$$

이것으로 등식이 증명된다. □

예제 5.5와 유사한 방법으로, $\sin\frac{B}{2}$, $\sin\frac{C}{2}$, $\cos\frac{B}{2}$, $\cos\frac{C}{2}$, $\tan\frac{B}{2}$, $\tan\frac{C}{2}$를 다음과 같이 유도할 수 있다.

$$\sin\frac{B}{2}=\sqrt{\frac{yz}{(x+y)(x+z)}},\quad \sin\frac{C}{2}=\sqrt{\frac{xz}{(x+y)(y+z)}}$$
$$\cos\frac{B}{2}=\sqrt{\frac{px}{(x+y)(x+z)}},\quad \cos\frac{C}{2}=\sqrt{\frac{py}{(x+y)(y+z)}}$$
$$\tan\frac{B}{2}=\sqrt{\frac{yz}{px}},\quad \tan\frac{C}{2}=\sqrt{\frac{xz}{py}}$$

예제 5.5의 결과와 $\sin A=2\sin\frac{A}{2}\cos\frac{A}{2}$를 이용해서 $\sin A$를 x,y,z,p로 다음과 같이 나타낼 수도 있다.

$$\sin A=2\sin\frac{A}{2}\cos\frac{A}{2}=2\sqrt{\frac{xy}{(x+z)(y+z)}}\cdot\sqrt{\frac{pz}{(x+z)(y+z)}}=\frac{2\sqrt{pxyz}}{(x+z)(y+z)}$$

정리 4.5에서는 삼각형 ABC의 각 A,B,C의 절반을 a,b,c로 나타냈지만, 여기서는 각 A,B,C와 이 각의 절반을 x,y,z로 나타냈다. 이를 이용하여 몇 가지 등식을 증명해 보자.

예제 5.6. 그림 5.11에서 다음 등식을 증명하여라.

(1) $r^2=\frac{xyz}{p}$

(2) $S=\frac{c^2\sin A\sin B}{2\sin C}$

(3) $S=p(p-a)\tan\frac{A}{2}$

(4) $S=(p-b)(p-c)\cot\frac{A}{2}$

(5) $\sin\frac{A}{2}\sin\frac{B}{2}=\frac{p-c}{c}\sin\frac{C}{2}$

(6) $\tan\frac{A}{2}\tan\frac{B}{2}+\tan\frac{B}{2}\tan\frac{C}{2}=\frac{b}{p}$

(7) $a^2+b^2+c^2=2(p^2-r^2-4Rr)$

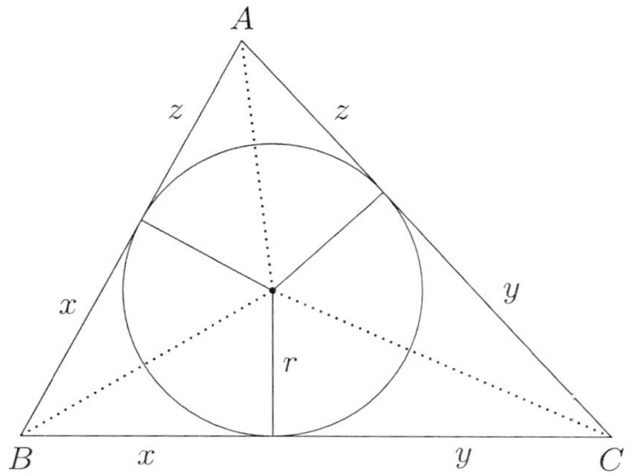

그림 5.11

풀이. (1) 앞에서 등식 $r = \sqrt{\frac{xyz}{p}}$를 살펴보았다. 이 등식의 양변을 제곱하면, $r^2 = \frac{xyz}{p}$가 유도된다. 이제, r을 x, y, z로 나타낸 등식 $r = \sqrt{\frac{xyz}{p}}$를 이용하지 않는 방법을 살펴보자. 이를 위해, 예제 3.8에서 $\angle\alpha + \angle\beta + \angle\gamma = \frac{\pi}{2}$가 성립할 때 $\cot\alpha + \cot\beta + \cot\gamma = \cot\alpha\cot\beta\cot\gamma$가 된다는 것을 생각하자.

이 등식에 $\alpha = \frac{A}{2}, \beta = \frac{B}{2}, \gamma = \frac{C}{2}$를 대입하자. 그러면, $\angle A + \angle B + \angle C = \pi$에 대해 $\cot\frac{A}{2} + \cot\frac{B}{2} + \cot\frac{C}{2} = \cot\frac{A}{2}\cot\frac{B}{2}\cot\frac{C}{2}$가 성립한다. $\cot\frac{A}{2} = \frac{z}{r}, \cot\frac{B}{2} = \frac{x}{r}, \cot\frac{C}{2} = \frac{y}{r}$이므로, $\cot\frac{A}{2} + \cot\frac{B}{2} + \cot\frac{C}{2} = \cot\frac{A}{2}\cot\frac{B}{2}\cot\frac{C}{2}$에 의해 $\frac{x}{r} + \frac{y}{r} + \frac{z}{r} = \frac{x}{r}\cdot\frac{y}{r}\cdot\frac{z}{r} = \frac{xyz}{r^3}$이 된다. 이로부터 $\frac{x}{r} + \frac{y}{r} + \frac{z}{r} = \frac{xyz}{r^3}$이고 $\frac{p}{r} = \frac{xyz}{r^3}$이다. 그러므로 $r^2 = \frac{xyz}{p}$가 성립한다.

(2) $\frac{c^2\sin A\sin B}{2\sin C}$에 $\sin A = \frac{2\sqrt{pxyz}}{(y+z)(z+x)}$, $\sin B = \frac{2\sqrt{pxyz}}{(x+y)(z+x)}, \sin C = \frac{2\sqrt{pxyz}}{(x+y)(y+z)}$를 대입하자. 이때, $c = x + z$임을 생각하면, 다음을 얻을 수 있다.

$$\frac{c^2\sin A\sin B}{2\sin C} = \frac{(x+z)^2\cdot\frac{2\sqrt{pxyz}}{(y+z)(z+x)}\cdot\frac{2\sqrt{pxyz}}{(x+y)(z+x)}}{2\cdot\frac{2\sqrt{pxyz}}{(x+y)(y+z)}} = \sqrt{pxyz}$$

$S = \sqrt{pxyz}$이므로, $S = \frac{c^2\sin A\sin B}{2\sin C}$가 증명된다.

(3) $p(p-a)\tan\frac{A}{2}$에 $\tan\frac{A}{2} = \sqrt{\frac{xy}{pz}}$를 대입하자. 그리고 $p - a = z$임을 생각하면, 다음을 유도할 수 있다.

$$p(p-a)\tan\frac{A}{2} = pz\cdot\sqrt{\frac{xy}{pz}} = \sqrt{pxyz}$$

$S=\sqrt{pxyz}$이므로, $S=p(p-a)\tan\frac{A}{2}$가 증명된다.

(4) $\cot\frac{A}{2}=\frac{1}{\tan\frac{A}{2}}$이므로, $\cot\frac{A}{2}=\sqrt{\frac{pz}{xy}}$이다. 그리고 $p-b=x, p-c=y$이므로, $(p-b)(p-c)\cot\frac{A}{2}$를 다음과 같이 변형시킬 수 있다.

$$(p-b)(p-c)\cot\frac{A}{2}=xy\cdot\sqrt{\frac{pz}{xy}}=\sqrt{pxyz}$$

$S=\sqrt{pxyz}$이므로, $S=(p-b)(p-c)\cot\frac{A}{2}$가 증명된다.

(5) 증명하려는 등식의 좌변에 있는 $\sin\frac{A}{2}\sin\frac{B}{2}$에 $\sin\frac{A}{2}=\sqrt{\frac{xy}{(x+z)(y+z)}}$와 $\sin\frac{B}{2}=\sqrt{\frac{yz}{(x+y)(x+z)}}$를 대입하자. 그리고 우변의 $\frac{p-c}{c}\sin\frac{C}{2}$에 $p-c=y$, $c=x+z$, $\sin\frac{C}{2}=\sqrt{\frac{xz}{(x+y)(y+z)}}$를 대입하자. 그러면, 다음을 얻을 수 있다.

$$\sin\frac{A}{2}\sin\frac{B}{2}=\sqrt{\frac{xy}{(x+z)(y+z)}}\cdot\sqrt{\frac{yz}{(x+y)(x+z)}}=\sqrt{\frac{xy^2z}{(x+y)(y+z)(x+z)^2}}$$

$$\frac{p-c}{c}\sin\frac{C}{2}=\frac{y}{x+z}\cdot\sqrt{\frac{xz}{(x+y)(y+z)}}=\sqrt{\frac{xy^2z}{(x+y)(y+z)(x+z)^2}}$$

이로부터 등식 $\sin\frac{A}{2}\sin\frac{B}{2}=\frac{p-c}{c}\sin\frac{C}{2}$가 증명된다.

(6) 식 $\tan\frac{A}{2}\tan\frac{B}{2}+\tan\frac{B}{2}\tan\frac{C}{2}$에 $\tan\frac{A}{2}=\sqrt{\frac{xy}{pz}}$, $\tan\frac{B}{2}=\sqrt{\frac{yz}{px}}$, $\tan\frac{C}{2}=\sqrt{\frac{xz}{py}}$를 대입하자. 그러면, 다음을 얻을 수 있다.

$$\tan\frac{A}{2}\tan\frac{B}{2}+\tan\frac{B}{2}\tan\frac{C}{2}=\sqrt{\frac{xy}{pz}}\cdot\sqrt{\frac{yz}{px}}+\sqrt{\frac{yz}{px}}\cdot\sqrt{\frac{xz}{py}}=\frac{y}{p}+\frac{z}{p}=\frac{b}{p}$$

(7) $x+y=a$, $y+z=b$, $x+z=c$이므로, 증명할 등식의 좌변에서 $a^2+b^2+c^2=(x+y)^2+(y+z)^2+(x+z)^2=2(x^2+y^2+z^2+xy+yz+xz)$이 된다.

이제, 등식의 우변을 x,y,z로 나타내자. $p=x+y+z$, $R=\frac{(x+y)(y+z)(z+x)}{4\sqrt{pxyz}}$, $r=\sqrt{\frac{xyz}{p}}$를 대입하자. 그러면, 다음을 얻을 수 있다.

$$\begin{aligned}2(p^2-r^2-4Rr)&=2\left((x+y+z)^2-\frac{xyz}{x+y+z}-\frac{(x+y)(y+z)(z+x)}{x+y+z}\right)\\&=2\left((x+y+z)^2-\frac{xyz+(x+y)(y+z)(z+x)}{x+y+z}\right)\end{aligned}$$

이때, 식 $xyz+(x+y)(y+z)(z+x)$를 전개하여 정리하자. 즉 $xyz+(x+y)(y+z)(z+x)=x^2(y+z)+x(y^2+z^2+3yz)+yz(y+z)$이 된다. 그리고 $x^2(y+z)+$

$x(y^2+z^2+3yz)+yz(y+z)=(xy+xz+yz)(x+y+z)$와 같이 인수분해가 된다. 이 식을 대입하여 식을 정리하면, 다음을 얻을 수 있다.

$$\begin{aligned}
&2\left((x+y+z)^2-\frac{xyz+(x+y)(y+z)(z+x)}{x+y+z}\right)\\
&\quad=2\left((x+y+z)^2-\frac{(xy+xz+yz)(x+y+z)}{x+y+z}\right)\\
&\quad=2\left((x+y+z)^2-(xy+xz+yz)\right)=2\left(x^2+y^2+z^2+xy+xz+yz\right)
\end{aligned}$$

이것으로 $a^2+b^2+c^2=2(p^2-r^2-4Rr)$이 증명된다. □

살펴본 것과 같이, 삼각형의 변들, 각들, 넓이, 내접원의 반지름, 외접원의 반지름을 x, y, z로 나타내는 것은 등식을 증명하는 한 방법이 될 수 있다. 특히 각을 x, y, z로 나타내면, 각을 포함하는 식을 x, y, z에 대한 대수식으로 바꿀 수 있다. 이를 통해, x, y, z에 대한 대수적 조작을 통해 각에 관련된 문제를 해결할 가능성을 가지게 된다.

이제, 삼각형의 높이에 관련된 몇 가지 등식을 살펴보자.

예제 5.7. 삼각형 ABC에서 다음 등식이 성립한다는 것을 증명하여라.

(1) $h_a=\frac{bc}{2R}$, $h_b=\frac{ac}{2R}$, $h_c=\frac{ab}{2R}$

(2) $h_a=\frac{2p\sin\frac{B}{2}\sin\frac{C}{2}}{\cos\frac{A}{2}}$

(3) $h_a=\frac{2(p-a)\cos\frac{B}{2}\cos\frac{C}{2}}{\cos\frac{A}{2}}$

(4) $\frac{1}{h_a}+\frac{1}{h_b}+\frac{1}{h_c}=\frac{1}{r}$

(5) $\frac{bh_a}{c}+\frac{ch_b}{a}+\frac{ah_c}{b}=\frac{a^2+b^2+c^2}{2R}$

풀이. (1) 등식 $h_a=\frac{bc}{2R}$를 몇 가지 방법으로 증명하자. 첫 번째 방법은 삼각형의 넓이를 이용하는 것이다. $S=\frac{1}{2}ah_a$에서 $h_a=\frac{2S}{a}$이다. 여기에 $S=\frac{1}{2}ac\sin B$를 대입하자. 그러면, $h_a=\frac{ac\sin B}{a}=c\sin B$가 된다. 사인 정리에 의해 $\sin B=\frac{b}{2R}$이므로, $h_a=\frac{bc}{2R}$가 성립한다.

두 번째 방법은 $h_a=\frac{2\sqrt{pxyz}}{x+y}$인 것과 $b=y+z$, $c=x+z$, $R=\frac{(x+y)(y+z)(z+x)}{4\sqrt{pxyz}}$를

이용하는 것이다. $\frac{bc}{2R}$를 x, y, z, p를 이용하여 다음과 같이 나타낼 수 있다.

$$\frac{bc}{2R} = \frac{(y+z)(x+z)}{\frac{(x+y)(y+z)(z+x)}{2\sqrt{pxyz}}} = \frac{2\sqrt{pxyz}}{x+y}$$

얻어진 $\frac{bc}{2R} = \frac{2\sqrt{pxyz}}{x+y}$가 $h_a = \frac{2\sqrt{pxyz}}{x+y}$와 같으므로, 등식이 증명된다.

세 번째 방법은 삼각형 ABC의 외접원과 원주각의 성질을 이용하는 것이다. 삼각형 ABC와 중심이 O인 외접원이 주어졌다고 하자(그림 5.12). 꼭짓점 A에서 변 BC에 수선 AH를 내리자. 그러면, 직각삼각형 ACH를 얻을 수 있다.

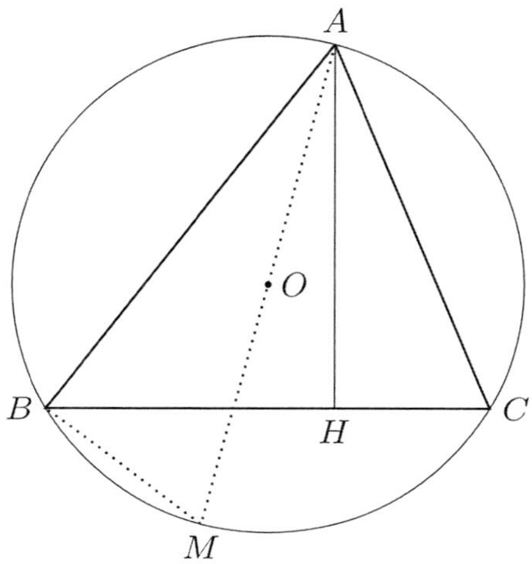

그림 5.12

이제, 원의 중심 O를 지나는 직선 AO를 그어, 원과의 교점을 M이라 하자. 그러면, 각 ACB와 AMB는 같은 호에 대한 원주각이므로, $\angle ACB = \angle AMB$이다. 그리고 각 ABM은 지름 AM에 대한 원주각이므로 직각이다. 이로부터 직각삼각형 ACH와 AMB는 두 각이 같으며, 서로 닮음이라는 것을 알 수 있다.

삼각형 ACH와 AMB의 닮음으로부터 $\frac{\overline{AC}}{\overline{AH}} = \frac{\overline{AM}}{\overline{AB}}$이다. $\overline{AM} = 2R$이므로, $\frac{b}{h_a} = \frac{2R}{c}$이 된다. 이로부터 $h_a = \frac{bc}{2R}$가 유도된다.

한편, $h_b = \frac{ac}{2R}$, $h_c = \frac{ab}{2R}$도 살펴본 세 가지 방법으로 비슷하게 증명할 수 있다. 이것은 독자에게 남긴다.

(2) $\frac{2p\sin\frac{B}{2}\sin\frac{C}{2}}{\cos\frac{A}{2}}$에 $\sin\frac{B}{2}=\sqrt{\frac{yz}{(x+y)(x+z)}}$, $\sin\frac{C}{2}=\sqrt{\frac{xz}{(x+y)(y+z)}}$, $\cos\frac{A}{2}=\sqrt{\frac{pz}{(x+z)(y+z)}}$를 대입하자. 그러면, 다음을 얻을 수 있다.

$$\frac{2p\sin\frac{B}{2}\sin\frac{C}{2}}{\cos\frac{A}{2}}=\frac{2p\cdot\sqrt{\frac{yz}{(x+y)(x+z)}}\cdot\sqrt{\frac{xz}{(x+y)(y+z)}}}{\sqrt{\frac{pz}{(x+z)(y+z)}}}=\frac{2\sqrt{pxyz}}{x+y}$$

$h_a=\frac{2\sqrt{pxyz}}{x+y}$이므로, 등식 $h_a=\frac{2p\sin\frac{B}{2}\sin\frac{C}{2}}{\cos\frac{A}{2}}$가 성립한다.

(3) 증명하려는 등식의 우변 $\frac{2(p-a)\cos\frac{B}{2}\cos\frac{C}{2}}{\cos\frac{A}{2}}$에 $\cos\frac{A}{2}=\sqrt{\frac{pz}{(x+z)(y+z)}}$, $\cos\frac{B}{2}=\sqrt{\frac{px}{(x+y)(x+z)}}$, $\cos\frac{C}{2}=\sqrt{\frac{py}{(x+y)(y+z)}}$를 대입하자. $p-a=z$인 것을 생각하면, 다음을 얻을 수 있다.

$$\frac{2(p-a)\cos\frac{B}{2}\cos\frac{C}{2}}{\cos\frac{A}{2}}=\frac{2z\cdot\sqrt{\frac{px}{(x+y)(x+z)}}\cdot\sqrt{\frac{py}{(x+y)(y+z)}}}{\sqrt{\frac{pz}{(x+z)(y+z)}}}=\frac{2\sqrt{pxyz}}{x+y}$$

$h_a=\frac{2\sqrt{pxyz}}{x+y}$이므로, 등식 $h_a=\frac{2(p-a)\cos\frac{B}{2}\cos\frac{C}{2}}{\cos\frac{A}{2}}$가 성립한다.

한편, 증명한 등식과 비슷한 $h_b=\frac{2(p-b)\cos\frac{A}{2}\cos\frac{C}{2}}{\cos\frac{B}{2}}$, $h_c=\frac{2(p-c)\cos\frac{A}{2}\cos\frac{B}{2}}{\cos\frac{C}{2}}$도 유사한 방법으로 증명할 수 있다. 이들의 증명은 독자에게 남긴다.

(4) 등식 $\frac{1}{h_a}+\frac{1}{h_b}+\frac{1}{h_c}=\frac{1}{r}$을 세 가지 방법으로 증명하자. 첫 번째 방법은 $S=pr$에서 $\frac{1}{r}=\frac{p}{S}$를 이용하는 것이다. $p=\frac{a+b+c}{2}$이므로, $\frac{1}{r}=\frac{a}{2S}+\frac{b}{2S}+\frac{c}{2S}$가 된다. 이제, $S=\frac{1}{2}ah_a=\frac{1}{2}bh_b=\frac{1}{2}ch_c$를 생각하자. 그러면, 다음을 얻을 수 있다.

$$\frac{1}{r}=\frac{a}{2S}+\frac{b}{2S}+\frac{c}{2S}=\frac{a}{ah_a}+\frac{b}{bh_b}+\frac{c}{ch_c}=\frac{1}{h_a}+\frac{1}{h_b}+\frac{1}{h_c}$$

두 번째 방법은 $h_a=\frac{2\sqrt{pxyz}}{x+y}$, $h_b=\frac{2\sqrt{pxyz}}{y+z}$, $h_c=\frac{2\sqrt{pxyz}}{x+z}$와 $r=\sqrt{\frac{xyz}{p}}$를 이용하는 것이다. 이 식들을 $\frac{1}{h_a}+\frac{1}{h_b}+\frac{1}{h_c}$에 대입하자. 그러면, 다음을 얻을 수 있다.

$$\frac{1}{h_a}+\frac{1}{h_b}+\frac{1}{h_c}=\frac{x+y}{2\sqrt{pxyz}}+\frac{y+z}{2\sqrt{pxyz}}+\frac{x+z}{2\sqrt{pxyz}}=\frac{x+y+z}{\sqrt{pxyz}}$$

이제, $x+y+z=p$라는 것을 생각하면, $\frac{x+y+z}{\sqrt{pxyz}}=\sqrt{\frac{p}{xyz}}$가 된다. $\sqrt{\frac{p}{xyz}}=\frac{1}{r}$이므로, 등식 $\frac{1}{h_a}+\frac{1}{h_b}+\frac{1}{h_c}=\frac{1}{r}$이 증명된다.

세 번째 방법은 (1)의 결과를 이용하는 것이다. (1)의 $h_a=\frac{bc}{2R}$, $h_b=\frac{ac}{2R}$, $h_c=\frac{ab}{2R}$에서 $\frac{1}{h_a}=\frac{2R}{bc}$, $\frac{1}{h_b}=\frac{2R}{ac}$, $\frac{1}{h_c}=\frac{2R}{ab}$이 성립한다. 이것을 $\frac{1}{h_c}+\frac{1}{h_b}+\frac{1}{h_c}$에 대입하면,

다음을 얻을 수 있다.

$$\frac{1}{h_a}+\frac{1}{h_b}+\frac{1}{h_c}=\frac{2R}{bc}+\frac{2R}{ac}+\frac{2R}{ab}=\frac{2R(a+b+c)}{abc}$$

이때, $S=\frac{abc}{4R}$에서 $\frac{2R}{abc}=\frac{1}{2S}$이며, $a+b+c=2p$이다. 이를 대입하면, $\frac{2R(a+b+c)}{abc}=\frac{p}{S}$가 된다. 이제, $S=pr$에서 $\frac{p}{S}=\frac{1}{r}$을 생각하면, $\frac{2R(a+b+c)}{abc}=\frac{p}{S}=\frac{1}{r}$이 얻어진다. 이로부터 등식 $\frac{1}{h_a}+\frac{1}{h_b}+\frac{1}{h_c}=\frac{1}{r}$이 증명된다.

(5) (1)의 $h_a=\frac{bc}{2R}$를 증명하려는 등식의 좌변에 대입하자. 그러면, 다음을 얻을 수 있다.

$$\frac{bh_a}{c}+\frac{ch_b}{a}+\frac{ah_c}{b}=\frac{b}{c}\cdot\frac{bc}{2R}+\frac{c}{a}\cdot\frac{ac}{2R}+\frac{a}{b}\cdot\frac{ab}{2R}=\frac{a^2+b^2+c^2}{2R}$$

이것으로 문제가 해결된다. □

2. 삼각형의 방접원에 대한 등식

삼각형의 내접원이 삼각형에서 내각의 이등분선의 성질이라면, 방접원은 외각의 이등분선의 성질에 해당한다. 삼각형 ABC에서 각 A와 C의 외각의 이등분선의 교점 O_b를 생각하자(그림 5.13).

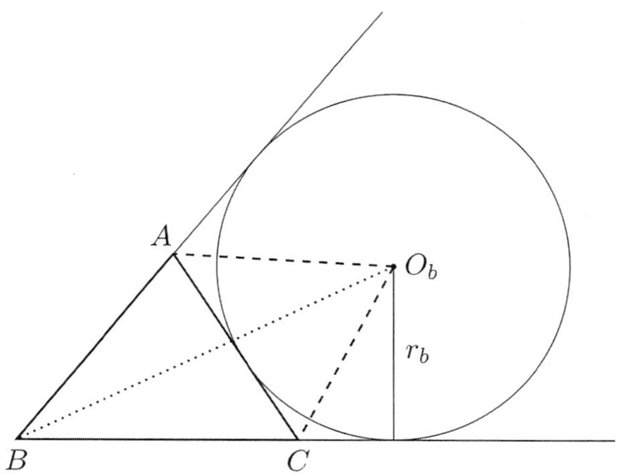

그림 5.13

각의 이등분선의 성질에 의해 점 O_b로부터 변 BC의 연장선과 변 AC까지의 거리가 같고, 변 AC와 변 AB의 연장선까지의 거리가 같게 된다. 그러면, 점 O_b로부터 변 AB의 연장선과 BC의 연장선까지의 거리가 같게 되며, 점 O_b는 각 B의 이등분선에도 속하게 된다.

결국, 점 O_b를 중심으로 변 AC, 변 AB, BC의 연장선과 접하는 원을 작도할 수 있다. 중심이 O_b인 이 원을 삼각형 ABC의 방접원이라 부르며, 변 AC에 접하는 방접원의 반지름을 r_b로 나타내자.

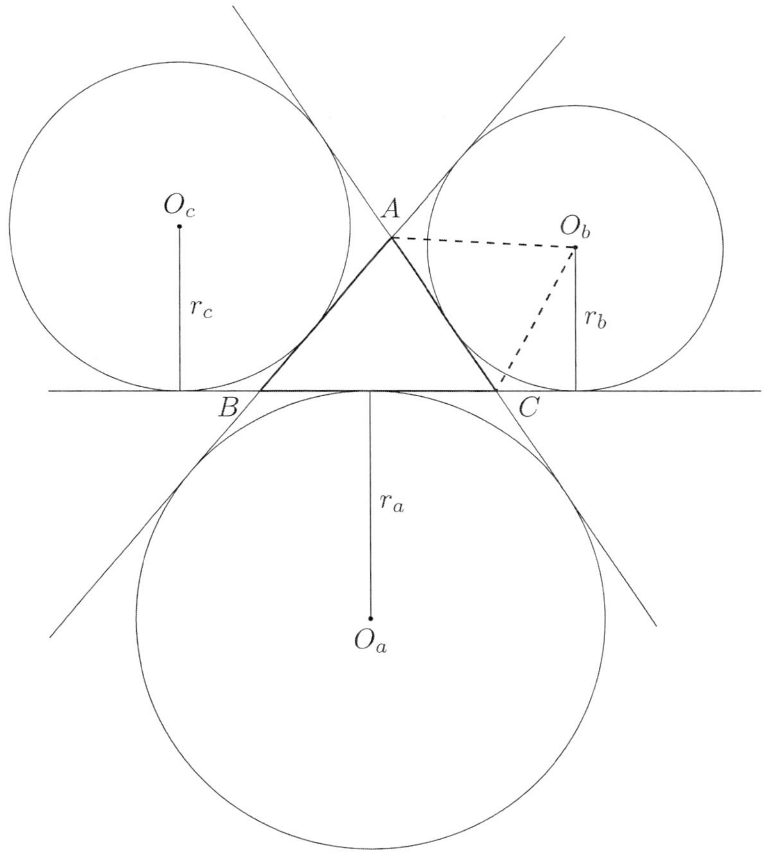

그림 5.14

같은 방법으로, 각 A와 B의 외각의 이등분선의 교점 O_c를 생각하자. 그러면, 점 O_c를 중심으로 변 AB에 접하며 변 AC, BC의 연장선과 접하는 원을 생각할 수 있다.

이 원도 중심이 O_c이고 반지름이 r_c인 방접원이며(그림 5.14), 반직선 CO_c는 각 C의 이등분선이다.

그리고 각 B와 C의 외각의 이등분선의 교점 O_a를 생각하면, 점 O_a를 중심으로 변 BC에 접하며 변 AB, AC의 연장선과 접하는 원을 작도할 수 있다. 이 원도 중심이 O_a이고 반지름이 r_a인 방접원이며, 반직선 AO_a는 각 A의 이등분선이다.

결국, 삼각형 ABC에는 방접원이 3개 존재한다. 이 방접원들의 중심 O_a, O_b, O_c를 삼각형 ABC의 방심이라 부른다.

이제, 방접원의 반지름에 대한 성질을 살펴보자. 이를 위해, 삼각형 ABC에서 방심 O_b, 방접원의 반지름 r_b, 방접원과 변 AC의 접점 D, 방접원과 변 AB, AC의 연장선과의 접점 F, E를 생각하자(그림 5.15).

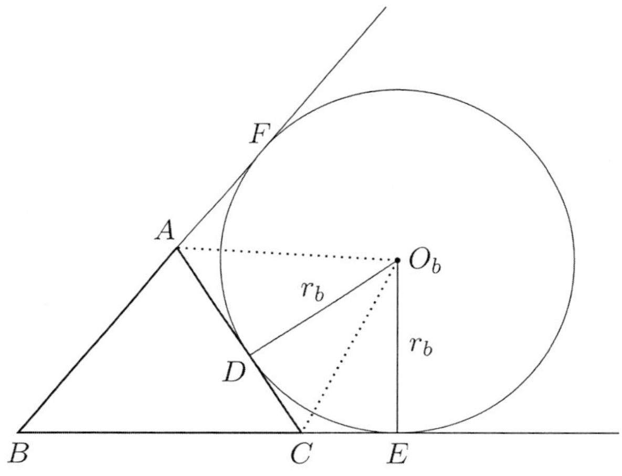

그림 5.15

반직선 CO_b가 외각 C의 이등분선이므로, $\angle O_bCE = \frac{\pi - \angle C}{2} = \frac{\pi}{2} - \frac{\angle C}{2}$이다. 이제, 직각삼각형 O_bCE를 생각하면, 방접원의 반지름 r_b를 다음과 같이 구할 수 있다.

$$r_b = \overline{CE}\tan\left(\frac{\pi}{2} - \frac{C}{2}\right) = \overline{CE}\cot\frac{C}{2}$$

그리고 원의 접선의 성질에 의해, $\overline{CE} = \overline{CD}$이므로, $r_b = \overline{CD}\cot\frac{C}{2}$이다.

유사한 방법으로, $r_b = \overline{AD}\cot\frac{A}{2} = \overline{AF}\cot\frac{A}{2}$가 된다는 것을 확인할 수 있다.

한편, $r_b = \overline{CD}\cot\frac{C}{2}$에서 $\overline{CD} = \frac{r_b}{\cot\frac{C}{2}} = r_b\tan\frac{C}{2}$가 된다. 그리고 $\overline{AD} = \overline{AF} = r_b\tan\frac{A}{2}$이다. 얻어진 결과와 $b = \overline{CD} + \overline{AD}$라는 것으로부터, 다음을 알 수 있다.

$$b = \overline{CD} + \overline{AD} = r_b\left(\tan\frac{C}{2} + \tan\frac{A}{2}\right)$$

얻어진 등식 $b = r_b\left(\tan\frac{C}{2} + \tan\frac{A}{2}\right)$에서 식 $\tan\frac{C}{2} + \tan\frac{A}{2}$를 사인과 코사인을 이용하여 변형시키자. 그러면, 다음 정리를 얻을 수 있다.

정리 5.3. 삼각형에서 다음 등식이 성립한다.

$$r_a = \frac{a\cos\frac{B}{2}\cos\frac{C}{2}}{\cos\frac{A}{2}},\ r_b = \frac{b\cos\frac{A}{2}\cos\frac{C}{2}}{\cos\frac{B}{2}},\ r_c = \frac{c\cos\frac{A}{2}\cos\frac{B}{2}}{\cos\frac{C}{2}}$$

증명. 우선, $r_b = \frac{b\cos\frac{A}{2}\cos\frac{C}{2}}{\cos\frac{B}{2}}$를 증명하자. 이를 위해, 등식 $b = r_b\left(\tan\frac{C}{2} + \tan\frac{A}{2}\right)$에서 식 $\tan\frac{C}{2} + \tan\frac{A}{2}$를 사인과 코사인을 이용하여 다음과 같이 변형시키자.

$$\begin{aligned}\tan\frac{C}{2} + \tan\frac{A}{2} &= \frac{\sin\frac{C}{2}}{\cos\frac{C}{2}} + \frac{\sin\frac{A}{2}}{\cos\frac{A}{2}} \\ &= \frac{\sin\frac{C}{2}\cos\frac{A}{2} + \sin\frac{A}{2}\cos\frac{C}{2}}{\cos\frac{A}{2}\cos\frac{C}{2}} = \frac{\sin\left(\frac{A}{2} + \frac{C}{2}\right)}{\cos\frac{A}{2}\cos\frac{C}{2}}\end{aligned}$$

이때, 삼각형 ABC에서 $\frac{A}{2} + \frac{C}{2} = \frac{\pi}{2} - \frac{B}{2}$이므로, 다음과 같이 식을 정리할 수 있다.

$$\frac{\sin\left(\frac{A}{2} + \frac{C}{2}\right)}{\cos\frac{A}{2}\cos\frac{C}{2}} = \frac{\sin\left(\frac{\pi}{2} - \frac{B}{2}\right)}{\cos\frac{A}{2}\cos\frac{C}{2}} = \frac{\cos\frac{B}{2}}{\cos\frac{A}{2}\cos\frac{C}{2}}$$

결국, $b = r_b\left(\tan\frac{C}{2} + \tan\frac{A}{2}\right) = \frac{r_b\cos\frac{B}{2}}{\cos\frac{A}{2}\cos\frac{C}{2}}$로 쓸 수 있다. 이 식에서 r_b를 이항하여 정리하면, $r_b = \frac{b\cos\frac{A}{2}\cos\frac{C}{2}}{\cos\frac{B}{2}}$가 얻어진다.

한편, 유사한 방법으로 r_a, r_c에 대한 식을 다음과 같이 유도할 수 있다.

$$r_a = \frac{a\cos\frac{B}{2}\cos\frac{C}{2}}{\cos\frac{A}{2}},\ r_c = \frac{c\cos\frac{A}{2}\cos\frac{B}{2}}{\cos\frac{C}{2}}$$

이것으로 정리가 증명된다. □

정리 5.3에서는 방접원의 반지름을 변과 각의 절반을 이용하여 나타냈다. 이제, 방접원의 반지름을 이용하여 삼각형의 넓이를 구하는 다음 정리를 살펴보자.

정리 5.4. 삼각형에서 다음 등식이 성립한다.

$$S = r_a(p-a),\ S = r_b(p-b),\ S = r_c(p-c)$$

증명. 정리 5.3의 등식 $r_a = \frac{a\cos\frac{B}{2}\cos\frac{C}{2}}{\cos\frac{A}{2}}$에 정리 4.5로부터 $\cos\frac{A}{2} = \sqrt{\frac{p(p-a)}{bc}}$, $\cos\frac{B}{2} = \sqrt{\frac{p(p-b)}{ac}}$, $\cos\frac{C}{2} = \sqrt{\frac{p(p-c)}{ab}}$를 대입하자. 그러면, 다음을 얻을 수 있다.

$$\begin{aligned} r_a &= \frac{a\cos\frac{B}{2}\cos\frac{C}{2}}{\cos\frac{A}{2}} = \frac{a\sqrt{\frac{p(p-b)}{ac}} \times \sqrt{\frac{p(p-c)}{ab}}}{\sqrt{\frac{p(p-a)}{bc}}} \\ &= \frac{\sqrt{p(p-b)} \times \sqrt{p(p-c)}}{\sqrt{p(p-a)}} = \frac{\sqrt{p(p-a)(p-b)(p-c)}}{p-a} = \frac{S}{p-a} \end{aligned}$$

결국, $r_a = \frac{S}{p-a}$, $S = r_a(p-a)$를 유도할 수 있다. 같은 방법으로, 다음을 유도할 수 있다.

$$r_b = \frac{S}{p-b},\ S = r_b(p-b),\quad r_c = \frac{S}{p-c},\ S = r_c(p-c)$$

한편, 등식 $S = r_b(p-b)$를 삼각형의 넓이를 이용하여 유도할 수도 있다. 그림 5.15에서 사각형 $ABCO_b$의 넓이를 두 가지 방법으로 구하자. 먼저, 사각형 $ABCO_b$의 넓이를 삼각형 ABC와 ACO_b의 넓이의 합으로 구하자. 삼각형 ABC의 넓이를 S라 하고, 삼각형 ACO_b의 넓이를 구하자. 변 AC를 밑변으로 하면 선분 O_bD가 높이가 되므로, 삼각형 ACO_b의 넓이는 $\frac{1}{2}br_b$이다. 그러므로, 사각형 $ABCO_b$의 넓이는 $S+\frac{1}{2}br_b$이다.

이제, 사각형 $ABCO_b$의 넓이를 삼각형 ABO_b와 CBO_b의 넓이의 합으로 구하자. 삼각형 ABO_b에서 밑변을 선분 AB로 하면, 높이는 선분 FO_b가 된다. 그러므로 삼각형 ABO_b의 넓이는 $\frac{1}{2}cr_b$이다. 삼각형 CBO_b의 넓이를 구하기 위해, 밑변으로 변 BC를 잡으면 높이는 $\overline{O_bE}$가 된다. 이때 삼각형 CBO_b의 넓이는 $\frac{1}{2}ar_b$가 된다. 그러므로, 사각형 $ABCO_b$의 넓이는 $\frac{1}{2}cr_b + \frac{1}{2}ar_b = \frac{1}{2}(a+c)r_b$이다.

결국, 사각형 $ABCO_b$의 넓이가 $S+\frac{1}{2}br_b$, $\frac{1}{2}(a+c)r_b$이므로, 다음을 얻을 수 있다.

$$S + \frac{1}{2}br_b = \frac{1}{2}(a+c)r_b,\ S = \frac{a-b+c}{2}r_b = r_b(p-b)$$

이것으로 정리가 증명된다. □

정리 5.4의 결과와 증명 과정에서 r_a, r_b, r_c를 a, b, c, p로 나타낼 수 있는 가능성을 볼 수 있다. $S = r_a(p-a)$이므로, $r_a = \frac{S}{p-a}$이다. 여기에 $S = \sqrt{p(p-a)(p-b)(p-c)}$를 대입하자. 그러면, 다음을 얻을 수 있다.

$$r_a = \frac{S}{p-a} = \frac{\sqrt{p(p-a)(p-b)(p-c)}}{p-a} = \sqrt{\frac{p(p-b)(p-c)}{p-a}}$$

유사한 방법으로, r_b, r_c에 대해 다음을 유도할 수 있다.

$$r_b = \sqrt{\frac{p(p-a)(p-c)}{p-b}}, \quad r_c = \sqrt{\frac{p(p-a)(p-b)}{p-c}}$$

한편, 그림 5.16에서 접선의 성질에 의해 $\overline{AF} = \overline{AD}, \overline{CE} = \overline{CD}$이므로, 선분 BF와 BE의 합은 삼각형의 둘레, 즉 $a+b+c = 2p$와 같다. 그리고 반직선 BF와 BE는 방접원 O_b에 대한 접선이므로, $\overline{BF} = \overline{BE}$이고 $\overline{BF} = \overline{BE} = p$가 된다.

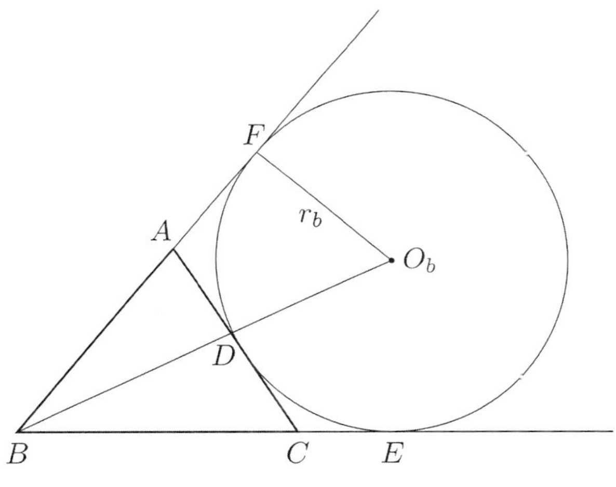

그림 5.16

직각삼각형 BO_bF를 생각하자. 반직선 BO_b가 각 B의 이등분선이므로, 다음이 성립한다.

$$\overline{O_bF} = r_b = \overline{BF}\tan\frac{B}{2} = p\tan\frac{B}{2} = \frac{p}{\cot\frac{B}{2}}$$

그리고 유사한 방법으로, 다음을 알 수 있다.

$$r_a = p\tan\frac{A}{2} = \frac{p}{\cot\frac{A}{2}}, \quad r_c = p\tan\frac{C}{2} = \frac{p}{\cot\frac{C}{2}}$$

얻어진 결과를 다음과 같이 정리할 수 있다.

정리 5.5. 삼각형 ABC에서 다음이 성립한다.

(1) $r_a = p\tan\frac{A}{2}, r_b = p\tan\frac{B}{2}, r_c = p\tan\frac{C}{2}$

(2) $r_a = (p-c)\cot\frac{B}{2}, r_b = (p-a)\cot\frac{C}{2}, r_c = (p-b)\cot\frac{A}{2}$

증명. (1) 그림 5.16을 이용하여 등식의 타당성을 확인하였다. (1)의 증명을 다른 방법으로 살펴보자. 여기서는 정리 4.5에서 $\tan\frac{A}{2} = \sqrt{\frac{(p-b)(p-c)}{p(p-a)}}$, $\tan\frac{B}{2} = \sqrt{\frac{(p-a)(p-c)}{p(p-b)}}$, $\tan\frac{C}{2} = \sqrt{\frac{(p-a)(p-b)}{p(p-c)}}$를 이용하자. 이 식들을 $p\tan\frac{A}{2}$, $p\tan\frac{B}{2}$, $p\tan\frac{C}{2}$에 대입하자. 그러면, 다음을 얻을 수 있다.

$$p\tan\frac{A}{2} = p\sqrt{\frac{(p-b)(p-c)}{p(p-a)}} = \sqrt{\frac{p(p-b)(p-c)}{p-a}}$$
$$p\tan\frac{B}{2} = p\sqrt{\frac{(p-a)(p-c)}{p(p-b)}} = \sqrt{\frac{p(p-a)(p-c)}{p-b}}$$
$$p\tan\frac{C}{2} = p\sqrt{\frac{(p-a)(p-b)}{p(p-c)}} = \sqrt{\frac{p(p-a)(p-b)}{p-c}}$$

얻어진 식들은 정리 5.4의 $S = r_a(p-a)$, $S = r_b(p-b)$, $S = r_c(p-c)$에 $S = \sqrt{p(p-a)(p-b)(p-c)}$를 대입하여 r_a, r_b, r_c를 구한 것과 같다. 이것으로 (1)이 증명된다.

(2) $r_a = (p-c)\cot\frac{B}{2}$를 증명하자. $\cot\frac{B}{2} = \frac{1}{\tan\frac{B}{2}} = \sqrt{\frac{p(p-b)}{(p-a)(p-c)}}$이다. 그러므로, $(p-c)\cot\frac{B}{2}$를 다음과 같이 쓸 수 있다.

$$(p-c)\cot\frac{B}{2} = (p-c)\cdot\sqrt{\frac{p(p-b)}{(p-a)(p-c)}} = \sqrt{\frac{p(p-b)(p-c)}{p-a}}$$

얻어진 식은 (1)에서 $r_a = p\tan\frac{A}{2} = \sqrt{\frac{p(p-b)(p-c)}{p-a}}$와 일치한다. 이로부터 $r_a = (p-c)\cot\frac{B}{2}$가 증명된다. 유사한 방법으로, $r_b = (p-a)\cot\frac{C}{2}, r_c = (p-b)\cot\frac{A}{2}$를 증명할 수 있다. □

$r_c = p\tan\frac{C}{2}$를 각 C가 직각인 직각삼각형 ABC, 중심이 O인 외접원에서 살펴보자(그림 5.17). 이때, 각 C가 직각이므로 $\tan\frac{\pi}{2} = 1$이고 $r_c = p\tan\frac{C}{2} = p$가 된다. 이로부터 $\frac{r_c}{R}$를 생각하면, $\frac{r_c}{R} = \frac{p}{R} = \frac{a+b+c}{2R}$가 된다.

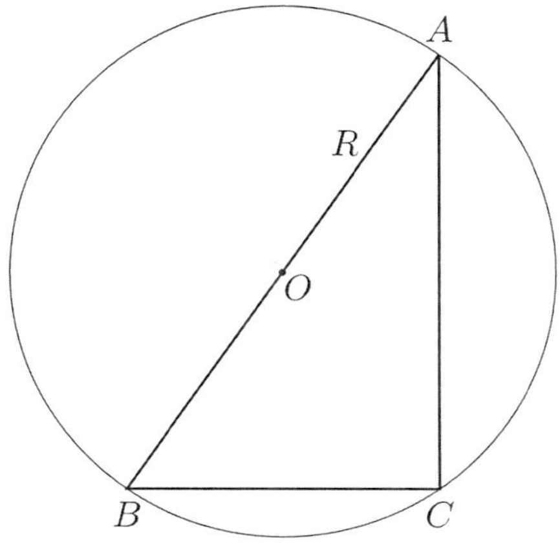

그림 5.17

직각삼각형에서 빗변의 길이는 직각삼각형의 외접원의 지름과 같으므로, $2R = c$이다. 그러므로, $\frac{r_c}{R} = \frac{a+b+c}{c} = \frac{a}{c} + \frac{b}{c} + 1$이 얻어진다. 이때, $\frac{a}{c} = \cos B$이고 $\frac{b}{c} = \sin B$이다. 이로부터, 다음을 알 수 있다.

$$\frac{r_c}{R} = \frac{a+b+c}{c} = \cos B + \sin B + 1$$

그리고 $\angle B = \frac{\pi}{2} - \angle A$이므로, $\cos B = \cos\left(\frac{\pi}{2} - \angle A\right) = \sin A$가 된다. 그러므로, $\frac{r_c}{R}$를 $\sin A + \sin B + 1$로도 쓸 수 있다.

이제, 방접원의 반지름, 내접원의 반지름, 외접원의 반지름, 삼각형의 넓이, 삼각형의 높이에 관련된 등식들을 살펴보자.

예제 5.8. 삼각형 ABC에서 다음을 증명하여라. 이때, (4)는 $\angle A = \frac{\pi}{2}$인 경우이다.

(1) $\frac{1}{r_a} + \frac{1}{r_b} + \frac{1}{r_c} = \frac{1}{r}$

(2) $\frac{1}{r_b} + \frac{1}{r_c} = \frac{2}{h_a}$

(3) $\frac{1}{r} - \frac{1}{r_a} = \frac{2}{h_a}$

(4) $r_a - r = 2R$

(5) $S = \sqrt{r r_a r_b r_c}$

(6) $\frac{(r_a - r)(r_b - r)(r_c - r)}{r_a r_b r_c} = \frac{4Rr}{p^2}$

(7) $r_a + r_b + r_c = 4R + r$

풀이. (1) 정리 5.4에서 $r_a = \frac{S}{p-a}$이므로, $\frac{1}{r_a} = \frac{p-a}{S}$이다. 그리고 $\frac{1}{r_b} = \frac{p-b}{S}$, $\frac{1}{r_c} = \frac{p-c}{S}$이다. 그리고 $\frac{p}{S} = \frac{1}{r}$을 생각하면, 다음을 얻을 수 있다.

$$\frac{1}{r_a} + \frac{1}{r_b} + \frac{1}{r_c} = \frac{p-a}{S} + \frac{p-b}{S} + \frac{p-c}{S} = \frac{3p-a-b-c}{S} = \frac{p}{S} = \frac{1}{r}$$

(2) $\frac{1}{r_b} = \frac{p-b}{S}$, $\frac{1}{r_c} = \frac{p-c}{S}$이므로, $\frac{1}{r_b} + \frac{1}{r_c} = \frac{2p-b-c}{S} = \frac{a}{S}$이다. 이때, $S = \frac{1}{2}ah_a$를 대입하면, $\frac{a}{S} = \frac{2}{h_a}$를 얻을 수 있다. 이로부터 $\frac{1}{r_b} + \frac{1}{r_c} = \frac{2}{h_a}$가 증명된다. 유사한 방법으로, 등식 $\frac{1}{r_a} + \frac{1}{r_b} = \frac{2}{h_c}$, $\frac{1}{r_a} + \frac{1}{r_c} = \frac{2}{h_b}$도 유도할 수 있다.

(3) 위의 (1)과 (2)를 연립하면, $\frac{1}{r} - \frac{1}{r_a} = \frac{2}{h_a}$를 유도할 수 있다. 즉, (1)의 등식 $\frac{1}{r} = \frac{1}{r_a} + \frac{1}{r_b} + \frac{1}{r_c}$에서 $\frac{1}{r} - \frac{1}{r_a} = \frac{1}{r_b} + \frac{1}{r_c}$이다. 그리고 (2)에 의해 $\frac{1}{r_b} + \frac{1}{r_c} = \frac{2}{h_a}$이다. 이로부터 $\frac{1}{r} - \frac{1}{r_a} = \frac{2}{h_a}$가 증명된다. 유사한 방법으로, 등식 $\frac{1}{r} - \frac{1}{r_b} = \frac{2}{h_b}$, $\frac{1}{r} - \frac{1}{r_c} = \frac{2}{h_c}$도 유도할 수 있다.

(4) (3)에 의해, $\frac{1}{r} - \frac{1}{r_a} = \frac{2}{h_a}$이며 $\frac{r_a-r}{rr_a} = \frac{2}{h_a}$이다. 그리고 $S = \frac{1}{2}ah_a$에서 $h_a = \frac{2S}{a}$이므로, $\frac{r_a-r}{rr_a} = \frac{a}{S}$이고 $r_a - r = \frac{arr_a}{S}$가 된다. 삼각형 ABC는 $\angle A = \frac{\pi}{2}$인 직각삼각형이며, 직각삼각형 ABC의 외접원을 생각하면 빗변 $\overline{BC} = a$는 $2R$과 같다. 결국, $r_a - r = \frac{arr_a}{S} = \frac{2Rrr_a}{S}$가 되며, $rr_a = S$를 증명하면 문제가 해결된다.

정리 5.5에서 $r_a = p\tan\frac{A}{2}$이다. 이때, $\angle A = \frac{\pi}{2}$이므로 $\tan\frac{A}{2} = 1$이며 $r_a = p$가 된다. 이것을 $rr_a = S$에 대입하면, $S = pr$이 얻어진다. 이것으로 $rr_a = S$가 증명되며, $r_a - r = 2R$이 성립한다는 것이 증명된다.

(5) 헤론 공식에 의해, $S = \sqrt{p(p-a)(p-b)(p-c)}$이다. 그리고 $S = r_a(p-a)$, $S = r_b(p-b)$, $S = r_c(p-c)$, $S = pr$을 생각하자. $p - a = \frac{S}{r_a}$, $p - b = \frac{S}{r_b}$, $p - c = \frac{S}{r_c}$, $p = \frac{S}{r}$를 헤론 공식에 대입하자. 그러면, 다음을 얻을 수 있다.

$$S = \sqrt{p(p-a)(p-b)(p-c)} = \sqrt{\frac{S}{r} \cdot \frac{S}{r_a} \cdot \frac{S}{r_b} \cdot \frac{S}{r_c}} = \frac{S^2}{\sqrt{rr_ar_br_c}}$$

이로부터 $S = \sqrt{rr_ar_br_c}$가 유도된다.

(6) 등식의 좌변을 $\frac{(r_a-r)(r_b-r)(r_c-r)}{r_ar_br_c} = \frac{r_a-r}{r_a} \cdot \frac{r_b-r}{r_b} \cdot \frac{r_c-r}{r_c}$로 생각하자. 우선, $\frac{r_a-r}{r_a}$에 대한 식을 구하자. $\frac{r_a-r}{r_a} = 1 - \frac{r}{r_a}$이므로, $\frac{r}{r_a}$을 구하자. 이를 위해, $\frac{r}{r_a}$에 $r_a = \frac{S}{p-a}$,

$r = \frac{S}{p}$를 대입하자. 그러면, $\frac{r}{r_a} = \frac{\frac{S}{p}}{\frac{S}{p-a}} = \frac{p-a}{p} = 1 - \frac{a}{p}$이며, $\frac{r_a - r}{r_a} = 1 - \frac{r}{r_a} = \frac{a}{p}$가 된다. 같은 방법으로, $\frac{r_b - r}{r_b} = \frac{b}{p}$, $\frac{r_c - r}{r_c} = \frac{c}{p}$를 얻을 수 있다.

이제, 얻어진 식들을 $\frac{r_a - r}{r_a} \cdot \frac{r_b - r}{r_b} \cdot \frac{r_c - r}{r_c}$에 대입하면, 다음을 얻을 수 있다.

$$\frac{r_a - r}{r_a} \cdot \frac{r_b - r}{r_b} \cdot \frac{r_c - r}{r_c} = \frac{a}{p} \cdot \frac{b}{p} \cdot \frac{c}{p} = \frac{abc}{p^3}$$

이때, $S = \frac{abc}{4R}$에서 $abc = 4RS$, $\frac{1}{p} = \frac{r}{S}$를 생각하자. 그러면, 다음을 유도할 수 있다.

$$\frac{abc}{p^3} = \frac{1}{p} \cdot \frac{abc}{p^2} = \frac{r}{S} \cdot \frac{4RS}{p^2} = \frac{4Rr}{p^2}$$

(7) $r_a = \frac{S}{p-a}$이며 $S = \sqrt{p(p-a)(p-b)(p-c)}$이므로 $r_a = \frac{\sqrt{p(p-a)(p-b)(p-c)}}{p-a}$가 된다. 이제, 분자와 분모에 $\sqrt{p(p-b)(p-c)}$를 곱하자. 그러면, $r_a = \frac{p(p-b)(p-c)}{S}$가 된다. 그리고 유사한 방법으로, $r_b = \frac{p(p-a)(p-c)}{S}$를 유도할 수 있다.

얻어진 r_a과 r_b에 대한 식을 서로 변끼리 더하자. 그러면, 다음을 얻을 수 있다.

$$r_a + r_b = \frac{p(p-c)[(p-b)+(p-a)]}{S} = \frac{cp(p-c)}{S}$$

이제, $r_c - r$을 계산하자. $r_c = \frac{p(p-a)(p-b)}{S}$이다. 그리고 $S^2 = p(p-a)(p-b)(p-c)$에 $S = pr$을 대입하자. 그러면, $S \cdot pr = p(p-a)(p-b)(p-c)$이고 $Sr = (p-a)(p-b)(p-c)$, $r = \frac{(p-a)(p-b)(p-c)}{S}$이다. 얻어진 식을 이용하면, $r_c - r$을 다음과 같이 계산할 수 있다.

$$\begin{aligned} r_c - r &= \frac{p(p-a)(p-b)}{S} - \frac{(p-a)(p-b)(p-c)}{S} \\ &= \frac{(p-b)(p-c)[p-(p-c)]}{S} = \frac{c(p-a)(p-b)}{S} \end{aligned}$$

이로부터, $r_a + r_b + r_c - r$을 다음과 같이 정리할 수 있다.

$$\begin{aligned} r_a + r_b + r_c - r &= \frac{cp(p-c)}{S} + \frac{c(p-a)(p-b)}{S} \\ &= \frac{c[2p^2 - (a+b+c)p + ab]}{S} = \frac{abc}{S} \end{aligned}$$

삼각형의 넓이 $S = \frac{abc}{4R}$을 생각하면, $\frac{abc}{S} = 4R$이 된다는 것을 알 수 있다. 이로부터 $r_a + r_b + r_c = 4R + r$이 증명된다. □

예제 5.8에서 $S = \sqrt{rr_ar_br_c}$가 된다는 것을 보였다. 그리고 (1)에서 $\frac{1}{r_a}+\frac{1}{r_b}+\frac{1}{r_c} = \frac{1}{r}$을 보였다. 이 두 등식을 연립하면, 삼각형의 넓이 S를 r_a, r_b, r_c로 나타낼 수 있다.

등식 $\frac{1}{r_a} + \frac{1}{r_b} + \frac{1}{r_c} = \frac{1}{r}$의 좌변을 통분하자. 그러면, $\frac{r_br_c+r_ar_c+r_ar_b}{r_ar_br_c} = \frac{1}{r}$이 되며, $r = \frac{r_ar_br_c}{r_ar_b+r_br_c+r_cr_a}$가 된다. 이것을 $S = \sqrt{rr_ar_br_c}$에 대입하자. 그러면, 다음을 얻을 수 있다.

$$S = \sqrt{\frac{(r_ar_br_c)^2}{r_ar_b + r_br_c + r_cr_a}} = \frac{r_ar_br_c}{\sqrt{r_ar_b + r_br_c + r_cr_a}}$$

이로부터 삼각형의 넓이 S는 $S = \frac{r_ar_br_c}{\sqrt{r_ar_b+r_br_c+r_cr_a}}$가 된다는 것을 유도할 수 있다.

[2]에는 피타고라스 정리의 등식과 동치인 방접원의 관계식이 다음과 같이 제시되어 있다.

> 직각삼각형 ABC에서 빗변 BC에 접한 방접원의 반지름을 r_a, 나머지 두 방접원의 반지름을 r_b, r_c라 하자. 그러면, 직각삼각형 ABC에서 피타고라스 정리의 등식 $a^2 = b^2 + c^2$과 $r_a^2 = r_ar_b + r_br_c + r_cr_a$는 동치이다.

이것을 증명해 보자. 이를 위해, 예제 5.8의 증명 과정에서 보았던 등식 $\frac{1}{r_b} + \frac{1}{r_c} = \frac{a}{S}$, 즉 $a = S\left(\frac{1}{r_b} + \frac{1}{r_c}\right)$을 이용하자. 그리고 등식 $a = S\left(\frac{1}{r_b} + \frac{1}{r_c}\right)$과 유사한 등식 $b = S\left(\frac{1}{r_a} + \frac{1}{r_c}\right)$, $c = S\left(\frac{1}{r_a} + \frac{1}{r_b}\right)$을 생각하자.

피타고라스 정리의 등식 $a^2 = b^2 + c^2$에 $a = S\left(\frac{1}{r_b} + \frac{1}{r_c}\right)$, $b = S\left(\frac{1}{r_a} + \frac{1}{r_c}\right)$, $c = S\left(\frac{1}{r_a} + \frac{1}{r_b}\right)$을 대입하자. 그러면, 다음을 얻을 수 있다.

$$S^2\left(\frac{1}{r_b} + \frac{1}{r_c}\right)^2 = S^2\left(\frac{1}{r_a} + \frac{1}{r_c}\right)^2 + S^2\left(\frac{1}{r_a} + \frac{1}{r_b}\right)^2$$
$$\frac{1}{r_b^2} + \frac{2}{r_br_c} + \frac{1}{r_c^2} = \frac{2}{r_a^2} + \frac{2}{r_ar_c} + \frac{2}{r_ar_b} + \frac{1}{r_c^2} + \frac{1}{r_b^2}$$
$$\frac{2}{r_br_c} = \frac{2}{r_a^2} + \frac{2}{r_ar_c} + \frac{2}{r_ar_b}$$

얻어진 등식 $\frac{2}{r_br_c} = \frac{2}{r_a^2} + \frac{2}{r_ar_c} + \frac{2}{r_ar_b}$의 양변을 2로 나눈 다음, $r_a^2r_br_c$를 곱하여 정리하자. 그러면, $r_a^2 = r_br_c + r_ar_b + r_ar_c$가 얻어진다. 그리고 얻어진 식의 변형 과정을 $r_a^2 = r_br_c + r_ar_b + r_ar_c$로부터 역으로 진행하면, $a^2 = b^2 + c^2$을 얻을 수 있다. 이로부터, $r_a^2 = r_ar_b + r_br_c + r_cr_a$와 $a^2 = b^2 + c^2$이 동치라는 것이 증명된다.

한편, 예제 5.8의 등식 $r_a - r = 2R$로부터도 $a^2 = b^2 + c^2$을 유도할 수 있다. 이를 자세히 살펴보자. 삼각형의 넓이 $S = r_a(p-a)$, $S = pr$, $S = \frac{abc}{4R}$를 생각하자. 이로부터 $r_a = \frac{S}{p-a}$, $r = \frac{S}{p}$, $2R = \frac{abc}{2S}$이다. 이것을 $r_a - r = 2R$에 대입하면, 다음을 유도할 수 있다.

$$\frac{S}{p-a} - \frac{S}{p} = \frac{abc}{2S},\ \frac{S(p-p+a)}{p(p-a)} = \frac{abc}{2S}$$

이로부터 $\frac{aS}{p(p-a)} = \frac{abc}{2S}$, $\frac{S}{p(p-a)} = \frac{bc}{2S}$가 얻어지며, $2S^2 = bcp(p-a)$가 된다. 헤론 공식에 의해, $S^2 = p(p-a)(p-b)(p-c)$이다. 이것을 얻어진 식에 대입하면, 다음을 유도할 수 있다.

$$2S^2 = 2p(p-a)(p-b)(p-c) = bcp(p-a),\ 2(p-b)(p-c) = bc$$

얻어진 식 $2(p-b)(p-c) = bc$를 전개하자. 그러면, $2p^2 - 2(b+c)p + 2bc = bc$, $2p^2 - 2(b+c)p + bc = 0$이 된다. 여기에 $p = \frac{a+b+c}{2}$를 대입하자. 그러면, 다음이 얻어진다.

$$2\left(\frac{a+b+c}{2}\right)^2 - 2(b+c)\left(\frac{a+b+c}{2}\right) + bc = 0$$

이 식을 전개하여 정리하면, $a^2+b^2+c^2+2(ab+bc+ac)-2(ab+b^2+bc+ac+bc+c^2)+2bc = 0$이며, 이로부터 $a^2-b^2-c^2 = 0$이며 $a^2 = b^2+c^2$이 유도된다.

이제, $a = S\left(\frac{1}{r_b}+\frac{1}{r_c}\right)$, $b = S\left(\frac{1}{r_a}+\frac{1}{r_c}\right)$, $c = S\left(\frac{1}{r_a}+\frac{1}{r_b}\right)$을 이용하면, 삼각형의 코사인 정리인 $\cos A = \frac{b^2+c^2-a^2}{2bc}$을 r_a, r_b, r_c로 다음과 같이 나타낼 수 있다.

$$\begin{aligned}\cos A = \frac{b^2+c^2-a^2}{2bc} &= \frac{S^2\left(\left(\frac{1}{r_a}+\frac{1}{r_c}\right)^2+\left(\frac{1}{r_a}+\frac{1}{r_b}\right)^2-\left(\frac{1}{r_b}+\frac{1}{r_c}\right)^2\right)}{2S^2\left(\frac{1}{r_a}+\frac{1}{r_c}\right)\left(\frac{1}{r_a}+\frac{1}{r_b}\right)}\\
&= \frac{\left(\frac{1}{r_a^2}+\frac{2}{r_ar_c}+\frac{1}{r_c^2}\right)+\left(\frac{1}{r_a^2}+\frac{2}{r_ar_b}+\frac{1}{r_b^2}\right)-\left(\frac{1}{r_b^2}+\frac{2}{r_br_c}+\frac{1}{r_c^2}\right)}{2\left(\frac{r_a+r_c}{r_ar_c}\right)\left(\frac{r_a+r_b}{r_ar_b}\right)}\\
&= \frac{\frac{2}{r_a^2}+\frac{2}{r_ar_c}+\frac{2}{r_ar_b}-\frac{2}{r_br_c}}{\frac{2(r_a+r_c)(r_a+r_b)}{r_a^2r_br_c}} = \frac{\frac{r_br_c+r_ar_b+r_ar_c-r_a^2}{r_a^2r_br_c}}{\frac{(r_a+r_c)(r_a+r_b)}{r_a^2r_br_c}} = \frac{r_br_c+r_ar_b+r_ar_c-r_a^2}{(r_a+r_b)(r_a+r_c)}\end{aligned}$$

이로부터 코사인 정리의 식 $\frac{b^2+c^2-a^2}{2bc}$과 동치인 식이 $\frac{r_br_c+r_ar_b+r_ar_c-r_a^2}{(r_a+r_b)(r_a+r_c)}$이라는 것을 알 수 있다.

한편, 예제 5.8에서 $S = \sqrt{rr_ar_br_c}$의 양변을 제곱하면 $S^2 = rr_ar_br_c$이며, $r_ar_br_c = \frac{S^2}{r}$이 된다. 이제, $S = pr$을 생각하면, $r_ar_br_c = \frac{p^2r^2}{r} = p^2r$을 얻을 수 있다. 게다가, 등식 $\frac{1}{r_a} + \frac{1}{r_b} + \frac{1}{r_c} = \frac{1}{r}$에서 $\frac{r_br_c+r_ar_c+r_ar_b}{r_ar_br_c} = \frac{1}{r}$이 성립한다. 여기에 $r_ar_br_c = p^2r$을 대입하면, $r_br_c+r_ar_c+r_ar_b = p^2$이 된다는 것도 알 수 있다. 결국, 다음 식들을 얻었다.

$$r_a + r_b + r_c = 4R + r,\ r_ar_b + r_br_c + r_ar_c = p^2,\ r_ar_br_c = p^2r$$

이 식들을 이용하여 r_a, r_b, r_c에 대한 대칭식을 a, b, c, p, R, r로 나타내 보자.

예제 5.9. 다음 등식을 증명하여라.

(1) $r_a^2 + r_b^2 + r_c^2 = (4R + r)^2 - 2p^2$

(2) $\frac{1}{r_ar_b} + \frac{1}{r_br_c} + \frac{1}{r_ar_c} = \frac{4R+r}{p^2r}$

(3) $a^2 + b^2 + c^2 + r^2 + r_a^2 + r_b^2 + r_c^2 = 16R^2$

(4) $r_a^3 + r_b^3 + r_c^3 = (4R + r)^3 - 12p^2R$

풀이. (1) 대수식에서 $(l + m + n)^2 = l^2 + m^2 + n^2 + 2(lm + mn + ln)$이며, $l^2 + m^2 + n^2 = (l + m + n)^2 - 2(lm + mn + ln)$이 성립한다는 것이 알려져있다. 여기에 $l = r_a, m = r_b, n = r_c$를 대입하자. 그러면, 다음을 얻을 수 있다.

$$r_a^2 + r_b^2 + r_c^2 = (r_a + r_b + r_c)^2 - 2(r_ar_b + r_br_c + r_ar_c) = (4R + r)^2 - 2p^2$$

(2) 증명하려는 등식의 좌변을 통분하여, $r_a + r_b + r_c = 4R + r$, $r_ar_br_c = p^2r$을 대입하자. 그러면, 다음을 얻을 수 있다.

$$\frac{1}{r_ar_b} + \frac{1}{r_br_c} + \frac{1}{r_ar_c} = \frac{r_c + r_a + r_b}{r_ar_br_c} = \frac{4R + r}{p^2r}$$

이로부터 문제가 해결된다.

(3) 등식 $r_a + r_b + r_c = 4R + r$에서 $r_a + r_b + r_c - r = 4R$을 생각하여 양변을 제곱하자. 그러면, $(r_a + r_b + r_c - r)^2 = 16R^2$이 된다. 얻어진 등식의 좌변을 전개하여

정리하자.

$$
\begin{aligned}
&(r_a + r_b + r_c - r)^2 \\
&\qquad = r_a^2 + r_b^2 + r_c^2 + r^2 + 2(r_a r_b + r_a r_c + r_b r_c) - 2(r r_a + r r_b + r r_c) \\
&\qquad = r_a^2 + r_b^2 + r_c^2 + r^2 + 2(r_a r_b + r_a r_c + r_b r_c) - 2r(r_a + r_b + r_c)
\end{aligned}
$$

얻어진 식과 증명할 등식 $a^2 + b^2 + c^2 + r^2 + r_a^2 + r_b^2 + r_c^2$을 비교해 보면, $2(r_a r_b + r_a r_c + r_b r_c) - 2r(r_a + r_b + r_c) = a^2 + b^2 + c^2$을 보여야 한다. 여기에 $r_a r_b + r_b r_c + r_a r_c = p^2$을 대입하면, $2p^2 - 2r(r_a + r_b + r_c) = a^2 + b^2 + c^2$을 보이면 된다.

식 $2p^2 - 2r(r_a + r_b + r_c)$에 $r = \frac{S}{p}$, $r_a = \frac{p(p-b)(p-c)}{S}$, $r_b = \frac{p(p-a)(p-c)}{S}$, $r_c = \frac{p(p-a)(p-b)}{S}$를 대입하자. 그러면, 다음을 얻을 수 있다.

$$
\begin{aligned}
&2p^2 - 2r(r_a + r_b + r_c) \\
&\qquad = 2p^2 - \frac{2S}{p}\left(\frac{p(p-b)(p-c)}{S} + \frac{p(p-a)(p-c)}{S} + \frac{p(p-a)(p-b)}{S}\right) \\
&\qquad = 2p^2 - 2\left((p-b)(p-c) + (p-a)(p-c) + (p-a)(p-b)\right) \\
&\qquad = 2p^2 - 2(3p^2 - (2a + 2b + 2c)p + bc + ac + ab)
\end{aligned}
$$

얻어진 식에서 $2a+2b+2c = 4p$이므로, $2p^2 - 2(3p^2 - (2a+2b+2c)p + bc + ac + ab) = 2p^2 - 2(-p^2 + bc + ac + ab) = 4p^2 - 2(ab + bc + ac)$가 된다. 여기에 $p = \frac{a+b+c}{2}$를 대입하면, $4p^2 - 2(ab + bc + ac) = a^2 + b^2 + c^2$이 된다. 이것으로 문제가 해결된다.

(4) 대수식에서 $l^3 + m^3 + n^3 - 3lmn = (l + m + n)(l^2 + m^2 + n^2 - lm - mn - ln)$이며, $l^3 + m^3 + n^3 = (l + m + n)(l^2 + m^2 + n^2 - (lm + mn + ln)) + 3lmn$이 성립한다. 이로부터 $r_a^3 + r_b^3 + r_c^3 = (r_a + r_b + r_c)(r_a^2 + r_b^2 + r_c^2 - (r_a r_b + r_b r_c + r_a r_c)) + 3 r_a r_b r_c$가 된다. $r_a + r_b + r_c = 4R + r$, $r_a^2 + r_b^2 + r_c^2 = (4R + r)^2 - 2p^2$이고 $r_a r_b + r_b r_c + r_a r_c = p^2, r_a r_b r_c = p^2 r$이므로, 다음을 얻을 수 있다.

$$
r_a^3 + r_b^3 + r_c^3 = (4R + r)\left((4R + r)^2 - 2p^2 - p^2\right) + 3p^2 r
$$

이제, 얻어진 식 $(4R + r)\left((4R + r)^2 - 3p^2\right) + 3p^2 r$을 전개하여 정리하자. 그러면, $(4R + r)\left((4R + r)^2 - 3p^2\right) + 3p^2 r = (4R + r)^3 - 12p^2 R$이 되어, 문제가 해결된다. □

이제, p, R, r에 관련된 방정식을 살펴보자. [19]에는 다음의 사차방정식이 제시되어 있다.

예제 5.10. 다음 방정식을 풀어라.

$$x^4 - 2(2R+r)x^3 + (p^2 + 4Rr + r^2)x^2 - 2p^2rx + p^2r^2 = 0$$

풀이. 일반적으로는 주어진 방정식을 인수분해하여 해를 구하지만, 여기서는 다른 방법으로 접근하자. 예제 5.8에서 $r_a + r_b + r_c = 4R + r$을 보였다. 이 등식의 양변에 r을 더하면 $r_a + r_b + r_c + r = 4R + 2r = 2(2R + r)$이 된다. 이때 얻어진 $2(2R + r)$은 주어진 방정식의 x^3항의 계수에 음의 부호를 취한 것과 같다는 것에 주목하자.

$rr_a + rr_b + rr_c + r_ar_b + r_ar_c + r_br_c$를 구해보자. $rr_a + rr_b + rr_c + r_ar_b + r_ar_c + r_br_c = r(r_a + r_b + r_c) + r_ar_b + r_ar_c + r_br_c$이다. 이때, $r_a + r_b + r_c = 4R + r, r_ar_b + r_br_c + r_ar_c = p^2$이므로, 다음을 얻을 수 있다.

$$rr_a + rr_b + rr_c + r_ar_b + r_ar_c + r_br_c = r(4R + r) + p^2 = p^2 + 4Rr + r^2$$

얻어진 식 $p^2 + 4Rr + r^2$는 방정식의 x^2항의 계수에 해당한다.

$rr_ar_b + rr_ar_c + rr_br_c + r_ar_br_c$를 구하자. $rr_ar_b + rr_ar_c + rr_br_c + r_ar_br_c = r(r_ar_b + r_ar_c + r_br_c) + r_ar_br_c = p^2r + p^2r = 2p^2r$이 된다. 이것은 방정식의 x항의 계수에 음의 부호를 취한 것과 같다. 그리고 $rr_ar_br_c = S^2$인데, $S = pr$을 생각하면 $rr_ar_br_c = p^2r^2$이 된다. 이 식은 방정식의 상수항과 같다.

이제, 방정식 $(x - r)(x - r_a)(x - r_b)(x - r_c) = 0$의 좌변을 전개하자. 그러면, 다음을 얻을 수 있다.

$$\begin{aligned}(x - r)(x - r_a)(x - r_b)(x - r_c) &= x^4 - (r + r_a + r_b + r_c)x^3 \\ &\quad + (rr_a + rr_b + rr_c + r_ar_b + r_ar_c + r_br_c)x^2 \\ &\quad - (rr_ar_b + rr_ar_c + rr_br_c + r_ar_br_c)x + rr_ar_br_c\end{aligned}$$

결국, 주어진 방정식과 방정식 $(x-r)(x-r_a)(x-r_b)(x-r_c)=0$은 같은 방정식이며, 주어진 방정식의 해는 방정식 $(x-r)(x-r_a)(x-r_b)(x-r_c)=0$의 해와 같다는 것을 알 수 있다. 이로부터 r, r_a, r_b, r_c가 주어진 방정식의 해가 된다는 것을 알 수 있다. □

예제 5.10에서는 r, r_a, r_b, r_c를 근으로 하는 사차방정식을 다루었다. 이때, $(x-r)(x-r_a)(x-r_b)(x-r_c)=0$을 전개하여 얻어지는 항들의 계수인 $r+r_a+r_b+r_c$, $rr_a+rr_b+rr_c+r_ar_b+r_ar_c+r_br_c$, $rr_ar_b+rr_ar_c+rr_br_c+r_ar_br_c$, $rr_ar_br_c$를 구하였고, 이들이 주어진 사차방정식의 계수와 같다는 것을 확인하였다.

살펴본 것과 같은 방법으로 r_a, r_b, r_c를 근으로 하는 삼차방정식을 생각할 수 있다. $r_a+r_b+r_c=4R+r$, $r_ar_b+r_br_c+r_ar_c=p^2$, $r_ar_br_c=p^2r$이라는 것을 알고 있다. 이제, $(x-r_a)(x-r_b)(x-r_c)=0$을 전개하면, $x^3-(r_a+r_b+r_c)x^2+(r_ar_b+r_br_c+r_ar_c)x-r_ar_br_c=0$이 된다. 이로부터, r_a, r_b, r_c를 근으로 하는 삼차방정식 $x^3-(4R+r)x^2+p^2x-p^2r=0$을 얻을 수 있다. 이제, 다음 방정식들의 근을 구해 보자.

예제 5.11. 다음 방정식을 풀어라.

(1) $px^3-(4R+r)x^2+px-r=0$

(2) $rx^3-px^2+(4R+r)x-p=0$

(3) $x^3-2px+(p^2+r^2+4Rr)x-4pRr=0$

(4) $4R^2x^3-4Rpx^2+(p^2+r^2+4Rr)x-2pr=0$

풀이. (1) 예제 5.10과 유사한 방법으로 문제를 해결하자. 이를 위해, $\tan\frac{A}{2}+\tan\frac{B}{2}+\tan\frac{C}{2}$, $\tan\frac{A}{2}\tan\frac{B}{2}+\tan\frac{B}{2}\tan\frac{C}{2}+\tan\frac{A}{2}\tan\frac{C}{2}$, $\tan\frac{A}{2}\tan\frac{B}{2}\tan\frac{C}{2}$의 값을 구하자. 정리 5.5에서 $r_a=p\tan\frac{A}{2}, r_b=p\tan\frac{B}{2}, r_c=p\tan\frac{C}{2}$이다. 이로부터 $\tan\frac{A}{2}=\frac{r_a}{p}$, $\tan\frac{B}{2}=\frac{r_b}{p}$, $\tan\frac{C}{2}=\frac{r_c}{p}$이다. 그러므로, $\tan\frac{A}{2}+\tan\frac{B}{2}-\tan\frac{C}{2}=\frac{r_a}{p}+\frac{r_b}{p}+\frac{r_c}{p}=\frac{r_a+r_b+r_c}{p}$가 된다. 그리고 $r_a+r_b+r_c=4R+r$이므로, $\frac{r_a+r_b+r_c}{p}=\frac{4R+r}{p}$이 된다.

$\tan\frac{A}{2}\tan\frac{B}{2}\tan\frac{C}{2}$를 구하자. 이를 위해, 정리 5.2에서 $r=(p-a)\tan\frac{A}{2}$, $r=$

$(p-b)\tan\frac{B}{2}$, $r=(p-c)\tan\frac{C}{2}$인 것을 생각하자. 여기서 $\tan\frac{A}{2}=\frac{r}{p-a}$, $\tan\frac{B}{2}=\frac{r}{p-b}$, $\tan\frac{C}{2}=\frac{r}{p-c}$이므로, $\tan\frac{A}{2}\tan\frac{B}{2}\tan\frac{C}{2}=\frac{r^3}{(p-a)(p-b)(p-c)}$이다. 이제, $S^2=p(p-a)(p-b)(p-c)$이고 $S=pr$인 것을 생각하면, 다음을 유도할 수 있다.

$$\frac{r^3}{(p-a)(p-b)(p-c)}=\frac{pr^3}{p(p-a)(p-b)(p-c)}=\frac{Sr^2}{S^2}=\frac{r^2}{S}=\frac{r}{p}$$

결국, $\tan\frac{A}{2}\tan\frac{B}{2}\tan\frac{C}{2}=\frac{r}{p}$이 된다.

$\tan\frac{A}{2}\tan\frac{B}{2}+\tan\frac{B}{2}\tan\frac{C}{2}+\tan\frac{A}{2}\tan\frac{C}{2}$를 구하자. 이를 위해, 이 식을 다음과 같이 변형시키자.

$$\begin{aligned}\tan\frac{A}{2}\tan\frac{B}{2}&+\tan\frac{B}{2}\tan\frac{C}{2}+\tan\frac{A}{2}\tan\frac{C}{2}\\&=\tan\frac{A}{2}\tan\frac{B}{2}\tan\frac{C}{2}\left(\frac{1}{\tan\frac{C}{2}}+\frac{1}{\tan\frac{A}{2}}+\frac{1}{\tan\frac{B}{2}}\right)\end{aligned}$$

이때, 정리 5.2에 의해 $\frac{1}{\tan\frac{C}{2}}=\frac{p-c}{r}$, $\frac{1}{\tan\frac{A}{2}}=\frac{p-a}{r}$, $\frac{1}{\tan\frac{B}{2}}=\frac{p-b}{r}$이므로, $\frac{1}{\tan\frac{C}{2}}+\frac{1}{\tan\frac{A}{2}}+\frac{1}{\tan\frac{B}{2}}=\frac{p-c+p-a+p-b}{r}=\frac{p}{r}$가 된다. $\tan\frac{A}{2}\tan\frac{B}{2}\tan\frac{C}{2}=\frac{r}{p}$이라는 것을 생각하면, 다음을 얻을 수 있다.

$$\tan\frac{A}{2}\tan\frac{B}{2}+\tan\frac{B}{2}\tan\frac{C}{2}+\tan\frac{A}{2}\tan\frac{C}{2}=\frac{r}{p}\cdot\frac{p}{r}=1$$

이제, $\left(x-\tan\frac{A}{2}\right)\left(x-\tan\frac{B}{2}\right)\left(x-\tan\frac{C}{2}\right)$를 전개하자. 그러면, 다음을 얻을 수 있다.

$$\begin{aligned}\left(x-\tan\frac{A}{2}\right)\left(x-\tan\frac{B}{2}\right)\left(x-\tan\frac{C}{2}\right)&=x^3-\left(\tan\frac{A}{2}+\tan\frac{B}{2}+\tan\frac{C}{2}\right)x^2\\+\left(\tan\frac{A}{2}\tan\frac{B}{2}+\tan\frac{B}{2}\tan\frac{C}{2}+\tan\frac{A}{2}\tan\frac{C}{2}\right)x&-\tan\frac{A}{2}\tan\frac{B}{2}\tan\frac{C}{2}\end{aligned}$$

이 식에 얻어진 $\tan\frac{A}{2}+\tan\frac{B}{2}+\tan\frac{C}{2}$, $\tan\frac{A}{2}\tan\frac{B}{2}+\tan\frac{B}{2}\tan\frac{C}{2}+\tan\frac{A}{2}\tan\frac{C}{2}$, $\tan\frac{A}{2}\tan\frac{B}{2}\tan\frac{C}{2}$의 값을 대입하자. 그러면, 삼차방정식 $x^3-\left(\frac{4R+r}{p}\right)x^2+x-\frac{r}{p}=0$이 얻어진다. 방정식의 양변 p를 곱하면, $px^3-(4R+r)x^2+px-r=0$이 된다. 이로부터, 방정식 $px^3-(4R+r)x^2+px-r=0$의 근은 $\tan\frac{A}{2}$, $\tan\frac{B}{2}$, $\tan\frac{C}{2}$라는 것을 알 수 있다.

(2) 방정식 $rx^3 - px^2 + (4R+r)x - p = 0$을 (1)의 방정식 $px^3 - (4R+r)x^2 + px - r = 0$과 비교하면, x^3항의 계수와 상수항, x^2항의 계수와 x항의 계수가 서로 바뀌어 있다는 것을 알 수 있다. 이를 이용하자.

$px^3 - (4R+r)x^2 + px - r = 0$은 $x = 0$을 근으로 가지지 않으므로, 양변을 x^3으로 나누자. 그러면, $p - \frac{4R+r}{x} + \frac{p}{x^2} - \frac{r}{x^3} = 0$이 된다. 이때, $\frac{1}{x} = t$라 놓으면, 삼차방정식 $rt^3 - pt^2 + (4R+r)t - p = 0$을 얻을 수 있다. 즉 해결해야 하는 방정식 (2)가 얻어진다. 결국, 방정식 (1)의 근에 역수를 취하면, 방정식 $rt^3 - pt^2 + (4R+r)t - p = 0$의 근이 된다.

방정식 $px^3 - (4R+r)x^2 + px - r = 0$의 근이 $\tan\frac{A}{2}$, $\tan\frac{B}{2}$, $\tan\frac{C}{2}$이므로, 방정식 $rx^3 - px^2 + (4R+r)x - p = 0$의 근은 $\frac{1}{\tan\frac{A}{2}} = \cot\frac{A}{2}$, $\frac{1}{\tan\frac{B}{2}} = \cot\frac{B}{2}$, $\frac{1}{\tan\frac{C}{2}} = \cot\frac{C}{2}$라는 것을 알 수 있다.

한편, 방정식 $rx^3 - px^2 + (4R+r)x - p = 0$에 대해 근과 계수의 관계를 생각하면, 다음 등식이 성립한다는 것도 알 수 있다.

$$\cot\frac{A}{2} + \cot\frac{B}{2} + \cot\frac{C}{2} = \frac{p}{r}$$
$$\cot\frac{A}{2}\cot\frac{B}{2} + \cot\frac{B}{2}\cot\frac{C}{2} + \cot\frac{A}{2}\cot\frac{C}{2} = \frac{4R+r}{r}$$
$$\cot\frac{A}{2}\cot\frac{B}{2}\cot\frac{C}{2} = \frac{p}{r}$$

(3) $a+b+c = 2p$라는 것을 생각하자. 이제 $ab+bc+ac$를 구하자. $2(ab+bc+ac) = (a+b+c)^2 - (a^2+b^2+c^2)$인데, 예제 5.6에 의해 $a^2+b^2+c^2 = 2(p^2 - r^2 - 4Rr)$이 성립한다. 그러므로, $2(ab+bc+ac) = (2p)^2 - 2(p^2 - r^2 - 4Rr) = 2p^2 + 2r^2 + 8Rr$이 된다. 이로부터 $ab+bc+ac = p^2 + r^2 + 4Rr$이다. 한편, $abc = 4RS$에서 $S = pr$이므로, $abc = 4pRr$이다.

이제, $(x-a)(x-b)(x-c) = 0$을 전개하여 정리하면, 다음을 얻을 수 있다.

$$(x-a)(x-b)(x-c) = x^3 - (a+b+c)x^2 + (ab+bc+ac)x - abc = 0$$

여기에 $a+b+c = 2p$, $ab+bc+ac = p^2+r^2+4Rr$, $abc = 4pRr$을 대입하자. 그러면,

주어진 방정식과 일치한다. 그러므로, 방정식 $x^3 - 2px + (p^2 + r^2 + 4Rr)x - 4pRr = 0$ 의 근은 $x = a, x = b, x = c$라는 것을 알 수 있다.

(4) $\sin A + \sin B + \sin C$를 구하자. 사인 정리에 의해, $\sin A = \frac{a}{2R}$, $\sin B = \frac{b}{2R}$, $\sin C = \frac{c}{2R}$이므로, $\sin A + \sin B + \sin C = \frac{a}{2R} + \frac{b}{2R} + \frac{c}{2R} = \frac{p}{R}$가 된다. $\sin A \sin B + \sin B \sin C + \sin A \sin C$에 사인정리를 이용하면, 다음을 얻을 수 있다.

$$\sin A \sin B + \sin B \sin C + \sin A \sin C = \frac{a}{2R} \cdot \frac{b}{2R} + \frac{b}{2R} \cdot \frac{c}{2R} + \frac{a}{2R} \cdot \frac{c}{2R} = \frac{ab + bc + ac}{4R^2}$$

(3)에서 $ab + bc + ac = p^2 + r^2 + 4Rr$이므로, $\frac{ab+bc+ac}{4R^2} = \frac{p^2+r^2+4Rr}{4R^2}$이 된다. 한편, 사인 정리에 의해 $\sin A \sin B \sin C = \frac{a}{2R} \cdot \frac{b}{2R} \cdot \frac{c}{2R} = \frac{abc}{8R^3}$이다. (3)에서 $abc = 4pRr$ 이므로, $\frac{abc}{8R^3} = \frac{4pRr}{8R^3} = \frac{pr}{2R^2}$이 된다.

이제, 방정식 $(x - \sin A)(x - \sin B)(x - \sin C) = 0$을 생각하자. 이 방정식을 전개하여 정리하면, 다음을 얻을 수 있다.

$$(x - \sin A)(x - \sin B)(x - \sin C) = x^3 - (\sin A + \sin B + \sin C)x^2 + (\sin A \sin B + \sin B \sin C + \sin A \sin C)x - \sin A \sin B \sin C = 0$$

이제, $\sin A + \sin B + \sin C = \frac{p}{R}$, $\sin A \sin B + \sin B \sin C + \sin A \sin C = \frac{p^2+r^2+4Rr}{4R^2}$, $\sin A \sin B \sin C = \frac{pr}{2R^2}$을 대입하자. 그러면, 다음을 얻을 수 있다.

$$\begin{aligned} x^3 - &(\sin A + \sin B + \sin C)x^2 + (\sin A \sin B + \sin B \sin C + \sin A \sin C)x - \sin A \sin B \sin C \\ &= x^3 - \left(\frac{p}{R}\right)x^2 + \left(\frac{p^2 + r^2 + 4Rr}{4R^2}\right)x - \frac{pr}{2R^2} \\ &= \frac{4R^2x^3 - 4Rpx^2 + (p^2 + r^2 + 4Rr)x - 2pr}{4R^2} \end{aligned}$$

이로부터, 주어진 방정식 $4R^2x^3 - 4Rpx^2 + (p^2 + r^2 + 4Rr)x - 2pr = 0$의 근이 $x = \sin A$, $x = \sin B$, $x = \sin C$라는 것을 알 수 있다. □

3. 삼각형의 외접원에 관련된 등식

사인 정리에서 삼각형 ABC의 외접원의 반지름 R이 삼각형의 변들, 각들과 다음 관계를 가진다는 것을 보았다.

$$2R = \frac{a}{\sin A} = \frac{b}{\sin B} = \frac{c}{\sin C}$$

삼각형의 내접원과 방접원이 삼각형의 내각, 외각에 관련된다면, 삼각형의 외접원은 변에 관련된다. 삼각형의 세 변의 수직이등분선은 한 점에서 만나며, 이 점이 삼각형의 외접원의 중심인 외심이다. 실제로, 외심을 중심으로 하고 외심에서 삼각형의 꼭짓점까지의 거리를 반지름으로 하면, 삼각형의 세 꼭짓점을 지나는 외접원을 작도할 수 있다. 외접원의 존재성은 다음과 같은 선분의 수직이등분선의 성질로부터 증명될 수 있다.

> 선분의 수직이등분선으로부터 선분의 양 끝점에 이르는 거리가 같다. 역으로, 선분의 양 끝점으로부터 같은 거리만큼 떨어진 점은 선분의 수직이등분선에 속한다.

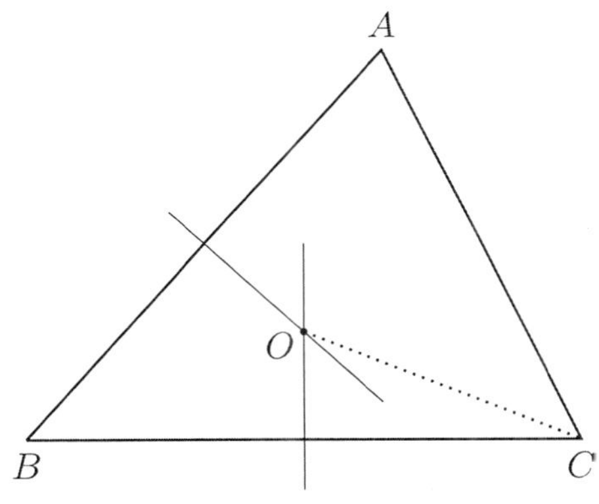

그림 5.18

삼각형 ABC에서 변 BC의 수직이등분선과 변 AB의 수직이등분선을 작도하고, 그 교점을 O라 하자(그림 5.18). 그러면, 수직이등분선의 성질에 의해 점 O에서 꼭짓점 B, C까지의 거리가 같고, 점 O에서 꼭짓점 A, B까지의 거리가 같다. 이로부터,

점 O에서 꼭짓점 A, C까지의 거리가 같다는 것이 유도되며, 점 O는 선분 AC의 수직이등분선에 속한다는 것을 알 수 있다. 결국, 삼각형 ABC의 세 변 AB, BC, AC의 수직이등분선은 한 점 O에서 만난다.

삼각형 ABC의 세 변 AB, BC, AC의 수직이등분선은 한 점 O에서 만나며, 이 점이 외접원의 중심이라는 것을 삼각형의 합동을 이용하여 증명하기도 한다. 가령, 삼각형 ABC에서 변 AB의 중점 F를 잡고, 변 BC의 중점 D를 잡았다고 하자. 이제, 점 D, F를 지나 변 BC, AB에 수직인 직선을 그어, 이들의 교점을 O라 하자(그림 5.19).

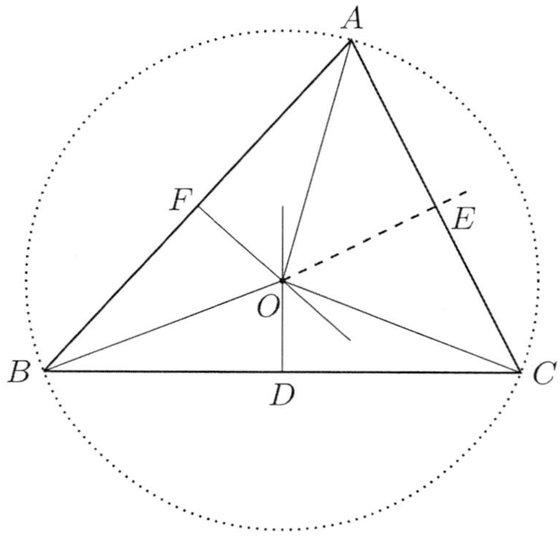

그림 5.19

점 O를 꼭짓점 A, B, C와 연결하자. 이때, 직각삼각형 AOF와 BOF에서 $\overline{AF} = \overline{BF}$이고 $\overline{OF}$는 공통이다. 그러므로, SAS 합동조건에 의해 직각삼각형 AOF와 BOF는 합동이다. 이로부터 $\overline{AO} = \overline{BO}$가 증명된다. 같은 방법으로, 직각삼각형 BOD와 COD가 합동이라는 것을 알 수 있으며, $\overline{BO} = \overline{CO}$이다. 이로부터 $\overline{AO} = \overline{BO} = \overline{CO}$이며, 점 O로부터 꼭짓점 A, B, C에 이르는 거리가 같다는 것이 유도된다. 즉, 점 O를 중심으로 꼭짓점 A, B, C를 지나는 외접원을 작도할 수 있다.

이제, 점 O에서 변 AC에 수선 OE를 긋고, 수선 OE가 변 AC를 이등분한다는 것을 보이자. 이를 위해, 직각삼각형 AOE와 COE의 합동을 조사하자. $\overline{AO} = \overline{CO}$이고 $\overline{OE}$는 공통이다. 그러므로, RHS 합동조건에 의해 직각삼각형 AOE와 COE는 합동이며, $\overline{AE} = \overline{CE}$이다. 결국, 점 O는 삼각형의 세 변 AB, BC, AC의 수직이등분선의 교점이라는 것이 증명된다.

한편, 각 A는 호 BC의 원주각이고 각 BOC는 호 BC에 대한 중심각이므로, $\angle BOC = 2\angle A$이다. 같은 이유로, $\angle COA = 2\angle B$, $\angle BOA = 2\angle C$가 성립한다. 한편, 점 O에서 변 BC에 수선 OD를 그으면, $\angle BOD = \angle COD$가 된다. 이로부터 $\angle BOD = \angle COD = \angle A$가 성립한다.

이제, 외심에 관련된 성질을 살펴보자.

예제 5.12. 삼각형 ABC에서 외심을 O, 변 BC, AC, AB의 중점을 D, E, F라 하자. 그러면, $\overline{OD} + \overline{OE} + \overline{OF} = R + r$이라는 것을 증명하여라.

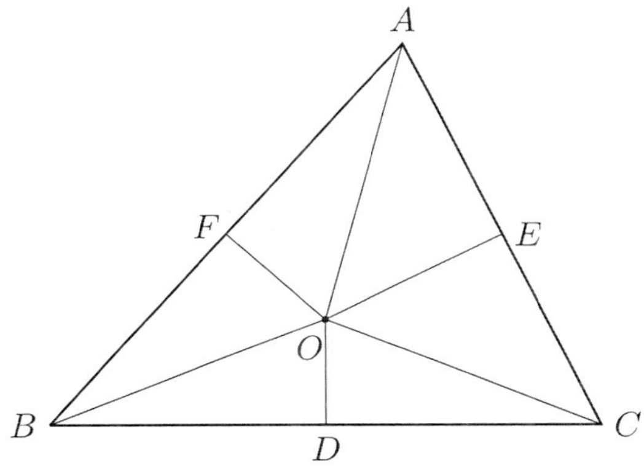

그림 5.20

풀이. 삼각형 ABC의 외심 O에서 각 변에 수선 OD, OE, OF를 긋자(그림 5.20). 직각삼각형 BOD에서 $\cos BOD = \frac{\overline{OD}}{R}$이며, $\angle BOD = \angle A$이다. 이로부터 $\overline{OD} = R\cos BOD = R\cos A$가 된다. 그리고 $\angle AOE = \angle B$, $\angle AOF = \angle C$이므로, 직각삼각형 AOE, AOF에서 $\overline{OE} = R\cos B$, $\overline{OF} = R\cos C$가 된다는 것을 알 수 있다.

$\overline{OD}+\overline{OE}+\overline{OF} = R(\cos A+\cos B+\cos C)$가 된다. 예제 3.6에서 $\cos A+\cos B+\cos C = 4\sin\frac{A}{2}\sin\frac{B}{2}\sin\frac{C}{2}+1$이므로, $R(\cos A+\cos B+\cos C) = 4R\sin\frac{A}{2}\sin\frac{B}{2}\sin\frac{C}{2}+R$이 된다.

그리고 예제 5.2에서 $r = 4R\sin\frac{A}{2}\sin\frac{B}{2}\sin\frac{C}{2}$이므로, $4R\sin\frac{A}{2}\sin\frac{B}{2}\sin\frac{C}{2} + R = r + R$이 된다. 이로부터 $\overline{OD} + \overline{OE} + \overline{OF} = R + r$이라는 것을 확인할 수 있다. □

이제, 삼각형에서 외심과 내심사이의 거리를 내접원과 외접원의 반지름을 이용하여 나타내자. 이 문제는 삼각형의 오일러 정리로 알려져 있다.

예제 5.13. [오일러 정리] 삼각형 ABC에서 외심을 O, 내심을 I라 하자. 그러면, $\overline{OI}^2 = R^2 - 2Rr$이라는 것을 증명하여라.

풀이. 삼각형 ABC의 외심 O, 내심 I를 꼭짓점 C와 연결하자(그림 5.21). 그러면, 삼각형 COI가 얻어진다. 이때, 삼각형 COI의 변 OC는 외접원의 반지름이라는 것을 염두에 두자. 즉, $\overline{OC} = R$이다. 이제, $\overline{OI}^2$을 코사인 정리를 이용하여 구하자.

점 I에서 변 BC에 내린 수선 IH를 내리자. 그러면, 수선 IH는 내접원의 반지름이 되며 $\overline{IH} = r$이다. 그리고 직각삼각형 CIH에서 $\sin ICH = \frac{\overline{IH}}{\overline{CI}}$이며, $\angle ICH = \frac{\angle C}{2}$이다. 그러므로, $\overline{CI} = \frac{r}{\sin\frac{C}{2}}$이 된다.

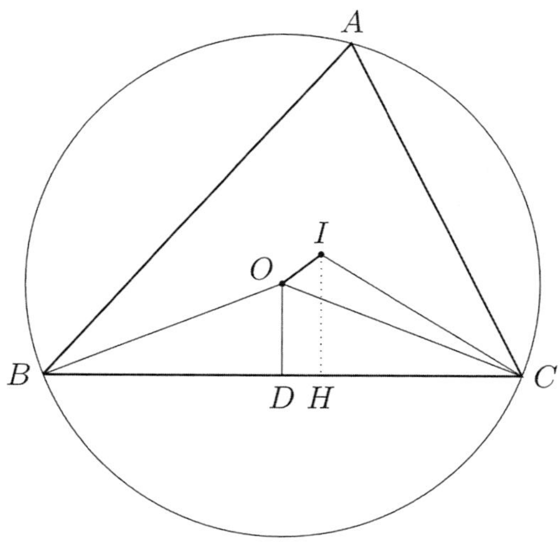

그림 5.21

이제, 각 ICO를 구하자. $\angle COD = \angle A$이므로 $\angle OCD = \frac{\pi}{2} - \angle A$이다. $\angle ICH = \frac{\angle C}{2}$이므로, $\angle ICO = \frac{\angle C}{2} - \frac{\pi}{2} + \angle A$이다. 삼각형 CIO에 코사인 정리를 이용하면, 다음

등식을 얻을 수 있다.

$$\begin{aligned}\overline{OI}^2 &= \overline{CI}^2 + \overline{OC}^2 - 2\overline{CI}\cdot\overline{OC}\cdot\cos ICO\\ &= \left(\frac{r}{\sin\frac{C}{2}}\right)^2 + R^2 - 2R\left(\frac{r}{\sin\frac{C}{2}}\right)\cos\left(\frac{C}{2}-\frac{\pi}{2}+A\right)\\ &= \frac{r^2}{\sin^2\frac{C}{2}} + R^2 - \frac{2Rr}{\sin\frac{C}{2}}\sin\left(\frac{C}{2}+A\right)\\ &= R^2 - \frac{2Rr}{\sin\frac{C}{2}}\sin\left(\frac{C}{2}+A\right) + \frac{r^2}{\sin^2\frac{C}{2}}\\ &= R^2 - 2Rr\left(\frac{\sin\left(\frac{C}{2}+A\right)}{\sin\frac{C}{2}} - \frac{r}{2R\sin^2\frac{C}{2}}\right)\end{aligned}$$

예제 5.2에서 $r = 4R\sin\frac{A}{2}\sin\frac{B}{2}\sin\frac{C}{2}$이므로, 이것을 식 $\frac{r}{2R\sin^2\frac{C}{2}}$에 대입하자. 그러면, 다음을 유도할 수 있다.

$$\frac{r}{2R\sin^2\frac{C}{2}} = \frac{4R\sin\frac{A}{2}\sin\frac{B}{2}\sin\frac{C}{2}}{2R\sin^2\frac{C}{2}} = \frac{2\sin\frac{A}{2}\sin\frac{B}{2}}{\sin\frac{C}{2}}$$

그리고 $2\sin\frac{A}{2}\sin\frac{B}{2} = -\left(\cos\frac{A+B}{2} - \cos\frac{A-B}{2}\right)$가 성립한다. 한편, $\sin\left(\frac{C}{2}+A\right) = \sin\frac{A+(A+C)}{2} = \sin\frac{A+\pi-B}{2} = \sin\left(\frac{\pi}{2}+\frac{A-B}{2}\right) = \cos\frac{A-B}{2}$이다. 그러므로, 다음 식을 유도할 수 있다.

$$\begin{aligned}&R^2 - 2Rr\left(\frac{\sin\left(\frac{C}{2}+A\right)}{\sin\frac{C}{2}} - \frac{r}{2R\sin^2\frac{C}{2}}\right)\\ &\qquad = R^2 - 2Rr\left(\frac{\cos\frac{A-B}{2}}{\sin\frac{C}{2}} + \frac{\cos\frac{A+B}{2} - \cos\frac{A-B}{2}}{\sin\frac{C}{2}}\right) = R^2 - 2Rr\cdot\frac{\cos\frac{A+B}{2}}{\sin\frac{C}{2}}\end{aligned}$$

여기서 $\cos\frac{A+B}{2} = \cos\frac{\pi-C}{2} = \sin\frac{C}{2}$이므로, $\overline{OI}^2 = R^2 - 2Rr$이 유도된다. □

오일러 정리로부터 $\overline{OI}^2 = R^2 - 2Rr$이라는 것을 확인하였다. 정삼각형에서는 내심과 외심이 일치하지만, 다른 삼각형에서는 그렇지 않다. 그러므로, 삼각형에서 $\overline{OI} \geq 0$이 되며, $R^2 - 2Rr \geq 0$, 즉 $R \geq 2r$이 성립한다.

이제, 삼각형의 내심과 외접원에 관련된 성질들을 [13], [3]을 중심으로 살펴보자. 삼각형 ABC에 내심 I, 외심 O를 잡고, 외접원을 작도하자. 각 A, B, C의 이등분선과 외접원의 교점을 각각 Q_1, Q_2, Q_3라 하자(그림 5.22).

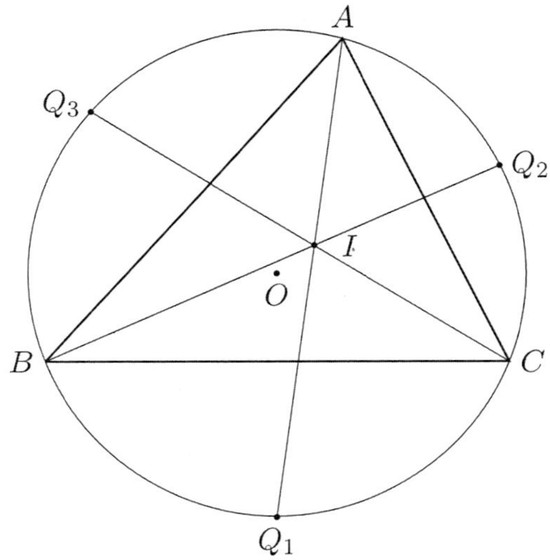

그림 5.22

예제 5.14. 그림 5.22에서 다음을 증명하여라.

(1) $\overline{AQ_1} = 2R\cos\frac{C-B}{2} = 2R\cos\frac{B-C}{2}$

(2) $\overline{IQ_1} = \overline{BQ_1} = \overline{CQ_1}$

(3) $\overline{AI}\cdot\overline{IQ_1} = 2Rr$

풀이. (1) $\overline{AQ_1}$을 구하기 위해, $\overline{AQ_1}$을 포함하는 직각삼각형을 만들자. 점 Q_1과 외심 O를 연결하는 직선과 원의 교점을 E라 하자(그림 5.23). 그러면, 선분 Q_1E는 원의 지름이며, 삼각형 AQ_1E는 직각삼각형이 된다. 이때, $\cos AQ_1E = \frac{\overline{AQ_1}}{2R}$이며, $\overline{AQ_1} = 2R\cos AQ_1E$이다.

$\overline{AQ_1}$이 각의 이등분선이므로, $\angle BAQ_1 = \angle CAQ_1$이며 $\widehat{BQ_1} = \widehat{CQ_1}$이다. 그러므로, 지름 Q_1E는 현 BC를 수직이등분하게 된다. 이제, 꼭짓점 A에서 변 BC에 수선 AH를 그으면, $\overline{Q_1E} \parallel \overline{AH}$가 된다. 평행한 직선에서 엇각이 같으므로, $\angle AQ_1E = \angle Q_1AH$이다. 그리고 $\angle Q_1AH = \frac{\angle A}{2} - \angle CAH$이다.

이제, $\angle CAH = \frac{\pi}{2} - \angle C$라는 것을 생각하면, $\angle AQ_1E = \frac{\angle A}{2} - \angle CAH = \frac{\angle A}{2} - \frac{\pi}{2} + \angle C = \frac{\angle A}{2} + \frac{\angle C}{2} - \frac{\pi}{2} + \frac{\angle C}{2} = \frac{\pi - \angle B}{2} - \frac{\pi}{2} + \frac{\angle C}{2}$가 된다. 이로부터 $\angle AQ_1E = \frac{\angle C - \angle B}{2}$가 된다는 것을 알 수 있다. 결국, $\overline{AQ_1} = 2R\cos AQ_1E = 2R\cos\frac{C-B}{2}$가 된다. 그리고

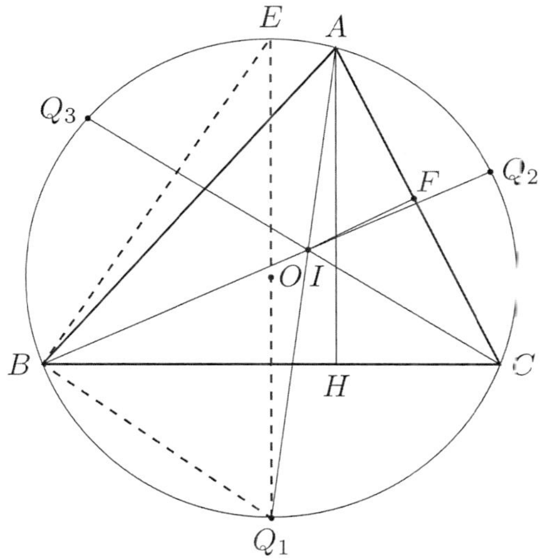

그림 5.23

$\cos(-\alpha) = \cos\alpha$라는 것을 생각하면, $2R\cos\frac{C-B}{2} = 2R\cos\frac{B-C}{2}$가 된다.

(2) $\overline{IQ_1}$을 $\overline{AQ_1} - \overline{AI}$를 이용하여 구하자. 점 I에서 변 AC에 수선 IF를 내리면, $\overline{IF} = r$이다. 그러면, 직각삼각형 AIF에서 $\overline{AI} = \frac{r}{\sin\frac{A}{2}}$이 된다. 그리고 $\overline{AQ_1} = 2R\cos\frac{C-B}{2}$이며 예제 5.2에서 $r = 4R\sin\frac{A}{2}\sin\frac{B}{2}\sin\frac{C}{2}$이므로, 다음을 얻을 수 있다.

$$\overline{IQ_1} = \overline{AQ_1} - \overline{AI} = 2R\cos\frac{C-B}{2} - \frac{4R\sin\frac{A}{2}\sin\frac{B}{2}\sin\frac{C}{2}}{\sin\frac{A}{2}}$$

이때, $\cos\frac{C-B}{2} = \cos\frac{C}{2}\cos\frac{B}{2} + \sin\frac{C}{2}\sin\frac{B}{2}$를 대입하면, 다음을 얻을 수 있다.

$$\begin{aligned}
2R\cos\frac{C-B}{2} &- \frac{4R\sin\frac{A}{2}\sin\frac{B}{2}\sin\frac{C}{2}}{\sin\frac{A}{2}} \\
&= 2R\left(\cos\frac{C}{2}\cos\frac{B}{2} + \sin\frac{C}{2}\sin\frac{B}{2}\right) - 4R\sin\frac{B}{2}\sin\frac{C}{2} \\
&= 2R\left(\cos\frac{B}{2}\cos\frac{C}{2} - \sin\frac{B}{2}\sin\frac{C}{2}\right)
\end{aligned}$$

$\cos\frac{B}{2}\cos\frac{C}{2} - \sin\frac{B}{2}\sin\frac{C}{2} = \cos\left(\frac{B}{2}+\frac{C}{2}\right)$이며, $\cos\left(\frac{B}{2}+\frac{C}{2}\right) = \cos\frac{\pi-A}{2} = \sin\frac{A}{2}$이다. 그러므로, $2R\left(\cos\frac{B}{2}\cos\frac{C}{2} - \sin\frac{B}{2}\sin\frac{C}{2}\right) = 2R\sin\frac{A}{2}$이고, $\overline{IQ_1} = 2R\sin\frac{A}{2}$가 된다.

이제, $\overline{BQ_1}, \overline{CQ_1}$을 구하자. 이를 위해, 점 B와 E, B와 Q_1을 연결하자. 그러면, 직각삼각형 BEQ_1이 얻어지고, $\angle BEQ_1$과 $\angle BAQ_1 \left(= \frac{\angle A}{2}\right)$은 같은 호에 대한 원주각으로 같다. 직각삼각형 BEQ_1에서 $\sin BEQ_1 = \sin\frac{A}{2} = \frac{\overline{BQ_1}}{2R}$이며, $\overline{BQ_1} = 2R\sin\frac{A}{2}$이다. 비슷한 방법으로, $\overline{CQ_1} = 2R\sin\frac{A}{2}$를 유도할 수 있다. 이로부터, $\overline{IQ_1} = \overline{BQ_1} = \overline{CQ_1}$이 증명된다.

(3) $\overline{AI} = \frac{r}{\sin\frac{A}{2}} = 4R\sin\frac{B}{2}\sin\frac{C}{2}$이고 $\overline{IQ_1} = 2R\sin\frac{A}{2}$이다. 이로부터 다음을 얻을 수 있다.

$$\overline{AI}\cdot\overline{IQ_1} = 4R\sin\frac{B}{2}\sin\frac{C}{2}\cdot 2R\sin\frac{A}{2} = 8R^2\sin\frac{A}{2}\sin\frac{B}{2}\sin\frac{C}{2}$$

예제 5.2에서 $r = 4R\sin\frac{A}{2}\sin\frac{B}{2}\sin\frac{C}{2}$이므로, $8R^2\sin\frac{A}{2}\sin\frac{B}{2}\sin\frac{C}{2} = 2Rr$, 즉 $\overline{AI}\cdot\overline{IQ_1} = 2Rr$이 얻어진다. □

예제 5.14에서 $\overline{IQ_1} = 2R\sin\frac{A}{2}$가 된다는 것을 보였다. 유사한 방법으로 $\overline{IQ_2} = 2R\sin\frac{B}{2}$, $\overline{IQ_3} = 2R\sin\frac{C}{2}$가 된다는 것을 확인할 수 있다. 이제, $\overline{IQ_1}$, $\overline{IQ_2}$, $\overline{IQ_3}$을 서로 곱하고 $r = 4R\sin\frac{A}{2}\sin\frac{B}{2}\sin\frac{C}{2}$를 생각하면, 다음을 얻을 수 있다.

$$\overline{IQ_1}\cdot\overline{IQ_2}\cdot\overline{IQ_3} = 8R^3\sin\frac{A}{2}\sin\frac{B}{2}\sin\frac{C}{2} = 2R^2r$$

제 6 장.

삼각형의 탐구

1. 삼각형의 계량적 성질

삼각형 ABC에 내심 I, 무게중심 G를 표시했다(그림 6.1). 이때, 꼭짓점 A, B, C에서 그은 각의 이등분선을 l_a, l_b, l_c, 높이를 h_a, h_b, h_c, 중선을 m_a, m_b, m_c라 하자. 그리고 내접원의 반지름을 r, 외접원의 반지름을 R, 방접원의 반지름을 r_a, r_b, r_c, 넓이를 S, 둘레의 절반을 p라 하자.

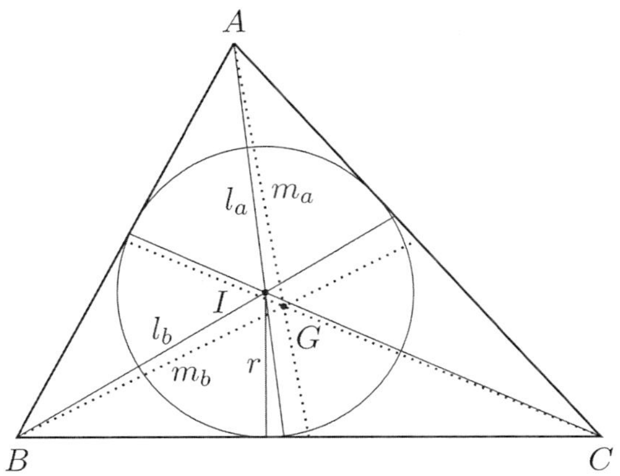

그림 6.1

변 a, b, c 삼각형 ABC에서 변 a, b, c에 관련된 등식들을 살펴보자.

$$a = 2R\sin A \tag{6.1}$$

$$\frac{a+b}{a-b} = \frac{\sin A + \sin B}{\sin A - \sin B} \tag{6.2}$$

$$\frac{a+b}{c} = \frac{\sin A + \sin B}{\sin C}, \quad \frac{a-b}{c} = \frac{\sin A - \sin B}{\sin C} \tag{6.3}$$

$$a = b\cos C + c\cos B \tag{6.4}$$

$$a^2 = b^2 + c^2 - 2bc\cos A \tag{6.5}$$

$$a + b = \sqrt{c^2 + 4ab\cos^2\frac{C}{2}} \tag{6.6}$$

$$\frac{a+b}{c} = \frac{\cos\frac{A-B}{2}}{\sin\frac{C}{2}}, \quad \frac{a-b}{c} = \frac{\sin\frac{A-B}{2}}{\cos\frac{C}{2}} \tag{6.7}$$

$$\frac{a+b}{a-b} = \frac{\tan\frac{A+B}{2}}{\tan\frac{A-B}{2}}, \quad \frac{a+b}{a-b} = \frac{\cot\frac{C}{2}}{\tan\frac{A-B}{2}} \tag{6.8}$$

$$\frac{a+c}{b+c} = \frac{l_a\sin\frac{A}{2}}{l_b\sin\frac{B}{2}} \tag{6.9}$$

삼각형 ABC의 변 a, b, c에 관련된 등식들은 대부분이 잘 알려진 것들이다. 등식 6.1, 6.2, 6.3은 사인 정리로부터 직접 유도할 수 있다. 등식 6.4는 정리 4.2에서 증명하였고, 등식 6.5는 코사인 정리이다.

이제, 등식 6.6을 살펴보자. 등식 6.6은 코사인 정리부터 얻어질 수 있다. $c^2 = a^2 + b^2 - 2ab\cos C$에서 등식의 우변에 $(a+b)^2$인 항을 만들자. 이를 위해, 등식의 우변에 $2ab$를 더하고 빼면 된다.

$$c^2 = a^2 + b^2 + 2ab - 2ab - 2ab\cos C = (a+b)^2 - 2ab(1 + \cos C)$$

이때, $1 + \cos C = 2\cos^2\frac{C}{2}$이므로, $(a+b)^2 - 2ab(1+\cos C) = (a+b)^2 - 4ab\cos^2\frac{C}{2}$가 된다. 이제, $4ab\cos^2\frac{C}{2}$를 이항하여, 다음과 같이 정리할 수 있다.

$$c^2 = (a+b)^2 - 4ab\cos^2\frac{C}{2}, \ (a+b)^2 = c^2 + 4ab\cos^2\frac{C}{2}$$

얻어진 등식의 양변에 제곱근을 취하면, $a + b = \sqrt{c^2 + 4ab\cos^2\frac{C}{2}}$가 된다.

등식 6.7은 몰바이데 공식이며, 등식 6.8도 제4장에서 사인 정리를 이용하여 유도하였다. 이제, 등식 6.9를 살펴보자. 등식 6.9를 유도하려면, 각의 이등분선 l_a, l_b에 대한 등식을 알아야 한다. 등식 6.9는 후에 각의 이등분선을 다루면서 증명하는 것으로 하자.

삼각형의 변에 대한 등식 6.1, 즉 사인 정리를 이용하여, 삼각형의 넓이에 대한 다음 등식을 유도하자.

예제 6.1. 삼각형의 넓이 S에 대한 다음 등식을 증명하여라.

$$S = \frac{1}{2}\sqrt{a^2bc\cos B\cos C + ab^2c\cos A\cos C + abc^2\cos A\cos B}$$

풀이. 사인 정리에 의해, $c = \frac{a\sin C}{\sin A}$, $c = \frac{b\sin C}{\sin B}$로 쓸 수 있으며, 이 두 등식을 곱하면 $c^2 = \frac{ab\sin^2 C}{\sin A\sin B}$가 된다. 얻어진 식들을 증명할 등식의 우변에 대입하자. 그리고 식들을 통분하여 정리하면, 다음을 얻을 수 있다.

$$\begin{aligned}
S &= \frac{1}{2}\sqrt{a^2bc\cos B\cos C + ab^2c\cos A\cos C + abc^2\cos A\cos B} \\
&= \frac{1}{2}\sqrt{a^2b\left(\frac{b\sin C}{\sin B}\right)\cos B\cos C + ab^2\left(\frac{a\sin C}{\sin A}\right)\cos A\cos C + abc^2\cos A\cos B} \\
&= \frac{1}{2}\sqrt{a^2b^2\left(\frac{\cos B\cos C\sin C}{\sin B} + \frac{\cos A\cos C\sin C}{\sin A}\right) + ab\left(\frac{ab\sin^2 C}{\sin A\sin B}\right)\cos A\cos B} \\
&= \frac{1}{2}\sqrt{a^2b^2\left(\frac{\cos B\cos C\sin C}{\sin B} + \frac{\cos A\cos C\sin C}{\sin A} + \frac{\cos A\cos B\sin^2 C}{\sin A\sin B}\right)} \\
&= \frac{ab}{2}\sqrt{\cos C\sin C\left(\frac{\cos B}{\sin B} + \frac{\cos A}{\sin A}\right) + \frac{\cos A\cos B\sin^2 C}{\sin A\sin B}} \\
&= \frac{ab}{2}\sqrt{\cos C\sin C\left(\frac{\sin A\cos B + \cos A\sin B}{\sin A\sin B}\right) + \frac{\cos A\cos B\sin^2 C}{\sin A\sin B}} \\
&= \frac{ab}{2}\sqrt{\cos C\sin C\left(\frac{\sin(A+B)}{\sin A\sin B}\right) + \frac{\cos A\cos B\sin^2 C}{\sin A\sin B}} \\
&= \frac{ab}{2}\sqrt{\frac{\cos C\sin C\sin(A+B) + \cos A\cos B\sin^2 C}{\sin A\sin B}}
\end{aligned}$$

이때, $\sin(A+B) = \sin(\pi - C) = \sin C$이므로, $\cos C\sin C\sin(A+B) = \cos C\sin^2 C$

가 된다. 그러면, 얻어진 식의 제곱근호 안의 식을 다음과 같이 쓸 수 있다.

$$\begin{aligned}\frac{\cos C\sin C\sin(A+B)+\cos A\cos B\sin^2 C}{\sin A\sin B} &= \frac{\cos C\sin^2 C+\cos A\cos B\sin^2 C}{\sin A\sin B}\\ &= \frac{\sin^2 C(\cos C+\cos A\cos B)}{\sin A\sin B}\end{aligned}$$

그리고 $\cos C = \cos(\pi-(A+B)) = -\cos(A+B)$이므로, 얻어진 식에서 $\cos C + \cos A\cos B = -\cos(A+B)+\cos A\cos B = -\cos A\cos B+\sin A\sin B+\cos A\cos B = \sin A\sin B$가 된다. 그러므로, 다음이 얻어진다.

$$\frac{\sin^2 C(\cos C+\cos A\cos B)}{\sin A\sin B} = \frac{\sin^2 C\sin A\sin B}{\sin A\sin B} = \sin^2 C$$

결국, 삼각형의 넓이에 대해 얻어진 등식을 다음과 같이 변형시킬 수 있다.

$$\frac{ab}{2}\sqrt{\frac{\cos C\sin C\sin(A+B)+\cos A\cos B\sin^2 C}{\sin A\sin B}} = \frac{ab}{2}\sqrt{\sin^2 C} = \frac{1}{2}ab\sin C$$

이것으로 문제가 해결된다. □

예제 6.1에 제시된 삼각형의 넓이에 대한 등식은 삼각형의 변 a, b, c와 각 A, B, C를 포함하는 등식으로, 이 등식은 a, b, c에 대한 대칭식이라는 것이 흥미롭다. 예제 6.1의 증명 과정은 [17]에 제시된 아이디어를 중심으로 구성하였다.

각 A, B, C 삼각형 ABC에서 각 A, B, C에 관련된 등식들을 살펴보자.

$$\cos A = \frac{b^2+c^2-a^2}{2bc} \tag{6.10}$$

$$\sin A = \frac{a}{2R} \tag{6.11}$$

$$\sin A = \frac{2\sqrt{p(p-a)(p-b)(p-c)}}{bc} \tag{6.12}$$

$$\sin\frac{A}{2} = \sqrt{\frac{(p-b)(p-c)}{bc}}, \quad \cos\frac{A}{2} = \sqrt{\frac{p(p-a)}{bc}} \tag{6.13}$$

$$\tan\frac{A}{2} = \sqrt{\frac{(p-b)(p-c)}{p(p-a)}} \tag{6.14}$$

$$\tan A = \frac{a\sin C}{b-a\cos C} \tag{6.15}$$

등식 6.10은 코사인 정리로부터, 등식 6.11은 사인 정리로부터 얻어진다. 등식 6.12를 살펴보자. 삼각형 ABC의 넓이 $S = \frac{1}{2}bc\sin A$에서 $\sin A = \frac{2S}{bc}$이다. 여기에 헤론 공식 $S = \sqrt{p(p-a)(p-b)(p-c)}$를 대입하자. 그러면 다음을 얻을 수 있다.

$$\sin A = \frac{2\sqrt{p(p-a)(p-b)(p-c)}}{bc}$$

등식 6.13, 6.14의 타당성은 정리 4.5에서 증명하였다. 등식 6.15의 증명은 예제 5.5에서 사용한 방법을 이용하자. 그림 6.2에서 $\sin C = \frac{2\sqrt{pxyz}}{(x+y)(y+z)}$, $\cos C = \frac{py-xz}{(x+y)(y+z)}$, $\tan A = \frac{2\sqrt{pxyz}}{pz-xy}$이고, $a = x+y$, $b = y+z$이다. 증명해야 하는 등식의 우변 $\frac{a\sin C}{b-a\cos C}$를 x, y, z를 이용해서 나타내자.

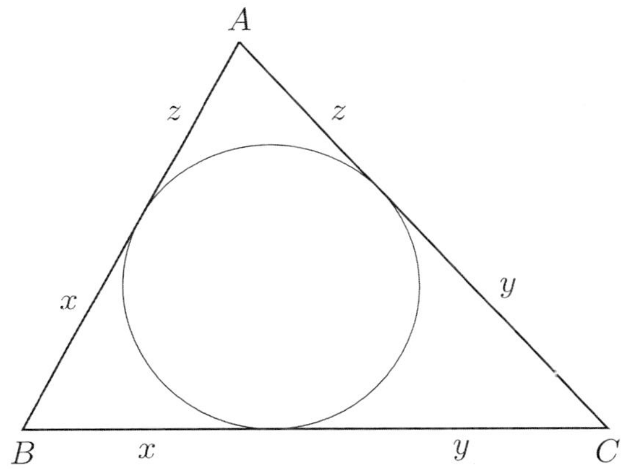

그림 6.2

$$\frac{a\sin C}{b-a\cos C} = \frac{(x+y)\cdot\frac{2\sqrt{pxyz}}{(x+y)(y+z)}}{(y+z)-(x+y)\cdot\frac{py-xz}{(x+y)(y+z)}} = \frac{2\sqrt{pxyz}}{(y+z)^2-py+xz}$$

이제, 얻어진 식의 분모를 전개하고 $p = x+y+z$를 대입하면, 다음을 얻을 수 있다.

$$\begin{aligned}\frac{2\sqrt{pxyz}}{(y+z)^2-py+xz} &= \frac{2\sqrt{pxyz}}{y^2+2yz+z^2-xy-y^2-yz+xz} \\ &= \frac{2\sqrt{pxyz}}{yz+z^2-xy+xz} = \frac{2\sqrt{pxyz}}{z(x+y+z)-xy} = \frac{2\sqrt{pxyz}}{pz-xy}\end{aligned}$$

$\tan A = \frac{2\sqrt{pxyz}}{pz-xy}$를 생각하면, 이로부터 $\frac{a\sin C}{b-a\cos C} = \tan A$가 증명된다.

내접원의 반지름 r　삼각형 ABC에서 내접원의 반지름 r에 관련된 식들을 살펴보자.

$$r = \frac{ah_a}{2p} \tag{6.16}$$

$$r = \frac{bc\sin A}{2p} \tag{6.17}$$

$$r = \frac{bc\sin A + ac\sin B + ab\sin C}{3(a+b+c)} \tag{6.18}$$

$$r = \frac{\sqrt[3]{abch_ah_bh_c}}{2p} \tag{6.19}$$

$$r = \sqrt{\frac{(p-a)(p-b)(p-c)}{p}} \tag{6.20}$$

$$r = \frac{a\sin\frac{B}{2}\sin\frac{C}{2}}{\cos\frac{A}{2}} \tag{6.21}$$

$$r = (p-a)\tan\frac{A}{2} \tag{6.22}$$

$$r = 4R\sin\frac{A}{2}\sin\frac{B}{2}\sin\frac{C}{2} \tag{6.23}$$

$$r = p\tan\frac{A}{2}\tan\frac{B}{2}\tan\frac{C}{2} \tag{6.24}$$

$$r = \frac{h_a\sin\frac{A}{2}}{2\cos\frac{B}{2}\cos\frac{C}{2}} \tag{6.25}$$

$$r = \frac{h_ah_bh_c}{h_ah_b + h_bh_c + h_ah_c} \tag{6.26}$$

$$r = \frac{r_ar_br_c}{r_ar_b + r_br_c + r_ar_c} \tag{6.27}$$

$$r = \frac{l_a(b+c)\sin\frac{A}{2}}{2p} \tag{6.28}$$

등식 6.16은 삼각형의 넓이 $S = \frac{1}{2}ah_a = pr$을 이용하여 유도할 수 있다. $\frac{1}{2}ah_a = pr$에서 $r = \frac{ah_a}{2p}$가 유도된다. 그리고 등식 6.17은 $S = \frac{1}{2}bc\sin A = pr$에서 얻어질 수 있다. $\frac{1}{2}bc\sin A = pr$에서 $r = \frac{bc\sin A}{2p}$이다.

등식 6.18은 등식 6.17로부터 유도될 수 있다. 즉, 등식 6.17에서 $r = \frac{bc\sin A}{2p}$, $r = \frac{ac\sin B}{2p}$, $r = \frac{ab\sin C}{2p}$이다. 세 등식을 변끼리 더하면, 다음을 얻을 수 있다.

$$3r = \frac{bc\sin A + ac\sin B + ab\sin C}{2p},\quad r = \frac{bc\sin A + ac\sin B + ab\sin C}{3\times 2p}$$

이때, $2p = a+b+c$임을 생각하면, 등식 6.18을 얻을 수 있다.

등식 6.19는 삼각형의 넓이 $S=\frac{1}{2}ah_a$과 $S=pr$을 이용해 얻을 수 있다. $S=\frac{1}{2}ah_a$, $S=\frac{1}{2}bh_b$, $S=\frac{1}{2}ch_c$를 변끼리 서로 곱하면, $S^3=\left(\frac{1}{2}\right)^3 ah_a bh_b ch_c$가 된다. 이로부터 $S=\frac{\sqrt[3]{ah_a bh_b ch_c}}{2}$가 된다. 이제, $r=\frac{S}{p}$를 생각하면, $r=\frac{\sqrt[3]{abch_a h_b h_c}}{2p}$가 얻어진다.

등식 6.20은 헤론 공식 $S=\sqrt{p(p-a)(p-b)(p-c)}$와 $S=pr$을 이용해 얻을 수 있다. 한편, 등식 6.21은 정리 5.1에서 증명하였다. 여기서는 등식 6.21을 등식 6.20과 정리 4.5로부터 유도해 보자. 등식 6.21의 우변 $\frac{a\sin\frac{B}{2}\sin\frac{C}{2}}{\cos\frac{A}{2}}$에 정리 4.5로부터 $\sin\frac{B}{2}=\sqrt{\frac{(p-a)(p-c)}{ac}}$, $\sin\frac{C}{2}=\sqrt{\frac{(p-a)(p-b)}{ab}}$, $\cos\frac{A}{2}=\sqrt{\frac{p(p-a)}{bc}}$를 대입하자. 그러면, 다음을 얻을 수 있다.

$$\begin{aligned}\frac{a\sin\frac{B}{2}\sin\frac{C}{2}}{\cos\frac{A}{2}} &= \frac{a\cdot\sqrt{\frac{(p-a)(p-c)}{ac}}\cdot\sqrt{\frac{(p-a)(p-b)}{ab}}}{\sqrt{\frac{p(p-a)}{bc}}} \\ &= \frac{\sqrt{(p-a)^2(p-b)(p-c)}}{\sqrt{p(p-a)}}=\sqrt{\frac{(p-a)(p-b)(p-c)}{p}}\end{aligned}$$

얻어진 식은 등식 6.20의 r과 일치하므로, 등식 6.21이 증명된다.

등식 6.22는 정리 5.2에서 증명하였고, 등식 6.23은 예제 5.2에서 유도하였다. 그리고 등식 6.24는 예제 5.3의 $p=r\cot\frac{A}{2}\cot\frac{B}{2}\cot\frac{C}{2}$로부터 유도될 수 있다. $\cot\frac{A}{2}=\frac{1}{\tan\frac{A}{2}}$이므로, $p=r\cdot\frac{1}{\tan\frac{A}{2}}\cdot\frac{1}{\tan\frac{B}{2}}\cdot\frac{1}{\tan\frac{C}{2}}$가 된다. 이제, 이항하면 $r=p\tan\frac{A}{2}\tan\frac{B}{2}\tan\frac{C}{2}$가 유도된다.

등식 6.25는 예제 5.2에서 증명하였다. 등식 6.26은 예제 ??의 $\frac{1}{h_a}+\frac{1}{h_b}+\frac{1}{h_c}=\frac{1}{r}$을 이용하여 증명할 수 있다. $\frac{1}{h_a}+\frac{1}{h_b}+\frac{1}{h_c}=\frac{1}{r}$을 다음과 같이 통분하여 변형시킬 수 있다.

$$\frac{1}{h_a}+\frac{1}{h_b}+\frac{1}{h_c}=\frac{1}{r},\ \frac{h_ah_b+h_bh_c+h_ah_c}{h_ah_bh_c}=\frac{1}{r},\ \frac{h_ah_bh_c}{h_ah_b+h_bh_c+h_ah_c}=r$$

등식 6.27은 예제 5.8의 $\frac{1}{r_a}+\frac{1}{r_b}+\frac{1}{r_c}=\frac{1}{r}$을 이용하여 유도할 수 있다. $\frac{1}{r_a}+\frac{1}{r_b}+\frac{1}{r_c}=\frac{1}{r}$을 다음과 같이 통분하여 변형시킬 수 있다.

$$\frac{1}{r_a}+\frac{1}{r_b}+\frac{1}{r_c}=\frac{1}{r},\ \frac{r_ar_b+r_br_c+r_ar_c}{r_ar_br_c}=\frac{1}{r},\ \frac{r_ar_br_c}{r_ar_b+r_br_c+r_ar_c}=r$$

등식 6.28은 각의 이등분선을 다룰 때에 그 증명을 살펴보기로 하자.

살펴본 r에 대한 등식을 이용하여 문제를 풀어보자. 예제 5.13에서 삼각형 ABC의 외심 O와 내심 I사이의 거리 $\overline{OI}$는 $\overline{OI}^2 = R^2 - 2Rr$이라는 것을 보였다. $\overline{OI}$를 삼각함수를 이용해 나타내는 다음 문제를 해결하자.

예제 6.2. 삼각형 ABC의 외심 O와 내심 I사이의 거리 $\overline{OI}$는 다음을 만족한다는 것을 증명하여라.

$$\overline{OI}^2 = R^2\left(1 - 8\sin\frac{A}{2}\sin\frac{B}{2}\sin\frac{C}{2}\right)$$

풀이. $\overline{OI}^2 = R^2 - 2Rr$을 생각하자. $2Rr$을 삼각함수를 이용해 나타내자. 삼각형의 넓이 $S = pr$, $S = \frac{abc}{4R}$를 연립하자. 그러면, $pr = \frac{abc}{4R}$이며, $4Rr = \frac{abc}{p} = \frac{abc}{\frac{a+b+c}{2}}$이다. 이로부터 $2Rr = \frac{abc}{a+b+c}$가 된다. 등식 6.21에 의해 $r = \frac{a\sin\frac{B}{2}\sin\frac{C}{2}}{\cos\frac{A}{2}}$이며, $a = \frac{r\cos\frac{A}{2}}{\sin\frac{B}{2}\sin\frac{C}{2}}$가 된다. 비슷한 방법으로, 정리 5.1로부터 다음을 알 수 있다.

$$b = \frac{r\cos\frac{B}{2}}{\sin\frac{A}{2}\sin\frac{C}{2}},\ c = \frac{r\cos\frac{C}{2}}{\sin\frac{A}{2}\sin\frac{B}{2}}$$

이로부터 abc를 다음과 같이 구할 수 있다.

$$abc = \frac{r\cos\frac{A}{2}}{\sin\frac{B}{2}\sin\frac{C}{2}} \cdot \frac{r\cos\frac{B}{2}}{\sin\frac{A}{2}\sin\frac{C}{2}} \cdot \frac{r\cos\frac{C}{2}}{\sin\frac{A}{2}\sin\frac{B}{2}} = \frac{r^3\cos\frac{A}{2}\cos\frac{B}{2}\cos\frac{C}{2}}{\sin^2\frac{A}{2}\sin^2\frac{B}{2}\sin^2\frac{C}{2}}$$

그리고 $a + b + c$를 구하면, 다음과 같다.

$$\begin{aligned} a+b+c &= \frac{r\cos\frac{A}{2}}{\sin\frac{B}{2}\sin\frac{C}{2}} + \frac{r\cos\frac{B}{2}}{\sin\frac{A}{2}\sin\frac{C}{2}} + \frac{r\cos\frac{C}{2}}{\sin\frac{A}{2}\sin\frac{B}{2}} \\ &= \frac{r\cos\frac{A}{2}\sin\frac{A}{2} + r\cos\frac{B}{2}\sin\frac{B}{2} + r\cos\frac{C}{2}\sin\frac{C}{2}}{\sin\frac{A}{2}\sin\frac{B}{2}\sin\frac{C}{2}} \\ &= \frac{r\left(\cos\frac{A}{2}\sin\frac{A}{2} + \cos\frac{B}{2}\sin\frac{B}{2} + \cos\frac{C}{2}\sin\frac{C}{2}\right)}{\sin\frac{A}{2}\sin\frac{B}{2}\sin\frac{C}{2}} \end{aligned}$$

얻어진 식들을 이용하여 $2Rr = \frac{abc}{a+b+c}$를 다음과 같이 나타낼 수 있다.

$$\begin{aligned} 2Rr = \frac{abc}{a+b+c} &= \frac{\frac{r^3\cos\frac{A}{2}\cos\frac{B}{2}\cos\frac{C}{2}}{\sin^2\frac{A}{2}\sin^2\frac{B}{2}\sin^2\frac{C}{2}}}{\frac{r\left(\cos\frac{A}{2}\sin\frac{A}{2}+\cos\frac{B}{2}\sin\frac{B}{2}+\cos\frac{C}{2}\sin\frac{C}{2}\right)}{\sin\frac{A}{2}\sin\frac{B}{2}\sin\frac{C}{2}}} \\ &= \frac{r^2\cos\frac{A}{2}\cos\frac{B}{2}\cos\frac{C}{2}}{\sin\frac{A}{2}\sin\frac{B}{2}\sin\frac{C}{2}\left(\cos\frac{A}{2}\sin\frac{A}{2} + \cos\frac{B}{2}\sin\frac{B}{2} + \cos\frac{C}{2}\sin\frac{C}{2}\right)} \end{aligned}$$

얻어진 등식의 분모에 있는 식 $\cos\frac{A}{2}\sin\frac{A}{2}+\cos\frac{B}{2}\sin\frac{B}{2}+\cos\frac{C}{2}\sin\frac{C}{2}$를 $\sin A = 2\sin\frac{A}{2}\cos\frac{A}{2}$를 이용하여 다음과 같이 변형시키자.

$$\begin{aligned}
&\cos\frac{A}{2}\sin\frac{A}{2}+\cos\frac{B}{2}\sin\frac{B}{2}+\cos\frac{C}{2}\sin\frac{C}{2}\\
&\qquad=\frac{1}{2}\left(2\cos\frac{A}{2}\sin\frac{A}{2}+2\cos\frac{B}{2}\sin\frac{B}{2}+2\cos\frac{C}{2}\sin\frac{C}{2}\right)\\
&\qquad=\frac{1}{2}\left(\sin A+\sin B+\sin C\right)
\end{aligned}$$

그리고 예제 3.6에서 $\sin A+\sin B+\sin C = 4\cos\frac{A}{2}\cos\frac{B}{2}\cos\frac{C}{2}$가 성립하므로, 다음을 얻을 수 있다.

$$\cos\frac{A}{2}\sin\frac{A}{2}+\cos\frac{B}{2}\sin\frac{B}{2}+\cos\frac{C}{2}\sin\frac{C}{2}=2\cos\frac{A}{2}\cos\frac{B}{2}\cos\frac{C}{2}$$

이로부터 $2Rr$을 다음과 같이 나타낼 수 있다.

$$2Rr=\frac{r^2\cos\frac{A}{2}\cos\frac{B}{2}\cos\frac{C}{2}}{2\sin\frac{A}{2}\sin\frac{B}{2}\sin\frac{C}{2}\cdot\cos\frac{A}{2}\cos\frac{B}{2}\cos\frac{C}{2}}=\frac{r^2}{2\sin\frac{A}{2}\sin\frac{B}{2}\sin\frac{C}{2}}$$

한편, 예제 5.2에서 $r=4R\sin\frac{A}{2}\sin\frac{B}{2}\sin\frac{C}{2}$이므로, 다음을 얻을 수 있다.

$$2Rr=\frac{r^2}{2\sin\frac{A}{2}\sin\frac{B}{2}\sin\frac{C}{2}}=\frac{16R^2\sin^2\frac{A}{2}\sin^2\frac{B}{2}\sin^2\frac{C}{2}}{2\sin\frac{A}{2}\sin\frac{B}{2}\sin\frac{C}{2}}=8R^2\sin\frac{A}{2}\sin\frac{B}{2}\sin\frac{C}{2}$$

결국, $\overline{OI}^2=R^2-2Rr$을 다음과 같이 삼각함수를 이용하여 쓸 수 있다.

$$\begin{aligned}
\overline{OI}^2&=R^2-2Rr=R^2-8R^2\sin\frac{A}{2}\sin\frac{B}{2}\sin\frac{C}{2}\\
&=R^2\left(1-8\sin\frac{A}{2}\sin\frac{B}{2}\sin\frac{C}{2}\right)
\end{aligned}$$

이것으로 문제가 해결된다. □

한편, 예제 3.6에서 $4\sin\frac{A}{2}\sin\frac{B}{2}\sin\frac{C}{2}=\cos A+\cos B+\cos C-1$을 보였다. 이 등식을 $R^2\left(1-8\sin\frac{A}{2}\sin\frac{B}{2}\sin\frac{C}{2}\right)$에 대입하면, $R^2\left(3-2(\cos A+\cos B+\cos C)\right)$가 된다. 즉 등식 $\overline{OI}^2=R^2\left(3-2(\cos A+\cos B+\cos C)\right)$도 얻어질 수 있다.

외접원의 반지름 R 삼각형 ABC에서 외접원의 반지름 R에 관련된 식들을 살펴보자.

$$R = \frac{a}{2\sin A} \tag{6.29}$$

$$R = \frac{1}{2}\sqrt[3]{\frac{abc}{\sin A \sin B \sin C}} \tag{6.30}$$

$$R = \frac{p}{\sin A + \sin B + \sin C} \tag{6.31}$$

$$R = \frac{abc}{4pr} \tag{6.32}$$

$$R = \frac{1}{h_a \sin A}\sqrt{p(p-a)(p-b)(p-c)} \tag{6.33}$$

$$R = \frac{abc}{4\sqrt{p(p-a)(p-b)(p-c)}} \tag{6.34}$$

$$R = \frac{p-a}{4\cos\frac{A}{2}\sin\frac{B}{2}\sin\frac{C}{2}} \tag{6.35}$$

$$R = \frac{p}{4\cos\frac{A}{2}\cos\frac{B}{2}\cos\frac{C}{2}} \tag{6.36}$$

$$R = \frac{a\cos A + b\cos B + c\cos C}{4\sin A \sin B \sin C} \tag{6.37}$$

$$R = \frac{ab+bc+ac}{2(h_a+h_b+h_c)} \tag{6.38}$$

$$R = \frac{2p(p-a)(p-b)(p-c)}{h_a h_b h_c} \tag{6.39}$$

$$R = \frac{m_a^2+m_b^2+m_c^2}{3(h_a\cos A + h_b\cos B + h_c\cos C)} \tag{6.40}$$

$$R = \frac{2p^2r}{h_a b_b + h_b h_c + h_a h_c} \tag{6.41}$$

$$R = \frac{abc}{2l_a(b+c)\sin\frac{A}{2}} \tag{6.42}$$

등식 6.29와 등식 6.30은 사인 정리에서 유도된다. 등식 6.30을 유도하기 위해, $R = \frac{a}{2\sin A}$, $R = \frac{b}{2\sin B}$, $R = \frac{c}{2\sin C}$를 생각하여, 이 식들을 변끼리 서로 곱하자. 그러면, 다음을 얻을 수 있다.

$$R^3 = \frac{a}{2\sin A}\cdot\frac{b}{2\sin B}\cdot\frac{c}{2\sin C},\ R = \frac{1}{2}\sqrt[3]{\frac{abc}{\sin A\sin B\sin C}}$$

등식 6.31은 $2p = a+b+c$와 사인 정리로부터 유도될 수 있다. 사인 정리에서

$a = 2R\sin A$, $b = 2R\sin B$, $c = 2R\sin C$이므로, 이것을 $2p = a+b+c$에 대입하자. 그러면, $2p = 2R\sin A + 2R\sin B + 2R\sin C$이며, $p = R\sin A + R\sin B + R\sin C$이다. 이로부터, $R = \frac{p}{\sin A+\sin B+\sin C}$가 유도된다.

등식 6.32는 $S = \frac{abc}{4R}$와 $S = pr$을 연립하여 얻어질 수 있다. 즉, $\frac{abc}{4R} = pr$에서 $4R = \frac{abc}{pr}$이고, $R = \frac{abc}{4pr}$가 된다. 등식 6.33은 $S = \sqrt{p(p-a)(p-b)(p-c)}$와 $S = \frac{1}{2}ah_a$로부터 유도될 수 있다. $S = \frac{1}{2}ah_a$에서 사인 정리에 의해 $a = 2R\sin A$이므로, $S = Rh_a \sin A$가 된다. 이제, $S = Rh_a\sin A$와 $S = \sqrt{p(p-a)(p-b)(p-c)}$를 연립하자. 그러면, 다음을 얻을 수 있다.

$$Rh_a\sin A = \sqrt{p(p-a)(p-b)(p-c)},\ R = \frac{1}{h_a\sin A}\sqrt{p(p-a)(p-b)(p-c)}$$

등식 6.34는 $S = \sqrt{p(p-a)(p-b)(p-c)}$와 $S = \frac{abc}{4R}$로부터 유도될 수 있다. 두 식을 연립하면, 다음을 얻을 수 있다.

$$\frac{abc}{4R} = \sqrt{p(p-a)(p-b)(p-c)},\ R = \frac{abc}{4\sqrt{p(p-a)(p-b)(p-c)}}$$

등식 6.35는 예제 5.2의 등식 $r = 4R\sin\frac{A}{2}\sin\frac{B}{2}\sin\frac{C}{2}$와 등식 6.22의 $r = (p-a)\tan\frac{A}{2}$를 이용하여 유도할 수 있다. $r = 4R\sin\frac{A}{2}\sin\frac{B}{2}\sin\frac{C}{2}$에서 우변에 R을 남기고 이항하여 정리하면, $R = \frac{r}{4\sin\frac{A}{2}\sin\frac{B}{2}\sin\frac{C}{2}}$이 된다. 이제, $r = (p-a)\tan\frac{A}{2}$를 대입하면, 다음을 얻을 수 있다.

$$R = \frac{r}{4\sin\frac{A}{2}\sin\frac{B}{2}\sin\frac{C}{2}} = \frac{(p-a)\tan\frac{A}{2}}{4\sin\frac{A}{2}\sin\frac{B}{2}\sin\frac{C}{2}}$$

이때, $\tan\frac{A}{2} = \frac{\sin\frac{A}{2}}{\cos\frac{A}{2}}$를 대입하면, $R = \frac{p-a}{4\cos\frac{A}{2}\sin\frac{B}{2}\sin\frac{C}{2}}$를 얻을 수 있다.

한편, $R = \frac{r}{4\sin\frac{A}{2}\sin\frac{B}{2}\sin\frac{C}{2}}$에 등식 6.24의 $r = p\tan\frac{A}{2}\tan\frac{B}{2}\tan\frac{C}{2}$를 대입하자. 그러면, 다음을 얻을 수 있다.

$$R = \frac{r}{4\sin\frac{A}{2}\sin\frac{B}{2}\sin\frac{C}{2}} = \frac{p\tan\frac{A}{2}\tan\frac{B}{2}\tan\frac{C}{2}}{4\sin\frac{A}{2}\sin\frac{B}{2}\sin\frac{C}{2}}$$

이때, $\frac{\tan\frac{A}{2}}{\sin\frac{A}{2}} = \frac{1}{\cos\frac{A}{2}}$이므로, 다음을 얻을 수 있다.

$$R = \frac{p\tan\frac{A}{2}\tan\frac{B}{2}\tan\frac{C}{2}}{4\sin\frac{A}{2}\sin\frac{B}{2}\sin\frac{C}{2}} = \frac{p}{\cos\frac{A}{2}\cos\frac{B}{2}\cos\frac{C}{2}}$$

이와 같은 방법으로 등식 6.36이 유도된다. 한편, 등식 6.36은 예제 3.6에서 증명한 등식 $\sin A+\sin B+\sin C=4\cos\frac{A}{2}\cos\frac{B}{2}\cos\frac{C}{2}$을 이용하면, 등식 6.31로부터도 유도될 수 있다.

등식 6.37을 살펴보자. 등식의 우변에서 식 $a\cos A+b\cos B+c\cos C$에서 사인 정리에 의해 $a=2R\sin A$, $b=2R\sin B$, $c=2R\sin C$이므로, 다음과 같이 쓸 수 있다.

$$\begin{aligned} a\cos A+b\cos B+c\cos C &= 2R\sin A\cos A+2R\sin B\cos B+2R\sin C\cos C \\ &= R(\sin 2A+\sin 2B+\sin 2C) \end{aligned}$$

이때, $\sin 2A+\sin 2B+\sin 2C=(\sin 2A+\sin 2B)+\sin 2C$이며, $\sin 2A+\sin 2B=2\sin\left(\frac{2A+2B}{2}\right)\cos\left(\frac{2A-2B}{2}\right)=2\sin(A+B)\cos(A-B)$이다. $\angle A+\angle B+\angle C=\pi$이므로, $\sin(A+B)=\sin(\pi-C)=\sin C$이다. 그러므로, $2\sin(A+B)\cos(A-B)=2\sin C\cos(A-B)$이다.

결국, $(\sin 2A+\sin 2B)+\sin 2C=2\sin C\cos(A-B)+\sin 2C=2\sin C\cos(A-B)+2\sin C\cos C=2\sin C[\cos(A-B)+\cos C]$가 된다. 그리고 $\cos(A-B)+\cos C=2\cos\left(\frac{A-B+C}{2}\right)\cos\left(\frac{A-B-C}{2}\right)=2\cos\left(\frac{\pi-2B}{2}\right)\cos\left(\frac{2A-\pi}{2}\right)=2\sin B\sin A$이다. 이로부터, 다음을 얻을 수 있다.

$$\begin{aligned} \frac{a\cos A+b\cos B+c\cos C}{4\sin A\sin B\sin C} &= \frac{R(\sin 2A+\sin 2B+\sin 2C)}{4\sin A\sin B\sin C} \\ &= \frac{R(4\sin A\sin B\sin C)}{4\sin A\sin B\sin C}=R \end{aligned}$$

등식 6.38은 예제 ??의 $h_a=\frac{bc}{2R}$를 이용하면 증명할 수 있다. $h_a=\frac{bc}{2R}$에서 $bc=2Rh_a$이므로, $ab=2Rh_c$, $ac=2Rh_b$이다. 그러므로, $ab+bc+ac=2R(h_a+h_b+h_c)$가 된다. 이로부터 $R=\frac{ab+bc+ac}{2(h_a+h_b+h_c)}$가 유도된다.

등식 6.39는 예제 5.7의 $h_a=\frac{2(p-a)\cos\frac{B}{2}\cos\frac{C}{2}}{\cos\frac{A}{2}}$와 등식 6.36을 이용하여 유도할 수 있다. 예제 5.7에 의해 h_b, h_c를 다음과 같이 쓸 수 있다.

$$h_b=\frac{2(p-b)\cos\frac{A}{2}\cos\frac{C}{2}}{\cos\frac{B}{2}},\ \ h_c=\frac{2(p-c)\cos\frac{A}{2}\cos\frac{B}{2}}{\cos\frac{C}{2}}$$

이제, h_a, h_b, h_c를 변끼리 서로 곱하자. 그러면, 다음을 얻을 수 있다.

$$\begin{aligned} h_ah_bh_c &= \frac{2(p-a)\cos\frac{B}{2}\cos\frac{C}{2}}{\cos\frac{A}{2}}\cdot\frac{2(p-b)\cos\frac{A}{2}\cos\frac{C}{2}}{\cos\frac{B}{2}}\cdot\frac{2(p-c)\cos\frac{A}{2}\cos\frac{B}{2}}{\cos\frac{C}{2}} \\ &= 8(p-a)(p-b)(p-c)\cos\frac{A}{2}\cos\frac{B}{2}\cos\frac{C}{2} \end{aligned}$$

이때, 등식 6.36에서 $R = \frac{p}{4\cos\frac{A}{2}\cos\frac{B}{2}\cos\frac{C}{2}}$이므로, $4\cos\frac{A}{2}\cos\frac{B}{2}\cos\frac{C}{2} = \frac{p}{R}$이다. 이것을 얻어진 식에 대입하면, $8(p-a)(p-b)(p-c)\cos\frac{A}{2}\cos\frac{B}{2}\cos\frac{C}{2} = \frac{2p(p-a)(p-b)(p-c)}{R}$가 된다. 결국, $h_ah_bh_c = \frac{2p(p-a)(p-b)(p-c)}{R}$이므로, $R = \frac{2p(p-a)(p-b)(p-c)}{h_ah_bh_c}$가 유도된다.

등식 6.40은 예제 4.6과 코사인 정리, $h_a = \frac{bc}{2R}$를 이용하여 유도할 수 있다. 코사인 정리와 $h_a = \frac{bc}{2R}$를 이용하면, 식 $3(h_a\cos A + h_b\cos B + h_c\cos C)$를 다음과 같이 쓸 수 있다.

$$\begin{aligned} &3(h_a\cos A + h_b\cos B + h_c\cos C) \\ &\quad= 3\left(\frac{bc}{2R}\cdot\frac{b^2+c^2-a^2}{2bc} + \frac{ac}{2R}\cdot\frac{a^2+c^2-b^2}{2ac} + \frac{ab}{2R}\cdot\frac{a^2+b^2-c^2}{2ab}\right) \\ &\quad= \frac{3}{4R}\left(b^2+c^2-a^2+a^2+c^2-b^2+a^2+b^2-c^2\right) \\ &\quad= \frac{3}{4R}\left(a^2+b^2+c^2\right) \end{aligned}$$

한편, 예제 4.6에 의해, m_a^2, m_b^2, m_c^2을 다음과 같이 쓸 수 있다.

$$m_a^2 = \frac{2b^2+2c^2-a^2}{4},\ m_b^2 = \frac{2a^2+2c^2-b^2}{4},\ m_c^2 = \frac{2a^2+2b^2-c^2}{4}$$

이 식들을 변끼리 서로 다하면, $m_a^2+m_b^2+m_c^2 = \frac{3a^2+3b^2+3c^2}{4}$이다. 얻어진 식들을 이용하면, 다음을 유도할 수 있다.

$$\frac{m_a^2+m_b^2+m_c^2}{3(h_a\cos A+h_b\cos B+h_c\cos C)} = \frac{\frac{3a^2+3b^2+3c^2}{4}}{\frac{3}{4R}(a^2+b^2+c^2)} = R$$

등식 6.41은 등식 6.26과 등식 6.39를 이용하여 유도할 수있다. 등식 6.26의 $r = \frac{h_ah_bh_c}{h_ah_b+h_bh_c+h_ah_c}$에서 $h_ah_bh_c = r(h_ah_b+h_bh_c+h_ah_c)$이 성립한다. 그리고 등식 6.39의 $R = \frac{2p(p-a)(p-b)(p-c)}{h_ah_bh_c}$를 $h_ah_bh_c = \frac{2p(p-a)(p-b)(p-c)}{R}$로 나타낼 수 있다. 이 등식을

연립하자. 그러면, 다음을 유도할 수 있다.

$$r(h_ah_b + h_bh_c + h_ah_c) = \frac{2p(p-a)(p-b)(p-c)}{R}$$
$$R = \frac{2p(p-a)(p-b)(p-c)}{r(h_ah_b + h_bh_c + h_ah_c)} = \frac{2S^2}{r(h_ah_b + h_bh_c + h_ah_c)}$$

이제, 얻어진 식에 $S = pr$을 대입하여 정리하면, $R = \frac{2p^2r}{h_ab_b+h_bh_c+h_ah_c}$이 유도된다. 등식 6.42는 각의 이등분선을 다룰 때에 그 증명을 살펴보기로 하자.

각의 이등분선 삼각형 ABC에서 각의 이등분선을 구하는 식들을 살펴보자.

$$l_a = \frac{2bc}{b+c}\cos\frac{A}{2} \tag{6.43}$$
$$l_a = \frac{4R\sin B\sin C\cos\frac{A}{2}}{\sin B + \sin C} \tag{6.44}$$
$$l_a = \frac{bc\sin A}{a\cos\frac{B-C}{2}} \tag{6.45}$$
$$l_a = \frac{a\sin B\sin C}{\sin A\cos\frac{B-C}{2}} \tag{6.46}$$
$$l_a = \frac{ah_a}{(b+c)\sin\frac{A}{2}} \tag{6.47}$$
$$l_a = \frac{2}{b+c}\sqrt{bcp(p-a)} \tag{6.48}$$
$$l_a = \sqrt{\frac{bc(a+b+c)(b+c-a)}{(b+c)^2}} \tag{6.49}$$

등식 6.43의 증명을 살펴보자. 삼각형 ABC에서 각 A의 이등분선 AD를 긋자(그림 6.3). 삼각형 ABC의 넓이는 삼각형 ABD와 삼각형 ACD의 넓이의 합과 같다. 삼각형 ABC의 넓이는 $\frac{1}{2}bc\sin A$이고, 삼각형 ABD의 넓이는 $\frac{1}{2}cl_a\sin\frac{A}{2}$이고 삼각형 ACD의 넓이는 $\frac{1}{2}bl_a\sin\frac{A}{2}$이다. 그러므로, $\frac{1}{2}bc\sin A = \frac{1}{2}cl_a\sin\frac{A}{2} + \frac{1}{2}bl_a\sin\frac{A}{2}$가 된다. 이로부터 $bc\sin A = l_a(b+c)\sin\frac{A}{2}$가 성립한다. 이제, $\sin A = 2\sin\frac{A}{2}\cos\frac{A}{2}$인 것을 생각하면, $l_a = \frac{2bc}{b+c}\cos\frac{A}{2}$가 유도된다.

등식 6.44는 등식 6.43으로부터 유도될 수 있다. 사인 정리에 의해 $b = 2R\sin B$, $c = 2R\sin C$가 성립한다. 이것을 등식 6.43에 대입하자. 그러면, 다음과 같이 등식

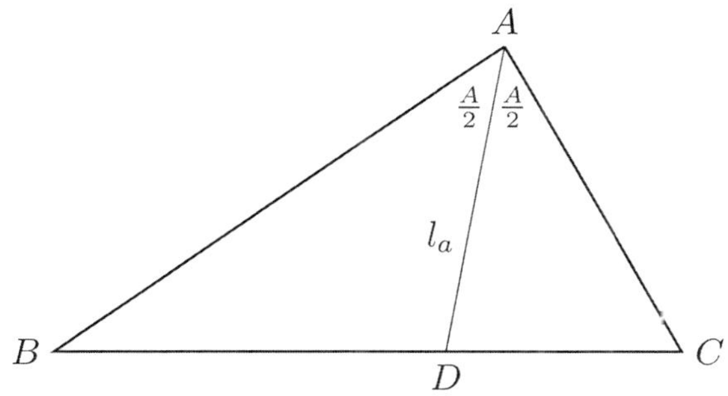

그림 6.3

6.44를 유도할 수 있다.

$$l_a = \frac{2bc}{b+c}\cos\frac{A}{2} = \frac{2(2R\sin B)(2R\sin C)}{2R\sin B + 2R\sin C}\cos\frac{A}{2} = \frac{4R\sin B\sin C\cos\frac{A}{2}}{\sin B+\sin C}$$

등식 6.45는 등식 6.44로부터 유도될 수 있다. 등식 6.44에 $\sin B = \frac{b}{a}\sin A$, $\sin B + \sin C = 2\sin\frac{B+C}{2}\cos\frac{B-C}{2}$를 대입하자. 그러면, 다음을 얻을 수 있다.

$$\begin{aligned} l_a &= \frac{4R\sin B\sin C\cos\frac{A}{2}}{\sin B+\sin C} = \frac{4R\left(\frac{b}{a}\sin A\right)\sin C\cos\frac{A}{2}}{2\sin\frac{B+C}{2}\cos\frac{B-C}{2}} \\ &= \frac{2R\left(\frac{b}{a}\sin A\right)\sin C\cos\frac{A}{2}}{\cos\frac{A}{2}\cos\frac{B-C}{2}} = \frac{2R\left(\frac{b}{a}\sin A\right)\frac{c}{2R}}{\cos\frac{B-C}{2}} = \frac{bc\sin A}{a\cos\frac{B-C}{2}} \end{aligned}$$

등식 6.46은 등식 6.45에 사인 정리를 이용하여 유도된다. 등식 6.45에 $b = 2R\sin B$, $c = 2R\sin C$, $a = 2R\sin A$, $\sin A = \frac{a}{2R}$를 대입하자. 그러면, 식을 다음과 같이 변형시킬 수 있다.

$$\frac{bc\sin A}{a\cos\frac{B-C}{2}} = \frac{2R\sin B\cdot 2R\sin C\cdot\frac{a}{2R}}{2R\sin A\cos\frac{B-C}{2}} = \frac{a\sin B\sin C}{\sin A\cos\frac{B-C}{2}}$$

등식 6.47은 등식 6.43으로부터 얻어질 수 있다. $S = \frac{1}{2}bc\sin A$에서 $bc = \frac{2S}{\sin A}$를 등식 6.43에 대입하고, $\sin A = 2\sin\frac{A}{2}\cos\frac{A}{2}$를 생각하자. 그러면, 다음을 얻을 수 있다.

$$\frac{2bc}{b+c}\cos\frac{A}{2} = \frac{\frac{4S}{\sin A}}{b+c}\cos\frac{A}{2} = \frac{4S}{(b+c)\sin A}\cos\frac{A}{2} = \frac{2S}{(b+c)\sin\frac{A}{2}}$$

얻어진 식에 $S = \frac{1}{2}ah_a$를 대입하자. 그러면, $l_a = \frac{2S}{(b+c)\sin\frac{A}{2}} = \frac{ah_a}{(b+c)\sin\frac{A}{2}}$를 얻을 수 있다.

한편, 등식 6.48은 예제 4.7에서 증명하였으며, 등식 6.49는 등식 6.48로부터 유도될 수 있다. 등식 6.48에 $p = \frac{a+b+c}{2}$, $p - a = \frac{b+c-a}{2}$를 대입하면, 다음이 얻어진다.

$$\frac{2}{b+c}\sqrt{bcp(p-a)} = \frac{2}{b+c}\sqrt{bc \cdot \frac{a+b+c}{2} \cdot \frac{b+c-a}{2}} = \sqrt{\frac{bc(a+b+c)(b+c-a)}{(b+c)^2}}$$

살펴본 등식 6.43, 6.44, 6.45, 6.46, 6.47, 6.48, 6.49에서는 각의 이등분선 l_a를 구하는 여러 가지 식들을 살펴보았다.

등식 6.43에서는 변 b, c와 각 A를 이용하여 l_a를 나타냈고, 등식 6.44에서는 R과 각 A, B, C를 이용하여 l_a를 나타냈다. 그리고 등식 6.45에서는 변 a, b, c, 각 A와 각들의 차 $\angle B - \angle C$로 l_a를 나타냈고, 등식 6.46에서는 변 a, 각 A, B, C를 이용하여 l_a를 표현했다. 등식 6.47에서는 변 a, b, c, 각 A, 높이 h_a를 이용하였고, 등식 6.48과 6.49에서는 변 a, b, c를 이용하여 l_a를 나타냈다.

등식 6.47을 이용하면, 등식 6.9인 $\frac{a+c}{b+c} = \frac{l_a \sin\frac{A}{2}}{l_b \sin\frac{B}{2}}$를 유도할 수 있다. 등식 6.47에서 $l_a = \frac{ah_a}{(b+c)\sin\frac{A}{2}}$이고 $l_b = \frac{bh_b}{(a+c)\sin\frac{B}{2}}$이다. 이 식들을 변끼리 나누자.

$$\frac{l_a}{l_b} = \frac{\frac{ah_a}{(b+c)\sin\frac{A}{2}}}{\frac{bh_b}{(a+c)\sin\frac{B}{2}}} = \frac{ah_a \cdot (a+c)\sin\frac{B}{2}}{bh_b \cdot (b+c)\sin\frac{A}{2}}$$

$S = \frac{1}{2}ah_a = \frac{1}{2}bh_b$이므로, $ah_a = bh_b$이다. 이를 대입하면, 식을 다음과 같이 변형시킬 수 있다.

$$\frac{l_a}{l_b} = \frac{(a+c)\sin\frac{B}{2}}{(b+c)\sin\frac{A}{2}},\ \frac{a+c}{b+c} = \frac{l_a \sin\frac{A}{2}}{l_b \sin\frac{B}{2}}$$

한편, 등식 6.28은 등식 6.47을 이용하여 유도할 수 있다. $l_a = \frac{ah_a}{(b+c)\sin\frac{A}{2}}$에서 $ah_a = l_a(b+c)\sin\frac{A}{2}$이며 $S = \frac{1}{2}ah_a = pr$, 즉 $ah_a = 2pr$이다. 이로부터 다음을 유도할 수 있다.

$$ah_a = l_a(b+c)\sin\frac{A}{2},\ pr = l_a(b+c)\sin\frac{A}{2},\ r = \frac{l_a(b+c)\sin\frac{A}{2}}{2p}$$

등식 6.42를 유도하자. 이를 위해, 등식 6.47의 $l_a = \frac{ah_a}{(b+c)\sin\frac{A}{2}}$를 $l_a(b+c)\sin\frac{A}{2} = ah_a$로 나타내자. $S = \frac{1}{2}ah_a = \frac{abc}{4R}$에서 $ah_a = \frac{abc}{2R}$가 되며, 이 식을 $l_a(b+c)\sin\frac{A}{2} = ah_a$에 대입하자. 그러면, $l_a(b+c)\sin\frac{A}{2} = \frac{abc}{2R}$이며, $R = \frac{abc}{2l_a(b+c)\sin\frac{A}{2}}$가 얻어진다.

높이 삼각형 ABC에서 높이를 구하는 식들을 살펴보자.

$$h_a = \frac{bc}{2R} \tag{6.50}$$
$$h_a = \frac{2p\sin\frac{B}{2}\sin\frac{C}{2}}{\cos\frac{A}{2}} \tag{6.51}$$
$$h_a = \frac{2(p-a)\cos\frac{B}{2}\cos\frac{C}{2}}{\cos\frac{A}{2}} \tag{6.52}$$
$$h_a = \frac{2r\cos\frac{B}{2}\cos\frac{C}{2}}{\sin\frac{A}{2}} \tag{6.53}$$
$$h_a = \frac{2}{a}\sqrt{p(p-a)(p-b)(p-c)} \tag{6.54}$$
$$h_a = \frac{2r_a(p-a)}{a},\ h_a = \frac{2\sqrt{rr_ar_br_c}}{a} \tag{6.55}$$
$$h_a = \sqrt[3]{\frac{b^2c^2\sin A\sin B\sin C}{a}} \tag{6.56}$$
$$h_a = \frac{2p^2}{a}\tan\frac{A}{2}\tan\frac{B}{2}\tan\frac{C}{2} \tag{6.57}$$
$$h_a = \frac{2bc}{p}\cos\frac{A}{2}\cos\frac{B}{2}\cos\frac{C}{2} \tag{6.58}$$
$$h_a = \frac{2bc}{r}\sin\frac{A}{2}\sin\frac{B}{2}\sin\frac{C}{2} \tag{6.59}$$
$$h_a = \frac{2r_br_c}{r_b+r_c},\ h_a = \frac{2rr_a}{r_a-r} \tag{6.60}$$
$$h_a = \frac{a\sin B\sin C}{\sin A} \tag{6.61}$$
$$h_a = \frac{b^2+c^2-a^2}{2a}\cdot\tan A \tag{6.62}$$
$$h_a = \frac{b^2\sin 2C + c^2\sin 2B}{2a} \tag{6.63}$$

등식 6.50, 등식 6.51, 등식 6.52는 예제 5.7에서 증명을 살펴보았다. 등식 6.53은 예제 5.2의 $r = \frac{h_a\sin\frac{A}{2}}{2\cos\frac{B}{2}\cos\frac{C}{2}}$로부터 h_a를 이항하여 곧바로 얻어질 수 있다.

이제, 등식 6.54를 유도하자. $S = \frac{1}{2}ah_a$와 $S = \sqrt{p(p-a)(p-b)(p-c)}$를 연립하자. 그러면, 등식 6.54를 얻을 수 있다. 등식 6.55의 $h_a = \frac{2r_a(p-a)}{a}$는 $S = \frac{1}{2}ah_a$와 정리 5.4의 등식 $S = r_a(p-a)$를 연립하여 얻어질 수 있다. 그리고 등식 6.55의 $h_a = \frac{2\sqrt{rr_ar_br_c}}{a}$는 $S = \frac{1}{2}ah_a$와 예제 5.8의 등식 $S = \sqrt{rr_ar_br_c}$를 연립하여 얻어질 수

있다.

등식 6.56은 $S = \frac{1}{2}ah_a$를 변형시켜 얻어질 수 있다. $8S^3 = a^3h_a^3$인데, 여기에 $S = \frac{1}{2}ab\sin C$, $S = \frac{1}{2}ac\sin B$, $S = \frac{1}{2}bc\sin A$를 대입하자. 그러면, 다음을 얻을 수 있다.

$$a^3h_a^3 = ab\sin C \cdot ac\sin B \cdot bc\sin A = a^2b^2c^2\sin A\sin B\sin C$$

이로부터 $h_a^3 = \frac{b^2c^2\sin A\sin B\sin C}{a}$가 되며, $h_a = \sqrt[3]{\frac{b^2c^2\sin A\sin B\sin C}{a}}$가 유도된다.

등식 6.57은 예제 5.3의 $S = p^2\tan\frac{A}{2}\tan\frac{B}{2}\tan\frac{C}{2}$로부터 $S = \frac{1}{2}ah_a$를 이용하여 얻어질 수 있다. $p^2\tan\frac{A}{2}\tan\frac{B}{2}\tan\frac{C}{2} = \frac{1}{2}ah_a$이므로, $h_a = \frac{2p^2}{a}\tan\frac{A}{2}\tan\frac{B}{2}\tan\frac{C}{2}$가 얻어진다.

등식 6.58은 예제 5.2의 $Rr = \frac{S}{4\cos\frac{A}{2}\cos\frac{B}{2}\cos\frac{C}{2}}$를 이용하여 유도할 수 있다. 이 등식에서 $\cos\frac{A}{2}\cos\frac{B}{2}\cos\frac{C}{2} = \frac{S}{4Rr}$이며 $\cos\frac{A}{2}\cos\frac{B}{2}\cos\frac{C}{2} = \frac{\frac{1}{2}ah_a}{4Rr}$가 얻어진다. 이로부터, $h_a = \frac{8Rr}{a}\cos\frac{A}{2}\cos\frac{B}{2}\cos\frac{C}{2}$이다. 이때, $\frac{8Rr}{a} = \frac{2r}{a}\cdot 4R = \frac{2r}{a}\cdot\frac{abc}{S} = 2r\cdot\frac{bc}{pr} = \frac{2bc}{p}$가 된다. 그러므로, $h_a = \frac{2bc}{p}\cos\frac{A}{2}\cos\frac{B}{2}\cos\frac{C}{2}$가 유도된다.

등식 6.59는 등식 6.58과 예제 5.3의 등식 $p = r\cot\frac{A}{2}\cot\frac{B}{2}\cot\frac{C}{2}$로부터 얻어질 수 있다. $h_a = \frac{2bc}{p}\cos\frac{A}{2}\cos\frac{B}{2}\cos\frac{C}{2}$에서 $p = r\cot\frac{A}{2}\cot\frac{B}{2}\cot\frac{C}{2}$를 변끼리 서로 나누면, 다음이 얻어진다.

$$\frac{h_a}{p} = \frac{2bc}{pr}\sin\frac{A}{2}\sin\frac{B}{2}\sin\frac{C}{2},\ h_a = \frac{2bc}{r}\sin\frac{A}{2}\sin\frac{B}{2}\sin\frac{C}{2}$$

등식 6.59와 넓이 $S = \frac{1}{2}ah_a$에서 얻어진 식 $h_a = \frac{2S}{a}$를 변끼리 서로 곱하면, 등식 6.59의 새로운 변형을 다음과 같이 얻을 수 있다.

$$h_a^2 = \frac{2S}{a}\cdot\frac{2bc}{r}\sin\frac{A}{2}\sin\frac{B}{2}\sin\frac{C}{2} = \frac{4pbc}{a}\sin\frac{A}{2}\sin\frac{B}{2}\sin\frac{C}{2}$$

이로부터 $h_a = \sqrt{\frac{4pbc}{a}\sin\frac{A}{2}\sin\frac{B}{2}\sin\frac{C}{2}}$가 된다.

한편, 등식 6.60의 $h_a = \frac{2r_br_c}{r_b+r_c}$는 예제 5.8의 등식 $\frac{1}{r_b} + \frac{1}{r_c} = \frac{2}{h_a}$로부터 다음과 같이 유도될 수 있다.

$$\frac{1}{r_b} + \frac{1}{r_c} = \frac{2}{h_a},\ \frac{r_c + r_b}{r_br_c} = \frac{2}{h_a},\ h_a = \frac{2r_br_c}{r_b + r_c}$$

등식 6.60의 $h_a = \frac{2rr_a}{r_a - r}$도 예제 5.8의 등식 $\frac{1}{r} - \frac{1}{r_a} = \frac{2}{h_a}$로부터 유사한 방법으로 유도될 수 있다. 등식 6.61은 등식 6.50에 사인 정리를 이용하여 다음과 같이 얻어질 수 있다.

$$h_a = \frac{bc}{2R} = \frac{4R^2 \sin B \sin C}{2R} = 2R \sin B \sin C = \frac{a \sin B \sin C}{\sin A}$$

등식 6.62는 코사인 정리와 삼각형의 넓이를 이용하여 유도될 수 있다. 코사인 정리에 의해, $a^2 = b^2 + c^2 - 2bc\cos A$로부터 $bc = \frac{b^2+c^2-a^2}{2\cos A}$이다. 그리고 삼각형의 넓이로 부터 $S = \frac{1}{2}ah_a$, $S = \frac{1}{2}bc\sin A$이므로, $h_a = \frac{bc\sin A}{a}$가 된다. 이제, $h_a = \frac{bc\sin A}{a}$에 $bc = \frac{b^2+c^2-a^2}{2\cos A}$을 대입하자. 그러면, 다음을 얻을 수 있다.

$$h_a = \frac{bc\sin A}{a} = \frac{\frac{b^2+c^2-a^2}{2\cos A} \cdot \sin A}{a} = \frac{(b^2+c^2-a^2) \cdot \sin A}{2a\cos A} = \frac{b^2+c^2-a^2}{2a} \cdot \tan A$$

이것으로 $h_a = \frac{b^2+c^2-a^2}{2a} \cdot \tan A$가 증명된다.

등식 6.63이 성립한다는 것을 보이자. 이를 위해, 등식 6.63의 우변을 변형하여 h_a를 유도하자. $\sin 2C = 2\sin C\cos C$와 사인 정리의 $b\sin C = c\sin B$를 이용하자. 그러면, 등식의 우변을 다음과 같이 변형시킬 수 있다.

$$\begin{aligned}
\frac{b^2\sin 2C + c^2\sin 2B}{2a} &= \frac{b^2\sin C\cos C + c^2\sin B\cos B}{a} \\
&= \frac{bc\sin B\cos C + c^2\sin B\cos B}{a} \\
&= \frac{c\sin B}{a}(b\cos C + c\cos B) \\
&= \frac{c\sin B}{a}(2R\sin B\cos C + 2R\sin C\cos B) \\
&= \frac{2Rc\sin B}{a}(\sin B\cos C + \sin C\cos B)
\end{aligned}$$

얻어진 식에서 $\sin B\cos C + \sin C\cos B = \sin(B+C)$인데, $\sin(B+C) = \sin(\pi - A) = \sin A$가 된다. 그러므로, $\frac{2Rc\sin B}{a}(\sin B\cos C + \sin C\cos B) = \frac{2Rc\sin B\sin A}{a}$가 얻어진다. 사인 정리에 의해, $\frac{\sin A}{a} = \frac{1}{2R}$이며 $\frac{2Rc\sin B\sin A}{a} = c\sin B$가 된다.

삼각형의 넓이에 의해 $\frac{1}{2}ah_a = \frac{1}{2}ac\sin B$가 성립하며, 이로부터 $c\sin B = h_a$가 된다. 결국, $\frac{b^2\sin 2C + c^2\sin 2B}{2a} = h_a$가 증명된다.

삼각형의 변, 각, 외접원의 반지름, 내접원의 반지름, 각의 이등분선, 높이에 대한 등식들을 살펴보았다. 삼각형의 다양한 선분과 각을 포함하는 다음 등식을 살펴보자.

예제 6.3. 다음 등식을 증명하여라.

$$abch_a h_b h_c r_a r_b r_c \cot\frac{A}{2}\cot\frac{B}{2}\cot\frac{C}{2} = 8p^3S^3$$

풀이. 정리 5.5에서 $r_a = p\tan\frac{A}{2}, r_b = p\tan\frac{B}{2}, r_c = p\tan\frac{C}{2}$를 보였다. 이로부터 $\frac{r_a}{\tan\frac{A}{2}} = \frac{r_b}{\tan\frac{B}{2}} = \frac{r_c}{\tan\frac{C}{2}} = p$이며, $r_a\cot\frac{A}{2} = r_b\cot\frac{B}{2} = r_c\cot\frac{C}{2} = p$가 된다. 이로부터 $r_a r_b r_c \cot\frac{A}{2}\cot\frac{B}{2}\cot\frac{C}{2} = p^3$이 얻어진다.

한편, $S = \frac{1}{2}ah_a = \frac{1}{2}bh_b = \frac{1}{2}ch_c$이므로, $abch_a h_b h_c = 8S^3$이다. 얻어진 식과 앞에서 유도한 등식 $r_a r_b r_c \cot\frac{A}{2}\cot\frac{B}{2}\cot\frac{C}{2} = p^3$을 변끼리 서로 곱하면, 증명하려는 다음 등식이 유도된다.

$$abch_a h_b h_c r_a r_b r_c \cot\frac{A}{2}\cot\frac{B}{2}\cot\frac{C}{2} = 8p^3S^3$$

이것으로 문제가 해결된다. □

2. 역삼각함수의 기초

여기서는 사인함수와 코사인함수의 역함수를 다룰 것이다. 우선, 함수 $y = \sin x$의 역함수를 살펴보자. 이를 위해, 구간 $[-\frac{\pi}{2}, \frac{\pi}{2}]$에서 $y = \sin x$를 생각하자. 그러면, 이 구간에서 $y = \sin x$는 일대일대응이 되며, 역함수를 정의할 수 있다. $y = \sin x$의 역함수를 $y = \arcsin x$로 나타낸다.

$y = \arcsin x$의 정의역은 $[-1, 1]$이며, 치역은 $[-\frac{\pi}{2}, \frac{\pi}{2}]$이다. 예를 들어, $\sin A = \frac{\sqrt{2}}{2}$에서 $\angle A = \arcsin\frac{\sqrt{2}}{2} = \frac{\pi}{4}$로 쓸 수 있다.

$y = \sin x$의 그래프와 $y = \arcsin x$의 그래프는 $y = x$에 대해 대칭이므로, $y = \arcsin x$의 그래프는 그림 6.4와 같다. 그림 6.4에서 보는 것처럼, $y = \arcsin x$는 홀함수(기함수)이다. 즉, $\arcsin(-x) = -\arcsin x$가 성립한다. 이것을 증명하자.

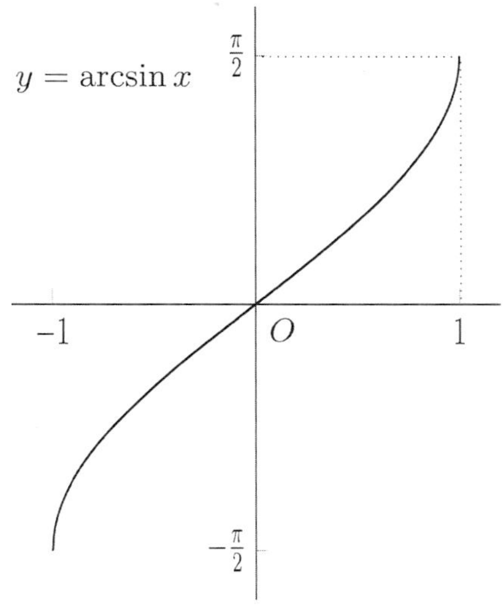

그림 6.4

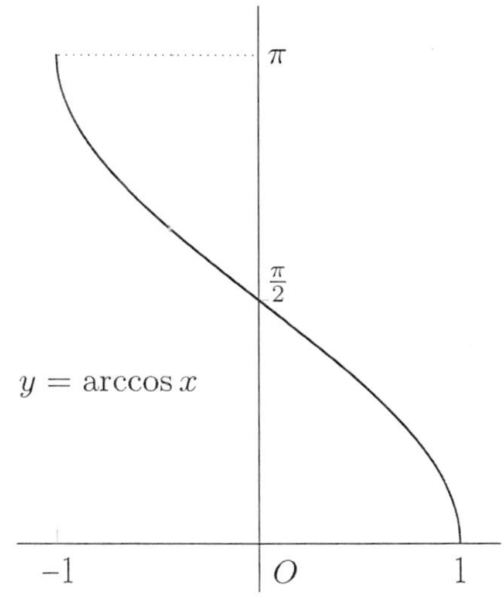

그림 6.5

$\arcsin(-x) = t$라 하자. 이때, $t \in [-\frac{\pi}{2}, \frac{\pi}{2}]$이다. 그러면 $\sin t = -x$이며, $-\sin t = x$이다. 그리고 $-\sin t = \sin(-t)$이므로 $\sin(-t) = x$이다. 이로부터 $\arcsin x = -t$이며 $-\arcsin x = t$가 얻어진다. 결국, $\arcsin(-x) = t$이고 $-\arcsin x = t$이므로, $\arcsin(-x) = -\arcsin x$가 성립한다.

살펴본 증명 과정에서 주의할 것이 $\sin(-t) = x$로부터 $\arcsin x = -t$로 변형하는 과정이다. 역함수의 정의로부터 $\sin(-t) = x$로부터 $\arcsin x = -t$가 유도되는 것이 당연하다고 생각할 수 있지만, 그렇지 않은 경우도 있다. 이것은 $y = \arcsin x$의 치역에 관련하여 논의될 수 있다.

가령, $\arcsin(\sin 3)$을 구한다고 하자. $y = \arcsin x$가 사인함수의 역함수이므로 $\arcsin(\sin 3) = 3$이라고 쓸 수 있는데, 이것은 타당하지 않으므로 주의해야 한다.

$y = \arcsin x$의 치역은 $[-\frac{\pi}{2}, \frac{\pi}{2}]$이다. 이때, $\pi = 3.141592654\cdots$라는 것을 생각하면, $y = \arcsin x$의 치역 $[-\frac{\pi}{2}, \frac{\pi}{2}]$는 근삿값으로 $[-1.570796327, 1.570796327]$이다. 결국, 3은 $y = \arcsin x$의 치역 $[-\frac{\pi}{2}, \frac{\pi}{2}]$에 속하지 않으므로, $\arcsin(\sin 3) = 3$이라는 것은 잘못된 생각이다. 물론 $\sin 3$의 근삿값을 구하면, 0.141120008이며 이 값은

$y = \arcsin x$의 정의역에 포함된다. 그러므로, $\sin 3$에 대한 역함수 값인 $\arcsin(\sin 3)$을 정의할 수는 있다.

결국, $[-\frac{\pi}{2}, \frac{\pi}{2}]$에 속하는 t에 대해서만 $\arcsin(\sin t) = t$로 쓸 수 있다. $\arcsin(-x) = -\arcsin x$의 증명에서는 t를 $t \in [-\frac{\pi}{2}, \frac{\pi}{2}]$로 놓았기 때문에, $\sin(-t) = x$를 $\arcsin x = -t$로 나타낼 수 있었던 것이다.

$y = \arcsin(\sin t)$의 값에 대해 다음이 성립한다는 것이 알려져 있다.

> 정수 k에 대해 (1) $t \in [-\frac{\pi}{2} + 2k\pi, \frac{\pi}{2} + 2k\pi]$이면 $\arcsin(\sin t) = t - 2k\pi$이며, (2) $t \in \left[\frac{\pi}{2} + 2k\pi, \frac{3\pi}{2} + 2k\pi\right]$이면 $\arcsin(\sin t) = -t + \pi + 2k\pi$이다.

(1)의 경우를 살펴보자. 이때 각 t는 제1사분면과 제4사분면에 속하는 경우에 해당한다. 가령, $k = 0$이라 하자. 이때, $t \in [-\frac{\pi}{2}, \frac{\pi}{2}]$이면 $\arcsin(\sin t) = t$이다. 그리고 $k = 1$이면, 즉 $t \in [-\frac{\pi}{2} + 2\pi, \frac{\pi}{2} + 2\pi]$이면, $\arcsin(\sin t) = t - 2\pi$가 된다.

예를 들어, 제1사분면의 각 $\frac{\pi}{3}$에 대해 $\arcsin\left(\sin \frac{\pi}{3}\right)$를 구하자. $\frac{\pi}{3} \in [-\frac{\pi}{2}, \frac{\pi}{2}]$이므로 $\arcsin\left(\sin \frac{\pi}{3}\right) = \frac{\pi}{3}$이다. 이제, 제1사분면의 각인 $\frac{13}{6}\pi$에 대해 $\arcsin\left(\sin \frac{13}{6}\pi\right)$를 구하자. $\frac{13}{6}\pi \in [-\frac{\pi}{2} + 2\pi, \frac{\pi}{2} + 2\pi]$이므로, $\arcsin\left(\sin \frac{13}{6}\pi\right) = \frac{13}{6}\pi - 2\pi = \frac{\pi}{6}$가 된다.

제4사분면에 속하는 각 $\frac{15}{4}\pi$에 대해서도 $\arcsin\left(\sin \frac{15}{4}\pi\right)$를 유사한 방법으로 구할 수 있다. $\frac{15}{4}\pi = 4\pi - \frac{\pi}{4}$이며, $[-\frac{\pi}{2} + 4\pi, \frac{\pi}{2} + 4\pi]$에 속한다. 그러므로 $\arcsin\left(\sin \frac{15}{4}\pi\right) = \frac{15}{4}\pi - 4\pi = -\frac{\pi}{4}$가 된다.

(2)의 경우를 살펴보자. 이때 각 t는 제2사분면과 제3사분면에 속하게 된다. 예를 들어, $\arcsin\left(\sin \frac{4}{3}\pi\right)$를 생각하자. $\frac{4}{3}\pi$는 제3사분면의 각으로 $\left[\frac{\pi}{2}, \frac{3\pi}{2}\right]$에 속하며, $k = 0$인 경우이다. 그러므로 $\arcsin\left(\sin \frac{4}{3}\pi\right) = -\frac{4}{3}\pi + \pi = -\frac{\pi}{3}$가 된다. 한편, $\arcsin\left(\sin \frac{17}{6}\pi\right)$를 생각하자. $\frac{17}{6}\pi$는 제2사분면의 각이며, $\left[\frac{\pi}{2} + 2\pi, \frac{3\pi}{2} + 2\pi\right]$에 속하며 $k = 1$인 경우이다. 그러므로 $\arcsin\left(\sin \frac{17}{6}\pi\right) = -\frac{17}{6}\pi + \pi + 2\pi = \frac{\pi}{6}$가 된다.

이제, $\arcsin(\sin 3)$를 살펴보자. π의 근삿값이 3.141592654이므로, $\frac{\pi}{2}$의 근삿값은 1.570796327, $\frac{3}{2}\pi$의 근삿값은 4.71238898이다. 그러므로, 3은 제2사분면의 각이며, $\arcsin(\sin 3) = -3 + \pi$가 된다.

함수 $y = \cos x$에 대해서도 유사하게 역삼각함수를 정의한다. 함수 $y = \cos x$의 역함수를 생각하기 위해, $y = \cos x$의 정의역을 $[0, \pi]$에서 생각하면 치역은 $[-1, 1]$이 된다.

이제, $y = \cos x$의 역함수를 $y = \arccos x$로 나타내자. 그러면 $y = \arccos x$의 정의역은 $[-1, 1]$이며, 치역은 $[0, \pi]$이다. 그리고 $y = \arccos x$의 그래프는 그림 6.5와 같다.

$y = \arccos x$의 정의역이 $[-1, 1]$이므로, $-1 \le t \le 1$인 t에 대해 $\cos B = t$를 만족시키는 각 B를 $\angle B = \arccos t$로 나타낸다. $\cos \alpha = \frac{\sqrt{2}}{5}$이면, $\angle \alpha = \arccos \frac{\sqrt{2}}{5}$로 쓰면 된다.

$f(x) = \cos x$는 모든 실수 t에 대해 정의되며, 치역은 $[-1, 1]$이다. 즉, 모든 실수 t에 대해 $f(t) = \cos t$는 $-1 \le f(t) \le 1$이다. 그러므로 실수 t에 대해 $f(t) = \cos t$의 값에 대해 $\arccos(\cos t)$를 정의할 수 있다. 실수 t에 대해 $\arccos(\cos t)$의 값을 다음과 같이 구한다는 것이 알려져 있다.

> 정수 k에 대해 (1) $t \in [2k\pi, \pi + 2k\pi]$이면 $\arccos(\cos t) = t - 2k\pi$이며,
> (2) $t \in [-\pi + 2k\pi, 2k\pi]$이면 $\arccos(\cos t) = -t + 2k\pi$이다.

(1)의 경우에는 t가 제1사분면과 제2사분면에 속한다. 가령, 제1사분면에 속하는 각 $\frac{21}{5}\pi$에 대해 $\arccos\left(\cos \frac{21}{5}\pi\right)$를 구한다고 하자. 각 $\frac{21}{5}\pi$는 $[4\pi, \pi + 4\pi]$에 속하므로, $k = 2$인 경우에 해당하며 $\arccos\left(\cos \frac{21}{5}\pi\right) = \frac{21}{5}\pi - 4\pi = \frac{\pi}{5}$가 된다.

(2)의 경우에는 t가 제3사분면과 제4사분면에 속한다. 가령, 제4사분면에 속하는 각 $\left(-\frac{30}{7}\pi\right)$에 대해 $\arccos\left(\cos\left(-\frac{30}{7}\pi\right)\right)$를 구한다고 하자. 각 $\left(-\frac{30}{7}\pi\right)$는 $[-\pi - 4\pi, -4\pi]$에 속하므로, $k = -2$인 경우에 해당하며 $\arccos\left(\cos\left(-\frac{30}{7}\pi\right)\right) = \frac{30}{7}\pi - 4\pi = \frac{2}{7}\pi$가 된다.

이제, 제3사분면에 속하는 각 $\frac{37}{7}\pi$에 대해 $\arccos\left(\cos \frac{37}{7}\pi\right)$를 구한다고 하자. 각 $\frac{37}{7}\pi$는 $[-\pi + 6\pi, 6\pi]$에 속하므로, $k = 3$인 경우에 해당하며 $\arccos\left(\cos \frac{37}{7}\pi\right) = -\frac{37}{7}\pi + 6\pi = \frac{5}{7}\pi$가 된다.

예제 6.4. 등식 $\arccos(-x) = \pi - \arccos x$가 성립한다는 것을 증명하여라.

풀이. $\arccos(-x) = t$라 하자. 이때, $t \in [0, \pi]$이다. 그러면 $\cos t = -x$이며, $-\cos t = x$이고 $-\cos t = \cos(\pi - t) = x$이다. 이때, $t \in [0, \pi]$이므로 $0 \le \pi - t \le \pi$가 된다. 그러므로, $\cos(\pi - t) = x$로부터 $\arccos x = \pi - t$가 되며, $t = \pi - \arccos x$가 얻어진다. $\arccos(-x) = t$이므로, 등식 $\arccos(-x) = \pi - \arccos x$가 성립한다. □

한편, $y = \tan x$의 정의역을 $(-\frac{\pi}{2}, \frac{\pi}{2})$로 한정하면, $y = \tan x$의 역함수를 정의할 수 있다. 여기서는 $y = \tan x$의 역함수인 $y = \arctan x$에 대한 설명은 생략할 것이다.

이제, $y = \arcsin x$와 $y = \arccos x$의 관계를 살펴보자.

정리 6.1. 등식 $\arcsin x + \arccos x = \frac{\pi}{2}$가 성립한다.

증명. $\arcsin x = t$라 놓으면, $\sin t = x$이다. 삼각함수에서 $\cos\left(\frac{\pi}{2} - t\right) = \sin t = x$가 성립한다. 이때, $\frac{\pi}{2} - t$의 범위를 살펴보자. $\arcsin x = t$이므로, $-\frac{\pi}{2} \le t \le \frac{\pi}{2}$이며 $0 \le \frac{\pi}{2} - t \le \pi$가 된다. 결국, $\frac{\pi}{2} - t = \frac{\pi}{2} - \arcsin x$이므로, $\frac{\pi}{2} - \arcsin x$는 구간 $[0, \pi]$의 값을 가진다.

한편, $\cos\left(\frac{\pi}{2} - t\right) = x$이고 $\frac{\pi}{2} - t = \frac{\pi}{2} - \arcsin x$이므로, $\cos\left(\frac{\pi}{2} - \arcsin x\right) = x$이다. 이제, $\frac{\pi}{2} - \arcsin x$의 값이 $[0, \pi]$에 속한다는 것을 생각하면, $\arccos x = \frac{\pi}{2} - \arcsin x$가 된다는 것을 알 수 있다. 이로부터, $\arcsin x + \arccos x = \frac{\pi}{2}$가 성립한다. □

이제, $y = \arcsin x$와 $y = \arccos x$의 관계를 살펴보자.

정리 6.2. 다음 성질이 성립한다.

(1) $-1 \le x \le 0$인 x에 대해 $\arcsin x = -\arccos\sqrt{1 - x^2}$이고, $0 \le x \le 1$인 x에 대해 $\arcsin x = \arccos\sqrt{1 - x^2}$이다.

(2) $-1 \le x \le 0$인 x에 대해 $\arccos x = \pi - \arcsin\sqrt{1 - x^2}$이고, $0 \le x \le 1$인 x에 대해 $\arccos x = \arcsin\sqrt{1 - x^2}$이다.

증명. (1) $0 \le x \le 1$인 x에 대해 $\arcsin x = t$라 하자. 그러면, $\sin t = x$이며, $0 \le t \le \frac{\pi}{2}$

이다. 이때, $\cos t = \sqrt{1-x^2}$이며, $t = \arccos\sqrt{1-x^2}$이다. 그러므로, $\arcsin x = \arccos\sqrt{1-x^2}$이다.

이제, $-1 \le x \le 0$인 x에 대해 살펴보자. 이를 위해, $0 \le x_1 \le 1$인 x_1에 대해 $\arcsin x_1 = \arccos\sqrt{1-x_1^2}$이며 $\arcsin(-x_1) = -\arcsin x_1$, 즉 $\arcsin x_1 = -\arcsin(-x_1)$이라는 것을 생각하자.

$x_1 = -x$라 놓자. 그러면, $-1 \le x \le 0$이며, $\arcsin(-x) = \arccos\sqrt{1-(-x)^2} = \arccos\sqrt{1-x^2}$이 된다. 그리고 $\arcsin(-x) = -\arcsin x$이므로, 다음이 성립한다.

$$\arcsin(-x) = -\arcsin x = \arccos\sqrt{1-x^2}, \quad \arcsin x = -\arccos\sqrt{1-x^2}$$

(2) (1)과 유사한 방법으로 증명할 수 있다. $0 \le x \le 1$인 x에 대해 $\arccos x = t$라 하자. 그러면, $\cos t = x$이며, $0 \le t \le \frac{\pi}{2}$이다. 이때, $\sin t = \sqrt{1-x^2}$이며, $t = \arcsin\sqrt{1-x^2}$이다. 그러므로, $\arccos x = \arcsin\sqrt{1-x^2}$이다.

이제, $-1 \le x \le 0$인 x에 대해 살펴보자. 이를 위해, $0 \le x_1 \le 1$인 x_1에 대해 $\arccos x_1 = \arcsin\sqrt{1-x_1^2}$이며 $\arccos(-x_1) = \pi - \arcsin x_1$, 즉 $\arccos x_1 = \pi - \arccos(-x_1)$이라는 것을 생각하자.

$x_1 = -x$라 치환하자. 그러면, $-1 \le x \le 0$이며, $\arccos(-x) = \arcsin\sqrt{1-x^2}$이 된다. 그리고 $\arccos(-x) = \pi - \arccos x$이므로, 다음이 성립한다.

$$\arccos(-x) = \pi - \arccos x = \arcsin\sqrt{1-x^2}, \quad \arccos x = \pi - \arcsin\sqrt{1-x^2}$$

이것으로 정리가 증명된다. □

정리 6.2의 결과를 이용하여 $-1 \le x \le 1$인 x에 대해 $\sin(\arccos x)$, $\cos(\arcsin x)$를 구할 수 있다. $-1 \le x \le 0$인 x에 대해 $\arccos x = \pi - \arcsin\sqrt{1-x^2}$이므로, $\sin(\arccos x) = \sin\left(\pi - \arcsin\sqrt{1-x^2}\right) = \sin\left(\arcsin\sqrt{1-x^2}\right) = \sqrt{1-x^2}$이다. 그리고 $0 \le x \le 1$인 x에 대해 $\arccos x = \arcsin\sqrt{1-x^2}$이므로, $\sin(\arccos x) = \sin\left(\arcsin\sqrt{1-x^2}\right) = \sqrt{1-x^2}$가 된다. 얻어진 식들로부터 $-1 \le x \le 1$인 x에 대해 $\sin(\arccos x) = \sqrt{1-x^2}$이다.

한편, $-1 \le x \le 0$인 x에 대해 $\arcsin x = -\arccos\sqrt{1-x^2}$이므로, $\cos(\arcsin x) = \cos\left(-\arccos\sqrt{1-x^2}\right) = \sqrt{1-x^2}$이다. 그리고 $0 \le x \le 1$인 x에 대해 $\arcsin x = \arccos\sqrt{1-x^2}$이므로, $\cos(\arcsin x) = \cos\left(\arccos\sqrt{1-x^2}\right) = \sqrt{1-x^2}$이다. 그러므로, $-1 \le x \le 1$인 x에 대해 $\cos(\arcsin x) = \sqrt{1-x^2}$가 된다.

결국, $-1 \le x \le 1$인 x에 대해 다음이 성립한다.

$$\sin(\arccos x) = \sqrt{1-x^2}, \quad \cos(\arcsin x) = \sqrt{1-x^2}$$

3. 삼각형의 풀이와 작도

'삼각형을 푼다'는 말은 삼각형의 몇 가지 요소(변들, 각들)가 주어지고, 이들을 이용하여 삼각형의 다른 변들, 각들, 넓이 등을 구하는 것을 의미한다. 여기서는 '삼각형의 풀이'에서 삼각형의 변들, 각들, 내접원의 반지름, 외접원의 반지름, 방접원의 반지름, 넓이 등에 관련하여 살펴볼 것이다.

가령, 변 a, c와 끼인각 B가 주어진 삼각형 ABC에서 b와 각 A, C를 구한다고 하자. 변 b를 구하자. 이를 위해, 코사인 정리 $b^2 = a^2 + c^2 - 2ac\cos B$를 이용할 수 있다. 여기서는 각 B가 구체적인 값으로 주어지지 않았으므로, $\cos B$의 값을 특정한 값으로 나타낼 수는 없다. 그러나 각 B가 주어졌다는 것으로부터 $\cos B$가 결정될 수 있으며, $\cos B$가 구해진 것으로 간주할 수 있다.

등식 $b^2 = a^2 + c^2 - 2ac\cos B$에서는 b^2을 기지의 값인 $a, c, \cos B$를 이용하여 나타냈다. 결국, b^2이 기지의 값으로 결정되었고 b^2을 구한 것으로 간주할 수 있다. 이로부터 $b = \sqrt{a^2 + c^2 - 2ac\cos B}$로 나타낼 수 있다.

이제, 각 A를 구하자. 각 A의 대변인 a, 각 B와 각 B의 대변인 b를 알고 있으므로, 사인 정리를 이용하여 각 A를 구할 수 있다. 즉, $\frac{a}{\sin A} = \frac{b}{\sin B}$가 성립하며, 이로부터 $\sin A = \frac{a}{b} \cdot \sin B$이다. 결국, $\sin A$를 다음과 같이 나타낼 수 있다.

$$\sin A = \frac{a}{b} \cdot \sin B = \frac{a\sin B}{\sqrt{a^2 + c^2 - 2ac\cos B}}$$

이때, 식 $\frac{a\sin B}{\sqrt{a^2+c^2-2ac\cos B}}$에서 a, c와 각 B가 기지의 값이므로, 식 $\frac{a\sin B}{\sqrt{a^2+c^2-2ac\cos B}}$는 기지의 값이 된다.

이제, $\sin A = \frac{a\sin B}{\sqrt{a^2+c^2-2ac\cos B}}$를 만족시키는 각 A를 표현하는 방법을 살펴보자. 특수각 A에 대해서는 $\sin A$가 주어지면, 각 A를 쉽게 구할 수 있다. 가령, $\sin A = \frac{\sqrt{2}}{2}$이면, $\angle A = \frac{\pi}{4}$라는 것을 알 수 있다. 특수각이 아닌, 일반적인 각에 대해서는 삼각함수표를 이용하여 각 A의 근삿값을 찾거나, 역삼각함수를 이용하여 각 A를 나타낸다.

여기서는 $\sin A = \frac{a\sin B}{\sqrt{a^2+c^2-2ac\cos B}}$를 만족시키는 각 A를 역삼각함수를 이용하여 나타내 보자. $\sin A = \frac{a\sin B}{\sqrt{a^2+c^2-2ac\cos B}}$이므로, 각 A를 다음과 같이 나타낼 수 있다.

$$\angle A = \arcsin \frac{a\sin B}{\sqrt{a^2+c^2-2ac\cos B}}$$

한편, 각 C는 $\frac{c}{\sin C} = \frac{b}{\sin B}$를 이용하여 $\sin C = \frac{c}{b}\cdot\sin B$로 다음과 같이 구할 수 있다.

$$\angle C = \arcsin \frac{c\sin B}{\sqrt{a^2+c^2-2ac\cos B}}$$

이제, 몇 가지 예들을 살펴보자.

예제 6.5. 삼각형에서 a, b, $\angle A$가 주어졌다. $\angle B$, $\angle C$, c를 구하여라.

풀이. 사인 정리에 의해 $\sin B = \frac{b}{a}\sin A$가 된다. $a, b, \sin A$는 기지의 값이므로, $\angle B = \arcsin\left(\frac{b}{a}\sin A\right)$로 구할 수 있다. 이때, $y = \arcsin x$의 정의역이 $[-1, 1]$이므로, $\frac{a}{b}\sin A \leq 1$인 경우에만 각 B가 정의될 수 있다. 이것은 가능하다. 왜냐 하면, $\sin B = \frac{b}{a}\sin A$이며 $-1 \leq \sin B \leq 1$이기 때문이다.

각 C는 $\angle C = \pi - (A+B)$이며, $\angle C = \pi - \left(A + \arcsin\left(\frac{b}{a}\sin A\right)\right)$이다. 이때, $\angle A$와 $\arcsin\left(\frac{b}{a}\sin A\right)$가 기지의 값이므로, $\angle C$가 결정될 수 있다. 즉, $\angle C = \pi - \left(A + \arcsin\left(\frac{b}{a}\sin A\right)\right)$이며, a, b, $\angle A$를 이용하여 $\angle C$를 나타냈다.

한편, 변 AB, 즉 c는 사인 정리나 코사인 정리로 구할 수 있다. 가령, 코사인 정리로 구해보자. $c^2 = a^2 + b^2 - 2ab\cos C = a^2 + b^2 - 2ab\cos(\pi - (A+B)) = a^2 + b^2 + 2ab\cos\left(A + \arcsin\left(\frac{b}{a}\sin A\right)\right)$가 된다.

이때, 식 $\cos\left(A + \arcsin\left(\frac{b}{a}\sin A\right)\right)$를 다음과 같이 전개할 수 있다.

$$\begin{aligned}&\cos\left(A + \arcsin\left(\frac{b}{a}\sin A\right)\right)\\&\qquad = \cos A\cos\left(\arcsin\left(\frac{b}{a}\sin A\right)\right) - \sin A\sin\left(\arcsin\left(\frac{b}{a}\sin A\right)\right)\end{aligned}$$

$\cos(\arcsin x) = \sqrt{1-x^2}$이므로, $\cos\left(\arcsin\left(\frac{b}{a}\sin A\right)\right) = \sqrt{1-\left(\frac{b}{a}\sin A\right)^2}$이 된다. 그리고 $\sin\left(\arcsin\left(\frac{b}{a}\sin A\right)\right) = \frac{b}{a}\sin A$이다. 그러므로, 다음이 얻어진다.

$$\begin{aligned}&\cos A\cos\left(\arcsin\left(\frac{b}{a}\sin A\right)\right) - \sin A\sin\left(\arcsin\left(\frac{b}{a}\sin A\right)\right)\\&\qquad = \cos A\sqrt{1-\left(\frac{b}{a}\sin A\right)^2} - \frac{b}{a}\sin^2 A\end{aligned}$$

이로부터 c는 다음과 같이 얻어진다.

$$\begin{aligned}c &= \sqrt{a^2+b^2+2ab\cos A\sqrt{1-\left(\frac{b}{a}\sin A\right)^2} - 2ab\left(\frac{b}{a}\sin^2 A\right)}\\&= \sqrt{a^2+b^2+2b\cos A\sqrt{a^2-b^2\sin^2 A} - 2b^2\sin^2 A}\end{aligned}$$

결국, a, b, $\angle A$를 이용하여 $\angle B$, $\angle C$, c를 나타냈다. □

예제 6.6. 삼각형 ABC에서 p, $\angle A, \angle B$가 주어졌다. a, b, c, S를 구하여라.

풀이. 각 A, B가 주어졌으므로, 각 C를 $\angle C = \pi - (A+B)$로 구할 수 있다.

이제, 변의 길이를 구하자. 사인 정리 $\frac{a}{\sin A} = \frac{b}{\sin B} = \frac{c}{\sin C}$에서 비례식의 성질에 의해 $\frac{a+b+c}{\sin A+\sin B+\sin C} = \frac{a}{\sin A}$가 성립한다. 이로부터, 다음을 얻을 수 있다.

$$\begin{aligned}a &= \frac{(a+b+c)\sin A}{\sin A+\sin B+\sin C}\\&= \frac{2p\sin A}{\sin A+\sin B+\sin(\pi-(A+B))} = \frac{2p\sin A}{\sin A+\sin B+\sin(A+B)}\end{aligned}$$

유사한 방법으로, 사인 정리를 이용하여 b, c를 다음과 같이 구할 수 있다.

$$b = \frac{(a+b+c)\sin B}{\sin A+\sin B+\sin C} = \frac{2p\sin B}{\sin A+\sin B+\sin(A+B)}$$
$$c = \frac{(a+b+c)\sin C}{\sin A+\sin B+\sin C} = \frac{2p\sin(A+B)}{\sin A+\sin B+\sin(A+B)}$$

삼각형 ABC의 넓이 S를 p, $\angle A, \angle B$를 이용하여 나타내자. $S = \frac{1}{2}ac\sin B$이므로, 다음을 얻을 수 있다.

$$\begin{aligned} S &= \frac{1}{2}ac\sin B \\ &= \frac{1}{2}\left(\frac{2p\sin A}{\sin A + \sin B + \sin(A+B)}\right)\left(\frac{2p\sin(A+B)}{\sin A + \sin B + \sin(A+B)}\right)\sin B \\ &= \frac{2p^2\sin A\sin B\sin(A+B)}{[\sin A + \sin B + \sin(A+B)]^2} \end{aligned}$$

결국, 삼각형의 넓이 S를 p, $\angle A, \angle B$를 이용하여 $S = \frac{2p^2\sin A\sin B\sin(A+B)}{[\sin A+\sin B+\sin(A+B)]^2}$와 같이 나타냈다. □

한편, $\sin(A+B) = \sin(\pi - C) = \sin C$라는 것과 예제 3.6에서 $\sin A + \sin B + \sin C = 4\cos\frac{A}{2}\cos\frac{B}{2}\cos\frac{C}{2}$, 그리고 $\sin A = 2\sin\frac{A}{2}\cos\frac{A}{2}$를 생각하면, 얻어진 등식 $S = \frac{2p^2\sin A\sin B\sin(A+B)}{[\sin A+\sin B+\sin(A+B)]^2}$를 다음과 같이 더 변형시킬 수 있다.

$$\begin{aligned} S =& \frac{2p^2\sin A\sin B\sin(A+B)}{[\sin A + \sin B + \sin(A+B)]^2} = \frac{2p^2\sin A\sin B\sin C}{(\sin A + \sin B + \sin C)^2} \\ &= \frac{2p^2\sin A\sin B\sin C}{16\cos^2\frac{A}{2}\cos^2\frac{B}{2}\cos^2\frac{C}{2}} = \frac{16p^2\sin\frac{A}{2}\cos\frac{A}{2}\sin\frac{B}{2}\cos\frac{B}{2}\sin\frac{C}{2}\cos\frac{C}{2}}{16\cos^2\frac{A}{2}\cos^2\frac{B}{2}\cos^2\frac{C}{2}} \\ &= \frac{p^2\sin\frac{A}{2}\sin\frac{B}{2}\sin\frac{C}{2}}{\cos\frac{A}{2}\cos\frac{B}{2}\cos\frac{C}{2}} = p^2\tan\frac{A}{2}\tan\frac{B}{2}\tan\frac{C}{2} \end{aligned}$$

예제 6.7. 삼각형 ABC에서 $p, S, \angle A$가 주어졌다. a, b, c를 구하여라.

풀이. 각 A가 주어졌으므로, $\frac{\angle A}{2}$와 $\tan\frac{A}{2}$를 구할 수 있다. 즉, S와 $\tan\frac{A}{2}$는 기지의 값이다. 정리 **??**에 의해 $\tan\frac{A}{2} = \sqrt{\frac{(p-b)(p-c)}{p(p-a)}}$이며, 헤론 공식 $S = \sqrt{p(p-a)(p-b)(p-c)}$를 생각하자. 이제, $\frac{S}{\tan\frac{A}{2}}$를 계산하면, 다음을 얻을 수 있다.

$$\frac{S}{\tan\frac{A}{2}} = \frac{\sqrt{p(p-a)(p-b)(p-c)}}{\sqrt{\frac{(p-b)(p-c)}{p(p-a)}}} = p(p-a)$$

$\frac{S}{\tan\frac{A}{2}} = p(p-a)$에서 $p - a = \frac{S}{p\tan\frac{A}{2}}$이고 $a = p - \frac{S}{p\tan\frac{A}{2}}$로 구할 수 있다. 결국 a를 p, A, S를 이용하여 나타냈다.

이제, b, c를 구하자. $a+b+c=2p$에서 $b+c=2p-a$이다. 이때, $2p$와 a가 기지의 값이므로, $b+c=2p-a$도 기지의 값이 된다. 이제, $b-c$에 대한 식을 구하자. 이를 위해, 몰바이데 공식 $\frac{b+c}{a}=\frac{\cos\frac{B-C}{2}}{\sin\frac{A}{2}}$, $\frac{b-c}{a}=\frac{\sin\frac{B-C}{2}}{\cos\frac{A}{2}}$를 생각하자.

$\frac{b+c}{a}=\frac{\cos\frac{B-C}{2}}{\sin\frac{A}{2}}$에서 $b+c=\frac{a\cos\frac{B-C}{2}}{\sin\frac{A}{2}}$이며, $b+c=2p-a$와 연립하자. 그러면, 다음을 얻을 수 있다.

$$2p-a=\frac{a\cos\frac{B-C}{2}}{\sin\frac{A}{2}},\quad \cos\frac{B-C}{2}=\frac{2p-a}{a}\cdot\sin\frac{A}{2}$$

얻어진 등식에서 식 $\frac{2p-a}{a}$는 기지의 값이고, $\frac{\angle A}{2}$가 기지의 값이므로 $\sin\frac{A}{2}$도 기지의 값이다. 결국, $\cos\frac{B-C}{2}$도 구할 수 있는 값이 된다. $\cos\frac{B-C}{2}=\frac{2p-a}{a}\cdot\sin\frac{A}{2}$이므로, $\frac{B-C}{2}=\arccos\left(\frac{2p-a}{a}\cdot\sin\frac{A}{2}\right)$이다.

이제, 몰바이데 공식 $\frac{b-c}{a}=\frac{\sin\frac{B-C}{2}}{\cos\frac{A}{2}}$에서 $b-c=\frac{a\sin\frac{B-C}{2}}{\cos\frac{A}{2}}$를 살펴보자. $\frac{B-C}{2}=\arccos\left(\frac{2p-a}{a}\cdot\sin\frac{A}{2}\right)$이므로, $\sin\frac{B-C}{2}$를 다음과 같이 나타낼 수 있다.

$$\sin\frac{B-C}{2}=\sin\left(\arccos\left(\frac{2p-a}{a}\cdot\sin\frac{A}{2}\right)\right)=\sqrt{1-\left(\frac{2p-a}{a}\right)^2\sin^2\frac{A}{2}}$$

그리고 $b-c$를 다음과 같이 쓸 수 있다.

$$b-c=\frac{a\sqrt{1-\left(\frac{2p-a}{a}\right)^2\sin^2\frac{A}{2}}}{\cos\frac{A}{2}}=\frac{\sqrt{a^2-(2p-a)^2\sin^2\frac{A}{2}}}{\cos\frac{A}{2}}$$

이 등식의 우변에 포함된 식 a, $\sin\frac{B-C}{2}$, $\cos\frac{A}{2}$는 기지의 값이므로, $b-c$도 구할 수 있다. 이로부터 $b+c$, $b-c$에 대한 다음 연립방정식을 얻을 수 있다.

$$\begin{cases} b+c=2p-a \\ b-c=\dfrac{\sqrt{a^2-(2p-a)^2\sin^2\frac{A}{2}}}{\cos\frac{A}{2}} \end{cases}$$

연립방정식을 풀자. 그러면, $2b=2p-a+\frac{\sqrt{a^2-(2p-a)^2\sin^2\frac{A}{2}}}{\cos\frac{A}{2}}$이며, $2c=2p-a-\frac{\sqrt{a^2-(2p-a)^2\sin^2\frac{A}{2}}}{\cos\frac{A}{2}}$가 된다. 이로부터, 다음을 얻을 수 있다.

$$b=p-\frac{a}{2}+\frac{\sqrt{a^2-(2p-a)^2\sin^2\frac{A}{2}}}{2\cos\frac{A}{2}},\quad c=p-\frac{a}{2}-\frac{\sqrt{a^2-(2p-a)^2\sin^2\frac{A}{2}}}{2\cos\frac{A}{2}}$$

이것으로 문제가 해결된다. □

예제 6.8. $\overline{AB} = \overline{AC}$인 이등변삼각형 ABC에서 R, r이 주어졌다. h_a, a, b, S를 구하여라.

풀이. $\overline{AB} = \overline{AC}$인 이등변삼각형 ABC을 작도하자. 이등변삼각형 ABC의 꼭짓점 A에서 그은 각의 이등분선, 수선, 중선이 일치하므로, 각 A의 이등분선 AD를 그으면 $\overline{AD}$는 변 BC를 수직이등분한다(그림 6.6). 그리고 이등변삼각형의 내심 I와 외심 O도 $\overline{AD}$에 속한다.

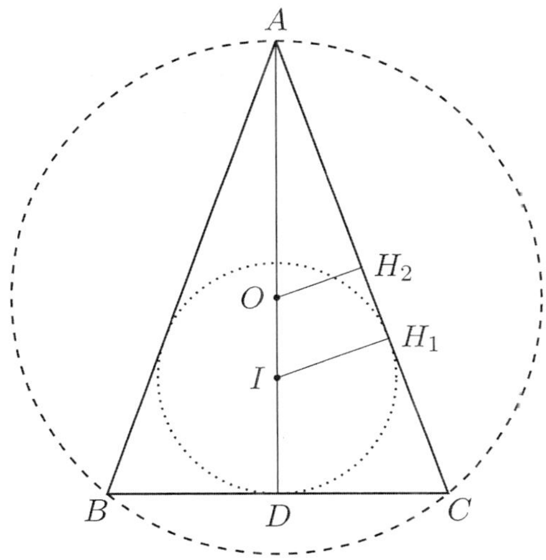

그림 6.6

먼저 h_a를 구하자. $h_a = \overline{AO} + \overline{OI} + \overline{ID}$이다. 우선, I, O에서 변 AC에 수선 IH_1, OH_2를 긋자. 그러면, 점 H_2는 변 AC의 중점이 된다(외심 O가 변들의 수직이등분선의 교점이므로). 이때, $\overline{AH_2} = \overline{H_2C} = \frac{b}{2}$, $\overline{AO} = R$, $\overline{IH_1} = \overline{ID} = r$, 접선의 성질에 의해 $\overline{CD} = \overline{CH_1}$이며 $\overline{CD} = \overline{CH_1} = \frac{a}{2}$가 된다.

오일러 정리에 의해 $\overline{OI}^2 = R^2 - 2Rr$이라는 것을 이용하면, $\overline{OI} = \sqrt{R^2 - 2Rr}$을 얻을 수 있다. 그러나, 여기서는 삼각형 ABC가 이등변삼각형이라는 것과 삼각형의 닮음을 이용하여 $\overline{OI}$를 구해보자.

선분 OH_2와 IH_1이 평행하므로, 삼각형 AOH_2와 AIH_1은 닮음이다. 그러므로, $\frac{\overline{AO}}{\overline{AI}} = \frac{\overline{AH_2}}{\overline{AH_1}}$, $\frac{R}{R+\overline{OI}} = \frac{\frac{b}{2}}{b-\frac{a}{2}}$이다. 이로부터 $\frac{R+\overline{OI}}{R} = \frac{2b-a}{b}$이며, $1+\frac{\overline{OI}}{R} = 2-\frac{a}{b}$, $\frac{a}{b} = 1-\frac{\overline{OI}}{R}$가 된다.

삼각형 AIH_1과 ABD의 닮음으로부터 $\frac{\overline{AI}}{\overline{IH_1}} = \frac{\overline{AB}}{\overline{BD}}$, $\frac{R+\overline{OI}}{r} = \frac{2b}{a}$이다. 이로부터 $\frac{a}{b} = \frac{2r}{R+\overline{OI}}$이 얻어진다. 이 등식을 $\frac{a}{b} = 1 - \frac{\overline{OI}}{R}$와 연립하자. 그러면, 다음을 얻을 수 있다.

$$\frac{2r}{R+\overline{OI}} = 1 - \frac{\overline{OI}}{R},\ 2Rr = \left(R - \overline{OI}\right)\left(R + \overline{OI}\right),\ \overline{OI}^2 = R^2 - 2Rr$$

이로부터 $\overline{OI} = \sqrt{R^2 - 2Rr}$이 된다. 결국 $h_a = R + r + \sqrt{R^2 - 2Rr}$이다.

이제, a를 구하자. 이를 위해, 직각삼각형 BOD를 생각하자. $\overline{OB} = R$, $\overline{BD} = \frac{a}{2}$, $\overline{OD} = r + \sqrt{R^2 - 2Rr}$이므로, 피타고라스 정리에 의해, 다음을 얻을 수 있다.

$$\left(\frac{a}{2}\right)^2 = R^2 - \left(r + \sqrt{R^2 - 2Rr}\right)^2,\ \frac{a^2}{4} = 2Rr - r^2 - 2r\sqrt{R^2 - 2Rr}$$

이로부터 $a = 2\sqrt{2Rr - r^2 - 2r\sqrt{R^2 - 2Rr}}$이다.

한편, 삼각형의 넓이 S는 $S = \frac{1}{2}ah_a$를 이용하여 다음과 같이 구할 수 있다.

$$S = \frac{1}{2}ah_a = \sqrt{2Rr - r^2 - 2r\sqrt{R^2 - 2Rr}} \cdot \left(R + r + \sqrt{R^2 - 2Rr}\right)$$

b는 $\frac{R+\overline{OI}}{r} = \frac{2b}{a}$, 즉 $b = \frac{a\left(R+\overline{OI}\right)}{2r}$로부터 다음과 같이 얻어질 수 있다.

$$b = \frac{a\left(R + \overline{OI}\right)}{2r} = \frac{\sqrt{2Rr - r^2 - 2r\sqrt{R^2 - 2Rr}} \cdot \left(R + \sqrt{R^2 - 2Rr}\right)}{r}$$

이것으로 문제가 해결된다. □

예제 6.9. 각 C가 직각인 직각삼각형 ABC에서 빗변 c, 각 B의 이등분선 l_b가 주어졌다. $\angle A, \angle B$, a, b를 구하여라.

풀이. 각 C가 직각인 직각삼각형 ABC에 각의 이등분선 $\overline{BE} = l_b$를 작도하자(그림 6.7). 먼저, 각 B를 구해보자. 이를 위해, $a = c\cos B$이고 $a = l_b \cos\frac{B}{2}$라는 것을 생각하자. 그러면, $c\cos B = l_b \cos\frac{B}{2}$가 된다.

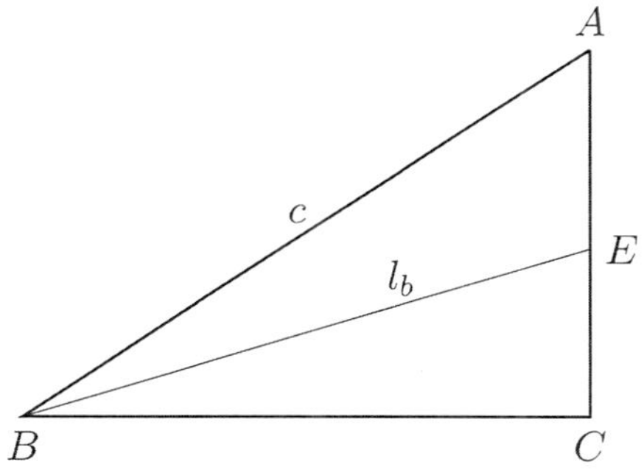

그림 6.7

$\cos^2 \frac{B}{2} = \frac{1+\cos B}{2}$이며, $\cos \frac{B}{2} = \sqrt{\frac{1+\cos B}{2}}$가 된다. 이것을 등식 $c\cos B = l_b \cos \frac{B}{2}$에 대입하자. 그러면, $c\cos B = l_b\sqrt{\frac{1+\cos B}{2}}$이다. 양변을 제곱하면, 다음을 얻을 수 있다.

$$c^2\cos^2 B = l_b^2 \cdot \frac{1+\cos B}{2},\ 2c^2\cos^2 B - l_b^2\cos B - l_b^2 = 0$$

얻어진 $\cos B$에 대한 이차방정식을 근의 공식으로 풀자. 그러면, 다음을 얻을 수 있다.

$$\cos B = \frac{l_b^2 \pm \sqrt{l_b^4 + 8c^2 l_b^2}}{4c^2} = \frac{l_b^2 \pm l_b\sqrt{l_b^2 + 8c^2}}{4c^2}$$

각 B가 예각이라는 것을 생각하면, $\cos B = \frac{l_b^2 + l_b\sqrt{l_b^2+8c^2}}{4c^2}$이 된다는 것을 알 수 있다. 이로부터, 역삼각함수를 이용하여 각 B를 다음과 같이 l_b, c를 이용하여 나타낼 수 있다.

$$\angle B = \arccos\left(\frac{l_b^2 + l_b\sqrt{l_b^2 + 8c^2}}{4c^2}\right)$$

각 A는 $\frac{\pi}{2} - B$로 얻어질 수 있다. 즉 $\angle A = \frac{\pi}{2} - \arccos\left(\frac{l_b^2+l_b\sqrt{l_b^2+8c^2}}{4c^2}\right)$으로 쓸 수 있다. 정리 6.1에 의해, $\arcsin x + \arccos x = \frac{\pi}{2}$이다. $\angle A + \arccos\left(\frac{l_b^2+l_b\sqrt{l_b^2+8c^2}}{4c^2}\right) = \frac{\pi}{2}$이므로, 다음을 알 수 있다.

$$\angle A = \arcsin\left(\frac{l_b^2 + l_b\sqrt{l_b^2 + 8c^2}}{4c^2}\right)$$

한편, 변 BC는 $a = c\cos B$이므로, 다음과 같이 나타낼 수 있다.

$$a = c \cdot \frac{l_b^2 + l_b\sqrt{l_b^2 + 8c^2}}{4c^2} = \frac{l_b^2 + l_b\sqrt{l_b^2 + 8c^2}}{4c}$$

b는 피타고라스 정리에 의해 $b = \sqrt{c^2 - a^2}$이며, 다음과 같이 나타낼 수 있다.

$$b = \sqrt{c^2 - \left(\frac{l_b^2 + l_b\sqrt{l_b^2 + 8c^2}}{4c}\right)^2} = \frac{\sqrt{16c^4 - 2l_b^4 - 2l_b^3\sqrt{l_b^2 + 8c^2} - 8l_b^2c^2}}{4c}$$

이것으로 문제가 해결된다. □

예제 6.10. 삼각형 ABC에서 b, c, l_a가 주어졌다. $S, \angle A, \angle B, \angle C, a, R$를 구하여라.

풀이. 삼각형 ABC의 넓이 S를 구하자. 이를 위해, $\sin A$를 구하면 된다. $l_a = \frac{2bc}{b+c}\cos\frac{A}{2}$이므로, $\cos\frac{A}{2} = \frac{l_a(b+c)}{2bc}$이다. $\cos A = 2\cos^2\frac{A}{2} - 1$이므로, 다음과 같이 계산할 수 있다.

$$\cos A = 2\cos^2\frac{A}{2} - 1 = 2\left(\frac{l_a(b+c)}{2bc}\right)^2 - 1 = \frac{l_a^2(b+c)^2 - 2b^2c^2}{2b^2c^2}$$

$\sin^2 A = 1 - \cos^2 A$이므로, 다음이 성립한다.

$$\begin{aligned}\sin^2 A = 1 - \cos^2 A &= 1 - \left(\frac{l_a^2(b+c)^2 - 2b^2c^2}{2b^2c^2}\right)^2 \\ &= \frac{4b^4c^4 - (l_a^2(b+c)^2 - 2b^2c^2)^2}{4b^4c^4} \\ &= \frac{4b^2c^2l_a^2(b+c)^2 - l_a^4(b+c)^4}{4b^4c^4}\end{aligned}$$

결국, $\sin A = \frac{\sqrt{4b^2c^2l_a^2(b+c)^2 - l_a^4(b+c)^4}}{2b^2c^2} = \frac{l_a(b+c)\sqrt{4b^2c^2 - l_a^2(b+c)^2}}{2b^2c^2}$이다. 이로부터 삼각형의 넓이를 다음과 같이 구할 수 있다.

$$S = \frac{1}{2}bc\sin A = \frac{1}{2}bc \cdot \frac{l_a(b+c)\sqrt{4b^2c^2 - l_a^2(b+c)^2}}{2b^2c^2} = \frac{l_a(b+c)\sqrt{4b^2c^2 - l_a^2(b+c)^2}}{4bc}$$

이제, 각 A는 $\cos A = \frac{l_a^2(b+c)^2 - 2b^2c^2}{2b^2c^2}$로부터 다음과 같이 구할 수 있다.

$$\angle A = \arccos\left(\frac{l_a^2(b+c)^2 - 2b^2c^2}{2b^2c^2}\right)$$

삼각형의 변 a는 코사인 정리를 이용하여 구할 수 있다. $a^2 = b^2 + c^2 - 2bc\cos A$ 이므로, 다음을 유도할 수 있다.

$$\begin{aligned} a^2 = b^2 + c^2 - 2bc\cos A &= b^2 + c^2 - 2bc \cdot \frac{l_a^2(b+c)^2 - 2b^2c^2}{2b^2c^2} \\ &= b^2 + c^2 - \frac{l_a^2(b+c)^2 - 2b^2c^2}{bc} \end{aligned}$$

이로부터 $a = \sqrt{b^2 + c^2 - \frac{l_a^2(b+c)^2 - 2b^2c^2}{bc}}$이 되며, 이 식을 통분하여 다음과 같이 정리할 수 있다.

$$\begin{aligned} \sqrt{b^2 + c^2 - \frac{l_a^2(b+c)^2 - 2b^2c^2}{bc}} &= \sqrt{\frac{bc(b^2+c^2) - l_a^2(b+c)^2 + 2b^2c^2}{bc}} \\ &= \sqrt{\frac{bc(b^2+2bc+c^2) - l_a^2(b+c)^2}{bc}} \\ &= \sqrt{\frac{(b+c)^2(bc-l_a^2)}{bc}} \end{aligned}$$

결국, $a = \sqrt{\frac{(b+c)^2(bc-l_a^2)}{bc}} = (b+c)\sqrt{\frac{bc-l_a^2}{bc}}$이다. 이제, $S = \frac{abc}{4R}$, 즉 $R = \frac{abc}{4S}$를 이용하여 R을 다음과 같이 구할 수 있다.

$$R = \frac{abc}{4S} = \frac{(b+c)\sqrt{\frac{bc-l_a^2}{bc}} \cdot bc}{4 \cdot \frac{l_a(b+c)\sqrt{4b^2c^2 - l_a^2(b+c)^2}}{4bc}} = \frac{bc\sqrt{bc(bc-l_a^2)}}{l_a\sqrt{4b^2c^2 - l_a^2(b+c)^2}}$$

R을 이용하면, $\sin B$를 구할 수 있다. 즉 $\sin B = \frac{b}{2R}$이므로, 다음과 같이 $\sin B$를 구할 수 있다.

$$\sin B = \frac{b}{2R} = \frac{b}{\frac{2bc\sqrt{bc(bc-l_a^2)}}{l_a\sqrt{4b^2c^2 - l_a^2(b+c)^2}}} = \frac{l_a\sqrt{4b^2c^2 - l_a^2(b+c)^2}}{2c\sqrt{bc(bc-l_a^2)}}$$

이로부터 $\angle B = \arcsin\left(\frac{l_a\sqrt{4b^2c^2 - l_a^2(b+c)^2}}{2c\sqrt{bc(bc-l_a^2)}}\right)$이 된다. $\sin B$와 유사한 방법으로 $\sin C$를 구할 수 있으며, 이로부터 다음을 알 수 있다.

$$\angle C = \arcsin\left(\frac{l_a\sqrt{4b^2c^2 - l_a^2(b+c)^2}}{2b\sqrt{bc(bc-l_a^2)}}\right)$$

이것으로 문제가 해결된다. □

삼각형을 푸는 문제는 삼각형의 작도(자와 컴퍼스를 이용한)와 밀접하게 관련된다. 주어진 조건에 따라 삼각형을 풀어서 변 a, b, c를 구하면, 이를 바탕으로 삼각형의 작도 문제를 해결할 수 있기 때문이다. 예를 들어, 예제 6.10에서 b, c, l_a가 주어진 삼각형 ABC의 변 a를 다음과 같이 구했다.

$$a = \sqrt{b^2 + c^2 - \frac{l_a^2(b+c)^2 - 2b^2c^2}{bc}}$$

삼각형의 변 a를 대수식으로 나타내는 것과 a를 자와 컴퍼스로 작도할 수 있는가는 별개의 문제가 된다. 가령, $x^3 = 2$인 x는 $x = \sqrt[3]{2}$로 대수적으로 나타낼 수 있지만, 길이가 $x = \sqrt[3]{2}$인 선분은 자와 컴퍼스로 작도할 수 없다는 것이 알려져 있다.

예제 6.10의 a는 자와 컴퍼스로 작도가 가능한지를 살펴보자. 선분 b가 주어졌을 때에 b^2은 자와 컴퍼스로 작도가 가능하므로, c^2, l_a^2도 자와 컴퍼스로 작도가 가능하다. 그리고 b, c가 주어졌으므로 $b+c$는 작도하능하고, b^2과 c^2을 작도할 수 있으므로 b^2c^2도 자와 컴퍼스를 이용하여 작도할 수 있다. 한편, 길이가 t인 선분이 주어지면, 자와 컴퍼스로 $\sqrt{t}$도 작도가 가능하다는 것이 알려져있다.[1] 이제, 자와 컴퍼스를 이용하여 다음과 같은 순서로 길이가 a인 선분을 작도할 수 있다.

$$b+c, bc, (b+c)^2, b^2, c^2, b^2c^2, 2b^2c^2, l_a^2, b^2+c^2, l_a^2(b+c)^2, l_a^2(b+c)^2 - 2b^2c^2,$$
$$\frac{l_a^2(b+c)^2 - 2b^2c^2}{bc}, b^2 + c^2 - \frac{l_a^2(b+c)^2 - 2b^2c^2}{bc}, \sqrt{b^2 + c^2 - \frac{l_a^2(b+c)^2 - 2b^2c^2}{bc}}$$

결국, 예제 6.10에서 b, c, l_a가 주어지면, a를 b, c, l_a의 식으로 나타낼 수 있으며 자와 컴퍼스를 이용하여 작도할 수 있다. 이로부터 삼각형 ABC의 a, b, c가 기지의 선분이 되므로, 삼각형 ABC를 자와 컴퍼스를 이용하여 작도할 수 있다.

예제 6.10에서와 같이 b, c, l_a가 주어지면 삼각형 ABC를 자와 컴퍼스를 이용하여 작도할 수 있지만, 그렇지 못한 경우도 많이 있다. 그중에서 흥미로운 것이 삼각형의 세 각의 이등분선 l_a, l_b, l_c가 주어진 경우에 자와 컴퍼스를 이용하여 삼각형 ABC를 작

[1] a, b가 주어졌을 때에 자와 컴퍼스를 이용하여 $a+b$, $\frac{b}{a}$, ab, a^2, b^2, $\sqrt{a}$, $\sqrt{b}$ 등을 작도하는 구체적인 방법은 '한인기(2019). 수학사도 배우고 수학도 알고, 서울: 교우사'에 제시되어 있다

도할 수 없다는 것이다. 가령, l_a, l_b, l_c가 주어진 경우에 이등변삼각형을 자와 컴퍼스로 작도할 수 없다는 것을 [11]의 아이디어를 중심으로 살펴보자.

예제 6.11. 이등변삼각형 ABC의 l_a, l_b, l_c가 주어졌다. 이때, 이등변삼각형 ABC를 자와 컴퍼스를 이용하여 작도할 수 없다는 것을 증명하여라.

풀이. $\overline{AB} = \overline{AC}$인 이등변삼각형 ABC에 각의 이등분선 AD, BE를 긋고, $\overline{AD} = l_a, \overline{BE} = l_b$라 하자(그림 6.8). 그리고 $\angle ABE = \alpha$라 하면, $\angle ABC = \angle ACB = 2\alpha$이고 $\angle BEA = 3\alpha, \angle BAE = \pi - 4\alpha$이다.

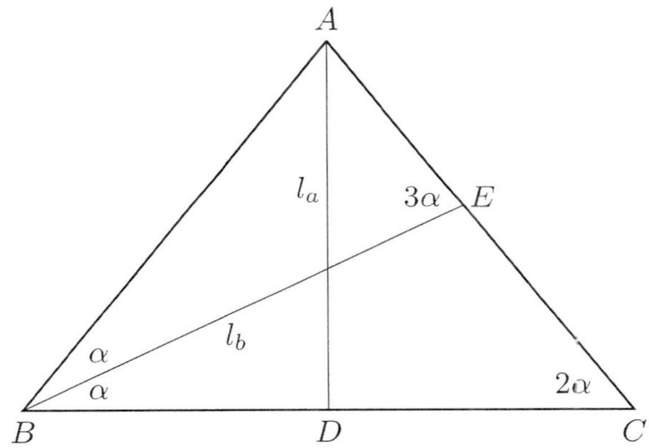

그림 6.8

삼각형 ABE에서 사인 정리에 의해 $\frac{l_b}{\sin(\pi-4\alpha)} = \frac{c}{\sin 3\alpha}$이다. 삼각형 ABD에서 $\sin 2\alpha = \frac{l_a}{c}$이므로, $c = \frac{l_a}{\sin 2\alpha}$이다. 얻어진 c를 등식 $\frac{l_b}{\sin(\pi-4\alpha)} = \frac{c}{\sin 3\alpha}$에 대입하고 $\sin(\pi - 4\alpha) = \sin 4\alpha$임을 생각하면, $\frac{l_b}{\sin 4\alpha} = \frac{l_a}{\sin 2\alpha \sin 3\alpha}$가 된다.

$\sin 4\alpha = 2\sin 2\alpha \cos 2\alpha$이므로, $\frac{l_b}{l_a} = \frac{2\sin 2\alpha \cos 2\alpha}{\sin 2\alpha \sin 3\alpha} = \frac{2\cos 2\alpha}{\sin 3\alpha}$가 된다. 이때, $l_b = 4l_a$인 경우를 생각하자. 그러면, $\frac{l_b}{l_a} = \frac{2\cos 2\alpha}{\sin 3\alpha}$로부터 $2\sin 3\alpha = \cos 2\alpha$가 얻어진다. $\sin 3\alpha = 3\sin\alpha - 4\sin^3\alpha$, $\cos 2\alpha = 1 - 2\sin^2\alpha$이므로, $2\sin 3\alpha = \cos 2\alpha$를 다음과 같이 쓸 수 있다.

$$6\sin\alpha - 8\sin^3\alpha = 1 - 2\sin^2\alpha,\ 8\sin^3\alpha - 2\sin^2\alpha - 6\sin\alpha + 1 = 0$$

여기서 $\sin\alpha = x$라 놓으면, $8x^3-2x^2-6x+1=0$이 얻어진다. $8x^3-2x^2-6x+1=0$이 기약분수인 근 $\frac{p}{q}$를 가지면, 8은 q로 나누어 떨어지며 1은 p로 나누어 떨어져야 한다. 그러므로, $x=\pm\frac{1}{8}, \pm\frac{1}{4}, \pm\frac{1}{2}, \pm 1$을 방정식 $8x^3-2x^2-6x+1=0$에 대입하여 유리수인 근의 존재를 확인할 수 있다.

실제로, 이 수들을 대입하자. 그러면, 방정식 $8x^3-2x^2-6x+1=0$은 $\pm\frac{1}{8}$, $\pm\frac{1}{4}$, $\pm\frac{1}{2}$, ± 1을 근으로 가지지 않는다는 것을 확인할 수 있다. 그러므로, 방정식 $8x^3-2x^2-6x+1=0$의 근은 자와 컴퍼스를 이용하여 작도할 수 없다.[2]

결국, $x=\sin\alpha$를 자와 컴퍼스를 이용하여 작도할 수 없고, $\overline{AB}=c=\frac{l_a}{\sin 2\alpha}$도 자와 컴퍼스로 작도할 수 없다. 이것은 꼭짓점 A로부터 $\overline{AB}=\frac{l_a}{\sin 2\alpha}$인 점 B를 자와 컴퍼스로는 작도할 수 없다는 것을 의미한다. 이로부터, 이등변삼각형 ABC는 자와 컴퍼스를 이용하여 작도할 수 없다는 것이 증명된다. □

예제 6.11에서는 주어진 l_a, l_b, l_c를 이용하여 삼각형 ABC의 각 α에 대한 삼차방정식을 만들어서, 삼각형 ABC를 자와 컴퍼스로 작도할 수 없다는 것을 증명하였다. 자와 컴퍼스로 이용한 삼각형의 작도불가능에 대한 다른 증명 방법을 [23]을 중심으로 다음 예제에서 살펴보자.

예제 6.12. $\overline{AB}=\overline{AC}$인 이등변삼각형 ABC에서 h_b, l_b가 주어졌다. 그러면, 이등변삼각형 ABC를 자와 컴퍼스를 이용하여 작도할 수 없다는 것을 증명하여라.

풀이. 귀류법으로, h_b, l_b가 주어진 경우에 $\overline{AB}=\overline{AC}$인 이등변삼각형 ABC를 자와 컴퍼스를 이용하여 작도할 수 있다고 가정하자. 그리고 이등변삼각형 ABC에 각의 이등분선 $\overline{BE}=l_b$와 높이 $\overline{BH}=h_b$를 작도하자(그림 6.9). 이제, 이등변삼각형 ABC에서 l_b와 h_b에 관련된 각들에 대한 정보를 찾아보자.

[2]추상대수학에서 '유리수인 계수를 가지는 삼차방정식이 유리수인 근을 하나도 가지지 않으면, 이 방정식의 근들을 자와 컴퍼스로 작도할 수 없다'는 정리가 알려져 있다. 이 정리와 삼차방정식 $ax^3+bx^2+cx+d=0$이 기약분수인 근 $\frac{p}{q}$를 가지면 a는 q로 나누어 떨어지며 d는 p로 나누어 떨어진다는 것에 대한 초등적인 증명을 '한인기(2019). 수학사도 배우고 수학도 알고, 서울: 교우사'에서 찾아볼 수 있다.

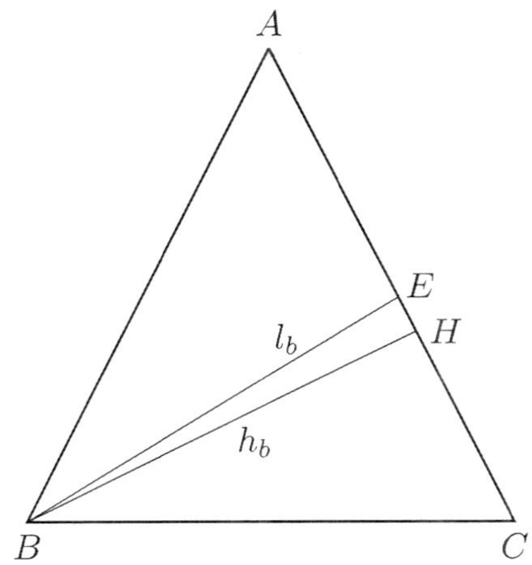

그림 6.9

삼각형 ABC가 이등변삼각형이므로 $\angle B = \angle C$이며, 선분 BE는 각의 이등분선이다. 그러므로, $\angle C = 2\angle EBC$가 된다. 이제, 각 BEA를 생각하자. 각 BEA는 삼각형 EBC의 외각이므로, $\angle BEA = \angle EBC + \angle BCE$이다. $\angle BCE = 2\angle EBC$이므로, $\angle BEA = \angle EBC + \angle BCE = 3\angle EBC$이다. 결국, 각 EBC는 각 BEA의 삼등분이 된다.

이제, 다음과 같은 순서로 작도를 수행하여 모순을 유도하자. (1) 임의의 둔각 BEA를 작도하고, (2) 점 B에서 둔각 BEA의 변 AE의 연장선에 수선 BH를 긋는다. (3) 선분 BE를 각의 이등분선 l_b, BH를 높이 h_b로 하며 $\overline{AB} = \overline{AC}$인 이등변삼각형 ABC를 작도한다(이것은 귀류법의 가정인 'h_b, l_b가 주어진 경우에 $\overline{AB} = \overline{AC}$인 이등변삼각형 ABC를 자와 컴퍼스를 이용하여 작도할 수 있다'는 것으로부터 가능하다).

이와 같이 이등변삼각형 ABC를 작도하면, $\frac{1}{3}\angle BEA = \angle EBC$인 각 EBC가 얻어진다. 그런데, 임의의 각의 삼등분은 자와 컴퍼스를 이용하여 작도하는 것이 불가능하다는 것이 알려져 있다. 이로부터, 모순이 발생한다.

결국, 이 모순으로부터 h_b, l_b가 주어진 경우 $\overline{AB} = \overline{AC}$인 이등변삼각형 ABC를 자와 컴퍼스를 이용하여 작도할 수 없다는 것이 증명된다. □

예제 6.11에서는 삼차방정식의 근을 이용하여 자와 컴퍼스에 의한 작도불능을 증명하였지만, 예제 6.12에서는 자와 컴퍼스를 이용하여 임의의 각을 삼등분할 수 없다는 사실을 바탕으로, h_b, l_b가 주어진 경우 $\overline{AB} = \overline{AC}$인 이등변삼각형 ABC를 자와 컴퍼스를 이용하여 작도할 수 없다는 것을 증명하였다.

이때, 주목할 것은 예제 6.12의 해결 과정에서 이등변삼각형의 성질을 이용했다는 것이다. 만약, 이등변삼각형이 아닌 경우라면, h_b, l_b에 추가적인 조건을 결합시켜 자와 컴퍼스로 작도가능한 삼각형 ABC에 대한 문제도 생각할 수 있다.

예제 6.13. 삼각형 ABC에서 $\angle A$, h_b, l_b가 주어졌다. 이때, 삼각형 ABC를 작도하여라.

풀이. 삼각형 ABC를 작도하는 순서를 찾기 위해, 우선 $\angle A$, h_b, l_b로 삼각형 ABC를 작도하였고 가정하고, 거꾸로 문제해결의 아이디어를 찾아가자. 삼각형 ABC를 작도하고, $\angle A$, h_b, l_b를 표시하자(그림 6.10).

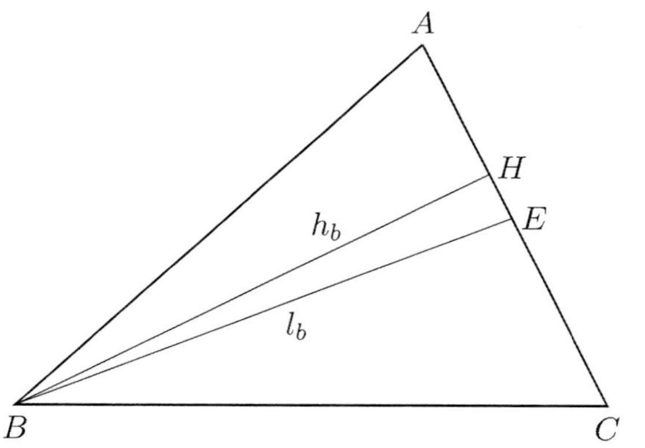

그림 6.10

직각삼각형 ABH에서 각 A, 변 BH가 기지의 값이므로, $\angle ABH = \frac{\pi}{2} - \angle BAH$이며 직각삼각형 ABH를 작도할 수 있다. 이로부터 $\overline{AB} = c$가 얻어진다. 그리고 점 E는 직각삼각형 ABH의 변 AH의 연장선에 놓여있다. 즉, 직선 AH에서 점 B로부터 l_b만큼 떨어진 점을 찾으면, 점 E를 구할 수 있다.

점 E를 결정하면, 각 ABE를 얻을 수 있다. 이제, $\angle ABE = \angle EBC$가 되도록 점 B를 지나는 직선을 작도한다. 이 직선과 변 AH의 연장선의 교점을 C라 하면, 삼각형 ABC를 작도할 수 있다.

삼각형 ABC의 작도 순서는 다음과 같다.

(1) $\angle A$, h_b로 직각삼각형 ABH를 작도한다.

(2) 직각삼각형 ABH의 변 AH의 연장선을 긋는다.

(3) 점 B를 중심으로 반지름이 l_b인 원을 작도하여, (2)에서 그은 직선과의 교점을 E라 한다.

(4) 선분 BE를 긋고, $\angle ABE = \angle EBC$가 되도록 점 B를 지나는 직선을 작도한다.

(5) (4)에서 그은 직선과 (2)에서 그은 직선의 교점을 C라 한다.

(6) 점 A, B, C를 연결하여 삼각형 ABC를 작도한다.

이것으로 문제가 해결된다. □

예제 6.13에서는 $\angle A$, h_b, l_b가 주어진 경우에 삼각형 ABC를 작도하였다. 이때, $\angle A$ 대신에 변 c가 주어져도 살펴본 것과 유사한 방법으로 문제를 해결할 수 있다. 그림 6.10에서 c, h_b가 주어지면, 직각삼각형 ABH를 작도할 수 있다. 그리고 나머지 작도 과정은 예제 6.13의 풀이와 동일하다.

$\angle A$, h_b, l_b에서 $\angle A$대신에 변 a가 주어진 경우를 생각해 보자. 즉, a, h_b, l_b가 주어진 경우에 삼각형 ABC를 작도하는 문제를 생각하자. 그림 6.10에서 a, h_b에 의해, 직각삼각형 HBC를 작도할 수 있다. 그러면, 변 BC와 각 C가 얻어진다.

중심이 B이고 반지름이 l_b인 원을 작도하여 직선 CH와의 교점 E를 표시하자. 이로부터 $\frac{\angle B}{2}$를 구할 수 있으며, $\angle B$가 얻어진다. 직각삼각형 HBC의 변 BC로부터 $\angle B$인 각을 작도하여, $\angle B$에서 $\overrightarrow{BC}$가 아닌 다른 변과 직선 CH의 교점을 A라 하자. 이로부터 삼각형 ABC를 작도할 수 있다.

이제, 삼각형의 높이, 외접원의 반지름, 내접원의 반지름이 주어진 경우에 삼각형을 푸는 문제를 살펴보자. [15]에 이 문제와 관련된 탐구 방법이 소개되어 있다. 여기서는 이 방법을 중심으로 문제해결 과정을 자세히 살펴보도록 하자.

예제 6.14. 삼각형 ABC에서 h_a, R, r이 주어졌다. $S, a, b, c, \angle A, \angle B, \angle C$를 구하여라.

풀이. 주어진 h_a, R, r은 삼각형의 변 또는 각과 관계가 있다. 그래서 이 문제의 해결을 위해, 어떤 등식으로부터 출발해야 하는지를 생각하기가 쉽지 않다.

이것은 $h_a = \frac{2r\cos\frac{B}{2}\cos\frac{C}{2}}{\sin\frac{A}{2}}$에서 시작하자. 이로부터 $\frac{r}{h_a} = \frac{\sin\frac{A}{2}}{2\cos\frac{B}{2}\cos\frac{C}{2}}$, $\cos\frac{B}{2}\cos\frac{C}{2} = \frac{h_a\sin\frac{A}{2}}{2r}$가 된다. 한편, $r = 4R\sin\frac{A}{2}\sin\frac{B}{2}\sin\frac{C}{2}$에서 $\sin\frac{B}{2}\sin\frac{C}{2} = \frac{r}{4R\sin\frac{A}{2}}$로 쓸 수 있다. $\cos\frac{B}{2}\cos\frac{C}{2} = \frac{h_a\sin\frac{A}{2}}{2r}$에서 $\sin\frac{B}{2}\sin\frac{C}{2} = \frac{r}{4R\sin\frac{A}{2}}$를 변끼리 빼면, 다음을 얻을 수 있다.

$$\cos\frac{B}{2}\cos\frac{C}{2} - \sin\frac{B}{2}\sin\frac{C}{2} = \frac{h_a\sin\frac{A}{2}}{2r} - \frac{r}{4R\sin\frac{A}{2}}$$

얻어진 식의 좌변은 $\cos\frac{B}{2}\cos\frac{C}{2} - \sin\frac{B}{2}\sin\frac{C}{2} = \cos\left(\frac{B}{2}+\frac{C}{2}\right)$이며, $\cos\left(\frac{B}{2}+\frac{C}{2}\right) = \cos\left(\frac{\pi-A}{2}\right) = \cos\left(\frac{\pi}{2}-\frac{A}{2}\right) = \sin\frac{A}{2}$가 된다. 이것을 식에 대입하면, $\sin\frac{A}{2} = \frac{h_a\sin\frac{A}{2}}{2r} - \frac{r}{4R\sin\frac{A}{2}}$을 얻게 된다.

이제, 등식 $\sin\frac{A}{2} = \frac{h_a\sin\frac{A}{2}}{2r} - \frac{r}{4R\sin\frac{A}{2}}$의 양변에 $4Rr\sin\frac{A}{2}$를 곱하여 정리하면, $4Rr\sin^2\frac{A}{2} = 2Rh_a\sin^2\frac{A}{2} - r^2$이 된다. $\sin^2\frac{A}{2}$를 이항하여 정리하면, 다음을 얻을 수 있다.

$$(2Rh_a - 4Rr)\sin^2\frac{A}{2} = r^2,\ \ \sin^2\frac{A}{2} = \frac{r^2}{2R(h_a-2r)},\ \ \sin\frac{A}{2} = \frac{r}{\sqrt{2R(h_a-2r)}}$$

$\cos\frac{A}{2} = \sqrt{1-\sin^2\frac{A}{2}}$이므로, $\cos\frac{A}{2}$를 다음과 같이 구할 수 있다.

$$\cos\frac{A}{2} = \sqrt{1-\sin^2\frac{A}{2}} = \sqrt{1-\frac{r^2}{2R(h_a-2r)}} = \sqrt{\frac{2R(h_a-2r)-r^2}{2R(h_a-2r)}}$$

$\sin A = 2\sin\frac{A}{2}\cos\frac{A}{2}$를 이용하면, $\sin A$를 다음과 같이 구할 수 있다.

$$\sin A = 2\sin\frac{A}{2}\cos\frac{A}{2} = \frac{r\sqrt{2R(h_a-2r)-r^2}}{R(h_a-2r)}$$

결국, $\angle A = \arcsin\left(\frac{r\sqrt{2R(h_a-2r)-r^2}}{R(h_a-2r)}\right)$이다. 한편, $a = 2R\sin A$이므로, 다음과 같이 a를 구할 수 있다.

$$a = 2R\sin A = 2R \cdot \frac{r\sqrt{2R(h_a-2r)-r^2}}{R(h_a-2r)} = \frac{2r\sqrt{2R(h_a-2r)-r^2}}{h_a-2r}$$

a와 h_a를 알고 있으므로, 삼각형의 넓이 S를 다음과 같이 구할 수 있다.

$$S = \frac{1}{2}ah_a = \frac{1}{2} \cdot \frac{2r\sqrt{2R(h_a-2r)-r^2}}{h_a-2r} \cdot h_a = \frac{h_a r\sqrt{2R(h_a-2r)-r^2}}{h_a-2r}$$

이제, b와 c를 구하자. 이를 위해, $b+c$와 bc의 값을 구하여 연립하자. $b+c = 2p-a$이며, $p = \frac{S}{r}$이므로, 다음을 얻을 수 있다.

$$\begin{aligned} b+c = \frac{2S}{r} - a &= \frac{\frac{2h_a r\sqrt{2R(h_a-2r)-r^2}}{h_a-2r}}{r} - \frac{2r\sqrt{2R(h_a-2r)-r^2}}{h_a-2r} \\ &= \frac{2h_a r\sqrt{2R(h_a-2r)-r^2}}{r(h_a-2r)} - \frac{2r\sqrt{2R(h_a-2r)-r^2}}{h_a-2r} \\ &= \frac{2h_a r\sqrt{2R(h_a-2r)-r^2} - 2r^2\sqrt{2R(h_a-2r)-r^2}}{r(h_a-2r)} \\ &= \frac{2\sqrt{2R(h_a-2r)-r^2}\cdot(h_a-r)}{h_a-2r} \end{aligned}$$

그리고 $S = \frac{1}{2}bc\sin A$이므로 $bc = \frac{2S}{\sin A}$이며, bc를 다음과 같이 구할 수 있다.

$$bc = \frac{2S}{\sin A} = \frac{\frac{2h_a r\sqrt{2R(h_a-2r)-r^2}}{h_a-2r}}{\frac{r\sqrt{2R(h_a-2r)-r^2}}{R(h_a-2r)}} = \frac{2h_a R\sqrt{2R(h_a-2r)-r^2}}{\sqrt{2R(h_a-2r)-r^2}} = 2h_a R$$

결국, b, c는 다음 이차방정식의 근이 된다.

$$t^2 - \frac{2\sqrt{2R(h_a-2r)-r^2}\cdot(h_a-r)}{h_a-2r}t + 2h_a R = 0$$

근의 공식을 이용하면, 다음과 같은 이차방정식의 두 근을 얻을 수 있다.

$$\frac{\sqrt{2R(h_a-2r)-r^2}\cdot(h_a-r)}{h_a-2r} \pm \sqrt{\left(\frac{\sqrt{2R(h_a-2r)-r^2}\cdot(h_a-r)}{h_a-2r}\right)^2 - 2h_a R}$$

얻어진 근에서 제곱근호 안을 정리하자.

$$\begin{aligned}\left(\frac{\sqrt{2R(h_a-2r)-r^2}\cdot(h_a-r)}{h_a-2r}\right)^2&-2h_aR\\&=\frac{(2R(h_a-2r)-r^2)(h_a-r)^2-2h_aR(h_a-2r)^2}{(h_a-2r)^2}\\&=\frac{2R(h_a-2r)(h_a-r)^2-r^2(h_a-r)^2-2h_aR(h_a-2r)^2}{(h_a-2r)^2}\end{aligned}$$

얻어진 식의 분자 $2R(h_a-2r)(h_a-r)^2-r^2(h_a-r)^2-2h_aR(h_a-2r)^2$를 전개하여 정리하자. $2R(h_a-2r)(h_a-r)^2-r^2(h_a-r)^2-2h_aR(h_a-2r)^2=(2Rh_a-4Rr)(h_a^2-2rh_a+r^2)-r^2(h_a^2-2rh_a+r^2)-2h_aR(h_a^2-4rh_a+4r^2)=r^2(-h_a^2+2Rh_a+2h_ar-4Rr-r^2)=r^2\left(2R(h_a-2r)-(h_a-r)^2\right)$이 얻어진다. 그러므로, 이차방정식의 근에서 제곱근호 안을 다음과 같이 쓸 수 있다.

$$\left(\frac{\sqrt{2R(h_a-2r)-r^2}\cdot(h_a-r)}{h_a-2r}\right)^2-2h_aR=\frac{r^2\left(2R(h_a-2r)-(h_a-r)^2\right)}{(h_a-2r)^2}$$

이차방정식의 두 근을 다음과 같이 나타낼 수 있다.

$$\frac{\sqrt{2R(h_a-2r)-r^2}\cdot(h_a-r)}{h_a-2r}\pm\sqrt{\frac{r^2\left(2R(h_a-2r)-(h_a-r)^2\right)}{(h_a-2r)^2}}$$

이때, 제곱을 제곱근호 밖으로 꺼내면, 다음을 얻을 수 있다.

$$\frac{\sqrt{2R(h_a-2r)-r^2}\cdot(h_a-r)\pm r\sqrt{2R(h_a-2r)-(h_a-r)^2}}{h_a-2r}$$

이들 중 한 식을 b, 나머지 식을 c로 잡으면 된다.

$$\begin{aligned}b&=\frac{\sqrt{2R(h_a-2r)-r^2}\cdot(h_a-r)+r\sqrt{2R(h_a-2r)-(h_a-r)^2}}{h_a-2r}\\c&=\frac{\sqrt{2R(h_a-2r)-r^2}\cdot(h_a-r)-r\sqrt{2R(h_a-2r)-(h_a-r)^2}}{h_a-2r}\end{aligned}$$

이로부터 $\sin B=\frac{b}{2R}$, $\sin C=\frac{c}{2R}$이므로, 얻어진 식으로부터 $\angle B$, $\angle C$를 다음과

같이 구할 수 있다.

$$\begin{aligned}\sin B &= \frac{\sqrt{2R(h_a-2r)-r^2}\cdot(h_a-r)+r\sqrt{2R(h_a-2r)-(h_a-r)^2}}{h_a-2r}\cdot\frac{1}{2R}\\ &= \frac{\sqrt{h_a-2r-r^2}\cdot(h_a-r)+r\sqrt{h_a-2r-(h_a-r)^2}}{\sqrt{2R}\cdot(h_a-2r)}\\ \sin C &= \frac{\sqrt{2R(h_a-2r)-r^2}\cdot(h_a-r)-r\sqrt{2R(h_a-2r)-(h_a-r)^2}}{h_a-2r}\cdot\frac{1}{2R}\\ &= \frac{\sqrt{h_a-2r-r^2}\cdot(h_a-r)-r\sqrt{h_a-2r-(h_a-r)^2}}{\sqrt{2R}\cdot(h_a-2r)}\end{aligned}$$

이제, 역함수를 이용하여 $\angle B, \angle C$를 다음과 같이 쓸 수 있다.

$$\begin{aligned}\angle B &= \arcsin\left(\frac{\sqrt{h_a-2r-r^2}\cdot(h_a-r)+r\sqrt{h_a-2r-(h_a-r)^2}}{\sqrt{2R}\cdot(h_a-2r)}\right)\\ \angle C &= \arcsin\left(\frac{\sqrt{h_a-2r-r^2}\cdot(h_a-r)-r\sqrt{h_a-2r-(h_a-r)^2}}{\sqrt{2R}\cdot(h_a-2r)}\right)\end{aligned}$$

이것으로 문제가 해결된다. □

살펴본 문제해결에서는 관계식 $h_a = \frac{2r\cos\frac{B}{2}\cos\frac{C}{2}}{\sin\frac{A}{2}}$와 $r = 4R\sin\frac{A}{2}\sin\frac{B}{2}\sin\frac{C}{2}$를 출발점으로 하여 문제해결을 시작하였다. 이 등식들은 앞 절의 '삼각형의 계량적 성질'에서 다루었다. 이때, 삼각형의 풀이와 관련된 여러 등식들을 살펴보았는데, 어떤 등식을 출발점으로 삼는가에 따라 다른 풀이 방법을 얻을 수 있다.

이제, 삼각형의 높이 h_a, h_b, h_c가 주어진 경우에 삼각형을 푸는 문제를 살펴보자.

예제 6.15. 삼각형 ABC에서 h_a, h_b, h_c가 주어졌다. S, a, b, c, $\angle A, \angle B, \angle C$, r, R을 구하여라.

풀이. 삼각형 ABC에서 h_a, h_b, h_c를 이용하여 삼각형의 넓이 S를 나타내자. 이를 위해, $S = \frac{1}{2}ah_a$, $S = \frac{1}{2}bh_b$, $S = \frac{1}{2}ch_c$를 생각하자. 이로부터 $a = \frac{2S}{h_a}$, $b = \frac{2S}{h_b}$, $c = \frac{2S}{h_c}$가 되며, $a+b+c = 2S\left(\frac{1}{h_a}+\frac{1}{h_b}+\frac{1}{h_c}\right)$이다. $p = S\left(\frac{1}{h_a}+\frac{1}{h_b}+\frac{1}{h_c}\right)$이 되며, 다음을 알

수 있다.

$$p-a=S\left(\frac{1}{h_b}+\frac{1}{h_c}-\frac{1}{h_a}\right),\ p-b=S\left(\frac{1}{h_a}+\frac{1}{h_c}-\frac{1}{h_b}\right),$$
$$p-c=S\left(\frac{1}{h_a}+\frac{1}{h_b}-\frac{1}{h_c}\right)$$

얻어진 등식을 헤론 공식 $S=\sqrt{p(p-a)(p-b)(p-c)}$에 대입하자. 그러면, 다음을 얻을 수 있다.

$$S=S^2\sqrt{\left(\frac{1}{h_a}+\frac{1}{h_b}+\frac{1}{h_c}\right)\left(\frac{1}{h_b}+\frac{1}{h_c}-\frac{1}{h_a}\right)\left(\frac{1}{h_a}+\frac{1}{h_c}-\frac{1}{h_b}\right)\left(\frac{1}{h_a}+\frac{1}{h_b}-\frac{1}{h_c}\right)}$$

이제, S^2을 이항하여 정리하면, 다음을 얻을 수 있다.

$$S=\frac{1}{\sqrt{\left(\frac{1}{h_a}+\frac{1}{h_b}+\frac{1}{h_c}\right)\left(\frac{1}{h_b}+\frac{1}{h_c}-\frac{1}{h_a}\right)\left(\frac{1}{h_a}+\frac{1}{h_c}-\frac{1}{h_b}\right)\left(\frac{1}{h_a}+\frac{1}{h_b}-\frac{1}{h_c}\right)}}$$

삼각형의 넓이 S를 h_a, h_b, h_c를 이용하여 나타냈다. 이제, a, b, c를 구하자. 이를 위해, $a=\frac{2S}{h_a}$를 생각하자. 그러면, 다음을 얻을 수 있다.

$$a=\frac{2S}{h_a}=\frac{\frac{2}{\sqrt{\left(\frac{1}{h_a}+\frac{1}{h_b}+\frac{1}{h_c}\right)\left(\frac{1}{h_b}+\frac{1}{h_c}-\frac{1}{h_a}\right)\left(\frac{1}{h_a}+\frac{1}{h_c}-\frac{1}{h_b}\right)\left(\frac{1}{h_a}+\frac{1}{h_b}-\frac{1}{h_c}\right)}}}{h_a}$$
$$=\frac{2}{h_a\sqrt{\left(\frac{1}{h_a}+\frac{1}{h_b}+\frac{1}{h_c}\right)\left(\frac{1}{h_b}+\frac{1}{h_c}-\frac{1}{h_a}\right)\left(\frac{1}{h_a}+\frac{1}{h_c}-\frac{1}{h_b}\right)\left(\frac{1}{h_a}+\frac{1}{h_b}-\frac{1}{h_c}\right)}}$$

유사한 방법으로, $b=\frac{2S}{h_b}$, $c=\frac{2S}{h_c}$를 이용하여 b, c를 다음과 같이 구할 수 있다.

$$b=\frac{2}{h_b\sqrt{\left(\frac{1}{h_a}+\frac{1}{h_b}+\frac{1}{h_c}\right)\left(\frac{1}{h_b}+\frac{1}{h_c}-\frac{1}{h_a}\right)\left(\frac{1}{h_a}+\frac{1}{h_c}-\frac{1}{h_b}\right)\left(\frac{1}{h_a}+\frac{1}{h_b}-\frac{1}{h_c}\right)}}$$
$$c=\frac{2}{h_c\sqrt{\left(\frac{1}{h_a}+\frac{1}{h_b}+\frac{1}{h_c}\right)\left(\frac{1}{h_b}+\frac{1}{h_c}-\frac{1}{h_a}\right)\left(\frac{1}{h_a}+\frac{1}{h_c}-\frac{1}{h_b}\right)\left(\frac{1}{h_a}+\frac{1}{h_b}-\frac{1}{h_c}\right)}}$$

이제, 각 A를 구하자. 이를 위해, 삼각형 ABC에서 높이 h_a, h_b, h_c에 대해 코사인 정리를 사용하자. $a^2=b^2+c^2-2bc\cos A$에 $a=\frac{2S}{h_a}$, $b=\frac{2S}{h_b}$, $c=\frac{2S}{h_c}$를 대입하자. 그러면, 다음 등식을 얻을 수 있다.

$$\frac{1}{h_a^2}=\frac{1}{h_b^2}+\frac{1}{h_c^2}-\frac{2\cos A}{h_bh_c}$$

이때, 식 $\frac{2\cos A}{h_b h_c}$를 이항하면, $\frac{2\cos A}{h_b h_c} = \frac{1}{h_b^2} + \frac{1}{h_c^2} - \frac{1}{h_a^2}$이 된다. 그리고 등식의 우변을 통분하고, 양변에 $\frac{h_b h_c}{2}$를 곱하자. 그러면, $\cos A$를 다음과 같이 나타낼 수 있다.

$$\cos A = \frac{h_a^2 h_b^2 + h_a^2 h_c^2 - h_b^2 h_c^2}{2h_a^2 h_b h_c}$$

이제, 역삼각함수를 이용하여 각 A를 다음과 같이 나타낼 수 있다.

$$\angle A = \arccos\left(\frac{h_a^2 h_b^2 + h_a^2 h_c^2 - h_b^2 h_c^2}{2h_a^2 h_b h_c}\right)$$

유사한 방법으로 $\angle B, \angle C$를 다음과 같이 구할 수 있다.

$$\angle B = \arccos\left(\frac{h_a^2 h_b^2 + h_b^2 h_c^2 - h_a^2 h_c^2}{2h_b^2 h_a h_c}\right),\ \angle C = \arccos\left(\frac{h_a^2 h_c^2 + h_b^2 h_c^2 - h_a^2 h_b^2}{2h_c^2 h_a h_b}\right)$$

이제, h_a, h_b, h_c를 이용하여 r을 나타내자. 이를 위해, 예제 5.7에서 등식 $\frac{1}{h_a} + \frac{1}{h_b} + \frac{1}{h_c} = \frac{1}{r}$을 생각하자. 이 등식을 통분하면, $\frac{h_b h_c + h_a h_c + h_a h_b}{h_a h_b h_c} = \frac{1}{r}$이 된다. 이로부터, r을 다음과 같이 나타낼 수 있다.

$$r = \frac{h_a h_b h_c}{h_b h_c + h_a h_c + h_a h_b}$$

외접원의 반지름 R은 예제 5.7에서 등식 $h_a = \frac{bc}{2R}$로부터 구할 수 있다. $h_a = \frac{bc}{2R}$에서 $R = \frac{bc}{2h_a}$가 된다. 우선, bc를 계산하면, 다음과 같이 얻을 수 있다.

$$bc = \frac{4}{h_b h_c\left(\frac{1}{h_a} + \frac{1}{h_b} + \frac{1}{h_c}\right)\left(\frac{1}{h_b} + \frac{1}{h_c} - \frac{1}{h_a}\right)\left(\frac{1}{h_a} + \frac{1}{h_c} - \frac{1}{h_b}\right)\left(\frac{1}{h_a} + \frac{1}{h_b} - \frac{1}{h_c}\right)}$$

이로부터, $R = \frac{bc}{2h_a}$를 구하면, 다음과 같다.

$$R = \frac{2}{h_a h_b h_c\left(\frac{1}{h_a} + \frac{1}{h_b} + \frac{1}{h_c}\right)\left(\frac{1}{h_b} + \frac{1}{h_c} - \frac{1}{h_a}\right)\left(\frac{1}{h_a} + \frac{1}{h_c} - \frac{1}{h_b}\right)\left(\frac{1}{h_a} + \frac{1}{h_b} - \frac{1}{h_c}\right)}$$

이것으로 문제가 해결된다. □

예제 6.15에서 삼각형 ABC의 변 a, b, c를 세 높이 h_a, h_b, h_c를 이용하여 나타냈다. 예를 들어, a를 다음과 같이 나타냈다.

$$a = \frac{2}{h_a\sqrt{\left(\frac{1}{h_a} + \frac{1}{h_b} + \frac{1}{h_c}\right)\left(\frac{1}{h_b} + \frac{1}{h_c} - \frac{1}{h_a}\right)\left(\frac{1}{h_a} + \frac{1}{h_c} - \frac{1}{h_b}\right)\left(\frac{1}{h_a} + \frac{1}{h_b} - \frac{1}{h_c}\right)}}$$

이제, 작도의 관점에서 a를 자와 컴퍼스를 이용하여 작도할 수 있는지 살펴보자. h_a, h_b, h_c가 주어졌으므로, $\frac{1}{h_a}$, $\frac{1}{h_b}$, $\frac{1}{h_c}$는 자와 컴퍼스를 이용하여 작도가 가능하다. 그리고 다음의 선분들도 작도가 가능하다.

$$\frac{1}{h_a}+\frac{1}{h_b}+\frac{1}{h_c},\ \frac{1}{h_b}+\frac{1}{h_c}-\frac{1}{h_a},\ \frac{1}{h_a}+\frac{1}{h_c}-\frac{1}{h_b},\ \frac{1}{h_a}+\frac{1}{h_b}-\frac{1}{h_c}$$

이들의 곱 $\left(\frac{1}{h_a}+\frac{1}{h_b}+\frac{1}{h_c}\right)\left(\frac{1}{h_b}+\frac{1}{h_c}-\frac{1}{h_a}\right)\left(\frac{1}{h_a}+\frac{1}{h_c}-\frac{1}{h_b}\right)\left(\frac{1}{h_a}+\frac{1}{h_b}-\frac{1}{h_c}\right)$도 자와 컴퍼스를 이용하여 작도할 수 있으며, 결국 a도 자와 컴퍼스를 이용하여 작도할 수 있다.

유사한 방법으로, b, c도 자와 컴퍼스를 이용하여 작도할 수 있다는 것을 확인할 수 있다. 결국, h_a, h_b, h_c가 주어진 경우에 자와 컴퍼스를 이용하여 a, b, c를 작도할 수 있으며, 삼각형 ABC를 작도할 수 있다.

a, b, c를 h_a, h_b, h_c로 나타내는 대수식을 이용해, h_a, h_b, h_c가 주어진 경우에 a, b, c를 작도할 수 있다는 것을 대수적으로 확인하였다. h_a, h_b, h_c가 주어진 경우에 자와 컴퍼스를 이용하여 실제로 삼각형 ABC를 작도하는 방법을 살펴보자.

예제 6.16. 삼각형 ABC에서 h_a, h_b, h_c가 주어졌다. 이때, 삼각형 ABC를 작도하여라.

풀이. 삼각형 ABC의 넓이를 S는 $S=\frac{1}{2}ah_a=\frac{1}{2}bh_b=\frac{1}{2}ch_c$이므로, $ah_a=bh_b=ch_c$가 된다. 이로부터 다음 등식을 얻을 수 있다.

$$\frac{a}{\frac{1}{h_a}}=\frac{b}{\frac{1}{h_b}}=\frac{c}{\frac{1}{h_c}}$$

이로부터, a, b, c가 변인 삼각형 ABC와 $\frac{1}{h_a}, \frac{1}{h_b}, \frac{1}{h_c}$을 변으로 하는 삼각형 $A_1B_1C_1$은 닮음이라는 것을 알 수 있다. $\frac{1}{h_a}, \frac{1}{h_b}, \frac{1}{h_c}$을 변으로 하는 삼각형 $A_1B_1C_1$을 작도하자.

이를 위해, h_a가 주어진 경우에 $\frac{1}{h_a}$를 작도하는 방법을 살펴보자. 임의의 각 O를 작도하자. 각 O의 한 변에 $\overline{OA}=h_a$, $\overline{AB}=1$을 표시하고, 다른 변에 $\overline{OA_1}=1$을 표시하자(그림 6.11). 직선 AA_1을 작도하고, 점 B를 지나 직선 AA_1과 평행한 직선을 그어 각 O의 변 OA_1과의 교점을 B_1이라 하자. $\overline{A_1B_1}=x$라 하면 $1:x=h_a:1$이 성립하며, $x=\frac{1}{h_a}$이 된다. 유사한 방법으로 $\frac{1}{h_b}, \frac{1}{h_c}$인 선분을 작도할 수 있다.

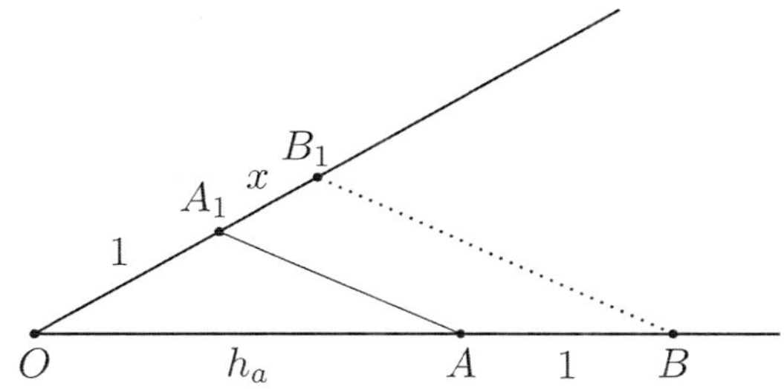

그림 6.11

결국, $\frac{1}{h_a}, \frac{1}{h_b}, \frac{1}{h_c}$을 변으로 하는 삼각형 $A_1B_1C_1$을 작도할 수 있다(그림 6.12). 이제, 삼각형 $A_1B_1C_1$과 닮음이며, $\frac{1}{h_a}$인 변에 대응하는 변의 길이가 a, $\frac{1}{h_b}$인 변에 대응하는 변의 길이가 b, $\frac{1}{h_c}$인 변에 대응하는 변의 길이가 c인 삼각형 ABC를 작도하자.

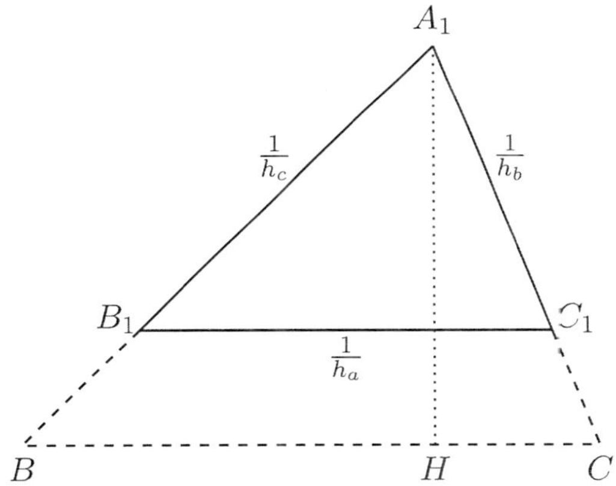

그림 6.12

이를 위해, 꼭짓점 A_1에서 h_a만큼 떨어져 있으면서 변 B_1C_1에 평행한 직선을 작도하자. 즉, 꼭짓점 A_1에서 변 B_1C_1에 수선을 긋고, 이 수선에 $A_1H = h_a$인 점 H를 잡자. 점 H를 지나 변 B_1C_1에 평행한 직선을 작도하자.

이제, 이 직선과 변 A_1B_1의 연장선의 교점을 B, 변 A_1C_1의 연장선의 교점을 C라 하자. 그러면, 삼각형 A_1BC를 얻을 수 있으며, 삼각형 A_1BC가 구하는 삼각형 ABC이다.

높이가 h_a, h_b, h_c인 삼각형을 작도하는 순서를 다음과 같이 정리할 수 있다.

(1) 선분 $\frac{1}{h_a}, \frac{1}{h_b}, \frac{1}{h_c}$를 작도한다.

(2) 선분 $\frac{1}{h_a}, \frac{1}{h_b}, \frac{1}{h_c}$을 변으로 하는 삼각형 $A_1B_1C_1$을 작도한다.

(3) 꼭짓점 A_1에서 변 B_1C_1에 수선을 긋고, 그 연장선에 $\overline{A_1H} = h_a$인 점 H를 표시한다.

(4) 점 H를 지나 변 B_1C_1과 평행인 직선을 작도한다.

(5) (4)에서 작도한 직선과 변 A_1B_1의 연장선의 교점을 B라 하자.

(6) (4)에서 작도한 직선과 변 A_1C_1의 연장선의 교점을 C라 하자.

(7) 점 A_1, B, C를 연결하여 삼각형 A_1BC를 작도한다. 이 삼각형이 구하는 삼각형이다.

이제, 삼각형 A_1BC가 문제의 조건을 만족시키는지 확인하자. 이를 위해, 삼각형 A_1BC의 높이가 h_a, h_b, h_c라는 것을 보이자. 꼭짓점 A_1에서 그은 높이가 h_a라는 것은 작도로부터 자명하다. 이제, 꼭짓점 B에서 그은 높이가 h_b라는 것을 보이자.

삼각형 $A_1B_1C_1$과 A_1BC의 닮음비는 $\frac{1}{h_a} : \overline{BC}$이다. 그리고 $\overline{A_1C_1} = \frac{1}{h_b}$이므로, 삼각형 $A_1B_1C_1$과 A_1BC의 닮음비를 $\frac{1}{h_b} : \overline{A_1C}$로 쓸 수 있다. 이로부터 $\frac{1}{h_a} : \overline{BC} = \frac{1}{h_b} : \overline{A_1C}$이며, $\overline{A_1C} \cdot \frac{1}{h_a} = \overline{BC} \cdot \frac{1}{h_b}$이다. 즉, $\overline{A_1C} \cdot h_b = \overline{BC} \cdot h_a$이다.

삼각형 A_1BC의 넓이를 S_{A_1BC}라 하면, $\overline{BC} \cdot h_a = 2S_{A_1BC}$가 된다. 그러므로, $\overline{A_1C} \cdot h_b = 2S_{A_1BC}$이다. 이것은 h_b가 꼭짓점 B에서 변 A_1C에 그은 높이라는 것을 의미한다. 같은 방법으로, h_c가 꼭짓점 C에서 변 A_1B에 그은 높이라는 것을 보일 수 있다. 이것으로 문제가 해결된다. □

예제 6.15에서는 세 높이 h_a, h_b, h_c가 주어진 경우에 삼각형을 푸는 방법을 탐구하였다. 예제 6.15의 해결 방법을 바탕으로 다음과 같은 문제를 풀 수 있다.

예제 6.17. 삼각형 ABC에서 h_a, h_b, r이 주어졌다. S, a, b, c, R을 구하여라.

풀이. S를 구하자. 이를 위해, $a = \frac{2S}{h_a}$, $b = \frac{2S}{h_b}$를 생각하자. 만약, p와 c를 알 수 있다면, 헤론 공식을 이용하여 S를 구할 수 있다. 그리고 r이 주어졌으므로, $p = \frac{S}{r}$를 이용할

수 있다. $c = 2p - (a+b)$를 생각하면, $c = \frac{2S}{r} - \left(\frac{2S}{h_a} + \frac{2S}{h_b}\right)$와 같이 나타낼 수 있다.

p, a, b, c에 대한 식이 있으므로 헤론 공식을 이용하면, 삼각형의 넓이 S를 다음과 같이 구할 수 있다.

$$\begin{aligned} S &= \sqrt{p(p-a)(p-b)(p-c)} \\ &= \sqrt{\frac{S}{r}\left(\frac{S}{r} - \frac{2S}{h_a}\right)\left(\frac{S}{r} - \frac{2S}{h_b}\right)\left(\frac{S}{r} - \frac{2S}{r} + \frac{2S}{h_a} + \frac{2S}{h_b}\right)} \\ &= S^2\sqrt{\frac{1}{r}\left(\frac{1}{r} - \frac{2}{h_a}\right)\left(\frac{1}{r} - \frac{2}{h_b}\right)\left(\frac{1}{r} - \frac{2}{r} + \frac{2}{h_a} + \frac{2}{h_b}\right)} \end{aligned}$$

얻어진 식에서 S^2을 이항하여 정리하면, 다음과 같이 S를 구할 수 있다.

$$S = \frac{1}{\sqrt{\frac{1}{r}\left(\frac{1}{r} - \frac{2}{h_a}\right)\left(\frac{1}{r} - \frac{2}{h_b}\right)\left(\frac{2}{h_a} + \frac{2}{h_b} - \frac{1}{r}\right)}}$$

예제 6.15와 유사하게, $a = \frac{2S}{h_a}$라 놓으면 a를 구할 수 있다.

$$a = \frac{\frac{2}{\sqrt{\frac{1}{r}\left(\frac{1}{r} - \frac{2}{h_a}\right)\left(\frac{1}{r} - \frac{2}{h_b}\right)\left(\frac{2}{h_a} + \frac{2}{h_b} - \frac{1}{r}\right)}}}{h_a} = \frac{2}{h_a\sqrt{\frac{1}{r}\left(\frac{1}{r} - \frac{2}{h_a}\right)\left(\frac{1}{r} - \frac{2}{h_b}\right)\left(\frac{2}{h_a} + \frac{2}{h_b} - \frac{1}{r}\right)}}$$

유사한 방법으로, b를 다음과 같이 구할 수 있다.

$$b = \frac{2S}{h_b} = \frac{2}{h_b\sqrt{\frac{1}{r}\left(\frac{1}{r} - \frac{2}{h_a}\right)\left(\frac{1}{r} - \frac{2}{h_b}\right)\left(\frac{2}{h_a} + \frac{2}{h_b} - \frac{1}{r}\right)}}$$

$c = 2p - (a+b)$이며, $2p$를 $2p = \frac{2S}{r}$로 다음과 같이 구할 수 있다.

$$2p = \frac{2S}{r} = \frac{2}{r\sqrt{\frac{1}{r}\left(\frac{1}{r} - \frac{2}{h_a}\right)\left(\frac{1}{r} - \frac{2}{h_b}\right)\left(\frac{2}{h_a} + \frac{2}{h_b} - \frac{1}{r}\right)}}$$

$c = 2p - (a+b)$를 계산하자. 이를 위해, $a+b$를 다음과 같이 구할 수 있다.

$$\begin{aligned} a + b = &\frac{2}{h_a\sqrt{\frac{1}{r}\left(\frac{1}{r} - \frac{2}{h_a}\right)\left(\frac{1}{r} - \frac{2}{h_b}\right)\left(\frac{2}{h_a} + \frac{2}{h_b} - \frac{1}{r}\right)}} \\ &+ \frac{2}{h_b\sqrt{\frac{1}{r}\left(\frac{1}{r} - \frac{2}{h_a}\right)\left(\frac{1}{r} - \frac{2}{h_b}\right)\left(\frac{2}{h_a} + \frac{2}{h_b} - \frac{1}{r}\right)}} \\ &= \frac{2}{\sqrt{\frac{1}{r}\left(\frac{1}{r} - \frac{2}{h_a}\right)\left(\frac{1}{r} - \frac{2}{h_b}\right)\left(\frac{2}{h_a} + \frac{2}{h_b} - \frac{1}{r}\right)}}\left(\frac{1}{h_a} + \frac{1}{h_b}\right) \end{aligned}$$

결국, $c = 2p - (a+b)$는 다음과 같이 얻어질 수 있다.

$$c = \frac{2}{\sqrt{\frac{1}{r}\left(\frac{1}{r} - \frac{2}{h_a}\right)\left(\frac{1}{r} - \frac{2}{h_b}\right)\left(\frac{2}{h_a} + \frac{2}{h_b} - \frac{1}{r}\right)}}\left(\frac{1}{r} - \frac{1}{h_a} - \frac{1}{h_b}\right)$$

R을 $R = \frac{bc}{2h_a}$를 이용하여 구하자. 이를 위해, bc를 다음과 같이 계산하자.

$$\begin{aligned} bc = &\frac{2}{h_b\sqrt{\frac{1}{r}\left(\frac{1}{r} - \frac{2}{h_a}\right)\left(\frac{1}{r} - \frac{2}{h_b}\right)\left(\frac{2}{h_a} + \frac{2}{h_b} - \frac{1}{r}\right)}} \times \\ &\times \frac{2}{\sqrt{\frac{1}{r}\left(\frac{1}{r} - \frac{2}{h_a}\right)\left(\frac{1}{r} - \frac{2}{h_b}\right)\left(\frac{2}{h_a} + \frac{2}{h_b} - \frac{1}{r}\right)}}\left(\frac{1}{r} - \frac{1}{h_a} - \frac{1}{h_b}\right) \\ &= \frac{4}{\frac{1}{r}\left(\frac{1}{r} - \frac{2}{h_a}\right)\left(\frac{1}{r} - \frac{2}{h_b}\right)\left(\frac{2}{h_a} + \frac{2}{h_b} - \frac{1}{r}\right)} \cdot \frac{1}{h_b}\left(\frac{1}{r} - \frac{1}{h_a} - \frac{1}{h_b}\right) \end{aligned}$$

이로부터 R을 다음과 같이 구할 수 있다.

$$R = \frac{2}{\frac{1}{r}\left(\frac{1}{r} - \frac{2}{h_a}\right)\left(\frac{1}{r} - \frac{2}{h_b}\right)\left(\frac{2}{h_a} + \frac{2}{h_b} - \frac{1}{r}\right)} \cdot \frac{1}{h_a h_b}\left(\frac{1}{r} - \frac{1}{h_a} - \frac{1}{h_b}\right)$$

이것으로 문제가 해결된다. □

제 7 장.

삼각형의 방접원, 중선과 문제해결

1. 삼각형의 방접원과 문제해결

방접원에 관련된 삼각형의 풀이와 작도 문제를 살펴보자. 삼각형 ABC의 변 BC, AC, AB에 바깥쪽으로 접하는 세 개의 방접원이 있고, 그 반지름을 r_a, r_b, r_c라 하였다. 먼저, 방접원의 반지름을 이용하여 삼각형을 푸는 문제를 살펴보자.

예제 7.1. 삼각형 ABC에서 r_a, r_b, r이 주어졌다. a, b, c, S, R을 구하여라.

풀이. 삼각형의 넓이를 구하는 등식 $S = pr$, $S = r_a(p-a)$, $S = r_b(p-b)$, $S = \sqrt{p(p-a)(p-b)(p-c)}$를 생각하고, 이를 이용하여 p를 r, r_a, r_b로 나타내자.

$S = pr$, $S = r_a(p-a)$에서 $pr = r_a(p-a)$, $S = pr$, $S = r_b(p-b)$에서 $pr = r_b(p-b)$를 얻을 수 있다. 그리고 $S = pr$, $S = \sqrt{p(p-a)(p-b)(p-c)}$에서 $p^2r^2 = p(p-a)(p-b)(p-c)$, 즉 $pr^2 = (p-a)(p-b)(p-c)$를 얻을 수 있다.

이제, $pr = r_a(p-a)$와 $pr = r_b(p-b)$를 변끼리 서로 곱하자. 그러면, $p^2r^2 = r_ar_b(p-a)(p-b)$이며 $(p-a)(p-b) = \frac{p^2r^2}{r_ar_b}$이 된다. 그리고 $pr^2 = (p-a)(p-b)(p-c)$에서 $(p-a)(p-b) = \frac{pr^2}{p-c}$이다. $(p-a)(p-b) = \frac{p^2r^2}{r_ar_b}$과 $(p-a)(p-b) = \frac{pr^2}{p-c}$을 연립하면, $\frac{p^2r^2}{r_ar_b} = \frac{pr^2}{p-c}$이며, $p-c = \frac{r_ar_b}{p}$가 얻어진다.

$pr = r_a(p-a)$에서 $p-a = \frac{pr}{r_a}$이며 $pr = r_b(p-b)$에서 $p-b = \frac{pr}{r_b}$이다. $p-a$, $p-b$, $p-c$에 대한 등식을 변끼리 서로 더하자. 그러면, 다음을 얻을 수 있다.

$$p-a+p-b+p-c = \frac{pr}{r_a} + \frac{pr}{r_b} + \frac{r_a r_b}{p},\ p = \frac{pr}{r_a} + \frac{pr}{r_b} + \frac{r_a r_b}{p}$$

$p = \frac{pr}{r_a} + \frac{pr}{r_b} + \frac{r_a r_b}{p}$에서 항 $\frac{pr}{r_a} + \frac{pr}{r_b}$을 이항하여, p에 대해 정리하자. 그러면, 다음을 얻을 수 있다.

$$p\left(1 - \frac{r}{r_a} - \frac{r}{r_b}\right) = \frac{r_a r_b}{p},\ p^2\left(\frac{r_a r_b - r r_a - r r_b}{r_a r_b}\right) = r_a r_b$$

이로부터 $p^2 = \frac{r_a^2 r_b^2}{r_a r_b - r r_a - r r_b}$이 얻어지며, $p = \frac{r_a r_b}{\sqrt{r_a r_b - r r_a - r r_b}}$가 된다.

이제, a를 구할 수 있다. $pr = r_a(p-a)$에서 $p-a = \frac{pr}{r_a}$이며 $a = p - \frac{pr}{r_a}$이 된다. 이 식에 p를 대입하면, 다음과 같이 a를 유도할 수 있다.

$$\begin{aligned} a = p - \frac{pr}{r_a} &= \frac{r_a r_b}{\sqrt{r_a r_b - r r_a - r r_b}} - \frac{\frac{r_a r_b r}{\sqrt{r_a r_b - r r_a - r r_b}}}{r_a} \\ &= \frac{r_a r_b}{\sqrt{r_a r_b - r r_a - r r_b}} - \frac{r r_b}{\sqrt{r_a r_b - r r_a - r r_b}} \\ &= \frac{r_b(r_a - r)}{\sqrt{r_a r_b - r r_a - r r_b}} \end{aligned}$$

그리고 $pr = r_b(p-b)$에서 $b = p - \frac{pr}{r_b}$이다. a를 구하는 것과 유사한 방법으로, 다음과 같이 b를 구할 수 있다.

$$b = \frac{r_a(r_b - r)}{\sqrt{r_a r_b - r r_a - r r_b}}$$

한편, $p - c = \frac{r_a r_b}{p}$에서 $c = p - \frac{r_a r_b}{p}$이며, 다음과 같이 c를 구할 수 있다.

$$\begin{aligned} c = p - \frac{r_a r_b}{p} &= \frac{r_a r_b}{\sqrt{r_a r_b - r r_a - r r_b}} - \frac{r_a r_b}{\frac{r_a r_b}{\sqrt{r_a r_b - r r_a - r r_b}}} \\ &= \frac{r_a r_b}{\sqrt{r_a r_b - r r_a - r r_b}} - \sqrt{r_a r_b - r r_a - r r_b} \\ &= \frac{r(r_a + r_b)}{\sqrt{r_a r_b - r r_a - r r_b}} \end{aligned}$$

삼각형의 넓이 S는 $S = pr$로부터 다음과 같이 유도할 수 있다.

$$S = pr = \frac{r r_a r_b}{\sqrt{r_a r_b - r r_a - r r_b}}$$

$S = \frac{abc}{4R}$에서 $R = \frac{abc}{4S}$로부터 R을 다음과 같이 구할 수 있다.

$$\frac{r_b(r_a - r)}{\sqrt{r_ar_b - rr_a - rr_b}} \cdot \frac{r_a(r_b - r)}{\sqrt{r_ar_b - rr_a - rr_b}} \cdot \frac{r(r_a + r_b)}{\sqrt{r_ar_b - rr_a - rr_b}} \cdot \frac{\sqrt{r_ar_b - rr_a - rr_b}}{4rr_ar_b}$$
$$= \frac{(r_a - r)(r_b - r)(r_a + r_b)}{4(r_ar_b - rr_a - rr_b)}$$

이것으로 문제가 해결된다. □

예제 7.1에서는 r_a, r_b, r이 주어진 경우에 삼각형에서 a, b, c, S, R을 구하는 문제를 살펴보았다. 이제, 예제 7.1의 조건 r_a, r_b, r이 주어진 경우에 삼각형 ABC를 작도하는 문제를 살펴보자.

예제 7.2. r_a, r_b, r이 주어졌다. 이때, 삼각형 ABC를 작도하여라.

풀이. 예제 7.1에서 a, b, c를 r_a, r_b, r을 이용하여 다음과 같이 나타냈다.

$$a = \frac{r_b(r_a - r)}{\sqrt{r_ar_b - rr_a - rr_b}}, \quad b = \frac{r_a(r_b - r)}{\sqrt{r_ar_b - rr_a - rr_b}}, \quad c = \frac{r(r_a + r_b)}{\sqrt{r_ar_b - rr_a - rr_b}}$$

이때, a, b, c는 r_a, r_b, r에 대한 사칙연산과 제곱근을 이용하여 표현되었으며, 자와 컴퍼스를 이용하여 a, b, c를 작도할 수 있다. 그러므로, 선분 a, b, c를 변으로 하는 삼각형 ABC를 작도할 수 있다.

여기서는 다른 방법을 살펴보자. 예제 6.16에서 삼각형의 닮음을 이용하여 작도문제를 해결하였다. 여기서도 삼각형의 닮음을 이용하여 문제를 해결하자. 이를 위해, r_a, r_b, r이 주어진 삼각형 ABC와 닮음인 삼각형 $A_1B_1C_1$을 찾아보자.

a, b, c에 대한 등식에서 분모가 같으므로, a, b, c에 대해 다음을 알 수 있다.

$$\frac{a}{r_b(r_a - r)} = \frac{b}{r_a(r_b - r)} = \frac{c}{r(r_a + r_b)}$$

즉, $r_b(r_a - r), r_a(r_b - r), r(r_a + r_b)$를 세 변으로 하는 삼각형 $A_1B_1C_1$을 작도하면, 삼각형 $A_1B_1C_1$은 삼각형 ABC와 닮음이다.

선분 $r_b(r_a - r), r_a(r_b - r), r(r_a + r_b)$는 주어진 r_a, r_b, r을 이용하여 작도가 가능하므로, $\overline{B_1C_1} = a_1 = r_b(r_a - r), \overline{A_1C_1} = b_1 = r_a(r_b - r), \overline{A_1B_1} = c_1 = r(r_a + r_b)$

인 삼각형 $A_1B_1C_1$을 작도할 수 있다. 이때, 구하는 삼각형 ABC는 삼각형 $A_1B_1C_1$과 닮음이며, 내접원의 반지름이 r인 삼각형이다.

그림 7.1과 같이 $a_1 = r_b(r_a - r), b_1 = r_a(r_b - r), c_1 = r(r_a + r_b)$인 삼각형 $A_1B_1C_1$을 작도하자. 이제, 각 B_1의 이등분선을 긋자. 그리고 변 A_1C_1과 평행하며, 변 A_1C_1으로부터 r만큼 떨어진 직선 l을 작도하자. 그러면, 각 B_1의 이등분선과 직선 l의 교점 I를 구할 수 있다.

삼각형 $A_1B_1C_1$의 변 A_1C_1을 지나는 직선에 삼각형 ABC의 꼭짓점 A, C를 잡고 각 B_1의 이등분선에 꼭짓점 B를 잡으면, 점 I는 삼각형 ABC의 내심이 된다. 그리고 점 I를 중심으로 반지름이 r인 원을 작도하면, 이 원은 구하는 삼각형 ABC의 내접원이 된다.

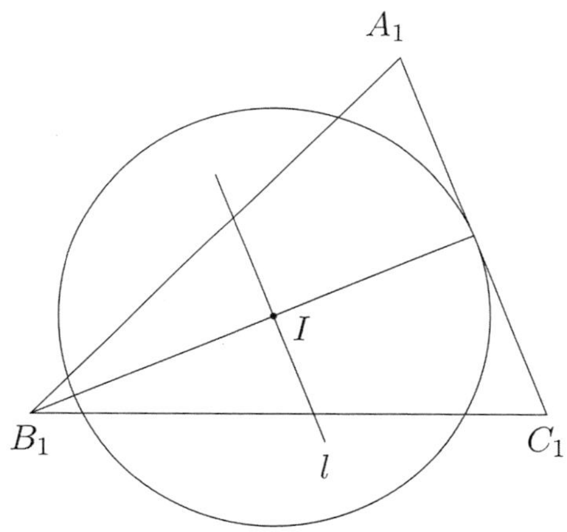

그림 7.1

내심 I로부터 삼각형 $A_1B_1C_1$의 변 B_1C_1에 수선 IH_1을 긋자. 그러면, 삼각형 ABC와 $A_1B_1C_1$의 닮음으로부터 $\overline{B_1C_1} \parallel \overline{BC}$이므로, 수선 IH_1은 선분 BC와 수직을 이룬다. 수선 IH_1과 선분 BC의 교점을 N_1이라 하면, 점 N_1은 원 I와 변 BC의 접점이 된다(그림 7.2).

이제, 수선 IH_1과 원 I의 교점 N_1을 잡아, 점 N_1을 지나 변 B_1C_1과 평행한 직선을 긋자. 그러면, 이 직선에 삼각형 ABC의 꼭짓점 B, C가 속하게 된다. 삼각형 ABC

의 꼭짓점 C가 직선 A_1C_1에 속하므로, 꼭짓점 C는 직선 A_1C_1과 점 N_1을 지나며 변 B_1C_1에 평행한 직선의 교점이다. 이와 같이 꼭짓점 C가 결정된다. 그리고 점 N_1을 지나며 변 B_1C_1에 평행한 직선과 각 B_1의 이등분선의 교점이 꼭짓점 B이다.

유사한 방법으로, 꼭짓점 A도 작도할 수 있다. 점 I로부터 변 A_1B_1에 수선 IH_2를 긋자. 수선 IH_2와 원 I의 교점을 N_2라 하고, 직선 BN_2를 작도하자. 직선 BN_2와 직선 A_1C_1의 교점이 꼭짓점 A이다.

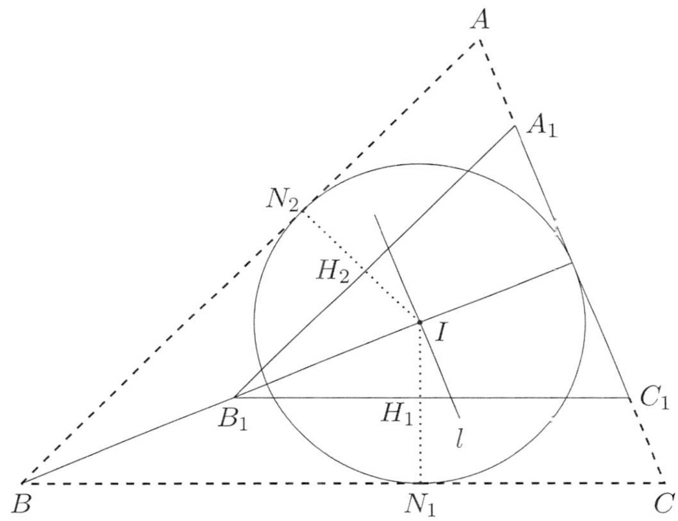

그림 7.2

삼각형 ABC의 작도 순서를 다음과 같이 정리할 수 있다.

(1) 선분 $r_b(r_a - r), r_a(r_b - r), r(r_a + r_b)$를 작도한다.

(2) 선분 $r_b(r_a-r), r_a(r_b-r), r(r_a+r_b)$를 변으로 하는 삼각형 $A_1B_1C_1$을 작도한다.

(3) 각 B_1의 이등분선을 작도한다.

(4) 변 A_1C_1에 평행하며, 변 A_1C_1으로부터 r만큼 떨어진 직선 l을 작도한다.

(5) (3)의 각의 이등분선과 (4)의 직선 l의 교점을 찾아, 교점을 I라 하자.

(6) 점 I를 중심으로 반지름이 r인 원을 작도한다.

(7) 점 I에서 변 B_1C_1에 수선 IH_1을 긋고, 수선 IH_1과 (6)의 원의 교점을 N_1이라 하자.

(8) 점 N_1을 지나 변 B_1C_1과 평행한 직선을 작도한다.

(9) (8)에서 작도한 직선과 직선 A_1C_1의 교점이 꼭짓점 C이다.

(10) (3)의 각의 이등분선과 (8)의 직선의 교점이 꼭짓점 B이다.

(11) 점 I로부터 변 A_1B_1에 수선 IH_2를 작도한다.

(12) (11)의 수선 IH_2와 (6)의 원의 교점을 N_2라 하자.

(13) 점 N_2를 지나며 변 A_1B_1에 평행한 직선을 작도한다.

(14) (13)의 직선과 직선 A_1B_1의 교점이 꼭짓점 A이다.

(15) 꼭짓점 A, B, C를 연결하면, 삼각형 ABC를 얻을 수 있다.

이것으로 문제가 해결된다. □

예제 7.1에서는 r_a, r_b, r이 주어진 경우에 삼각형에서 a, b, c, S, R을 구하는 문제를 살펴보았고, 예제 7.2에서는 r_a, r_b, r이 주어진 삼각형 ABC를 작도하였다. 이제, 각, 수선, 방접원의 반지름이 조건으로 주어진 삼각형 작도문제를 살펴보자.

예제 7.3. 삼각형 ABC에서 $\angle B, h_b, r_b$가 주어졌다. 이때, 삼각형 ABC를 작도하여라.

풀이. $\angle B, h_b, r_b$가 주어진 삼각형 ABC가 작도되었다고 가정하고, 문제해결을 위한 아이디어를 찾자. 그림 7.3에 삼각형 ABC, 높이 h_b, 변 AC에 접하는 반지름이 r_b인 방접원이 작도되었다. 그리고 점 D는 선분 BO_b와 AC의 교점이다.

그림 7.3에서 주어진 조건 $\angle B, h_b, r_b$를 이용하여 작도가능한 삼각형을 찾아보자. 직각삼각형 BO_bF에서 $\overline{O_bF} = r_b$가 주어졌고, 각 O_bBF는 $\frac{\angle B}{2}$와 같으므로 기지의 값이다. 그러므로 직각삼각형 BO_bF를 작도할 수 있으며, 이로부터 선분 BO_b가 얻어진다.

이제, 직각삼각형 BDH가 작도가능한지 조사하자. 이를 위해, 점 O_b에서 변 AC에 수선 O_bH_1을 내리자(그림 7.4). 그러면, 직각삼각형 O_bH_1D가 얻어진다. 이때, 직선 BH와 O_bH_1은 변 AC와 수직이므로, 직선 BH와 O_bH_1은 평행이며 $\angle HBD = \angle H_1O_bD$가 된다.

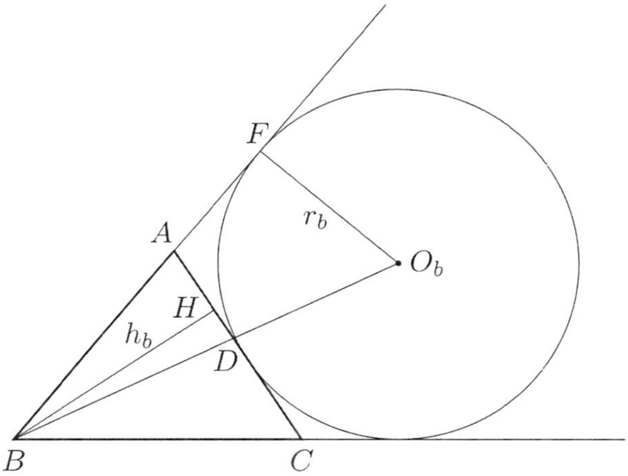

그림 7.3

이로부터 직각삼각형 O_bH_1D와 BHD가 닮음이라는 것을 알 수 있다. 이로부터 $\frac{\overline{BD}}{h_b} = \frac{\overline{O_bD}}{r_b}$가 얻어진다. $\overline{O_bD} = \overline{BO_b} - \overline{BD}$이므로, $\frac{\overline{BD}}{h_b} = \frac{\overline{BO_b}-\overline{BD}}{r_b}$이다. 얻어진 등식을 $\overline{BD}$에 대해 풀면 $\overline{BD} = \frac{\overline{BO_b}\cdot h_b}{h_b+r_b}$가 된다. 이때, $\overline{BD} = \frac{\overline{BO_b}\cdot h_b}{h_b+r_b}$에서 $\overline{BO_b}$가 기지의 값이므로, $\overline{BD} = \frac{\overline{BO_b}\cdot h_b}{h_b+r_b}$는 작도가능한 기지의 값이다. 결국, 직각삼각형 BDH에서 $\overline{BH} = h_b$와 $\overline{BD}$가 기지의 값이므로, 직각삼각형 BDH는 작도가능하다.

이제, 꼭짓점 A를 구할 수 있다. 직각삼각형 BDH의 변 BD를 한 변으로 하여 크기가 $\frac{\angle B}{2}$인 각을 작도하자. 이때, $\frac{\angle B}{2}$인 각의 다른 변과 직각삼각형 BDH의 변 DH의 연장선의 교점이 A가 된다. 꼭짓점 C도 유사한 방법으로 구할 수 있다.

삼각형 ABC를 작도하는 방법을 다음과 같이 정리할 수 있다.

(1) $\frac{\angle B}{2}$, r_b를 이용하여 직각삼각형 BO_bF를 작도한다.

(2) 길이가 $\frac{\overline{BO_b}\cdot h_b}{h_b+r_b}$인 선분을 작도한다.

(3) (1)에서 작도한 삼각형의 변 BO_b에 $\overline{BD} = \frac{\overline{BO_b}\cdot h_b}{h_b+r_b}$인 점 D를 표시한다.

(4) $\overline{BD}$를 빗변으로 하고 다른 변이 h_b인 직각삼각형 BDH를 작도한다.

(5) (4)의 직각삼각형 BDH의 변 BD를 한 변으로 하여 크기가 $\frac{\angle B}{2}$인 각을 작도한다.

(6) (5)에서 작도한 각의 다른 변과 직각삼각형 BDH의 변 DH의 연장선의 교점을

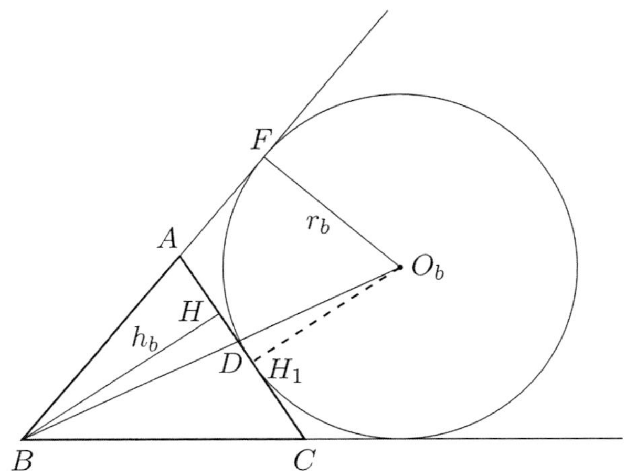

그림 7.4

A라 한다.

(7) (4)의 직각삼각형 BDH의 변 BD를 한 변으로 하여 (5)와는 다른쪽에 크기가 $\frac{\angle B}{2}$인 각을 작도한다.

(8) (7)에서 작도한 각의 다른 변과 직각삼각형 BDH의 변 DH의 연장선의 교점을 C라 한다.

(9) 점 A, B, C를 연결하면, 삼각형 ABC가 얻어진다.

이것으로 문제가 해결된다. □

이제, 삼각형 ABC의 세 방접원의 반지름 r_a, r_b, r_c가 주어진 경우에 삼각형의 다른 요소들을 구하는 문제를 살펴보자.

예제 7.4. 삼각형 ABC에서 r_a, r_b, r_c가 주어졌다. a, b, c, $\angle A, \angle B, \angle C$, S, r, R을 구하여라.

풀이. 우선, a를 구하자. 정리 5.5에 의해, $r_b = p\tan\frac{B}{2}$이며 $\tan\frac{B}{2} = \frac{r_b}{p}$이다. 이로부터 $p = \frac{r_b}{\tan\frac{B}{2}}$이다. 그리고 $r_b = (p-a)\cot\frac{C}{2}$이므로, $p - a = \frac{r_b}{\cot\frac{C}{2}}$이다.

등식 $p = \frac{r_b}{\tan\frac{B}{2}}$에서 $p - a = \frac{r_b}{\cot\frac{C}{2}}$를 변끼리 서로 빼면, 다음을 얻을 수 있다.

$$a = r_b\left(\frac{1}{\tan\frac{B}{2}} - \frac{1}{\cot\frac{C}{2}}\right) = r_b\left(\frac{1}{\tan\frac{B}{2}} - \tan\frac{C}{2}\right)$$

여기에 $\tan\frac{B}{2} = \frac{r_b}{p}$, $\tan\frac{C}{2} = \frac{r_c}{p}$를 대입하자. 그러면, 다음을 얻을 수 있다.

$$r_b\left(\frac{1}{\tan\frac{B}{2}} - \tan\frac{C}{2}\right) = r_b\left(\frac{p}{r_b} - \frac{r_c}{p}\right) = p - \frac{r_b r_c}{p} = \frac{p^2 - r_b r_c}{p}$$

이제, $p^2 = r_a r_b + r_b r_c + r_a r_c$를 생각하면, 다음을 유도할 수 있다.

$$a = \frac{p^2 - r_b r_c}{p} = \frac{r_a r_b + r_a r_c}{\sqrt{r_a r_b + r_b r_c + r_a r_c}} = \frac{r_a(r_b + r_c)}{\sqrt{r_a r_b + r_b r_c + r_a r_c}}$$

결국, a를 r_a, r_b, r_c를 이용하여 $a = \frac{r_a(r_b+r_c)}{\sqrt{r_a r_b + r_b r_c + r_a r_c}}$로 나타낼 수 있다.

유사한 방법으로, b, c에 대해 다음 등식을 유도할 수 있다.

$$b = \frac{r_b(r_a + r_c)}{\sqrt{r_a r_b + r_b r_c + r_a r_c}},\quad c = \frac{r_c(r_a + r_b)}{\sqrt{r_a r_b + r_b r_c + r_a r_c}}$$

한편, 제5장에서 $\cos A = \frac{r_b r_c + r_a r_b + r_a r_c - r_a^2}{(r_a+r_b)(r_a+r_c)}$가 된다는 것을 보였다. 이로부터, 각 A를 다음과 같이 역삼각함수로 나타낼 수 있다.

$$\angle A = \arccos\left(\frac{r_b r_c + r_a r_b + r_a r_c - r_a^2}{(r_a + r_b)(r_a + r_c)}\right)$$

유사한 방법으로, 각 B, C를 다음과 같이 구할 수 있다.

$$\angle B = \arccos\left(\frac{r_b r_c + r_a r_b + r_a r_c - r_b^2}{(r_b + r_a)(r_b + r_c)}\right),\quad \angle C = \arccos\left(\frac{r_b r_c + r_a r_b + r_a r_c - r_c^2}{(r_c + r_a)(r_c + r_b)}\right)$$

그리고 삼각형의 넓이 S는 제5장에서 다음과 같이 나타낼 수 있다는 것을 보였다.

$$S = \frac{r_a r_b r_c}{\sqrt{r_a r_b + r_b r_c + r_c r_a}}$$

이제, 내접원의 반지름 r을 r_a, r_b, r_c로 나타내자. 이를 위해, 예제 5.8에서 등식 $\frac{1}{r_a} + \frac{1}{r_b} + \frac{1}{r_c} = \frac{1}{r}$을 생각하자. 이 등식을 통분하면, $\frac{r_b r_c + r_a r_c + r_a r_b}{r_a r_b r_c} = \frac{1}{r}$이 된다. 이로부터 $r = \frac{r_a r_b r_c}{r_b r_c + r_a r_c + r_a r_b}$가 된다.

한편, 외접원의 반지름 R을 r_a, r_b, r_c로 나타내자. 이를 위해, 예제 5.8에서 등식 $r_a + r_b + r_c = 4R + r$을 생각하자. 이로부터 $R = \frac{r_a+r_b+r_c-r}{4}$가 된다. 이제, 이 식에 $r = \frac{r_ar_br_c}{r_br_c+r_ar_c+r_ar_b}$를 대입하자. 그러면, 다음을 얻을 수 있다.

$$\begin{aligned}R &= \frac{r_a + r_b + r_c - r}{4} = \frac{r_a + r_b + r_c - \frac{r_ar_br_c}{r_br_c+r_ar_c+r_ar_b}}{4} \\ &= \frac{r_ar_br_c + r_a^2r_c + r_a^2r_b + r_b^2r_c + r_ar_br_c + r_ar_b^2 + r_br_c^2 + r_ar_c^2 + r_ar_br_c - r_ar_br_c}{4(r_br_c + r_ar_c + r_ar_b)} \\ &= \frac{2r_ar_br_c + r_a^2(r_c + r_b) + r_b^2(r_c + r_a) + r_c^2(r_b + r_a)}{4(r_br_c + r_ar_c + r_ar_b)}\end{aligned}$$

이것으로 문제가 해결된다. □

r_a, r_b, r_c가 주어진 삼각형 ABC를 자와 컴퍼스로 작도하는 문제도 해결이 가능하다. 이를 자세히 살펴보자. 예제 7.4에서 삼각형 ABC의 변 a, b, c를 다음과 같이 r_a, r_b, r_c로 나타냈다.

$$a = \frac{r_a(r_b + r_c)}{\sqrt{r_ar_b + r_br_c + r_ar_c}},\ b = \frac{r_b(r_a + r_c)}{\sqrt{r_ar_b + r_br_c + r_ar_c}},\ c = \frac{r_c(r_a + r_b)}{\sqrt{r_ar_b + r_br_c + r_ar_c}}$$

얻어진 a, b, c에 대한 등식의 우변에서 분자를 좌변으로 이항하면, 다음을 얻을 수 있다.

$$\frac{a}{r_a(r_b + r_c)} = \frac{1}{\sqrt{r_ar_b + r_br_c + r_ar_c}},\ \frac{b}{r_b(r_a + r_c)} = \frac{1}{\sqrt{r_ar_b + r_br_c + r_ar_c}},$$
$$\frac{c}{r_c(r_a + r_b)} = \frac{1}{\sqrt{r_ar_b + r_br_c + r_ar_c}}$$

이 등식들을 연립하면, 다음 비례식을 얻을 수 있다.

$$\frac{a}{r_a(r_b + r_c)} = \frac{b}{r_b(r_a + r_c)} = \frac{c}{r_c(r_a + r_b)}$$

이로부터, $r_a(r_b + r_c), r_b(r_a + r_c), r_c(r_a + r_b)$를 변으로 가지는 삼각형 $A_1B_1C_1$과 a, b, c가 변인 삼각형 ABC는 닮음이라는 것을 알 수 있다. 결국, 삼각형 ABC를 작도하려면, 먼저 주어진 r_a, r_b, r_c에 의해 삼각형 $A_1B_1C_1$을 작도하고, 삼각형 $A_1B_1C_1$과 닮음이며 a, b, c가 변인 삼각형을 작도하면 된다.

$r_a(r_b+r_c)$, $r_b(r_a+r_c)$, $r_c(r_a+r_b)$를 변으로 가지는 삼각형 $A_1B_1C_1$을 작도하자. 이를 위해, r_a, r_b, r_c를 이용하여 길이가 $r_a(r_b+r_c)$, $r_b(r_a+r_c)$, $r_c(r_a+r_b)$인 선분을 작도하면 된다. 이때, $r_a(r_b+r_c)$, $r_b(r_a+r_c)$, $r_c(r_a+r_b)$는 r_a, r_b, r_c에 사칙연산을 이용하여 얻어지므로, 자와 컴퍼스를 이용하여 작도할 수 있다. 이로부터, 길이가 $r_a(r_b+r_c)$, $r_b(r_a+r_c)$, $r_c(r_a+r_b)$인 선분을 변으로 하는 삼각형 $A_1B_1C_1$을 작도할 수 있다.

삼각형 $A_1B_1C_1$과 닮음인 삼각형들 중에서 a, b, c가 변인 삼각형 ABC를 찾는 방법을 생각하자. 등식 6.60에서 $h_a = \frac{2r_br_c}{r_b+r_c}$가 된다는 것을 보였다. r_b, r_c가 주어졌으므로, h_a를 자와 컴퍼스로 작도할 수 있다. 결국, 삼각형 $A_1B_1C_1$과 닮음인 삼각형들 중에서 $h_a = \frac{2r_br_c}{r_b+r_c}$인 삼각형이 바로 삼각형 ABC이다.

높이가 $h_a = \frac{2r_br_c}{r_b+r_c}$인 삼각형은 어렵지 않게 찾을 수 있다. 삼각형 $A_1B_1C_1$의 꼭짓점 A_1에서 변 B_1C_1에 높이 A_1H를 작도하고, $\overline{A_1H}$의 연장선에 $\overline{A_1H_1} = h_a$인 점 H_1을 잡는다(그림 7.5).

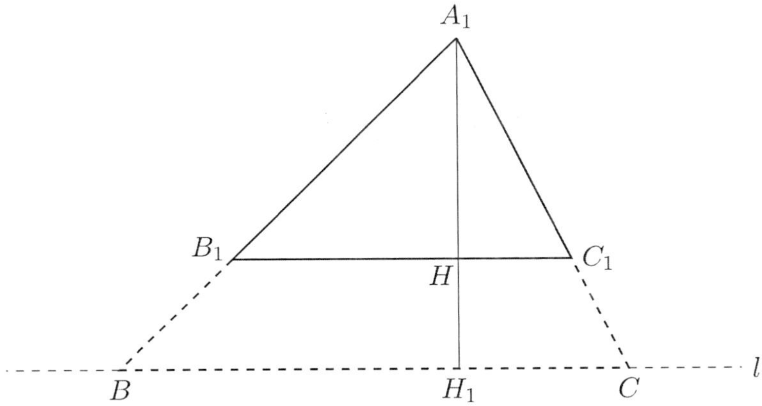

그림 7.5

이제, 점 H_1을 지나며 변 B_1C_1과 평행한 직선 l을 작도하자. 직선 l과 변 A_1B_1의 연장선의 교점을 B, 직선 l과 변 A_1C_1의 연장선의 교점을 C라 하자. 그러면, 삼각형 A_1BC가 얻어지며, 이 삼각형이 삼각형 ABC이다.

방접원의 반지름이 r_a, r_b, r_c인 삼각형 ABC를 작도하는 순서를 다음과 같이 정리할 수 있다.

(1) 길이가 $r_a(r_b+r_c)$, $r_b(r_a+r_c)$, $r_c(r_a+r_b)$인 선분을 작도한다.

(2) (1)에서 작도한 세 선분을 변으로 가지는 삼각형 $A_1B_1C_1$을 작도한다.

(3) 삼각형 $A_1B_1C_1$의 꼭짓점 A_1에서 변 B_1C_1에 높이 A_1H를 작도한다.

(4) $h_a = \frac{2r_br_c}{r_b+r_c}$인 선분을 작도한다.

(5) (3)에서 작도한 높이 $\overline{A_1H}$의 연장선에 $\overline{A_1H_1} = h_a$인 점 H_1을 잡는다.

(6) 점 H_1을 지나며 변 B_1C_1과 평행한 직선을 작도한다.

(7) (6)에서 작도한 직선과 변 A_1B_1의 연장선의 교점을 B, 변 A_1C_1의 연장선의 교점을 C라 한다.

(8) 세 점 A_1, B, C를 연결하여 삼각형 A_1BC를 작도한다. 이 삼각형이 삼각형 ABC이다.

2. 삼각형의 중선과 문제해결

삼각형의 중선에 관련된 정보가 주어진 경우에 삼각형의 다른 요소들을 구하고, 삼각형을 작도하는 문제를 살펴보자. 삼각형의 중선에 대한 다음 정리를 기억해 두자. 이 정리에 대한 한 가지 증명 방법을 제4장에서 체바 정리를 이용하여 살펴보았다. 이 정리를 증명하는 다양한 방법들이 [3]에 제시되어 있다.

> 삼각형에서 세 중선은 한 점에서 만나며, 이 교점은 각 중선을 2 : 1로 나눈다.

이때, 삼각형의 세 중선의 교점을 무게중심이라고 부른다.

예제 6.9에서는 직각삼각형 ABC에서 빗변 c과 각의 이등분선 l_b가 주어진 경우의 문제해결을 살펴보았다. 이때, 각의 이등분선 l_b 대신에 중선 m_b가 주어진 경우에도 유사한 문제를 생각할 수 있다.

예제 7.5. 각 C가 직각인 직각삼각형 ABC에서 빗변 c, 꼭짓점 B에서 그은 중선 m_b가 주어졌다. $\angle A, \angle B$, a, b를 구하여라.

풀이. 각 C가 직각인 직각삼각형 ABC에 꼭짓점 B에서 중선 $\overline{BE} = m_b$를 작도하자 (그림 7.6). 먼저, 변 a, b를 구해보자. 이를 위해, 피타고라스 정리를 이용하자. 직각삼각형 EBC에서 $\overline{CE} = \overline{AE} = \frac{1}{2}b$이므로, $a^2 + \left(\frac{1}{2}b\right)^2 = m_b^2$이다. 그리고 직각삼각형 ABC에서 $a^2 + b^2 = c^2$이다. 등식 $a^2 + b^2 = c^2$에서 $a^2 + \left(\frac{1}{2}b\right)^2 = m_b^2$을 변끼리 서로 빼면, $\frac{3}{4}b^2 = c^2 - m_b^2$이며 $b^2 = \frac{4}{3}(c^2 - m_b^2)$, $b = \sqrt{\frac{4(c^2-m_b^2)}{3}}$이 된다.

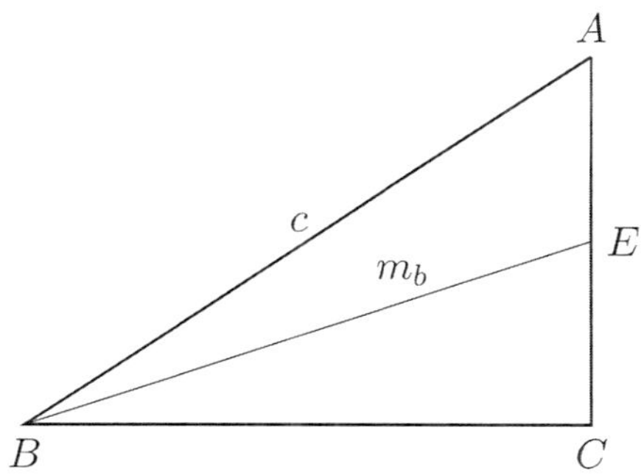

그림 7.6

한편, 피타고라스 정리에 의해 변 a를 구할 수 있다. $a^2 = c^2 - b^2 = c^2 - \frac{4}{3}(c^2 - m_b^2) = \frac{1}{3}(4m_b^2 - c^2)$이다. 이로부터 $a = \sqrt{\frac{4m_b^2-c^2}{3}}$이 얻어진다.

이제, 각 B는 $\cos B = \frac{a}{c}$를 이용하여, 다음과 같이 구할 수 있다.

$$\cos B = \frac{a}{c} = \frac{\sqrt{\frac{4m_b^2-c^2}{3}}}{c} = \sqrt{\frac{4m_b^2 - c^2}{3c^2}}, \ \angle B = \arccos\sqrt{\frac{4m_b^2 - c^2}{3c^2}}$$

한편, $\sin A = \frac{a}{c}$이므로, 다음과 같이 구할 수 있다.

$$\sin A = \frac{a}{c} = \frac{\sqrt{\frac{4m_b^2-c^2}{3}}}{c} = \sqrt{\frac{4m_b^2 - c^2}{3c^2}}, \ \angle A = \arcsin\sqrt{\frac{4m_b^2 - c^2}{3c^2}}$$

이것으로 문제가 해결된다. □

예제 7.6. 삼각형 ABC에서 $m_a, \angle B, \angle C$가 주어졌다. $\angle A, R, r, S, a, b, c$를 구하여라.

풀이. 그림 7.7에서 $\angle A = \pi - (B + C)$로 구할 수 있다.

각 B, C와 중선 m_a의 관계를 찾아서, 외접원의 반지름 R을 구하자. 사인 정리에 의해 $a = 2R\sin A$, $b = 2R\sin B$, $c = 2R\sin C$이다. 이것을 예제 4.6에서 구한 등식 $4m_a^2 = 2b^2 + 2c^2 - a^2$에 대입하자. 그러면, $4m_a^2 = 8R^2\sin^2 B + 8R^2\sin^2 C - 4R^2\sin^2 A = 8R^2\sin^2 B + 8R^2\sin^2 C - 4R^2\sin^2(B + C)$가 된다. 이로부터 $4m_a^2 = 8R^2\sin^2 B + 8R^2\sin^2 C - 4R^2\sin^2(B + C)$이며, $R^2 = \frac{m_a^2}{2\sin^2 B+2\sin^2 C-\sin^2(B+C)}$이 얻어진다. 결국, $R = \frac{m_a}{\sqrt{2\sin^2 B+2\sin^2 C-\sin^2(B+C)}}$가 된다.

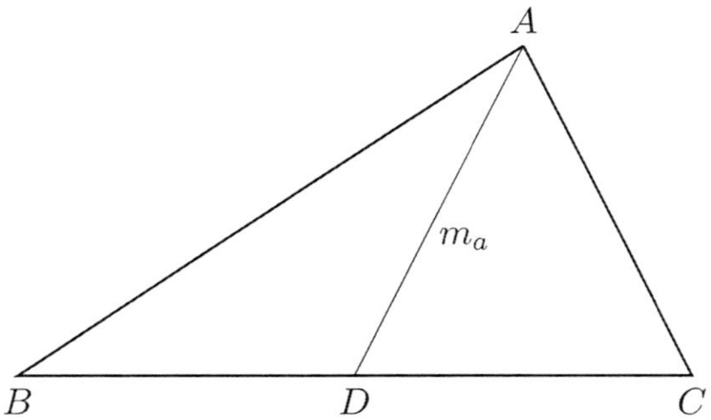

그림 7.7

삼각형의 변 a, b, c를 구하자. $a = 2R\sin A = 2R\sin(B + C)$, $b = 2R\sin B$, $c = 2R\sin C$이므로, 다음을 얻을 수 있다.

$$a = 2R\sin(B + C) = \frac{2m_a\sin(B + C)}{\sqrt{2\sin^2 B + 2\sin^2 C - \sin^2(B + C)}}$$
$$b = 2R\sin B = \frac{2m_a\sin B}{\sqrt{2\sin^2 B + 2\sin^2 C - \sin^2(B + C)}}$$
$$c = 2R\sin C = \frac{2m_a\sin C}{\sqrt{2\sin^2 B + 2\sin^2 C - \sin^2(B + C)}}$$

삼각형의 넓이 S를 구하자. 예제 5.6에서 $S = \frac{c^2\sin A\sin B}{2\sin C}$이며, 여기에 $c = 2R\sin C$를 대입하자. 그러면, $S = 2R^2\sin A\sin B\sin C$가 된다. 그리고 $\angle A = \pi - (B + C)$이므로, $S = 2R^2\sin B\sin C\sin(B + C)$이다.

얻어진 식에 $R^2 = \frac{m_a^2}{2\sin^2 B+2\sin^2 C-\sin^2(B+C)}$을 대입하면, 다음을 얻을 수 있다.

$$S = 2R^2\sin B\sin C\sin(B + C) = \frac{2m_a^2\sin B\sin C\sin(B + C)}{2\sin^2 B + 2\sin^2 C - \sin^2(B + C)}$$

r을 구하기 위해, $r = \frac{S}{p}$를 이용하자. $p = \frac{a+b+c}{2} = \frac{2R\sin A + 2R\sin B + 2R\sin C}{2} = R(\sin A + \sin B + \sin C)$이다. 그러므로, r을 다음과 같이 구할 수 있다.

$$r = \frac{S}{p} = \frac{2m_a^2 \sin A \sin B \sin C}{2\sin^2 B + 2\sin^2 C - \sin^2(B+C)} \cdot \frac{1}{R(\sin A + \sin B + \sin C)}$$

예제 3.6에 의해 $\sin A + \sin B + \sin C = 4\cos\frac{A}{2}\cos\frac{B}{2}\cos\frac{C}{2}$이고, $\sin A = 2\sin\frac{A}{2}\cos\frac{A}{2}$를 생각하자. 그러면,다음을 얻을 수 있다.

$$\frac{2m_a^2 \sin A \sin B \sin C}{2\sin^2 B + 2\sin^2 C - \sin^2(B+C)} \cdot \frac{1}{R(\sin A + \sin B + \sin C)}$$
$$= \frac{4m_a^2 \sin\frac{A}{2}\sin\frac{B}{2}\sin\frac{C}{2}}{R(2\sin^2 B + 2\sin^2 C - \sin^2(B+C))}$$

얻어진 식에 $\angle A = \pi - (B+C)$, $R = \frac{m_a}{\sqrt{2\sin^2 B + 2\sin^2 C - \sin^2(B+C)}}$를 대입하면, 다음을 얻을 수 있다.

$$r = \frac{4m_a \cos\frac{B+C}{2}\sin\frac{B}{2}\sin\frac{C}{2}}{\sqrt{2\sin^2 B + 2\sin^2 C - \sin^2(B+C)}}$$

이것으로 문제가 해결된다. □

예제 7.6에서 $m_a, \angle B, \angle C$가 주어진 삼각형 ABC에서 $\angle A, R, r, S, a, b, c$를 구하였다. 이제, $m_a, \angle B, \angle C$가 주어진 삼각형 ABC의 작도를 생각하자. 예제 7.6에서 a, b, c가 다음과 같이 표현되었다.

$$a = \frac{2m_a \sin(B+C)}{\sqrt{2\sin^2 B + 2\sin^2 C - \sin^2(B+C)}}$$
$$b = \frac{2m_a \sin B}{\sqrt{2\sin^2 B + 2\sin^2 C - \sin^2(B+C)}}$$
$$c = \frac{2m_a \sin C}{\sqrt{2\sin^2 B + 2\sin^2 C - \sin^2(B-C)}}$$

a, b, c에 대한 이 등식에는 $\sin B, \sin C, \sin(B+C)$가 포함되어 있기 때문에, 자와 컴퍼스를 이용하여 a, b, c를 작도하는 것이 복잡할 수 있다. $m_a, \angle B, \angle C$가 주어진 삼각형 ABC를 작도하는 문제의 해결을 위해 다른 방법을 찾아보자.

예제 7.7. 삼각형 ABC에서 $m_a, \angle B, \angle C$가 주어졌다. 이때, 삼각형 ABC를 작도하여라.

풀이. 주어진 $m_a, \angle B, \angle C$로 삼각형 ABC를 작도했다고 가정하고, 문제해결을 위한 아이디어를 찾아보자. 삼각형 ABC를 작도하고, 중선 $\overline{AD} = m_a$를 표시하자(그림 7.8).

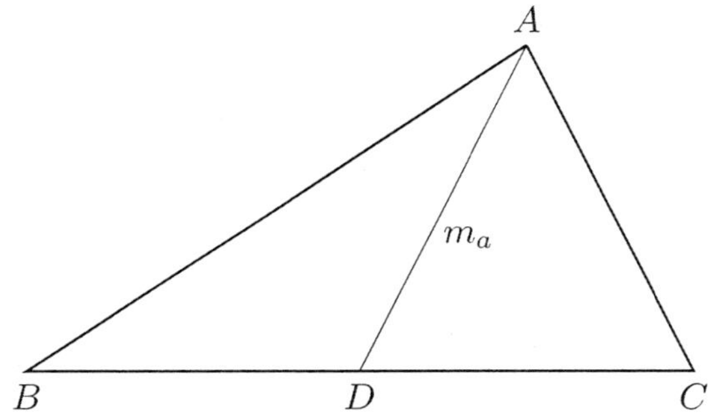

그림 7.8

각 B와 C가 주어졌으므로, 각 A는 $\angle A = \pi-(B+C)$로 구할 수 있다. $\angle A, \angle B, \angle C$를 포함하는 삼각형은 무수히 많으며, 서로 닮음이다. 그러한 삼각형들 중에서 중선 $\overline{AD} = m_a$인 삼각형이 구하는 도형이다.

결국, $\angle A, \angle B, \angle C$를 포함하는 임의의 삼각형 $A_1B_1C_1$을 작도하고, 중선 A_1D_1을 작도하자. 중선 A_1D_1(또는 그 연장선)에 $\overline{A_1D} = m_a$인 점 D를 잡자. 이제, 점 D를 지나 변 B_1C_1에 평행한 직선을 긋자. 이 직선과 변 A_1B_1(또는 그 연장선)과의 교점을 B, 변 A_1C_1(또는 그 연장선)과의 교점을 C라 하면, 삼각형 A_1BC가 구하는 도형이 된다.

삼각형 ABC를 작도하는 순서를 다음과 같이 정리할 수 있다.

(1) $\angle A = \pi - (B + C)$인 각 A를 작도한다.

(2) $\angle A, \angle B, \angle C$를 포함하는 임의의 삼각형 $A_1B_1C_1$을 작도한다.

(3) 삼각형 $A_1B_1C_1$에 중선 A_1D_1을 작도한다.

(4) 중선 A_1D_1(또는 그 연장선)에 $\overline{A_1D} = m_a$인 점 D를 잡는다.

(5) 점 D를 지나 변 B_1C_1에 평행한 직선을 긋는다.

(6) (5)에서 그은 직선과 변 A_1B_1(또는 그 연장선)과의 교점을 B, 변 A_1C_1(또는 그 연장선)과의 교점을 C라 한다.

(7) 점 A_1, B, C를 연결하면, 삼각형 A_1BC가 구하는 삼각형 ABC이다.

이것으로 문제가 해결된다. □

예제 7.7에서는 한 중선 m_a와 두 각 $\angle B, \angle C$가 주어진 경우에 삼각형 ABC를 작도하는 문제를 해결하였다. 이때, 두 각 $\angle B, \angle C$ 대신에, 두 변 b, c가 주어진 경우의 작도문제를 살펴보자.

예제 7.8. 삼각형 ABC에서 m_a, b, c가 주어졌다. 이때, 삼각형 ABC를 작도하여라.

풀이. 주어진 m_a, b, c로 삼각형 ABC를 작도했다고 가정하고, 문제해결을 위한 아이디어를 찾아보자. 삼각형 ABC를 작도하고, 중선 $\overline{AD} = m_a$를 표시하자(그림 7.9).

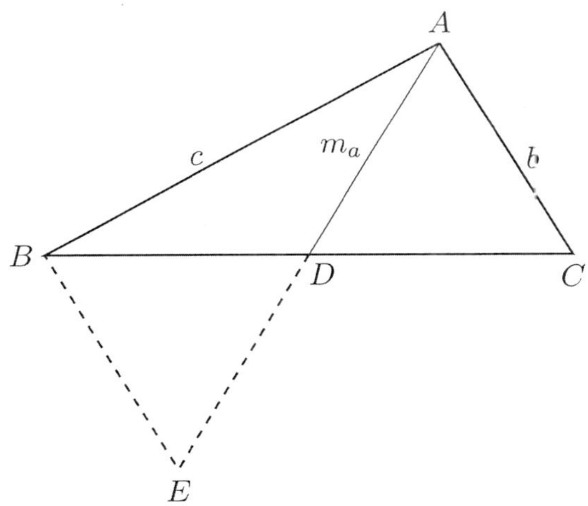

그림 7.9

$\overline{BD} = \overline{CD}$이므로, 중선 AD의 연장선에 $\overline{DE} = \overline{AD}$인 점 E를 잡으면 합동인 삼각형을 얻을 수 있다. 즉, $\overline{BD} = \overline{CD}$, $\overline{DE} = \overline{AD}$, $\angle ADC = \angle EDB$이므로, 삼각형 ADC와 EDB는 합동이다. 이로부터 $\overline{BE} = b$가 된다.

이제, 삼각형 BEA를 생각하자. $\overline{BA} = c$, $\overline{BE} = b$, $\overline{AE} = 2m_a$이므로, 삼각형 BEA를 작도할 수 있다. 삼각형 BEA의 변 AE의 중점 D를 잡아, 직선 BD를 작도하자. 직선 BD에 $\overline{BD} = \overline{DC}$인 점 C를 잡는다. 세 점 A, B, C를 연결하면, 삼각형 ABC를 얻게 된다.

삼각형 ABC를 작도하는 순서를 다음과 같이 정리할 수 있다.

(1) 길이가 $2m_a$인 선분을 작도한다.

(2) $b, c, 2m_a$를 변으로 하는 삼각형 BEA를 작도한다.

(3) 삼각형 BEA의 변 AE의 중점 D를 잡아, 직선 BD를 작도한다.

(4) 직선 BD에 $\overline{BD} = \overline{DC}$인 점 C를 잡는다.

(5) 세 점 A, B, C를 연결하여 삼각형 ABC를 작도한다.

이것으로 문제가 해결된다. □

이제, 두 중선과 한 변이 주어진 삼각형의 작도 문제를 살펴보자.

예제 7.9. 삼각형 ABC에서 m_b, m_c, a가 주어졌다. 이때, 삼각형 ABC를 작도하여라.

풀이. 주어진 m_b, m_c, a로 삼각형 ABC를 작도했다고 가정하고, 문제해결을 위한 아이디어를 찾아보자. 삼각형 ABC를 작도하고, 중선 m_b, m_c와 그 교점 G를 표시하자 (그림 7.10).

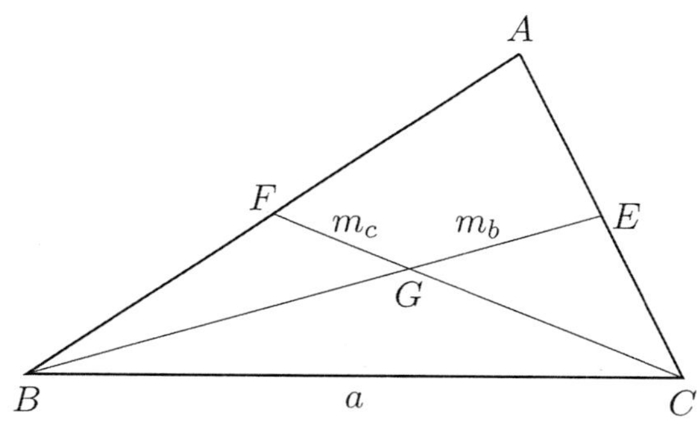

그림 7.10

그림 7.10에서 작도가능한 삼각형을 찾아보자. 점 G가 무게중심이므로, $\overline{BG}$ =

$\frac{2}{3}m_b$, $\overline{CG} = \frac{2}{3}m_c$가 된다. 즉, 삼각형 GBC의 세 변이 기지의 값이므로, 삼각형 GBC를 작도할 수 있다.

점 E는 삼각형 GBC의 변 BG의 연장선에 $\overline{GE} = \frac{1}{3}m_b$인 점을 잡으면 구할 수 있다. 점 F도 삼각형 GBC의 변 CG의 연장선에 $\overline{GF} = \frac{1}{3}m_c$인 점을 잡으면 구할 수 있다. 이제, 점 C와 E를 지나는 직선을 작도하고, 점 B와 F를 지나는 직선을 작도하자. 이들 직선의 교점을 A라 하면, 삼각형 ABC를 얻을 수 있다.

삼각형 ABC를 작도하는 순서를 다음과 같이 정리할 수 있다.

(1) $\frac{2}{3}m_b$, $\frac{2}{3}m_c$인 선분을 작도한다.

(2) 변이 $\frac{2}{3}m_b$, $\frac{2}{3}m_c$, a인 삼각형 GBC를 작도한다.

(3) 삼각형 GBC의 변 BG의 연장선에 $\overline{GE} = \frac{1}{3}m_b$인 점 E를 잡는다.

(4) 삼각형 GBC의 변 CG의 연장선에 $\overline{GF} = \frac{1}{3}m_c$인 점 F를 잡는다.

(5) 점 C와 E를 지나는 직선을 작도하고, 점 B와 F를 지나는 직선을 작도한다.

(6) (5)에서 그은 두 직선의 교점을 A라 하자.

(7) 점 A, B, C를 연결하면, 삼각형 ABC를 얻을 수 있다.

이것으로 문제가 해결된다. □

예제 7.10. 삼각형 ABC에서 m_a, m_b, m_c가 주어졌다. $S, a, b, c, \angle A, \angle B, \angle C$를 구하여라.

풀이. 예제 4.6에서 $m_a^2 = \frac{2b^2+2c^2-a^2}{4}, m_b^2 = \frac{2a^2+2c^2-b^2}{4}, m_c^2 = \frac{2a^2+2b^2-c^2}{4}$을 유도하였다. 이들을 연립하여 a, b, c를 구하자.

등식 $m_b^2 = \frac{2a^2+2c^2-b^2}{4}, m_c^2 = \frac{2a^2+2b^2-c^2}{4}$를 변끼리 서로 더하면, $4a^2 + b^2 + c^2 = 4m_b^2 + 4m_c^2$이 된다. 그리고 $m_a^2 = \frac{2b^2+2c^2-a^2}{4}$에서 $2(b^2+c^2) = 4m_a^2 + a^2$이며, $b^2+c^2 = 2m_a^2 + \frac{a^2}{2}$이 얻어진다. 이 식을 $4a^2+b^2+c^2 = 4m_b^2+4m_c^2$에 대입하여 정리하면, 다음을 얻을 수 있다.

$$4a^2 + 2m_a^2 + \frac{a^2}{2} = 4m_b^2 + 4m_c^2, \ \frac{9}{2}a^2 = 4m_b^2 + 4m_c^2 - 2m_a^2$$

이로부터 $a^2 = \frac{4}{9}(2m_b^2 + 2m_c^2 - m_a^2)$이며, $a = \frac{2}{3}\sqrt{2m_b^2 + 2m_c^2 - m_a^2}$이 얻어진다.

유사한 방법으로, b, c에 대해 다음을 얻을 수 있다.

$$b = \frac{2}{3}\sqrt{2m_a^2 + 2m_c^2 - m_b^2},\ c = \frac{2}{3}\sqrt{2m_a^2 + 2m_b^2 - m_c^2}$$

이제, 삼각형의 넓이 S를 m_a, m_b, m_c로 나타내자. 이를 위해, 삼각형 ABC에 중선 AD, BE, CF를 작도하고, 이들의 교점을 G라 하자(그림 7.11). 중선 AD의 연장선에 $\overline{GD} = \overline{DG_1}$인 점 G_1을 잡아, 삼각형 GG_1C를 작도하자.

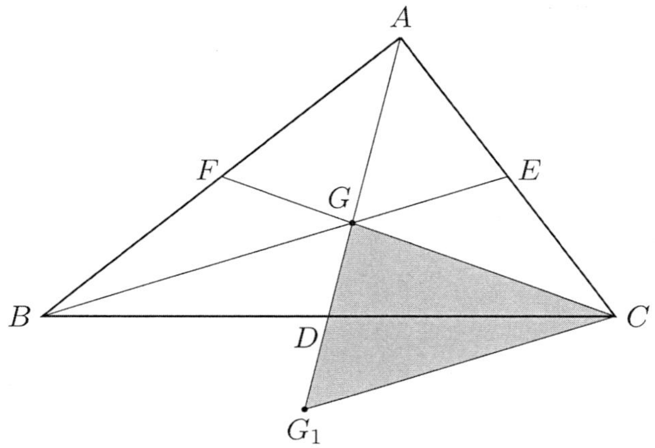

그림 7.11

삼각형 GG_1C의 변의 길이를 구하자. 삼각형 BDG와 CDG_1에서 $\overline{BD} = \overline{CD}$, $\overline{GD} = \overline{DG_1}$, $\angle BDG = \angle CDG_1$이므로, 삼각형 BDG와 CDG_1은 합동이다. 이로부터, $\overline{CG_1} = \overline{BG}$가 된다. 그리고 점 G가 삼각형 ABC의 무게중심이므로, $\overline{BG} = \overline{CG_1} = \frac{2}{3}m_b$, $\overline{CG} = \frac{2}{3}m_c$, $\overline{GG_1} = \overline{GD} + \overline{DG_1} = \frac{1}{3}m_a + \frac{1}{3}m_a = \frac{2}{3}m_a$가 된다. 결국, 삼각형 GG_1C의 변의 길이는 $\frac{2}{3}m_a$, $\frac{2}{3}m_b$, $\frac{2}{3}m_c$가 된다.

삼각형 GG_1C와 삼각형 ABC의 넓이를 비교하자. 삼각형 ABC에서 점 D가 변 BC의 중점이므로, 삼각형 ABD와 ACD의 넓이는 같다. 그리고 삼각형 GBD와 GCD의 넓이도 같다. 그런데, 삼각형 ABD에서 삼각형 GBD를 빼면 삼각형 ABG가 되며, 삼각형 ACD에서 삼각형 GCD를 빼면 삼각형 ACG가 된다. 이로부터 삼각형 ABG와 ACG의 넓이가 같게 된다.

한편, 점 E, F가 변 AC, AB의 중점이라는 것을 생각하면, 삼각형 AEG와 CEG는 넓이가 같고 삼각형 AFG와 BFG도 넓이가 같다. 이때, ABG와 ACG의 넓이가 같다는 것을 생각하면, 삼각형 AEG, CEG, AFG, BFG의 넓이가 모두 같다. 비슷한 방법으로, 삼각형 GBD와 GCD의 넓이도 삼각형 AEG, CEG, AFG, BFG의 넓이와 같다는 것을 유도할 수 있다.

결국, 삼각형 GG_1C의 넓이 S_1은 삼각형 ABC의 넓이 S의 $\frac{1}{3}$이라는 것을 알 수 있다. 이제, 헤론 공식을 이용하여 삼각형 GG_1C의 넓이 S_1을 구하자.

삼각형 GG_1C에서 $\overline{GG_1} = a_1$, $\overline{G_1C} = b_1$, $\overline{GC} = c_1$이라 하자. $p = \frac{1}{2}(a_1 + b_1 + c_1) = \frac{1}{2}\left(\frac{2}{3}(m_a + m_b + m_c)\right) = \frac{1}{3}(m_a + m_b + m_c)$이며, $p - a_1, p - b_1, p - c_1$을 다음과 같이 구할 수 있다.

$$\begin{aligned} p - a_1 &= \frac{1}{3}(m_a + m_b + m_c) - \frac{2}{3}m_a = \frac{1}{3}(-m_a - m_b + m_c) \\ p - b_1 &= \frac{1}{3}(m_a + m_b + m_c) - \frac{2}{3}m_b = \frac{1}{3}(m_a - m_b + m_c) \\ p - c_1 &= \frac{1}{3}(m_a + m_b + m_c) - \frac{2}{3}m_c = \frac{1}{3}(m_a + m_b - m_c) \end{aligned}$$

얻어진 식들을 이용하면, 삼각형 GG_1C의 넓이 S_1을 다음과 같이 구할 수 있다.

$$S_1 = \sqrt{\left(\frac{1}{3}\right)^4 (m_a + m_b + m_c)(-m_a + m_b + m_c)(m_a - m_b + m_c)(m_a + m_b - m_c)}$$

$S_1 = \frac{1}{9}\sqrt{(m_a + m_b + m_c)(-m_a + m_b + m_c)(m_a - m_b + m_c)(m_a + m_b - m_c)}$가 된다. 그리고 $S = 3S_1$이므로, 삼각형 ABC의 넓이 S를 다음과 같이 나타낼 수 있다.

$$S = \frac{1}{3}\sqrt{(m_a + m_b + m_c)(-m_a + m_b + m_c)(m_a - m_b + m_c)(m_a + m_b - m_c)}$$

$\angle A$를 코사인 정리를 이용하여 구하자. $\cos A = \frac{b^2+c^2-a^2}{2bc}$이므로, 다음을 유도할 수 있다.

$$\begin{aligned} \cos A &= \frac{b^2 + c^2 - a^2}{2bc} \\ &= \frac{\left(\frac{4}{9}(2m_a^2 + 2m_c^2 - m_b^2)\right) + \left(\frac{4}{9}(2m_a^2 + 2m_b^2 - m_c^2)\right) - \left(\frac{4}{9}(2m_b^2 + 2m_c^2 - m_a^2)\right)}{\frac{8}{9} \cdot \sqrt{2m_a^2 + 2m_c^2 - m_b^2} \cdot \sqrt{2m_a^2 + 2m_b^2 - m_c^2}} \\ &= \frac{5m_a^2 - m_b^2 - m_c^2}{2\sqrt{2m_a^2 + 2m_c^2 - m_b^2} \cdot \sqrt{2m_a^2 + 2m_b^2 - m_c^2}} \end{aligned}$$

이로부터 $\angle A = \arccos\left(\frac{5m_a^2-m_b^2-m_c^2}{2\sqrt{2m_a^2+2m_c^2-m_b^2}\cdot\sqrt{2m_a^2+2m_b^2-m_c^2}}\right)$가 된다. 유사한 방법으로, 다음을 유도할 수 있다.

$$\angle B = \arccos\left(\frac{5m_b^2 - m_a^2 - m_c^2}{2\sqrt{2m_b^2 + 2m_c^2 - m_a^2}\cdot\sqrt{2m_a^2 + 2m_b^2 - m_c^2}}\right)$$
$$\angle C = \arccos\left(\frac{5m_c^2 - m_a^2 - m_b^2}{2\sqrt{2m_b^2 + 2m_c^2 - m_a^2}\cdot\sqrt{2m_a^2 + 2m_c^2 - m_b^2}}\right)$$

이것으로 문제가 해결된다. □

예제 7.10에서는 삼각형의 넓이 S를 m_a, m_b, m_c로 나타내기 위해, 그림 7.11에서 삼각형 GG_1C의 넓이를 이용하였다. 이때, 삼각형 GG_1C는 변을 m_a, m_b, m_c로 나타낼 수 있는 삼각형이며, 넓이를 구하기 위해 헤론 공식을 이용했다. 삼각형 GG_1C와 유사한 성질을 가지는 다른 삼각형을 찾아서 삼각형 ABC의 넓이를 m_a, m_b, m_c로 나타낼 수 있다.

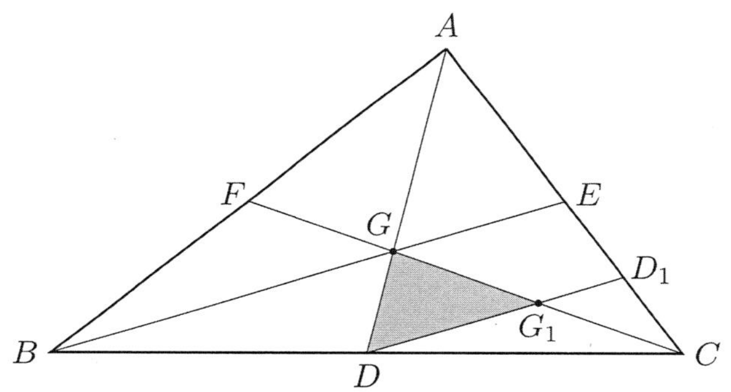

그림 7.12

그림 7.12에 중선 AD, BE, CF를 작도하고, 그 교점을 G라고 하였다. 이제, 점 D를 지나 중선 BE와 평행한 선분 DD_1을 작도하자. 그리고 선분 DD_1과 중선 CF의 교점을 G_1이라 하자.

이제, 삼각형 GDG_1의 변들을 m_a, m_b, m_c로 나타내자. $\overline{GD} = \frac{1}{3}m_a$이다. 한편, 삼각형 CBG에서 변 CB의 중점을 지나 변 BG와 평행한 선분 DG_1을 그었으므로, 점 G_1은 선분 CG의 중점이며 $\overline{DG_1} = \frac{1}{2}\overline{BG}$이다. $\overline{CG} = \frac{2}{3}m_c$, $\overline{BG} = \frac{2}{3}m_b$이므로,

$\overline{GG_1} = \frac{1}{3}m_c$, $\overline{DG_1} = \frac{1}{3}m_b$가 된다. 결국, 삼각형 GDG_1의 변들의 길이는 $\frac{1}{3}m_a$, $\frac{1}{3}m_b$, $\frac{1}{3}m_c$가 된다는 것을 알 수 있다.

삼각형 ABC와 GDG_1의 넓이의 비를 구하자. 삼각형 GDC의 넓이는 삼각형 ABC의 넓이의 $\frac{1}{6}$이며, 삼각형 GDG_1의 넓이는 삼각형 GDC의 넓이의 $\frac{1}{2}$이다. 그러므로, 삼각형 GDG_1의 넓이는 삼각형 ABC의 넓이의 $\frac{1}{12}$이다.

이제, 변의 길이가 $\frac{1}{3}m_a$, $\frac{1}{3}m_b$, $\frac{1}{3}m_c$인 삼각형 GDG_1의 넓이 S_1을 헤론 공식을 이용해 구하자. 그리고 $S = 12S_1$을 계산하면, 삼각형 ABC의 넓이 S를 m_a, m_b, m_c로 다음과 같이 나타낼 수 있다.

$$S = \frac{1}{3}\sqrt{(m_a + m_b + m_c)(-m_a + m_b + m_c)(m_a - m_b + m_c)(m_a + m_b - m_c)}$$

이제, m_a, m_b, m_c가 주어진 삼각형 ABC를 작도하는 문제를 살펴보자.

예제 7.11. 삼각형 ABC에서 m_a, m_b, m_c가 주어졌다. 이때, 삼각형 ABC를 작도하여라.

풀이. 주어진 m_a, m_b, m_c로 삼각형 ABC를 작도했다고 가정하고, 문제해결을 위한 아이디어를 찾아보자. 삼각형 ABC를 작도하고, 중선 m_a, m_b, m_c와 그 교점 G를 표시하자(그림 7.13).

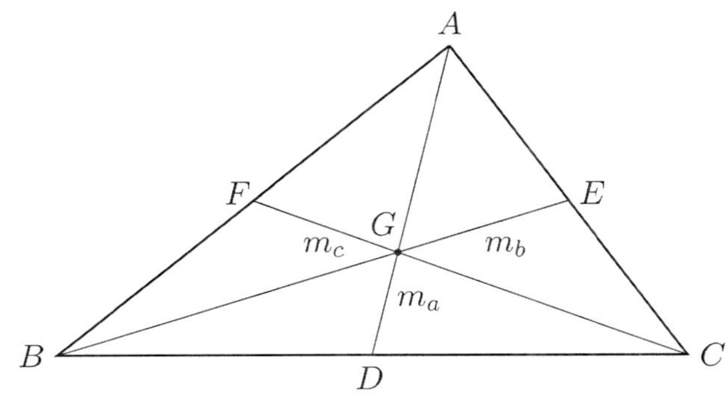

그림 7.13

그림 7.13에서 작도가능한 삼각형을 찾아보자. 삼각형이 여러 가지가 있지만, m_a, m_b, m_c를 이용하여 작도할 수 있는 삼각형은 아직은 없다. 예제 7.10에서 사용했던

보조선을 이용하자. 이를 위해, 중선 AD의 연장선에 $\overline{GD} = \overline{DG_1}$인 점 G_1을 잡아, 삼각형 GG_1C를 작도하자(그림 7.14).

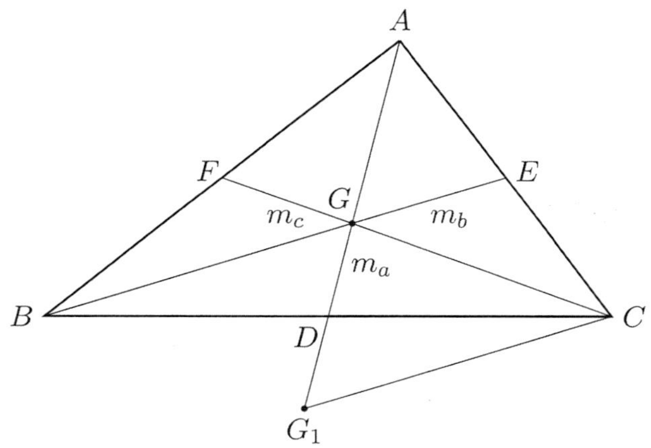

그림 7.14

삼각형 GG_1C의 변의 길이를 구하자. 삼각형 BDG와 CDG_1은 합동이며, $\overline{CG_1} = \overline{BG}$이다. 그리고 점 G가 삼각형 ABC의 무게중심이며, $\overline{CG_1} = \frac{2}{3}m_b$, $\overline{CG} = \frac{2}{3}m_c$, $\overline{GG_1} = \frac{2}{3}m_a$이다. 결국, 삼각형 GG_1C의 변의 길이는 $\frac{2}{3}m_a$, $\frac{2}{3}m_b$, $\frac{2}{3}m_c$이며, 삼각형 GG_1C는 작도가 가능하다.

이제, 삼각형 GG_1C의 변 GG_1의 중점 D를 잡아, 직선 CD를 작도한다. 직선 CD에 $\overline{CD} = \overline{DB}$인 점 B를 잡자. 그리고 변 BG의 연장선에 $\overline{GE} = \frac{1}{3}m_b$인 점 E를 잡고, 변 CG의 연장선에 $\overline{GF} = \frac{1}{3}m_c$인 점 F를 잡는다. 직선 CE와 BF의 교점이 점 A가 된다. 이로부터 삼각형 ABC를 얻을 수 있다.

삼각형 ABC를 작도하는 순서를 다음과 같이 정리할 수 있다.

(1) $\frac{2}{3}m_a$, $\frac{2}{3}m_b$, $\frac{2}{3}m_c$인 선분을 작도한다.

(2) 변이 $\frac{2}{3}m_a$, $\frac{2}{3}m_b$, $\frac{2}{3}m_c$인 삼각형 GG_1C를 작도한다.

(3) 삼각형 GG_1C의 변 GG_1의 중점 D를 잡아, 직선 CD를 작도한다.

(4) 직선 CD에 $\overline{CD} = \overline{DB}$인 점 B를 잡는다.

(5) 변 BG의 연장선에 $\overline{GE} = \frac{1}{3}m_b$인 점 E를 잡고, 변 CG의 연장선에 $\overline{GF} = \frac{1}{3}m_c$

인 점 F를 잡는다.

(6) 직선 CE와 BF의 교점을 A라 한다.

(7) 점 A, B, C를 연결하면, 삼각형 ABC를 얻을 수 있다

이것으로 문제가 해결된다. □

예제 7.11의 풀이 과정을 예제 7.8의 풀이 방법과 비교하면, 사용된 보조선이 유사하다는 것을 알 수 있다. 즉, 예제 7.11과 예제 7.8에서 꼭짓점 A로부터 그은 중선 m_a를 연장하는 보조선을 작도하여 합동인 삼각형을 만들었다.

이때, 예제 7.11에서는 $\frac{1}{3}m_a$만큼을 연장하여 연장선의 끝점을 꼭짓점 C와 연결하였고, 예제 7.8에서는 m_a만큼을 연장하여 연장선의 끝점을 곡짓점 B와 연결하였다. 사실, 중선의 연장선의 끝점을 어느 꼭짓점에 연결하는지는 문제해결에 별다른 영향을 주지 못한다. 그림 7.14에서 점 G_1을 꼭짓점 B와 연결해도 꼭짓점 C에 연결한 것과 비슷한 풀이를 얻을 수 있다.

이제, 삼각형의 중선과 외접원에 관련된 성질을 [21]을 중심으로 살펴보자.

예제 7.12. 삼각형 ABC의 중선 AD, BE, CF의 연장선이 외접원과 점 M_1, M_2, M_3에서 만난다고 하자. 삼각형 $M_1M_2M_3$의 변의 길이, 넓이, 각을 a, b, c로 나타내어라.

풀이. 삼각형 ABC에 외접원을 작도하자. 중선 AD, BE, CF의 연장선과 외접원의 교점을 M_1, M_2, M_3이라 하고, 삼각형 ABC의 무게중심을 G라 하자(그림 7.15).

삼각형 $M_1M_2M_3$의 변의 길이를 구하기 위해, 삼각형 ABG와 M_2GM_1의 닮음을 생각하자. 각 BAG는 호 BM_1의 원주각이며, 각 GM_2M_1도 호 BM_1의 원주각이다. 그러므로, $\angle BAG = \angle M_1M_2G$가 성립한다. 그리고 각 AGB와 M_2GM_1은 맞꼭지각이므로, 서로 같다. 이로부터 삼각형 ABG와 M_2GM_1은 닮음이 된다.

삼각형 ABG와 M_2M_1G의 닮음으로부터 $\frac{\overline{AB}}{\overline{AG}} = \frac{\overline{M_2M_1}}{\overline{M_2G}}$이며, $\overline{M_2M_1} = \frac{\overline{AB}\cdot\overline{M_2G}}{\overline{AG}}$이다. 이제, $\overline{AG}$, $\overline{M_2G}$를 구하자. 삼각형 ABC에서 $4m_a^2 = 2b^2 + 2c^2 - a^2$이므로, $m_a = \frac{\sqrt{2b^2+2c^2-a^2}}{2}$이다. $\overline{AG} = \frac{2}{3}m_a$이므로, $\overline{AG} = \frac{\sqrt{2b^2+2c^2-a^2}}{3}$이다.

$\overline{M_2G} = \overline{BM_2} - \overline{BG} = \overline{BM_2} - \frac{2}{3}m_b$이다. 그리고 $\overline{BM_2} = \overline{BE} + \overline{EM_2} = m_b + \overline{EM_2}$

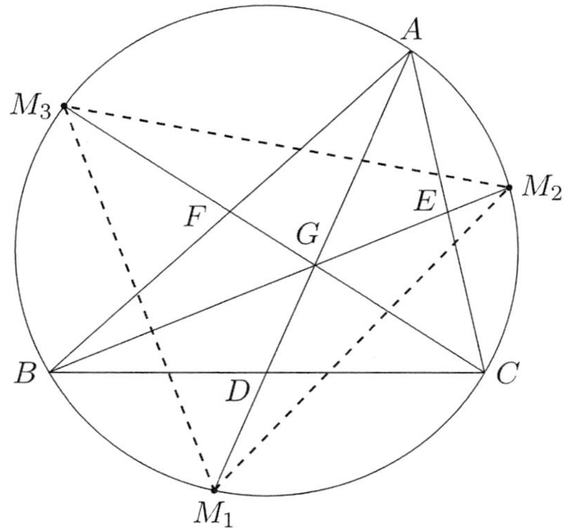

그림 7.15

이다. 그러므로, $\overline{M_2G} = \overline{BM_2} - \frac{2}{3}m_b = m_b + \overline{EM_2} - \frac{2}{3}m_b = \frac{1}{3}m_b + \overline{EM_2}$이다. 이제, $\overline{EM_2}$를 구하자. 이를 위해, 원에서 현의 성질을 이용하자. $\overline{AE} \cdot \overline{EC} = \overline{BE} \cdot \overline{EM_2}$이므로, $\frac{b}{2} \cdot \frac{b}{2} = m_b \cdot \overline{EM_2}$이며 $\overline{EM_2} = \frac{b^2}{4m_b}$이다. $m_b = \frac{\sqrt{2a^2+2c^2-b^2}}{2}$인 것을 생각하면, 다음을 얻을 수 있다.

$$\overline{EM_2} = \frac{b^2}{4m_b} = \frac{b^2}{4} \cdot \frac{2}{\sqrt{2a^2+2c^2-b^2}} = \frac{b^2}{2\sqrt{2a^2+2c^2-b^2}}$$

이로부터 $\overline{M_2G}$를 다음과 같이 구할 수 있다.

$$\begin{aligned}\overline{M_2G} = \frac{1}{3}m_b + \overline{EM_2} &= \frac{\sqrt{2a^2+2c^2-b^2}}{6} + \frac{b^2}{2\sqrt{2a^2+2c^2-b^2}} \\ &= \frac{a^2+b^2+c^2}{3\sqrt{2a^2+2c^2-b^2}}\end{aligned}$$

얻어진 식을 $\overline{M_2M_1} = \frac{\overline{AB} \cdot \overline{M_2G}}{\overline{AG}}$에 대입하자. 그러면, 다음을 얻을 수 있다.

$$\begin{aligned}\overline{M_2M_1} = \frac{\overline{AB} \cdot \overline{M_2G}}{\overline{AG}} &= \frac{c \cdot \frac{a^2+b^2+c^2}{3\sqrt{2a^2+2c^2-b^2}}}{\frac{\sqrt{2b^2+2c^2-a^2}}{3}} \\ &= \frac{c(a^2+b^2+c^2)}{\sqrt{2a^2+2c^2-b^2} \cdot \sqrt{2b^2+2c^2-a^2}}\end{aligned}$$

유사한 방법으로, $\overline{M_1M_3}$, $\overline{M_2M_3}$를 다음과 같이 구할 수 있다.

$$\overline{M_1M_3} = \frac{b(a^2+b^2+c^2)}{\sqrt{2b^2+2c^2-a^2}\cdot\sqrt{2a^2+2b^2-c^2}}$$

$$\overline{M_2M_3} = \frac{a(a^2+b^2+c^2)}{\sqrt{2a^2+2c^2-b^2}\cdot\sqrt{2a^2+2b^2-c^2}}$$

이제, 삼각형 $M_1M_2M_3$의 넓이 S_1을 $S_1 = \frac{\overline{M_1M_2}\cdot\overline{M_2M_3}\cdot\overline{M_1M_3}}{4R}$를 이용하여 구하자. 이를 위해, 삼각형 ABC의 외접원의 반지름 R을 구하자. 삼각형 ABC의 넓이 S는 $S = \frac{abc}{4R}$, $S = \sqrt{p(p-a)(p-b)(p-c)}$로 구할 수 있다. 이로부터 $\frac{abc}{4R} = \sqrt{p(p-a)(p-b)(p-c)}$, $4R = \frac{abc}{\sqrt{p(p-a)(p-b)(p-c)}}$가 된다. 결국, S_1을 다음과 같이 구할 수 있다.

$$\begin{aligned} S_1 &= \frac{\overline{M_1M_2}\cdot\overline{M_2M_3}\cdot\overline{M_1M_3}}{4R} \\ &= \frac{\frac{c(a^2+b^2+c^2)}{\sqrt{2a^2+2c^2-b^2}\cdot\sqrt{2b^2+2c^2-a^2}}\cdot\frac{a(a^2+b^2+c^2)}{\sqrt{2a^2+2c^2-b^2}\cdot\sqrt{2a^2+2b^2-c^2}}\cdot\frac{b(a^2+b^2+c^2)}{\sqrt{2b^2+2c^2-a^2}\cdot\sqrt{2a^2+2b^2-c^2}}}{4R} \\ &= \frac{abc(a^2+b^2+c^2)^3}{(2a^2+2c^2-b^2)(2b^2+2c^2-a^2)(2a^2+2b^2-c^2)}\cdot\frac{\sqrt{p(p-a)(p-b)(p-c)}}{abc} \\ &= \frac{(a^2+b^2+c^2)^3\sqrt{p(p-a)(p-b)(p-c)}}{(2a^2+2c^2-b^2)(2b^2+2c^2-a^2)(2a^2+2b^2-c^2)} \end{aligned}$$

삼각형 $M_1M_2M_3$의 각을 구해보자. 가령, $\angle M_1$을 삼각형의 넓이 $S_1 = \frac{1}{2}\overline{M_1M_3}\cdot\overline{M_1M_2}\cdot\sin M_1$을 이용하여 구해보자.

$$\begin{aligned} S_1 &= \frac{1}{2}\overline{M_1M_3}\cdot\overline{M_1M_2}\cdot\sin M_1 \\ &= \frac{1}{2}\cdot\frac{b(a^2+b^2+c^2)}{\sqrt{2b^2+2c^2-a^2}\cdot\sqrt{2a^2+2b^2-c^2}}\cdot\frac{c(a^2+b^2+c^2)\cdot\sin M_1}{\sqrt{2a^2+2c^2-b^2}\cdot\sqrt{2b^2+2c^2-a^2}} \\ &= \frac{bc(a^2+b^2+c^2)^2\cdot\sin M_1}{2(2b^2+2c^2-a^2)\sqrt{2a^2+2b^2-c^2}\cdot\sqrt{2a^2+2c^2-b^2}} \end{aligned}$$

이것을 $S_1 = \frac{(a^2+b^2+c^2)^3\sqrt{p(p-a)(p-b)(p-c)}}{(2a^2+2c^2-b^2)(2b^2+2c^2-a^2)(2a^2+2b^2-c^2)}$와 연립하자. 그러면, 다음을 얻을 수 있다.

$$\begin{aligned} &\frac{(a^2+b^2+c^2)^3\cdot\sqrt{p(p-a)(p-b)(p-c)}}{(2a^2+2c^2-b^2)(2b^2+2c^2-a^2)(2a^2+2b^2-c^2)} \\ &\qquad= \frac{bc(a^2+b^2+c^2)^2\cdot\sin M_1}{2(2b^2+2c^2-a^2)\sqrt{2a^2+2b^2-c^2}\cdot\sqrt{2a^2+2c^2-b^2}} \end{aligned}$$

얻어진 등식을 정리하면, 다음을 얻을 수 있다.

$$\sin M_1 = \frac{2(a^2+b^2+c^2)\sqrt{p(p-a)(p-b)(p-c)}}{bc\sqrt{2a^2+2c^2-b^2}\cdot\sqrt{2a^2+2b^2-c^2}}$$

이로부터 $\angle M_1$을 다음과 같이 쓸 수 있다.

$$\angle M_1 = \arcsin\left(\frac{2(a^2+b^2+c^2)\sqrt{p(p-a)(p-b)(p-c)}}{bc\sqrt{2a^2+2c^2-b^2}\cdot\sqrt{2a^2+2b^2-c^2}}\right)$$

유사한 방법으로, $\angle M_2$, $\angle M_3$를 다음과 같이 구할 수 있다.

$$\angle M_2 = \arcsin\left(\frac{2(a^2+b^2+c^2)\sqrt{p(p-a)(p-b)(p-c)}}{ac\sqrt{2b^2+2c^2-a^2}\cdot\sqrt{2a^2+2b^2-c^2}}\right)$$

$$\angle M_3 = \arcsin\left(\frac{2(a^2+b^2+c^2)\sqrt{p(p-a)(p-b)(p-c)}}{ab\sqrt{2b^2+2c^2-a^2}\cdot\sqrt{2a^2+2c^2-b^2}}\right)$$

이것으로 문제가 해결된다. □

참고 문헌

[1] 권영인, 서보억(2004). 코사인 제 2법칙의 다양한 증명방법 분석, 수학교육 논문집, 18(2), 251-263.

[2] 유익승, 한인기, 신현용(2006). 삼각형의 높이와 방접원의 개념유추에 대한 연구, 수학교육 논문집, 20(1), 9-18.

[3] 한인기, 꾸쉬니르(2008). 뇌를 자극하는 수학공부, 서울: 경문사.

[4] 한인기(2005). 교사를 위한 수학사, 서울: 교우사.

[5] 한인기(2004). 슈타이너-레무스 정리에 대한 다양한 증명 방법, 한국수학사학회지, 17(3), 93-108.

[6] Beskin N.M.(1962). Problem book of trigonometry, Moscow: Uchpedgiz. (In Russian)

[7] Bevz G.(2005). Geometry of triangle, Kiev: Geneza. (In Ukrainian)

[8] Charnetskii I.(1931). Geometric proof of trigonometric formulas for addition and subtraction of arcs, Physics, mathematics, technology in the Soviet school, No.1, Moscow: Worker in Education. (In Russian)

[9] Dobrorai N.I.(1928). New proof of the trigonometric formula for adding arcs, Mathematical Education, No.6, Moscow: Worker in Education. (In Russian)

[10] Grigoriev E.(1905). Several trigonometric identities, Bulletin of experimental physics and elementary mathematics, No. 402. (In Russian)

[11] Kushnir I.(2013). Search and inspiration, Moscow: MTsNMO. (In Russian)

[12] Kushnir I.(2006). Alternative methods of solving problems, Kiev: Fakt. (In Russian)

[13] Kushnir I.(2004). Return of lost geometry, Kiev: Fakt. (In Russian)

[14] Naumenko T.(1904). Two formulas of Mollweide, Bulletin of experimental physics and elementary mathematics, No. 364. (In Russian)

[15] Navlinskii (1935). Solving problem No.12, Mathematical education, No.4. (In Russian)

[16] Olandera I.(1865). Application of algebra to geometry, Trigonometry, Moscow: Voronez. (In Russian)

[17] Polushkin Ya.(1897). Solving problem No.423, Bulletin of experimental physics and elementary mathematics, No. 263. (In Russian)

[18] Rashevskii K.(1931).Trigonometry, Moscow: GUPI. (In Russian)

[19] Rubchaev N.(1904). Solving problem No.13, Bulletin of experimental physics and elementary mathematics, No. 575. (In Russian)

[20] Rybkin N.(1933). Rectilinear trigonometry, Moscow: GUPI. (In Russian)

[21] Shigolev K.(1892). Solving problem No.288, Bulletin of experimental physics and elementary mathematics, No. 155. (In Russian)

[22] Sivashinskii I.H.(1966). Problem book of elementary mathematics, Moscow: Nauka. (In Russian)

[23] Solving problem No.5, Mathematics in School, 1937(4). (In Russian)

[24] Tsipkin A.G., Pinskii A.I.(1983). Reference guide on methods for solving problems in mathematics, Moscow: Nauka. (In Russian)

[25] Ushakov R.P.(2008). Mathematical Etudes(book1), Kharkiv: Osnova. (In Ukrainian)

[26] Voinov A.(1909). Rectilinear trigonometry with problems, Pavlovsk: Tipografiya. (In Russian)

찾아보기

수학쌤의 책꽂이 시리즈

수학쌤의 책꽂이 1.

수학사도 배우고 수학도 알고

한인기 지음

2019년 · 300면 · 24,000원

수학쌤의 책꽂이 2.

식도 배우고 수학도 알고

한인기 지음

2020년 · 296면 · 24,000원

수학쌤의 책꽂이 3.

다면체도 배우고 공간도 알고

한인기 지음

2022년 · 346면 · 28,000원

수학쌤의 책꽂이 4.

삼각함수도 배우고 삼각형도 알고

한인기 지음

2023년 · 352면 · 28,000원

※ 수학쌤의 책꽂이 시리즈는 계속 됩니다.

| 저자약력 |

한 인 기

경상국립대학교 수학교육과 교수

저서 및 역서

- 다면체도 배우고 공간도 알고
- 식도 배우고 수학도 알고
- 수학사도 배우고 수학도 알고
- 교사를 위한 수학사
- 대수 · 기초해석 · 조합의 탐구문제들(상, 하)
- 평면기하학의 탐구문제들(1, 2)
- 증명방법으로 보는 다양한 부등식(1 ,2)
- 뇌를 자극하는 수학공부
- 학교수학의 점프
- 놀라운 수학나라 대탐험 등 다수

수학쌤의 책꽂이 4.
삼각함수도 배우고 삼각형도 알고

초판발행 2023년 11월 10일

지은이 한인기
펴낸이 오판근
펴낸곳 (주) 교우
주 소 서울시 동대문구 약령시로 8 교우빌딩 2층 (주)교우
전 화 02-925-2861 / **팩 스** 02-925-2860, **편집부** 02-925-2825
홈페이지&북스토어 www.kyowoo.co.kr / **이메일** kyowoo@kyowoo.co.kr

등 록 1994년 3월 24일 제1994-000013호
ISBN 979-11-251-0381-3(94410) / 979-11-251-0360-8(세트)

Published by Kyowoo Co., Ltd. Printed in Korea

(주) 교우는 보다 혁신적이고 참신한 도서를 다양하게 기획하고 있습니다.
책으로 펴내고자 하는 아이디어나 원고는 메일로 보내주세요.
(주) 교우는 전과정을 책임지고 최선을 다하겠습니다.

값 28,000원

교우미디어는 (주) 교우의 Imprint 사입니다.
수학정원·과학정원은 (주) 교우의 새로운 브랜드명입니다.

잘못된 책은 구입하신 서점에서 교환해 드립니다.

시리얼통신을 이용한

컴퓨터 인터페이스

비주얼 C++ MFC로 하드웨어 제어하기

```
if(((CButton*)GetDlgItem(IDC
))->GetCheck() == 1){
            Query.ui8Da
    }
```

김재환, 박사준, 황수철 공저

```
if(m_bConnected == FALSE) return ;
        Query.ui8Func = FC_WOR;
        Query.ui8DataH = 0;
        Query.ui8DataL =(UINT8) pSlider->GetPos(
        str.Format(_T("%d"),Query.ui8DataL);

    switch(((CSliderCtrl*)pScrollBar)->G

        case IDC_SLIDER_RED:
            Query.ui8Addr
```

D.B.Info

시리얼 통신을 이용한
컴퓨터 인터페이스

1

My Bus 프로토콜

1.1 시리얼 통신의 개요

시리얼 통신이란 하나의 클럭 펄스가 발생하는 동안 한 비트의 데이터를 주거나 받는 통신방식으로 크게 동기식과 비동기식으로 나눠진다. 동기식은 시리얼 데이터와 클럭 펄스를 함께 제공하는 방식으로 통신거리가 짧고 고속인 경우에 많이 사용되고, 비동기식은 시리얼 데이터만 제공하기 때문에 별도의 클럭 펄스를 송수신 장치 스스로가 만들어야 하는 방식으로 통신거리가 멀고 저속인 경우에 많이 사용되며 대표적으로 RS-232C, RS-422, RS-485 등이 있다.

1.2 RS-232C

그림 [1-1]은 대표적인 시리얼 통신 방식인 RS-232C의 Frame을 나타낸 것이다. 이 Frame은 Start bit, Data bits, Parity bit, Stop (Idle) bit로 구성되어 있으며 한 바이트 크기의 데이터를 전송하데 총 11bit가 필요하다.

송신할 데이터가 없을 때, RS-232C의 데이터 라인은 논리 1을 유지하게 되는데 이때를 Idle 상태라고 한다.

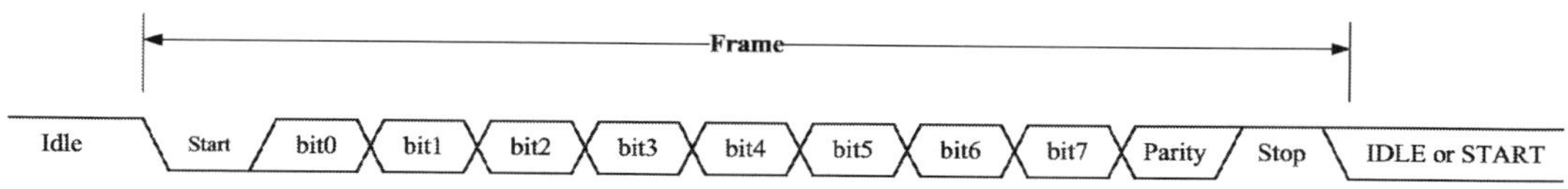

그림 [1-1] RS-232C 통신 프레임

Idle 상태에서 보낼 데이터가 생기면 RS-232C의 데이터 라인을 논리 0 으로 만들어 수신 유닛에게 Frame의 시작을 알리는데 이것을 Start bit라고 한다. Start bit가 전송된 다음 실제 전송하고자 하는 데이터를 LSB(최하위 비트)부터 MSB(최상위 비트)까지 전송한다.

이때 전송되는 데이터의 비트 수는 5 ~ 9로 설정에 따라 달라지며 보통 한 바이트 크기인 8비트를 전송한다.

모든 Data bits의 전송이 끝나면 보낸 직렬 데이터의 이상 유무를 확인할 수 있도록 Parity bit를 전송할 수 있다. Parity bit에는 홀수 Parity와 짝수 Parity가 있으면 설정에 따라 Parity bit를 Frame에 포함시키지 않을 수 있다.

마지막으로 수신 유닛에게 Frame 송신이 끝났음을 알리기 위해 RS-232C 데이터 라인의 논리 상태를 1로 만드는데 이것을 Stop bit라고 하며 설정에 따라 1 ~ 2bit 길이가 될 수 있다. Stop bit 이후 전송될 데이터가 없으면 Idle 상태가 유지되고, 데이터가 있으면 다시 Start bit부터 새로운 Frame을 전송한다.

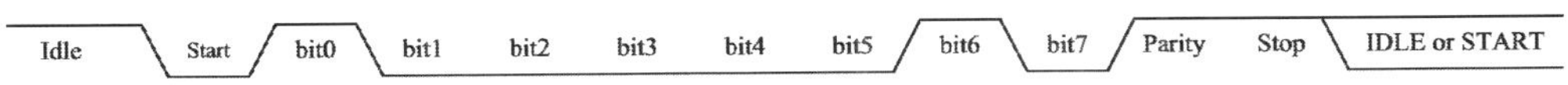

(a) Odd Parity를 사용한 경우

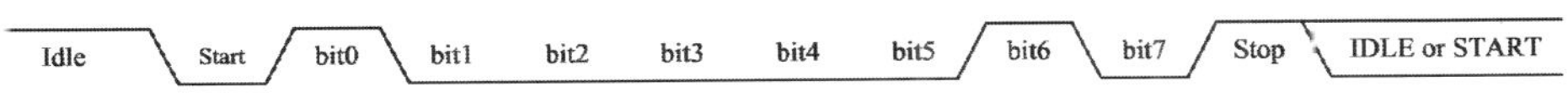

(b) Parity bit를 사용하지 않는 경우

그림 [1-2] 영문자 'A'(0x41)에 대한 Frame

그림 [1-2]는 영문자 'A'(ASCII Code 0x41)에 대한 RS-232C Frame을 나타낸 것으로, (a)는 홀수 패리티를 사용한 경우이고, (b)는 패리티 비트를 사용하지 않은 경우를 나타낸 것이다.

1.3 MyBus

시리얼 통신을 이용해 하드웨어를 제어하기 위해서는 하드웨어의 레지스터를 읽거나 변경할 수 있어야 한다. 따라서 하드웨어 제어가 목적인 통신 프로토콜은 레지스터나 포트와 같은 저장소에 대한 읽기/쓰기 명령을 제공해 주어야 한다. MyBus는 하드웨어 제어를 통해 시리얼 통신의 기본 개념을 쉽게 이해할 수 있도록 만든 프로토콜로 프레임의 크기가 4Byte이다.

MyBus는 쉽게 하드웨어를 제어할 수 있도록 포트와 레지스터 영역을 읽고 쓸 수 있는 명령을 제공한다. 이 명령은 질의 응답형태로 마스터에서 질의를 하면 슬레이브가 응답을 하는 형태로 동작한다.

1th Byte (Function Code)	2th Byte (Address)	3th Byte (Hi Data)	4th Byte (Low Data)
Master : Query Slave : Response	I/O Register No. or I/O Port No.	Hi Data Or Bit No.	Low Data

그림 [1-3] MyBus Frame 구조

그림 [1-3]은 MyBus의 Frame 구조를 나타낸 것으로 Function Code, Address, Hi Data, Low Data 필드로 이루어져 있다. 각 필드의 크기는 한 바이트이고 프레임의 크기는 4바이트이다. 각 필드의 기능은 다음과 같다.

1) Function Code

Master에서는 Query(질의)로 사용되고, Slave에서는 Response(응답)로 사용된다. 입력 포트 읽기, 입력 레지스터 읽기, 출력 포트 읽기, 출력 레지스터 읽기, 출력 포트 쓰기, 출력 레지스터 쓰기 등 6가지 명령코드를 제공한다.

2) Address (Register No. or Port No.)

Function Code에 따라 레지스터의 주소(번호)나 포트의 주소(번호)로 사용된다. Function Code가 입출력 레지스터와 관련된 코드라면 레지스터 주소로 사용되고, 입출력 포트와 관련된 코드라면 포트 주소로 사용된다.

4) Hi Data (Hi Data or bit No.)

Function Code에 따라 상위 데이터로 사용되거나, bit 번호로 사용된다. Function Code

가 입출력 레지스터와 관련된 코드라면 상위 8bit data로 사용되고, 입출력 포트와 관련된 코드라면 제어할 포트의 bit 번호로 사용된다.

5) Low Data

Function Code에 따라 하위 데이터로 사용되거나, 논리 상태로 사용된다. Function Code가 입출력 레지스터와 관련된 코드라면 하위 8bit Data로 사용되고, 입출력 포트와 관련된 코드라면 논리 1과 0을 나타내는데 사용된다. 여기서 논리 0은 0x00이고 논리 1은 0xff이다.

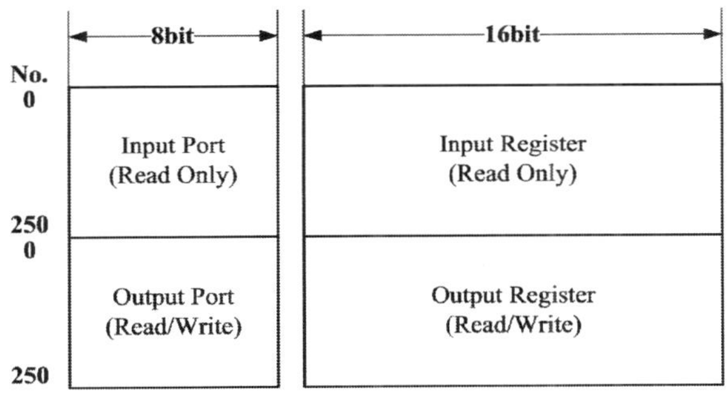

그림 [1-4] MyBus 주소 영역

그림 [1-4]는 MyBus에서 사용 가능한 데이터 영역으로 명령코드에 자라 사용되는 영역이 달라진다. 사용 가능한 데이터 영역을 살펴보면 입력 포트, 출력 포트, 입력 레지스터, 출력 레지스터로 구분되어 있으며, 영역마다 250개의 저장소를 가지고 있다.

이 4개의 영역 중 입력 포트와 입력 레지스터 영역은 읽기만 가능하고 출력 포트와 출력 레지스터 영역은 읽기와 쓰기가 모두 가능하다. 여기서 포트는 비트 단위로 제어가 되는 영역이고, 레지스터는 최대 16비트 크기의 값을 읽거나 쓸 수 있는 영역이다. 예를 들어 모터의 속도를 제어한다거나 센서에서 값을 읽어 올 때 사용되는 영역이다. 각각의 영역에 무슨 기능을 어디에 할당할 것인지는 제어 대상인 하드웨어의 펌웨어에서 결정되므로 필요에 따라서는 펌웨어를 수정하거나 새로 작성해야 한다.

MyBus는 포트와 레지스터 영역에 값을 읽거나 쓸 수 있도록 다음과 같이 6가지 명령을 제공한다.

1) ROP (Read Output Port)

출력 포트 영역에서 지정한 비트의 논리 상태를 읽는 명령이다.

Query (Master → Slave)

Function Code	Port No.	bit No.	Data
0x01	0 ~ 250	0 ~ 7	0

Response (Slave → Master)

Function Code	Port No.	bit No.	Data
0x01	Query Port No.	Query bit No.	Off (0) : 0 On (1) : 255

Error (Slave → Master)

Function Code	Port No.	Hi Data	Low Data	설명
0x81	Query 주소	0	1	주소 범위 오류
0x81	Query 주소	0	2	비트 번호 오류

2) RIP (Read Input Port)

입력 포트 영역에서 지정한 비트의 논리 상태를 읽는 명령이다.

Query (Master → Slave)

Function Code	Port No.	bit No.	Data
0x02	0 ~ 250	0 ~ 7	0

Response (Slave → Master)

Function Code	Port No.	bit No.	Data
0x02	Query Port No.	Query bit No.	Off (0) : 0 On (1) : 255

Error (Slave → Master)

Function Code	Port No.	Hi Data	Low Data	설명
0x82	Query 주소	0	1	주소 범위 오류
0x82	Query 주소	0	2	비트 번호 오류

3) ROR (Read Output Register)

출력 레지스터 영역에서 지정한 레지스터의 값을 읽는 명령이다.

Query (Master → Slave)

Function Code	Register No.	Hi Data	Low Data
0x03	0 ~ 250	0	0

Response (Slave → Master)

Function Code	Register No.	Hi Data	Low Data
0x03	Query Register No.	0 ~ 255	0 ~ 255

Error (Slave → Master)

Function Code	Port No.	Hi Data	Low Data	설명
0x83	Query 주소	0	1	주소 범위 오류

4) RIR (Read Input Register)

입력 레지스터 영역에서 지정한 레지스터의 값을 읽는 명령이다.

Query (Master → Slave)

Function Code	Register No.	Hi Data	Low Data
0x04	0 ~ 250	0	0

Response (Slave → Master)

Function Code	Register No.	Hi Data	Low Data
0x04	Query Register No.	0 ~ 255	0 ~ 255

Error (Slave → Master)

Function Code	Port No.	Hi Data	Low Data	설명
0x84	Query 주소	0	1	주소 범위 오류

5) WOP (Write Output Port)

출력 포트 영역에서 지정한 비트의 값을 변경하는 명령이다.

Query (Master → Slave)

Function Code	Port No.	bit No.	Data
0x05	0 ~ 250	0 ~ 7	Off (0) : 0 On (1) : 255

Response (Slave → Master)

Function Code	Port No.	bit No.	Data
0x05	Query Port No.	Query bit No.	Off (0) : 0 On (1) : 255

Error (Slave → Master)

Function Code	Port No.	Hi Data	Low Data	설명
0x85	Query 주소	0	1	주소 범위 오류
0x85	Query 주소	0	2	비트 번호 오류

6) WSR (Write Output Register)

출력 레지스터 영역에서 지정한 레지스터의 값을 변경하는 명령이다.

Query (Master → Slave)

Function Code	Register No.	Hi Data	Low Data
0x06	0 ~ 250	0 ~ 255	0 ~ 255

Response (Slave → Master)

Function Code	Register No.	Hi Data	Low Data
0x06	Query Register No.	0 ~ 255	0 ~ 255

Error (Slave → Master)

Function Code	Port No.	Hi Data	Low Data	설명
0x86	Query 주소	0	1	주소 범위 오류

2

타깃 보드의 구성

(Target Board)

2.1 타깃 보드의 구성

본서에서 사용할 타깃 보드 [부록 참조]는 ATmega128A를 중심으로 4자리 FND, RGB LED, 범용 LED 8개, 피에조, 전위차계, CDS, 온도센서 그리고 4개의 스위치로 구성되어 있으며 각각 MyBus의 포트와 레지스터 영역에 맵핑되어 있다.

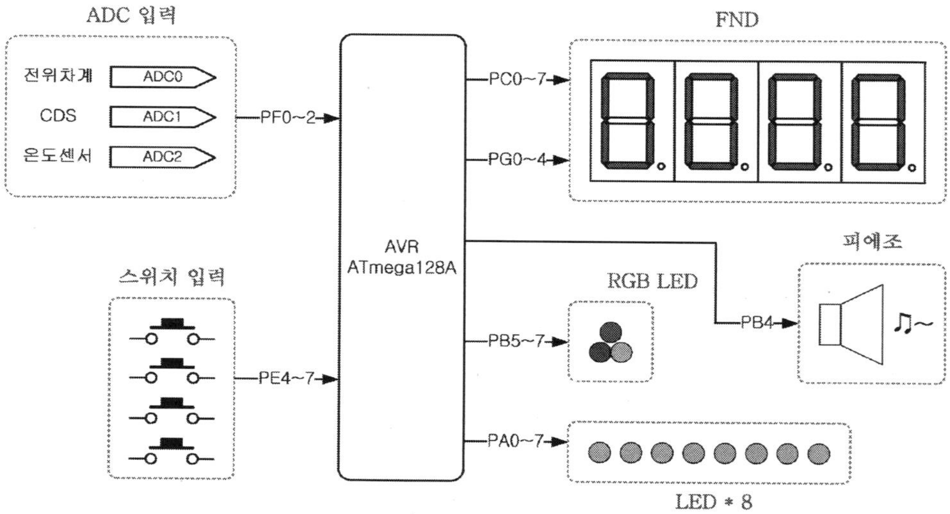

그림 [2-1] Target Board의 구성

타깃 보드의 입력으로는 아날로그 입력과 디지털 입력이 있다. 아날로그 입력에는 전위차계, CDS 센서, 온도 센서가 있고, 디지털 입력에는 네 개의 Tact 스위치가 있다.

아날로그 입력에서 CDS는 빛의 밝기에 따라 저항값이 달라지는 소자로 밝은 곳에서는 높은 전압이, 어두운 곳에서는 낮은 전압이 나타나도록 설계되었다. 온도센서는 측정 가능한 온도 범위가 -40℃ ~ 120℃이고, 1℃ 당 10mV의 전압으로 나타나는 센서로 실온인 25℃에서 약 0.65V 이상으로 나타난다. (*자세한 사항은 MCP9700A data-sheet 참조) 디지털 입력으로 사용되는 Tact 스위치는 풀업 저항이 연결되어 있어 평소에는 논리 1로 나타나고, 스위치를 누르면 논리 0으로 나타난다.

다음으로 타깃 보드의 출력 부분을 살펴보자. 먼저 4자리 FND는 다이나믹 방식으로 구동되며 0 ~ 9999까지의 숫자를 표시할 수 있도록 설계되어 있고, RGB LED는 타이머/카운터 1의 PWM 출력과 연결되어 있어 LED의 밝기를 조절할 수 있다. 피에조는 타이머/카운터 0과 연결되어 있어 설정에 따라 출력 주파수를 조절할 수 있으며 여덟 개의 LED는 포트 A에 연결되어 있고, 논리 1에서 켜지도록 설계되어 있다.

2.2 타깃 보드와 MyBus의 맵핑(Mapping)

앞에서 살펴본 타깃 보드에는 주변장치들을 제어할 수 있도록 MyBus를 지원하는 펌웨어가 내장되어 있다. 타깃 보드의 MyBus는 슬레이브로 동작하며 마스터에서 보낸 MyBus Frame에 따라 해당 장치가 제어된다. 예를 들어 마스터에서 8개의 LED가 연결된 포트 A의 값을 변경시키는 Frame을 보내면 값에 따라 LED의 On/Off 상태가 변경된다. 마찬가지로 FND의 값을 변경시키는 Frame을 보내면 FND에 표시되는 숫자가 변경된다. 이것이 가능한 이유는 MyBus의 레지스터(혹은 포트) 영역에서 특정 레지스터(혹은 포트)와 포트 A를 맵핑시켰기 때문이다. 예를 들어 MyBus의 레지스터 100번과 포트 A가 맵핑(연결) 되었다면, 레지스터 100번에 값을 쓰는 것으로 LED의 상태가 변경될 것이고, FND가 레지스터 101번에 맵핑되었다면, 레지스터 101번의 값을 변경함으로 FND에 표시되는 숫자가 변경될 것이다. 이처럼 타깃 보드의 주변장치와 MyBus 레지스터 간의 관계를 맺어 주는 것을 맵핑이라고 한다.

다음 표들은 타깃 보드와 MyBus 간의 맵핑 관계를 나타낸 것으로, 표 [2-1]은 MyBus의 입력 포트 영역에 대한 맵핑 정보이고, 표 [2-2]는 MyBus의 출력 포트 영역에 대한 맵핑 정보로 대부분 AVR 입출력 포트와 관련된 레지스터들로 맵핑되어 있다.

표 [2-1] MyBus 입력 포트 영역 맵핑

포트번호	포트 이름	설명 (기능)
0x00	VC_PINA	Mega128A PINA (입력 포트 상태 레지스터 A)
0x01	VC_PINB	Mega128A PINB (입력 포트 상태 레지스터 B)
0x02	VC_PINC	Mega128A PINC (입력 포트 상태 레지스터 C)
0x03	VC_PIND	Mega128A PIND (입력 포트 상태 레지스터 D)
0x04	VC_PINE	Mega128A PINE (입력 포트 상태 레지스터 E)
0x05	VC_PINF	Mega128A PINF (입력 포트 상태 레지스터 F)
0x10	VC_DDRA	Mega128A DDRA (입출력포트 방향설정 레지스터 A)
0x11	VC_DDRB	Mega128A DDRB (입출력포트 방향설정 레지스터 B)
0x12	VC_DDRC	Mega128A DDRC (입출력포트 방향설정 레지스터 C)
0x13	VC_DDRD	Mega128A DDRD (입출력포트 방향설정 레지스터 D)
0x14	VC_DDRE	Mega128A DDRE (입출력포트 방향설정 레지스터 E)
0x15	VC_DDRF	Mega128A DDRF (입출력포트 방향설정 레지스터 F)

표 [2-2] MyBus 출력 포트 영역 맵핑

포트번호	포트 이름	설명 (기능)
0x00	VC_PORTA	Mega128A PORTA (출력 포트 레지스터 A)
0x01	VC_PORTB	Mega128A PORTB (출력 포트 레지스터 B)
0x02	VC_PORTC	Mega128A PORTC (출력 포트 레지스터 C)
0x03	VC_PORTD	Mega128A PORTD (출력 포트 레지스터 D)
0x04	VC_PORTE	Mega128A PORTE (출력 포트 레지스터 E)
0x05	VC_PORTF	Mega128A PORTF (출력 포트 레지스터 F)
0x10	VC_DDRA	Mega128A DDRA (입출력포트 방향설정 레지스터 A)
0x11	VC_DDRB	Mega128A DDRB (입출력포트 방향설정 레지스터 B)
0x12	VC_DDRC	Mega128A DDRC (입출력포트 방향설정 레지스터 C)
0x13	VC_DDRD	Mega128A DDRD (입출력포트 방향설정 레지스터 D)
0x14	VC_DDRE	Mega128A DDRE (입출력포트 방향설정 레지스터 E)
0x15	VC_DDRF	Mega128A DDRF (입출력포트 방향설정 레지스터 F)

표 [2-3]과 [2-4]는 MyBus의 입력과 출력 레지스터의 맵핑 정보를 나타낸 것이다. 표에서 레지스터 번호 0x00 ~ 0x05, 0x10 ~ 0x15는 포트 영역과 동일한 기능으로 맵핑되어 있는데, 이것은 해당 기능을 비트 단위 조작과 바이트 단위 조작이 모두 가능하도록 하기 위해서이다.

표 [2-3] MyBus 입력 레지스터 영역 맵핑

레지스터		설명 (기능)
번호	이름	
0x00	VC_PINA	Mega128A PINA (입력 포트 상태 레지스터 A)
0x01	VC_PINB	Mega128A PINB (입력 포트 상태 레지스터 B)
0x02	VC_PINC	Mega128A PINC (입력 포트 상태 레지스터 C)
0x03	VC_PIND	Mega128A PIND (입력 포트 상태 레지스터 D)
0x04	VC_PINE	Mega128A PINE (입력 포트 상태 레지스터 E)
0x05	VC_PINF	Mega128A PINF (입력 포트 상태 레지스터 F)
0x10	VC_DDRA	Mega128A DDRA (입출력포트 방향설정 레지스터 A)
0x11	VC_DDRB	Mega128A DDRB (입출력포트 방향설정 레지스터 B)
0x12	VC_DDRC	Mega128A DDRC (입출력포트 방향설정 레지스터 C)
0x13	VC_DDRD	Mega128A DDRD (입출력포트 방향설정 레지스터 D)
0x14	VC_DDRE	Mega128A DDRE (입출력포트 방향설정 레지스터 E)
0x15	VC_DDRF	Mega128A DDRF (입출력포트 방향설정 레지스터 F)
0x20	VC_PIN_EVENT_MASK	입력 포트 이벤트 Frame 활성화/비활성화
0x40	VC_ADC0	ADC 채널 0의 값 (전위차계의 값)
0x41	VC_ADC1	ADC 채널 1의 값 (CDS의 값)
0x42	VC_ADC2	ADC 채널 2의 값 (온도센서의 값)
0x43	VC_ADC3	ADC 채널 3의 값

레지스터		설명 (기능)
번호	이름	
0x48	VC_ADC_EVENT_MASK	ADC이벤트 Frame활성화/비활성
0x49	VC_ADC_INTERVAL	ADC 변환 주기 (0 ~ 65535ms, 0은 ADC 정지)
0x50	VC_RED_LED	Red LED 밝기 조절 (0 ~ 255)
0x51	VC_GREEN_LED	Green LED 밝기 조절 (0 ~ 255)
0x52	VC_BLUE_LED	Blue LED 밝기 조절 (0 ~ 255)
0x53	VC_RGB_LED_ENABLE	RGB LED 활성화/비활성화
0x60	VC_ULTRASONIC_ ENABLE	초음파 센서 사용여부 (0 : 사용안함)
0x61	VC_ULTRASONIC_ INTERVAL	초음파 센서 트리거발생 주기
0x62	VC_ULTRASONIC_ EVENT_MASK	초음파 센서 이벤트 Frame 활성화/비활성화
0x68	VC_ULTRASONIC_ DISTANCE	초음파 센서로 측정한 거리
0x70	VC_PIEZO_ENABLE	피에조 활성화/비활성화
0x71	VC_PIEZO_TONE	상위 4bit : Duration (0 ~ 1.6sec) 하위 12bit : Frequence (0 ~ 4.096kHz)

표 [2-4] MyBus 출력 레지스터 영역 맵핑

레지스터		설명 (기능)
번호	이름	
0x00	VC_PORTA	Mega128A PORTA (출력 포트 레지스터 A)
0x01	VC_PORTB	Mega128A PORTB (출력 포트 레지스터 B)
0x02	VC_PORTC	Mega128A PORTC (출력 포트 레지스터 C)
0x03	VC_PORTD	Mega128A PORTD (출력 포트 레지스터 D)
0x04	VC_PORTE	Mega128A PORTE (출력 포트 레지스터 E)
0x05	VC_PORTF	Mega128A PORTF (출력 포트 레지스터 F)
0x10	VC_DDRA	Mega128A DDRA (입출력포트 방향설정 레지스터 A)
0x11	VC_DDRB	Mega128A DDRB (입출력포트 방향설정 레지스터 B)
0x12	VC_DDRC	Mega128A DDRC (입출력포트 방향설정 레지스터 C)
0x13	VC_DDRD	Mega128A DDRD (입출력포트 방향설정 레지스터 D)
0x14	VC_DDRE	Mega128A DDRE (입출력포트 방향설정 레지스터 E)
0x15	VC_DDRF	Mega128A DDRF (입출력포트 방향설정 레지스터 F)
0x20	VC_PIN_EVENT_MASK	입력 포트 이벤트 Frame 활성화/비활성화 설정
0x30	VC_FND	FND에 숫자 표시 (0 ~ 9999)
0x31	VC_FND_COM1	1000의 자리 font data 표시
0x32	VC_FND_COM2	100의 자리 font data 표시
0x33	VC_FND_COM3	10의 자리 font data 표시
0x34	VC_FND_COM4	1의 자리 font data 표시
0x35	VC_FND_DP	시간과 분 사이의 콜론 제어

레지스터		설명 (기능)
번호	이름	
0x48	VC_ADC_EVENT_MASK	ADC이벤트 Frame활성화/비활성
0x49	VC_ADC_INTERVAL	ADC 변환 주기 (0 ~ 65535ms, 0은 ADC 정지)
0x50	VC_RED_LED	Red LED 밝기 조절 (0 ~ 255)
0x51	VC_GREEN_LED	Green LED 밝기 조절 (0 ~ 255)
0x52	VC_BLUE_LED	Blue LED 밝기 조절 (0 ~ 255)
0x53	VC_RGB_LED_ENABLE	RGB LED 활성화/비활성화
0x60	VC_ULTRASONIC_ENABLE	초음파 센서 사용여부 (0 : 사용안함)
0x61	VC_ULTRASONIC_INTERVAL	초음파 센서 트리거발생 주기
0x62	VC_ULTRASONIC_EVENT_MASK	초음파 센서 이벤트 Frame 활성화/비활성화
0x70	VC_PIEZO_ENABLE	피에조 활성화/비활성화
0x71	VC_PIEZO_TONE	상위 4bit : Duration (0 ~ 1.6sec) 하위 12bit : Frequence (0 ~ 4.096kHz)

2.3 맵핑 번호(주소) 사용방법

앞에서 살펴본 맵핑 정보를 이용해 AVR의 포트 A에 연결된 8개의 LED를 그림 [2-2]와 같이 켜지도록 MyBus Frame을 만들어 보자.

우선 LED는 출력장치이고 AVR의 포트 A와 연결되어 있음으로, MyBus 영역 중 출력 포트나 출력 레지스터 영역에서 AVR의 포트 A와 맵핑된 주소를 찾아야하는데, 표 [2-2]와 [2-4]를 살펴보면 AVR의 포트 A가 두 영역 모두 0번에 맵핑되어 있는 것을 확인할 수 있다.

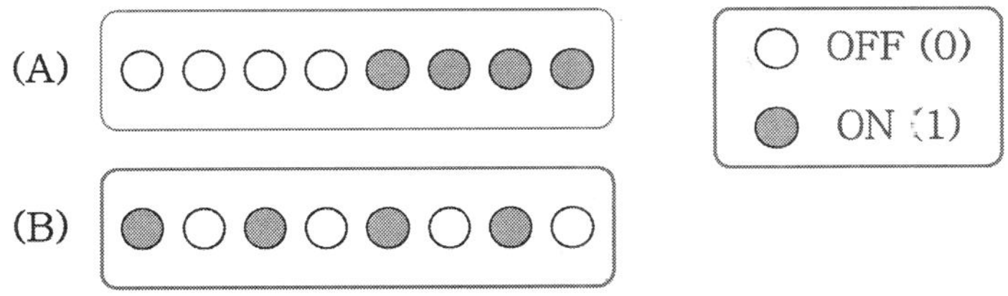

그림 [2-4] LED제어 예

그런데 MyBus의 포트 영역은 비트 단위의 조작만 가능하므로 그림 [2-2]와 같이 하려면 4번에 걸쳐 MyBus Frame을 보내야 한다. 반면에 레지스터 영역은 MyBus Frame을 한 번만 보내면 되므로, 이 영역을 사용하는 것이 좀 더 효율적이라고 할 수 있다.

MyBus 영역과 레지스터의 주소가 결정되었으니 레지스터에 기록할 데이터를 생각해 보자. 그림 [2-2]에서 LED는 논리 1에서 켜지고 논리 0에서 꺼진다. 따라서 (A)의 경우 "0000 1111", (B)의 경우 "1010 1010"을 MyBus 레지스터 0번에 보내면 그림과 같이 해당 LED가 켜질 것이다.

지금까지의 내용을 바탕으로 MyBus Frame을 만들어 보면 표 [2-5]와 [2-6]과 같은데 먼저 Function Code는 MyBus의 출력 레지스터 영역에 값을 기록해야 함으로 0x06이 되고, Register No는 앞에서 찾은 0x00이 된다. 그리고 맵핑된 AVR의 포트 A가 8bit이므로 Hi Data 필드는 0, Low Data는 (A)의 경우 0x0f, (B)의 경우 0xaa가 된다.

표 [2-5] LED제어(A)에 대한 MyBus Query Frame

Function Code	Register No.	Hi Data	Low Data
0x06	0x00	0	0x0f

표 [2-6] LED제어(B)에 대한 MyBus Query Frame

Function Code	Register No.	Hi Data	Low Data
0x06	0x00	0	0xaa

같은 방법으로 FND에 "1234"란 숫자를 표시하고 싶다면 표 [2-7]과 같이 MyBus Frame을 만들어주면 된다. 여기서 숫자 1234는 16진수로 0x04d2이므로 Hi Data에는 0x04가 되고, Low Data는 0xd2가 된 것이다.

표 [2-7] FND표시에 대한 MyBus Query Frame

Function Code	Register No.	Hi Data	Low Data
0x06	0x30	0x04	0xd2

3

My Bus DLL

3.1 MyBus DLL의 기능

앞장에서 살펴본 타깃 보드에는 MyBus를 지원하는 펌웨어가 내장되어 있어, PC용 제어 프로그램만 작성하면 타깃 보드의 각종 장치들을 쉽게 제어할 수 있다. 하지만 PC용 제어 프로그램을 작성하는 것은 쉬운 일이 아니다. 내부에 시리얼 통신 포트를 제어하는 루틴과 MyBus를 지원하는 루틴을 기본적으로 가지고 있어야 하기 때문이다. 또한, 시리얼 통신은 언제 데이터 송신이 완료되고, 언제 데이터가 수신될지 알 수 없기 때문에 Windows 응용 프로그램이 실행되는 방식인 메시지 구동방식만으로는 작성하기가 어렵고 스레드나 커널 객체 등과 같은 요소들을 사용해야 하기 때문이다.

MyBus DLL은 시리얼 통신을 제어하는 루틴과 MyBus를 지원하는 루틴들을 DLL에 담은 것으로 시리얼 통신 포트 설정, 시리얼 통신 데이터 송수신, MyBus Frame 송수신 등이 가능하도록 작성한 프로그램 모듈이다. 따라서 이 DLL을 응용 프로그램에 포함시켜 사용하면 간단히 타깃 보드를 제어할 수 있다.

3.2 MyBus DLL에서 제공하는 함수

MyBus DLL은 시리얼 통신 포트 설정, 시리얼 데이터 송신, MyBus Frame 송신 등 크게 3가지 종류의 함수를 제공하고, 시리얼 데이터 수신과 MyBus Frame 수신은 윈도우 메시지 형식으로 응용 프로그램에게 전달한다.

1) 시리얼 통신 포트 설정관련 함수

(1) 통신 포트 설정 대화상자 호출 함수

BOOL CallCommSetDlg(void)는 통신 포트 설정 대화상자를 호출하는 함수로 통신 포트, 통신 속도, Data Size, Parity Mode, Stop bits 등을 설정할 수 있다. 설정된 데이터는 CommConfigData 구조체 형식으로 DLL 내부에 저장된다.

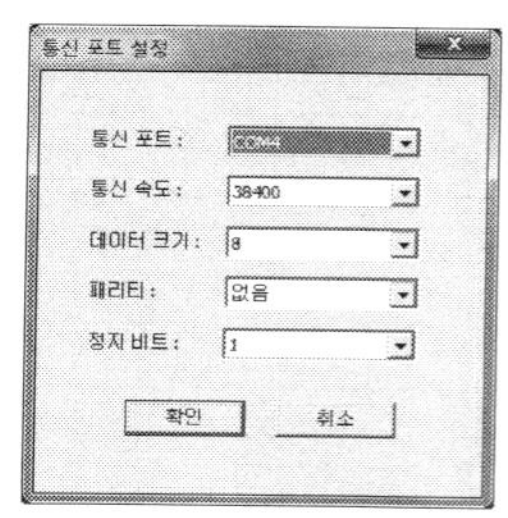

(2) 통신 포트 설정 데이터 쓰기 함수

void SetCommCfgData(CommConfigData CfgData)는 CommConfigData 구조체 형식의 통신 포트 설정 데이터를 MyBus DLL로 보내는 함수이다. 이 구조체는 통신 포트, 통신 속도, Data Size, Parity Mode, Stop bits와 같은 정보들을 포함하고 있다. 이 함수를 호출하여 설정 데이터를 변경하면 설정 대화상자의 내용도 변경된다.

(3) 통신 포트 설정 데이터 읽기 함수

void GetCommCfgData(CommConfigData* CfgData)는 CommComfigData 구조체 형식의 통신 포트 설정 데이터를 MyBus DLL로부터 받는 함수이다. 응용 프로그램에서 설정된 데이터가 필요할 때 이 함수를 호출해 얻을 수 있다.

2) 시리얼 통신 포트 송신관련 함수

(1) 통신 포트 연결 함수

HANDLE CommOpen(CommConfigData CfgData)는 시리얼 통신 포트를 연결하는데 사용되는 함수로 연결에 필요한 CommComfigData 구조체 형식의 설정 데이터를 요구한다. 이 함수를 호출하여 통신 포트가 성공적으로 연결되면 0이 아닌 윈도우 HANDLE 값을 반환한다.

(2) 통신 포트 닫기 함수

void CommClose(void)는 시리얼 통신 포트 연결을 해제하는데 사용되는 함수이다. 더 이상 시리얼 통신을 하지 않을 경우 반드시 통신 포트 연결을 해제하여 시스템 자원을 반환해야 다른 응용프로그램에서 이를 사용할 수 있다. 특히 프로그램 종료 시 통신 포트를 확인하고 연결을 해제하는 것이 좋다.

(3) 한문자 송신 함수

BOOL CommPutChar(UINT8 Ch)는 한 문자(한 바이트)의 데이터를 시리얼 통신 포트를 통해 전송하는 함수이다.

(4) 데이터 송신 함수

BOOL CommPutData(UINT8* Ch, UINT16 Size)는 Size 만큼의 데이터를 시리얼 통신 포트를 통해 전송하는 함수이다. 여러 바이트의 데이터를 보낼 때 사용한다.

3) MyBus Frame 송신관련 함수

(1) MyBus Frame 송신 함수

BOOL MyBusSendFrame(_MyBusFrame* pFrame)는 _MyBusFrame 구조체 형식의 데이터를 전송하는 함수로 구조체 변수의 주소를 요구한다. 이 함수를 호출하면 타깃 보드에 MyBus Frame이 전송된다.

(2) LED 제어 함수

BOOL MyBusLED_OnOff(UINT8 OnOff)는 타깃 보드에 장착된 8개의 LED를 켜거나 끄는 함수로 해당 bit에 논리 1을 주면 켜지고 논리 0을 주면 꺼진다.

4) 수신관련 윈도우 메시지

(1) WM_COMM_RXCHAR

시리얼 통신 포트로 수신된 데이터가 있음을 알리는 메시지로 wParam에 수신된 데이터가 기록된다. (*현재 DLL에서는 제공되지 않는다)

(2) WM_MYBUS_COMM_CLOSE

USBtoSerial과 같은 장치의 경우 코드가 빠지면 시리얼 통신 포트가 사라지는데 이때 발생되는 메시지로 이 메시지를 받으면 즉시 통신 포트를 닫아야 한다.

(3) WM_MYBUS_SEND_FRAME

MyBusSendFrame() 함수를 호출하면 발생되는 메시지로, lParam에 전송한 Query Frame이 저장된다.

(4) WM_MYBUS_RECV_FRAME

타깃보드로 Response Frame을 수신하면 발생되는 메시지로, lParam에 수신된 Response Frame이 저장된다.

(5) WM_MYBUS_ADC_VALUE

이벤트 메시지로 타깃 보드에서 A/D 컨버터의 변환이 완료되면 발생된다. wParam에 이벤트 코드가 저장되고, lParam에 Response Frame이 저장된다. 이 메시지는 타깃 보드의 A/D 변환 완료 이벤트를 활성화시켜야 발생된다.

(6) WM_MYBUS_SWITCH_UPDTAE

이벤트 메시지로 타깃 보드의 입력 포트의 상태가 변경되면 발생되는 메시지로 wParam에 이벤트 코드가 저장되고, lParam에 Response Frame이 저장된다. 이 메시지는 타깃 보드의 입력 포트 상태변화 이벤트를 활성화시켜야 발생된다.

3.3 MyBus DLL 사용 예

MyBus DLL 사용법을 알아보기 위해 간단한 제어 프로그램을 작성해 보자.

1) 새 프로젝트 만들기

① Visual C++ 2012를 실행한다.

② [파일]메뉴에서 [새로 만들기]를 선택하고, 서브메뉴에서 [프로젝트]를 선택한다.

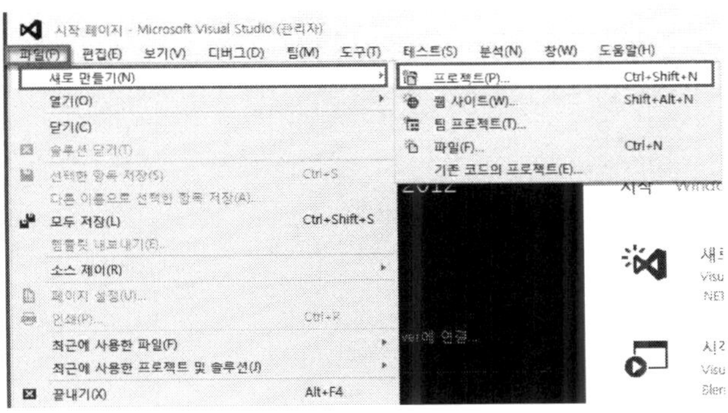

③ [새 프로젝트]대화상자에서 [템플릿]→[Vusual C++]→[MFC]를 선택하고 오른쪽 리스트에서 [MFC 응용 프로그램]을 선택한다. 그리고 프로젝트 이름은 MyBusTest, 위치는 d:₩VC2012₩src₩으로 설정하고 [확인]버튼을 클릭한다.

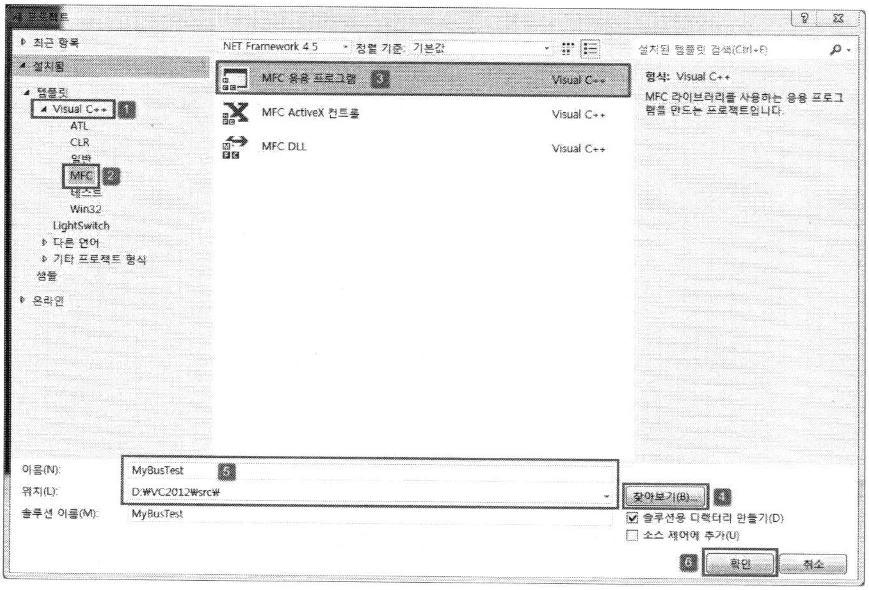

④ [MFC 응용 프로그램 마법사]에서 [응용프로그램 종류]를 클릭하고 [응용 프로그램 종류]를 [대화 상자 기반]으로 설정한다.

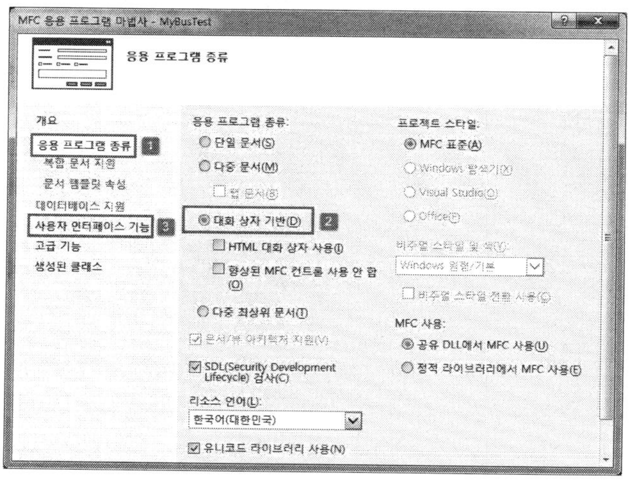

⑤ 다음으로 [사용자 인터페이스 기능]을 클릭하고 [주 프레임 스타일]에서 [최소화 상자]를 체크한 다음 [마침]버튼을 클릭한다.

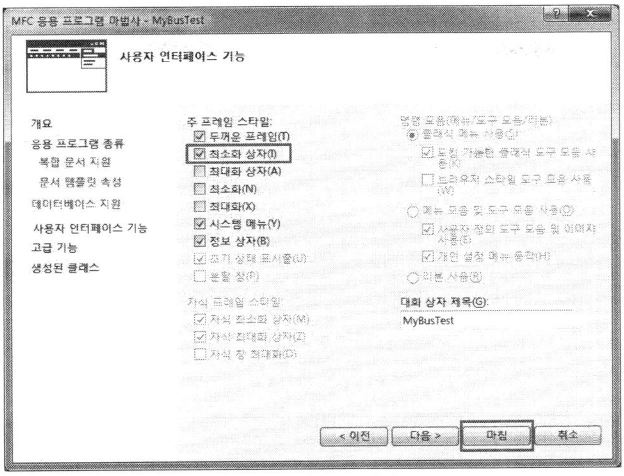

새로운 프로젝트가 만들어 졌으면 F7을 눌러 빌드하고 Ctrl + F5를 눌러 정상적으로 실행되는지 확인한다.

2) MyBus DLL 파일 복사

새 프로젝트에 MyBus DLL을 추가하기 위해 3개의 파일을 프로젝트 폴더에 복사한다.

① MyBusDll.h와 MyBusDll.lib을 d:₩VC2012₩src₩MyBusTest₩MyBusTest에 복사하고, MyBusDll.dll을 d:₩VC2012₩src₩MyBusTest₩Debug에 복사한다.

② 복사가 완료됐으면 MyBusDll.h를 헤더 파일 항목에 추가한다. [솔루션 탐색기]에서 [헤더 파일]항목을 선택하고 마우스 우측 버튼을 클릭한다. 팝업 메뉴에서 [추가]를 선택하고 서브 메뉴에서 [기존 항목]을 클릭한다.

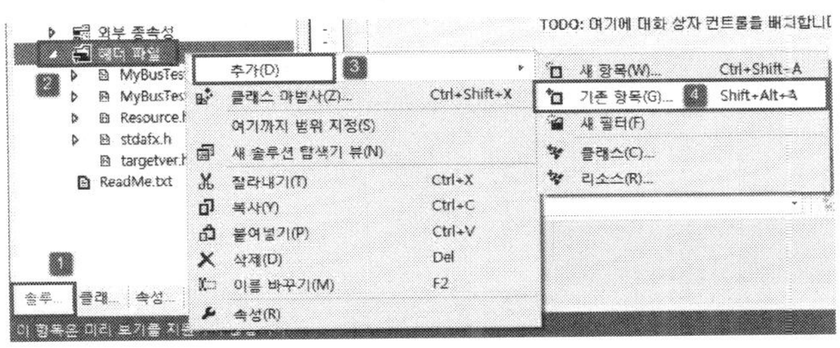

③ [기존 항목 추가]에서 MyBusDll.h를 선택하고 [추가]버튼을 클릭한다.

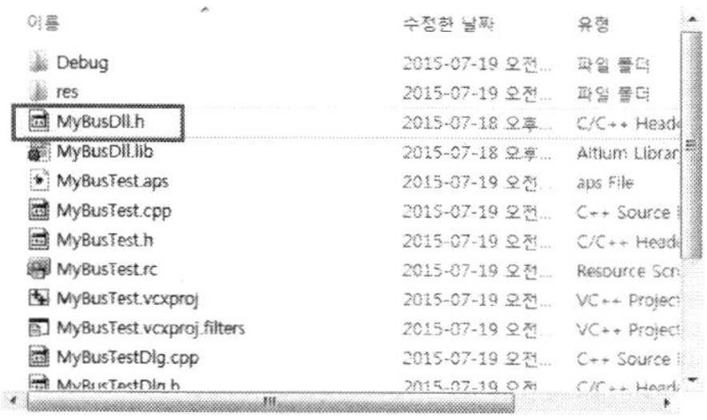

3) 컨트롤 추가

① 대화상자 편집 창에서 IDD_MYBUSTEST_DIALOG 대화상자에 포트 설정과 포트 연결에 사용할 버튼 두 개와 통신 포트의 상태를 출력할 에디트 컨트롤을 다음 그림과 같이 추가 배치한다.

컨트롤 종류	ID	Caption
Button	IDC_BTN_COMM_CONFIG	포트 설정
Button	IDC_BTN_COMM_OPEN_CLOSE	포트 연결
Edit	IDC_COMM_STATUS	

4) 변수 추가

① [클래스 뷰]에서 CMyBusTestDlg 클래스를 선택하고 마우스 우측 버튼을 클릭한다. 팝업 메뉴에서 [추가]를 선택하고 서브 메뉴에서 [변수 추가]를 클릭한다.

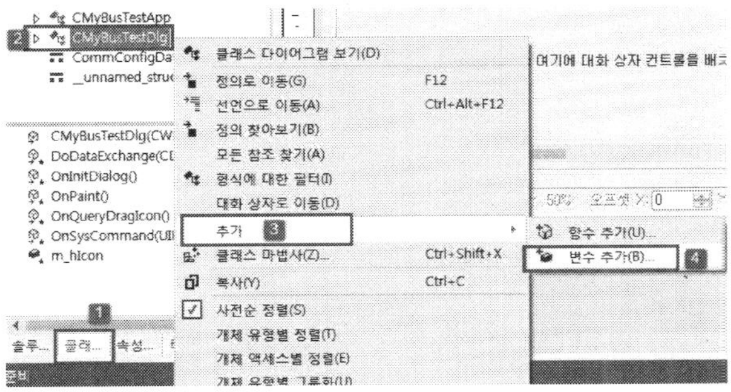

② [멤버 변수 추가 마법사]에서 변수 형식은 BOOL, 변수 이름은 m_bConnected로 하고 [마침]버튼을 클릭해 변수를 추가한다.

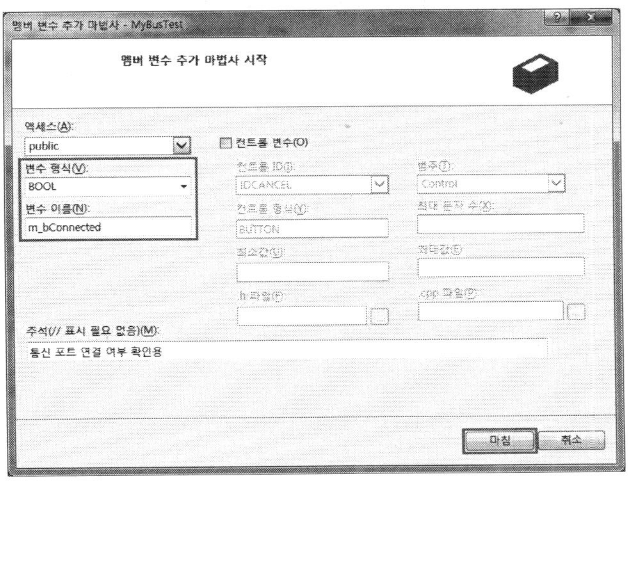

③ 같은 방법으로 변수 형식은 HANDLE, 변수 이름은 m_hComm으로 변수를 추가한다. 그리고 새로 추가된 변수를 초기화하기 위해 CMyBusTestDlg 클래스의 멤버 함수인 OnInit Dialog()를 다음과 같이 수정한다.

```
//  프레임워크가 이 작업을 자동으로 수행합니다.
SetIcon(m_hIcon, TRUE); // 큰 아이콘을 설정합니다.
SetIcon(m_hIcon, FALSE); // 작은 아이콘을 설정합니다.

// TODO: 여기에 추가 초기화 작업을 추가합니다.
m_bConnected = FALSE;
m_hComm = NULL;

return TRUE  // 포커스를 컨트롤에 설정하지 않으면 TRUE를 반환합니다.
```

④ 또한 MyBus DLL함수를 MyBusTestDlg.cpp에서 사용할 수 있도록 파일 앞부분에 #include MyBusDll.h를 추가한다.

```
// MyBusTestDlg.cpp : 구현파일

#include "stdafx.h"
#include "MyBusTest.h"
#include "MyBusTestDlg.h"
#include "afxdialogex.h"
#include "MyBusDll.h"
```

5) 사용하지 않는 버튼 컨트롤 삭제

지금 작성하고 있는 프로그램에서 [확인]버튼과 [취소]버튼은 사용하지 않는다. 특히 [확인]버튼은 프로그램을 실행하고 키보드에서 아무 키나 누르면 프로그램을 바로 종료시킨다. 이것을 방지하기 위해 [확인]버튼의 BN_CLICKED 이벤트 처리 함수에서 프로그램이 종료되지 않도록 OnOk() 함수 호출을 막고 [확인]버튼과 [취소]버튼을 삭제해야 한다.

① 대화상자 편집 창에서 [확인]버튼을 더블 클릭해 BN_CLICKED 이벤트 처리 함수를 추가하고, 소스코드에서 OnOK();를 삭제하거나 주석으로 처리한다.

```
void CMyBusTestDlg::OnBnClickedOk()

  // TODO: 여기에 컨트롤 알림 처리기 코드를 추가합니다.
  // CDialogEx::OnOK();  // 주석으로 처리되어 더 이상 호출되지 않음
```

② 대화상자 편집 창에서 [확인]버튼과 [취소]버튼을 삭제한다.

6) 버튼 함수 구현

① 대화상자 편집 창에서 [포트 설정]버튼을 더블 클릭해 BN_CLICKED 이벤트 함수를 추가하고 다음과 같이 소스코드를 수정한다.

```
void CMyBusTestDlg::OnBnClickedBtnCommConfig()

  // TODO: 여기에 컨트롤 알림 처리기 코드를 추가합니다.
  CallCommSetDlg();      // 포트 설정 대화 상자를 호출함
```

② 대화상자 편집 창에서 [포트 연결]버튼을 더블 클릭해 BN_CLICKED 이벤트 함수를 추가하고 다음과 같이 소스코드를 수정한다.

```
void CMyBusTestDlg::OnBnClickedBtnCommOpenClose()
{
  // TODO: 여기에 컨트롤 알림 처리기 코드를 추가합니다.
  CString str;         // 통신연결 상태표시용 문자열
  char cParity;          // 패러티 표시용 문자변수 (Non, Even, Odd)
  char* cStopBits;       // Stop bit 표시용 문자열 포인터 (1, 1.5, 2)
  CommConfigData *pCommCfg = new CommConfigData;

// 통신포트 연결여부 확인
  if(!m_bConnected){
      GetCommCfgData(pCommCfg);
      pCommCfg->hOwner = m_hWnd;
      if((m_hComm=CommOpen(*pCommCfg)) != NULL){

          m_bConnected = TRUE;

          if(pCommCfg->Parity == EVENPARITY) cParity = 'E';
          else if(pCommCfg->Parity == ODDPARITY) cParity = 'O';
          else cParity = 'N';

          if(pCommCfg->StopBits == TWOSTOPBITS) cStopBits = "2";
          else if(pCommCfg->StopBits == ONE5STOPBITS) cStopBits = "1.5";
          else cStopBits = "1";

          str.Format(_T("COM%d,%d,%c,%d,%s"), pCommCfg->PortNum,
          pCommCfg->BaudRate,cParity,pCommCfg->ByteSize,cStopBits);

          GetDlgItem(IDC_COMM_STATUS)->SetWindowText(str);
          GetDlgItem(IDC_BTN_COMM_OPEN_CLOSE)->SetWindowText(_T("포트닫기"));
          GetDlgItem(IDC_BTN_COMM_CONFIG)->EnableWindow(false);
    } // if
    else{
         str.Format(_T("Open Error COM%d"),pCommCfg->PortNum);
         GetDlgItem(IDC_COMM_STATUS)->SetWindowText(str);
    }
}// if
```

```
    // 통신포트연결해제
    else{
        CommClose();
        m_bConnected = FALSE;
        str.Format(_T(" Closed "));
        GetDlgItem(IDC_COMM_STATUS)->SetWindowText(str);
        GetDlgItem(IDC_BTN_COMM_OPEN_CLOSE)->SetWindowText(_T("포트열기"));
        GetDlgItem(IDC_BTN_COMM_CONFIG)->EnableWindow(true);
    }
    delete pCommCfg;
}
```

7) 체크 박스 추가 및 LED On/Off제어

① 대화상자에 체크 박스를 추가한다.

컨트롤 종류	ID	Caption
Check Box	IDC_LED	LED

① 추가한 체크 박스를 더블 클릭하여 OnBnClickedLed() 함수를 추가하고 다음과 같이 소스코드를 수정한다.

```
void CMyBusTestDlg::OnBnClickedLed()
{
    // TODO: 여기에 컨트롤 알림 처리기 코드를 추가합니다.
    if(m_bConnected){
        if(((CButton*)GetDlgItem(IDC_LED))->GetCheck() == 1){
            MyBusLED_OnOff(0xff);
        }
        else {
            MyBusLED_OnOff(0x00);
        }
    }
}
```

② 소스코드를 수정했으면 프로젝트를 빌드하고 실행한다.

④ 실행된 대화상자에서 [포트 설정]을 클릭한다. [통신 포트 설정] 대화상자에서 통신 포트를 선택하고 [확인]버튼을 클릭한다. 통신 포트는 제어판 → 장치관리자 → 포트에서 확인할 수 있다. 참고로 타깃 보드에는 USB to Serial칩이 장착되어 있다.

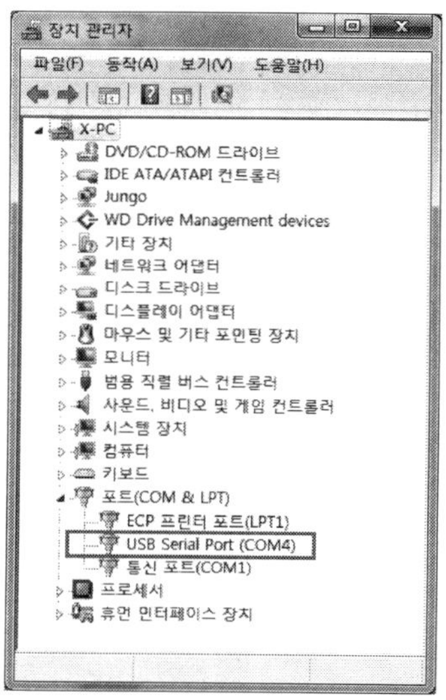

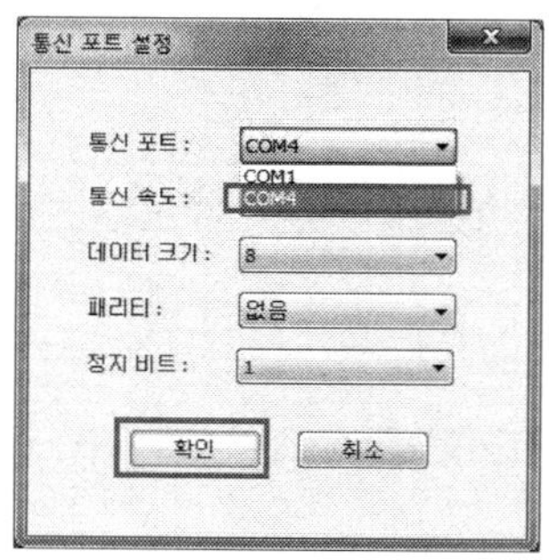

⑤ 통신 포트가 설정되었다면 [포트 연결]버튼을 클릭해 통신 포트를 타깃 보드와 연결한다. 정상적으로 연결되면 하단에 연결된 정보가 표시된다.

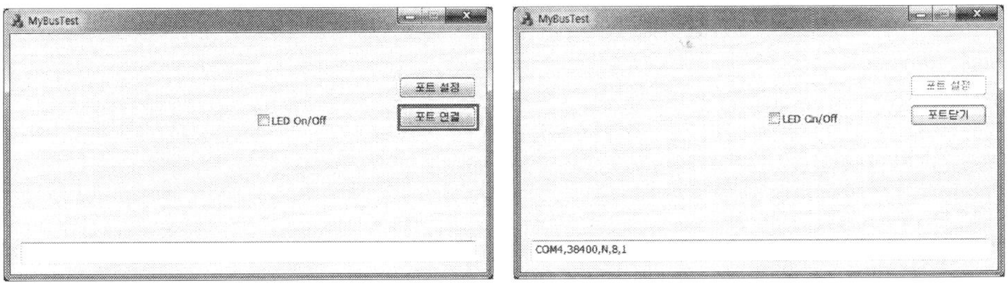

⑥ 마지막으로 체크 박스를 마우스로 클릭해 타깃 보드의 LED가 켜졌다 꺼졌다하는 것을 확인한다.

8) 종료 시점에 통신 포트 반환하기

통신 포트는 시스템 자원으로 프로그램 종료 시점에 반환하지 않으면 다시 사용할 수가 없게 된다. 따라서 프로그램 종료 시점에 통신 포트가 해제됐는지를 확인하고 해제되지 않았다면 반드시 해제해 주어야 한다.

① 대화상자 편집 창에서 IDD_MYBUSTEST_DIALOG를 선택하고 속성 창에서 메시지 탭을 선택한다. 메시지 항목에서 WM_CLOSE를 선택하고 우측에 〈Add〉OnClose를 클릭해 멤버 함수를 추가한다.

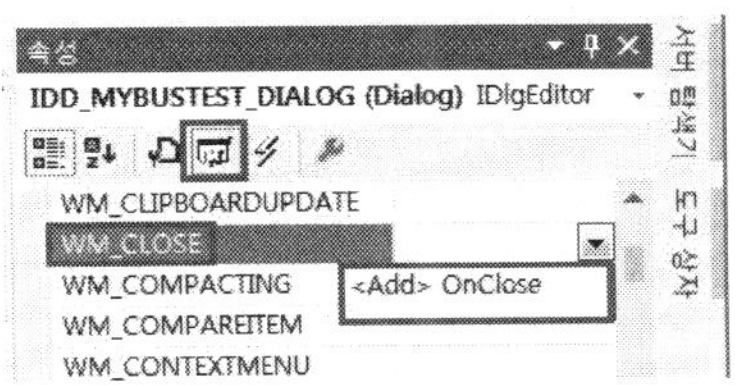

② 추가된 함수에 다음과 같이 소스코드를 추가한다.

```
void CMyBusTestDlg::OnClose()
{
// TODO: 여기에 메시지 처리기 코드를 추가 및/또는 기본값을 호출합니다.
  if(m_bConnected){
     CommClose();
  }
  CDialogEx::OnClose();
}
```

③ 소스코드 수정이 완료되었으면 소스코드를 저장하고 F7을 눌러 빌드한다. 그리고 프로그램을 실행해 이전과 같이 동작하는지 확인한다.

4

My Bus 템플릿

앞으로 MyBus DLL을 사용해 타깃 보드를 제어하는 많은 프로그램을 작성해 볼 것이다. 그런데 3.3에서 작성해 보았듯이 MyBus DLL을 사용해 프로그램을 작성할 때마다 상당 부분 같은 작업을 반복해야 한다. 이러한 반복적인 작업을 최소화하기 위해 MyApp 템플릿을 만들어 사용할 것이다.

4.1 MyApp 템플릿 만들기

1) 새 프로젝트 만들기

① VC++ 2012를 실행하고 시작 페이지에서 [새 프로젝트...]을 선택하거나 [파일]메뉴에서 [새로 만들기]→[새 프로젝트]를 클릭한다.

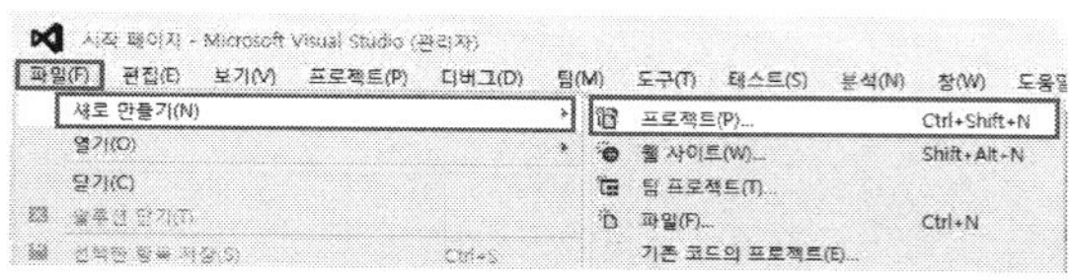

② [새 프로젝트]에서 [템플릿]→[Visual C++]→[MFC]를 선택하고 우측 리스트에서 [MFC 응용 프로그램]을 선택한다. 그리고 프로젝트 이름은 MyApp, 위치는 D:₩VC2012₩scr₩로 설정하고 [확인]버튼을 클릭한다.

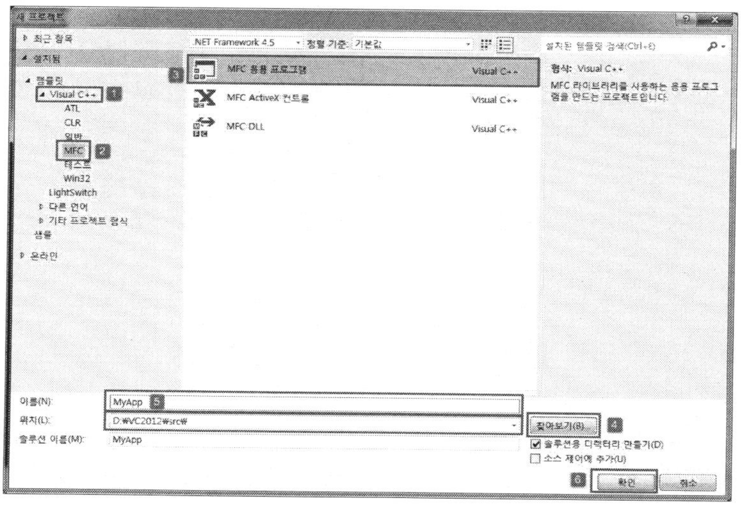

③ [MFC 응용 프로그램 마법사]에서 좌측에 [응용 프로그램 종류]를 클릭한다.

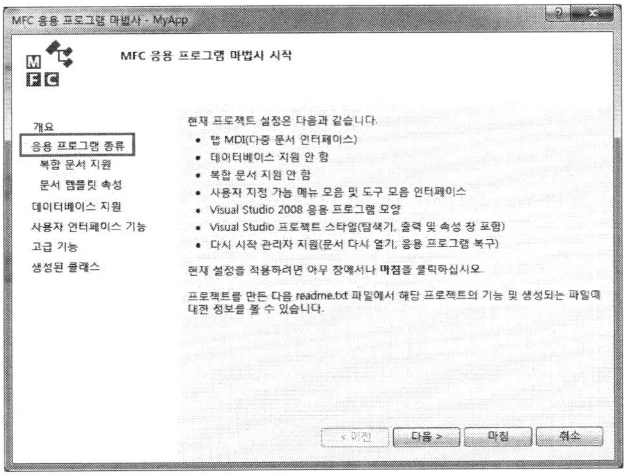

④ [응용 프로그램 종류]에서 [대화 상자 기반]을 선택하고 [사용자 인터페이스 기능]을 클릭한다.

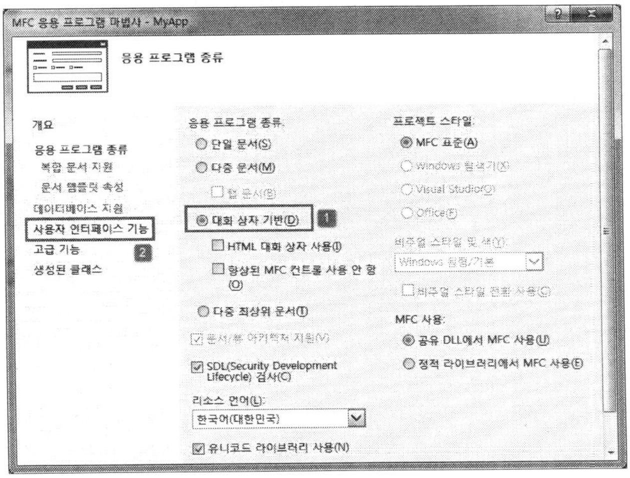

⑤ [사용자 인터페이스 기능]에서 [최소화 상자]를 체크하고 [생성된 클래스]를 클릭한다.

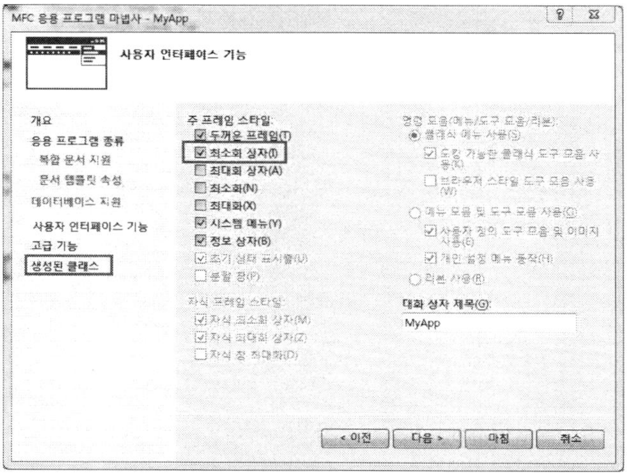

⑥ [생성된 클래스]에서 CMyAppApp를 선택하고 클래스 이름을 CMyApp로 변경한다. 그리고 [마침]버튼을 클릭한다.

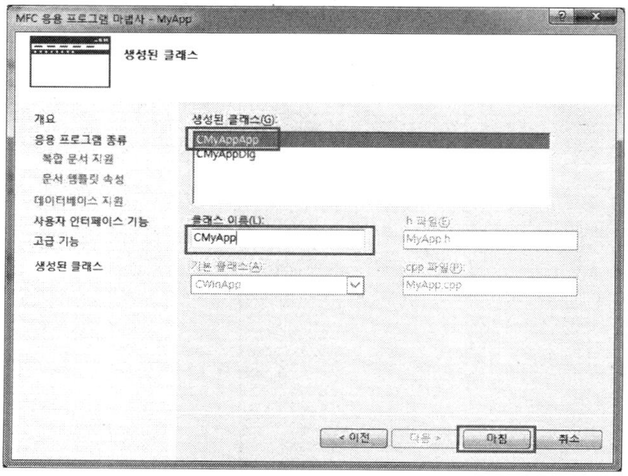

⑦ 새로운 프로젝트가 그림과 같이 생성되었으면 F7을 눌러 빌드한다.

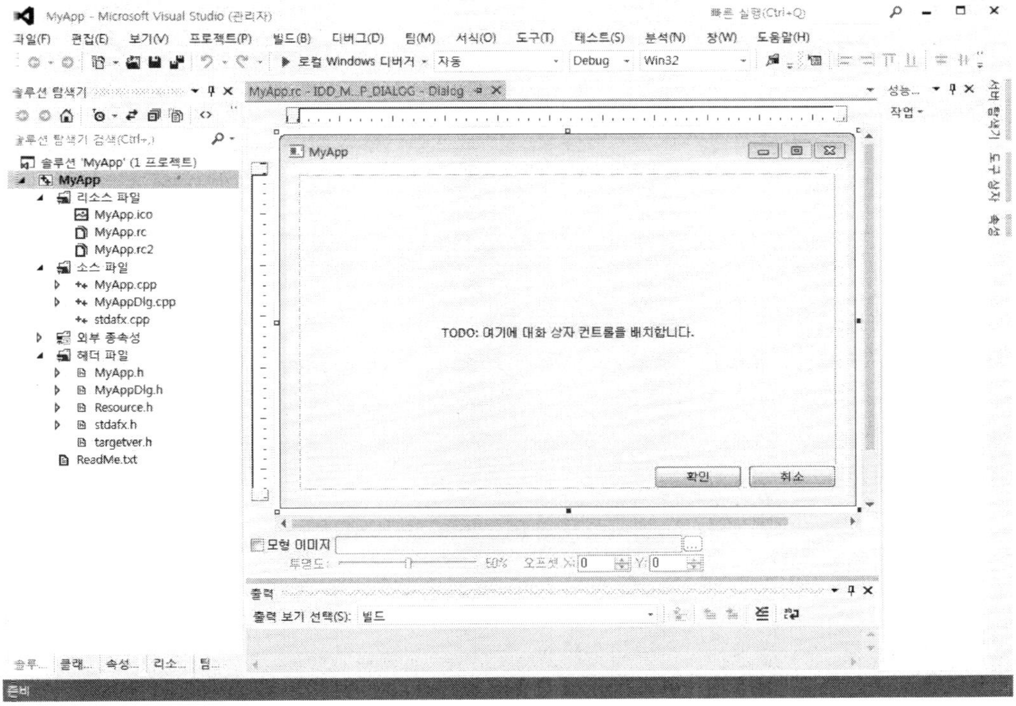

⑧ 빌드 후 이상이 없으면 d:₩VC2012₩src₩MyApp₩MyApp₩폴더에 MyBusDll.h를 복사한다. 그리고 [솔루션 탐색기]에서 [헤더 파일]항목을 선택하고 마우스 우측 버튼을 눌러 팝업 메뉴가 나타나면 [추가]를 선택한다. 그리고 서브메뉴에서 [기존 항목]을 클릭한다.

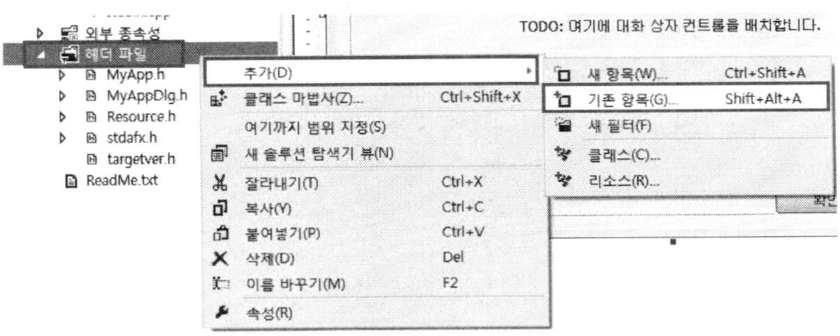

⑨ [기존 항목 추가]에서 MyBusDll.h를 선택하고 [추가]버튼을 클릭한다. 그러면 [헤더 파일] 항목에 MyBusDll.h 파일이 추가된다.

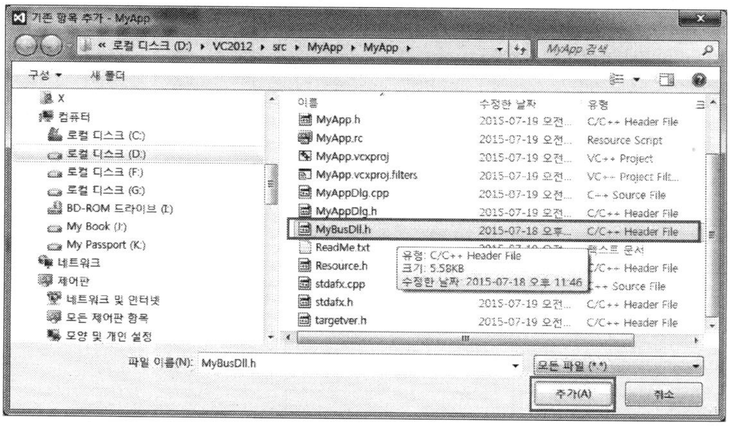

2) 대화상자 편집

① 그림과 같이 대화상자에 두 개의 버튼과 한 개의 에디트 컨트롤을 배치하고 표와 같이 속성을 설정한다.

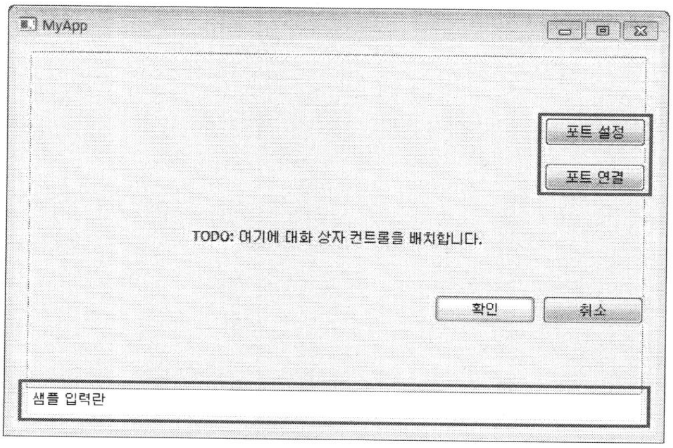

컨트롤	ID	Caption
Button	IDC_BTN_COMM_CONFIG	포트 설정
Button	IDC_BTN_COMM_OPEN_CLOSE	포트 연결
Edit	IDC_COMM_STATUS	

② 대화상자 편집 창에서 [확인]버튼을 더블 클릭해 BN_CLICKED 이벤트 처리 함수가 추가되도록 하고, 추가된 함수에서 OnOK();를 삭제하거나 주석 처리한다.

```
void CMyAppDlg::OnBnClickedOk()

  // TODO: 여기에 컨트롤 알림 처리기 코드를 추가합니다.
  // CDialogEx::OnOK();  // 주석으로 처리되어 더 이상 호출되지 않음
```

③ 다시 대화상자 편집 창으로 돌아와 사용하지 않을 Static, 확인, 취소 버튼 컨트롤들을 삭제한다.

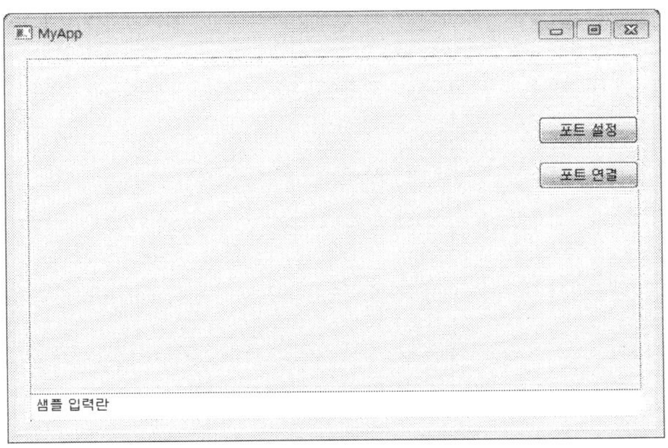

3) 변수 추가하기

① VC++ 2012화면 좌측 하단의 [클래스 뷰]를 선택하고 클래스 리스트를 확장한다. 리스트 중 CMyAppDlg 클래스를 선택하고 마우스 우측 버튼을 누른다. 팝업 메뉴가 나타나면 [추가]를 선택하고 서브메뉴에서 [변수 추가]를 클릭한다.

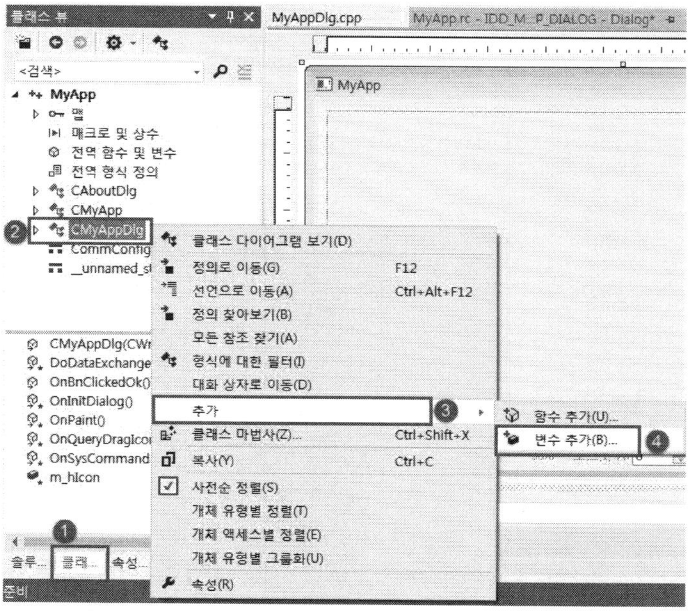

② [멤버 변수 추가 마법사]에서 변수 형식은 BOOL, 이름은 m_bConnected로 하고 [마침]버튼을 클릭해 멤버 변수를 추가한다.

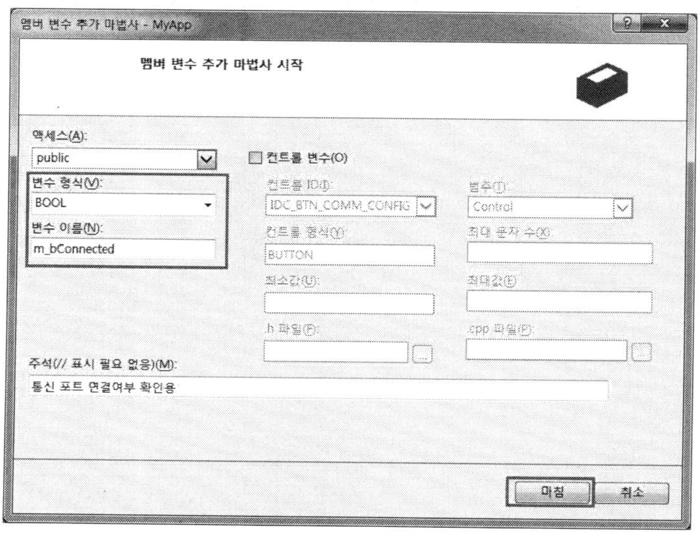

③ 같은 방법으로 변수 형식은 HANDLE, 이름은 m_hComm인 변수를 추가한다.

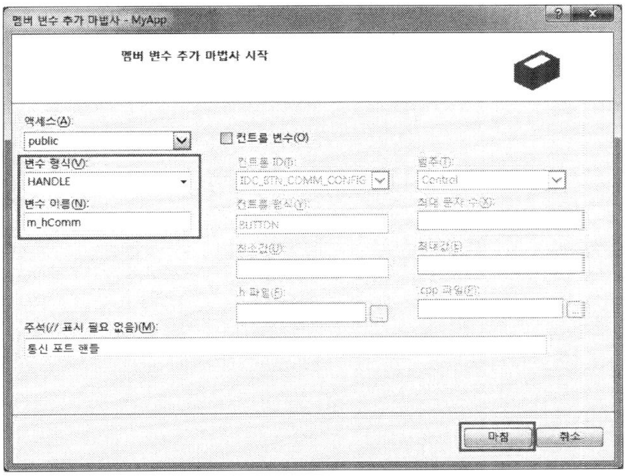

4) 소스코드 수정하기

① MyBus Dll 함수를 사용할 수 있도록 MyAppDlg.cpp 파일에 다음과 같이 MyBusDll.h 헤더 파일을 포함시킨다.

```
// MyAppDlg.cpp : 구현파일

#include "stdafx.h"
#include "MyApp.h"
#include "MyAppDlg.h"
#include "afxdialogex.h"
#include "MyBusDll.h"
```

② 추가된 멤버 변수를 초기화하기 위해 CMyAppDlg 클래스의 멤버 함수인 OnInitDialog()에 다음과 같이 소스코드를 추가한다.

```
// 프레임워크가 이 작업을 자동으로 수행합니다.
SetIcon(m_hIcon, TRUE); // 큰 아이콘을 설정합니다.
SetIcon(m_hIcon, FALSE);// 작 은아이콘을 설정합니다.

// TODO: 여기에 추가 초기화 작업을 추가합니다.
m_bConnected = FALSE;
m_hComm = NULL;
return TRUE  // 포커스를 컨트롤에 설정하지 않으면 TRUE를 반환합니다.
```

③ 다시 대화상자 편집 창으로 돌아와서 [포트 설정]버튼을 더블 클릭해 BN_CLICKED 이벤트 함수를 추가하고 다음과 같이 소스코드를 수정한다.

```
void CMyAppDlg::OnBnClickedBtnCommConfig()
{
  // TODO: 여기에 컨트롤 알림 처리기 코드를 추가합니다.
  CallCommSetDlg();
}
```

④ 마찬가지로 [포트 연결]버튼을 더블 클릭해 "BN_CLICKED" 이벤트 처리 함수를 추가하고 다음과 같이 소스코드를 수정한다.

```
void CMyAppDlg::OnBnClickedBtnCommOpenClose()
{
  // TODO: 여기에 컨트롤 알림 처리기 코드를 추가합니다
  CString str;        // 통신연결 상태표시용 문자열
  char cParity;          // 패리티 표시용 문자변수
  char* cStopBits;  // Stop bit 표시용 문자열 포인터
  CommConfigData *pCommCfg = new CommConfigData;

// 통신포트 연결여부 확인
  if(!m_bConnected){
    GetCommCfgData(pCommCfg);
    pCommCfg->hOwner = m_hWnd;
    if((m_hComm=CommOpen(*pCommCfg)) != NULL){

        m_bConnected = TRUE;
```

```
            if(pCommCfg->Parity == EVENPARITY) cParity = 'E';
            else if(pCommCfg->Parity == ODDPARITY) cParity = 'O';
            else cParity = 'N';

            if(pCommCfg->StopBits == TWOSTOPBITS) cStopBits = "2";
            else if(pCommCfg->StopBits == ONE5STOPBITS) cStopBits = "1.5";
            else cStopBits = "1";

            str.Format(_T("COM%d,%d,%c,%d,%s"), pCommCfg->PortNum,
                pCommCfg->BaudRate,cParity,pCommCfg->ByteSize,cStopBits);

            GetDlgItem(IDC_COMM_STATUS)->SetWindowText(str);
            GetDlgItem(IDC_BTN_COMM_OPEN_CLOSE)->SetWindowText(_T("포트닫기"));
            GetDlgItem(IDC_BTN_COMM_CONFIG)->EnableWindow(false);
        } // if
        else{
            str.Format(_T("Open Error COM%d"),pCommCfg->PortNum);
            GetDlgItem(IDC_COMM_STATUS)->SetWindowText(str);
        }
    }// if

// 통신포트연결해제
  else{
        CommClose();
        m_bConnected = FALSE;
        str.Format(_T(" Closed "));
        GetDlgItem(IDC_COMM_STATUS)->SetWindowText(str);
        GetDlgItem(IDC_BTN_COMM_OPEN_CLOSE)->SetWindowText(_T("포트열기"));
        GetDlgItem(IDC_BTN_COMM_CONFIG)->EnableWindow(true);
    }
    delete pCommCfg;
}
```

⑥ 대화상자 편집 창에서 IDD_MYAPP_DIALOG 대화상자의 상단을 클릭하고, 속성에서 메시지 탭을 선택한다. 메시지 중에서 WM_CLOSE를 선택하고 OnClose() 함수를 추가한다

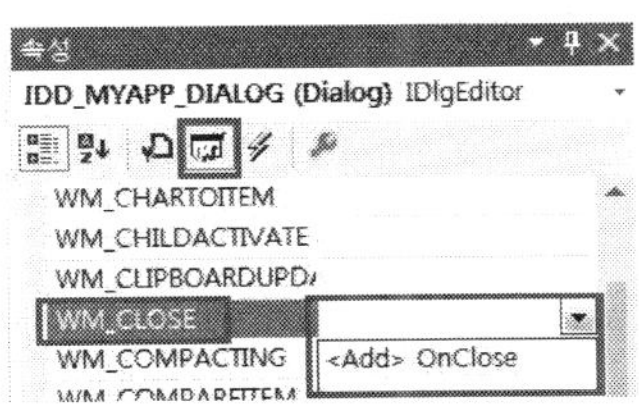

⑤ 추가된 함수에 다음과 같이 소스코드를 추가한다.

```
void CMyAppDlg::OnClose()
{
// TODO: 여기에 메시지 처리기 코드를 추가 및/또는 기본값을 호출합니다
  if(m_bConnected){
      CommClose();
  }
  CDialogEx::OnClose();
}
```

⑥ 작성된 템플릿 프로그램을 확인해 보기 위해 두 개의 파일을 복사한다. MyBusDll.lib는 d:₩VC2012₩src₩MyApp₩MyApp₩ 폴더에 복사하고, MyBusDll.Dll은 d:₩VC2012₩src₩MyApp₩Debug₩ 폴더에 복사한다. 그리고 F7을 눌러 프로그램을 빌드하고 실행시키면 다음과 같은 화면이 출력된다.

⑦ 실행된 [MyApp] 대화상자에서 [포트 설정]버튼을 클릭해 [통신 포트 설정]대화상자가 정상적으로 나타내면 MyBus DLL이 정상적으로 업로드된 것이다.

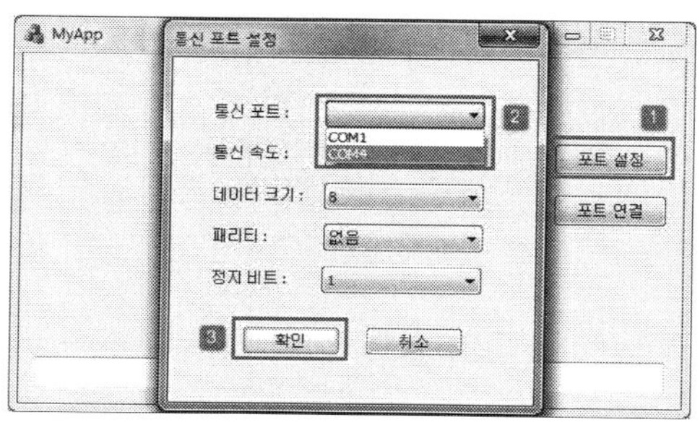

⑧ 포트 설정을 했으면 [포트 연결]버튼을 클릭해 연결/해제가 잘 되는지 확인한다.

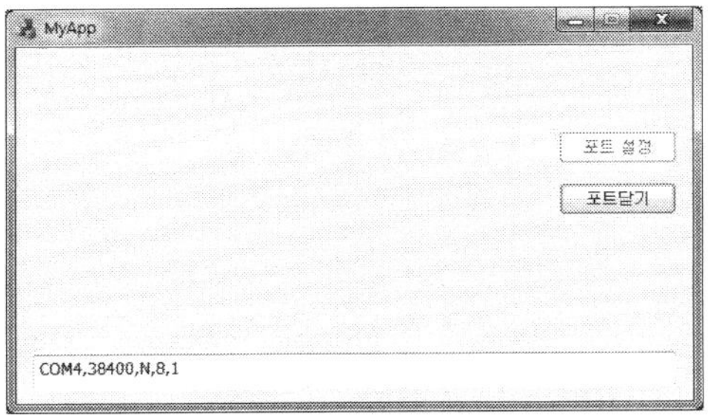

5)템플릿 내보내기

템플릿 작성이 완성되었으니 이제 템플릿을 내보내 앞으로 작성할 프로그램에 활용하면 된다.

① [파일] 메뉴에서 [템플릿 내보내기]를 선택한다.

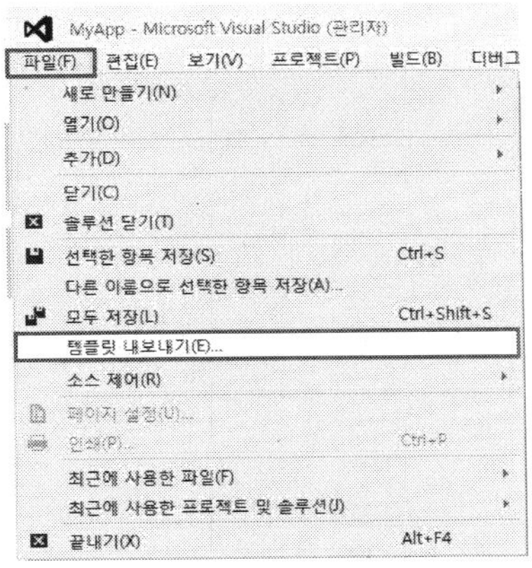

② [템플릿 내보내기 마법사]에서 템플릿 프로젝트를 선택하고 [다음]버튼을 클릭한다.

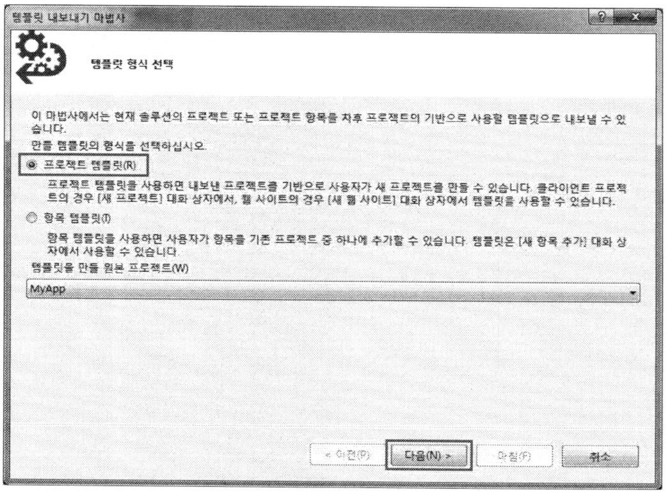

③ 템플릿 설명을 쓰고 [마침]버튼을 클릭한다. 그러면 출력 위치에 MyApp 템플릿이 생성된다.

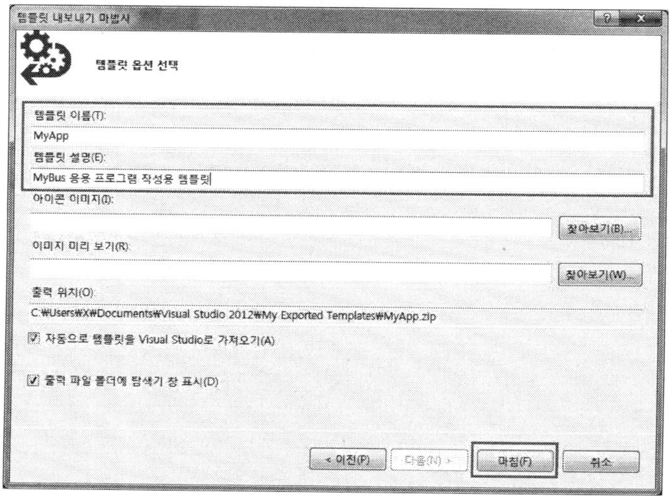

참고로 Visual C++에 이 템플릿을 등록하려면 "내 문서₩Visual Studio 2012₩Templates ₩ProjectTemplates₩"에 MyApp.Zip 파일을 복사하면 된다.

지금까지 MyApp 템플릿을 작성하였다. 앞으로 MyBus 응용 프로그램을 작성할 때 이 템플릿을 이용하면 보다 쉽고 빠르게 응용프로그램을 작성할 수 있을 것이다.

4.2 MyApp 템플릿 사용하기

지금까지 작성한 템플릿을 사용해 간단한 프로그램을 작성해 보자.

1) 템플릿으로 새 프로젝트 만들기

① VC++ 2012를 실행하고 [시작]페이지에서 [새 프로젝트]를 클릭하거나 [파일]→[새로 만들기]→[프로젝트]를 클릭한다.

② [새 프로젝트]에서 [템플릿]→[Visual C++]→[MyApp]를 선택한다. 그리고 프로젝트 이름은 MyAppTest, 위치는 d:₩VC2012₩src₩로 설정한 다음 [확인]버튼을 클릭한다.

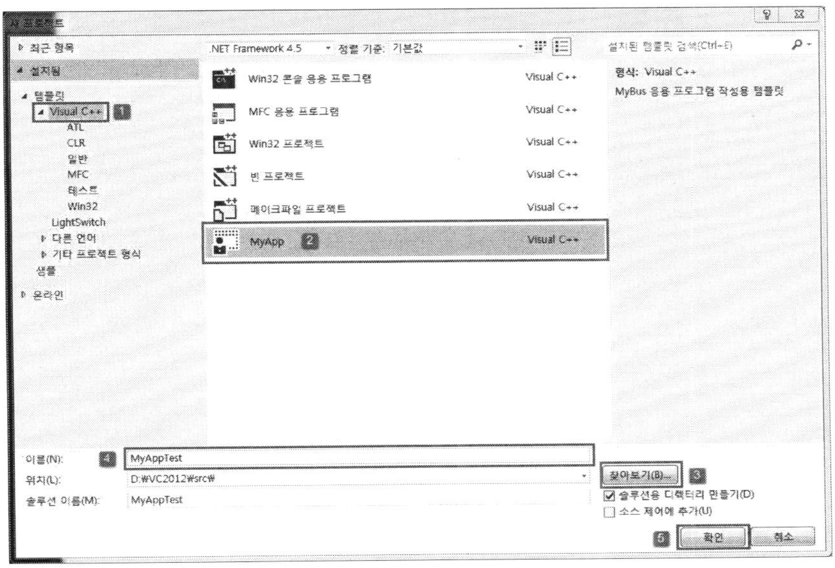

③ 새 프로젝트가 생성되었으면 MyBusDll.lib를 d:₩VC2012₩src₩MyAppTest₩MyAppTest₩ 폴더에 복사한다. 그리고 F7을 눌러 프로젝트를 빌드한다.

④ 빌드가 완료되었으면 MyBusDll.dll을 d:₩VC2012₩src₩MyAppTest₩Debug₩ 폴더에 복사한다.

2) 대화상자 편집하기

① [리소스 뷰]에서 [Dialog]항목을 클릭하고 리스트를 확장시킨다. 확장된 리스트에서 IDD_MYAPP_DIALOG를 더블 클릭해 편집할 수 있도록 한다. 그리고 다음 그림과 같이 체크 박스를 추가한다.

컨트롤 종류	ID	Caption
Check Box	IDC_LED	LED

② 추가된 체크 박스를 더블 클릭해 BN_CLICKED 이벤트 처리 함수를 추가한다. 그리고 다음과 같이 소스코드를 추가한다.

```
void CMyAppDlg::OnBnClickedLed()
{
  // TODO: 여기에 컨트롤 알림 처리기 코드를 추가합니다
  if(m_bConnected){
    if(((CButton*)GetDlgItem(IDC_LED))->GetCheck() == 1){
       MyBusLED_OnOff(0xff);
    }
    else {
       MyBusLED_OnOff(0x00);
    }
  }
}
```

③ 소스코드 수정이 완료되었으면 F7을 눌러 빌드하고 실행한다. 프로그램이 실행되면 [포트 설정]버튼을 클릭해 통신 포트를 설정하고 [확인]버튼을 클릭한다.

④ [포트 연결]버튼을 클릭해 타깃 보드와 연결하고 체크 박스를 마우스로 클릭하면 타깃 보드의 모든 LED가 켜졌다 꺼졌다 할 것이다.

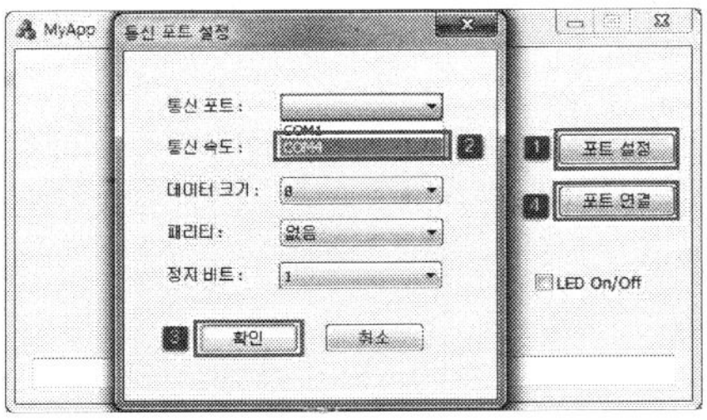

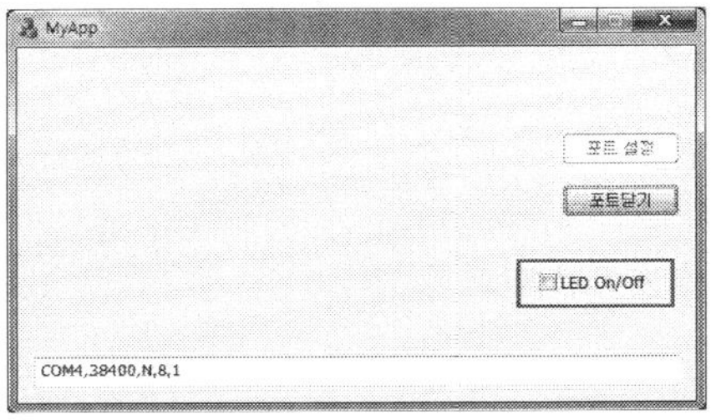

5

LED 제어하기

이번 장에서는 타깃 보드에 장착된 8개의 LED를 개별적으로 On/Off시키는 프로그램을 작성해 볼 것이다. 이 8개의 LED는 MyBus 출력 포트 영역과 출력 레지스터 영역에 맵핑되어 있어 이곳에 데이터를 기록하면 LED의 상태가 변경된다.

5.1 출력 포트와 출력 레지스터 영역

2장에서 설명했듯이 타깃 보드의 LED는 AVR의 Port A(PA7 ~ PA0)에 연결되어 있고 논리 1에서 켜지고 0에서 꺼진다. 예를 들어 PA0에 연결된 LED를 켜고 싶으면 Port A의 0번 비트의 논리 상태를 1로 만들면 되고, 끄고 싶으면 Port A의 0번 비트의 논리 상태를 0으로 만들면 된다.

Port A는 MyBus에서 출력 포트 영역 0번과 출력 레지스터 영역 0번에 맵핑되어있어 이곳에 값을 기록하게 되면 이와 연결된 LED의 상태가 변경된다. MyBus에서 출력 포트 영역은 WOP(Write Output Port)명령으로 비트 단위로 값을 변경할 수 있고, 출력 레지스터 영역은 WOR(Write Output Register)명령으로 8비트 모두를 한 번에 변경할 수 있다. 먼저 개별 제어가 가능한 WOP를 사용하는 방법부터 알아보자.

WOP 명령 Frame은 WOP+출력 포트 번호(주소)+비트 번호+데이터로 구성되어 있다. 이 Frame에서 출력 포트 번호는 Port A가 맵핑된 0이 될 것이고, 비트 번호는 On/Off 하고자 하는 LED가 연결된 비트가 될 것이다. 예를 들어 제어 대상이 PA3에 연결된 LED라고 한다면 비트 번호는 3이 된다. 마지막으로 데이터는 PA3에 연결된 LED를 켜려면 0xff가 되고, 끄려면 0x00이 된다.

예) PA3에 연결된 LED3을 켜기 위한 Query Frame

Function Code	Port No.	Bit No.	Data
05H(WOP)	VC_PORTA(0x00)	BIT3(3)	0xff(255)

예) PA3에 연결된 LED3을 끄기 위한 Query Frame

Function Code	Port No.	Bit No.	Data
05H(WOP)	VC_PORTA(0x00)	BIT3(3)	0x00(0)

이번엔 WOR을 사용하는 방법에 대해 알아보자. WOR 명령 Frame은 WOR + 출력 레지스터 번호(주소) + 상위 데이터+하위 데이터로 구성되어 있다. 이 Frame에서 출력 레지스터 번호는 Port A가 맵핑된 0이고, 상위 데이터는 하위 8비트만 사용하므로 아무 값이나 상관없지만 여기서는 0으로 설정했다. 마지막으로 하위 데이터는 실제 Port A에 저장될 값이므로 이 값에 따라 여덟 개의 LED가 한꺼번에 제어된다. 예를 들어 PA7 ~ PA4에 연결된 LED는 끄고, PA3 ~ PA0에 연결된 LED는 켜고 싶다면 이 필드의 값을 0x0f로 하면 된다.

예) PA3 ~ PA0에 연결된 LED를 켜기 위한 Query Frame

Function Code	Register No.	Hi Data	Low Data
0x06(WOR)	VC_PORTA(0x00)	0	0x0f

예) PA7 ~ PA4에 연결된 LED를 켜기 위한 Query Frame

Function Code	Register No.	Hi Data	Low Data
0x06(WOR)	VC_PORTA(0x00)	0	0xf0

5.2 체크 박스로 LED 제어하기

이번에 작성할 프로그램은 대화 상자에 8개의 체크 박스를 배치하고 이 체크 박스를 체크하면 해당 LED가 켜지고, 체크하지 않으면 꺼지는 프로그램이다.

1) 새 프로젝트 만들기

VC++ 2012를 실행하고 [시작]페이지에서 [새 프로젝트]를 클릭하거나 [파일]메뉴 → [새로 만들기] → [프로젝트]를 클릭한다.

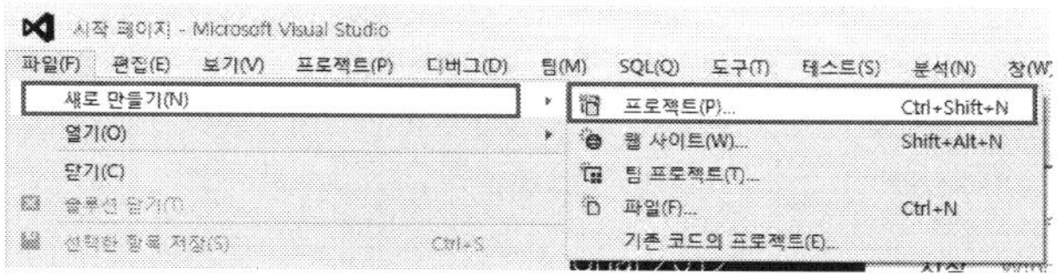

① [새 프로젝트]에서 [템플릿] → [Visual C++] → [MyApp]를 선택한다. 그리고 프로젝트 이름은 MyAppLED1, 위치는 d:₩VC2012₩src₩로 설정한 다음 [확인]버튼을 클릭한다.

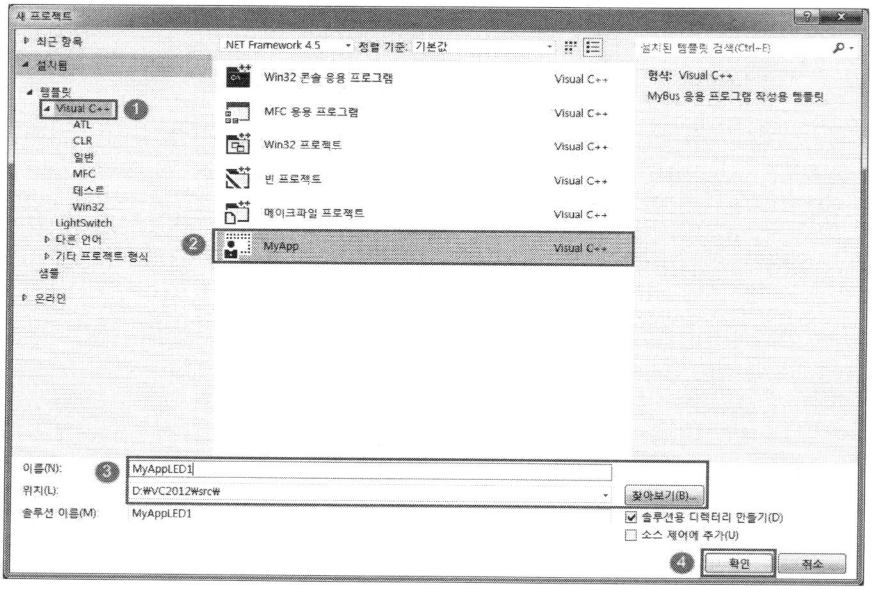

② 새 프로젝트가 생성되었으면 MyBusDll.lib를 d:₩VC2012₩src₩MyAppLED1₩MyAppLED1₩ 폴더에 복사하고 F7을 눌러 프로젝트를 빌드한다.

③ 빌드가 완료되면 MyBusDll.dll을 d:₩VC2012₩src₩MyAppLED1₩Debug₩ 폴더에 복사한다. (*빌드 전엔 Debug 폴더가 없어서 빌드 후에 복사하는 것이다.)

2) 대화상자 편집하기

① [리소스 뷰]에서 [Dialog]항목을 클릭하고 리스트를 확장시킨다. 확장된 리스트에서 IDD_MYAPP_DIALOG를 더블 클릭해 대화상자를 편집할 수 있도록 한다.

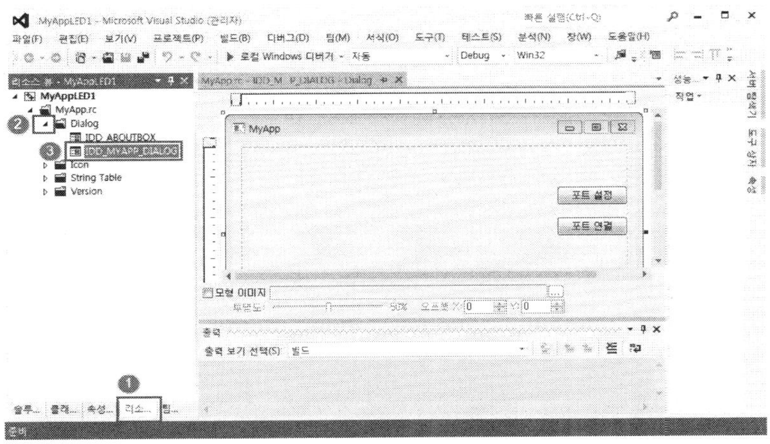

② 그림과 같이 8개의 체크 박스를 대화상자에 추가한다.

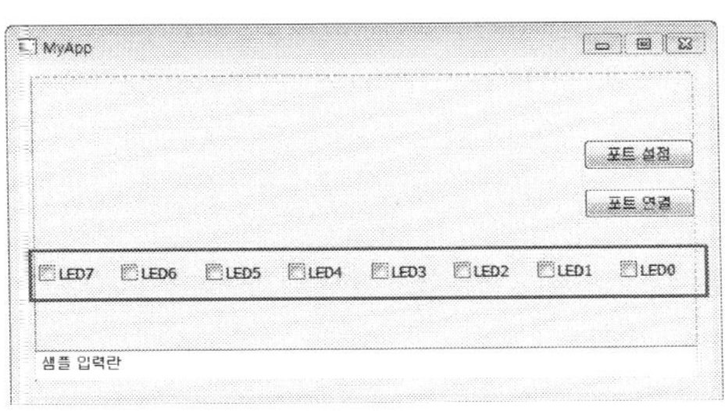

컨트롤 종류	ID	Caption
Check Box	IDC_LED0	LED0
Check Box	IDC_LED1	LED1
Check Box	IDC_LED2	LED2
Check Box	IDC_LED3	LED3
Check Box	IDC_LED4	LED4
Check Box	IDC_LED5	LED5
Check Box	IDC_LED6	LED6
Check Box	IDC_LED7	LED7

③ 편집이 완료되었으면 각각의 체크 박스에 대한 BN_CLICKED 이벤트 처리 함수를 추가한다.

각각의 체크 박스를 더블 클릭하거나 체크 박스를 선택하고 속성에서 컨트롤 이벤트 탭을 선택한다. 이벤트 리스트에서 BL_CLICKED를 선택하고 오른쪽에 〈Add〉 OnClickedLed..을 클릭한다. 그러면 CMyAppDlg 클래스에 이벤트 처리 함수가 추가된다.

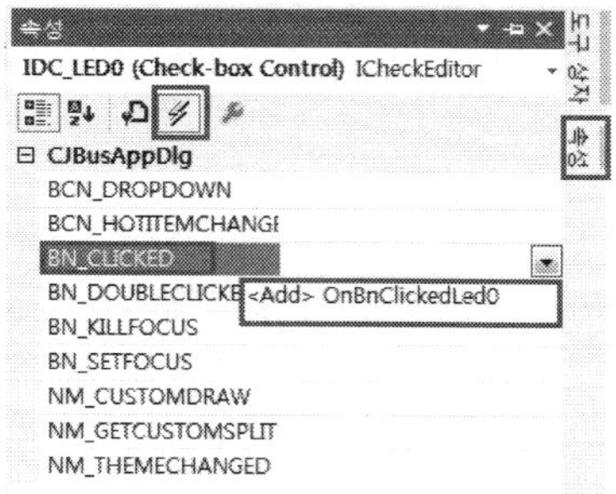

3) 소스코드 수정하기

체크 박스에 대한 이벤트 처리 함수의 뼈대까지 완성하였다. 이제 이 함수를 완성하여 타깃 보드의 LED를 제어할 것이다. 그런데 LED를 제어하려면 MyBus Frame을 만들고 이것을 타깃 보드에 전송해야 한다. MyBusDll.h를 살펴보면 MyBus Frame 구조체와 MyBus Frame을 전송하는 함수의 원형을 볼 수 있다. 먼저 MyBus Frame 구조체를 살펴보면 다음과 같이 네 개의 멤버 변수로 구성되어 있다.

```
typedef struct{
  UINT8   ui8Func;     // MyBus 함수 코드
  UINT8   ui8Addr;     // MyBus 포트/ 레지스터 번호(주소)
  UINT8   ui8DataH;    // MyBus 상위 데이터 (비트 번호)
  UINT8   ui8DataL;    // MyBus 하위 데이터
}_MyBusFrame;
```

다음으로 MyBus Frame을 전송하는 함수의 원형을 살펴보면 다음과 같다.

```
// MyBus Frame을 전송하는 함수의 원형
BOOL MyBusSendFrame(_MyBusFrame* pFrame);
```

MyBusSendFrame() 함수는 매개변수로 _MyBusFrame 구조체의 주소 값을 받는다. 따라서, MyBus Frame을 타깃 보드에 전송하려면 먼저 _MyBusFrame 구조체 변수를 만들고 멤버 값을 설정한 다음 MyBusSendFrame() 함수를 호출할 때 이 구조체 변수의 주소를 매개변수로 전달하면 된다.

① LED0 체크 박스를 클릭하면 MyBus Frame이 전송되도록 CMyAppDlg 클래스의 멤버 함수인 OnBnClickedLed0()에 다음과 같이 소스코드를 추가한다.

```
void CMyAppDlg::OnBnClickedLed0()

 // TODO: 여기에 컨트롤 알림 처리기 코드를 추가합니다.
 _MyBusFrame Query;// MyBusFrame 구조체 변수선언

 // 통신 포트가 연결되어있다면
 if(m_bConnected){
    Query.ui8Func = FC_WOP;
    Query.ui8Addr = VC_PORTA;
    Query.ui8DataH = BIT0;

    if(((CButton*)GetDlgItem(IDC_LED0))->GetCheck() == 1){
       Query.ui8DataL = 0xff; // LED0을 켠다.
    }
    else{
       Query.ui8DataL = 0x00; // LED0을 끈다.
    }
    MyBusSendFrame(&Query);     // MyBus Frame를 타깃 보드에 전송한다.
 }
}
```

② F7을 눌러 빌드하고 이상이 없으면 프로그램을 실행한다.

③ [포트 설정]버튼을 눌러 [통신 포트 설정]대화상자가 나타나면 리스트 박스를 확장해 통신 포트를 선택한다. 그리고 [확인]버튼을 클릭한다.

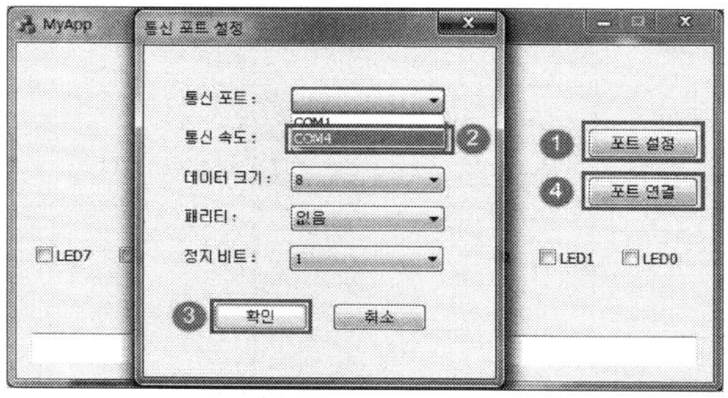

④ [포트 연결]버튼을 눌러 타깃 보드와 연결하고 LED0 체크 박스를 클릭하면 PA0에 연결된 LED가 켜졌다 꺼졌다 하는 것을 볼 수 있다.

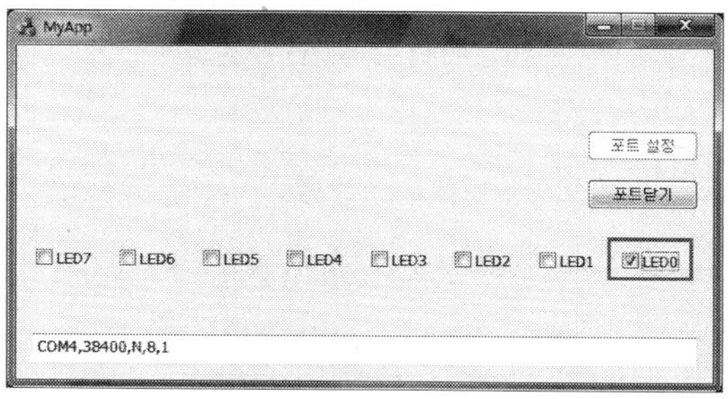

소스코드를 살펴보면 처음 _MyBusFrame 구조체 변수인 Query를 선언하고, 멤버 변수들을 WOP 명령 Frame이 되도록 다음과 같이 설정하였다. 여기서 FC_WOP, VC_PORTA, BIT0는 MyBusDll.h에 정의되어 있는 매크로 상수이다.

```
_MyBusFrame Query;// MyBusFrame 구조체변수 선언
    ...
Query.ui8Func = FC_WOP;    // 0x05
Query.ui8Addr = VC_PORTA;     // 0x00
Query.ui8DataH = BIT0;        // 0x00
    ...
```

그리고 체크 박스의 상태를 확인하기 위해 CButton 클래스의 멤버 함수인 GetCheck() 함수를 호출해 그 결과 체크 박스가 체크되었다면 LED 0이 켜지도록 Query.ui8DataL에

0xff를 대입하고, 체크되지 않았다면 LED 0이 꺼지도록 0x00을 대입했다. 그리고 MyBusSendFrame() 함수 호출해 타깃 보드에 Query Frame을 전송했다.

```
...
if(((CButton*)GetDlgItem(IDC_LED0))->GetCheck() == 1){
        Query.ui8DataL = 0xff; // LED0을 켠다.
    }
else{
        Query.ui8DataL = 0x00; // LED0을 끈다.
    }
MyBusSendFrame(&Query);    // MyBus Frame를 타깃 보드에 전송한다.
        ...
```

⑤ 어느 정도 코드가 이해되었다면 IDC_LED1의 BN_CLICKED 이벤트 처리 함수인 OnBnClickedLed1()를 다음과 같이 수정하고 빌드한 다음 실행해 본다. 이번엔 LED1 체크박스를 선택하면 LED1이 켜졌다 꺼졌다 할 것이다.

```
void CMyAppDlg::OnBnClickedLed1()
{
  // TODO: 여기에 컨트롤 알림 처리기 코드를 추가합니다.
  _MyBusFrame Query;// MyBusFrame 구조체변수 선언

  // 통신 포트가 연결되어있다면
  if(m_bConnected){
     Query.ui8Func = FC_WOP;
     Query.ui8Addr = VC_PORTA;
     Query.ui8DataH = BIT1;

     if(((CButton*)GetDlgItem(IDC_LED1))->GetCheck() == 1){
        Query.ui8DataL = 0xff; // LED1을 켠다.
     }
     else{
        Query.ui8DataL = 0x00; // LED1을 끈다.
     }
     MyBusSendFrame(&Query);    // MyBus Frame를 타깃 보드에 전송한다.
  }
```

LED0에 대한 소스코드와 LED1에 대한 소스코드를 비교해 보면 사각형으로 표시한 부분만 다르고 나머지 부분은 모두 같다. 표시된 부분 중 "Query.ui8DataH = BIT1;"은 WOP 명령으로 변경할 PortA의 비트 번호이고, GetDlgItem() 함수의 매개변수로 사용되는 "IDC_LED1"은 체크 박스의 ID 값이다.

같은 방법으로 나머지 체크 박스에 대해서도 이 두 개의 값을 변경해 BN_CLICKED 이벤트 처리 함수를 작성하면 타깃 보드에 장착된 모든 LED를 제어할 수 있다.

⑥ ⑤를 참조하여 IDC_LED2 ~ IDC_LED7에 대한 이벤트 처리 함수의 소스코드를 완성하고 빌드한 다음 프로그램을 실행해 나머지 체크 박스에 해당하는 LED가 제어되는지 확인한다.

5.3 마우스로 LED 제어하기

체크 박스를 사용해 타깃 보드의 LED를 제어해 보았다. 이번에는 대화상자의 특정 영역을 마우스 왼쪽 버튼을 클릭할 때마다 LED가 반전(On/Off) 되는 프로그램을 작성해 볼 것이다.

1) 새 프로젝트 만들기

① 5.2의 1)과 같은 방법으로 새 프로젝트를 만든다. 이때 프로젝트 이름은 MyAppLED2이고, 위치는 d:₩VC2012₩src₩이다.

② 마우스 왼쪽 버튼을 클릭할 때마다 좌표가 화면에 표시되도록 CMyAppDlg 클래스에 WM_LBUTTONDOWN 이벤트 처리 함수를 추가한다. 먼저, VC++ 2012화면 좌측 하단에서 [클래스 뷰]를 클릭하고, 리스트에서 CMyAppDlg를 선택한다. 그리고 마우스 우측 버튼을 눌러 [속성]을 선택한다.

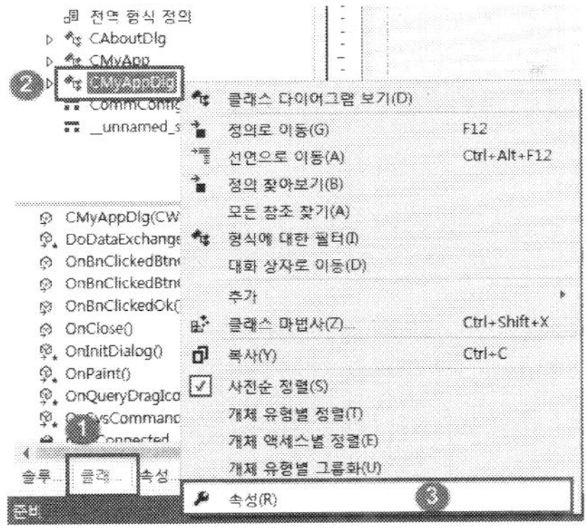

③ 화면 우측의 [속성]에서 [메시지]를 선택하고 리스트에서 WM_LBCTTONDOWN을 선택한 다음 〈Add〉 OnLButtonDown을 클릭해 메지시 처리 함수를 추가한다.

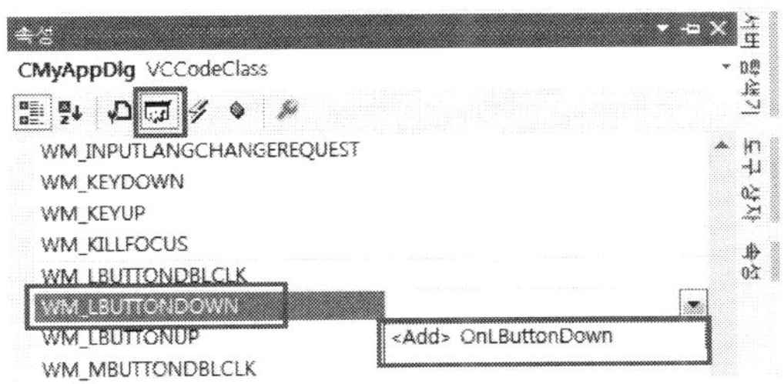

④ 추가된 함수에 다음과 같이 소스코드를 추가한다.

```
void CMyAppDlg::OnLButtonDown(UINT nFlags, CPoint point)
{
  // TODO: 여기에 메시지 처리기 코드를 추가 및/또는 기본값을 호출합니다.
  CString str;

  str.Format(_T(" x:%d, y:%d"), point.x, point.y);

  GetDlgItem(IDC_COMM_STATUS)->SetWindowText(str);

  CDialogEx::OnLButtonDown(nFlags, point);
```

⑤ 소스코드를 추가했으면 F7을 눌러 빌드하고 실행한다. 실행된 대화상자에 마우스 포인트를 두고 클릭하면 Edit 컨트롤에 클릭한 좌표가 표시된다.

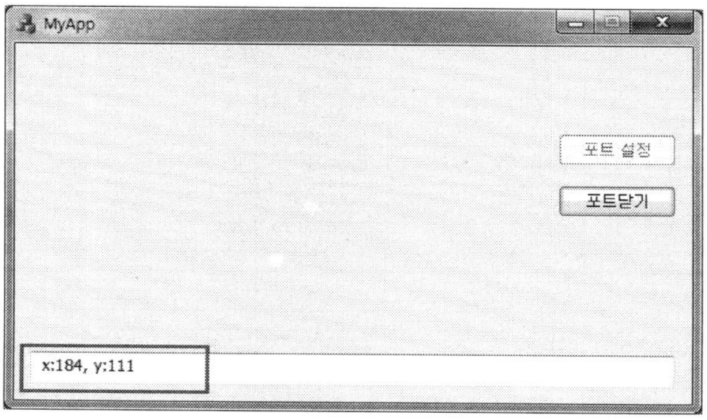

2) LED 제어 영역 그리기

① 마우스로 여기저기를 클릭해 보고 LED를 표시한 적당한 위치를 결정한다. 본서에서는 왼쪽에서 30만큼 떨어지고 위에서 150만큼 떨어진 곳에서부터 지름 30, 간격 50인 원 8개를 그려 이곳을 마우스로 클릭하면 LED가 켜지고 꺼지도록 할 것이다. 이 값들은 프로그램에서 중요하게 사용되므로 아래와 같이 MyAppDlg.cpp 파일에 매크로 상수로 지정한다.

```
#ifdef _DEBUG
#define new DEBUG_NEW
#endif


#define LED_Y        150
#define LED_X        30
#define LED_RADIUS       30
#define LED_DISTANCE   50
```

② LED의 상태를 그리는 함수를 만든다. [클래스 뷰]에서 CMyAppDlg 클래스를 선택하고 마우스 우측 버튼을 누른다. 팝업 메뉴에서 [추가]를 선택하고 서브 메뉴에서 [함수 추가]를 클릭한다.

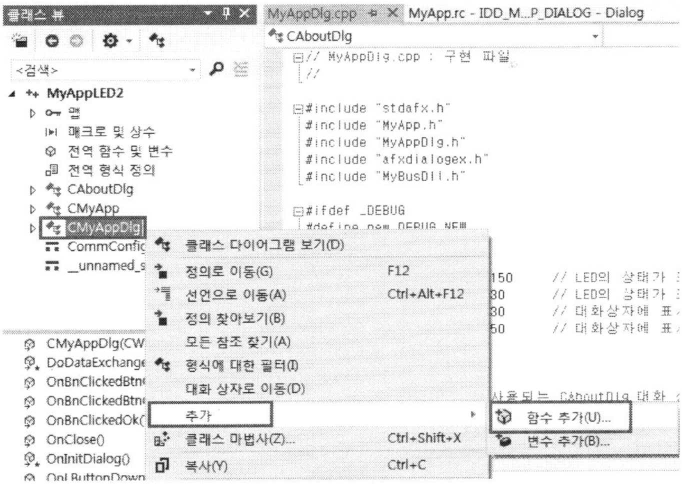

③ [멤버 함수 추가 마법사]에 다음과 같이 입력하고 [마침]버튼을 클릭해 CMyAppDlg 클래스에 멤버 함수를 추가한다. 참고로 이 함수의 원형은 void DrawLED_On(CDC* pDC, UINT nLED)이다.

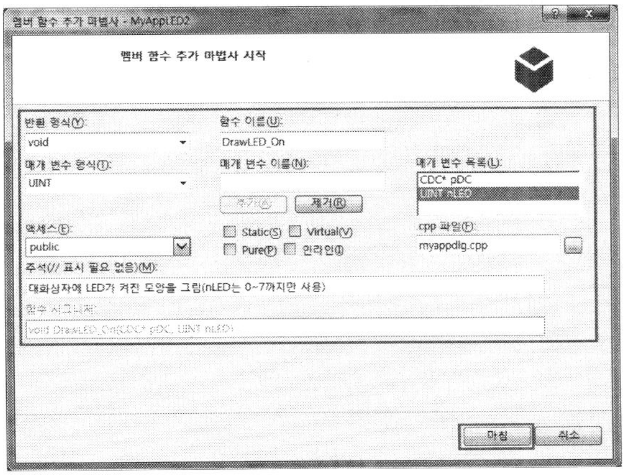

④ 멤버 함수가 추가되었으면 다음과 같이 소스코드를 작성한다.

```
void CMyAppDlg::DrawLED_On(CDC* pDC, UINT nLED)
{
  CPen Pen;              // 원을 그리는데 사용할 Pen객체
  CPen *OldPen;     // 이전 객체 보관용
  CBrush Brush;     // 원 내부를 칠할 때 사용할 Brush객체
  CBrush *OldBrush;   // 이전 객체 보관용

  // nLED가 0 ~ 7사이에 해당하면
  if(nLED < 8 ){
      Pen.CreatePen(PS_SOLID,1,RGB(0,0,0)); // 흑색 펜을 만듦
      Brush.CreateSolidBrush(RGB(0,255,0));  // 녹색 브러쉬를 만듦
      OldPen = pDC->SelectObject(&Pen);      // 새로 만든 펜을 등록
      OldBrush = pDC->SelectObject(&Brush);    // 새로 만든 브러쉬를 등록

      // 녹색으로 채워진 원을 그림
      pDC->Ellipse(LED_X + nLED * LED_DISTANCE, LED_Y, LED_X
         + nLED * LED_DISTANCE + LED_RADIUS, LED_Y + LED_RADIUS);
```

```
      pDC->SelectObject(OldPen);    // 사용한 펜을 반환함
      pDC->SelectObject(OldBrush);      // 사용한 브러쉬를 반환함
  }
}
```

⑤ 같은 방법으로 함수 원형이 void DrawLED_Off(CDC* pDC, UINT nLED)인 멤버 함수를 CMyAppDlg 클래스에 추가한다.

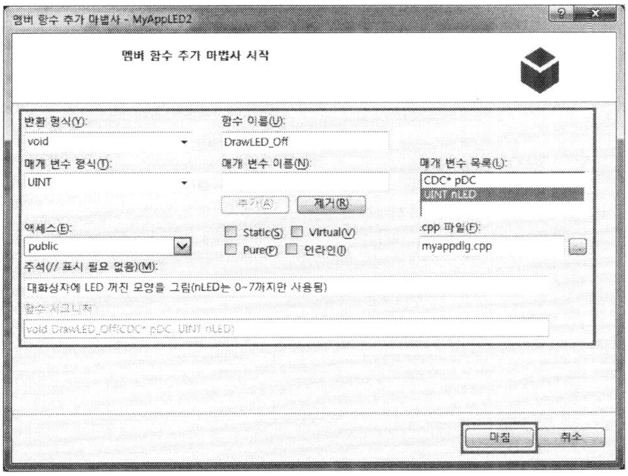

⑥ 멤버 함수가 추가되었으면 다음과 같이 소스코드를 작성한다.

```
void CMyAppDlg::DrawLED_Off(CDC* pDC, UINT nLED)
{
  CPen Pen;            // 원을 그리는데 사용할 Pen객체
  CPen *OldPen;        // 이전 객체 보관용
  CBrush Brush;        // 원 내부를 칠할 때 사용할 Brush객체
  CBrush *OldBrush;    // 이전 객체 보관용

 // nLED가 0 ~ 7사이에 해당하면
  if(nLED < 8 ){
     Pen.CreatePen(PS_SOLID,1,RGB(0,0,0));               // 흑색 펜을 만듦
     Brush.CreateSolidBrush(pDC->GetBkColor());          // 배경색 브러쉬를 만듦

     OldPen = pDC->SelectObject(&Pen);                   // 새로 만든 펜을 등록
     OldBrush = pDC->SelectObject(&Brush);               // 새로 만든 브러쉬를 등록
     // 배경색으로 채워진 원을 그림
     pDC->Ellipse(LED_X + nLED * LED_DISTANCE, LED_Y, LED_X
        + nLED * LED_DISTANCE + LED_RADIUS, LED_Y + LED_RADIUS);

     pDC->SelectObject(OldPen);    // 사용한 펜을 반환함
     pDC->SelectObject(OldBrush);     // 사용한 브러쉬를 반환함
  }
}
```

⑦ 프로그램 실행되었을 때 대화상자에 LED 제어 영역이 나타나도록 OnPaint() 함수를 다음과 같이 수정한다.

```
void CMyAppDlg::OnPaint()
{
  int i;
  if (IsIconic()){
        ...
        ...
  }
  else
  {
     CPaintDC dc(this);
     for(i = 0; i < 8; i++)
        DrawLED_Off(&dc,i);
     CDialogEx::OnPaint();
  }
}
```

⑧ 수정이 완료되었으면 소스코드를 저장하고 빌드한 다음 실행하면 다음과 같이 대화상자에 8개의 원이 그려진다.

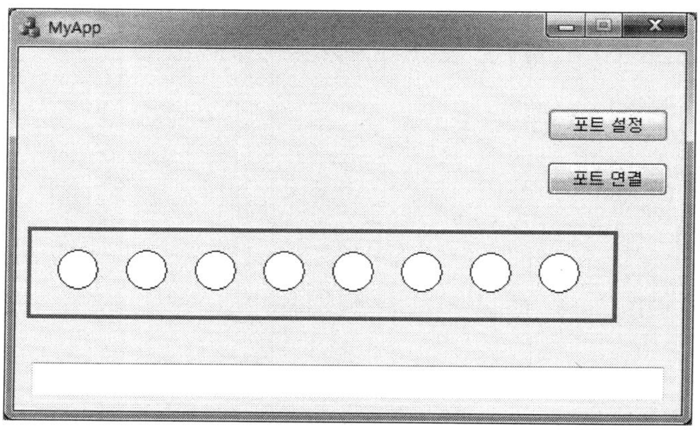

3) MyBus Frame 데이터 전송하기

지금까지 LED 모양을 그리는 함수까지 작성하였다. 이번엔 마우스를 클릭한 위치를 계산하여 8개의 LED 중 어떤 LED를 켜고 끌 것인지를 결정한 다음, 타깃 보드에 해당 MyBus Frame을 보낼 것이다. 먼저 마우스를 클릭했을 때 어떤 LED를 선택해야 할지 생각해 보자. (* 실제 LED 영역은 원이 아니라 크기가 LED_RADIUS인 정사각형 영역임)

우선 LED가 선택될 수 있는 Y축의 유효 범위는 LED_Y ~ LED_Y + LED_RADIUS이고, X축의 유효 범위는 LED_X ~ LED_X + LED_RADIUS + LED_DISTANCE * 7이다. 여기서 실제 LED 선택에 영향 큰 축은 X축이다.

앞에서 원을 그릴 때 원과 원 사이의 거리를 LED_DISTANCE 만큼 주었다. 따라서 마우스의 X좌표 값에서 LED_X를 빼고, LED_DISTANCE로 나눈 값이 0 ~ 7 사이면 그 값이 우리가 선택해야 할 LED가 된다.

하지만, 대화상자에 그린 원과 원 사이에는 약간의 공간이 있다. 정확히 말하면 LED_DISTANCE - LED_RADIUS 만큼의 공간이다. 만약, 이 공간을 클릭했을 때 LED가 선택되지 않도록 하려면 어떻게 해야 할까?

앞에서 계산한 결과 중 X좌표 값이 유효 범위였다고 할 때, 그 좌표 값에서 LED_X를 빼고, LED_DISTANCE로 나눈 나머지 값이 LED_RADIUS 보다 작다면 마우스로 클릭한 좌표는 LED를 표현한 영역이 분명하다. 이것을 프로그램 소스코드로 표현하면 다음과 같다.

```
int nLED;       // 선택된 LED 번호
int nMod;       // 나머지연산 결과 저장용

// 마우스 Y축이 유효범위이면
if(LED_Y <= point.y && point.y <= (LED_Y + LED_RADIUS)){
   nLED = (point.x - LED_X)/LED_DISTANCE;      // LED 번호 계산
   nMod = (point.x - LED_X)%LED_DISTANCE; // 원과 원사이 클릭 여부확인

// 계산된 LED 번호가 0~7이고 nMod가 LED_RADIUS보다 작으면 Frame 전송
   if(nLED < 8 && nMod < LED_RADIUS){
      // 이전 LED의 상태 확인
      if((m_ui8LEDs & (1<<(nLED)) == 0){
         // 해당 LED를 On
      }
      else{
         // 해당 LED를 Off
      }
   }
}
```

① CMyAppDlg 클래스에 LED의 상태를 저장할 멤버 변수(UINT8 m_ui8LEDs)를 추가한다. 그리고 CMyAppDlg::OnInitDialog()에서 초기값으로 0을 부여한다.

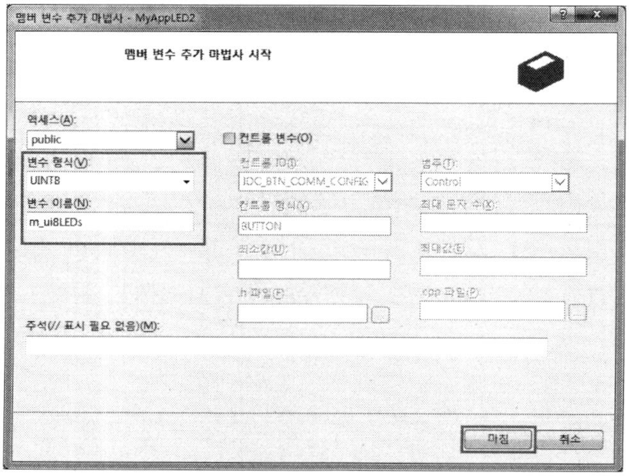

② CMyAppDlg 클래스의 OnLButtonDown() 함수를 다음과 같이 수정한다.

```
void CJBusAppDlg::OnLButtonDown(UINT nFlags, CPoint point)

  // TODO: 여기에 메시지 처리기 코드를 추가 및/또는 기본값을 호출합니다.
  CString str;
  int nLED;      // 선택된 LED 번호
  int nMod;      // 나머지 연산 결과저장용
  _MyBusFrame Query;   // MyBus Frame 구조체 변수 선언

  str.Format(_T(" x:%d, y:%d"), point.x, point.y);
  GetDlgItem(IDC_COMM_STATUS)->SetWindowText(str);

  // 통신포트 연결 여부 확인
  if(m_bConnected){
    CClientDC dc(this);
    Query.ui8Func = FC_WOR;
    Query.ui8Addr = VC_PORTA;
    Query.ui8DataH = 0;

    // 마우스 Y축이 유효 범위이면
    if(LED_Y <= point.y && point.y <= (LED_Y + LED_RADIUS)){
      nLED = (point.x - LED_X)/LED_DISTANCE;  // LED번호 계산
      nMod = (point.x - LED_X)%LED_DISTANCE; // 원과 원사이 클릭 여부확인

      // 계산된 LED 번호가 0~7이고 nMod가 LED_RADIUS보다 작으면 Frame 전송
      if(nLED < 8 && nMod < LED_RADIUS){
/*    대화상자의 LED그림은 좌측이 0번이고 맨 우측이 7번이다.
      하지만 타깃 보드는 좌측이 7번이고 맨 우측이 0번이라 소스코드에서 이것을
      보정하기 위해 7-nLED란 표현을 사용했다. */

        // 이전 LED 상태가 0이였는지 확인
        if((m_ui8LEDs & 1<<(7-nLED)) == 0){
          m_ui8LEDs |= 1<<(7-nLED);
          DrawLED_On(&dc,nLED);
        }
        else{
          m_ui8LEDs &= ~(1<<(7-nLED));
          DrawLED_Off(&dc,nLED);
        }
        Query.ui8DataL = m_ui8LEDs;
        MyBusSendFrame(&Query);
```

```
            }
        }
    }
    CDialogEx::OnLButtonDown(nFlags, point);
}
```

③ 소스코드 수정이 완료되었으면 F7을 눌러 빌드하고 실행한다. 실행이 되었으면 그림과 같은 순서로 포트 설정과 포트 연결을 한다.

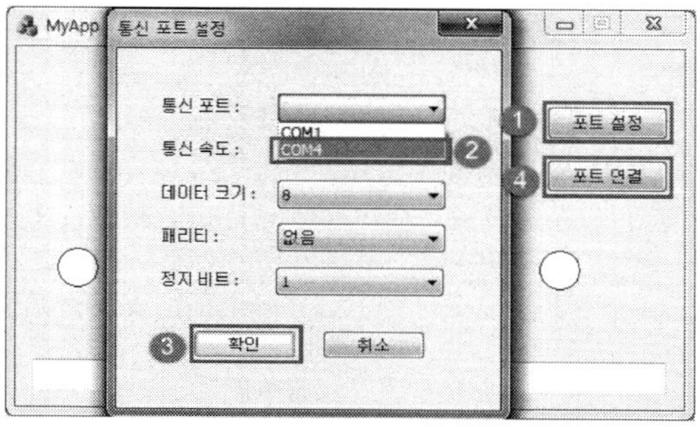

④ 타깃 보드와 연결이 되었으면 그려진 원을 마우스로 클릭한다. 그러면 원이 녹색으로 바뀌면서 타깃 보드의 LED도 켜질 것이다. 녹색 원을 클릭하면 흰색 원으로 바뀌면서 타깃 보드의 LED가 꺼진다.

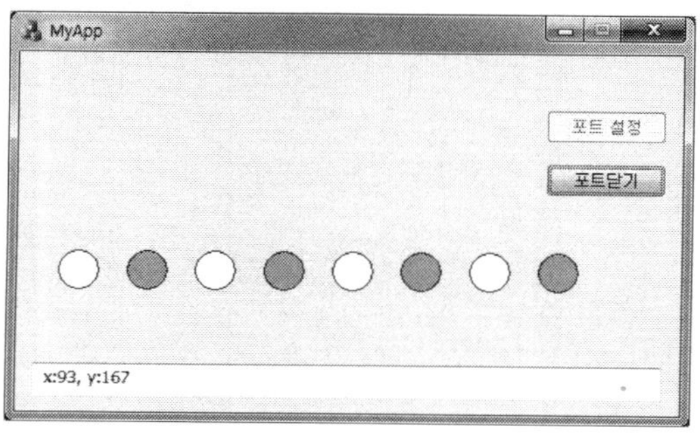

6

스위치의 상태읽기

지금까지 우리는 MyBus를 이용해 타깃 보드의 LED를 제어하는 방법에 대해 알아보았다. LED를 On/Off 시키는 것이 사소해 보이겠지만 사실 이것만 제대로 할 수 있으면 어떤 출력 장치라도 제어할 수 있다. 예를 들어 우리가 LED를 On/Off 하는데 사용했던 포트에 조명을 On/Off 시킬 수 있는 회로를 연결한다면 PC나 스마트폰으로 집안의 조명을 제어할 수도 있고, 모터를 구동하는 회로를 연결한다면 비닐하우스의 통풍구를 PC나 스마트폰으로 열고 닫을 수 있을 것이다. 여기에 온도, 습도, 풍향, 풍속, 도어의 상태와 같은 데이터를 얻을 수 있다면 조명이나, 모터와 같은 출력장치를 좀 더 스마트하게 제어할 수 있을 것이다. 이처럼 좀 더 스마트한 제어를 하기 위해 이번 장에서는 입력장치로부터 값을 얻어오는 방법에 대해 알아보고 이를 이용해 출력장치를 제어해 볼 것이다.

6.1 MyBus Monitor 프로그램

MyBus는 질(Query)의 응답(Response) 형태의 프로토콜로 출력 레지스터(또는 출력 포트)의 값을 변경할 수도 있고, 입출력 레지스터(입출력 포트)의 상태를 응답 프레임(Response Frame)으로부터 얻을 수 있다. Query의 Function(명령)필드에 ROP(Read Output Port)나 RIP(Read Input Port)명령을 주면 입출력 포트의 상태를 얻을 수 있고, ROR(Read Output Register)나 RIR(Read Input Register)명령을 주면 입출력 레지스터의 상태를 얻을 수 있다.

대부분의 윈도우 응용 프로그램은 메시지 구동방식으로 실행되기 때문에 MyBus DLL은 타깃 보드로부터 받은 응답 프레임을 WM_MYBUS_RECV_FRAME이란 메시지 형태로 응용 프로그램에게 전달한다. 실제 응답 프레임은 이 메시지의 lParam에 저장되어 있다. 따라서 응용프로그램은 이 메시지를 받아 lParam의 내용을 확인하면 입출력 레지스터나 입출력 포트의 상태를 확인할 수 있다.

지금까지의 내용을 바탕으로 MyBus를 모니터 하는 프로그램을 작성해 보자. 이 프로그램은 원하는 MyBus Query를 만들어 타깃 보드로 보낼 수 있고, 타깃 보드로부터 수신된 MyBus Response Frame도 확인할 수 있다. 또한 MyBus에서 지원하는 WM_MYBUS_SWITCH_UPDATE와 같은 이벤트 메시지도 확인할 수 있다.

1) 새 프로젝트 만들기

① MyApp 템플릿을 이용해 이름이 MyBusMonitor인 프로젝트를 생성한다. MyBus DLL 관련 파일을 프로젝트 폴더에 복사한다. (5장 참고)

② 다음과 같이 대화상자에 컨트롤을 추가한다.

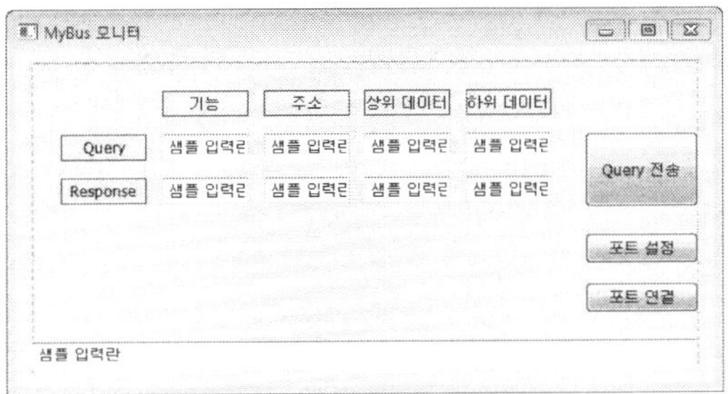

컨트롤	ID	속성
Edit Control	IDC_QUERY_FUNC	Align text : Right Number : True
Edit Control	IDC_QUERY_ADDR	
Edit Control	IDC_QUERY_DATAH	
Edit Control	IDC_QUERY_DATAL	
Edit Control	IDC_RESPONSE_FUNC	
Edit Control	IDC_RESPONSE_ADDR	
Edit Control	IDC_RESPONSE_DATAH	
Edit Control	IDC_RESPONSE_DATAL	
Static Text	IDC_STATIC	캡션 : "기능"
Static Text	IDC_STATIC	캡션 : "주소"
Static Text	IDC_STATIC	캡션 : "상위 데이터"
Static Text	IDC_STATIC	캡션 : "하위 데이터"
Static Text	IDC_STATIC	캡션 : "Query"
Static Text	IDC_STATIC	캡션 : "Response"
Button	IDC_BTN_QUERY	캡션 : "Query전송"

③ 컨트롤 멤버 변수를 추가한다. 대화상자 편집 창에서 아래 리스트에 해당하는 컨트롤을 선택하고 마우스 우측 버튼을 눌러 팝업 메뉴가 나타나면 [변수 추가]를 클릭한다.

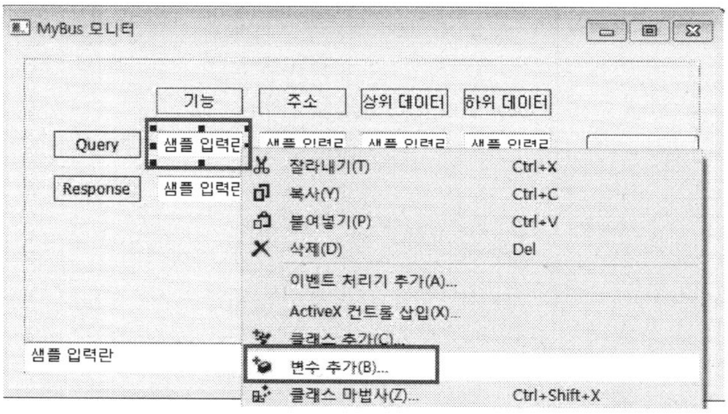

④ [멤버 변수 추가 마법사]에서 [범주]를 "Value"로 하고, [변수 형식]과 [변수 이름]은 아래 리스트와 같도록 한 다음 [마침]버튼을 클릭해 멤버 변수를 추가한다.

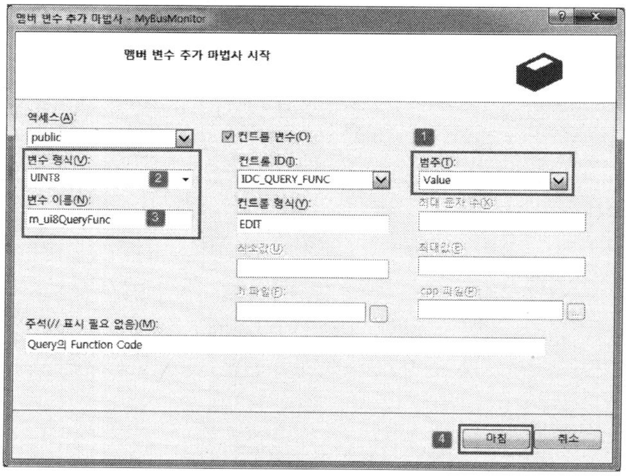

ID	변수 종류	변수
IDC_QUERY_FUN	UINT8(unsigned char)	m_ui8QueryFunc
IDC_QUERY_REG_NO	UINT8(unsigned char)	m_ui8QueryAddr
IDC_QUERY_DATAH	UINT8(unsigned char)	m_ui8QueryDataH
IDC_QUERY_DATAL	UINT8(unsigned char)	m_ui8QueryDataL

2) 이벤트 처리 함수 추가하기

① [Query 전송]버튼을 더블 클릭해 ON_CLIECKED 이벤트 처리 함수를 추가한다. 그리고 다음과 같이 소스코드를 작성한다.

```
void CMyAppDlg::OnBnClickedBtnQuery()
{
  // TODO: 여기에 컨트롤 알림 처리기 코드를 추가합니다.
  _MyBusFrame Query;

  // 통신 포트가 연결되지 않았으면 리턴
  if(m_bConnected == FALSE) return;

  // 컨트롤들의 변경된 값을 해당 변수에 반영함
  UpdateData(TRUE);

  // IDC_QUERY_FUNC에 입력한 값이 1 ~ 6이 아니면 리턴
  if((m_ui8QueryFunc < FC_ROP) || (FC_WOR < m_ui8QueryFunc)) return;

 // Query Frame 생성
  Query.ui8Func = m_ui8QueryFunc;
  Query.ui8Addr = m_ui8QueryAddr;
  Query.ui8DataH = m_ui8QueryDataH;
  Query.ui8DataL = m_ui8QueryDataL;
  // Query Frame을 타깃 보드로 전송
  MyBusSendFrame(&Query);
:
```

② 소스코드 수정이 완료되었으면 F7을 눌러 빌드하고 프로그램을 실행한다. 다음 그림과 같은 순서로 포트 설정과 포트 연결을 한다.

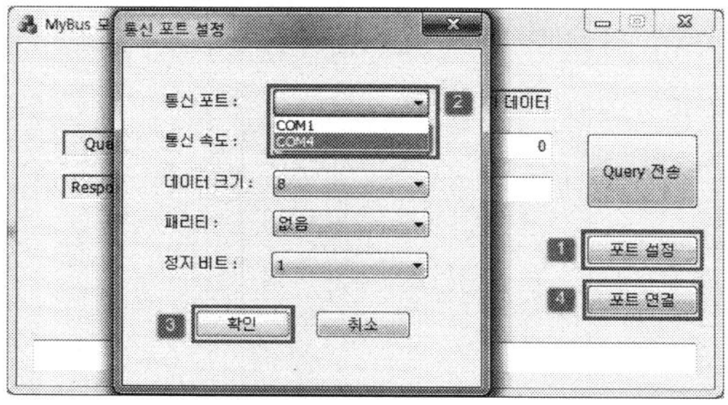

③ 그림과 같이 [IDC_QUERY_FUNC]에 6을, [IDC_QUERY_DATAL]에 255를 입력하고, [Query 전송]버튼을 클릭하면 타깃 보드의 Port A에 연결된 모든 LED가 켜진다.

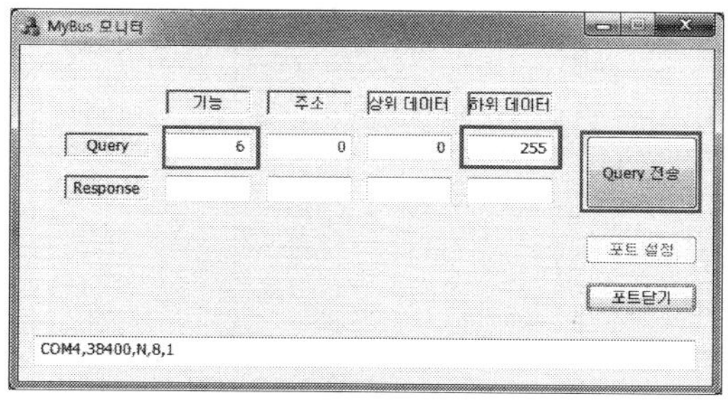

3) WM_MYBUS_RECV_FRAME 메시지 처리하기

① [클래스 뷰]에서 CMyAppDlg 클래스를 선택하고 마우스 우측 버튼을 클릭한다. 팝업 메뉴가 나타나면 [추가]를 선택하고 서브 메뉴에서 [함수 추가]를 클릭한다.

② [멤버 함수 추가 마법사에서 [반환 형식]은 afx_msg LRESULT로 입력하고, [함수 이름]은 OnMyBusRecvFrame이라고 입력한다.

③ 첫 번째 매개 변수의 형식은 WPARAM이고, 이름은 wParam이라고 입력한다. 그리고 두 번째 매개 변수의 형식은 LPARAM이고, 이름은 lParam이라고 입력하고 [마침]버튼을 클릭한다.

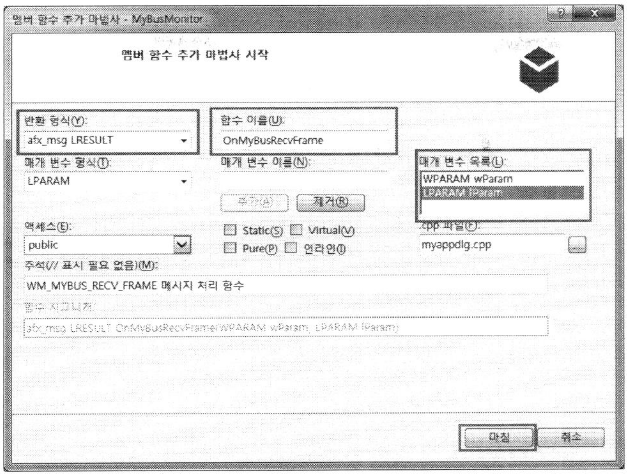

④ 추가된 함수에 다음과 같이 소스코드를 추가한다.

```
afx_msg LRESULT CMyAppDlg::OnMyBusRecvFrame(WPARAM wParam,
                                            LPARAM lParam)

    CString str;

    // 수신된 프레임 값을 에디터 박스에 출력
    str.Format(_T("%d"), (lParam >> 24) & 0xff);
    GetDlgItem(IDC_RESPONSE_FUNC)->SetWindowText(str);

    str.Format(_T("%d"), (lParam >> 16) & 0xff);
    GetDlgItem(IDC_RESPONSE_ADDR)->SetWindowText(str);

    str.Format(_T("%d"), (lParam >> 8) & 0xff);
    GetDlgItem(IDC_RESPONSE_DATAH)->SetWindowText(str);

    str.Format(_T("%d"), lParam  & 0xff);
    GetDlgItem(IDC_RESPONSE_DATAL)->SetWindowText(str);

    return afx_msg LRESULT();
}
```

⑤ 메시지와 함수를 연결하기 위해 MyAppDlg.cpp를 열고 BEGIN_MESSAGE_MAP()과 END_MESSAGE_MAP() 사이에 다음과 같이 ON_MESSAGE()를 추가한다.

```
BEGIN_MESSAGE_MAP(CMyAppDlg, CDialogEx)
  ON_WM_SYSCOMMAND()
    ...
  ON_BN_CLICKED(IDC_BTN_QUERY, &CMyAppDlg::OnBnClickedBtnQuery)
  ON_MESSAGE(WM_MYBUS_RECV_FRAME, &CMyAppDlg::OnMyBusRecvFrame)
END_MESSAGE_MAP()
```

⑥ 모든 수정이 완료되었으면 소스코드를 저장하고 F7을 눌러 빌드한 다음 프로그램을 실행한다. 프로그램이 실행되면 그림과 같은 순서로 포트 설정과 포트 연결을 한다.

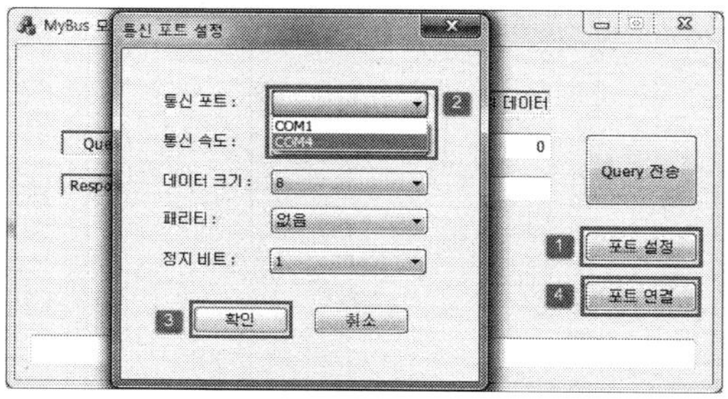

⑦ [MyBus 모니터]에 다음과 같이 입력하고 [Query 전송]버튼을 클릭한다. 그리고 타깃 보드로부터 수신된 Frame이 없는지 [Response]필드를 확인한다.

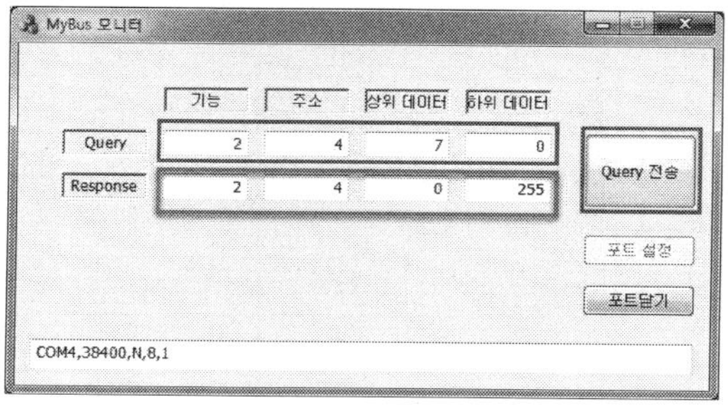

⑧ 같은 방법으로 이번엔 타깃 보드의 PE7에 연결된 스위치를 누르고 [Query 전송]버튼을 클릭한다. 그리고 대화상자의 [Response]필드를 ⑦과 비교한다.

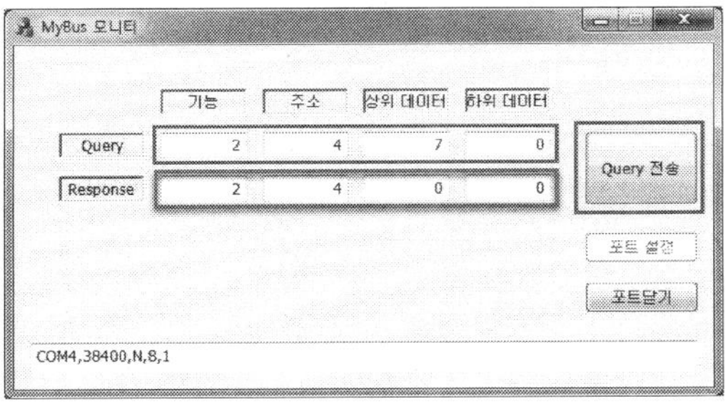

⑦과 ⑧에서 Query를 전송하면 타깃 보드가 Response Frame을 보내는 것을 확인할 수 있다. 이 두 가지 경우 모두 같은 Query를 보냈는데, 그 의미를 살펴보면 RIP(Read Input Port) + 입력 포트 4번 + 7번 비트의 상태를 요청하는 Frame이다. 여기서 입력 포트 4번과 7번 비트는 타깃 보드의 PE7을 의미한다. 타깃 보드의 PE7은 스위치와 연결되어 있어 평소에는 논리 1이고, 스위치를 누르면 논리 0이 된다. 따라서 ⑦의 Response Frame에서 하위 데이터는 255가 되고, ⑧에서는 0이 된 것이다. 만약 Query Frame에서 상위 데이터를 6으로 변경하고 [Query 전송]버튼을 누르면 PE6에 연결된 스위치의 상태에 따라 Response Frame의 하위 데이터가 달라질 것이다.

4) MYBUS_SWITCH_UPDATE 메시지 처리

통의 통신 프로토콜을 이용해 스위치의 상태를 확인하려면 원칙적으로 관련 Query를 타깃 보드에 보내고 Response를 받아야 한다. 하지만 MyBus에는 변칙적으로 스위치의 상태가 변경되면 마스터의 요청 없이도 Event Frame이 발생된다. MyBus Dll에서 이 Event Frame을 받으면 WM_MYBUS_SWITCH_UPDATE란 메시지로 응용 프로그램에게 전달된다.

① 대화상자를 다음과 같이 편집한다.

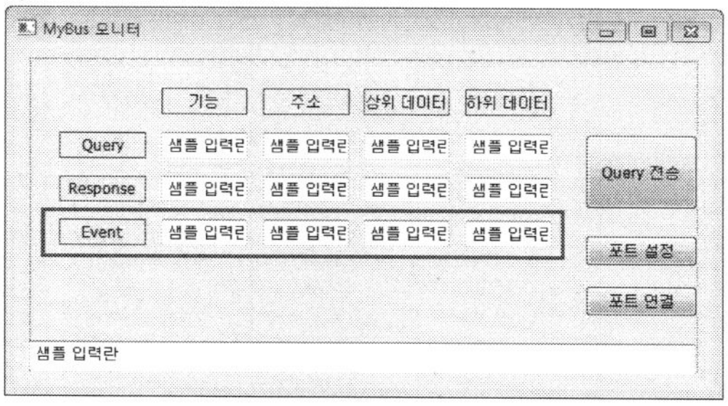

컨트롤	ID	속성
Edit Control	IDC_EVENT_FUNC	Align text:Right, Number:True
Edit Control	IDC_EVENT_ADDR	Align text:Right, Number:True
Edit Control	IDC_EVENT_DATAH	Align text:Right, Number:True
Edit Control	IDC_EVENT_DATAL	Align text:Right, Number:True
Static Text	IDC_STATIC	Caption : “Event”

② WM_MYBUS_SWITCH_UPDATE 메시지 처리 함수를 추가한다. [클래스 뷰]에서 CMyAppDlg 클래스를 선택하고 마우스 우측 버튼을 클릭한다. 그리고 팝업 메뉴가 나타나면 [추가]를 선택하고 서브 메뉴에서 [함수 추가]를 클릭한다.

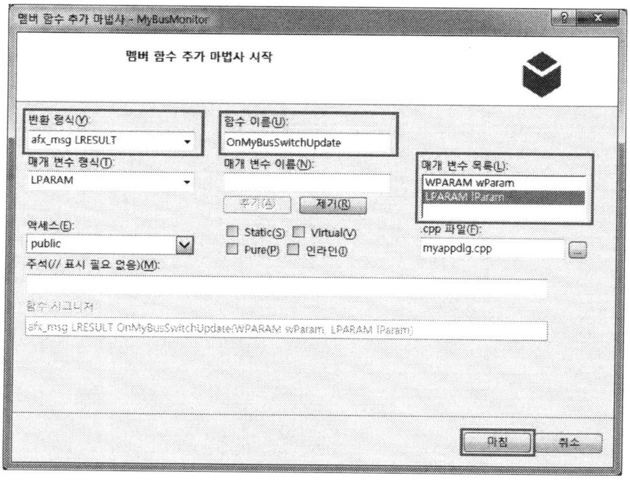

③ 추가된 함수에 다음과 같이 소스코드를 추가한다.

```
afx_msg LRESULT CMyAppDlg::OnMyBusSwitchUpdate(WPARAM wParam,
                                               LPARAM lParam)
{
  CString str;
  // lParam에서 Function Code를 추출하고 IDC_EVENT_FUNC에 표시
  str.Format(_T("%d"),(lParam >> 24) & 0xff);
  GetDlgItem(IDC_EVENT_FUNC)->SetWindowText(str);

  // lParam에서 Register No.를 추출하고 IDC_EVENT_REG_NO에 표시
  str.Format(_T("%d"),(lParam >> 16) & 0xff);
  GetDlgItem(IDC_EVENT_REG_NO)->SetWindowText(str);

  // lParam에서 상위 데이터를 추출하고 IDC_EVENT_DATAH에 표시
  str.Format(_T("%d"),(lParam >> 8) & 0xff);
  GetDlgItem(IDC_EVENT_DATAH)->SetWindowText(str);

  // lParam에서 하위 데이터를 추출하고 IDC_EVENT_DATAL에 표시
  str.Format(_T("%d"),lParam  & 0xff);
  GetDlgItem(IDC_EVENT_DATAL)->SetWindowText(str);

  return afx_msg LRESULT();
}
```

④ 메시지와 함수를 연결하기 위해 CMyAppDlg.cpp를 열고 BEGIN_MESSAGE_MAP()과 END_MESSAGE_MAP() 사이에 다음과 같이 ON_MESSAGE()를 추가한다.

```
BEGIN_MESSAGE_MAP(CMyAppDlg, CDialogEx)
  ON_WM_SYSCOMMAND()
    ...
  ON_BN_CLICKED(IDC_BTN_QUERY, &CMyAppDlg::OnBnClickedBtnQuery)
  ON_MESSAGE(WM_MYBUS_RECV_FRAME, &CMyAppDlg::OnMyBusRecvFrame)
  ON_MESSAGE(WM_MYBUS_SWITCH_UPDATE, &CMyAppDlg::OnMyBusSwitchUpdate)
END_MESSAGE_MAP()
```

⑤ 추가되었으면 소스코드를 저장하고 F7키를 눌러 빌드한다. 프로그램을 실행하고 다음과 같은 순서로 포트 설정과 포트 연결을 한다.

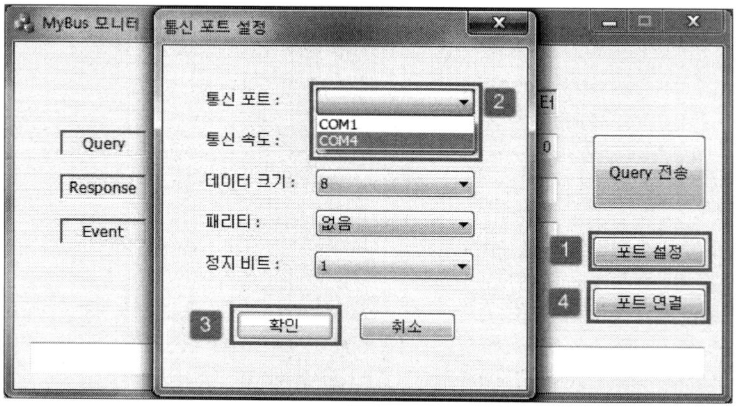

⑥ 타깃 보드와 연결되었으면 Event Frame이 발생하도록 다음 그림과 같은 Query Frame을 타깃 보드에 전송한다.

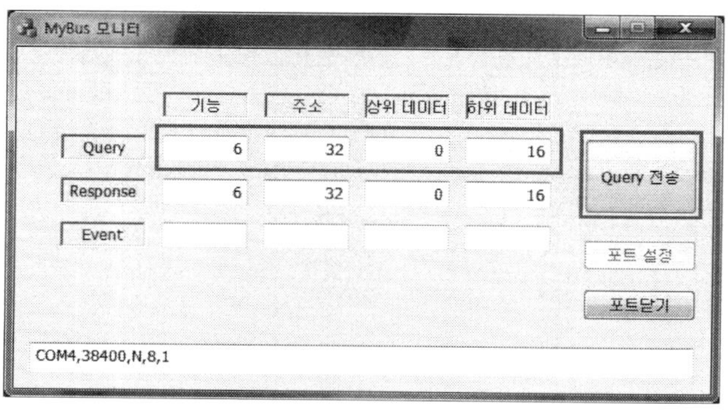

⑦ Switch status Change Event가 활성화되었으므로 타깃 보드에 연결된 스위치를 누르면 Event Frame이 발생되고, 이것을 수신한 MyBus 모니터는 화면에 이 값을 표시한다. 다음 그림은 PE7과 연결된 스위치를 눌렀을 때 수신된 값을 나타낸 것이다.

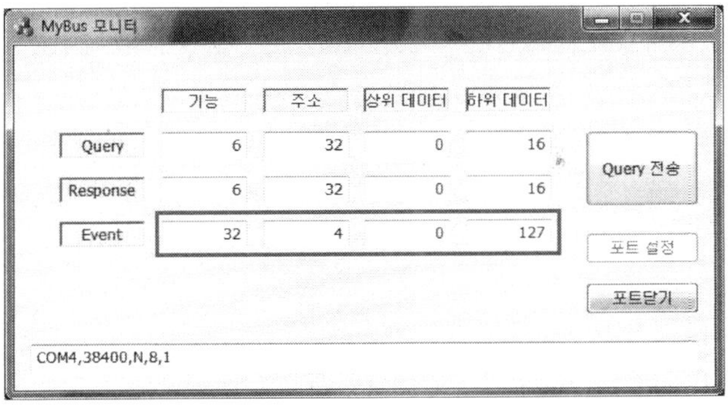

PE7의 스위치를 눌렀을 때

타깃 보드에 연결된 스위치는 평소에 논리1로 읽히고, 누르면 0으로 읽힌다. 여기서는 PE7만 눌렀기 때문에 하위 데이터의 값이 127(이진수로 0111 1111)이 되는 것이다.

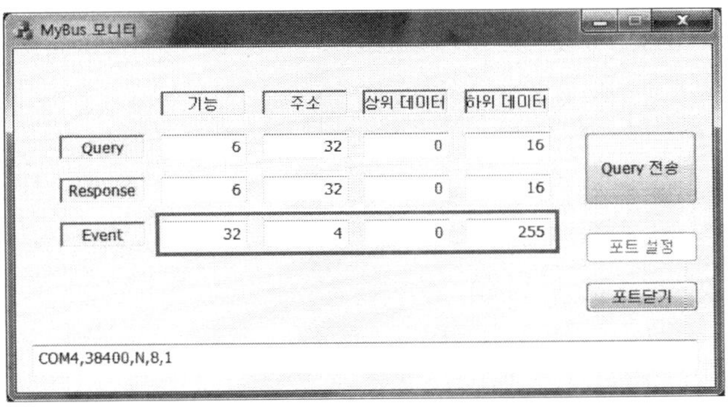

PE7의 스위치를 놓았을 때

지금까지 MyBusMonitor 프로그램을 만들어 보았다. 이 프로그램은 간단하게 Query를 만들어 타깃 보드로 보낼 수 있고, 타깃 보드로부터 응답 프레임을 받을 수 있다. 또한 스위치 이벤트와 같은 이벤트 프레임도 받을 수 있다.

만약, MyBus와 같은 통신 프로토콜을 만든다면 [MyBus 모니터]와 같은 모니터 프로그램은 응용 프로그램을 개발하는데 유용한 도구가 될 것이다.

6.2 스위치의 상태를 표시하는 프로그램

MyBus 모니터에서 사용했던 WM_MYBUS_SWITCH_UPDATE 메시지를 활용해 스위치를 누르면 대화상자에 스위치의 상태가 표시되는 프로그램을 작성하자.

1) 새 프로젝트 만들기

① MyApp 템플릿을 이용해 다음과 같이 MyAppSwitch 프로젝트를 만든다.

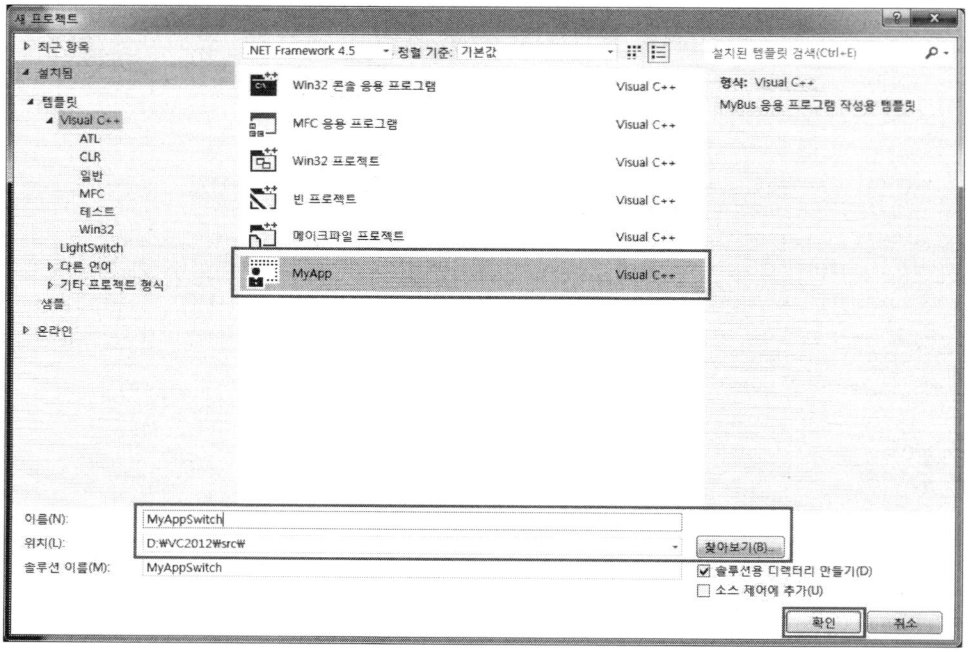

② MyBusDll.lib를 d:₩VC2012₩src₩MyAppSwitch₩MyAppSwitch에 복사하고, F7을 눌러 프로젝트를 빌드한다. 빌드가 완료되면 MyBusDll.dll을 d:₩VC2012₩src₩MyAppSwitch₩debug에 복사한다.

③ IDD_MYAPP_DIALOG 대화상자에 다음과 같이 체크 박스를 추가한다.

ID	Caption
IDC_SCE_ENABLE	SW Event Enable

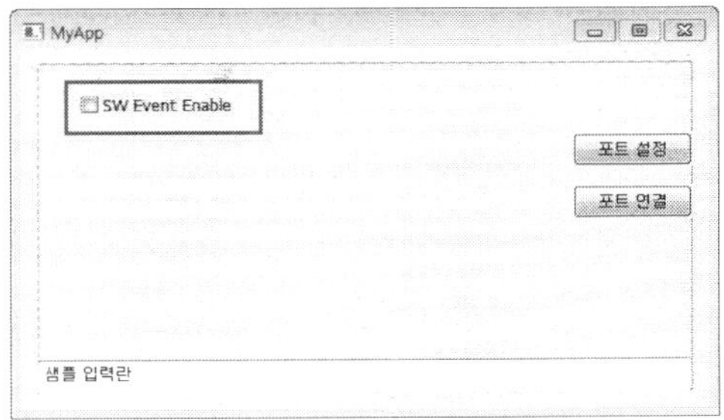

④ CMyAppDlg 클래스에 다음과 같이 멤버 변수를 추가한다. 변수 형식은 UINT8, 변수 이름은 m_ui8EventMask이다.

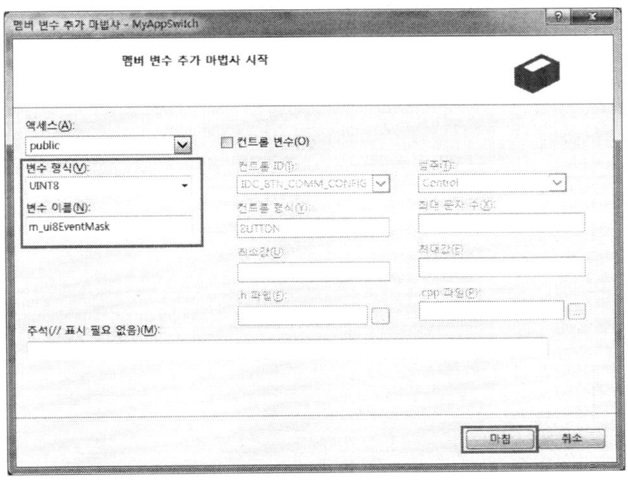

2) 스위치의 상태를 표시하는 함수 만들기

① 대화상자에 스위치의 상태를 그리기위한 매크로 상수를 MyAppDlg.cpp 파일 상단에 다음과 같이 지정한다.

```
#define SW_X            20   // 좌측 상단의 X축 좌표
#define SW_Y            120  // 좌측 상단의 Y축 좌표
#define SW_RADIUS       30   // 스위치의 상태를 표시할 원의 지름
#define SW_DISTANCE50        // 원과 원 사이의 거리
```

② [멤버 함수 추가 마법사]를 사용해 CMyAppDlg 클래스에 스위치의 상태를 그리는 멤버 함수 void DrawSwitch()를 다음과 같이 추가한다.

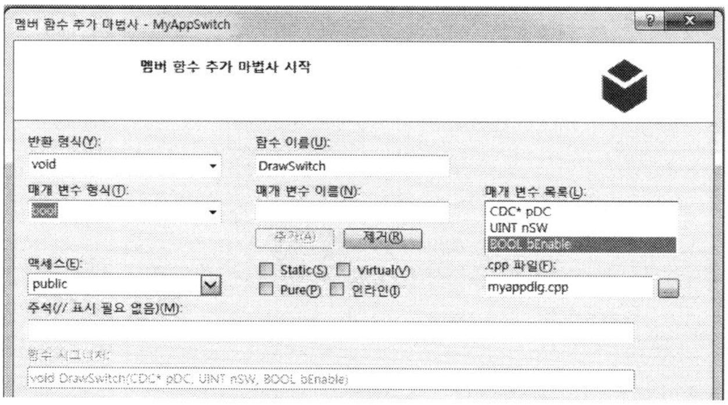

매개 변수 형식	매개 변수 이름	설명
CDC*	pDC	CDC객체의 주소
UINT	nSW	그릴 스위치의 번호
BOOL	bEnable	스위치의 상태

③ DrawSwitch() 함수가 추가되었으면 다음과 같이 소스코드를 작성한다.

```
void CMyAppDlg::DrawSwitch(CDC* pDC, UINT nSW, BOOL bEnable)
{
  CPen Pen;
  CPen *oldPen;
  CBrush Brush;
  CBrush *oldBrush;

  if(nSW < 4){
```

```
    Pen.CreatePen(PS_SOLID, 1, RGB(0,0,0));
    if(bEnable == TRUE)
        Brush.CreateSolidBrush(RGB(255,0,0));
    else
        Brush.CreateSolidBrush(pDC->GetBkColor());

    oldPen = pDC->SelectObject(&Pen);
    oldBrush = pDC->SelectObject(&Brush);

    pDC->Ellipse(SW_X + nSW * SW_DISTANCE, SW_Y,
            SW_X + nSW * SW_DISTANCE + SW_RADIUS, SW_Y + SW_RADIUS);

    pDC->SelectObject(oldPen);
    pDC->SelectObject(oldBrush);
}
```

④ 프로그램 실행 초기에 스위치의 상태를 그리도록 OnPaint() 함수에 다음과 같이 소스코드를 추가한다.

```
void CMyAppDlg::OnPaint(){
  if (IsIconic()){ … }
  else {
      CPaintDC dc(this);
      DrawSwitch(&dc, 0, FALSE);
      DrawSwitch(&dc, 1, FALSE);
      DrawSwitch(&dc, 2, FALSE);
      DrawSwitch(&dc, 3, FALSE);
      CDialogEx::OnPaint();
  }
```

3) 이벤트 추가하기

① 대화상자의 SW Event Enable체크 박스를 더블 클릭해 BN_CLICKED 이벤트 처리 함수를 추가하고 다음과 같이 소스코드를 작성한다.

```
void CMyAppDlg::OnBnClickedSceEnable()
{
  // TODO: 여기에 컨트롤 알림 처리기 코드를 추가합니다.
  _MyBusFrameQuery;

  // 통신 포트가 연결되지 않았으면 리턴
  if(m_bConnected == FALSE) return ;

  Query.ui8Func = FC_WOR;
  Query.ui8Addr = VC_PIN_EVENT_MASK;
  Query.ui8DataH = 0;

  if( ((CButton*)GetDlgItem(IDC_SCE_ENABLE))->GetCheck() == 1){
     m_ui8EventMask |= (1<< VC_PINE);
  }
  else {
     m_ui8EventMask &= ~(1<< VC_PINE);
  }
  Query.ui8DataL = m_ui8EventMask;
  MyBusSendFrame(&Query);
}
```

② WM_MYBUS_SWITCH_UPDATE 메시지를 처리하기 위해 CMyAppDlg 클래스에 멤버 함수를 추가한다. 함수의 원형은 다음과 같다.

```
afx_msg LRESULT OnMyBusSwitchUpdate(WPARAM wParam, LPARAM lParam);
```

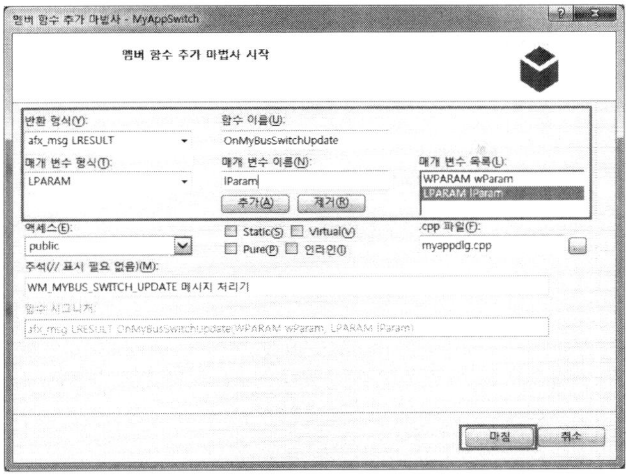

③ 생성된 OnMyBusSwitchUpdate() 함수에 다음과 같이 소스코드를 작성한다.

```
afx_msg LRESULT CMyAppDlg::OnMyBusSwitchUpdate(WPARAM wParam,
                                                LPARAM lParam)
{
  _MyBusFrame Response;
  int i;

  CClientDC dc(this);

  Response.ui8Func = (lParam >> 24) & 0xff;
  Response.ui8Addr = (lParam >> 16) & 0xff;
  Response.ui8DataH = (lParam >> 8) & 0xff;
  Response.ui8DataL = lParam & 0xff;

  // Event Frame이고, 레지스터 번호가 PINE이면
  if((Response.ui8Func == FC_SCE) && (Response.ui8Addr == VC_PINE)){
    for(i = 4; i < 8; i++){
      if((Response.ui8DataL & (1<<(i)) == (1<<(i)){
        DrawSwitch(&dc, 7-i, FALSE);
      }
      else{
        DrawSwitch(&dc,7-i, TRUE);
      }
    } // for
```

```
  }  // if
  return afx_msg LRESULT();
}
```

④ WM_MYBUS_SWITCH_UPDATE 메시지가 수신되면 OnMyBusSwitchIUpdate() 함수가 호출 되도록 MyAppDlg.cpp의 메시지 맵에 다음과 같이 ON_MESSAGE()를 추가한다.

```
BEGIN_MESSAGE_MAP(CMyAppDlg, CDialogEx)
  ON_WM_SYSCOMMAND()
  ON_WM_PAINT()
        ...
  ON_WM_CLOSE()
  ON_BN_CLICKED(IDC_SCE_ENABLE, &CMyAppDlg::OnBnClickedEcsEnable)
  ON_MESSAGE(WM_MYBUS_SWITCH_UPDATE, &CMyAppDlg::OnMyBusSwitchUpdate)
END_MESSAGE_MAP()
```

⑤ 프로젝트를 빌드하고 실행한 다음 그림과 같이 포트 설정과 포트 연결을 한다.

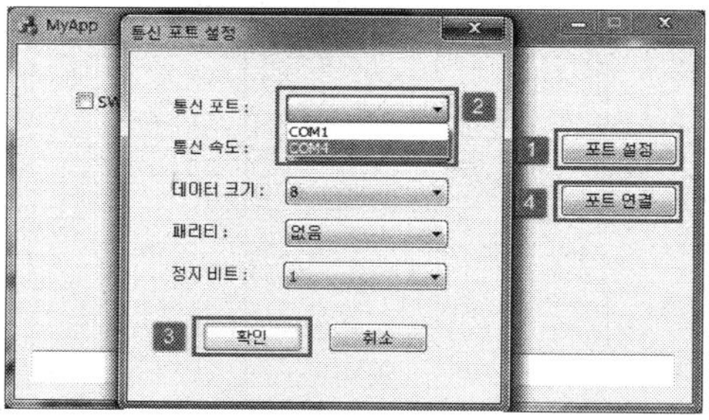

⑥ 통신 포트가 타깃 보드와 연결되었으면 대화상자 좌측 상단의 체크 박스를 클릭해 스위치 이벤트 프레임이 발생되도록 한다.

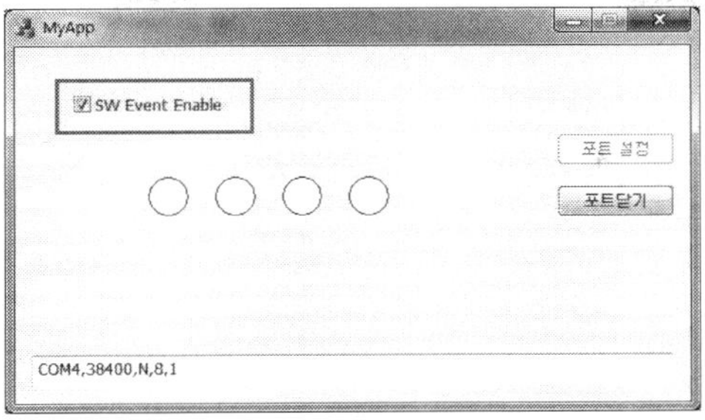

⑦ 타깃 보드 PE7에 연결된 스위치를 누르면 대화상자 좌측에 있는 원의 색상이 적색으로 나타나고 스위치를 놓으면 흰색으로 복구된다.

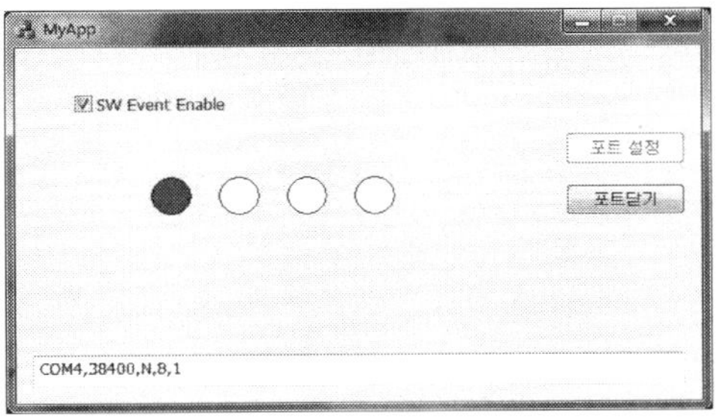

⑧ 스위치 여러 개를 동시에 눌러도 각 스위치의 상태가 대화상자에 나타난다. 아래 그림은 PE4와 PE6을 동시에 누른 경우이다.

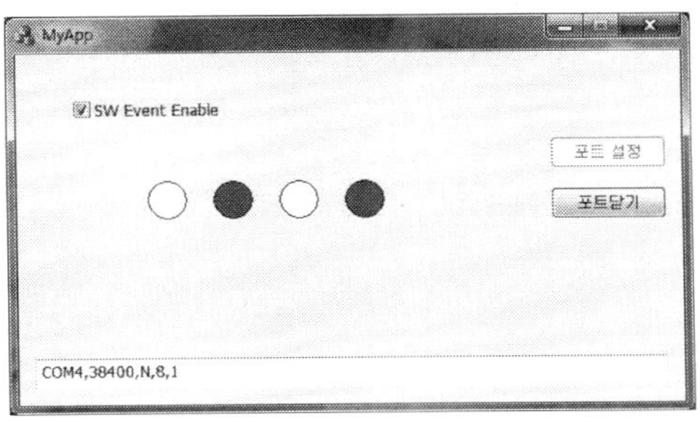

4) 스위치로 LED켜고 끄기

지금까지 작성한 프로그램으로 타깃 보드의 스위치를 누를 때마다 연관된 LED가 반전되는 프로그램을 작성해 보자. 각 스위치와 연관된 LED는 다음 표와 같다.

스위치	LED
PE4	PA4
PE5	PA5
PE6	PA6
PE7	PA7

① 스위치의 상태를 검사하고 LED를 제어하는 멤버 함수를 CMyAppDlg 클래스에 추가한다. 함수의 원형은 다음과 같다.

```
void LED_Control(UINT8 ui8SwitchStatus);
```

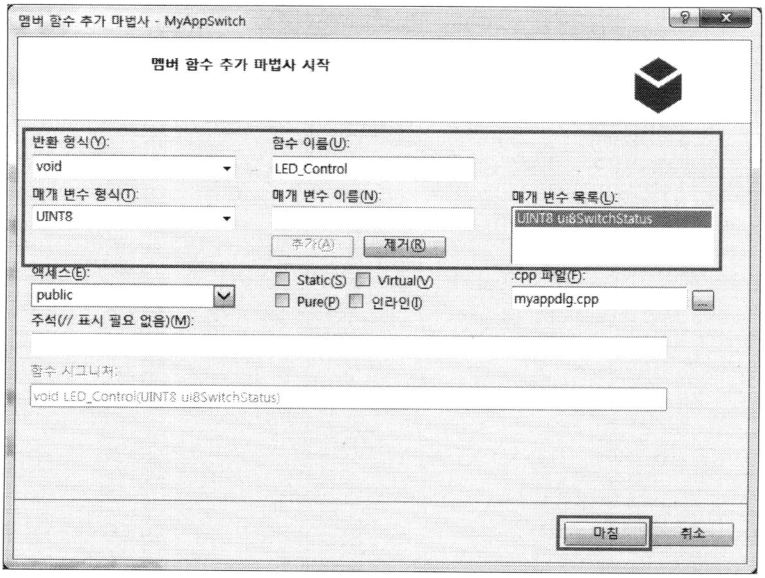

② 추가된 함수에 다음과 같이 소스코드를 작성한다.

```
void CMyAppDlg::LED_Control(UINT8 ui8SwitchStatus)

  UINT8 static ui8OldStatus = 0;        // 스위치의 이전 상태
  UINT8 static ui8LEDStatus = 0;        // LED의 상태

  // 스위치 PE4의 상태가 변했으면
  if((ui8OldStatus & (1<<4)) && !(ui8SwitchStatus & (1<<4)) ){
     ui8LEDStatus ^= (1<<4);
  }

  // 스위치 PE5의 상태가 변했으면
  if( (ui8OldStatus & (1<<5)) && !(ui8SwitchStatus & (1<<5)) ){
     ui8LEDStatus ^= (1<<5);
  }

  // 스위치 PE6의 상태가 변했으면
  if( (ui8OldStatus & (1<<6)) && !(ui8SwitchStatus & (1<<6)) ){
     ui8LEDStatus ^= (1<<6);
  }

  // 스위치 PE7의 상태가 변했으면
  if( (ui8OldStatus & (1<<7)) && !(ui8SwitchStatus & (1<<7)) ){
     ui8LEDStatus ^= (1<<7);
  }
  ui8OldStatus = ui8SwitchStatus

  MyBusLED_OnOff(ui8LEDStatus);
```

③ 메시지가 수신되면 OnMyBusSwitchUpdate()에서 LED_Control()이 호출하도록 다음과 같이 소스코드를 수정한다.

```
afx_msg LRESULT CMyAppDlg::OnMyBusSwitchUpdate(WPARAM wParam,
                                                LPARAM lParam)
{
          ...
  if((Response.ui8Func == FC_SCE) && (Response.ui8Addr == VC_PINE)){
     for(i = 4; i < 8; i++){
```

```
            ...
        }       // for
            ...
        LED_Control(Response.ui8DataL);
    }       // if
    return afx_msg LRESULT();
}
```

④ 수정이 완료되었으면 소스코드를 저장하고 프로젝트를 빌드한다. 프로그램을 실행하고 포트 설정과 포트 연결을 한 다음, 체크 박스를 클릭한다. 그리고 타깃 보드의 스위치를 누를 때마다 해당 LED가 반전되는 것을 확인할 수 있다.

5) 스위치로 LED 이동 시키기

이번엔 스위치 PE7을 누를 때 마다 LED가 왼쪽으로 이동하고, PE4를 누를 때마다 LED가 오른쪽으로 이동하는 프로그램을 작성해 보자.

① 스위치의 상태를 확인하고 LED를 이동시키는 멤버 함수를 CMyAppDlg 클래스에 추가한다. 함수의 원형은 다음과 같다.

```
void LED_Shift(UINT8 ui8SwitchStatus);
```

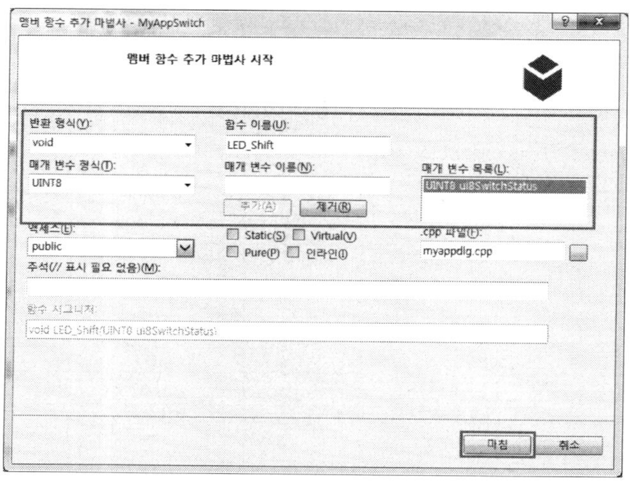

② 추가된 함수에 다음과 같이 소스코드를 작성한다.

```
void CMyAppDlg::LED_Shift(UINT8 ui8SwitchStatus)
{
  UINT8 static ui8OldStatus = 0;        // 스위치의 이전 상태
  UINT8 static nLED = 0;                // 현재 켜져 있는LED 번호

  // 스위치 PE4의 상태가 변했으면 우측으로 시프트
  if( (ui8OldStatus & (1<<4)) && !(ui8SwitchStatus & (1<<4)) ){
     if(nLED > 0) nLED--;
  }

  // 스위치 PE7의 상태가 변했으면 좌측으로 시프트
  if( (ui8OldStatus & (1<<7)) && !(ui8SwitchStatus & (1<<7)) ){
     if(nLED < 7) nLED++;
  }

  ui8OldStatus = ui8SwitchStatus;

  MyBusLED_OnOff(1<<nLED);
}
```

③ 이벤트 메시지가 수신되면 MyBusSwitchUpdate()에서 LED_Shift()가 호출되도록 다음과 같이 소스코드를 수정한다.

```
afx_msg LRESULT CMyAppDlg::OnMyBusSwitchUpdate(WPARAM wParam,
                                                LPARAM lParam)
{
        ...
  if((Response.ui8Func == FC_SCE) && (Response.ui8Addr == VC_PINE)){
     for(i = 4; i < 8; i++){
        ...
     }      // for
        ...
     LED_Control(Response.ui8DataL);
  }      // if
  return afx_msg LRESULT();
}
```

④ 수정이 완료되었으면 저장하고 프로젝트를 빌드한다. 프로그램을 실행하고 포트 설정과 포트 연결을 한 다음, 체크 박스를 클릭한다. 그리고 타깃 보드의 스위치 PE7과 PE4를 눌러보면 LED가 좌우로 이동하는 모습을 볼 수 있을 것이다.

7

FND 제어

이번 장에서는 FND에 숫자를 표시하는 방법에 대해 살펴볼 것이다. 우리가 사용하는 타깃 보드에는 네 자리의 FND가 있고, 동적 구동 방식으로 동작하도록 설계되어있다. 여기서 동적 구동 방식이란 FND 네 개를 동시에 표시하는 것이 아니라 일정 시간 간격으로 네 개 중 한 개의 FND에만 숫자가 표시되도록 하는 방식으로 표시되는 시간 간격을 빨리하면 마치 네 개의 FND가 모두 표시된 것처럼 보이게 된다. 이 방식은 정적 구동 방식에 비해 FND를 구동하는데 필요한 라인의 수를 줄일 수 있고, 전력 소모도 줄일 수 있어 여러 자리의 숫자를 표시하는 회로로 널리 사용된다.

7.1 FND관련 레지스터

표 [7-1]은 4자리 FND와 관련된 MyBus 레지스터를 나타낸 것이다.

표[7-77] FND관련 MyBus레지스터

레지스터		설명(기능)
번호	이름	
0x30	VC_FND	FND에 숫자 표시 (0 ~ 9999)
0x31	VC_FND_COM1	1000의 자리 font data 표시
0x32	VC_FND_COM2	100의 자리 font data 표시
0x33	VC_FND_COM3	10의 자리 font data 표시
0x34	VC_FND_COM4	1의 자리 font data 표시
0x35	VC_FND_COLON	시간과 분 사이의 콜론 제어

각 레지스터의 기능을 살펴보자. 먼저 VC_FND는 4자리 FND에 표시할 값을 가지는 레지스터이다. 따라서 이 레지스터에 값을 쓰면, 쓴 값이 그대로 FND에 표시된다. 만약 4자리 FND에 1234를 표시하고 싶다면 VC_FND에 1234(0x04d2)를 쓰면 되는 것이다.

예) FND에 1234(0x4d2)를 표시하기 위한 Query

Function Code	Register No.	Hi Data	Low Data
06H(WSR)	VC_FND (48)	4(0x04)	210(0xd2)

이전에 작성한 MyBus 모니터 프로그램으로 예로든 Query를 입력하고 전송하면 타깃 보드의 FND에 "1234"가 표시되는 것을 볼 수 있다. 그림에서 Query와 Response가 같다는 것은 타깃 보드가 정상적으로 Query를 받았다는 것을 의미한다.

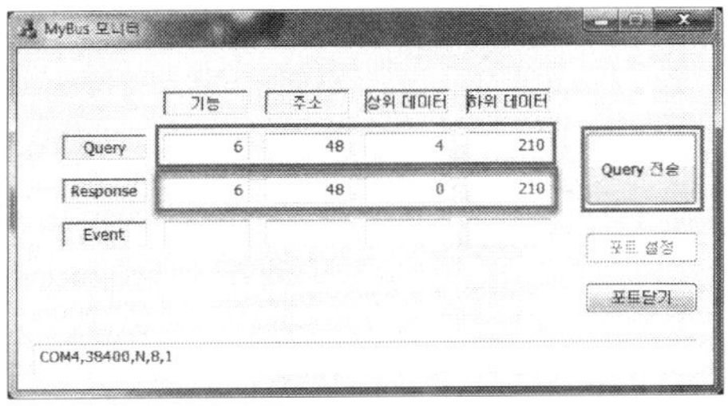

VC_FND_COM1 ~ VC_FND_COM4는 각 자리에 표시할 Font data를 가지는 레지스터이다. 이 레지스터는 하위 8비트만 사용하며 각각의 비트는 다음 그림과 같이 해당 LED를 On/Off 하는데 사용된다.

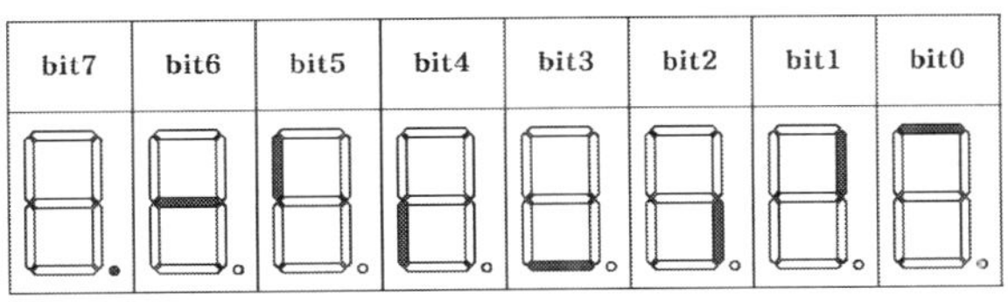

레지스터의 비트별 FND와의 관계

예를 들어 1,000의 자리 FND에 "1"이란 숫자를 표시하고 싶으면 레지스터 49번에 bit1과 bit2가 1이 되도록 6(0000 0110)을 쓰면 되고, "3"이란 숫자를 표시하고 싶으면 bit0, bit1, bit2, bit3, bit6이 1이 되도록 79 (0x4f : 0100 1111)를 쓰면 된다.

실제 타깃 보드 내부에서도 FND에 숫자를 표시하기 위해 다음과 같은 Font data를 사용해 0 ~ 9까지의 숫자를 표시한다.

```
Font[10] = {0x3f,0x06,0x5b,0x4f,0x66,0x6d,0x7d,0x27,0x7f,0x6f};
```

마지막으로 VC_FND_COLON은 시간과 분 사이에 있는 콜론을 표시하는 레지스터로 0을 주면 꺼지고, 0 이외의 값을 주면 켜진다.

7.2 FND에 숫자를 표시하기

MyApp 템플릿을 이용해서 타깃 보드의 FND에 네 자리 숫자를 표시하는 프로그램을 작성해 보자. 이 프로그램은 에디트 컨트롤에 입력한 숫자가 FND에 표시되거나, 에디트 컨트롤 옆에 스핀 컨트롤을 놓아 스핀 컨트롤을 클릭하면 FND에 표시된 숫자가 변경되도록 할 것이다.

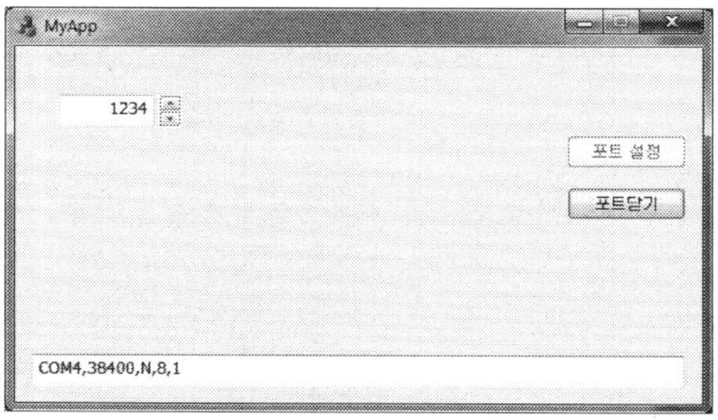

1) 새 프로젝트 만들기

① MyApp 템플릿을 이용해 d:₩VC2012₩src₩에 MyAppFND 프로젝트를 생성한다.

② 새로운 프로젝트가 생성되었으면 d:₩VC2012₩src₩MyAppFND₩MyAppFND에 MyBusDll.lib를 복사하고, F7키를 눌러 프로젝트를 빌드한다.

③ 빌드가 완료되었으면 d:₩VC2012₩src₩MyAppFND₩Debug에 MyBusDll.dll을 복사한다.

2) 대화상자에 컨트롤 추가하기

① 대화상자에 다음과 같이 에디트 컨트롤과 스핀 컨트롤을 추가한다.

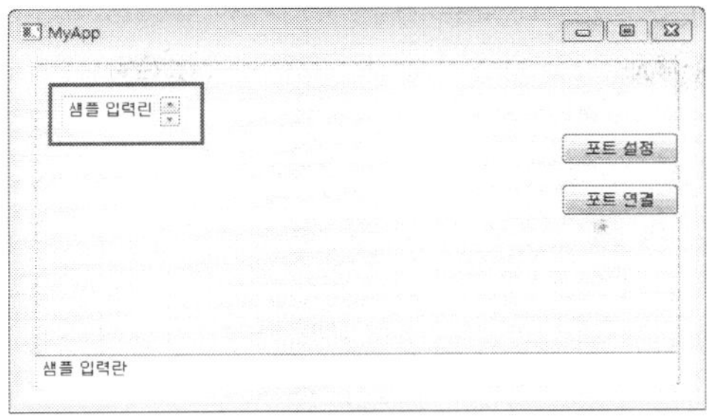

컨트롤	ID	속성
Edit	IDC_FND_VALUE	Number (true) Align Text (Right)
Spin	IDC_SPIN_FND_UPDOWN	Set Buddy Integer (true) Auto Buddy (true) On Thousands (true)

② 에디트 컨트롤에 대한 변수를 만든다. 변수 형식은 UINT, 변수 이름은 m_ui32FND_Value 이다.

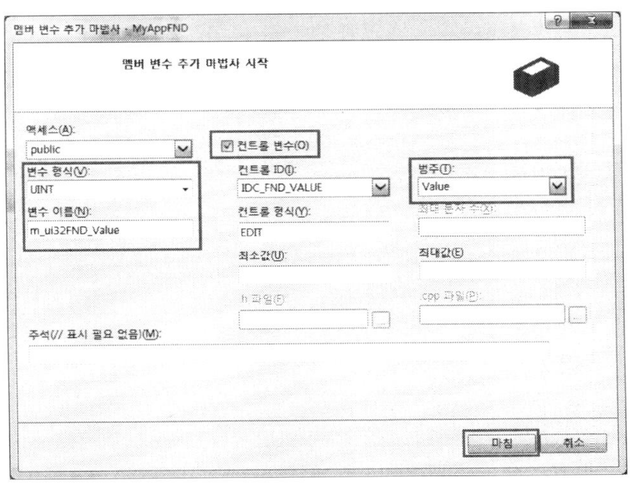

③ 스핀 컨트롤에 대한 컨트롤 변수를 만든다. 변수 형식은 CSpinButtonCtrl, 변수 이름은 m_spinFND_UpDown이다.

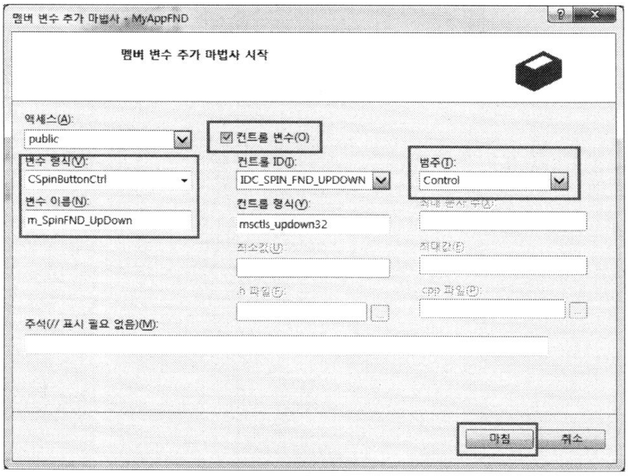

3) 소스코드 수정하기

① [멤버 함수 추가 마법사]를 이용해 CMyAppDlg 클래스에 함수 원형이 다음과 같은 멤버 함수를 추가한다.

```
void UpdateFNDValue(UINT ui32Value);
```

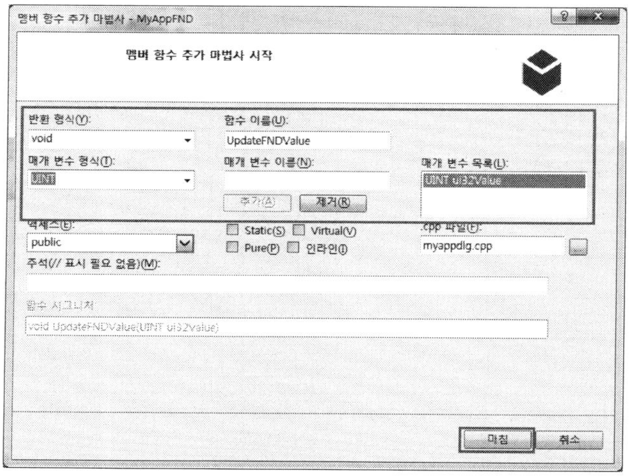

② 추가된 함수에 다음과 같이 소스코드를 추가한다.

```
void CMyAppDlg::UpdateFNDValue(UINT ui32Value)
{
  _MyBusFrame Query;

  if(m_bConnected == FALSE) return ;

  Query.ui8Func = FC_WOR;
  Query.ui8Addr = VC_FND;
  Query.ui8DataH = (ui32Value >> 8) & 0xff;
  Query.ui8DataL = ui32Value & 0xff;

  MyBusSendFrame(&Query);
}
```

③ 스핀 컨트롤의 범위를 설정하기 위해 CMyAppDlg 클래스의 멤버 함수인 OnInitDialog()에 다음과 같이 소스코드를 추가한다.

```
BOOL CMyAppDlg::OnInitDialog()
{
  CDialogEx::OnInitDialog();
         ...
  // TODO: 여기에 추가 초기화 작업을 추가합니다.
  m_bConnected = FALSE;
  m_hComm = NULL;
  m_SpinFND_UpDown.SetRange(0,9999);

  return TRUE  // 포커스를 컨트롤에 설정하지 않으면 TRUE를 반환합니다.
}
```

④ 대화상자 편집 창에서 Edit 컨트롤(IDC_FND_VALUE)을 선택하고, 그림과 같이 EN_CHANGE 메시지 처리 함수 OnEnChangeFndValue()를 추가한다.

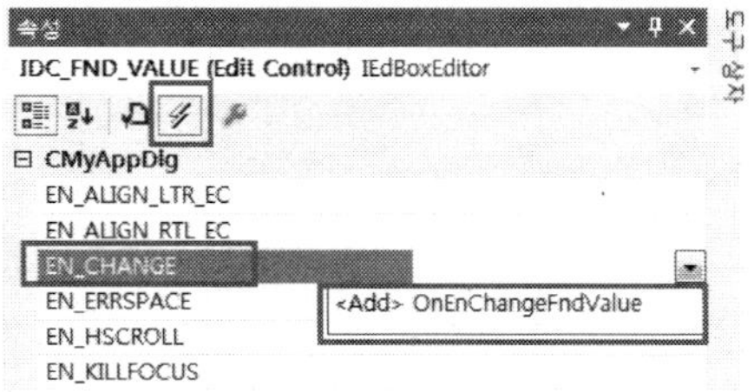

.⑤ 추가된 함수에 다음과 같이 소스코드를 추가한다.

```
void CMyAppDlg::OnEnChangeFndValue()
{
  // TODO:  여기에 컨트롤 알림 처리기 코드를 추가합니다.
  if(m_bConnected == TRUE){
      UpdateData(true);
      UpdateFNDValue(m_ui32FND_Value);
  }
}
```

⑥ 수정이 완료되었으면 프로젝트를 빌드하고 실행한다. 프로그램이 실행되면 그림과 같은 순서로 포트 설정과 포트 연결을 한다.

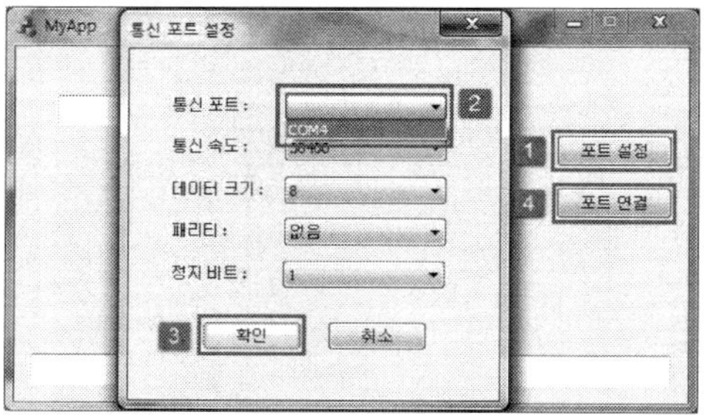

⑦ 에디트 컨트롤에 숫자를 입력하거나 스핀 컨트롤을 클릭하면 타깃 보드의 FND에 숫자가 표시된다.

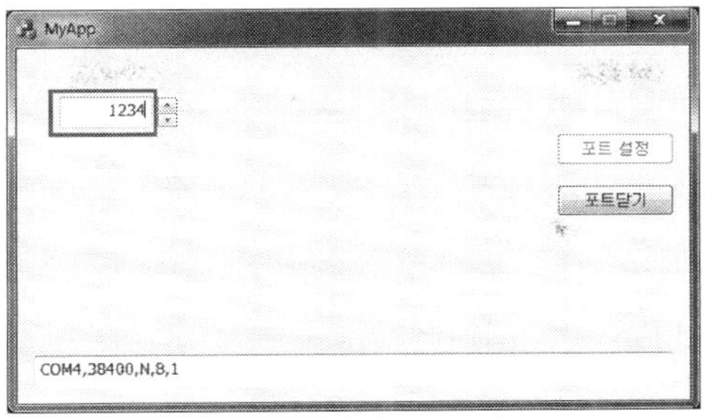

7.3 FND에 시간(분, 초) 표시하기

앞에서 작성한 프로그램에 분과 초를 표시하는 기능을 추가해 보자. 물론 시계라면 시간과 분이 표시되어야 하지만 프로그램이 정상적으로 실행되는 것을 좀 더 빨리 확인하기 위해 분과 초만을 표시하는 것이다.

1) 대화상자에 체크 박스 추가

① 대화상자에 다음과 같이 체크 박스를 추가로 배치한다. 그리고 배치한 체크 박스를 더블 클릭하여 BN_CLICKED 이벤트 메시지 처리 함수를 추가한다.

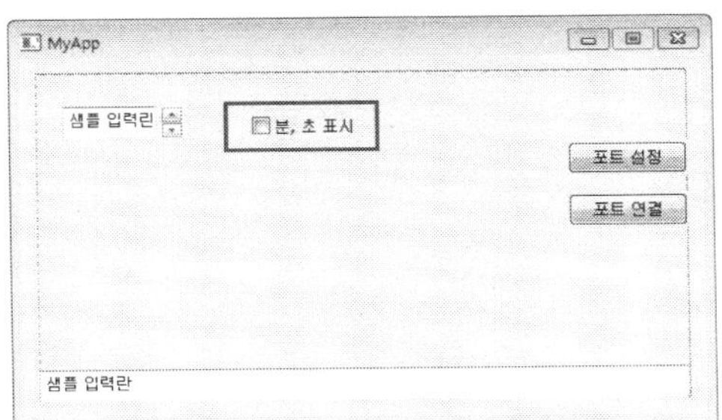

컨트롤 종류	ID	Caption (속성)
Check Box	IDC_TIME_ENABLE	분, 초 표시

② 체크 박스를 체크하면 타이머가 동작되도록 추가된 함수를 다음과 같이 수정한다.

```
void CMyAppDlg::OnBnClickedTimeEnable()
{
  // TODO: 여기에 컨트롤 알림 처리기 코드를 추가 합니다.
  if(((CButton*)GetDlgItem(IDC_TIME_ENABLE))->GetCheck() == 1){
     SetTimer(1, 1000, NULL);
  }

  else{
     KillTimer(1);
  }
}
```

2) 시간을 출력하는 함수 추가

WM_TIMER 이벤트 메시지가 발생할 때마다 FND에 분과 초가 표시되도록 DisplayTime() 이란 함수를 CMyAppDlg 클래스에 추가할 것이다. 이 함수는 프로그램이 실행되는 동안 컴퓨터의 내부 시간을 얻어와 Query Frame을 만들어 타깃 보드에 전송하는 기능을 한다.

① [멤버 함수 추가 마법사]를 이용해 CMyAppDlg 클래스에 함수의 원형이 다음과 같은 멤버 함수를 추가한다.

```
void DisplayTime(void);
```

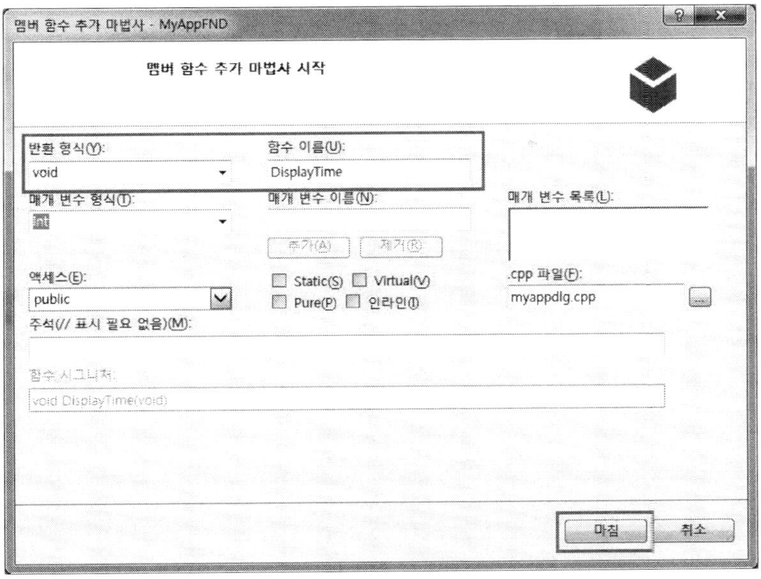

② 추가된 함수에 다음과 같이 소스코드를 추가한다.

```
void CMyAppDlg::DisplayTime(void)
{
  SYSTEMTIME LocalTime;   // 시간을 얻기 위한 구조체
  MyBusFrame Query;

  if(m_bConnected == FALSE) return;

  GetLocalTime(&LocalTime);
  ui16Time = (LocalTime.wMinute % 60) * 100;
  ui16Time += (LocalTime.wSecond % 60);

  Query.ui8Func = FC_WOR;
  Query.ui8Addr = VC_FND;
  Query.ui8DataH = (ui16Time >> 8) & 0xff;
  Query.ui8DataL = ui16Time & 0xff;

  MyBusSendFrame(&Query);
}
```

3) WM_TIMER 이벤트 메시지 처리 함수 추가

WM_TIMER 메시지가 발생할 때마다 DisplayTime() 함수를 호출해 타깃 보드의 FND에 분과 초가 표시되도록 WM_TIMER 메시지 처리 함수를 생성한다.

① 대화상자 편집 창에서 IDD_MYAPP_DIALOG를 선택하고, 화면 우측 [속성]에서 [메시지]를 선택한다. 메시지 리스트에서 그림과 같이 WM_TIMER을 선택하고 우측에 〈Add〉OnTimer를 클릭해 멤버 함수를 추가한다.

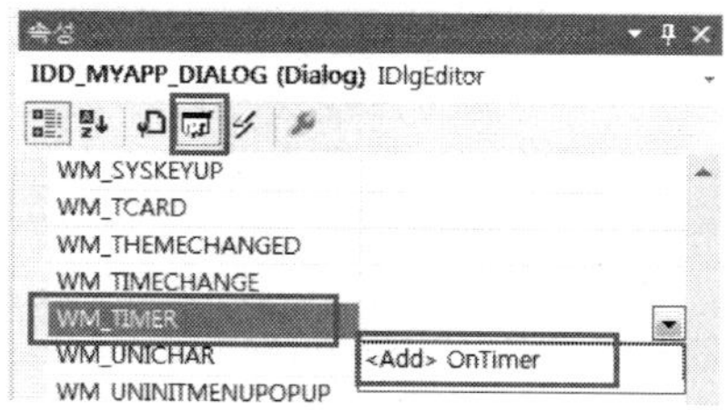

② 추가된 함수에 다음과 같이 소스코드를 추가한다.

```
void CMyAppDlg::OnTimer(UINT_PTR nIDEvent)
{
  // TODO: 여기에 메시지 처리기 코드를 추가 및/또는 기본값을 호출합니다.
  CDialogEx::OnTimer(nIDEvent);
  if(m_bConnected == TRUE){
      DisplayTime();
  }
}
```

4) 프로그램 실행하기

① 수정이 완료되었으면 프로젝트를 빌드하고 실행한다. 프로그램이 실행되면 그림과 같은 순서로 포트 설정과 포트 연결을 한다.

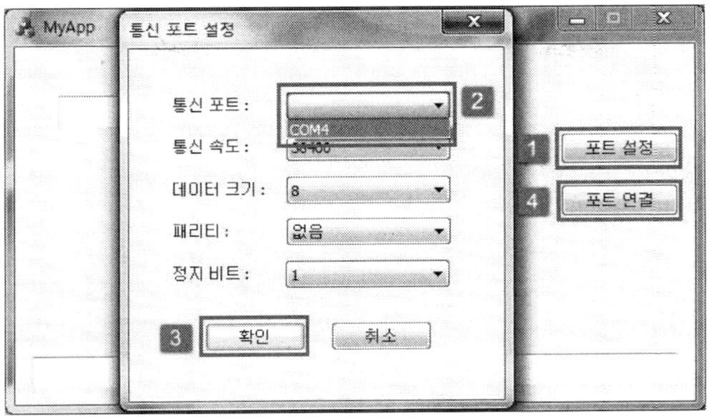

② 연결된 프로그램에서 [분, 초 표시] 체크 박스를 클릭하면 약 1초 후 타깃 보드의 FND에 분과 초가 표시된다.

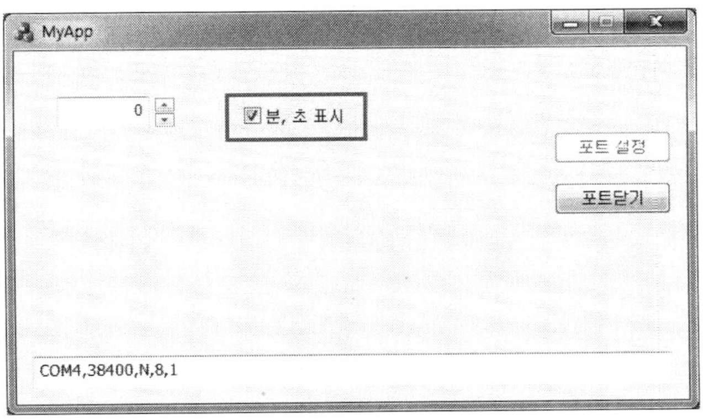

8

RGB LED 제어

이전 LED 제어에서는 단순히 논리1이면 LED가 켜지고, 논리 0이면 LED가 꺼지는 프로그램을 작성했었다. 이번 장에서는 단순 On/Off 제어가 아니라 PWM(Pulse Width Modulation)을 이용하여 LED의 밝기를 조절하는 프로그램을 작성할 것이다.

PWM이란 주기가 일정한 펄스의 폭을 조절하여 부하(에너지를 소비하는 장치: 모터, 전구 등)에 공급되는 평균 전력을 제어하는 방식으로 에너지 효율이 매우 높아 전원 공급장치(SMPS), 모터의 속도 제어, 모니터의 밝기 제어 등 전자기기에 많이 사용된다. 이러한 PWM은 타이머를 이용해서 만들어지는데 우리가 사용하는 타깃 보드에는 네 개의 타이머가 있고 그중에서 타이머1과 타이머3은 각각 세 개의 PWM 출력을 만들어 낼 수 있다.

타깃 보드의 구성에서 RGB LED가 포트B에 연결되어 있는 것을 볼 수 있는데 그것은 포트B의 일부가 타이머1의 PWM 출력으로 사용되기 때문이다. 따라서 우리는 타깃 보드의 타이머1을 사용해서 RGB LED의 밝기를 제어할 것이다.

8.1 RGB LED 관련 레지스터

표 [8-1]은 4자리 RGB LED와 관련된 MyBus 레지스터를 나타낸 것이다.

표 [8-1] RGB와 관련된 MyBus 레지스터

레지스터		설명 (기능)
번호	이름	
0x50	VC_RED_LED	Red LED 밝기 조절 (0 ~ 255)
0x51	VC_GREEN_LED	Green LED 밝기 조절 (0 ~ 255)
0x52	VC_BLUE_LED	Blue LED 밝기 조절 (0 ~ 255)
0x53	VC_RGB_LED_ENABLE	RGB LED 활성화/비활성화

VC_RED_LED ~ VC_BLUE_LED는 RGB LED에 연결된 PWM 출력 펄스의 폭을 설정하여 해당 LED의 밝기를 조절하는 레지스터로, 이 값이 커지면 해당 LED가 밝아지고, 값이 작아지면 어두워진다. 이 레지스터는 하위 8비트만 사용하므로 LED의 밝기를 0 ~ 255까지로 256단계로 조절할 수 있다.

VC_RGB_LED_ENABLE은 RGB LED와 연결된 타이머와 포트를 활성화/비활성화하는 레지스터로 0 이외의 값을 주면 활성화되고 0을 주면 비활성화된다. 초기 값이 0으로 비활성화되어 있어 RGB LED를 사용하려면 이 레지스터에 0이 아닌 값을 기록해 활성화시켜야 한다.

8.2 RGB LED 밝기 제어하기

MyApp 템플릿을 이용해 RGB LED의 밝기를 조절하는 프로그램을 작성해 보자.

1) 새 프로젝트 만들기

① MyApp 템플릿을 이용해 d:₩VC2012₩src₩에 MyAppRGB로 프로젝트를 생성한다.

② 생성된 프로젝트 폴더(d:₩VC2012₩src₩MyAppRGB₩MyAppRGB)에 MyBusDll.lib를 복사하고 F7키를 눌러 프로젝트를 빌드한다.

③ 빌드가 완료되면 d:₩VC2012₩src₩MyAppRGB₩Debug에 MyBusDll.dll을 복사한다.

2) 컨트롤 추가하기

① 대화상자에 다음과 같이 컨트롤을 추가로 배치한다.

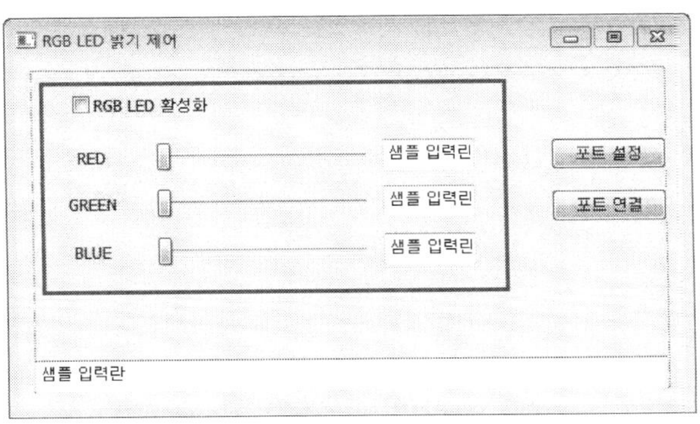

컨트롤 종류	ID	Caption (속성)
Static Control	IDC_STATIC	RED
Static Control	IDC_STATIC	GREEN
Static Control	IDC_STATIC	BLUE
Check Box	IDC_RGB_ENABLE	RGB LED 활성화
Edit Control	IDC_RED	Number : True Align Text: Right
Edit Control	IDC_GREEN	
Edit Control	IDC_BLUE	
Slider Control	IDC_SLIDER_RED	
Slider Control	IDC_SLIDER_GREEN	
Slider Control	IDC_SLIDER_BLUE	

② 배치된 컨트롤 중 슬라이더 컨트롤에 대한 컨트롤 변수를 그림과 같이 [멤버 변수 추가 마법사]를 이용하여 추가한다. 각 컨트롤 변수의 이름은 아래 표와 같다.

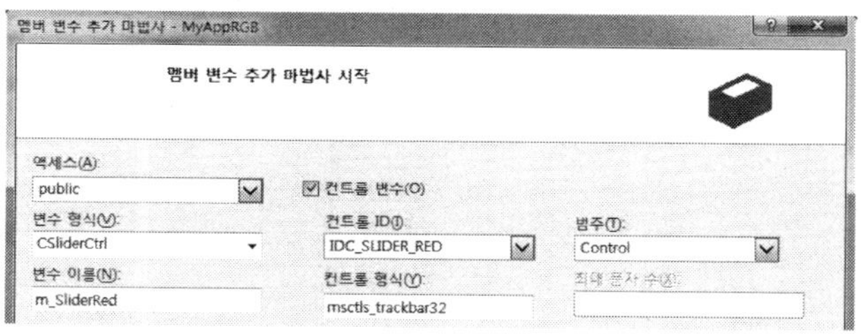

ID	변수형	변수명
IDC_SLIDER_RED	CSliderCtrl	m_SliderRed
IDC_SLIDER_GREEN	CSliderCtrl	m_SliderGreen
IDC_SLIDER_BLUE	CSliderCtrl	m_SliderBlue

3) 소스코드 수정하기

① 슬라이드 컨트롤의 범위를 설정하기 위해 CMyAppDlg 클래스의 멤버 함수인 OnInitDialog()를 다음과 같이 수정한다.

```
BOOL CMyAppDlg::OnInitDialog()
{
  CDialogEx::OnInitDialog();
        ...
  // TODO: 여기에 추가 초기화 작업을 추가합니다.
  m_bConnected = FALSE;
  m_hComm = NULL;

  // 슬라이드 컨트롤의 범위를 설정
  m_SliderRed.SetRange(0,255);
  m_SliderGreen.SetRange(0,255);
  m_SliderBlue.SetRange(0,255);

  // 초기 슬라이드의 위치 설정
  m_SliderRed.SetPos(0);
  m_SliderGreen.SetPos(0);
  m_SliderBlue.SetPos(0);

  return TRUE  // 포커스를 컨트롤에 설정하지 않으면 TRUE를 반환합니다.
}
```

② [RGB LED 활성화] 체크 박스를 더블 클릭해 BN_CLICKED 이벤트 메시지 처리 함수를 추가한다. 그리고 다음과 같이 소스코드를 추가한다.

```
void CMyAppDlg::OnBnClickedRgbledEnable()
{
  // TODO: 여기에 컨트롤 알림 처리기 코드를 추가합니다.
  _MyBusFrame Query;

  if(m_bConnected == FALSE) return;

  // RGB LED 활성화/비활성화를 위한 Query 작성
  Query.ui8Func = FC_WOR;
  Query.ui8Addr = VC_RGB_LED_ENABLE;
  Query.ui8DataH = 0;

  if(((CButton*)GetDlgItem(IDC_RGBLED_ENABLE))->GetCheck() == 1){
```

```
        Query.ui8DataL = 0xff;
    }
    else{
        Query.ui8DataL = 0;
    }
    // Qeury Frame을 타깃 보드로 전송
    MyBusSendFrame(&Query);
}
```

슬라이더 컨트롤은 위치가 변경될 때마다 WM_HSCROLL 메시지를 발생하는데 이 메시지에 슬라이더의 위치 정보가 포함되어 있다. 따라서 WM_HSCROLL 메시지 처리 함수를 추가해 각 슬라이더의 위치 정보를 타깃 보드에 보내면 RGB LED의 밝기를 제어할 수 있다.

③ 대화상자 편집 창에서 대화상자의 상단을 클릭하고 우측 패널에서 [속성]을 선택한다. [속성] 상단에 [메시지]를 선택하고 메시지 리스트에서 WM_HSCROLL을 선택해 〈Add〉 OnHScroll을 추가한다.

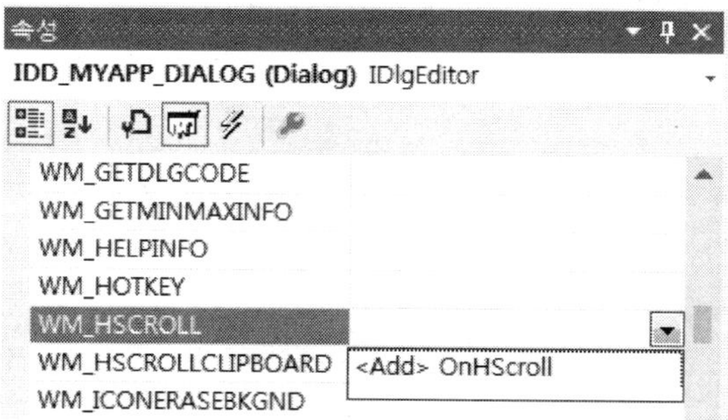

④ 추가된 함수에 다음과 같이 소스코드를 수정한다.

```
void CMyAppDlg::OnHScroll(UINT nSBCode, UINT nPos, CScrollBar* pScrollBar)
{
  // TODO: 여기에 메시지 처리기 코드를 추가 및/또는 기본값을 호출합니다.
  _MyBusFrame Query;
  CString str;
  BOOL bVaild = TRUE;
  CSliderCtrl *pSlider = (CSliderCtrl*)pScrollBar;

  if(m_bConnected == FALSE) return ;
  Query.ui8Func = FC_WOR;
  Query.ui8DataH = 0;
  Query.ui8DataL =(UINT8) pSlider->GetPos();
  str.Format(_T("%d"),Query.ui8DataL);

  switch(((CSliderCtrl*)pScrollBar)->GetDlgCtrlID()){

     case IDC_SLIDER_RED:
        Query.ui8Addr = VC_RED_LED
        GetDlgItem(IDC_RED)->SetWindowText(str);
     break

     case IDC_SLIDER_GREEN:
        Query.ui8Addr = VC_GREEN_LED
        GetDlgItem(IDC_GREEN)->SetWindowText(str);
     break

     case IDC_SLIDER_BLUE:
        Query.ui8Addr = VC_BLUE_LED
        GetDlgItem(IDC_BLUE)->SetWindowText(str);
     break

     default:
        bVaild = FALSE
  }

  if(bVaild)
     MyBusSendFrame(&Query);

  CDialogEx::OnHScroll(nSBCode, nPos, pScrollBar);
}
```

4) 프로그램 실행하기

① 수정이 완료되었으면 프로젝트를 빌드하고 실행한다. 프로그램이 실행되면 그림과 같은 순서로 포트 설정과 포트 연결을 한다.

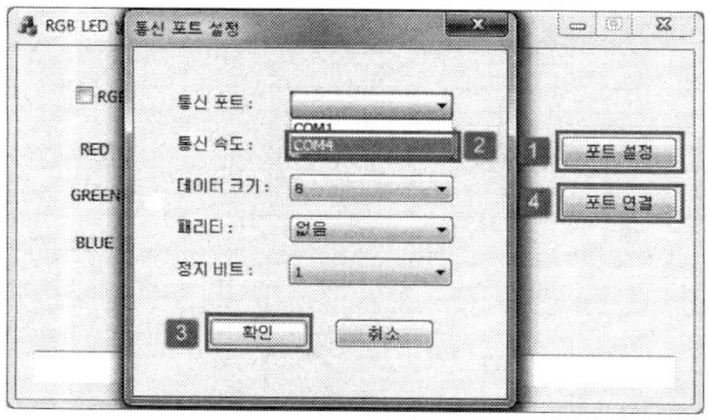

② 포트가 연결된 프로그램에서 [RGB LED 활성화] 체크 박스를 클릭하고 슬라이더를 움직이면 타깃 보드의 RGB LED의 밝기가 변하게 된다.

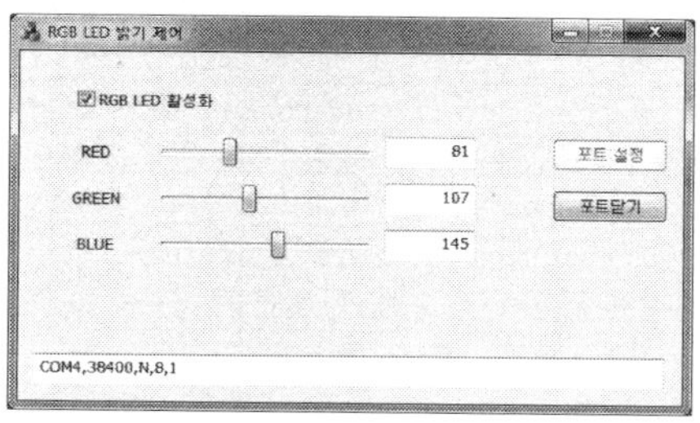

9

아날로그 입력

이번 장에서는 타깃 보드에 장착된 온도, CDS, 가변 저항 등의 센서의 값을 읽어 오는 프로그램을 작성해 볼 것이다.

9.1 A/D 변환기의 개요

우리가 사용하는 타깃 보드에는 10비트 A/D 컨버터가 있어, 최대 4채널의 아날로그 신호를 디지털 신호로 변환할 수 있다. 실제 4채널 중 3개 채널에는 온도, CDS, 전위차계 등의 센서가 연결되어 있어, 실내 온도나 주변 밝기 그리고 전압 등을 디지털 값으로 얻을 수 있다.

아날로그 신호를 디지털 신호로 변환하는 과정에는 어느 정도 시간이 필요하다. 이 시간을 Conversion Time(변환 시간)이라 하는데 이 시간이 짧을수록 변환된 디지털 신호가 아날로그 신호에 가까워진다. 우리가 사용하는 A/D 컨버터의 변환 시간은 약 10us 정도로 비교적 빠른 편이다. 이 시간을 주파수로 바꾸면 100kHz가 되는데 이것은 CD음질인 48kHz와 비교하면 2배 이상이 된다.

Conversion Time과 혼동될 수 있는 Sampling Rate 이란 용어가 있는데 이것은 단위 시간당 취득할 수 있는 샘플의 수를 나타내는 수치이다. 예를 들어 1초에 1000개의 샘플을 취득한다면 1000/sec가 되고 백만 개의 샘플을 취득한다면 1M/sec가 되는 것이다. Sampling Rate는 앞에서 설명한 변환 시간과 밀접한 관계를 가지는데 이 수치의 역수는 변환 시간보다 짧을 수 없다. 예를 들어 1초에 1000개의 샘플을 취득한다는 것은 1/1000초마다 한 개의 샘플을 취득한다는 의미가 된다. 이것이 가능하려면 A/D 컨버터의 변환 시간이 1/1000초보다는 작아야 되기 때문이다. 따라서 A/D 컨버터를 사용할 때 변환 시간을 확인하고 Sampling Rate를 결정해야 한다.

9.2 A/D 컨버터 관련 레지스터

타깃 보드에서 A/D 컨버터와 관련된 레지스터는 다음 표와 같다.

표[9-1] A/D 컨버터와 관련된 MyBus 레지스터

레지스터 번호	레지스터 이름	설명(기능)
0x40	VC_ADC0	ADC 채널 0의 값 (전위차계의 값)
0x41	VC_ADC1	ADC 채널 1의 값 (CDS의 값)
0x42	VC_ADC2	ADC 채널 2의 값 (온도센서의 값)
0x43	VC_ADC3	ADC 채널 3의 값
0x48	VC_ADC_EVENT_MASK	ADC 변환 완료 Event Frame 활성화/비활성
0x49	VC_ADC_INTERVAL	ADC 변환 주기 (0 ~ 65535ms, 0은 ADC 정지)

관련 레지스터를 살펴보면, 먼저 VC_ADC0 ~ VC_ADC3은 A/D 변환이 완료되면 그 값들이 저장되는 레지스터로 0 ~ 1023 사이의 값을 갖는다. 이것은 타깃 보드가 지원하는 A/D 컨버터의 분해능이 10bit이기 때문이다.

다음으로 VC_ADC_EVENT_MASK는 A/D 변환이 완료되었을 때 Event Frame의 발송 여부를 결정하는 레지스터로, 0 ~ 3번 비트만을 사용해 채널별 제어가 가능하다. 예를 들어 레지스터의 0번 비트가 1이면, 채널 0번의 변환이 완료될 때마다 Event Frame이 발송되고, 레지스터의 3번 비트가 1이면, 채널 3번의 변환이 완료될 때마다 Event Frame이 발송된다.

마지막으로 VC_ADC_INTERVAL은 A/D 컨버터의 변환 주기를 설정하는 레지스터이다. 이 레지스터의 범위는 0 ~ 65,535ms이고, 0은 A/D 컨버터의 정지를 의미한다. 따라서 A/D 컨버터를 사용하려면 반드시 이 레지스터의 값이 1 이상이어야 하지만, 실제 데이터 통신 속도 등을 고려하여 10(10ms) 이상으로 설정해야 한다.

앞에서 설명한 내용을 바탕으로 타깃 보드에 연결된 센서로부터 값을 읽어 오려면, 먼저 VC_ADC_INTERVAL 레지스터 변환 주기를 설정하고, VC_ADC0 ~ VC_ADC3 레지스터의 값을 읽어 오면 된다. 또 다른 방법으로는 VC_ADC_EVENT_MASK 레지스터를 활성화시켜

Event Frame을 받는 것이다.

다음에 표들은 A/D 컨버터 관련 레지스터를 설정하거나 변환 값을 읽어 오는 MyBus Query와 Respose를 나타낸 것이다.

예) 변환 주기를 10ms로 설정하는 Query

Function Code	Register No.	Hi Data	Low Data
WOR(6)	VC_ADC_INTERVAL(73)	0	10

예) ADC0을 읽기 위한 Query

Function Code	Register No.	Hi Data	Low Data
RIR(4)	VC_ADC0	0	0

예) ADC0을 읽기에 대한 Response (1023 : 0x3ff)

Function Code	Register No.	Hi Data	Low Data
RIR(4)	VC_ADC0	3	255

예) ADC0에 변환 완료 Event를 활성화 시키는 Query

Function Code	Register No.	Hi Data	Low Data
WOR(6)	VC_ADC_EVENT_MASK(72)	0	0x01

예) ADC0의 변환 완료 Event Frame (ADC0 값이 123일 때)

Function Code	Register No.	Hi Data	Low Data
ACE(33)	VC_ADC0	0	123

9.3 센서 값 읽기

변환 주기를 설정하고 VC_ADC0 ~ VC_ADC2 레지스터를 통해 센서의 값을 읽어 오는 프로그램을 작성해 보자.

1) 새 프로젝트 만들기

① MyApp 템플릿으로 이용해 d:₩VC2012₩src₩에 MyAppADC 프로젝트를 생성한다.

② 생성된 프로젝트 폴더 (d:₩VC2012₩src₩MyAppADC₩MyAppADC)에 MyBusDll.lib를 복사하고 F7키를 눌러 프로젝트를 빌드한다.

③ 빌드가 완료되면 d:₩VC2012₩src₩MyAppADC₩Debug에 MyBusDll.dll파일을 복사한다.

2) 컨트롤 추가하기

① IDD_MYAPP_DIALOG 대화상자에 다음과 같이 컨트롤을 추가한다.

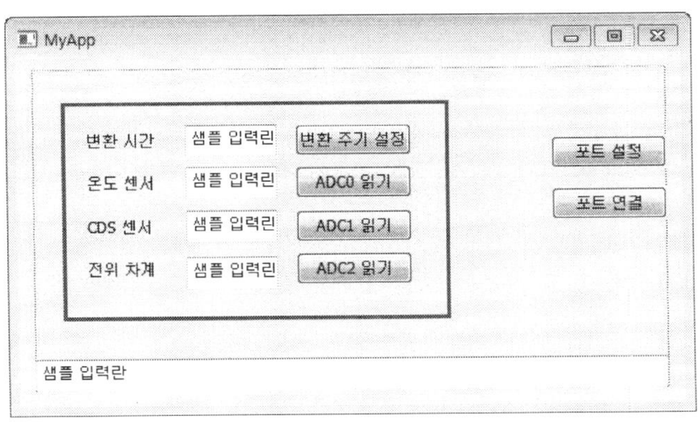

컨트롤 종류	ID	Caption
STATIC	IDC_STATIC	변환 주기
STATIC	IDC_STATIC	전위차계
STATIC	IDC_STATIC	CDS 센서
STATIC	IDC_STATIC	온도 센서
BUTTON	IDC_BTN_ADC_INTERVAL	변환주기 설정
BUTTON	IDC_BTN_GET_ADC0	ADC0값 읽기
BUTTON	IDC_BTN_GET_ADC1	ADC1값 읽기
BUTTON	IDC_BTN_GET_ADC2	ADC2값 읽기
Edit Control	IDC_ADC_INTERVAL	속성 Number : True Align Text : Right
Edit Control	IDC_ADC0	
Edit Control	IDC_ADC1	
Edit Control	IDC_ADC2	

② IDC_ADC_INTERVAL에 대한 컨트롤 변수를 추가한다. 변수 형식은 UINT이고, 변수 이름은 m_ui32ADCInterval이다.

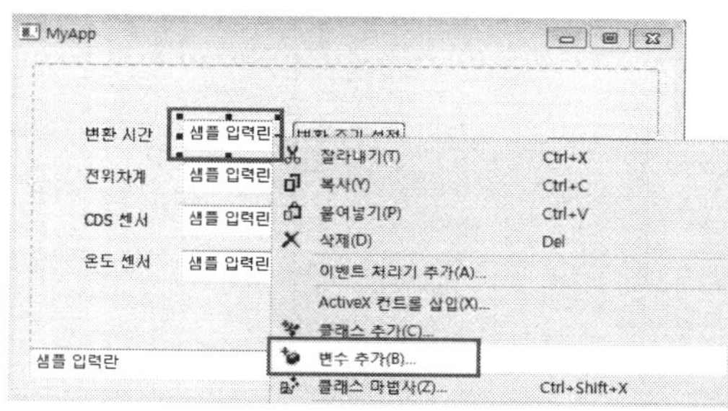

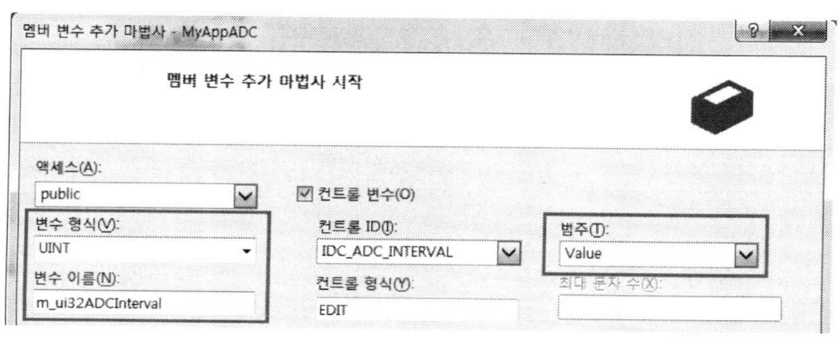

3) 이벤트 처리 함수 및 소스코드 수정하기

① [변환 주기 설정] 버튼을 더블 클릭해 BN_CLICKED 메시지 처리 함수를 추가하고 다음과 같이 소스코드를 수정한다.

```
void CMyAppDlg::OnBnClickedBtnAdcInterval()
{
  // TODO: 여기에 컨트롤 알림 처리기 코드를 추가합니다.
  _MyBusFrame  Query;

  if(m_bConnected == FALSE) return;

  UpdateData(TRUE);

  Query.ui8Func = FC_WOR;
  Query.ui8Addr = VC_ADC_INTERVAL;
  Query.ui8DataH = (m_ui32ADCInterval >> 8) & 0xff;
  Query.ui8DataL = m_ui32ADCInterval & 0xff;

  MyBusSendFrame(&Query);
}
```

② [ADC0 읽기] 버튼을 더블 클릭해 BN_CLICKED 메시지 처리 함수를 추가하고 다음과 같이 소스코드를 수정한다.

```
void CMyAppDlg::OnBnClickedBtnGetAdc0()
{
  // TODO: 여기에 컨트롤 알림 처리기 코드를 추가합니다.
  _MyBusFrame  Query;

  if(m_bConnected == FALSE) return;

  Query.ui8Func = FC_RIR;
  Query.ui8Addr = VC_ADC0;
  Query.ui8DataH = 0;
  Query.ui8DataL = 0;

  MyBusSendFrame(&Query);
}
```

③ [ADC1 읽기] 버튼을 더블 클릭해 BN_CLICKED 메시지 처리 함수를 추가하고 다음과 같이 소스코드를 수정한다.

```
void CMyAppDlg::OnBnClickedBtnGetAdc1()
{
  // TODO: 여기에 컨트롤 알림 처리기 코드를 추가합니다.
  _MyBusFrame  Query;

  if(m_bConnected == FALSE) return;

  Query.ui8Func = FC_RIR;
  Query.ui8Addr = VC_ADC1;
  Query.ui8DataH = 0;
  Query.ui8DataL = 0;

  MyBusSendFrame(&Query);
}
```

④ [ADC2 읽기] 버튼을 더블 클릭해 BN_CLICKED메시지 처리 함수를 추가하고 다음과 같이 소스코드를 수정한다.

```
void CMyAppDlg::OnBnClickedBtnGetAdc2()
{
  // TODO: 여기에 컨트롤 알림 처리기 코드를 추가합니다.
  _MyBusFrame  Query;

  if(m_bConnected == FALSE) return;

  Query.ui8Func = FC_RIR;
  Query.ui8Addr = VC_ADC2;
  Query.ui8DataH = 0;
  Query.ui8DataL = 0;

  MyBusSendFrame(&Query);
}
```

⑤ CMyAppDlg 클래스에 WM_MYBUS_RECV_FRAME 메시지 처리 함수를 추가한다. [클래스 뷰]에서 CMyAppDlg 클래스를 선택하고 마우스 우측 버튼을 눌러 팝업 메뉴가 나타나면 [추가]를 클릭하고 서브메뉴에서 [함수 추가]를 클릭한다.

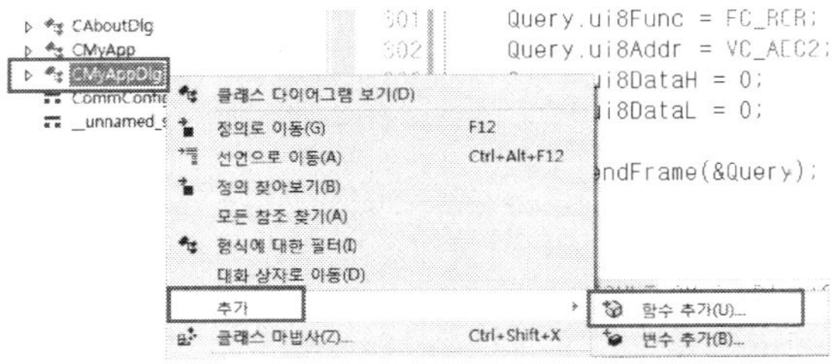

⑤ [멤버 함수 추가 마법사]를 이용해 CMyAppDlg 클래스에 함수의 원형이 다음과 같은 멤버 함수를 추가한다.

```
afx_msg LRESULT OnMyBusRecvFrame(WPARAM wParam, LPARAM lParam);
```

⑦ 멤버 함수가 추가되었으면 다음과 같이 소스코드를 수정한다.

```
afx_msg LRESULT CMyAppDlg::OnMyBusRecvFrame(WPARAM wParam,
                                            LPARAM lParam)
{
  CString str;
  UINT8 ui8Func = (lParam >> 24) & 0xff;
  UINT8 ui8Addr = (lParam >> 16) & 0xff;
  UINT16 ui16Value = lParam & 0xffff;
```

```
    str.Format(_T("%d"),ui16Value);


    if(ui8Func == FC_RIR){
        if(ui8Addr == VC_ADC0){
            GetDlgItem(IDC_ADC_CH0)->SetWindowText(str);
        }
        else if(ui8Addr == VC_ADC1){
            GetDlgItem(IDC_ADC_CH1)->SetWindowText(str);
        }
        else if(ui8Addr == VC_ADC2){
            GetDlgItem(IDC_ADC_CH2)->SetWindowText(str);
        }
    }
    return afx_msg LRESULT();
}
```

⑧ 수정이 완료되었으면 MyAppDlg.cpp의 BEGIN_MESSAGE_MAP()과 END_MESSAGE_MAP() 사이에 다음과 같이 ON_MESSAGE() 매크로를 추가하여 메시지와 처리 함수를 연결한다.

```
BEGIN_MESSAGE_MAP(CMyAppDlg, CDialogEx)
  ON_WM_SYSCOMMAND()
  ON_WM_PAINT()
        ...
  ON_WM_CLOSE()
  ON_MESSAGE(WM_MYBUS_RECV_FRAME, &CMyAppDlg::OnMyBusRecvFrame)
END_MESSAGE_MAP()
```

⑨ 완료되었으면 모든 소스코드를 저장하고 F7을 눌러 프로젝트를 빌드한 다음 프로젝트를 실행한다. 프로그램이 실행되면 다음 그림과 같은 순서로 통신 포트를 설정하고 연결한다.

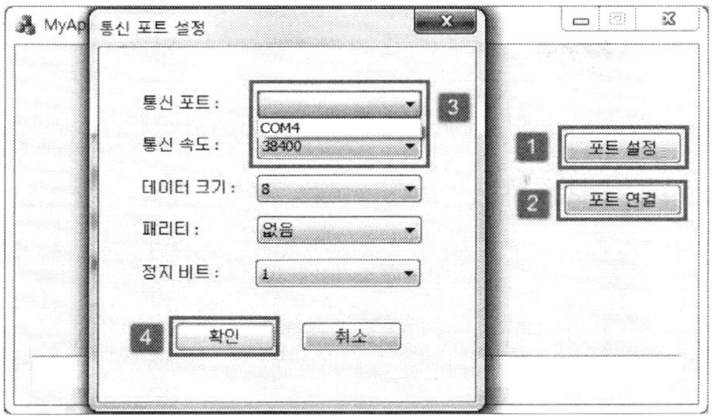

⑩ 통신 포트가 연결되었으면 변환 시간에 10을 입력하고 [변환 주기 설정]버튼을 클릭한다.

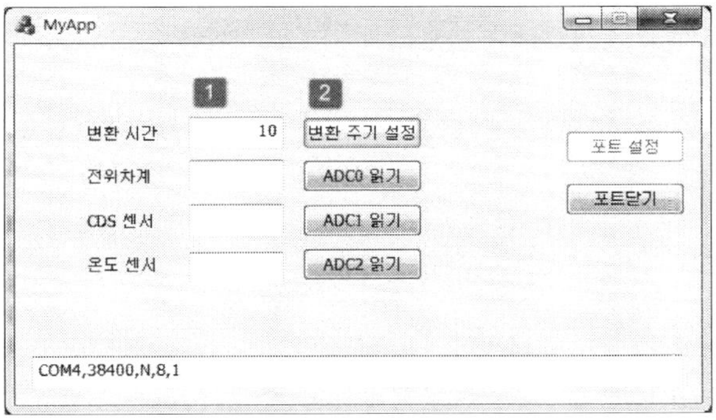

⑪ ADC0 ~ 2 읽기 버튼을 클릭하면 전위차계, CDS, 온도 값들이 표시된다.

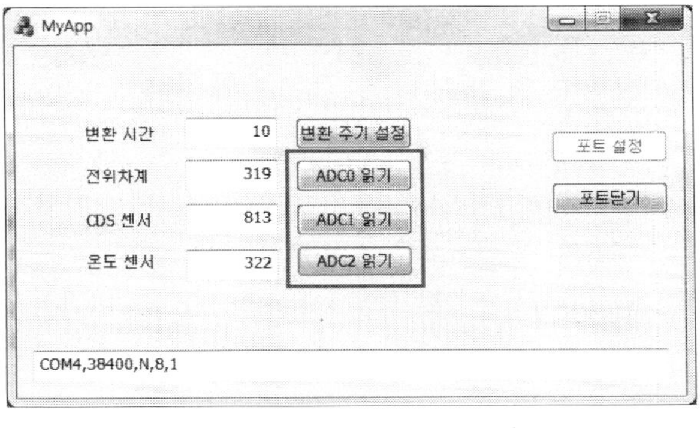

9.4 이벤트 메시지로 센서 값 읽기

앞에서 작성한 프로그램으로 센서 값을 읽어오려면 매번 버튼을 클릭해야 한다. 다른 방법으론 윈도우의 타이머 메시지를 이용해 주기적으로 타깃 보드에 Query를 보내 얻어 오거나, Thread를 이용해서 얻어 오는 방법이 있다. 이 두 가지 방법은 하나의 함수로 해결되는 것이 아니라 여러 개의 함수와 공유 변수가 유기적으로 동작해야 하므로 프로그램 구조가 다소 복잡할 수 있다. 또 다른 방법으로 MyBus에서 제공하는 Event Frame를 이용하는 방법이 있다. 이 Event Frame은 타깃 보드에서 A/D 변환이 완료되면 PC로 전송되는데 이 Frame을 수신해 처리하면 간단하게 센서의 값을 얻을 수 있다.

그럼 Event Frame을 이용해 센서 값을 읽어오는 프로그램을 작성해 보자. 앞에서 작성한 프로그램에 Event Frame이 발생될 수 있도록 체크 박스 한 개를 추가하고, 이 Event Frame을 수신한 MyBus Dll에서 보내는 윈도우 메시지를 처리하기 위해 메시지 처리 함수를 추가할 것이다.

1) 컨트롤 추가하기

① 대화상자 편집 창에서 IDD_MYAPP_DIALOG를 선택하고 다음과 같이 체크 박스를 추가 배치한다.

컨트롤 종류	ID	Caption
체크 박스	IDC_ADC_EVENT_ENABLE	ADC 이벤트 활성화

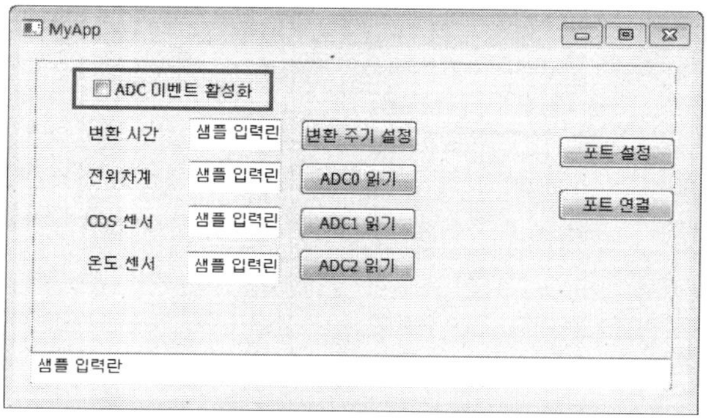

② 추가된 체크 박스를 더블 클릭해 BN_CLICKED 메시지 처리 함수를 추가하고, 다음과 같이 소스코드를 추가한다.

```
void CMyAppDlg::OnBnClickedAdcEventEnable()
{
  // TODO: 여기에 컨트롤알림 처리기 코드를 추가합니다.
  _MyBusFrame Query;

  if(m_bConnected == FALSE) return;

  Query.ui8Func = FC_WOR;
  Query.ui8Addr = VC_ADC_EVENT_MASK;
  Query.ui8DataH = 0;

  if(((CButton*)GetDlgItem(IDC_ADC_EVENT_ENABLE))->GetCheck() == 1){
     //ADC0 ~ ADC2에 대한 이벤트 활성화
     Query.ui8DataL = BIT2 | BIT1 | BIT0;
  }
  else{
     //ADC0 ~ ADC2에 대한 이벤트 비활성화
     Query.ui8DataL = 0;
  }

  MyBusSendFrame(&Query);
}
```

2) WM_MYBUS_ADC_UPDATE 메시지 처리 함수 추가

① [멤버 함수 추가 마법사]를 이용해 CMyAppDlg 클래스에 멤버 함수를 추가한다. 멤버 함수의 원형은 다음과 같다.

```
afx_msg LRESULT OnMyBusADCUpdate()(WPARAM wParam, LPARAM lParam);
```

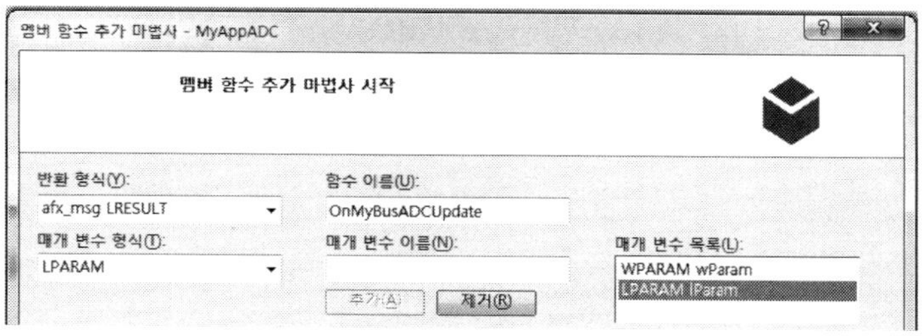

② 추가된 멤버 함수에 다음과 같이 소스코드를 추가한다.

```
afx_msg LRESULT CMyAppDlg::OnMyBusADCUpdate(WPARAM wParam,
                                            LPARAM lParam)
{
  CString  str;
  UINT8 ui8Func = (lParam >> 24) & 0xff;
  UINT8 ui8Addr = (lParam >> 16) & 0xff;
  UINT16 ui16Value = lParam & 0xffff;

  str.Format(_T("%d"),ui16Value);

  if(ui8Func == FC_ACE){

     if(ui8Addr == VC_ADC0){
        GetDlgItem(IDC_ADC_CH0)->SetWindowText(str);
     }

     else if(ui8Addr == VC_ADC1){
        GetDlgItem(IDC_ADC_CH1)->SetWindowText(str);
     }

     else if(ui8Addr == VC_ADC2){
        GetDlgItem(IDC_ADC_CH2)->SetWindowText(str);
     }
  }
  return afx_msg LRESULT();
}
```

③ 완료되었으면 MyAppDlg.cpp의 BEGIN_MESSAGE_MAP()과 END_MESSAGE_MAP() 사이에 다음과 같이 ON_MESSAGE() 매크로를 추가하여 WM_MYBUS_ADC_UPDATE 메시지와 OnMyBusADCUpate() 함수를 연결한다.

```
BEGIN_MESSAGE_MAP(CMyAppDlg, CDialogEx)
  ON_WM_SYSCOMMAND()
  ON_WM_PAINT()
       ...
  ON_WM_CLOSE()
  ON_MESSAGE(WM_MYBUS_RECV_FRAME, &CMyAppDlg::OnMyBusRecvFrame)
  ON_BN_CLICKED(IDC_ADC_EVENT_ENABLE, &CMyAppDlg::OnBnClickedAdcEventEnable)
  ON_MESSAGE(WM_MYBUS_ADC_UPDATE, &CMyAppDlg::OnMyBusADCUpdate)
END_MESSAGE_MAP()
```

④ F7을 눌러 프로젝트를 빌드한 다음 프로젝트를 실행한다. 프로그램이 실행되면 다음 그림과 같은 순서로 통신 포트를 설정하고 연결한다.

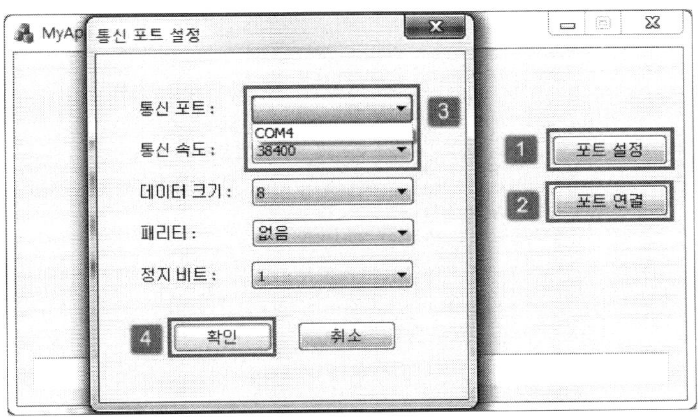

⑤ 통신 포트가 연결되었으면 [변환 시간]에 10을 입력하고 [변환 주기 설정] 버튼을 클릭한다. 그리고 [ADC 이벤트 활성화]를 체크한다.

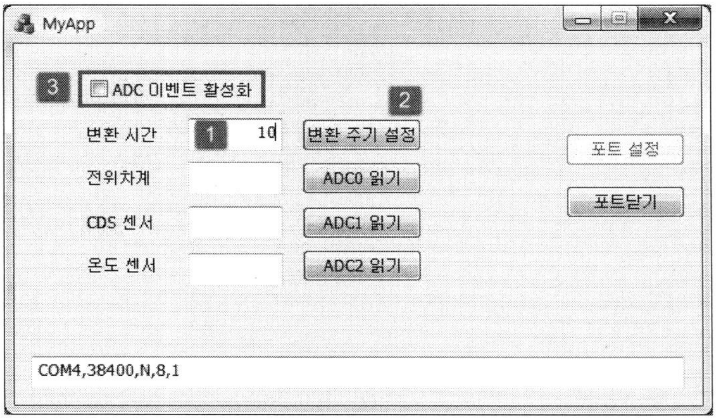

⑥ [ADC 이벤트 활성화]를 체크하면 전위차계, CDS, 온도 값들이 표시된다.

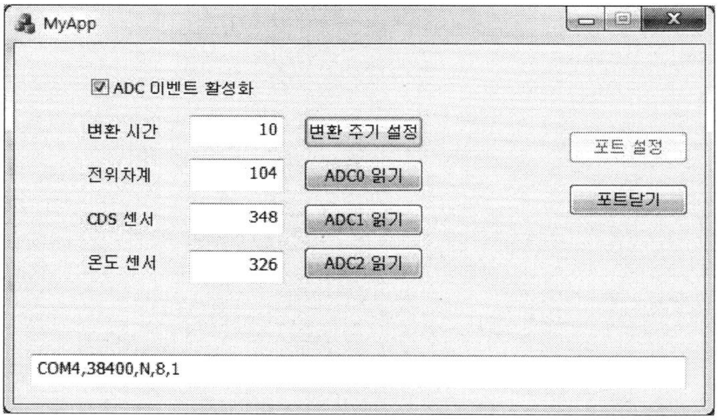

10

피에조 제어

피에조(Piezo)는 beep음을 발생해 알람을 알려주는 용도로 사용되는 소자이다. 대표적으로 시계의 알람이나, 전자레인지 버튼을 누릴 때마다 "삐익~" 하고 소리를 내는 소자이다.

피에조는 마그네틱 방식과 세라믹 방식이 있으며, 종류와 크기에 따라 공명(Resonant) 주파수가 다른데 대부분 2kHz ~ 4kHz 사이이다. 그리고 피에조에는 발진회로가 내장된 소자와 발진회로가 없는 소자가 있다.

발진회로가 내장된 소자의 경우 전원만 인가하면 공명 주파수 부근에서 "삐익~" 하는 소리가 나기 때문에 간단히 알람 목적으로 사용하기엔 편리하다. 반면에 발진회로가 없는 소자의 경우 소리를 내기 위해 외부에서 구형파를 공급해 줘야 한다. 이때 피에조에서 나는 소리는 공급된 구형파의 주파수와 동일하며, 공명 주파수 부근에서 가장 크고, 멀어질수록 작아지는 특징이 있다.

이번 장에서는 마우스로 프로그램의 건반 영역을 클릭하면 해당 음계가 출력되는 프로그램을 작성해 볼 것이다. 그럼 먼저 피에조 관련 레지스터부터 알아보자.

10.1 피에조 관련 레지스터

표 [10-1]은 피에조와 관련된 MyBus 레지스터를 나타낸 것이다. 표에서 VC_PIEZO_ENABLE은 피에조와 연관된 타이머나 포트를 초기화하는 레지스터로 피에조를 사용하기 위해서는 이 레지스터에 0이 아닌 값을 주어야 한다.

표[10-1] 피에조 관련 MyBus 레지스터

레지스터		설명 (기능)
번호	이름	
0x70	VC_PIEZO_ENABLE	피에조 활성화/비활성화
0x71	VC_PIEZO_TONE	상위 4bit : Duration (0 ~ 1.6sec) 하위 12bit : Frequence (0 ~ 4.096kHz)

다음으로 VC_PIEZO_TONE은 피에조를 구동하는 구형파의 주파수와 출력이 유지되는

시간을 설정하는 레지스터이다. 이 레지스터의 하위 12비트는 구형파의 주파수를 결정하는데 사용되고, 상위 4비트는 출력 유지 시간을 설정하는데 사용된다. 구형파의 주파수는 0 ~ 4.096kHz 사이이며, 출력 유지 시간은 100ms 단위로 0 ~ 1.6초 사이이다. 예를 들어 1kHz로 0.5초간 소리를 내려면 하위 12비트는 1000, 상위 4비트는 5가 되는데 이를 16진수로 나타내면 0x53e8이 된다.

다음은 피에조를 활성화 시키고, 1kHz의 소리를 0.5초 동안 출력하는 MyBus Query를 나타낸 것이다.

예) 피에조를 활성화시키는 Query

Function Code	Register No.	Hi Data	Low Data
WOR(6)	VC_PIEZO_ENABLE(0x70)	0	0x01

예) 1kHz, 0.5초 동안 유지하는 Query

Function Code	Register No.	Hi Data	Low Data
WOR(06)	VC_PIEZO_TONE(0x71)	0x53	0xe8

10.2 음계 출력 프로그램

대화상자의 일정 영역을 마우스로 클릭하면 피에조에서 해당 음계의 소리가 나는 프로그램을 작성해 보자.

1) 새 프로젝트 만들기

① MyApp 템플릿을 이용해 d:₩VC2012₩src에 MyAppPiezo프로젝트를 생성한다.

② 생성된 프로젝트 폴더 (d:₩VC2012₩src₩MyAppPiezo₩MyAppPiezo)에 MyBusDll.lib를 복사하고 F7키를 눌러 프로젝트를 빌드한다.

③ 빌드가 완료되었으면 d:₩VC2012₩src₩MyAppPiezo₩Debug에 MyBusDll.dll을 복사한다.

2) 컨트롤 추가하기

① 대화상자에 다음과 같이 체크 박스를 추가 배치한다.

컨트롤 종류	ID	Caption
체크 박스	IDC_PIEZO_ENABLE	피에조 활성화

② 추가 배치한 체크 박스를 더블 클릭해 BN_CLICKED 이벤트 처리 함수를 추가하고 다음과 같이 소스코드를 작성한다.

```
void CMyAppDlg::OnBnClickedPiezoEnable()
{
  // TODO: 여기에 컨트롤 알림 처리기 코드를 추가합니다.
  _MyBusFrame Query;

  if(m_bConnected == FALSE) return ;

  Query.ui8Func = FC_WOR;
  Query.ui8Addr = VC_PIEZO_ENABLE;
  Query.ui8DataH = 0;
```

```
    if(((CButton*)GetDlgItem(IDC_PIEZO_ENABLE))->GetCheck() == 1){
        Query.ui8DataL = 1;     // Piezo 활성화
    }
    else{
        Query.ui8DataL = 0;     // Piezo 비활성화
    }
    MyBusSendFrame(&Query);
}
```

3) 건반 그리기 함수 추가

대화상자에 건반을 그리는 함수를 만든다. 이 함수는 매개변수로 CDC 객체의 주소와 건반의 위치를 나타내는 정수 값 그리고 건반 위치를 마우스로 클릭하면 색상이 변하도록 BOOL 형식의 변수를 갖는다.

① MyAppDlg.cpp 상단에 건반 크기를 나타내는 매크로 상수를 정의한다.

```
#define KEY_X     50
#define KEY_Y     100
#define KEY_W  40
#define KEY_H     80
```

② 매크로 상수 정의 밑에 배열 변수를 선언하고 음계별 주파수를 다음과 같이 입력한다.

```
// 음계별 주파수
const UINT16 ui16Scales[8] = {523, 587, 659, 698, 784, 880, 988, 1047};
// 마우스로 선택한 음계 인덱스
UINT16 nScale = 0;
```

③ CMyAppDlg 클래스에 멤버 함수를 추가한다. 멤버 함수의 원형은 다음과 같다.

```
void DrawKeys(CDC* pDC, UINT nScale, BOOL bEnable);
```

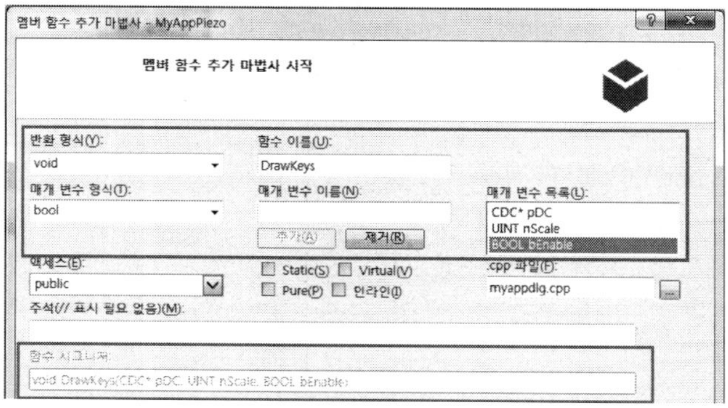

④ 추가된 함수에 다음과 같이 소스를 작성한다.

```
void CMyAppDlg::DrawKeys(CDC* pDC, UINT nScale, BOOL bEnable)
{
  CPen Pen;
  CPen *OldPen;
  CBrush Brush;
  CBrush *OldBrush;

  if(nScale < 8 ){
    // 검정색 펜을 생성
    Pen.CreatePen(PS_SOLID,1,RGB(0,0,0));
    // bEnable이 True이면 브러시를 녹색으로 생성하고, False면 배경색으로 생성
    if(bEnable)
      Brush.CreateSolidBrush(RGB(0,255,0));
    else
      Brush.CreateSolidBrush(pDC->GetBkColor());

    OldPen = pDC->SelectObject(&Pen);
    OldBrush = pDC->SelectObject(&Brush);
    // 대화상자에 건반을 그림
    pDC->Rectangle(KEY_X + nScale * KEY_W, KEY_Y,
                   KEY_X + (nScale + 1) * KEY_W, KEY_Y + KEY_H);

    pDC->SelectObject(OldPen);
    pDC->SelectObject(OldBrush);
  }
}
```

4) 음계 출력 함수 추가

피에조에 소리가 나도록 타깃 보드에 관련 Query를 보내는 함수를 추가한다. 이 함수는 매개 변수로 Tone과 유지 시간(Duration)을 사용한다. Tone은 피에조에서 나는 소리의 주파수로 0 ~ 4.096kHz 사이의 값이고, 유지 시간은 0 ~ 1600ms 사이의 값이나 실제 100ms 단위로 처리된다.

① CMyAppDlg 클래스에 멤버 함수를 추가한다. 멤버 함수의 원형은 다음과 같다.

```
void PiezoTone(UINT16 ui16Freq, UINT16 ui16Duration);
```

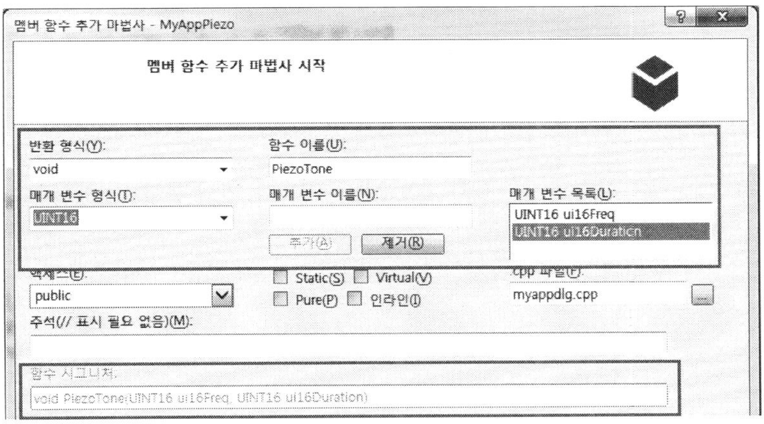

② 추가된 함수에 다음과 같이 소스코드를 작성한다.

```
void CMyAppDlg::PiezoTone(UINT16 ui16Freq, UINT16 ui16Duration)
{
  _MyBusFrame Query;
  UINT16 ui16Value;

  if(m_bConnected == FALSE) return ;
  ui16Value = ui16Freq & 0x0fff; // 0 ~ 4.096kHz
  ui16Value |= ((ui16Duration/100) & 0x000f ) << 12; // 0 ~ 1.6sec
```

```
    Query.ui8Func = FC_WOR;
    Query.ui8Addr = VC_PIEZO_TONE;
    Query.ui8DataH = (ui16Value >> 8) & 0xff;
    Query.ui8DataL = ui16Value & 0xff;

    MyBusSendFrame(&Query);
}
```

5) 마우스 이벤트 처리 함수 추가

마우스의 왼쪽 버튼을 누르면 해당 건반의 색상이 녹색으로 표시되면서 피에조에 해당 음계의 소리가 나고, 마우스의 왼쪽 버튼을 놓으면 건반의 색상이 원래 색으로 표시되도록 WM_LBUTTONDOWN과 WM_LBUTTONUP 메시지 처리 함수를 만들어 보자.

① 대화상자 편집 창에서 IDD_MYAPP_DIALOG를 선택하고 우측 패널에서 [속성]을 선택한다. [속성]패널의 상단에서 [메시지]를 선택하고 리스트에서 WM_LBUTTONDOWN을 선택한 다음 〈Add〉 OnLButtonDown를 CMyAppDlg 클래스에 추가한다.

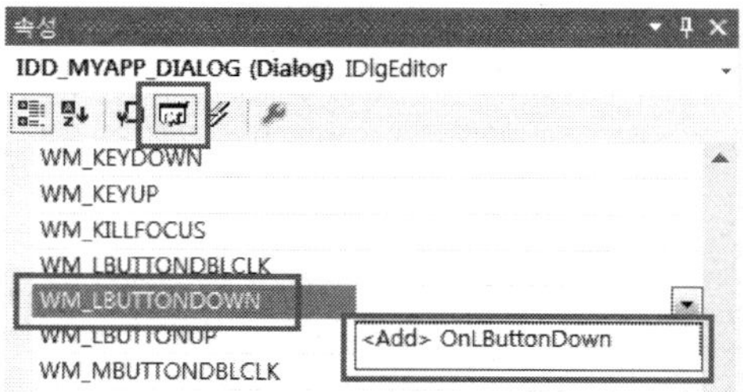

② 추가된 함수에 다음과 같이 소스코드를 작성한다.

```
void CMyAppDlg::OnLButtonDown(UINT nFlags, CPoint point)
{
    // TODO: 여기에 메시지 처리기 코드를 추가 및/또는 기본값을 호출합니다.
    int Scale;
```

```
    CClientDC dc(this);

    // 버튼을 누른 마우스의 좌표로 음계 인덱스를 계산한다. 0 ~ 7
    Scale = (point.x - KEY_X) / KEY_W;

    // 선택한 영역이 건반 영역인지 확인
    if( ((KEY_X <= point.x) && (Scale < 8)) &&
        ((KEY_Y <= point.y) && (point.y <= (KEY_Y + KEY_H))) )
    {
        // OnLButtonUp()함수에서 nScale 적역변수를 사용
        nScale = Scale;
        DrawKeys(&dc, nScale, TRUE);
        PiezoTone(ui16Scales[nScale], 200);
    }

    CDialogEx::OnLButtonDown(nFlags, point);
}
```

③ ①같은 방법으로 WM_LBUTTONUP을 선택하고 〈Add〉 OnLButtonUp을 CMyAppDlg 클래스에 추가한다.

④ 추가된 함수에 다음과 같이 소스코드를 작성한다.

```
void CMyAppDlg::OnLButtonUp(UINT nFlags, CPoint point)
{
    // TODO: 여기에 메시지 처리기 코드를 추가 및/또는 기본값을 호출합니다.

    CClientDC dc(this);

    DrawKeys(&dc, nScale, FALSE);

    CDialogEx::OnLButtonUp(nFlags, point);
}
```

⑤ 수정이 완료되었으면 F7을 눌러 프로젝트를 빌드한 다음 프로젝트를 실행한다. 프로그

램이 실행되면 다음 그림과 같은 순서로 통신 포트를 설정하고 연결한다.

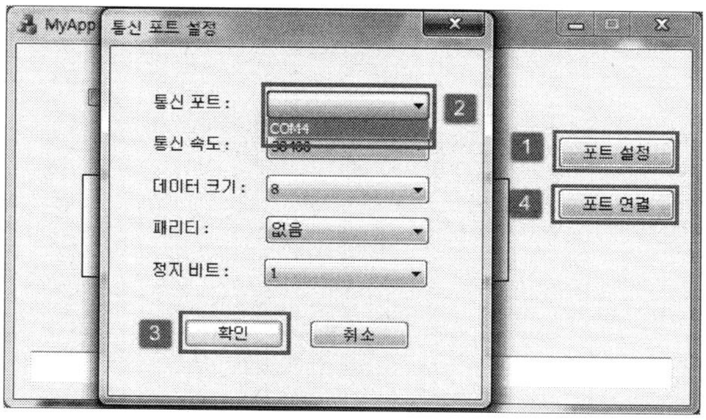

⑥ 통신 포트가 연결되었으면 [피에조 활성화]체크 박스를 클릭하고 건반 부분을 마우스로 클릭하면 피에조에서 해당 음계의 소리가 난다.

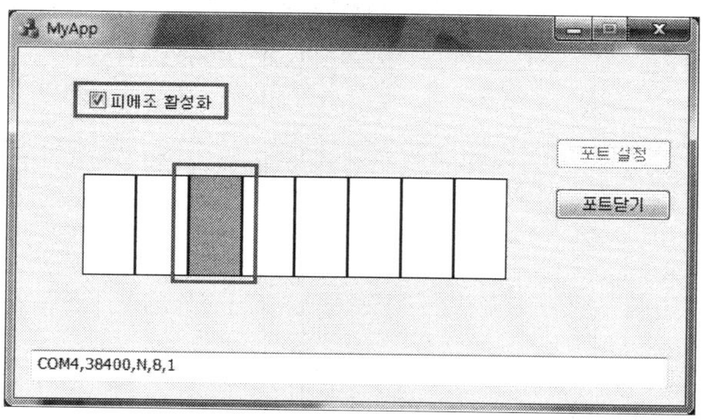

[부 록]

Target Board 사양

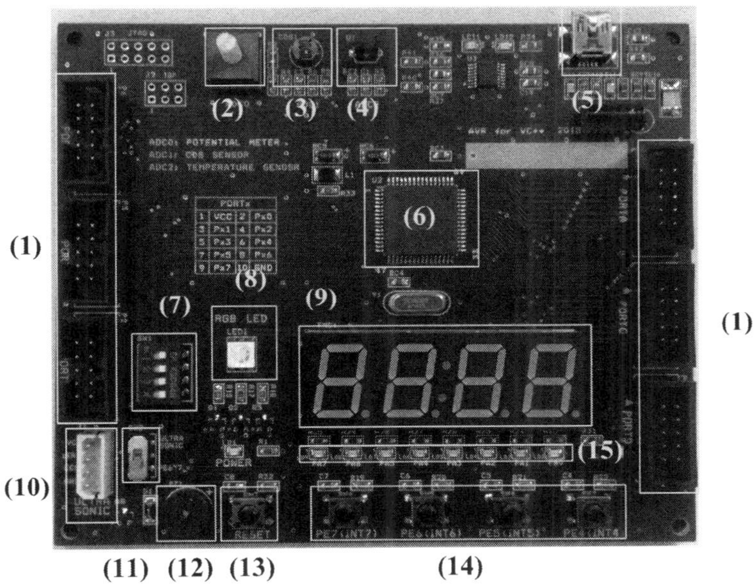

① AVR 입출력 포트 : 포트 A ~ F를 그룹별로 10Pin IDC 컨넥터에 연결되어 있음.

② 가변저항 : A/D 컨버터 채널 0에 연결되어 있음.

③ CDS : A/D 컨버터 채널 1에 연결되어 있음.

④ 온도센서 : A/D 컨버터 채널 2에 연결되어 있음.

⑤ Mini 5p USB 컨넥터 : 전원 공급 및 PC와 데이터 통신에 사용됨.

⑥ ATmega128A : 8bit 마이크로 컨트롤러.

⑦ DIP SW : RGB LED(8)와 피에조(12)를 사용할 경우 반드시 ON되어야함.

⑧ RGB LED : Timer 1의 PWM출력과 연결되어 있어 밝기 조절이 가능함.

⑨ 4자리 FND : Port C와 Port G를 사용하여 다이나믹 방식으로 구동됨.

⑩ 초음파 센서용 컨넥터 : HC-SR04 전용.

⑪ SW2 : 초음파 센서 사용시 스위치를 올리고 평상시에는 내려야 함.

⑫ 피에조 : Timer 0의 OC단자에 연결되어 있음.

⑬ 리셋 스위치 : 보드를 초기화함.

⑭ 디지털 입력용 스위치 : PE4 ~ PE7에 연결되어 있는 스위치로 평상시 논리 1, 누르면 논리 0으로 인식됨.

⑮ 디지털 출력용 LED : Port A에 연결되어 있음.

저자소개

김재환
한국방송통신대학교 컴퓨터학과 학사
인하대학교 공학대학원 전자공학과 석사
現 인하공업전문대학 전자과 겸임교수, (주) J&SI 책임연구원

박사준
중앙대학교 대학원 컴퓨터공학과 박사
현대전자 S/W 연구소
現 대구한의대학교 의료산업융합학부 스마트IT전공 교수

황수철
중앙대학교 대학원 전산학과 박사
미국 세크라멘트 주립대학 Visiting Scholar
한국정보과학회, 한국지식정보기술학회 종신회원
現 인하공업전문대학 컴퓨터시스템과 교수
著 C프로그래밍, 인터넷과 홈페이지

저자와의
협의에 의해
인지 생략

시리얼통신을 이용한
컴퓨터 인터페이스

1판 3쇄 2019년 8월 30일

저 자 김재환 / 박사준 / 황수철
발행인 송광헌
발행처 복두출판사
주 소 서울특별시 영등포구 경인로82길 3-4
센터플러스 807호
(우) 07371
전 화 02-2164-2580
FAX 02-2164-2584
등 록 1993. 11. 22. 제 10-902 호

정가 : 10,000원
ISBN : 979-11-5906-182-0 93560

한국과학기술출판협회 회원사